宝 库 典 藏 版 编 织 花 样

名家经典编织花样 1000

KNITTING PATTERNS BOOK

日本宝库社 编著　　陈 新 译

河南科学技术出版社
· 郑州 ·

图书在版编目（CIP）数据

名家经典编织花样 1000 / 日本宝库社编著；陈新译. — 郑州：河南科学技术出版社，2013.8（2024.11重印）
ISBN 978-7-5349-6224-0

Ⅰ.①名… Ⅱ.①日… ②陈… Ⅲ.①绒线－图集 Ⅳ.① TS935.522-64

中国版本图书馆 CIP 数据核字（2013）第 077742 号

出版发行：河南科学技术出版社
地址：郑州市郑东新区祥盛街27号　　邮编：450016
电话：（0371）65737028　65788613
网址：www.hnstp.cn
策划编辑：刘　欣
责任编辑：刘　欣
责任校对：柯　姣
封面设计：张　伟
责任印制：张艳芳
印　　刷：北京盛通印刷股份有限公司
经　　销：全国新华书店
开　　本：889 mm × 1194 mm　1/16
字　　数：250 千字
印　　张：19
版　　次：2013 年 8 月第 1 版　2024 年 11 月第 15 次印刷
定　　价：68.00 元

如发现印、装质量问题，影响阅读，请与出版社联系并调换。

目录

关于编织花样符号

请在使用本书前阅读下面的话

编织花样符号，表示从正面看到的编织情形。
编织符号图右侧的数字表示 1 个花样的编织行数。
奇数行表示从正面看，按照编织符号图所示从右到左编织。
偶数行表示从反面看，从左到右编织与所示符号相反的针线。
因为符号图的下行数字表示 1 个花样的针数，所以花样的重复也简单易懂。
实际的作品如果从罗纹针开始的情况，从符号图的第 1 行开始加入花样编织。
如果是从另线锁针开始挑针加入花样编织的情况下，
是从第 3 行（符号图的第 1 行）开始编入花样。

棒针编织符号及编织方法

编织符号是用来表示编织方法的符号，是按照日本工业标准制定的。
一般情况下是取其英文读法的首字母，简称“JIS”。
本书中，有些花样编织仅仅用 JIS 符号和其组合符号及常用符号，是无法表示其编织情形的，
因此，用与 JIS 符号不同的符号特别地标记其编织方法。
通过编织状态以及操作符号的组合来制定这些特殊符号，把它们作为编织符号来使用。

| 下针

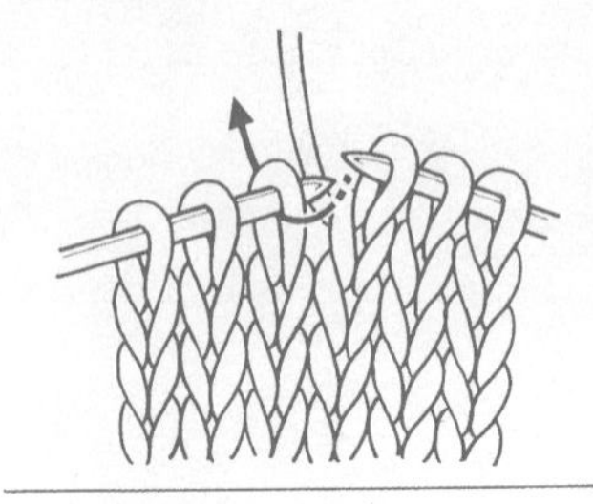

❶ 把线放在织物的后面，按箭头所示从前面插入右针。

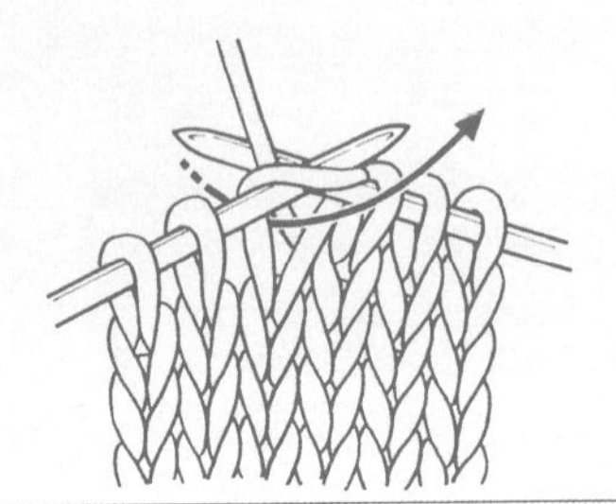

❷ 把线挂在右针上，从前面拉出。

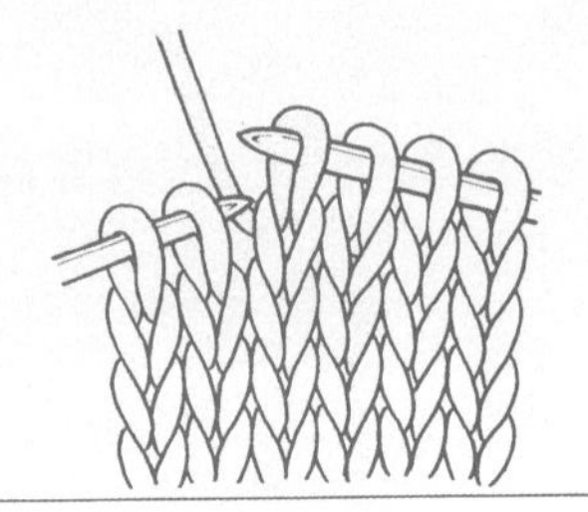

❸ 完成下针的编织。

— 上针

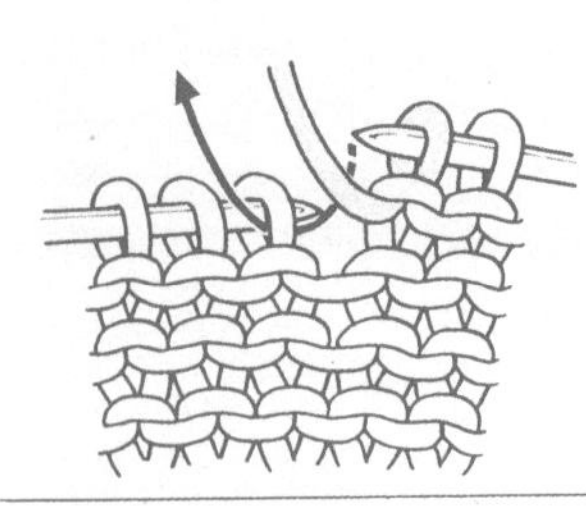

❶ 把线放在织物的前面，从后面插入右针。

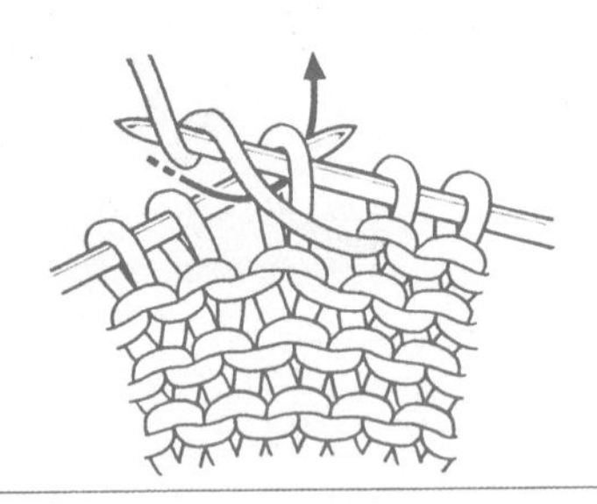

❷ 把线挂在右针上，从后面拉出。

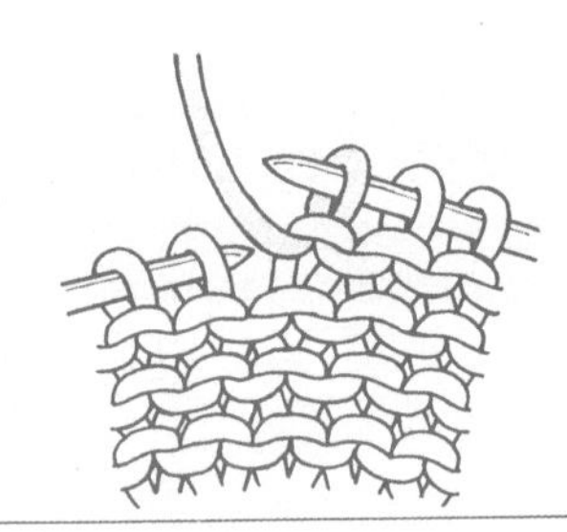

❸ 完成上针的编织。

扭针

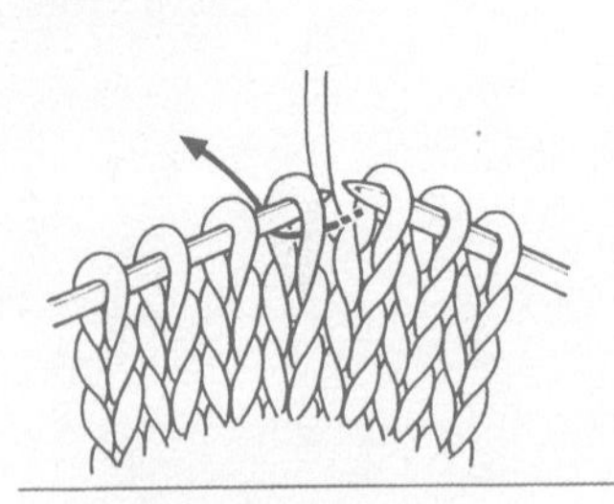

❶ 按箭头所示，插入右针。

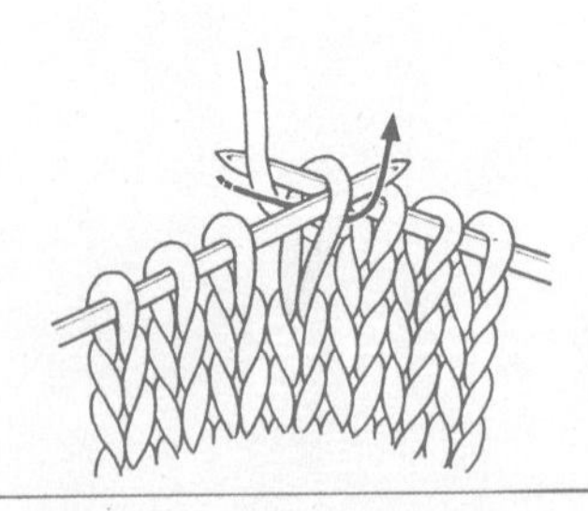

❷ 把线挂在右针上，把线拉出。

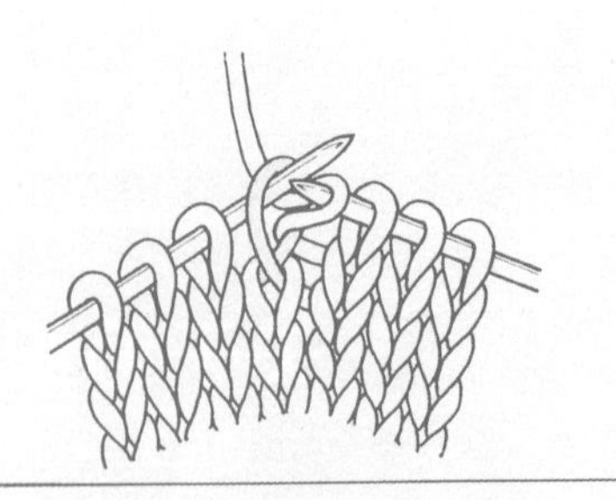

❸（右针拉出线时）针目的底部变成扭转的情形。

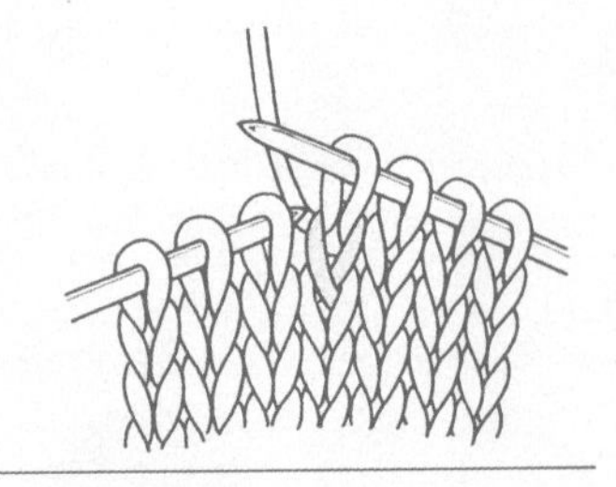

❹ 完成扭针的编织。

扭针（上针）

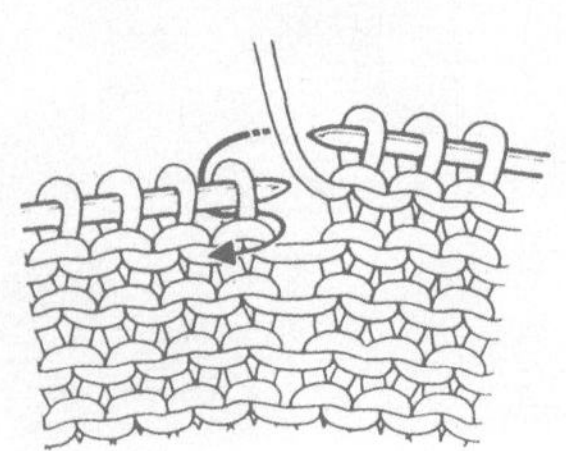

❶ 按箭头所示从左针后面插入右针。

❷ 织上针。

❸ 完成上针扭针的编织。

空加针

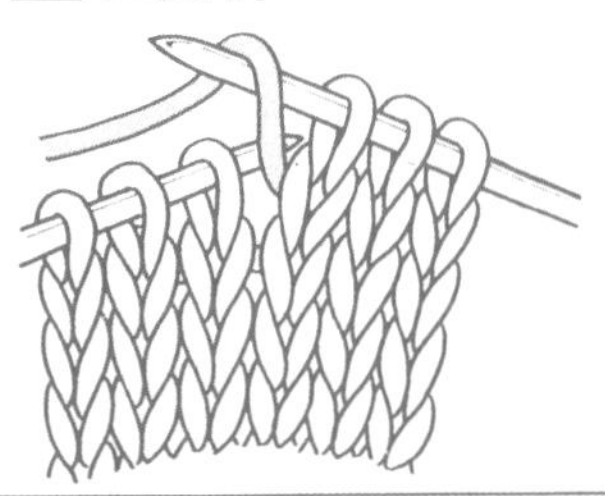

❶ 从前面把线挂在右针上。

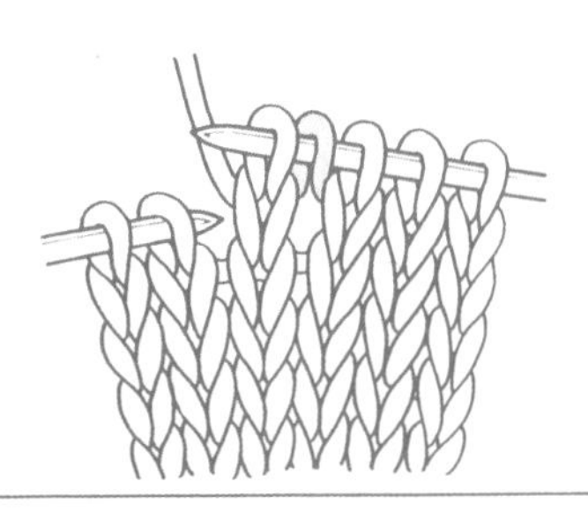

❷ 下一针织下针。

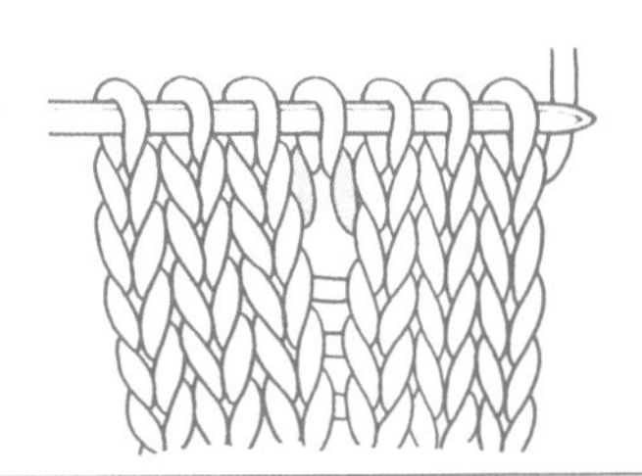

❸ 织好下一行时的情形，即从正面看到的空加针编织完成后的情形。

右上 2 针并 1 针

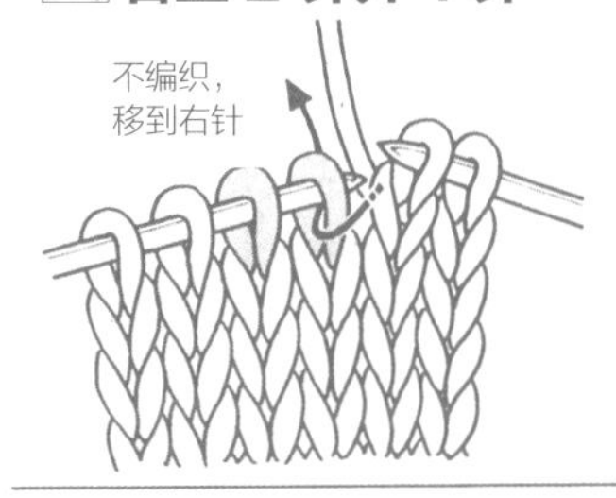

❶ 把右针从前面插入左针上的线圈中，不编织，只把线圈移到右针上。

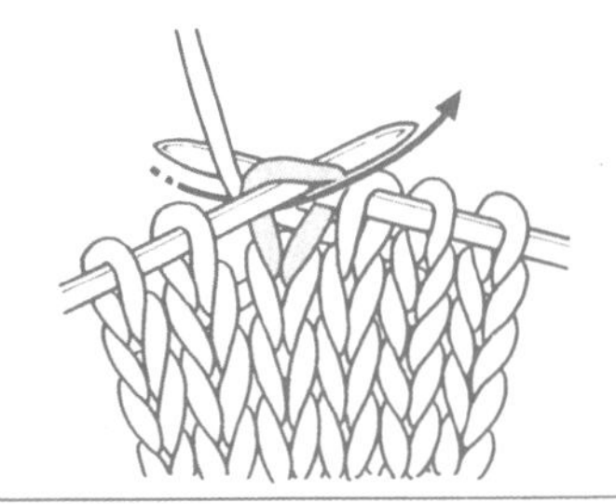

❷ 左针上的第 1 针织下针。

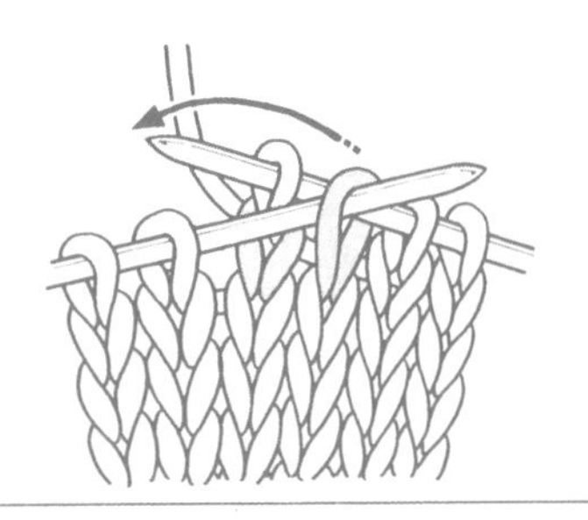

❸ 把移到右针的 1 针盖在步骤 2 织好的 1 针上面。

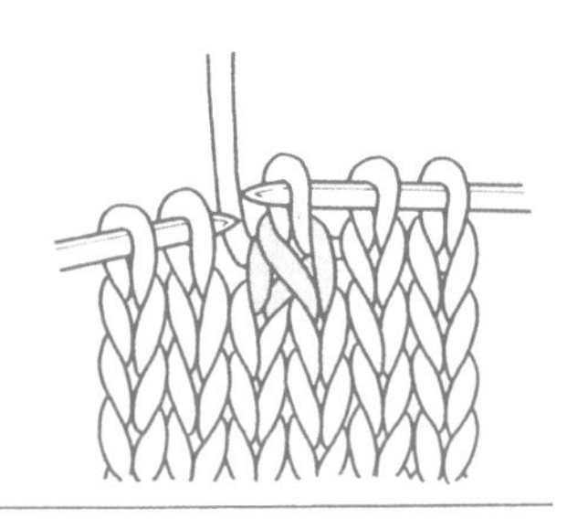

❹ 完成下针的右上 2 针并 1 针的编织。

右上 2 针并 1 针（上针）

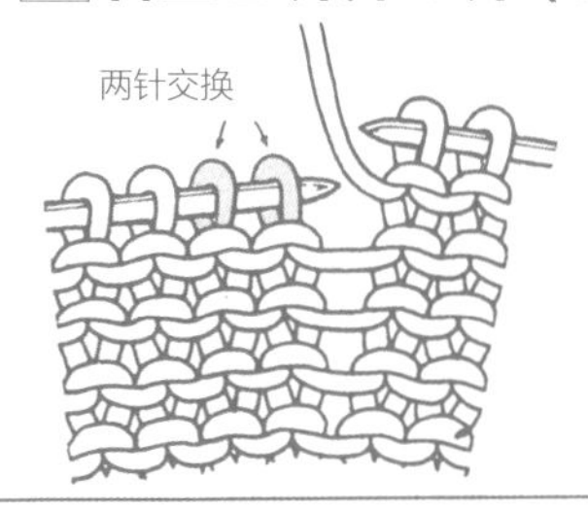

❶ 将左针上的 2 针交换，使最右侧的第 1 针盖在第 2 针的上面。

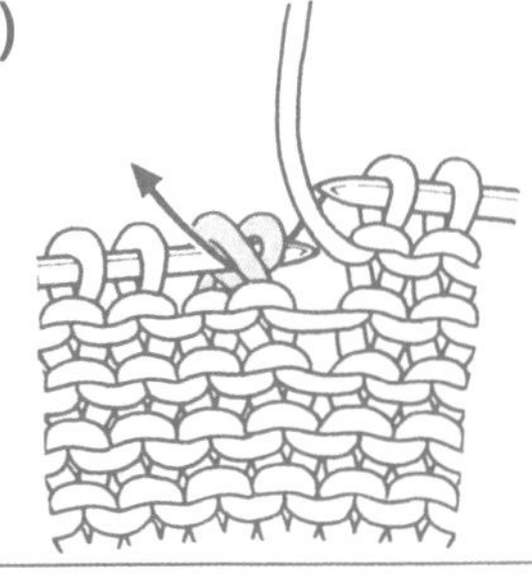

❷ 按箭头方向所示插入右针，将 2 针一起织上针。

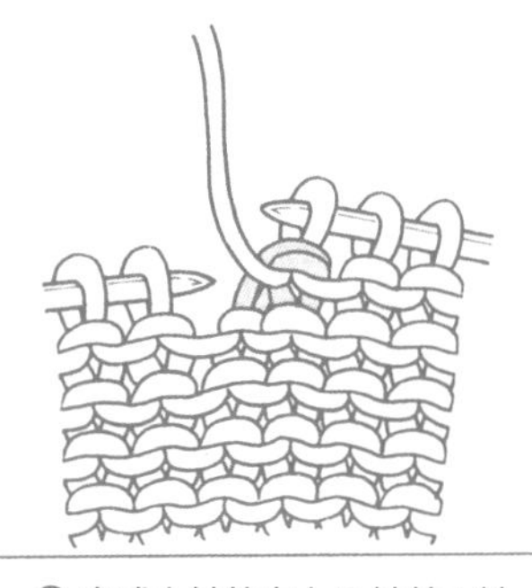

❸ 完成上针的右上 2 针并 1 针的编织。

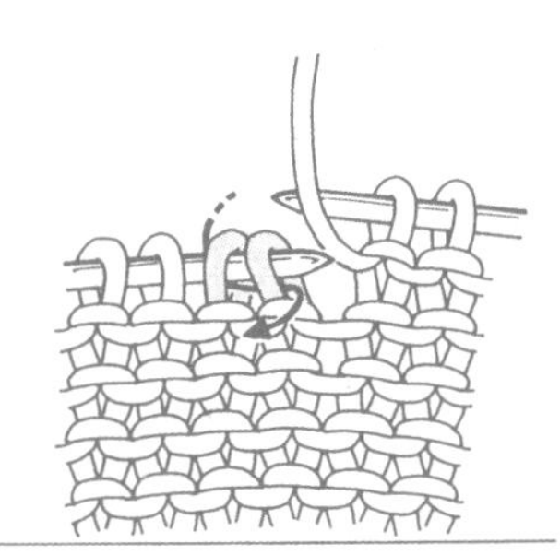

也可以改换左针上的右上 2 针的方向，按箭头方向所示插入右针编织。

左上 2 针并 1 针

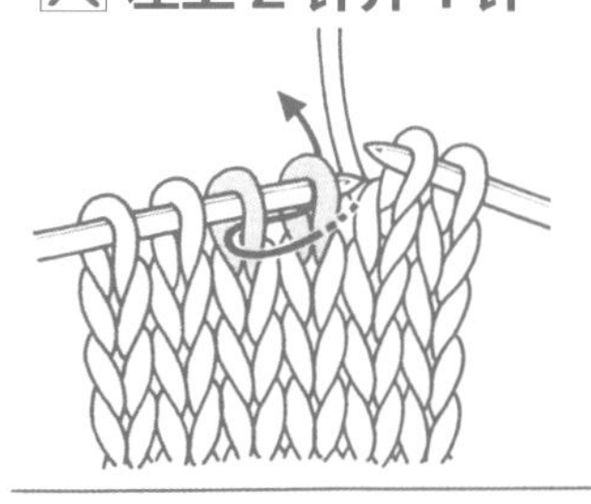

❶ 按箭头所示，从左针上 2 针的左侧插入右针。

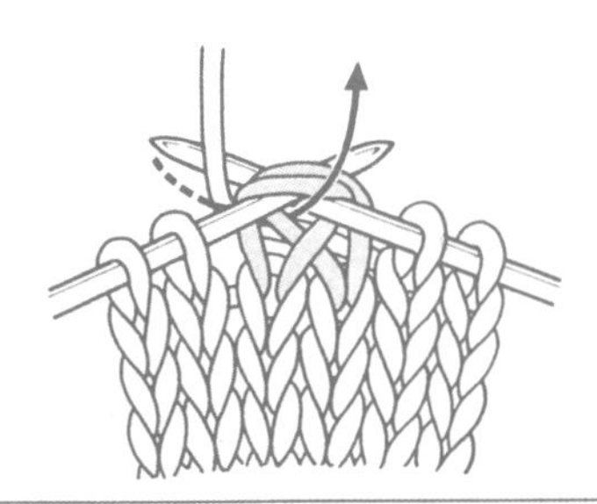

❷ 将 2 针一起织下针。

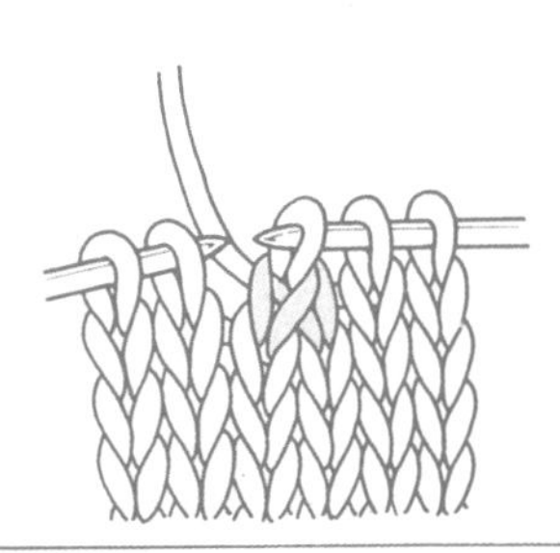

❸ 完成左上 2 针并 1 针的编织。

左上 2 针并 1 针（上针）

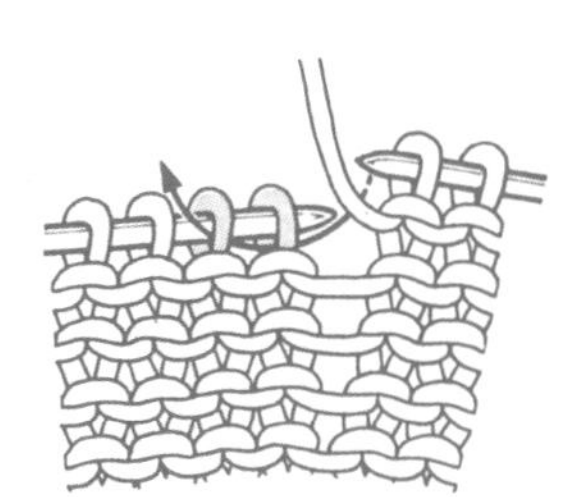

❶ 按箭头所示，从左针上 2 针的右侧插入右针。

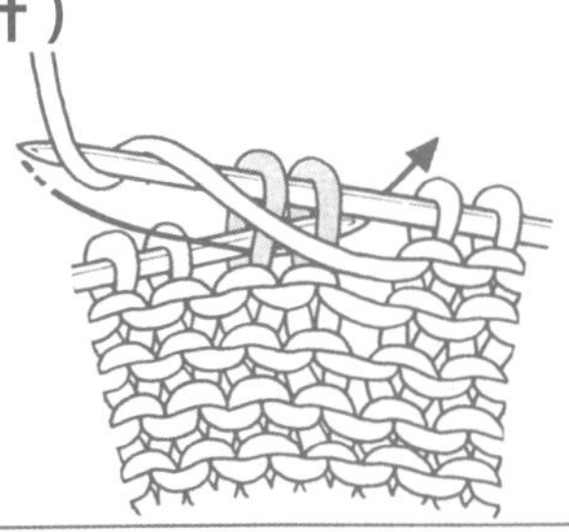

❷ 将 2 针一起织上针。

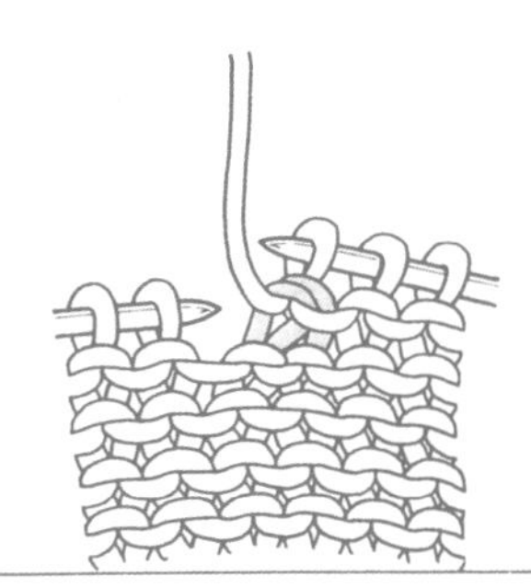

❸ 完成上针的左上 2 针并 1 针的编织。

中上3针并1针

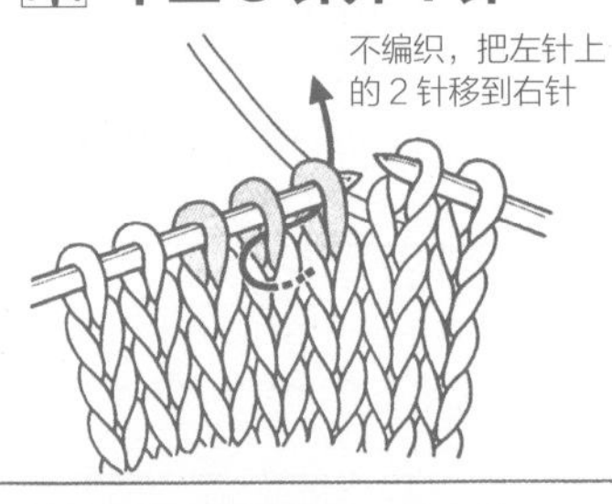

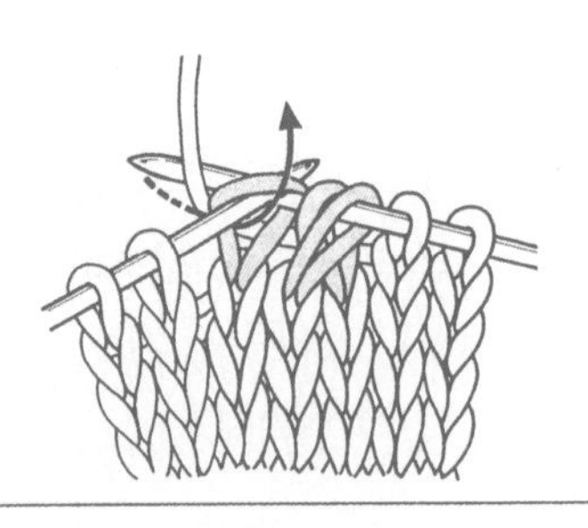

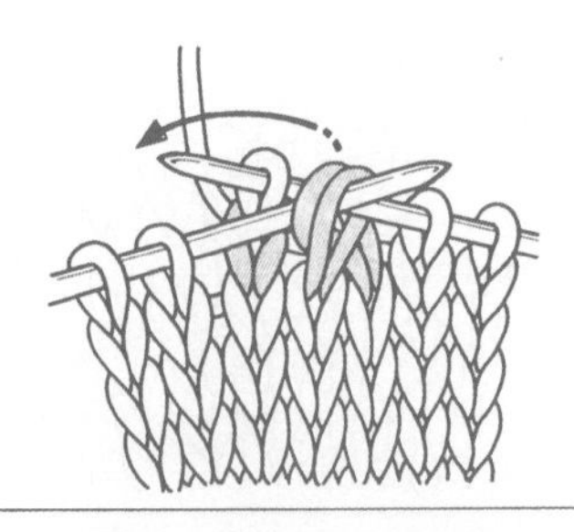

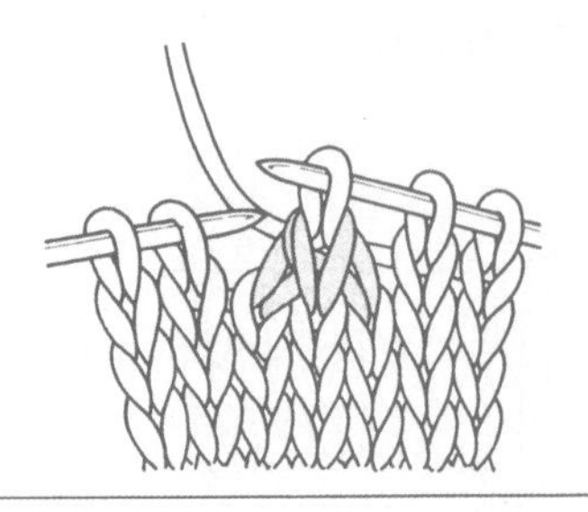

❶ 不编织左针右侧的2针，从左向右插入右针，把这2针移到右针上。

❷ 左针上的第3针织下针。

❸ 把左针插入已经移到右针上的2针中，并把这2针盖在刚编织好的1针的上面。

❹ 完成下针中上3针并1针的编织。

右上3针并1针

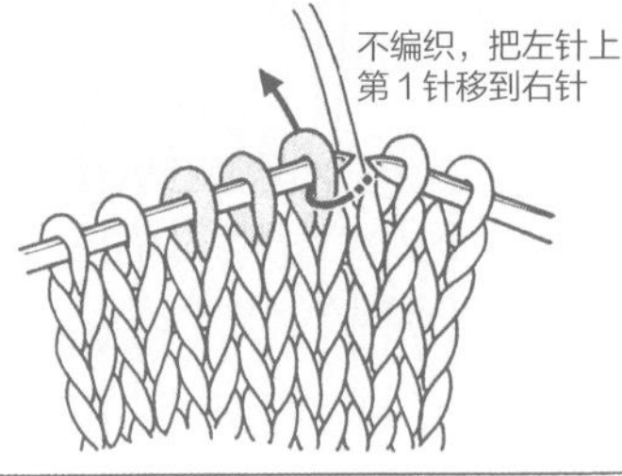

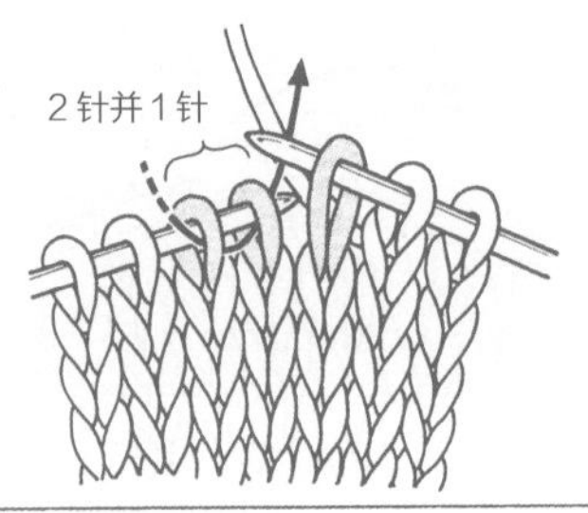

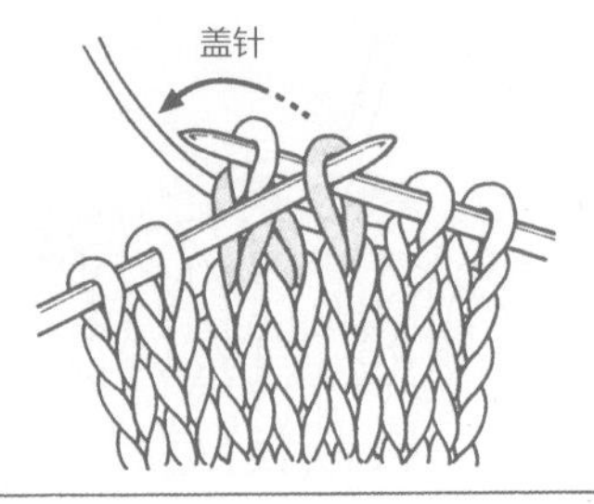

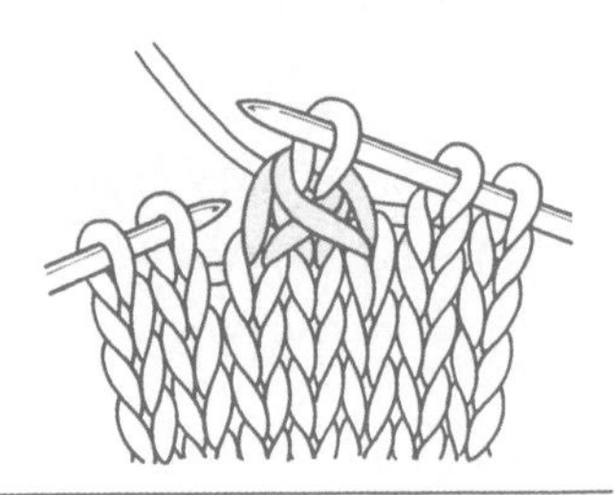

❶ 不编织左针上的第1针，从左向右插入右针，只把这1针移到右针上。

❷ 按箭头所示从左向右把右针插入左针上2针中，织2针并1针。

❸ 把左针插入移到右针上的1针中，把这1针盖在步骤2织好的2针并1针的上面。

❹ 完成右上3针并1针的编织。

左上3针并1针

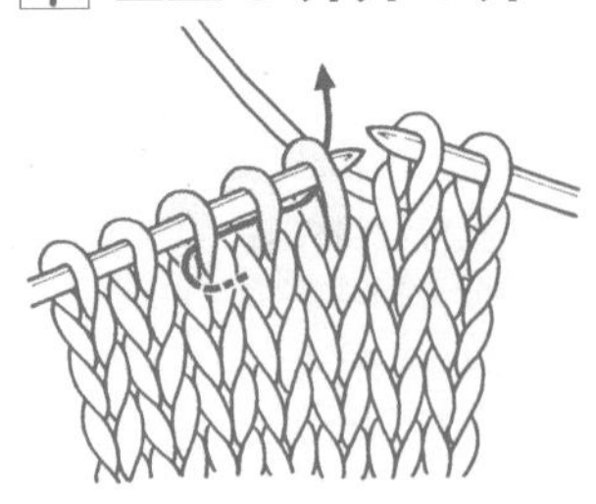

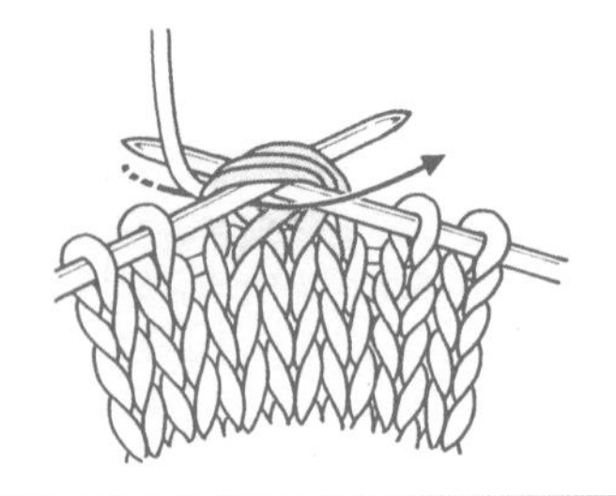

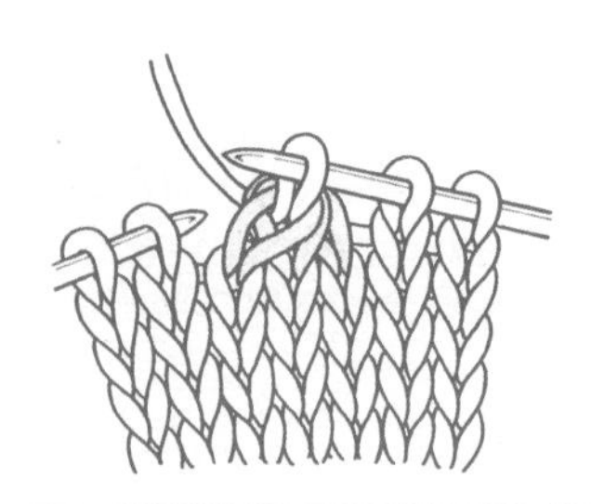

❶ 从左向右把右针插入左针最右侧的3针中。

❷ 3针一起织下针。

❸ 完成左上3针并1针的编织。

右上5针并1针

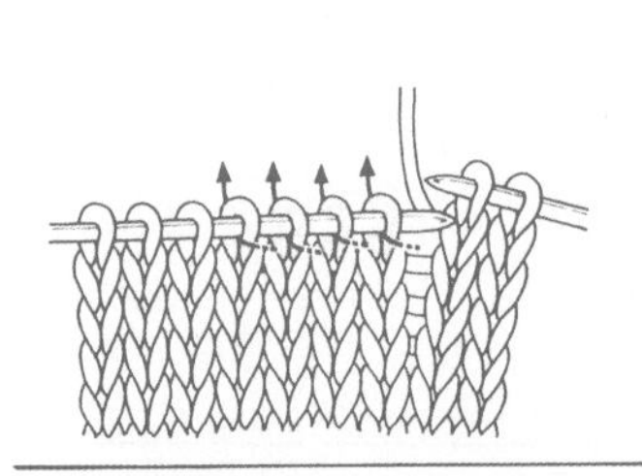

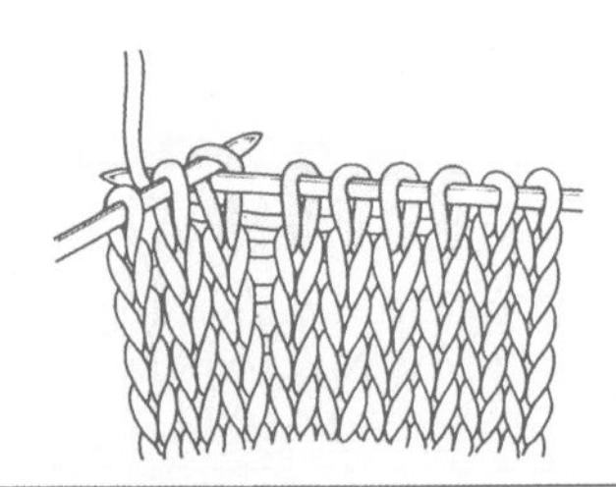

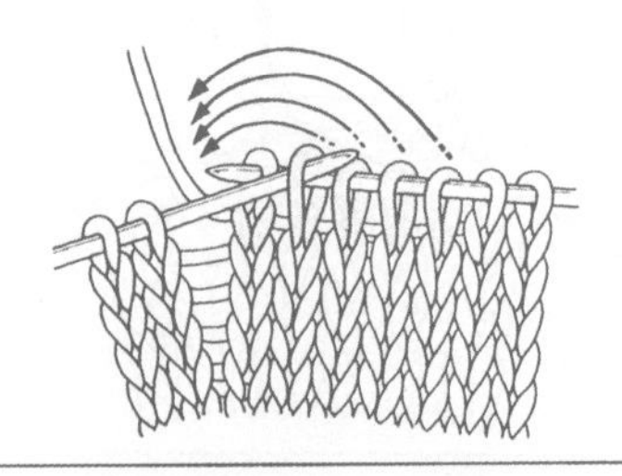

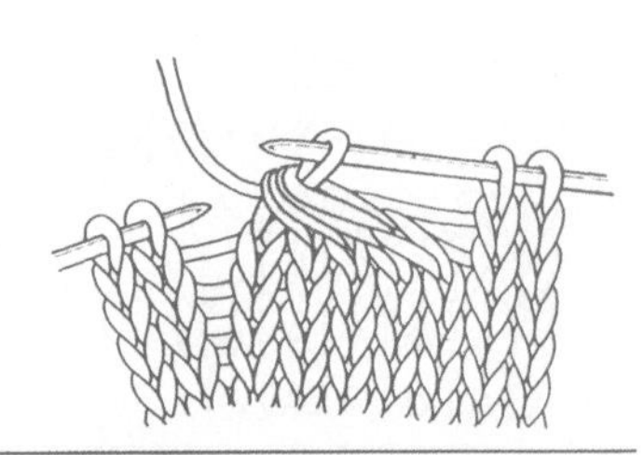

❶ 如箭头所示，依次把右针插入左针上，并把这4针移到右针上。

❷ 下一针织下针。

❸ 依次把移到右针上的4针从左往右盖在步骤2织好的1针上。

❹ 完成右上5针并1针的编织。

右加针

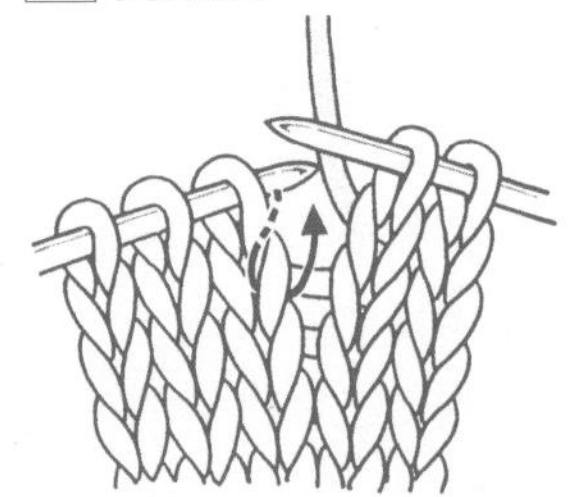

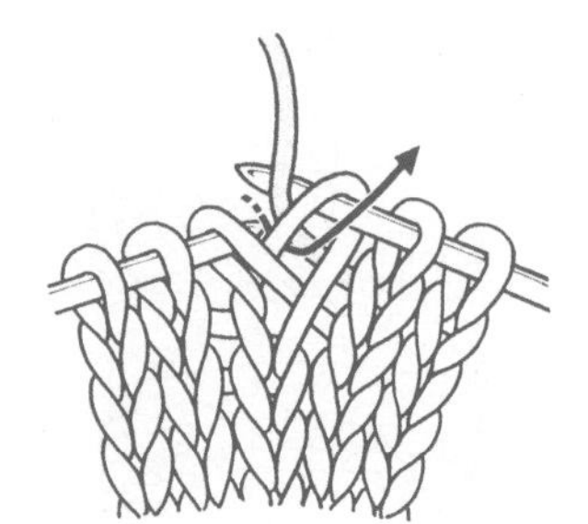

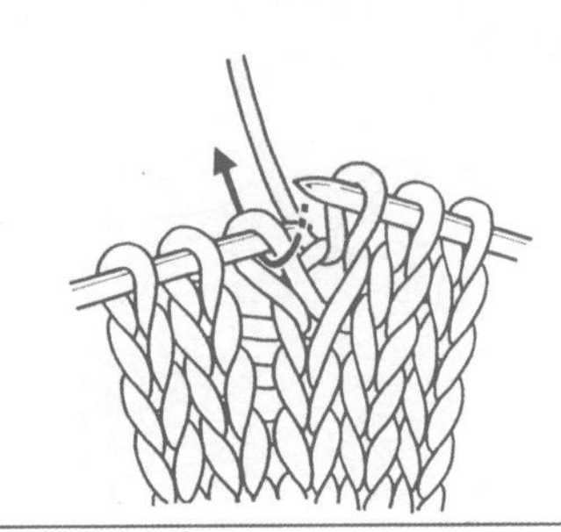

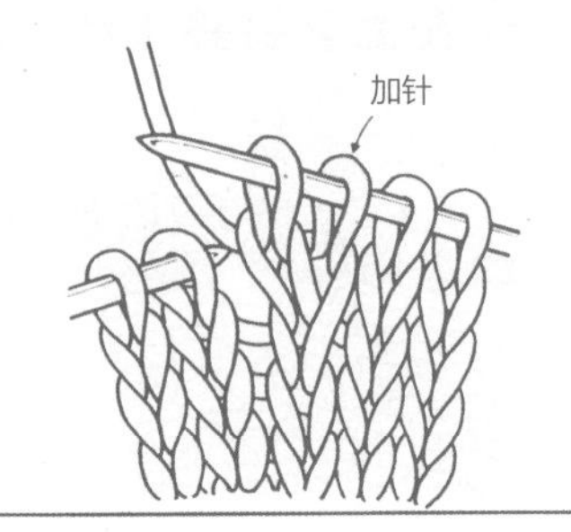

❶ 按箭头所示插入右针。

❷ 织下针。

❸ 挂在左针上的针也织下针。

❹ 完成下针的右加针。

右加针（上针）

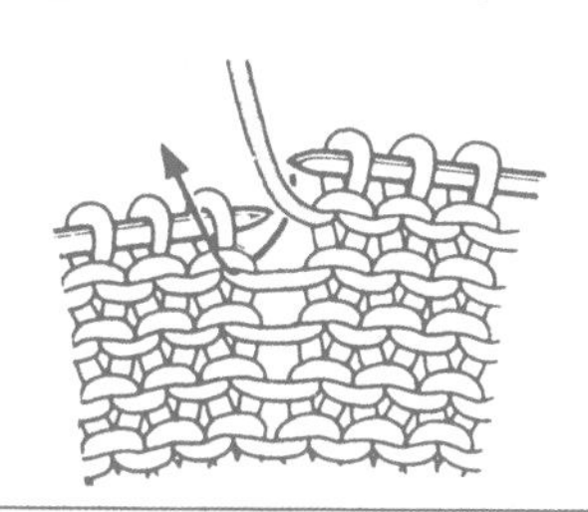
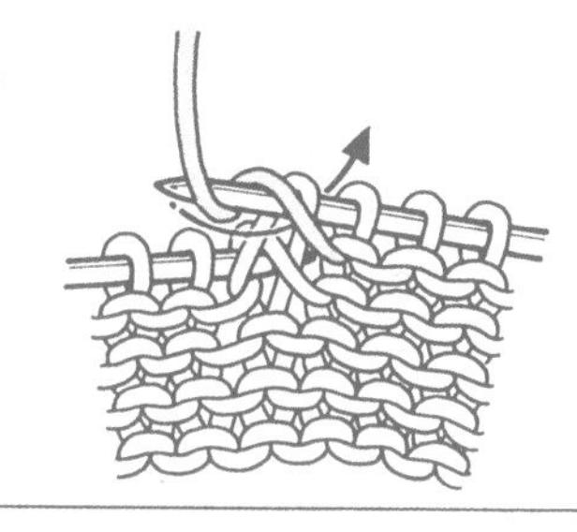
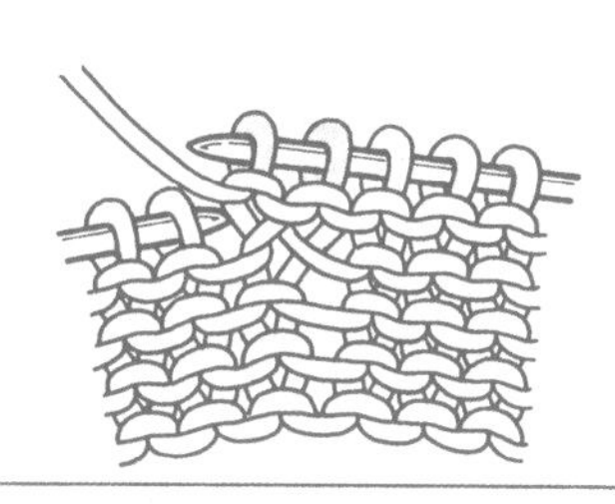

❶ 按箭头所示插入右针。 ❷ 织上针。 ❸ 左针上的线圈也织上针，完成上针的右加针编织。

左加针

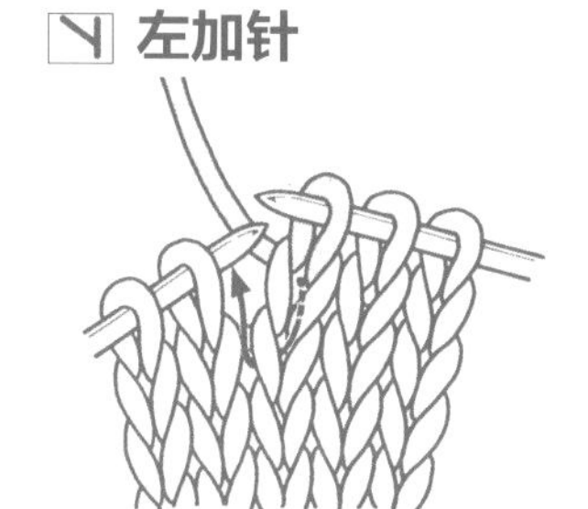
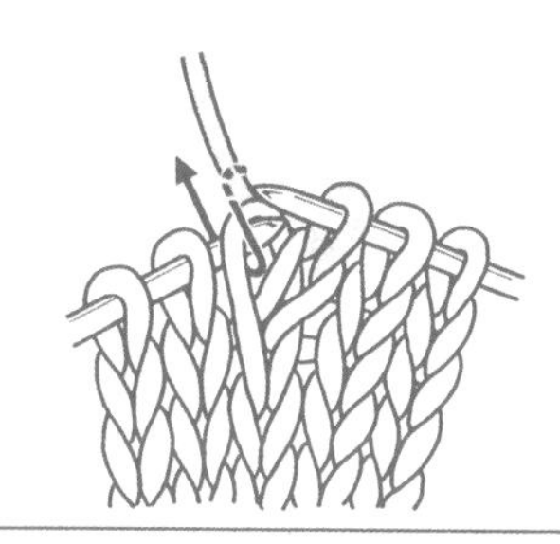
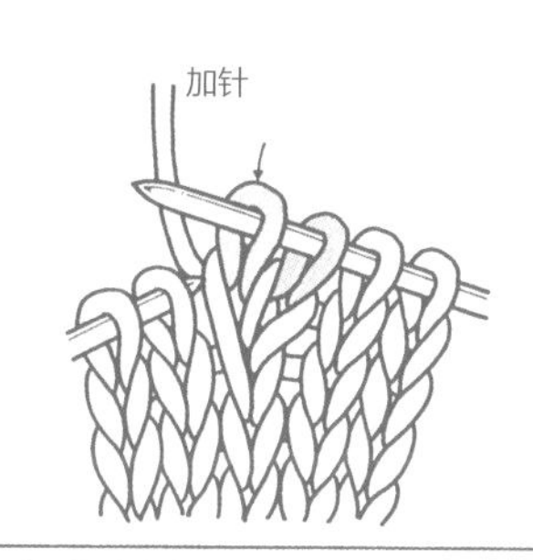

❶ 按箭头方向所示插入右针。 ❷ 织下针。 ❸ 完成左加针编织。

左加针（上针）

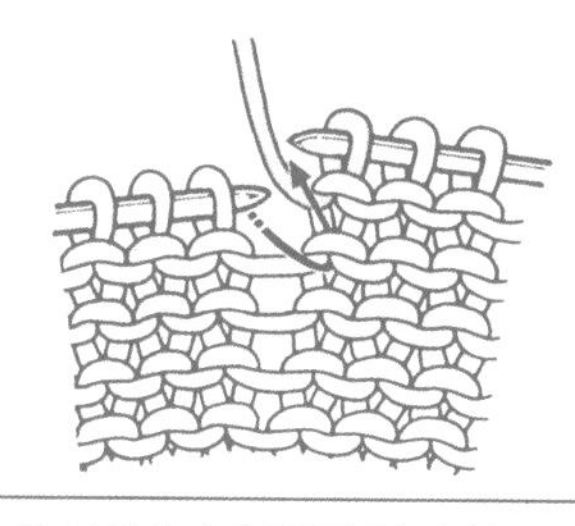
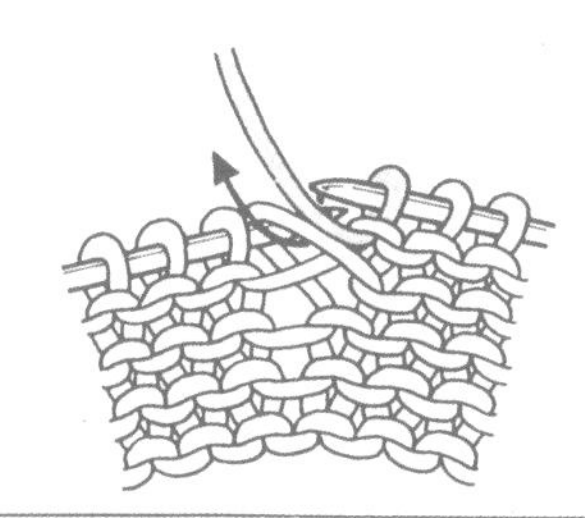
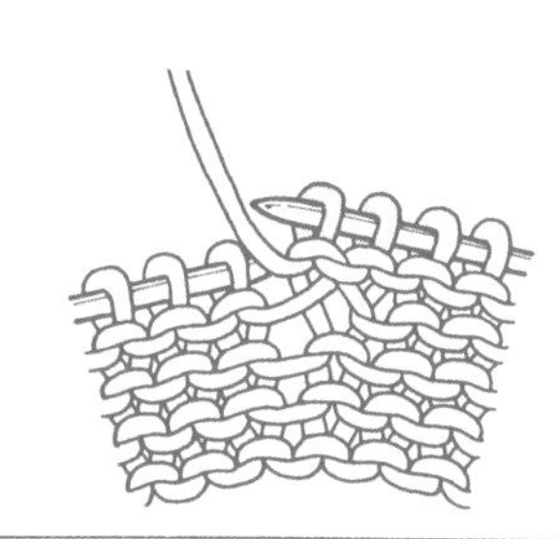

❶ 按箭头方向所示插入左针。 ❷ 织上针。 ❸ 完成上针的左加针编织。

放针（1针放3针）

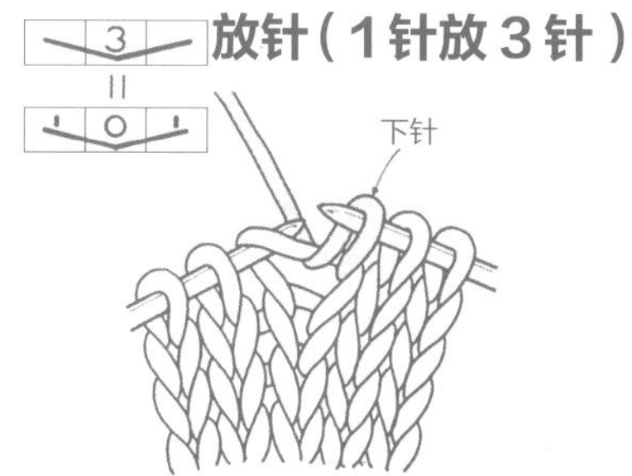

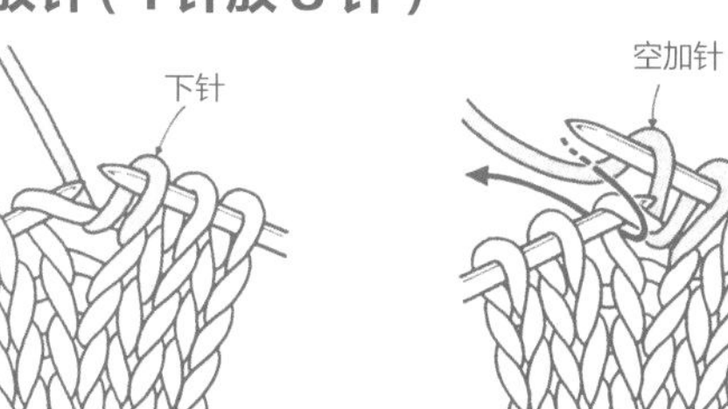

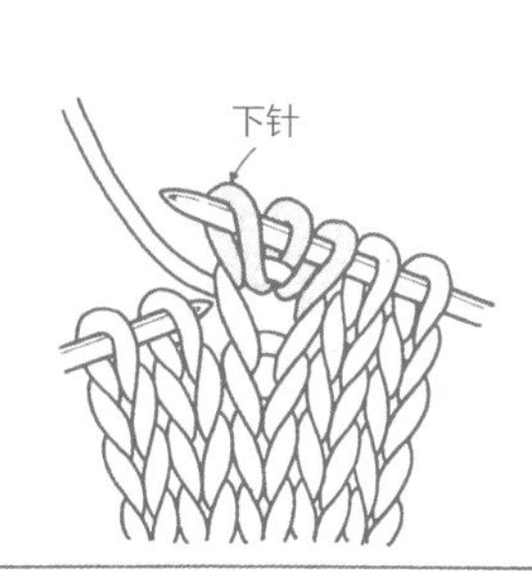

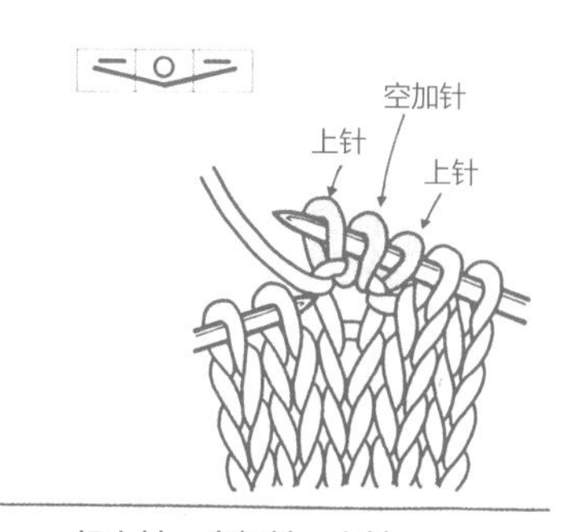

❶ 织1针下针。 ❷ 织好的1针按挂线的方式形成空加针。 ❸ 再织1针下针。 织上针、空加针、上针。

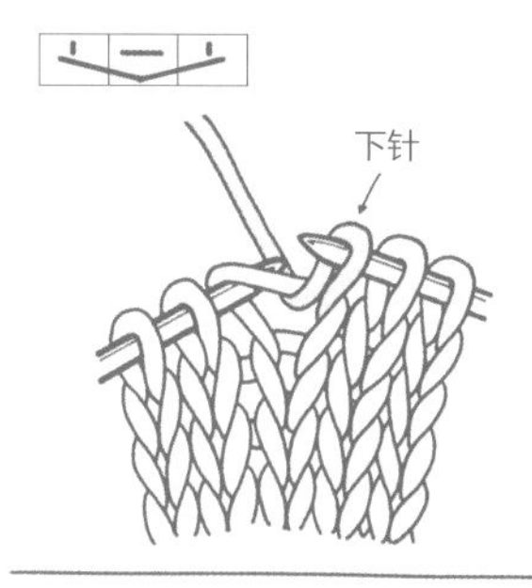

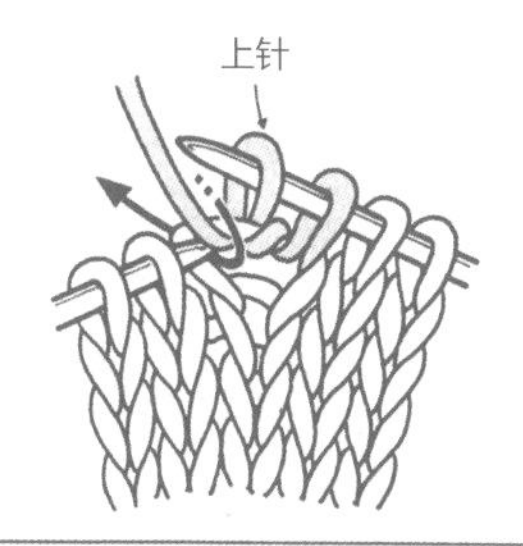

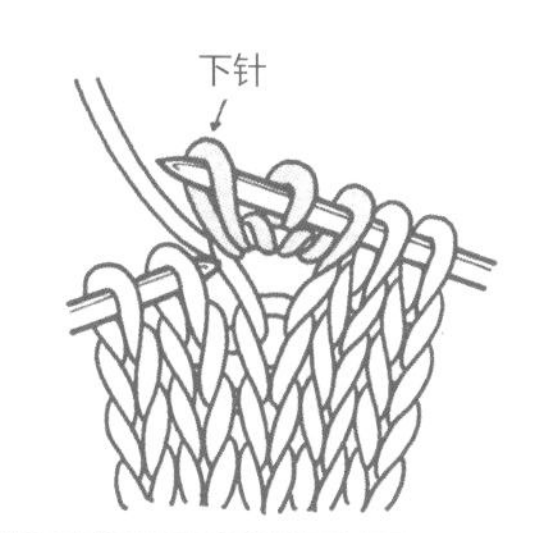

❶ 织下针。 ❷ 在同1针目中再织上针。 ❸ 再织1针下针。

右上1针交叉针

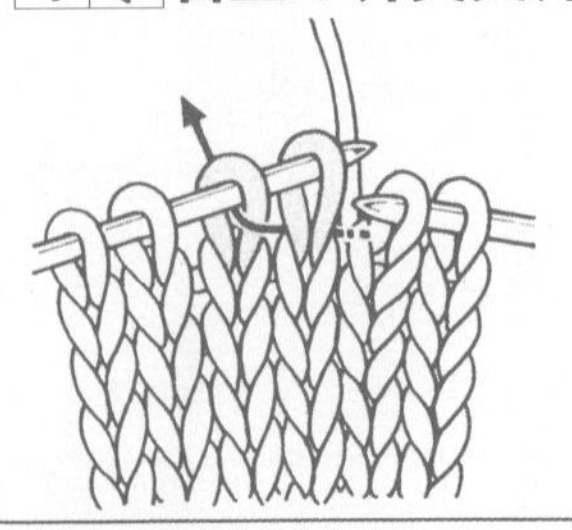
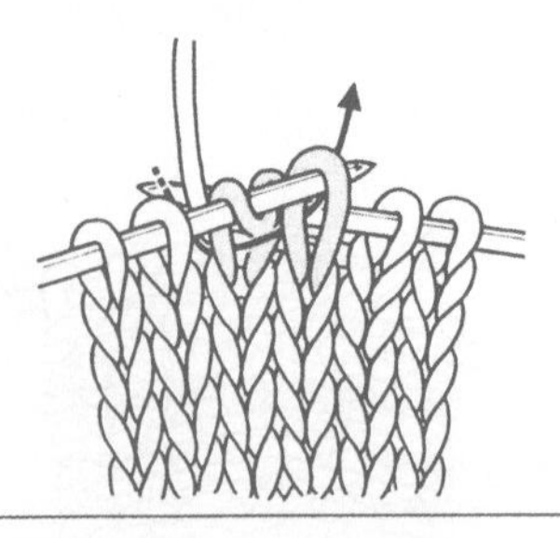
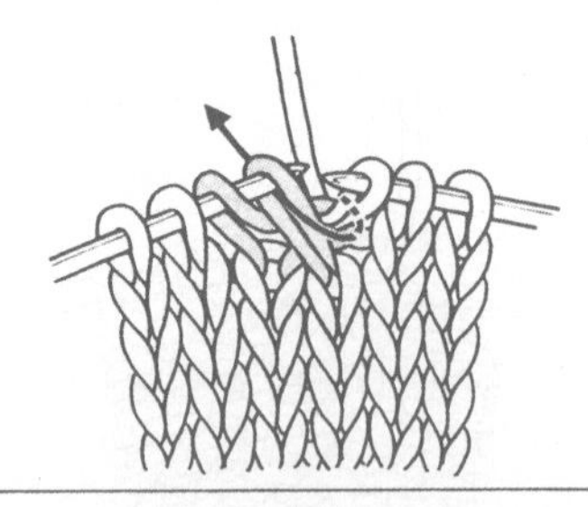
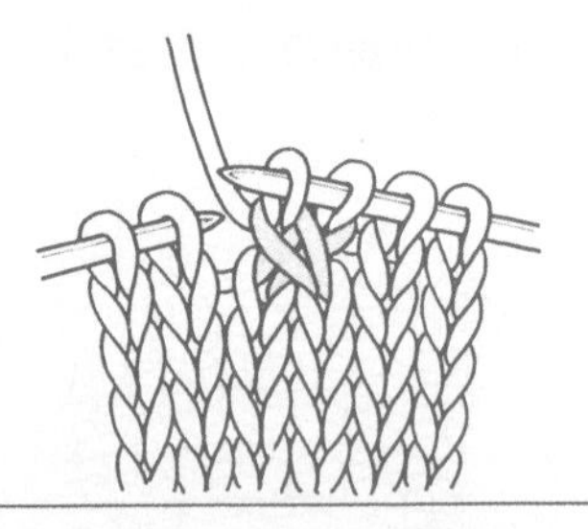

❶ 按箭头方向所示把右针插入左针的第2针中。

❷ 织下针。

❸ 左针右侧的第1针也织下针。

❹ 完成右上1针交叉针的编织。

右上1针交叉针（上针）

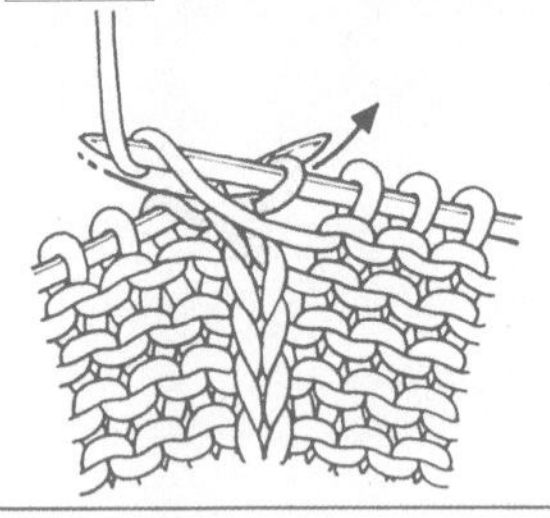
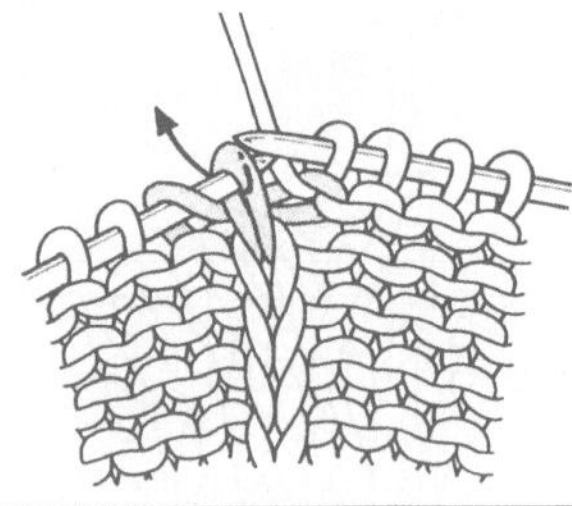
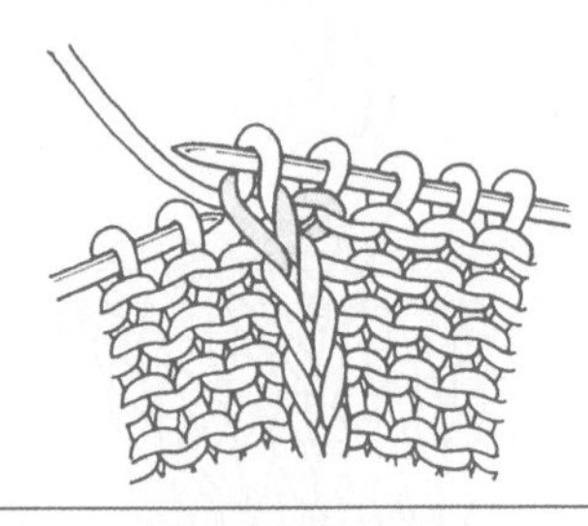

❶ 用右针把左针第1针后面的第1针拉出。

❷ 织上针。

❸ 在左针最右侧的第1针中织下针后抽出左针。

左上1针交叉针

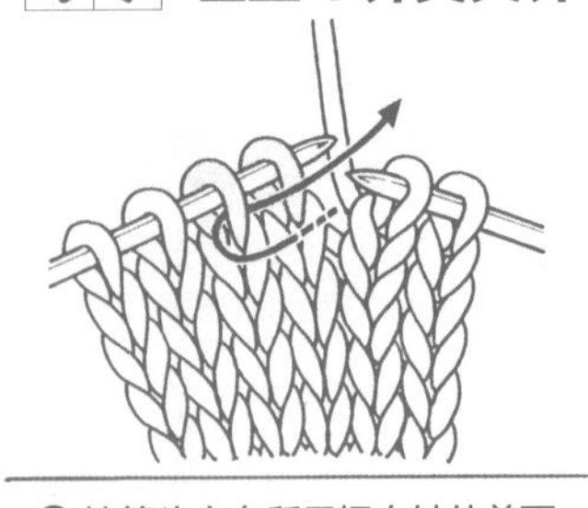
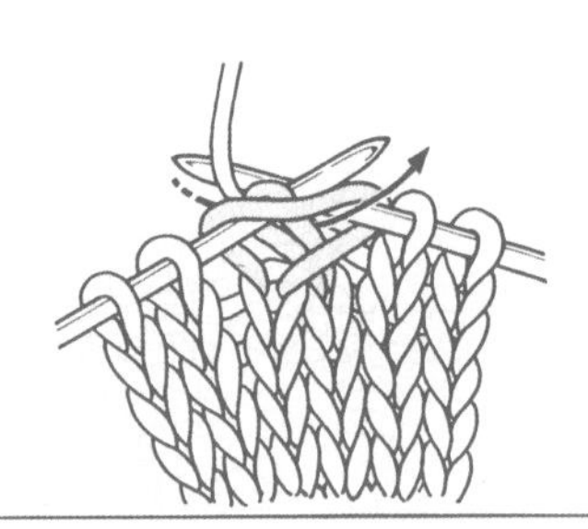
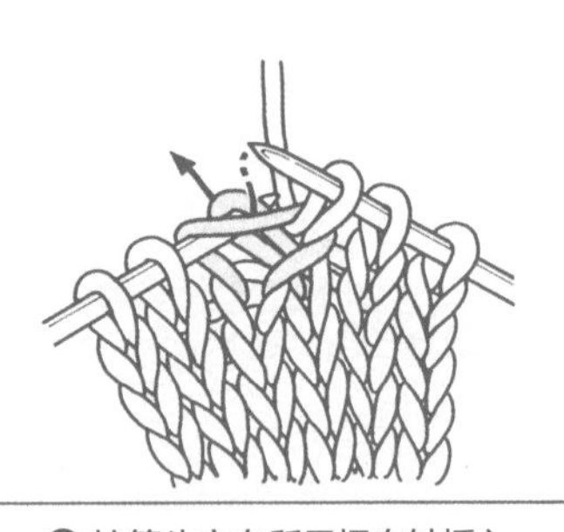
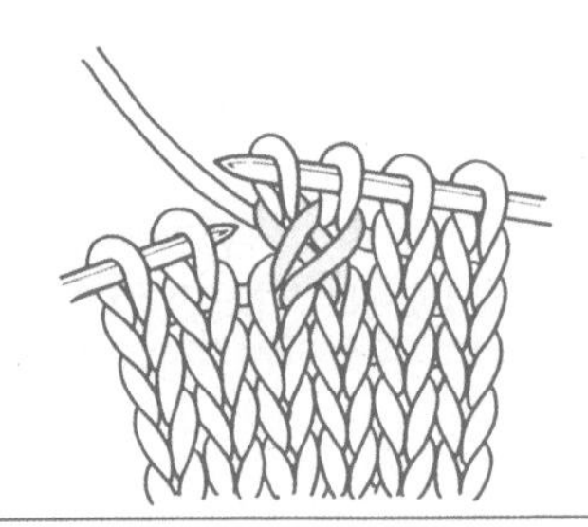

❶ 按箭头方向所示把右针从前面插入左针的第2针中。

❷ 织下针。

❸ 按箭头方向所示把右针插入左针右面第1针中，织下针。

❹ 完成左上1针交叉针的编织。

左上1针交叉针（上针）

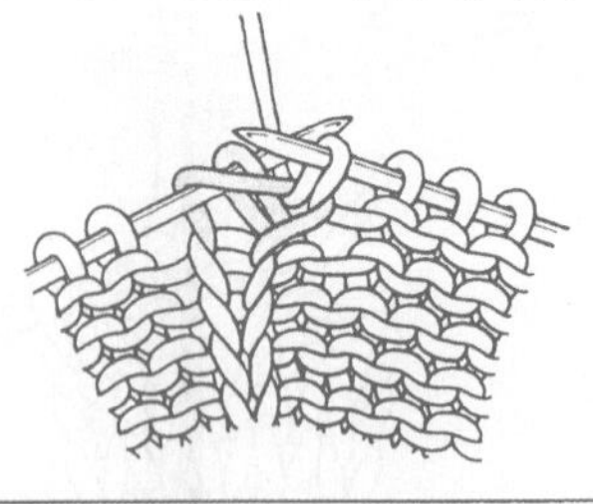
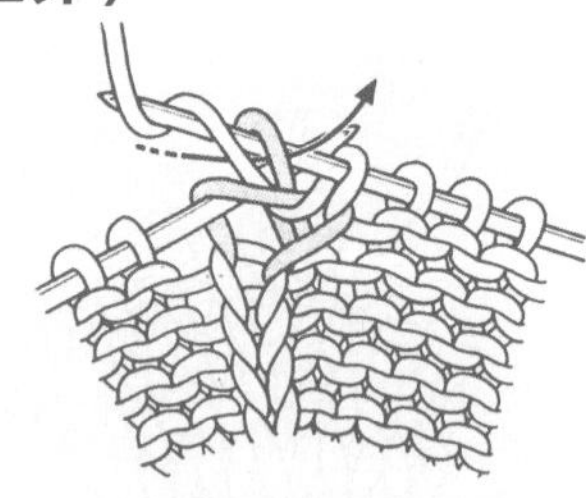
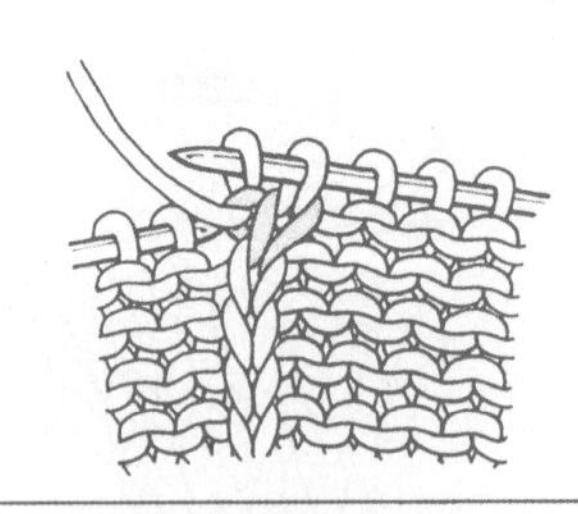

❶ 把右针从前面插入左针第2针中，织下针。

❷ 左针上第1针织上针。

❸ 把2针从左针上抽出。

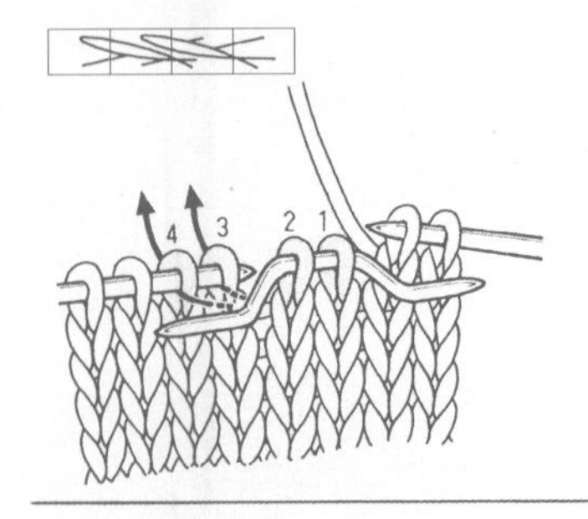

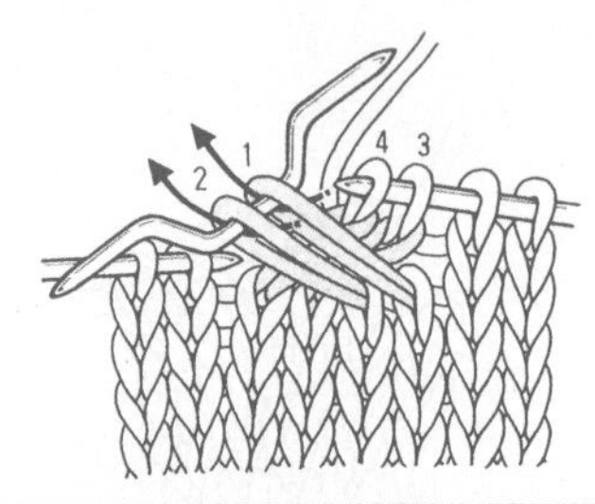

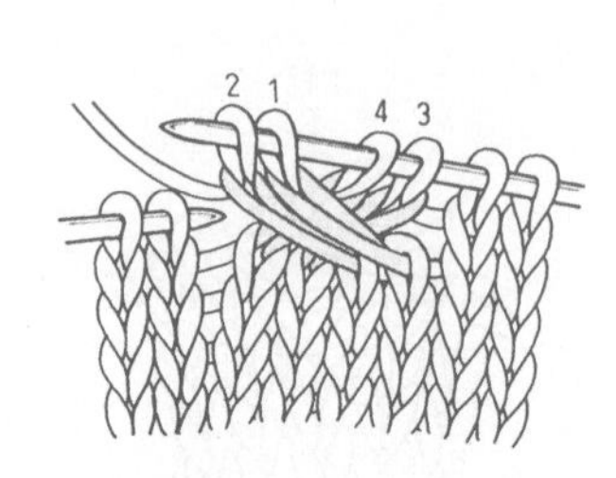

❶ 把左针的针1、2移到麻花针上，把麻花针放到织物前，针3、4织下针。

❷ 按箭头方向所示，把右针分别插入移到麻花针上的针1、2中，织扭针。

❸ 完成编织。

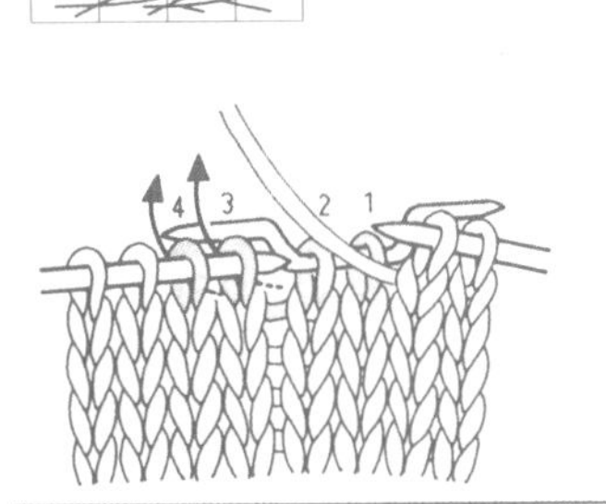

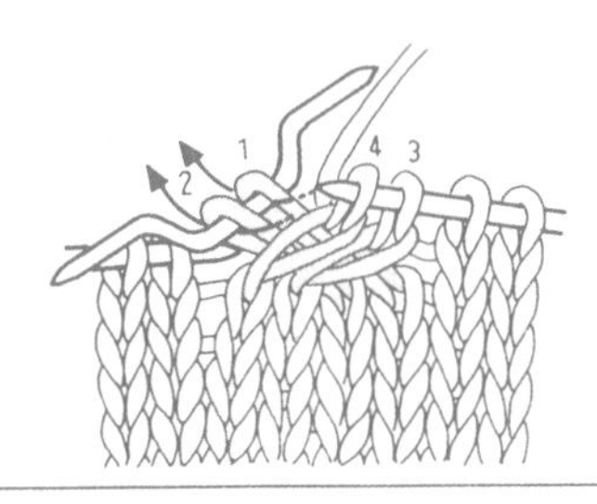

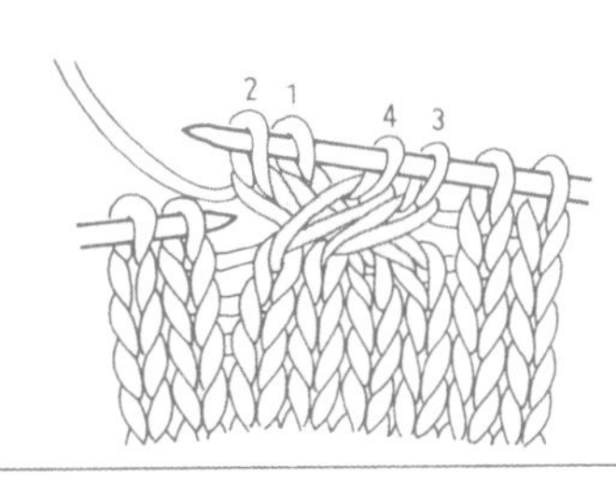

❶ 将左针上的针 1、2 移到麻花针上，把麻花针放到织物后面，针 3、4 织扭针。

❷ 移到麻花针上的针 1、2 织下针。

❸ 完成编织。

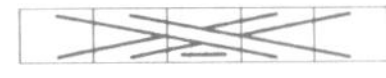

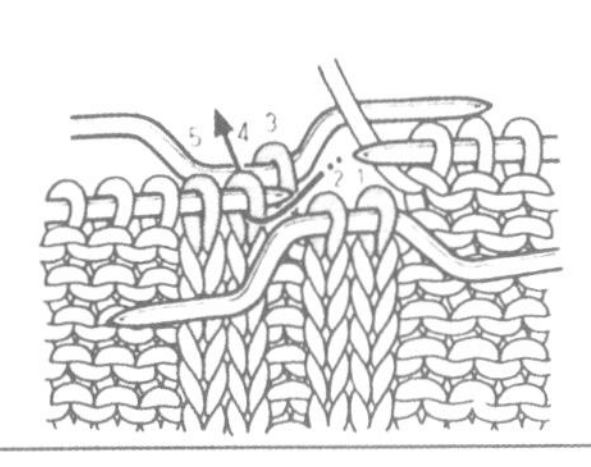

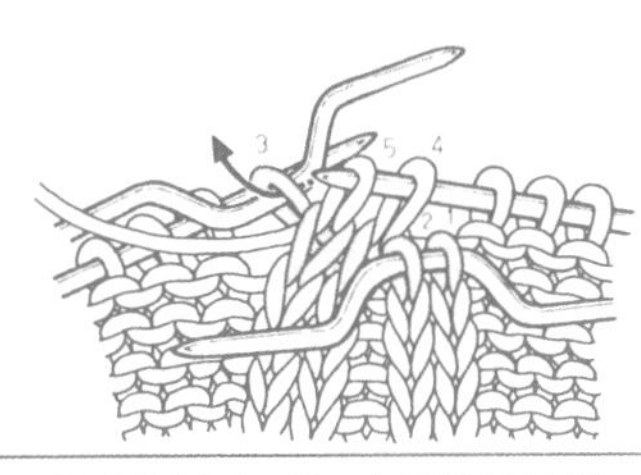

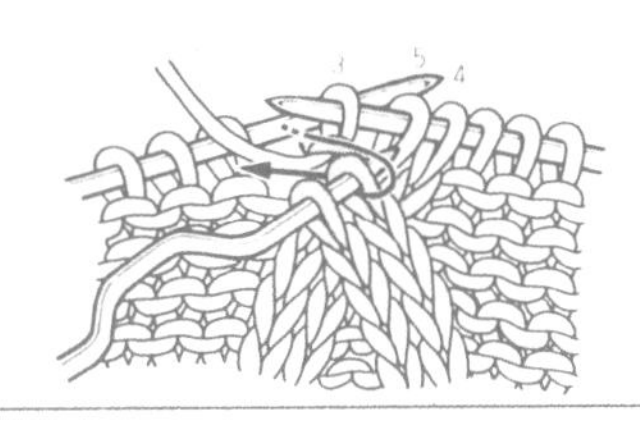

❶ 把左针上的针 1、2 移到麻花针上，把麻花针放在织物的前面，将针 3 移到另外一根麻花针上，把这根麻花针放在织物的后面。

❷ 先织针 4、5，之后将针 3 按箭头所示织下针。

❸ 最后针 1、2 也织下针。

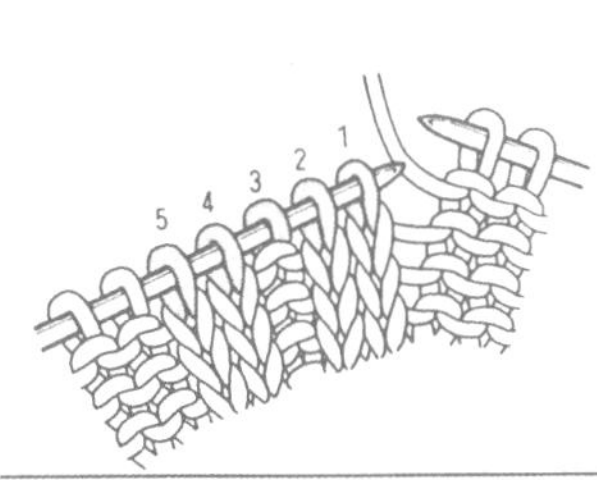

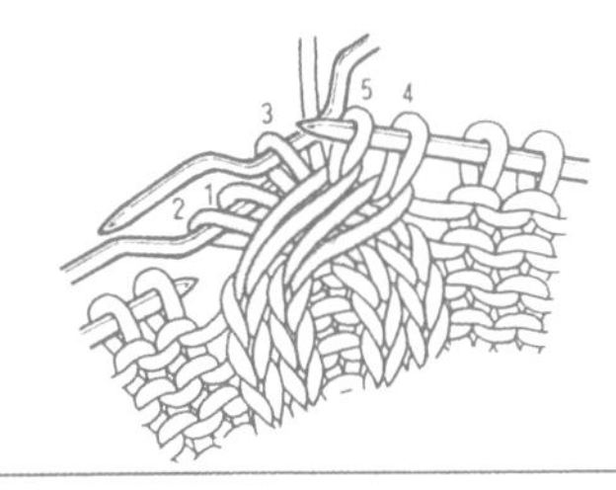

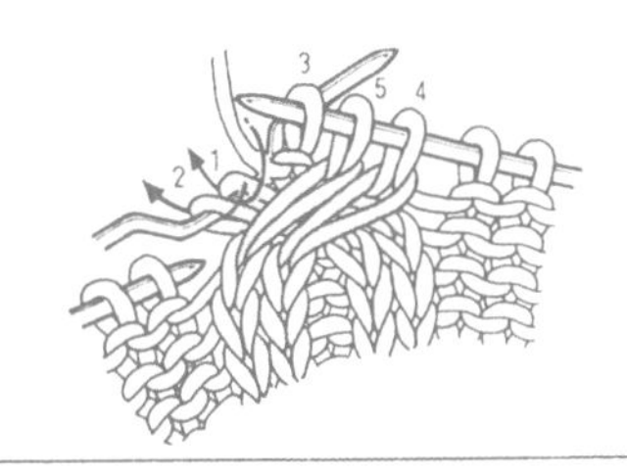

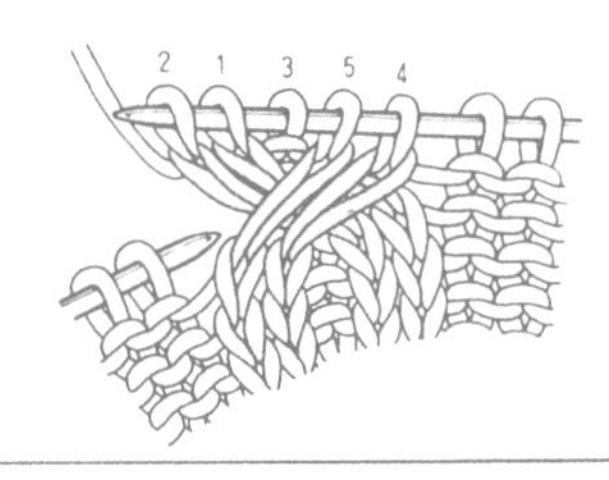

❶ 将左针的针 1、2 移到一根麻花针上，将针 3 移到另一根麻花针上，把这两根麻花针都放在织物后面。

❷ 针 4、5 织下针。

❸ 将移到麻花针上的针 3 在后面织上针。

❹ 最后将针 1、2 织下针，完成编织。

穿右针交叉

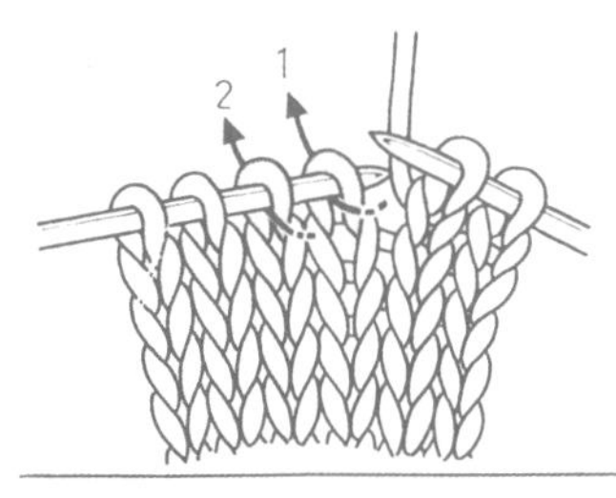

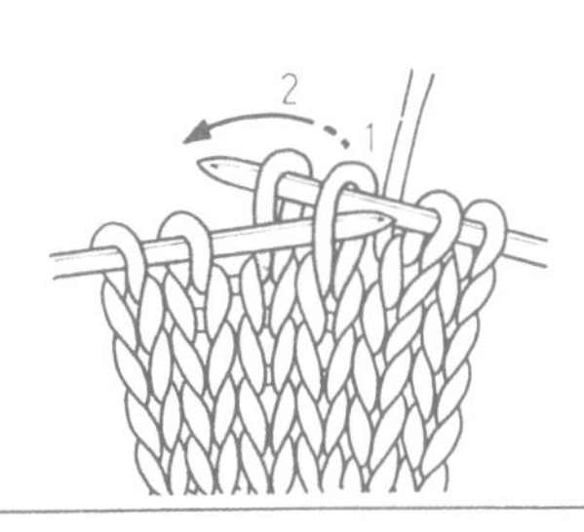

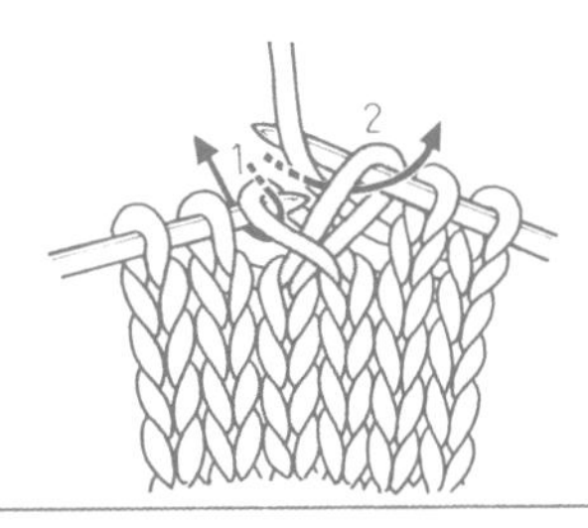

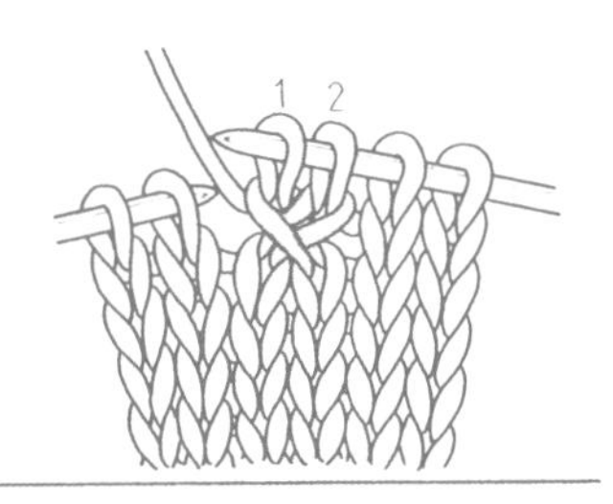

❶ 左针上的针 1、2 先不编织，插入右针，按箭头方向所示把这两针移到右针上。

❷ 用左针把针 1 盖到针 2 上。

❸ 先织 1 针下针，再织 2 针下针。

❹ 完成穿右针交叉针的编织。

穿左针交叉

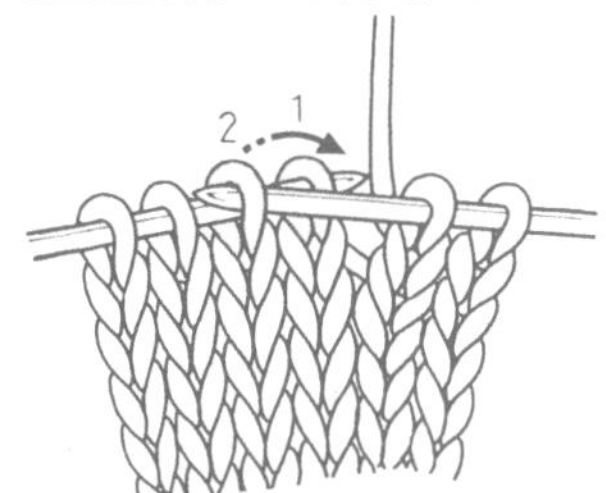

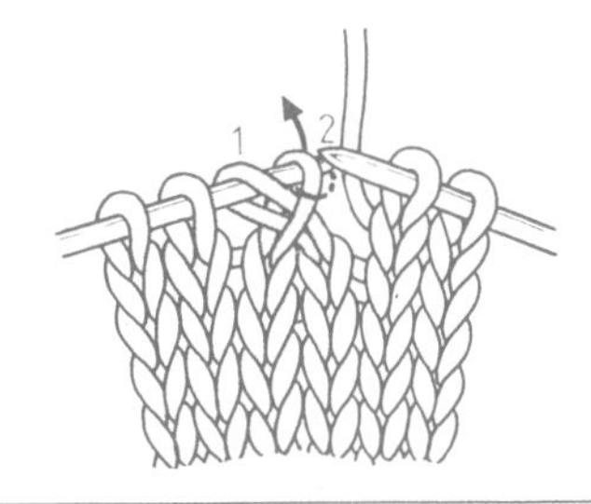

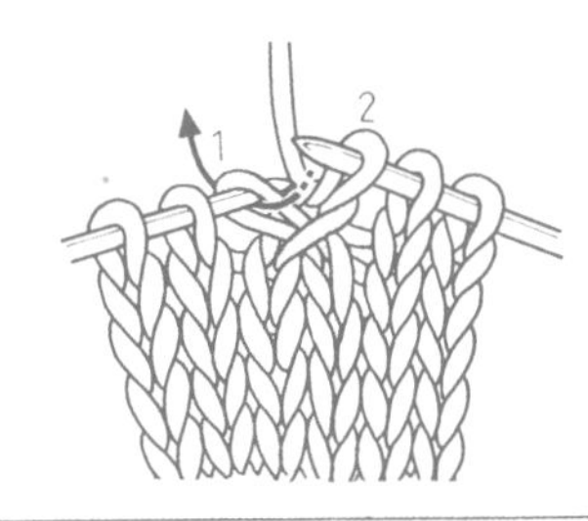

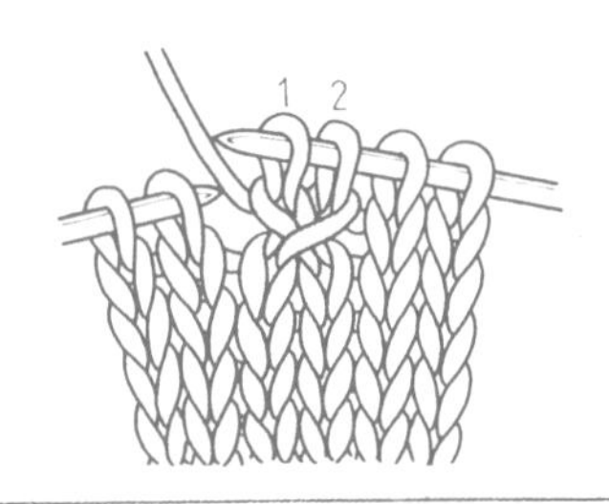

❶ 用右针把左针上的针 2 盖到针 1 上。

❷ 先织针 2，织下针。

❸ 再织针 1，织下针。

❹ 完成穿左针交叉针的编织。

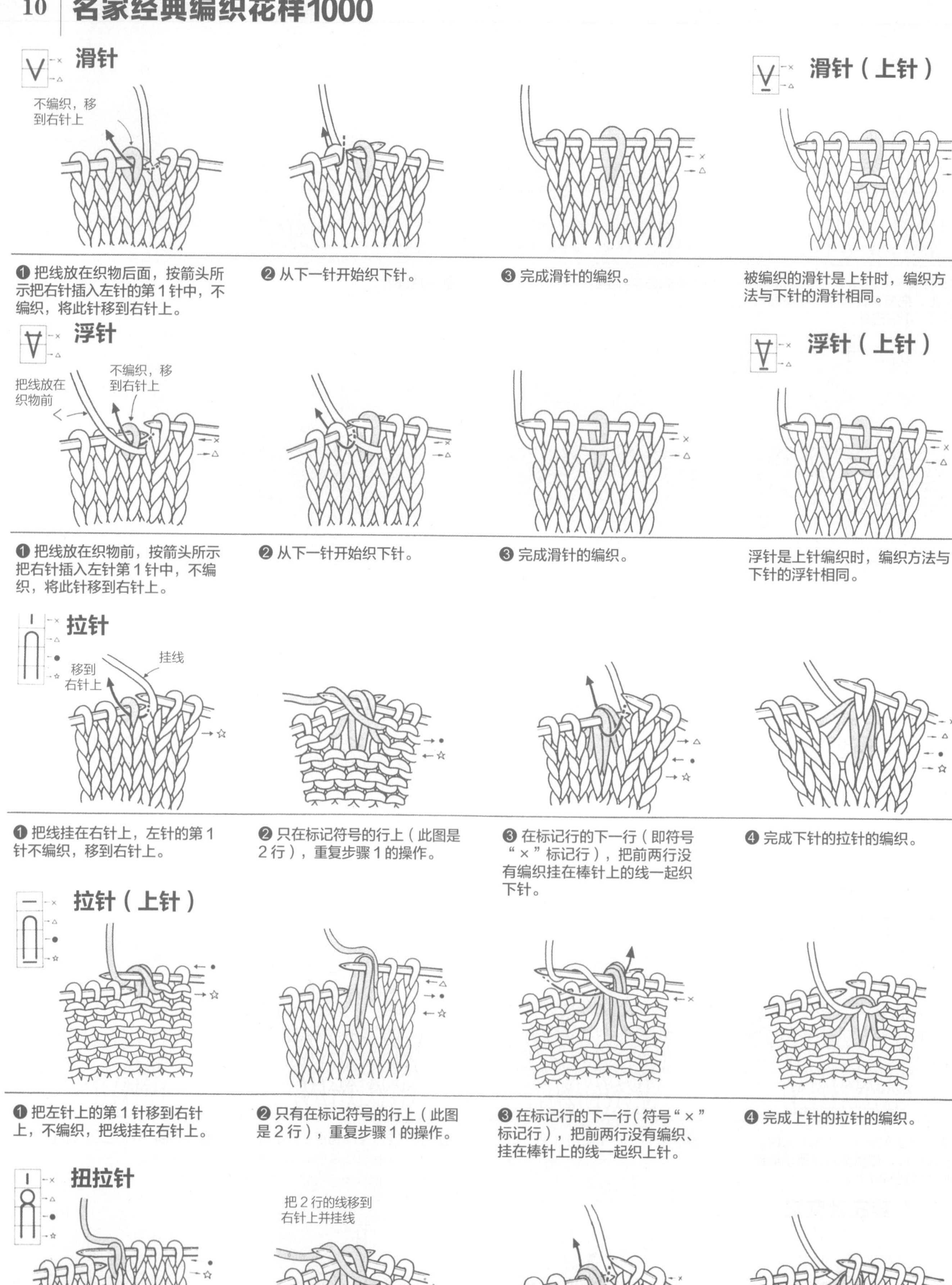

滑针

❶ 把线放在织物后面，按箭头所示把右针插入左针的第1针中，不编织，将此针移到右针上。

❷ 从下一针开始织下针。

❸ 完成滑针的编织。

滑针（上针）

被编织的滑针是上针时，编织方法与下针的滑针相同。

浮针

❶ 把线放在织物前，按箭头所示把右针插入左针第1针中，不编织，将此针移到右针上。

❷ 从下一针开始织下针。

❸ 完成滑针的编织。

浮针（上针）

浮针是上针编织时，编织方法与下针的浮针相同。

拉针

❶ 把线挂在右针上，左针的第1针不编织，移到右针上。

❷ 只在标记符号的行上（此图是2行），重复步骤1的操作。

❸ 在标记行的下一行（即符号“×”标记行），把前两行没有编织挂在棒针上的线一起织下针。

❹ 完成下针的拉针的编织。

拉针（上针）

❶ 把左针上的第1针移到右针上，不编织，把线挂在右针上。

❷ 只有在标记符号的行上（此图是2行），重复步骤1的操作。

❸ 在标记行的下一行（符号“×”标记行），把前两行没有编织、挂在棒针上的线一起织上针。

❹ 完成上针的拉针的编织。

扭拉针

❶ 在符号“●”标记行上，把线挂在右针上，按照上针的扭针的要领把右针插入左针的第1针中，不编织，把此针移到右针上。

❷ 在下一行（符号“Δ”标记行），也把线挂在右针上，不编织，把这针两行的线圈一起移到右针上。

❸ 在符号“×”标记行，把前两行没有编织、挂在棒针上的线一起织下针。

❹ 完成扭拉针的编织。

卷针

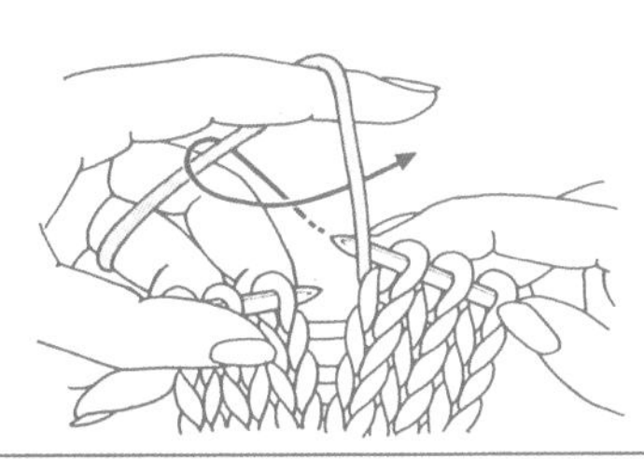

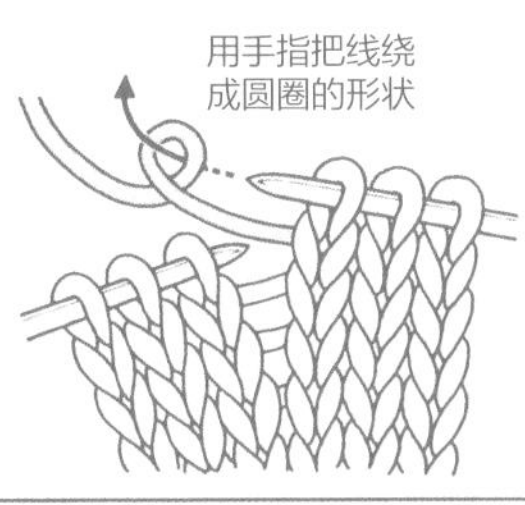

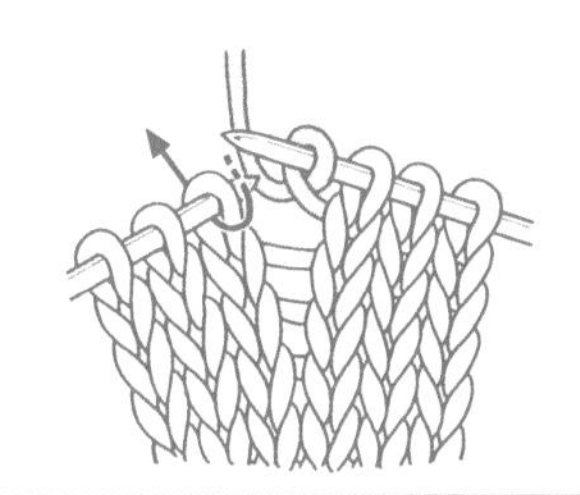

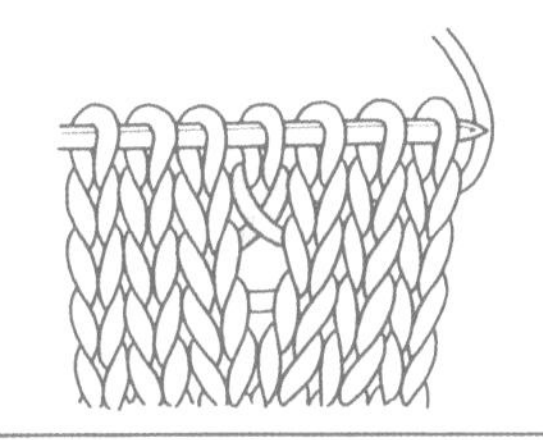

❶ 如箭头方向所示，插入右针并挂上线。

❶ 也可以用手指把线绕成圆圈状，按箭头所示把右针插入此圆圈中。

❷ 收紧挂上的线，下一针织下针。

❸ 下一行织好的情形。

卷针（2 次卷针）

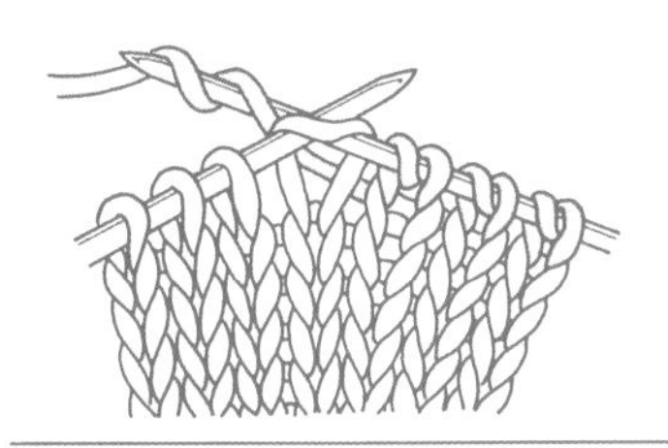

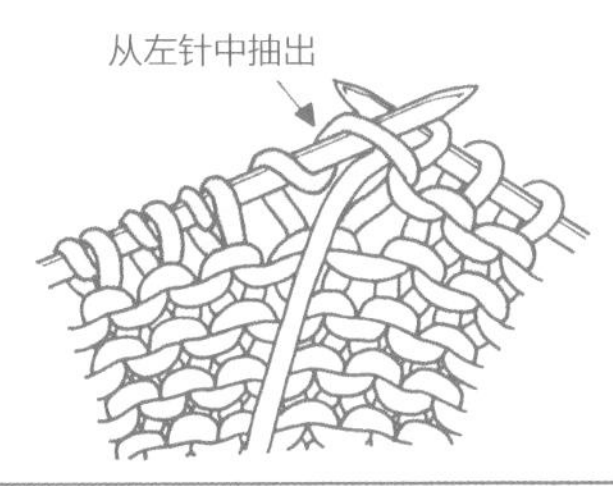

❶ 拉出线的时候，把线在右针上绕 2 圈。

❷ 在织下一行的时候，把绕好的线从左针中抽出。

（3 次卷针）

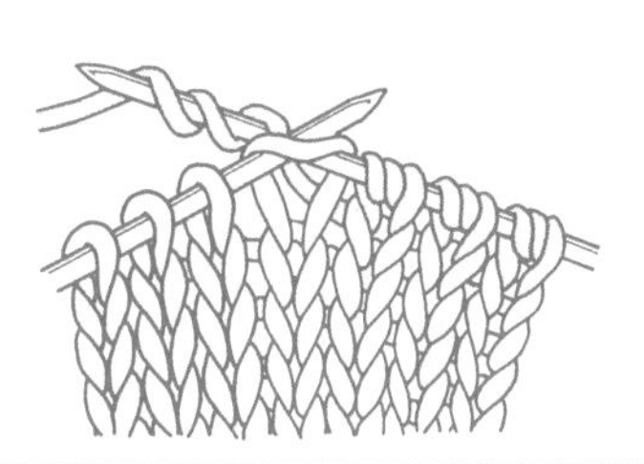

3 次卷针的时候，把线在右针上绕 3 圈并拉出。

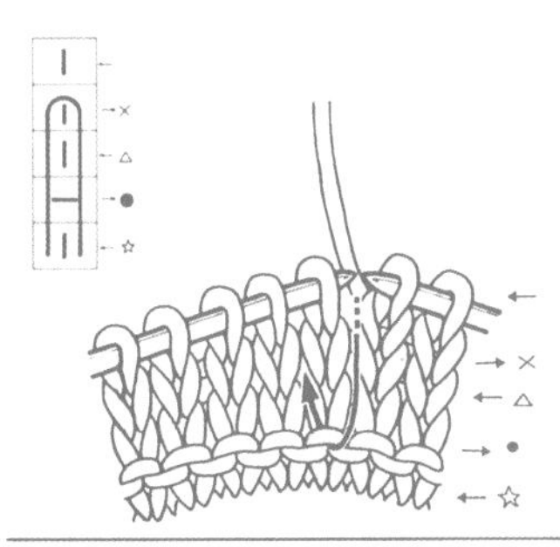

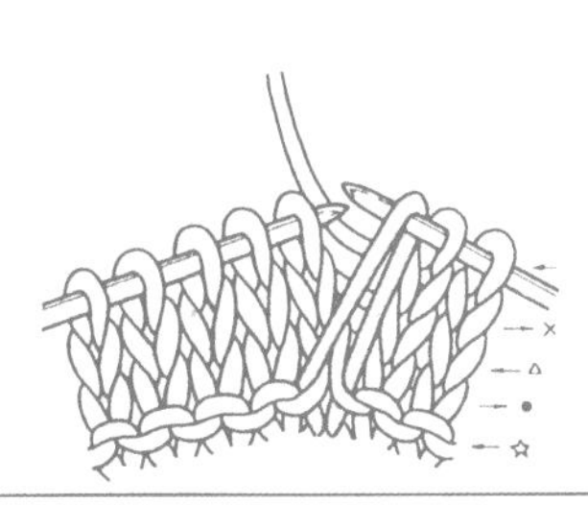

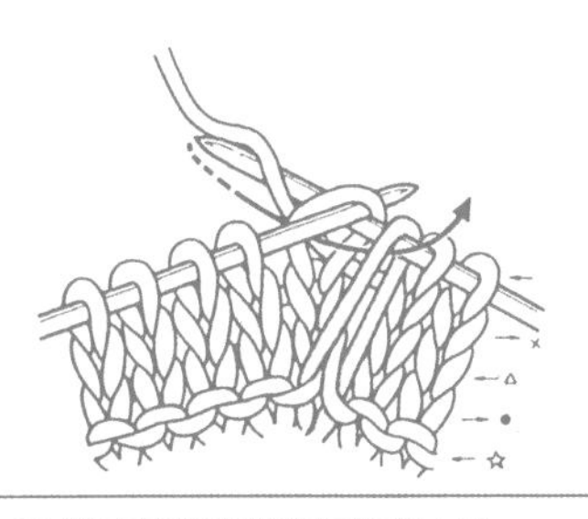

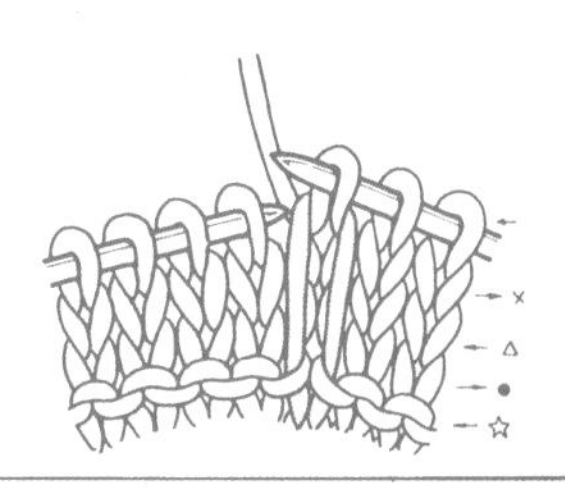

❶ 在符号标记行的下一行，把针插入符号“☆”标记行的针目中。

❷ 把线拉伸出。

❸ 把拉伸出的线和左针第 1 针一起织下针。

❹ 完成编织。

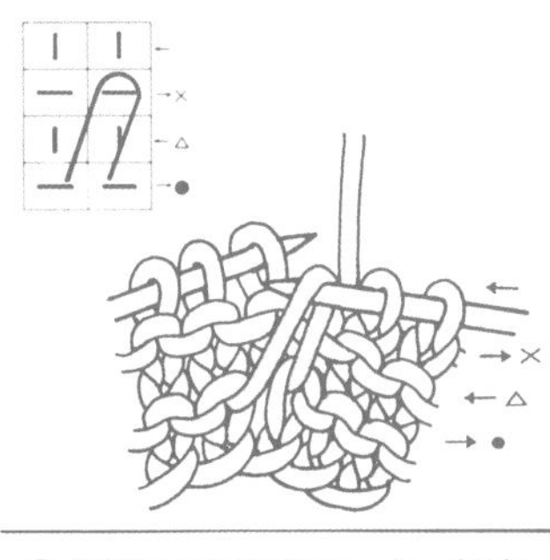

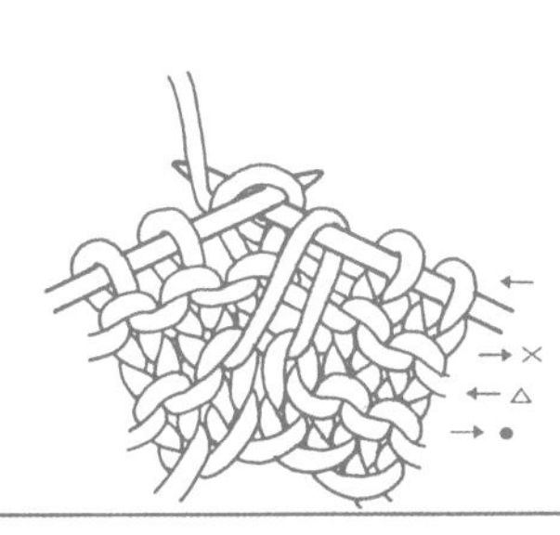

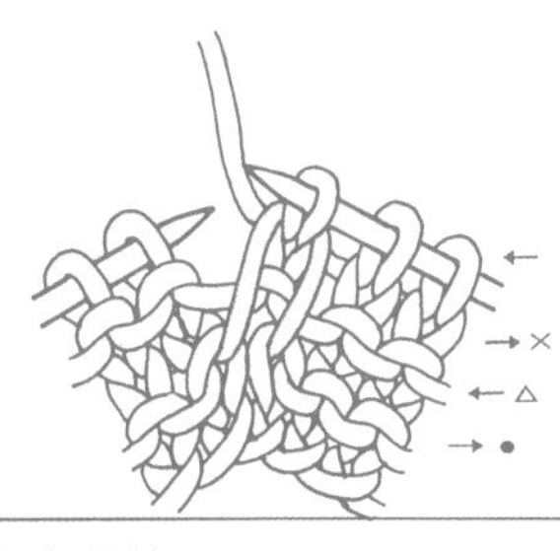

❶ 在符号标记行的下一行，把右针插入符号“☆”标记行的针目中。

❷ 拉出线，把拉出的线和左针第 1 针一起编织。

❸ 完成编织。

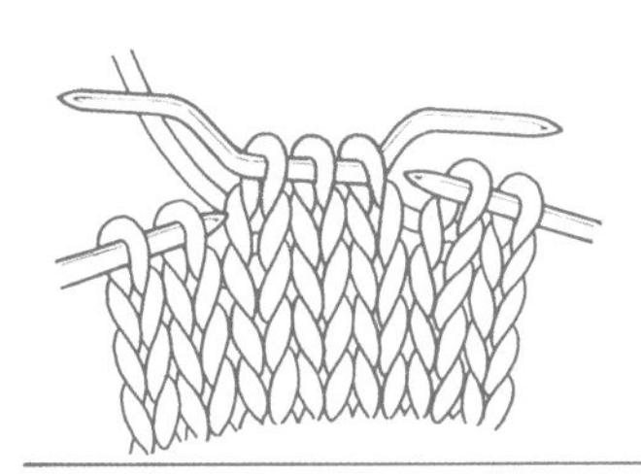

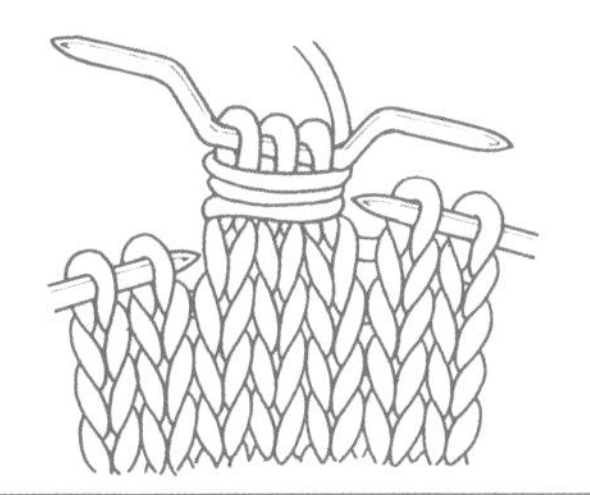

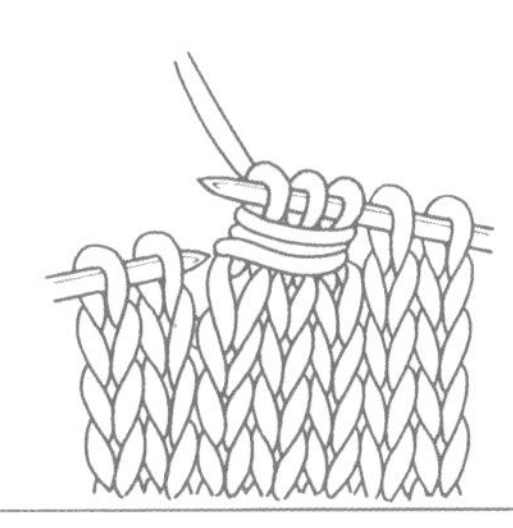

❶ 织 3 针下针，并把这 3 针移到麻花针上。

❷ 按逆时针方向在移到麻花针上的 3 针上绕线 3 圈。

❸ 完成编织。从下一针开始织下针。

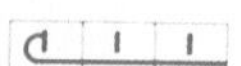

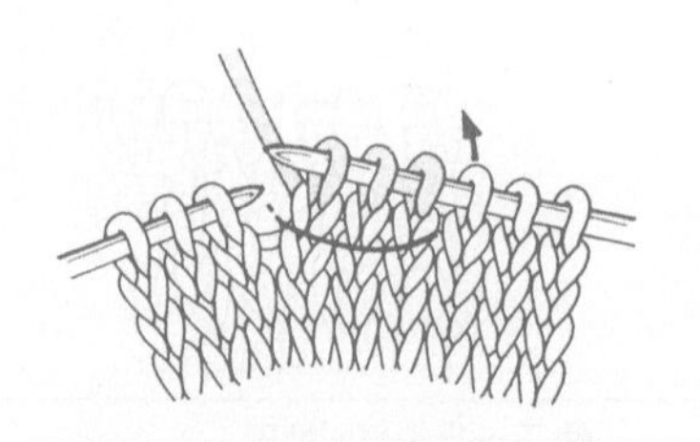

❶ 织 3 针下针，按箭头所示，把左针插入右针第 3 针和第 4 针的中间。

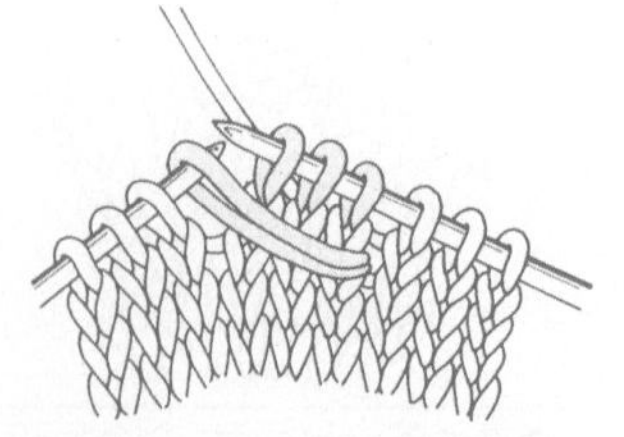

❷ 拉出线。

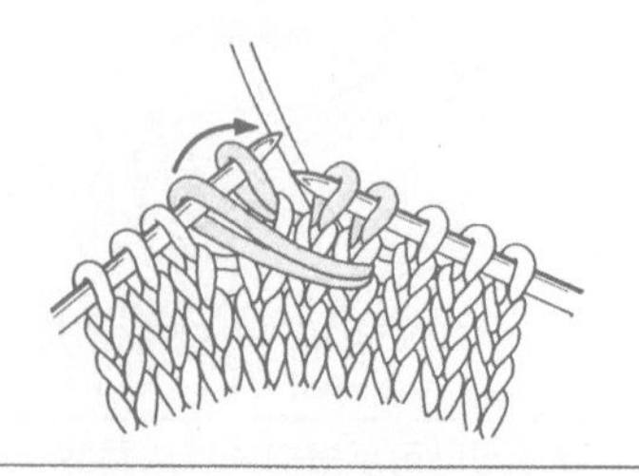

❸ 用左针把右针左侧第 1 针挑到左针上，这时此针和步骤 2 拉出的线一起并列在左针上。

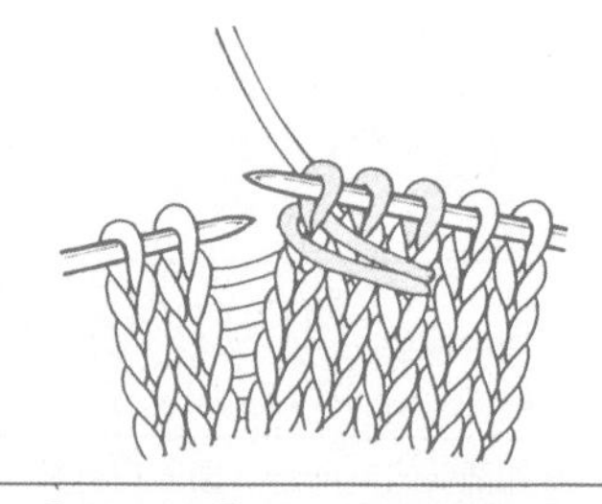

❹ 把步骤 ❷ 拉出的线盖到其右邻的 1 针上，之后再一同挑回右针上。

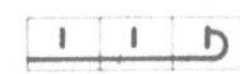

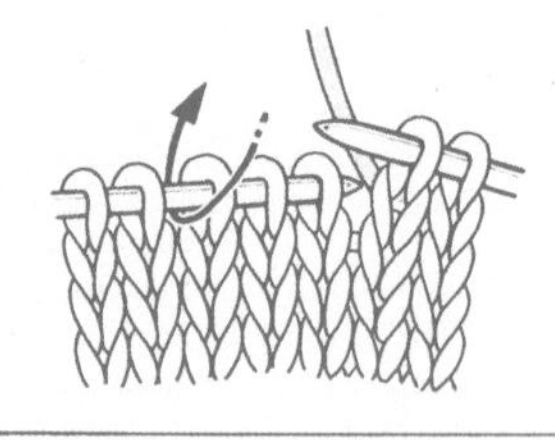

❶ 按箭头所示把右针插入左针第 3 针与第 4 针的中间，拉出线。

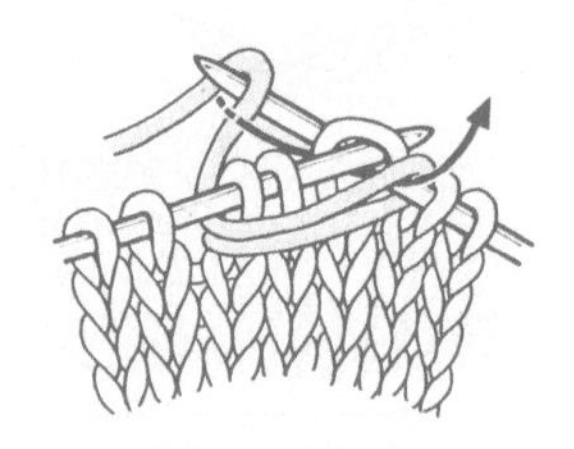

❷ 按箭头方向所示改变步骤 ❶ 拉出的线的方向，和左针右面第 1 针一起织下针。

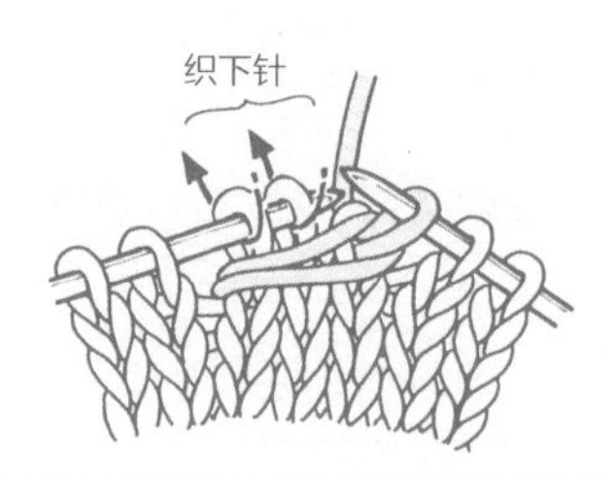

❸ 左针上的 2 针再依次织下针。

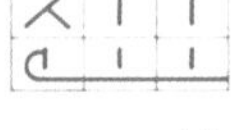

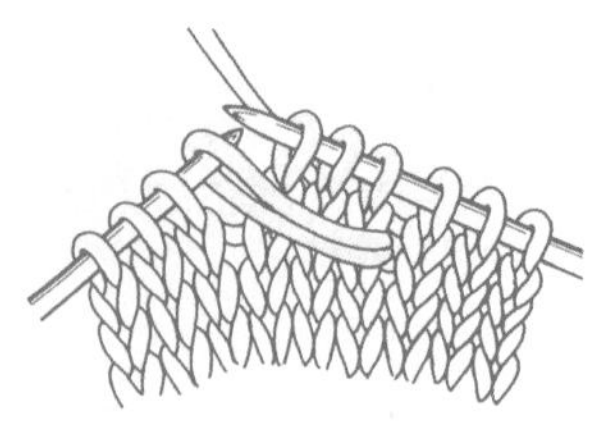

❶ 织 3 针下针，如图所示用左针把线从右针第 3 针和第 4 针的中间拉出，挂在右针上。

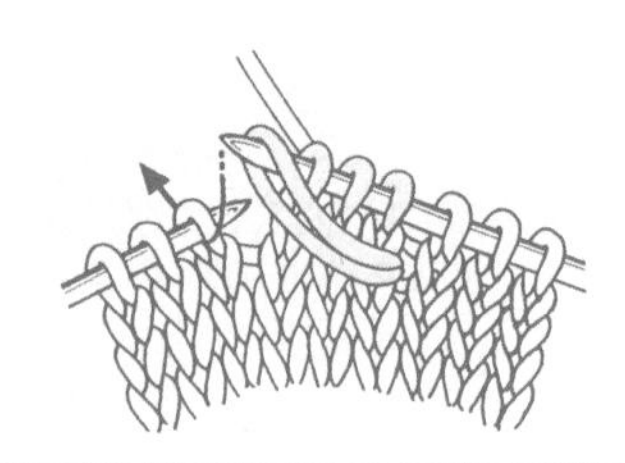

❷ 从下一针开始织下针。

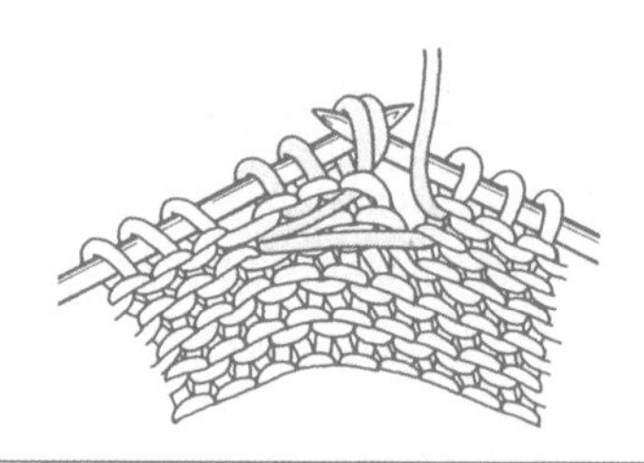

❸ 编织下一行时，把在上一行拉出的线和其左侧相邻的针一同织 2 针并 1 针。

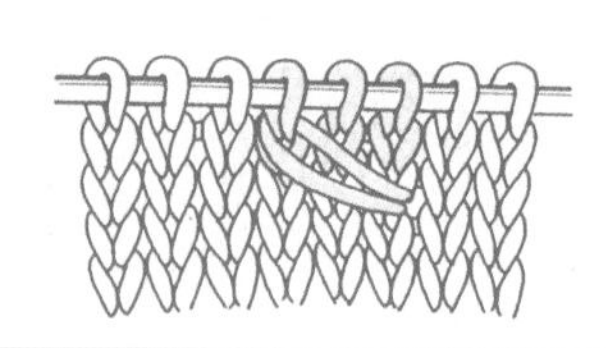

❹ 完成编织，从正面看到的情形。

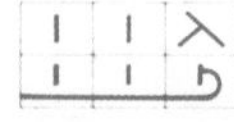

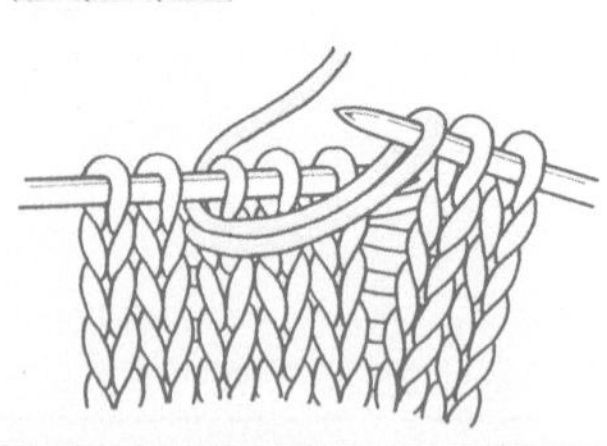

❶ 用右针把线从左针第 3 针和第 4 针中间拉出。

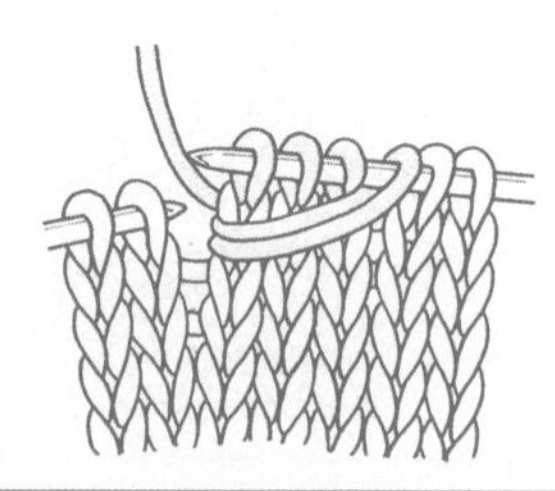

❷ 再依次下针织 3 针。

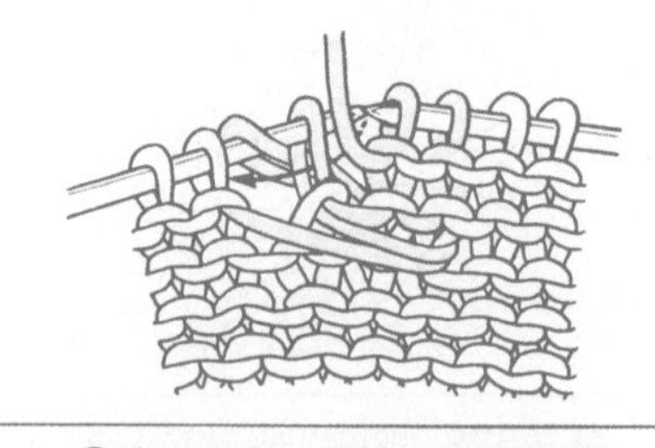

❸ 在下一行，按箭头所示把右针插入步骤 ❶ 拉出的线与右侧相邻的针的中间，挂上线一起编织。

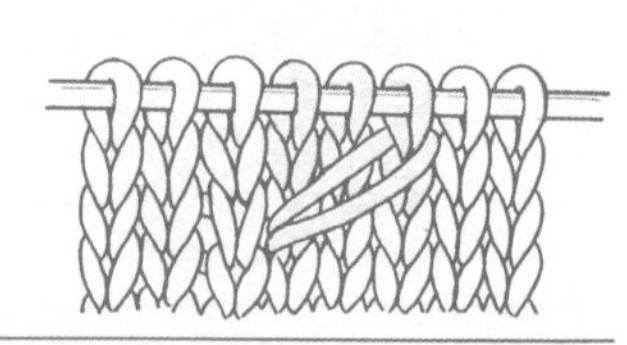

❹ 编织完成反面行。从正面看到的情形。

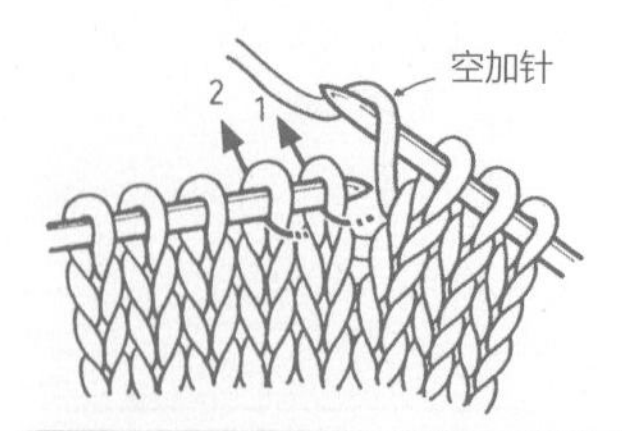

❶ 在右针上做空加针，编织左针上的针 1、2。

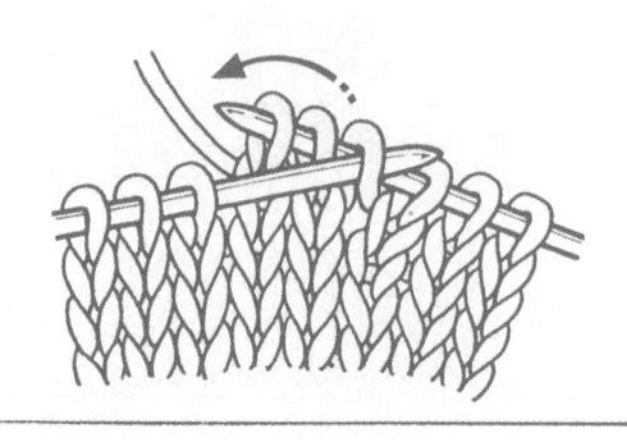

❷ 把右针上的空加针盖在其左侧的两针上。

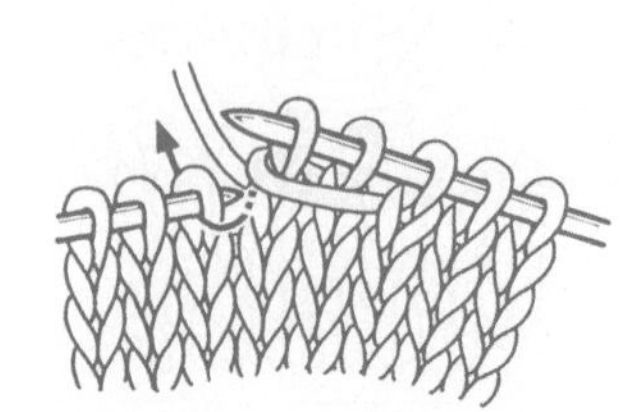

❸ 下一针织下针。

空加针
（注意挂线的方法）
2 1

从正面看到的情形

❶ 右针挂线时，使其左面的线在针前。下两针依次织上针。

❷ 把空加针盖在步骤 1 编织的两针上。

❸ 从下一针开始织上针。

❹ 编织完成，从正面看到的情形。

❶ 左针的前 3 针不编织，移到右针上，把这 3 针中最右端的 1 针盖在其左边的 2 针上。

❷ 把右针上剩下的 2 针挑到左针上，两针中右侧的那 1 针织下针。

❸ 织空加针。

❹ 下一针织下针。

盖针

❶ 把左针右面第 3 针盖在其右侧两针上。

❷ 左针第 1 针织下针，织空加针。

❸ 下一针也织下针。

改变针目方向
滑针
空加针

空加针

❶ 像织下针那样把右针插入左针上，把左针第 1 针移到右针上。

❷ 下两针织下针，把步骤 ❶ 移到右针上的那 1 针盖在这两针上。

❸ 完成编织。

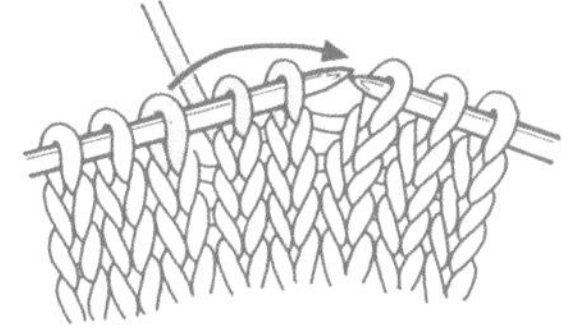

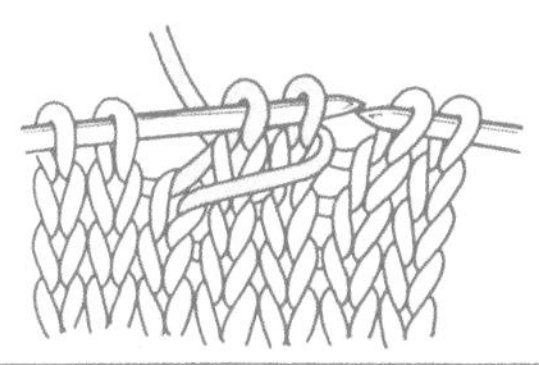

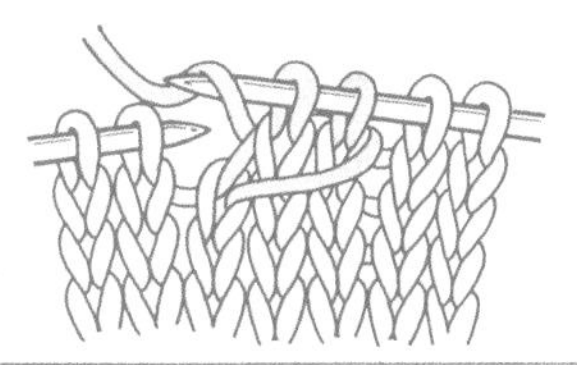

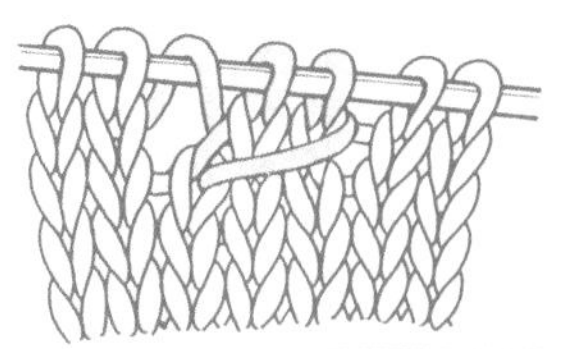

❶ 左针上第 1、2 针织下针后，挑回到左针上。

❷ 把左针上第 3 针盖在挑回的那两针上。

❸ 再把那两针移到右针上，织空加针。

❹ 从下一针开始织下针。

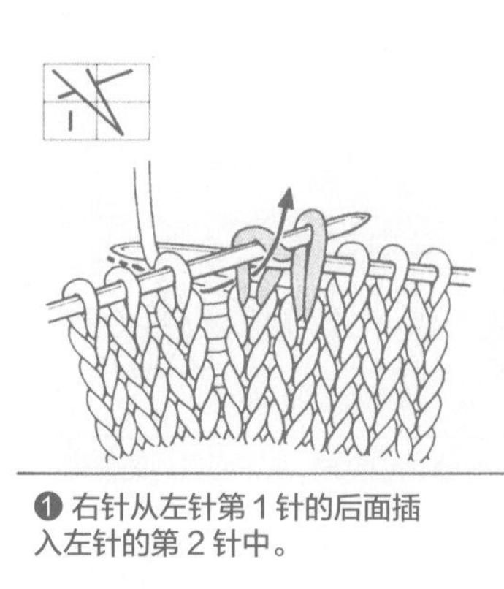

❶ 右针从左针第 1 针的后面插入左针的第 2 针中。

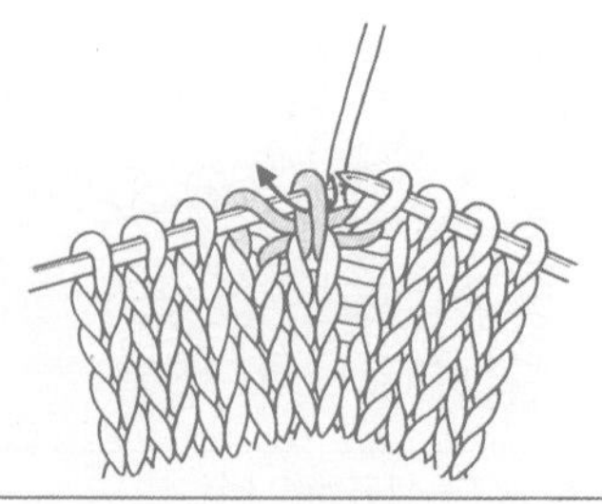

❷ 织下针。

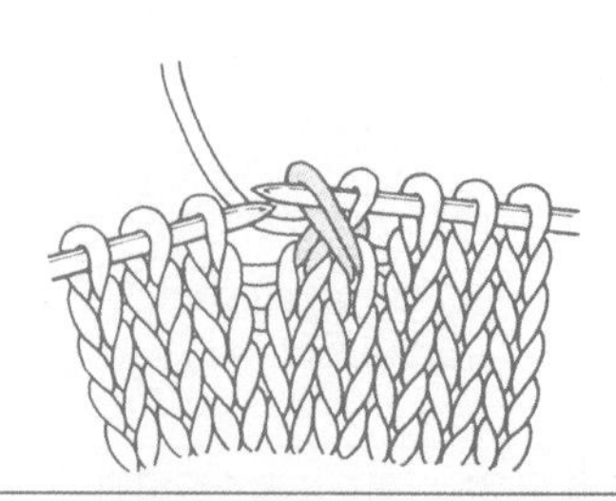

❸ 把左针上的第 1 针移到右针上，抽出左针。

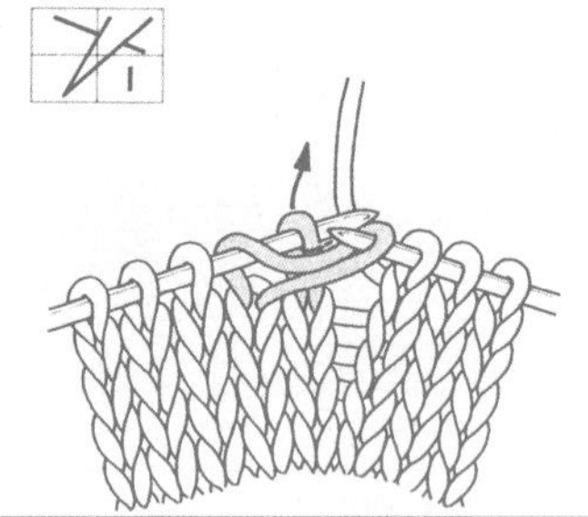

❶ 左针上的第 2 针织扭针。

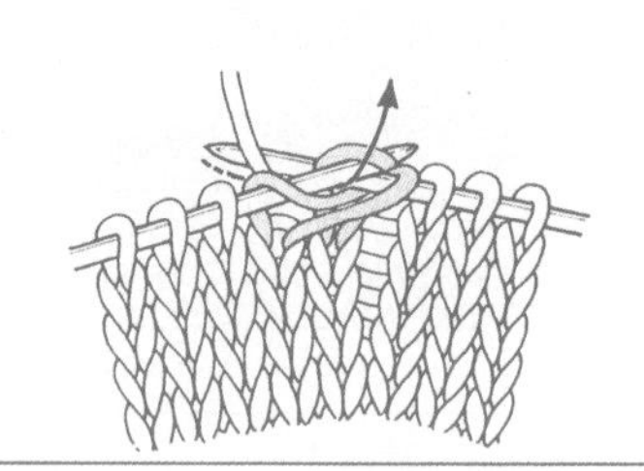

❷ 左针上的第 1 针织下针。

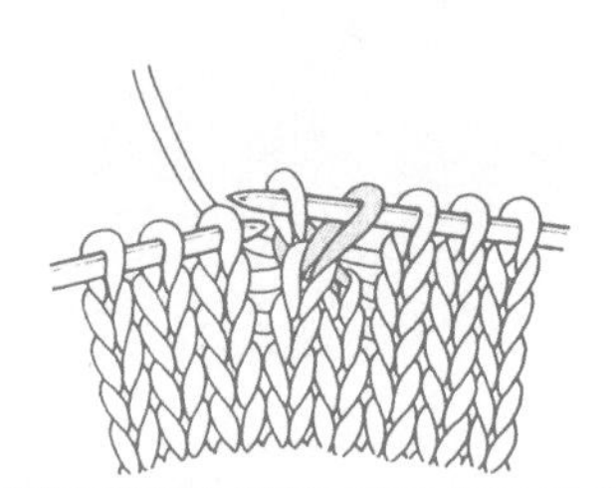

❸ 两针从左针上抽出。

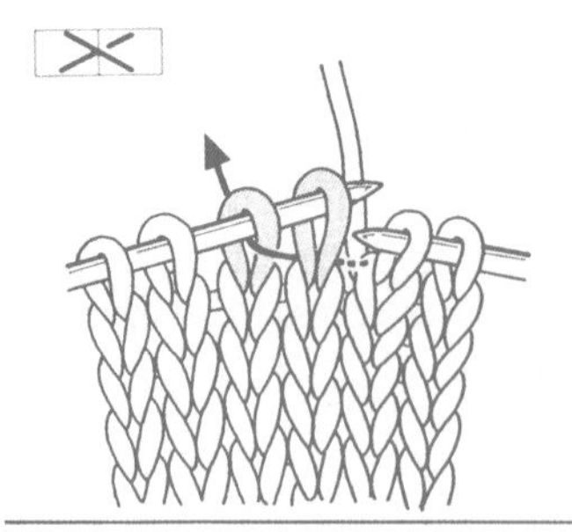

❶ 按箭头所示，把右针从左针的第 1 针的后面插入左针的第 2 针中。

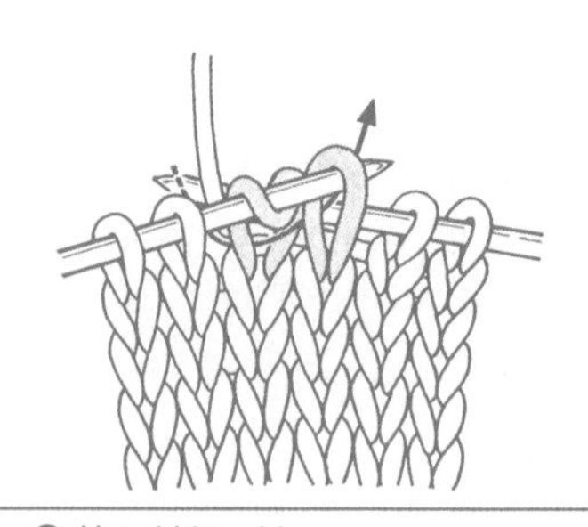

❷ 第 2 针织下针。

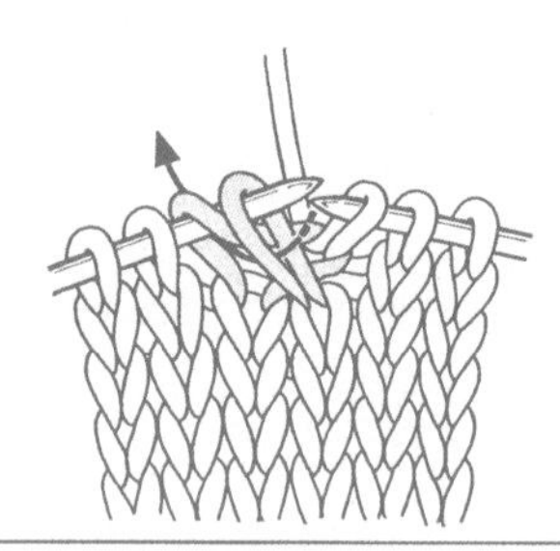

❸ 改变左针右侧第 1 针的方向，按箭头所示把右针插入左针第 2 针中。

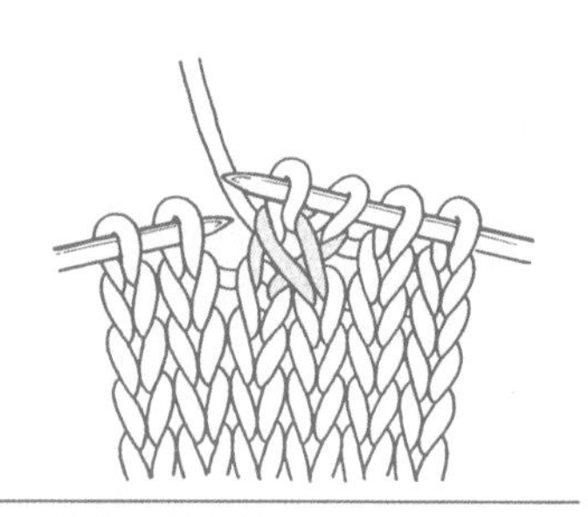

❹ 织 1 针下针。

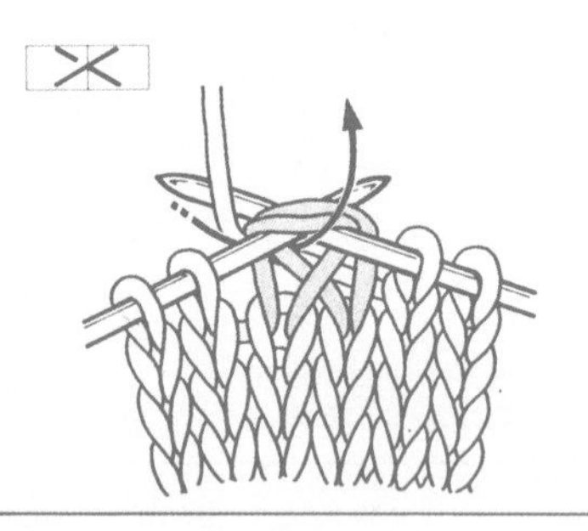

❶ 织左上 2 针并 1 针。

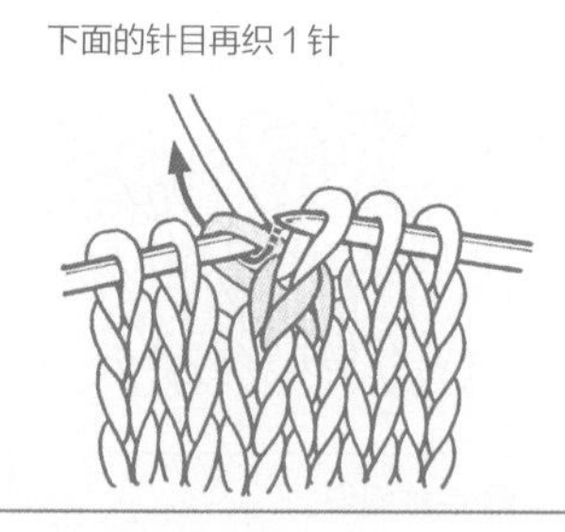

❷ 把左针再一次穿过左上 2 针中第一针的针目中。

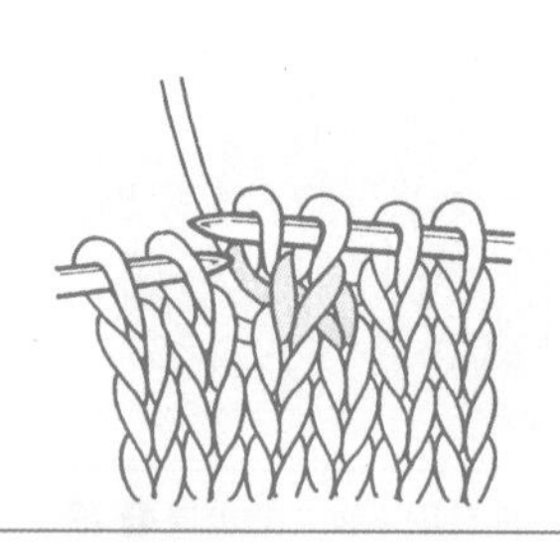

❸ 织下针。

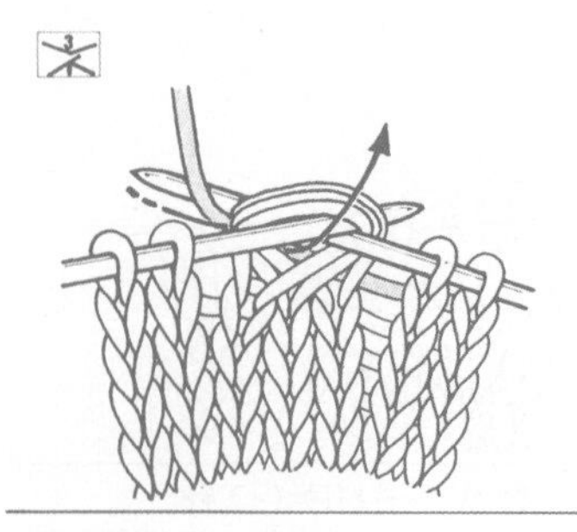

❶ 按箭头所示，把右针插入左针的 3 针中，织下针。

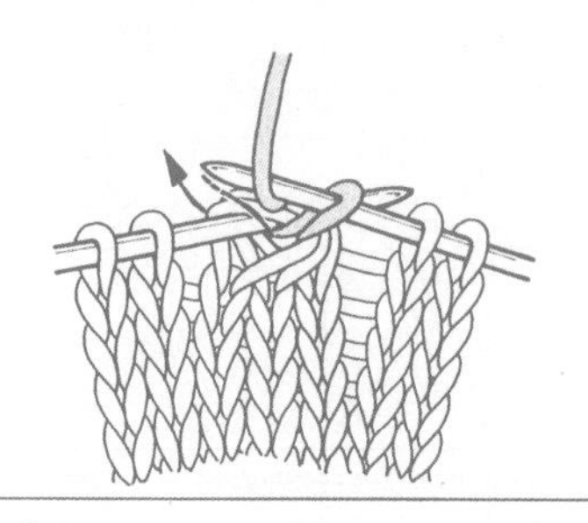

❷ 步骤 1 的那 3 针留在左针上，织空加针。

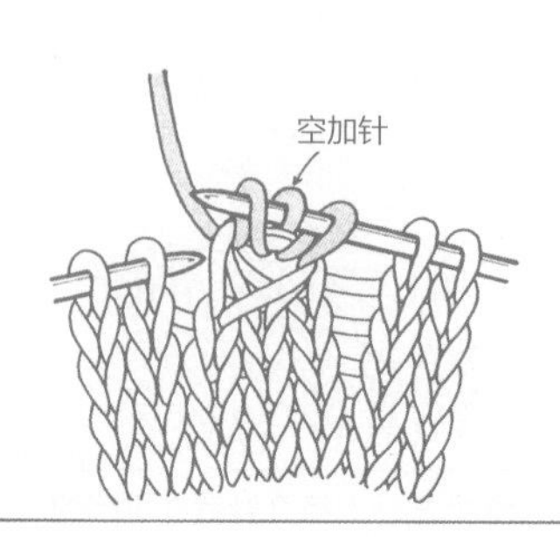

❸ 再织 1 针下针，并从左针上抽出。

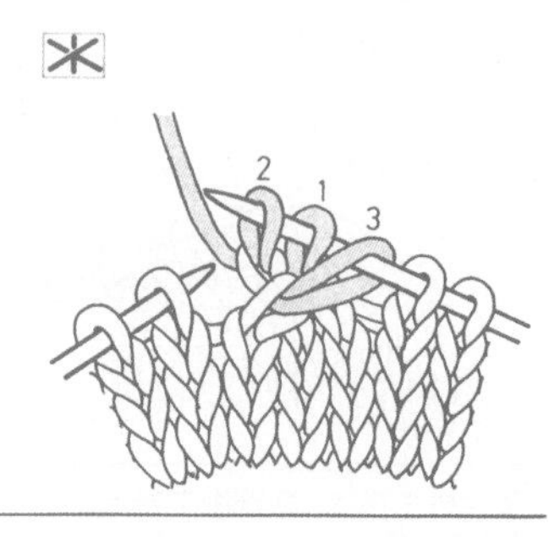

把右针插入左针 3 针的左侧，织下针，下面的 2 针也依次织下针。

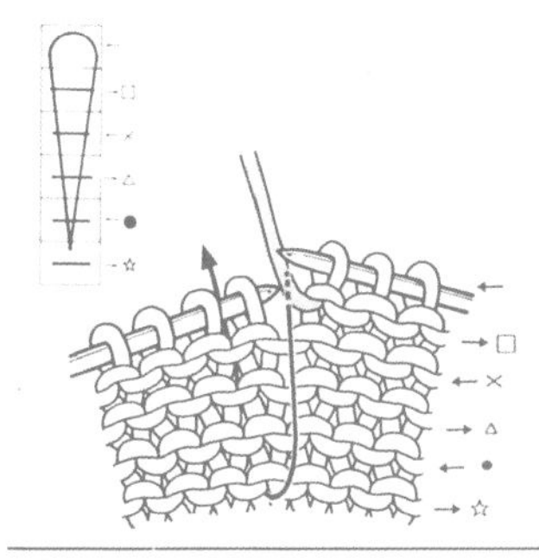

❶ 按箭头所示插入右针，从最下行的符号标记行中拉出线。

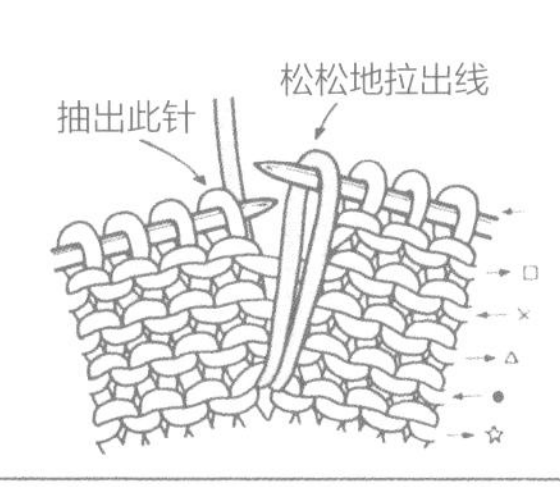

❷ 把线松松地拉出，不要吊得太紧。左针上的第1针从左针抽出。

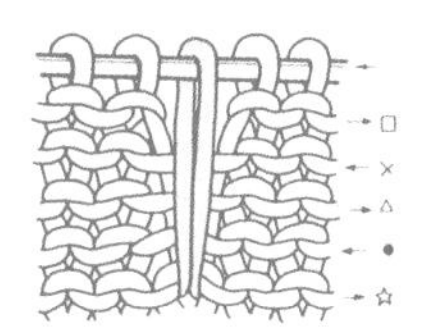

❸ 把抽出的那1针自然地挂在右针上，不要拆线。

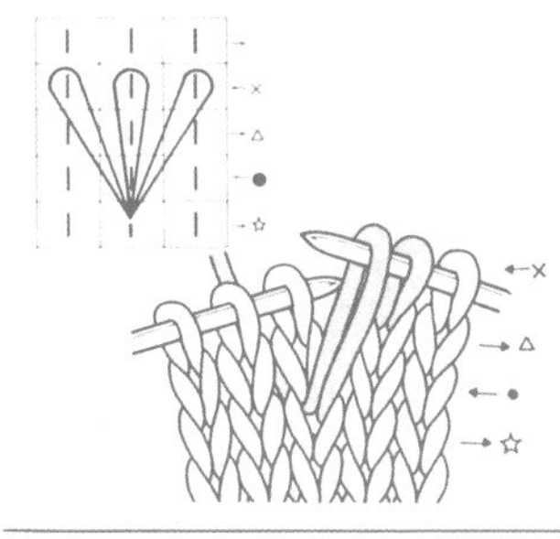

❶ 左针上的第1针织下针，把线从下一针的符号“☆”标记行中拉出。

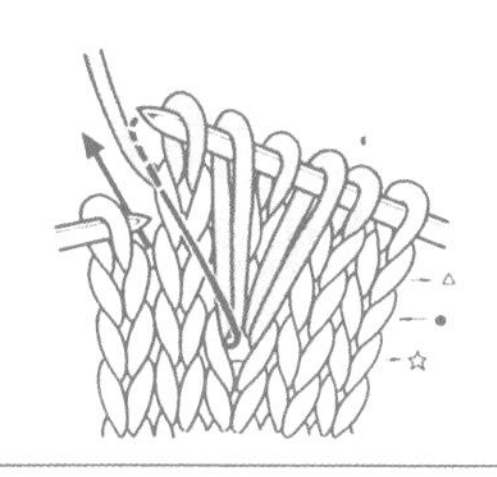

❷“下一针织下针，从与步骤❶同样的位置把线拉出。”重复2次。

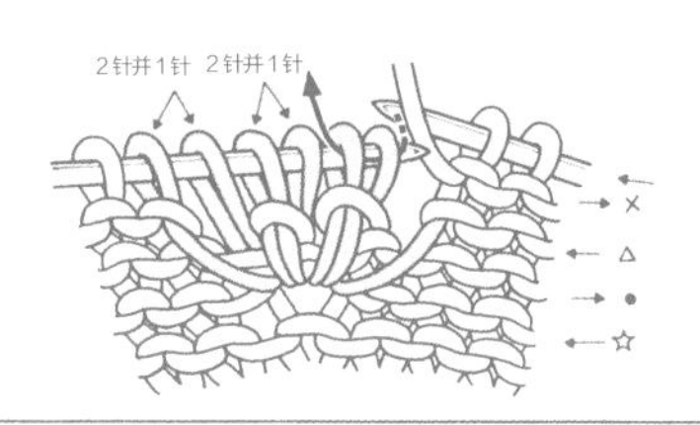

❸ 在下一行，按箭头所示插入右针，把拉出的线与其左侧相邻的针目织2针并1针。

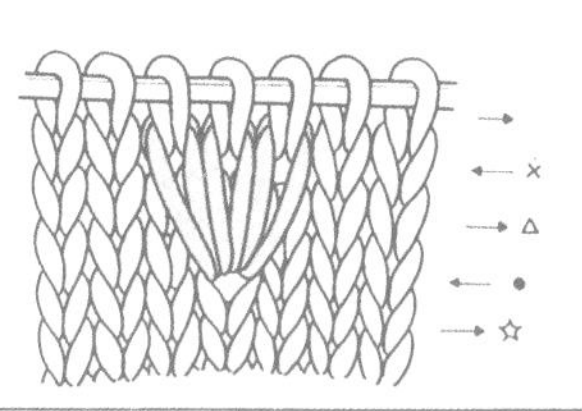

❹ 编织完成符号标记行的下一行。从正面看到的情形。

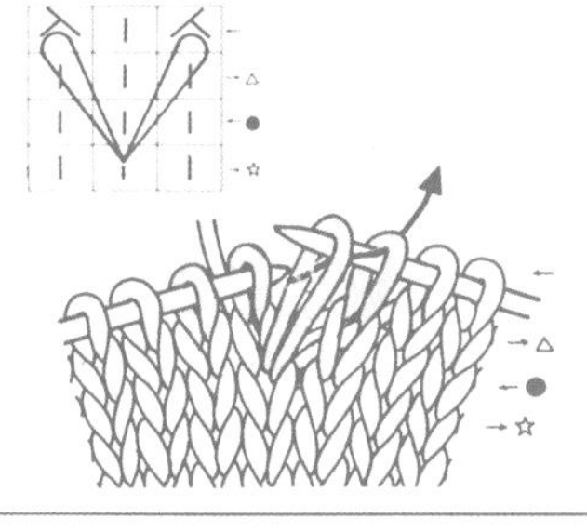

❶ 左针右侧第1针不编织，移到右针上，把线从第2针下下行中拉出。

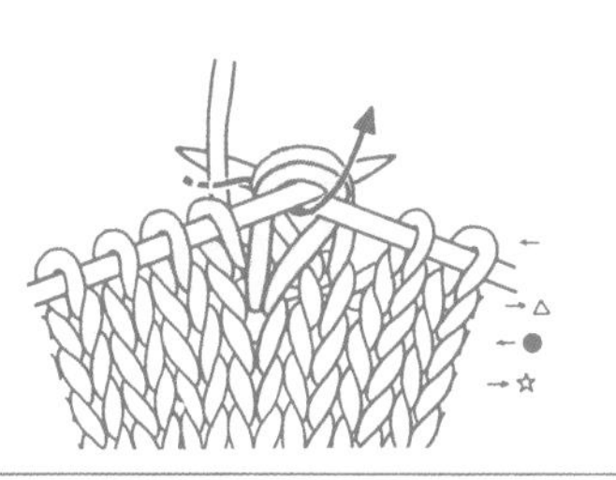

❷ 把移到右针上的那1针和右针左侧上的第1针织2针并1针。

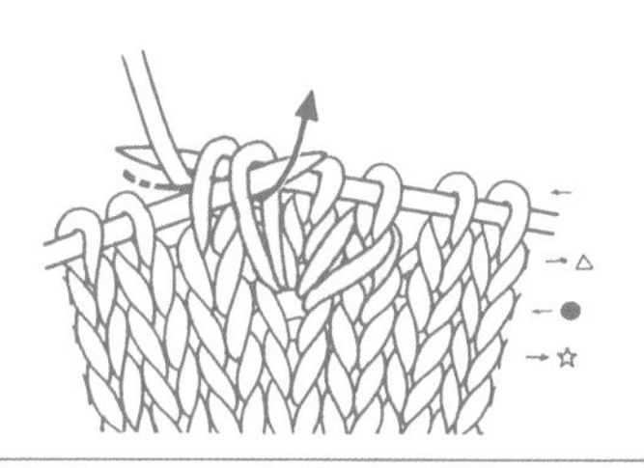

❸ 下一针织下针。把线从与步骤1同样的针目中拉出。

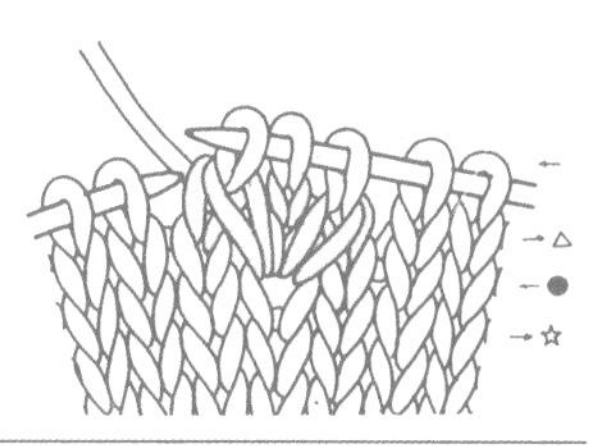

❹ 下一针要和相邻的挂线一起编织右上2针并1针。完成编织。

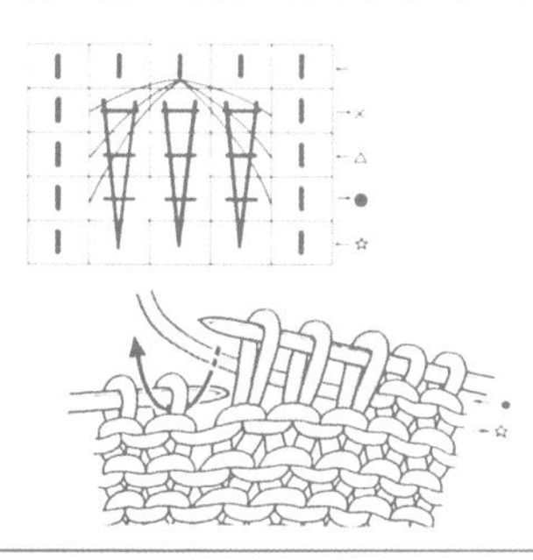

❶ 在符号“●”标记行上，织第1针浮针。

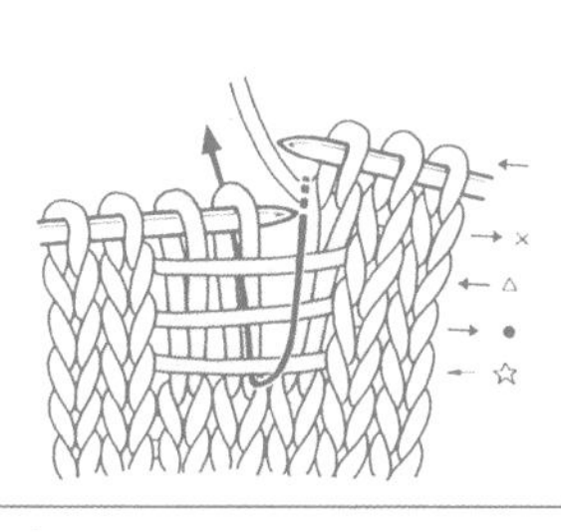

❷ 织3行浮针。在符号标记行的下一行，左针上的第1针织下针。

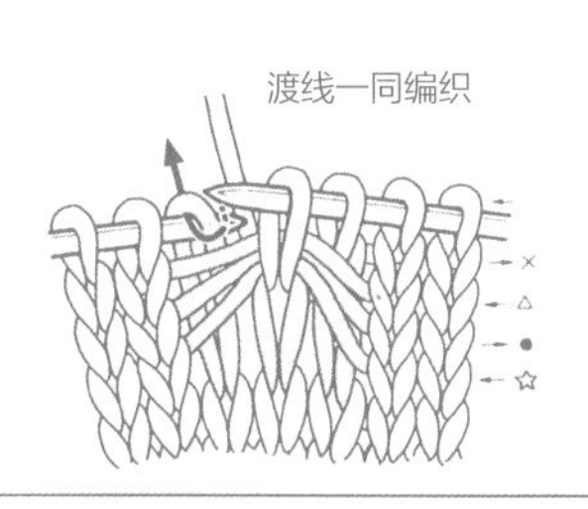

❸ 编织中间挂线的时候，挑起3根渡线，与左针的第1针一起织下针。

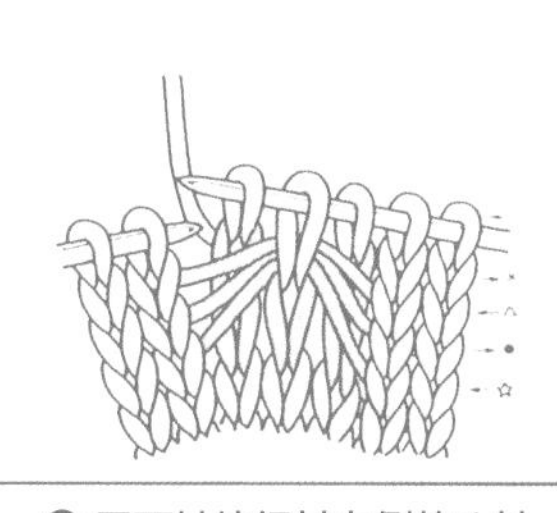

❹ 用下针编织其左侧的1针。完成编织。

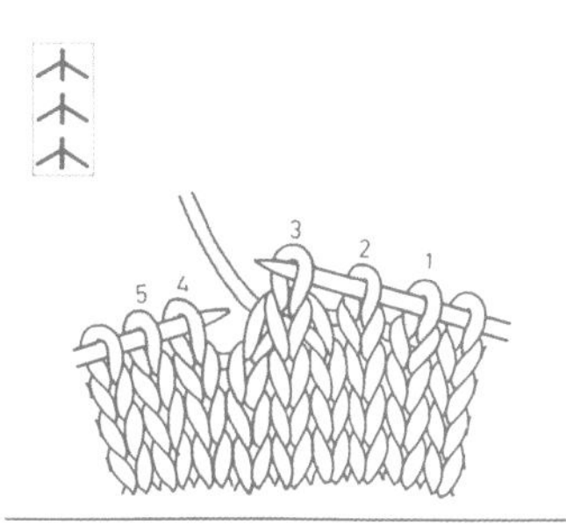

❶ 编织中上3针并1针。

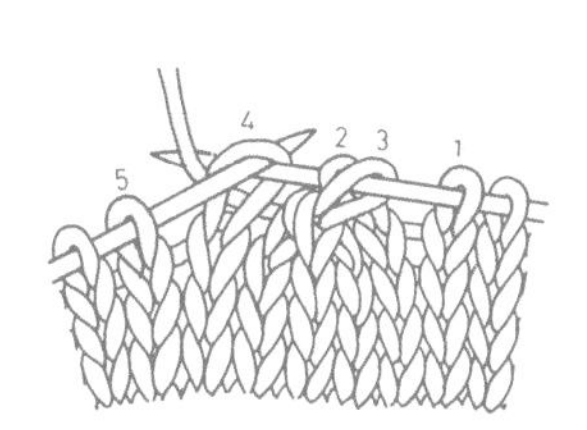

❷ 交换针2与针3的位置。针4织下针。

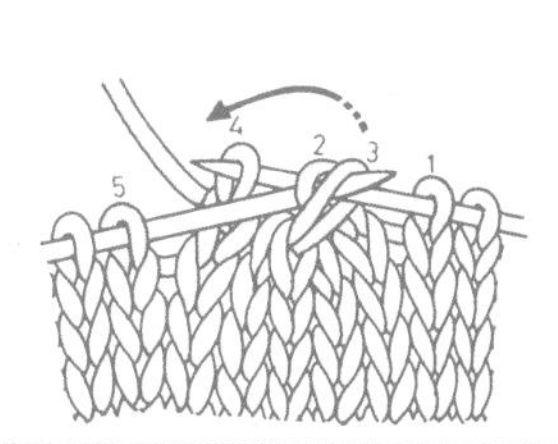

❸ 把针2和针3盖在步骤❷所编织的针4上。

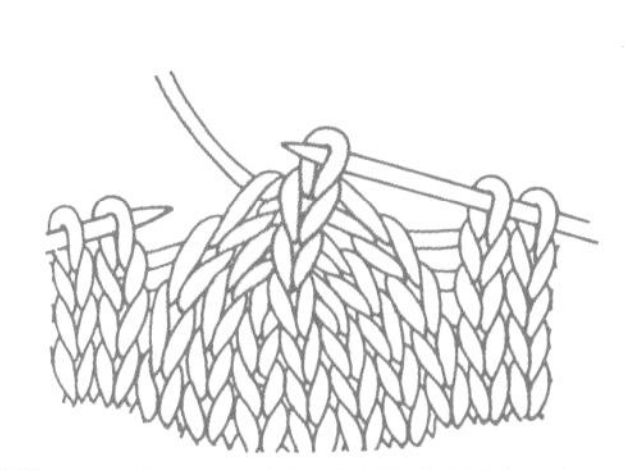

❹ 针5织下针，置换与其右侧相邻的两针的位置，并盖到步骤❷编织的那1针上。

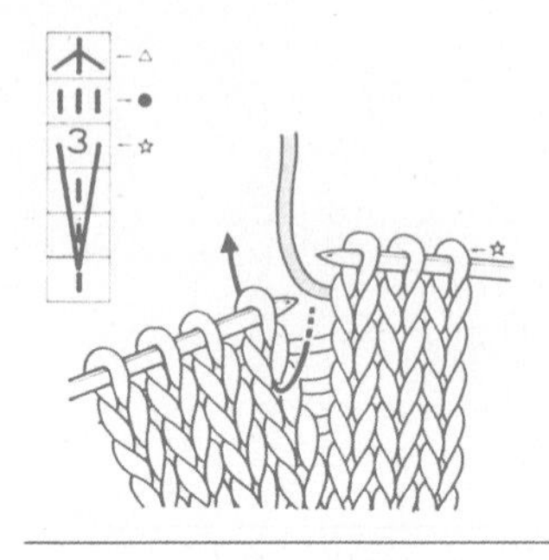
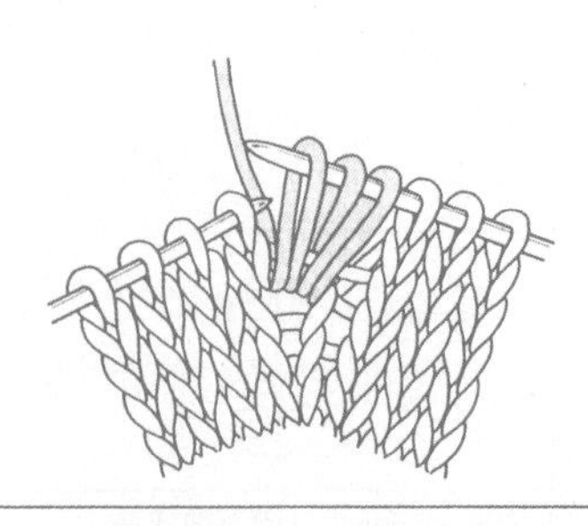
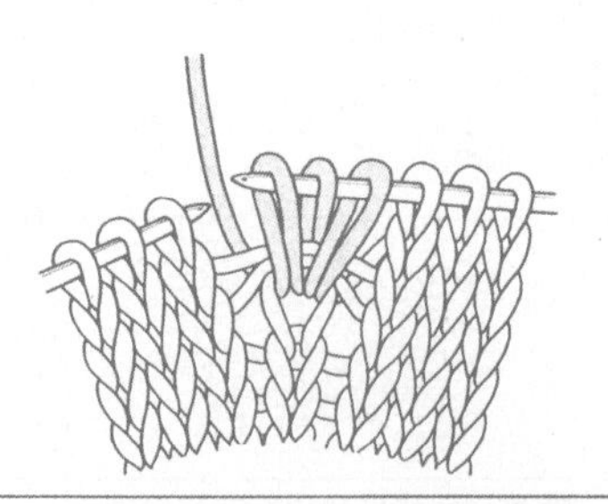
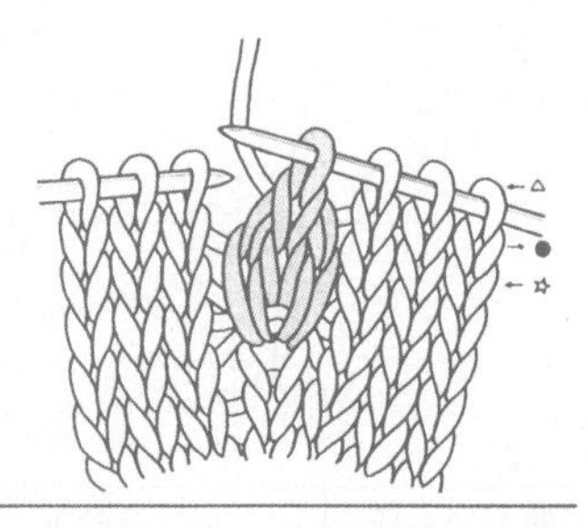

❶ 按箭头所示，在符号“☆”标记行，把右针插入标记行的下面的第 2 行中。

❷ 依次编织下针、空加针、下针这 3 针。

❸ 把挂在右针上的步骤 ❷ 编织的 3 针从右针上抽出。下一行（符号“●”标记行）一针一针依次织下针。

❹ 在符号“☆”标记行，编织中上 3 针并 1 针，完成编织。

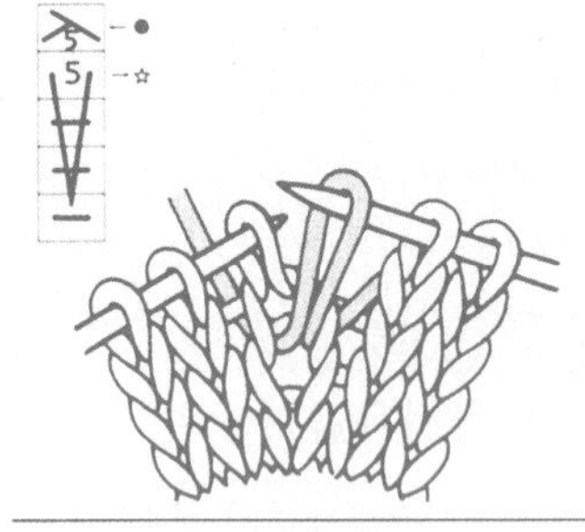
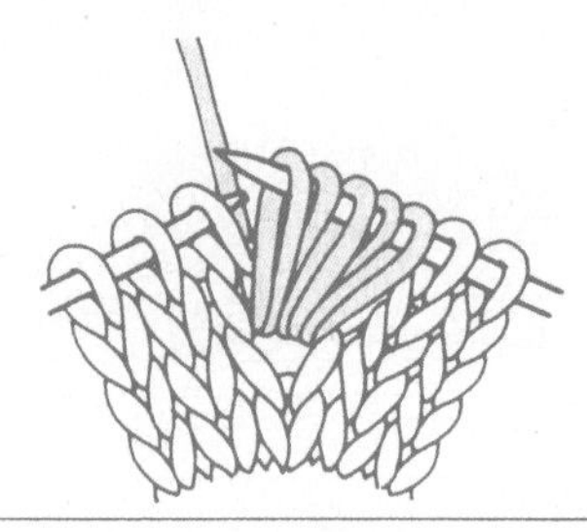
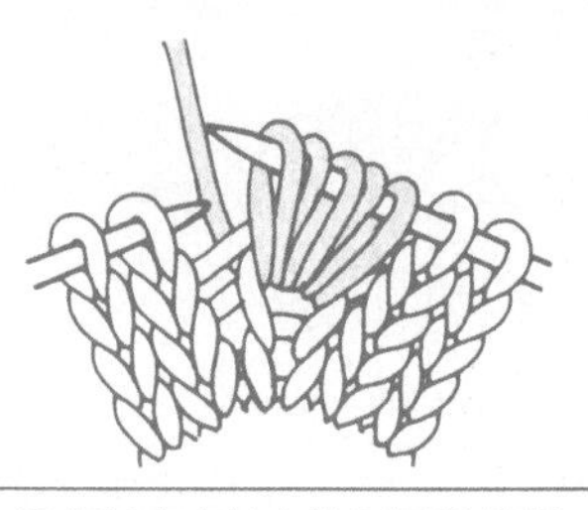
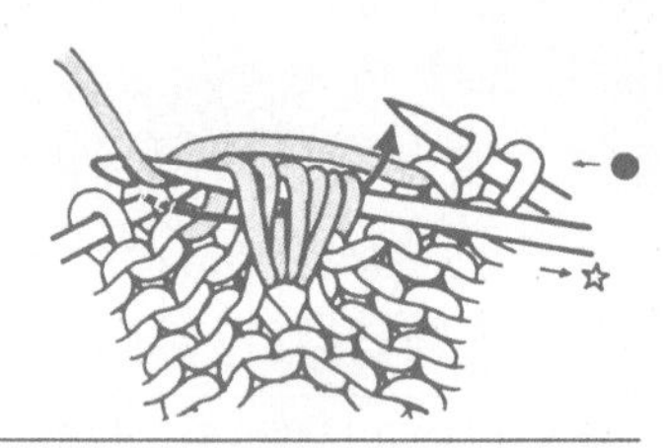

❶ 在符号“☆”标记行，把右针插入标行的下面的第 2 行中。

❷ 依次编织下针、空加针、下针、空加针、下针这 5 针。

❸ 把挂在右针上的步骤 ❷ 编织的 5 针从右针上抽出。

❹ 在下一行（符号“●”标记行），用钩针一起引拔出这 5 针和斜着挂着的线。

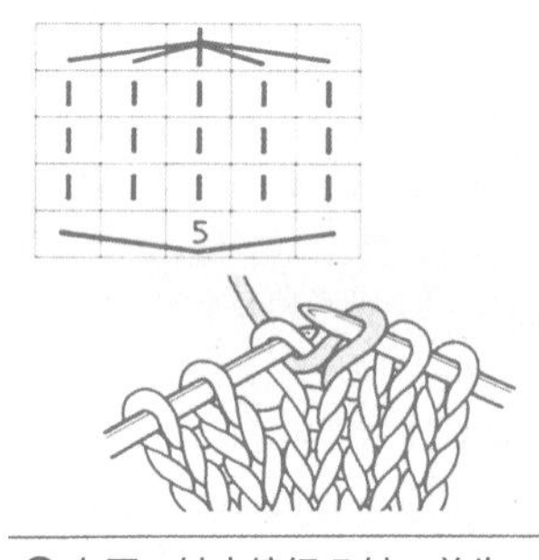
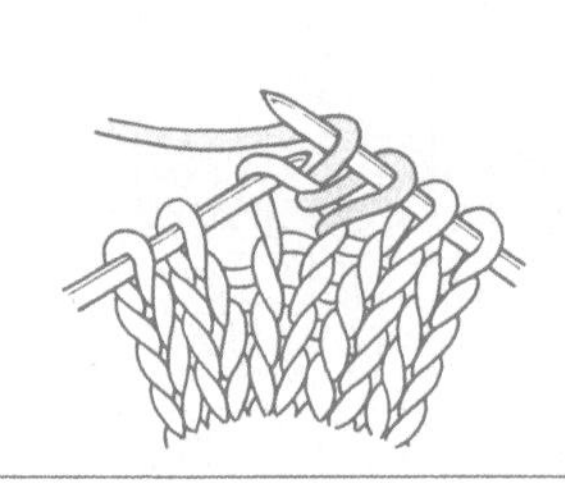
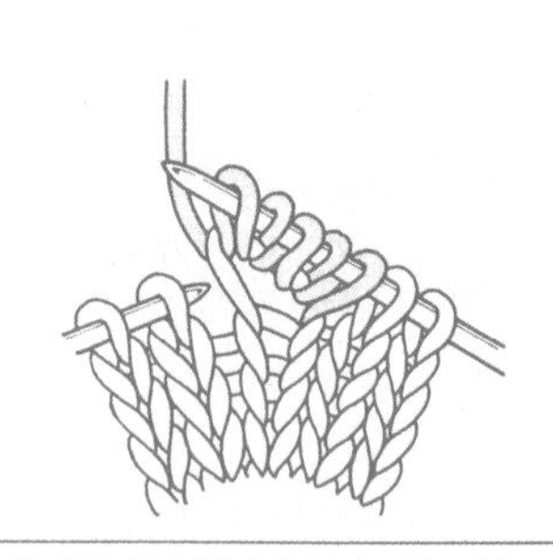
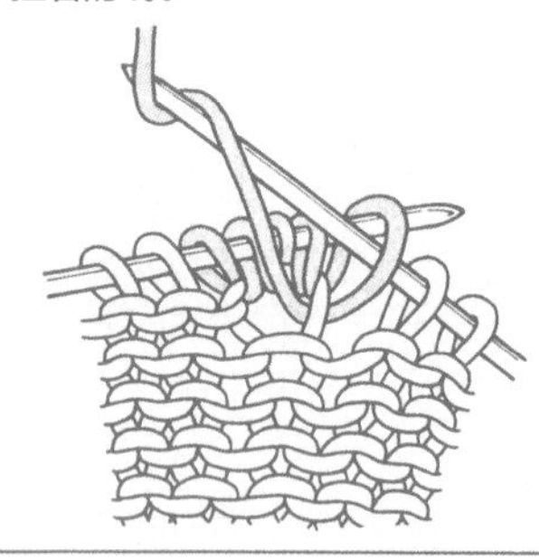

❶ 在同一针中编织 5 针。首先织 1 针下针。

❷ 再织 1 针空加针、1 针下针。

❸ 再次织 1 针空加针、1 针下针。看到 5 针编织好的情形。

❹ 下 3 行织上针和下针逐行交替的编织。

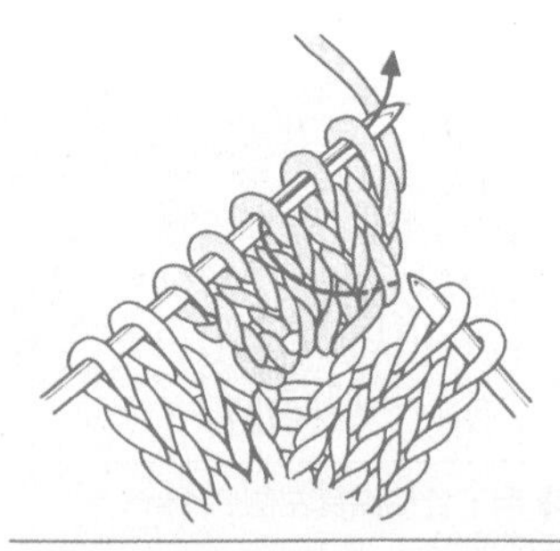
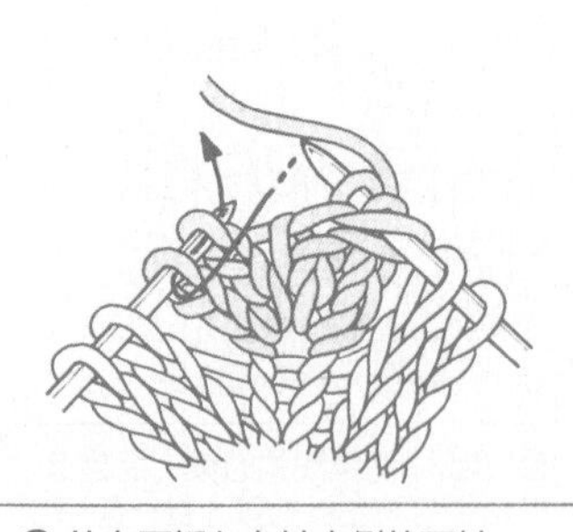
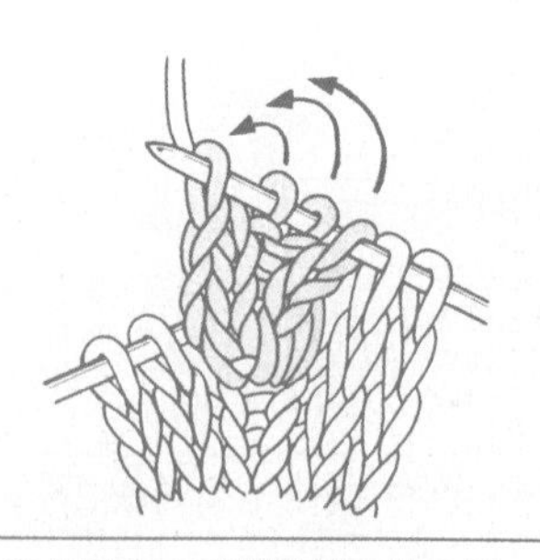
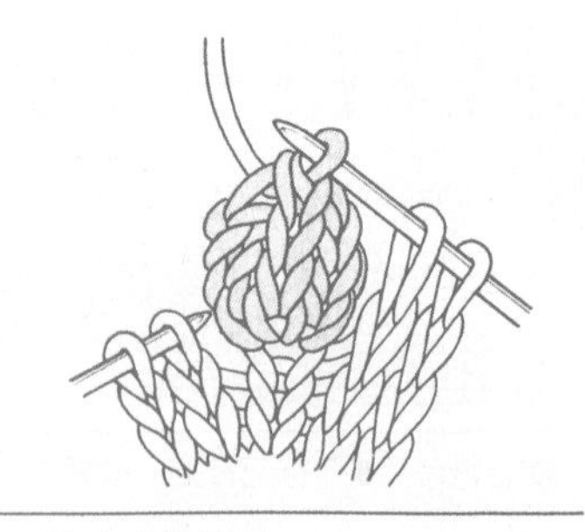

❺ 步骤 ❹ 的 3 行编织完成后，织中上 5 针并 1 针。按箭头所示，把右针插入左针右侧 3 针中，并移到右针上。

❻ 从左面插入左针右侧的两针中，2 针一起织下针。

❼ 把步骤 5 移到右针上的 3 针依次盖在步骤 6 编织的那一针上。

❽ 完成编织。

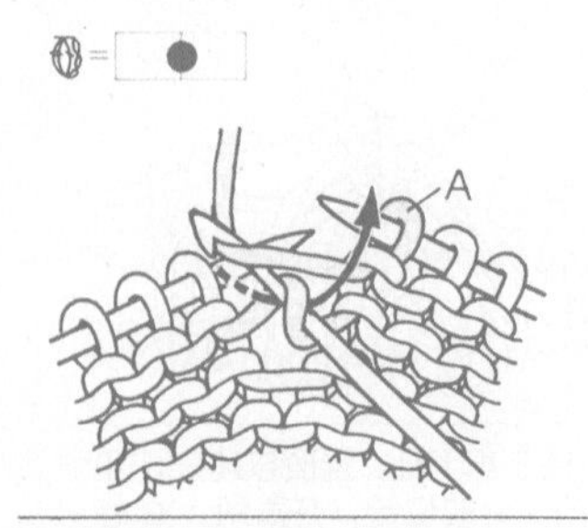

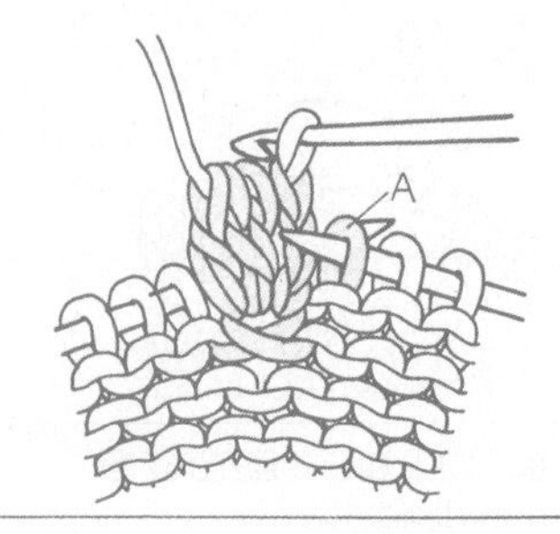

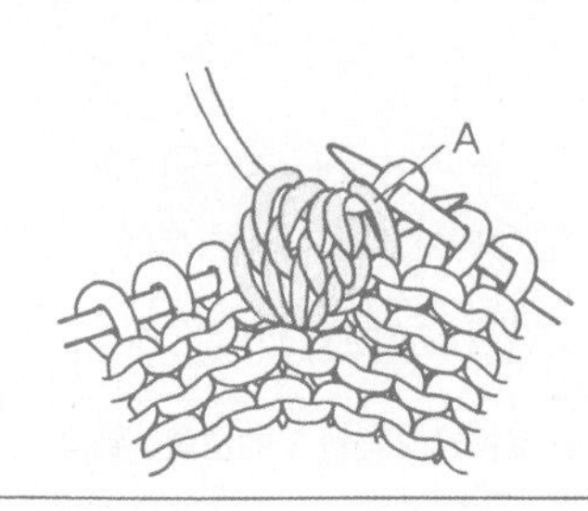

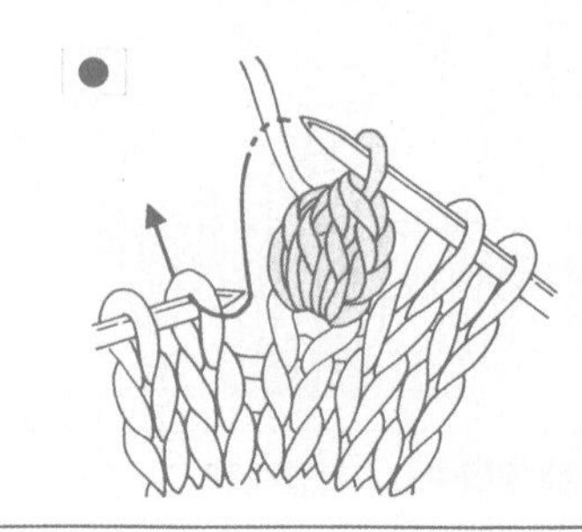

❶ 如图所示，把钩针扭转地插入上行的连接左右针的线圈中，拉出挂线。

❷ 织长针的枣形针，并移到右针上。

❸ 把其右侧相邻的挂线盖在移到右针上枣形针上。完成编织。

由下针编织而成的枣形针。把枣形针移到右针上，织下一针。

棒针编织花样

KNITTING PATTERNS OF NEEDLE WORK

基础花样【下针、上针、交叉针】

通过上针和下针的交替编织的基础花样，能够清楚地显现出编织物的凸凹花纹。
通过搭配这些基础花样，使编织物显现立体感，能给简单的编织物带来耳目一新的感觉。
增添交叉针的话，能使花样的变化更加多彩。

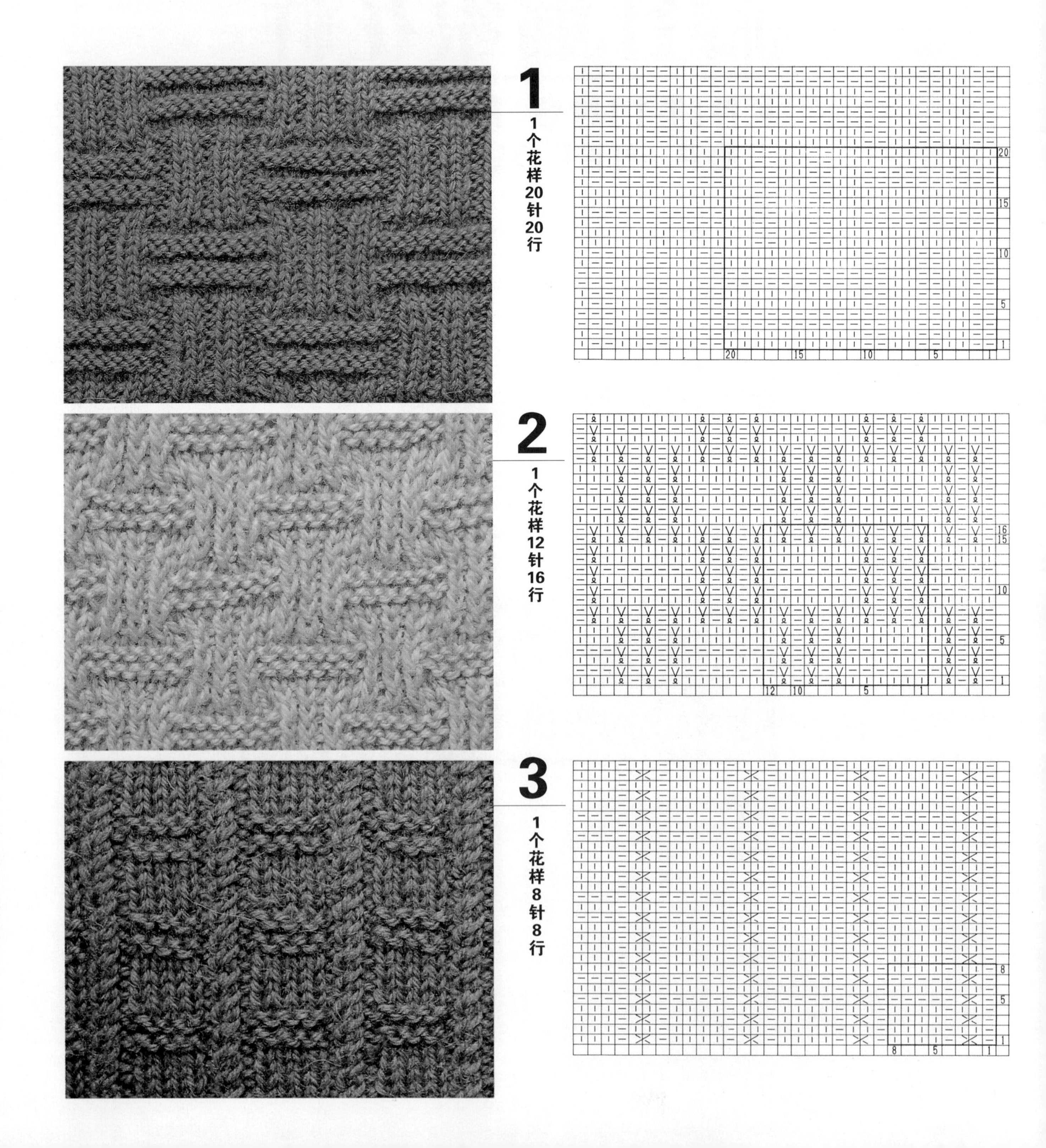

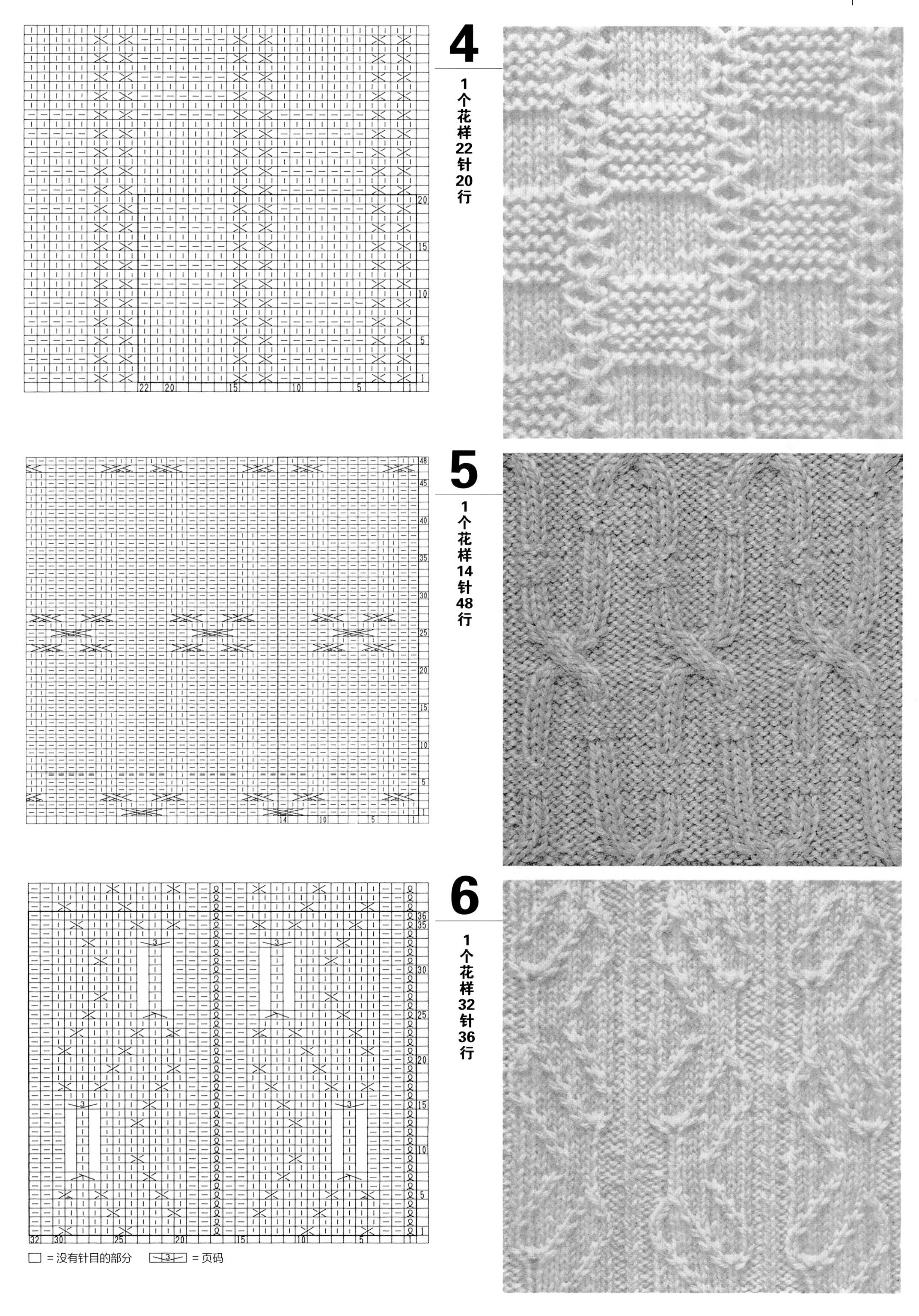
4
1个花样22针20行
5
1个花样14针48行
6
1个花样32针36行
□ = 没有针目的部分
3 = 页码

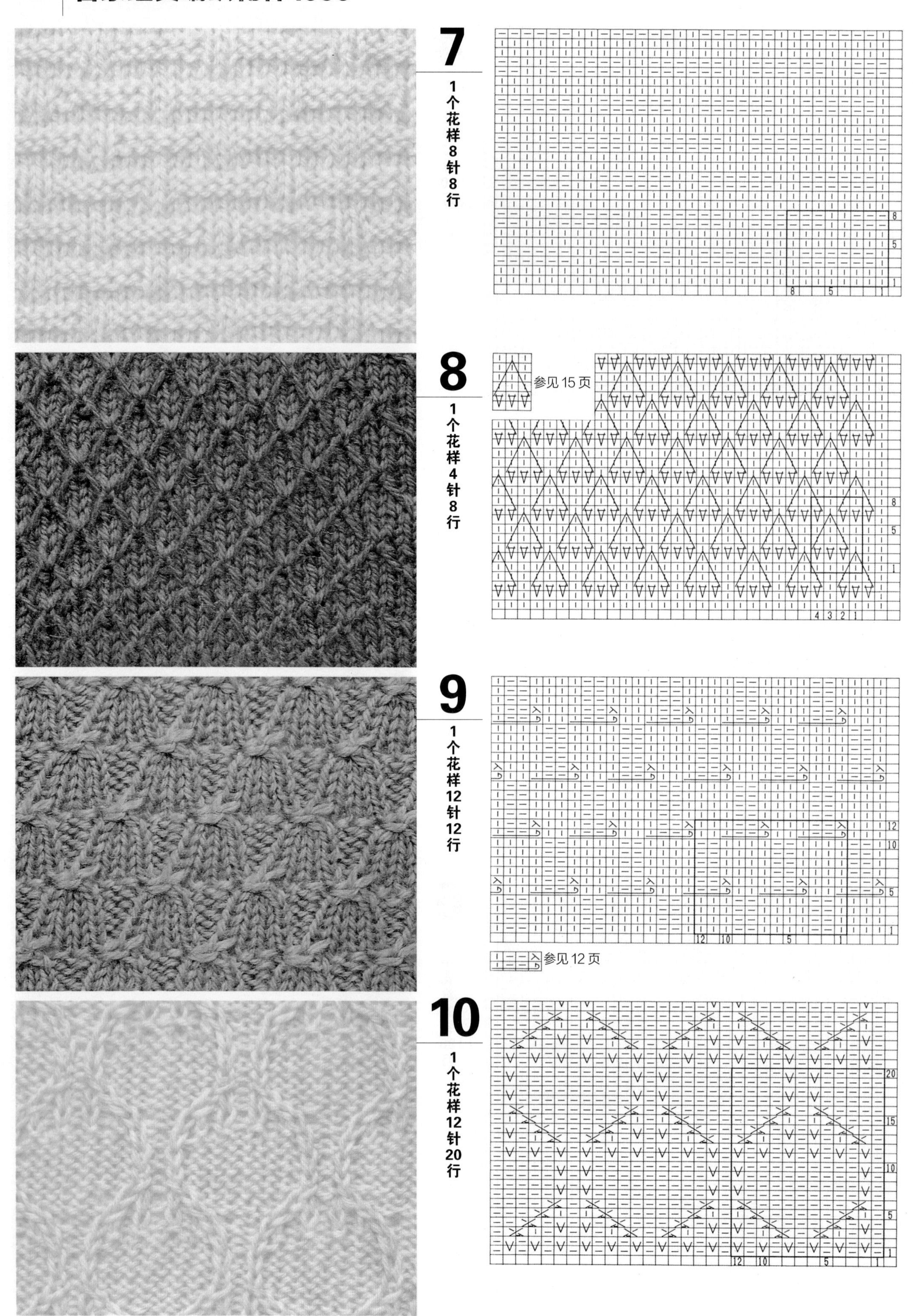
7
1个花样8针8行
8
1个花样4针8行
参见15页
9
1个花样12针12行
参见12页
10
1个花样12针20行

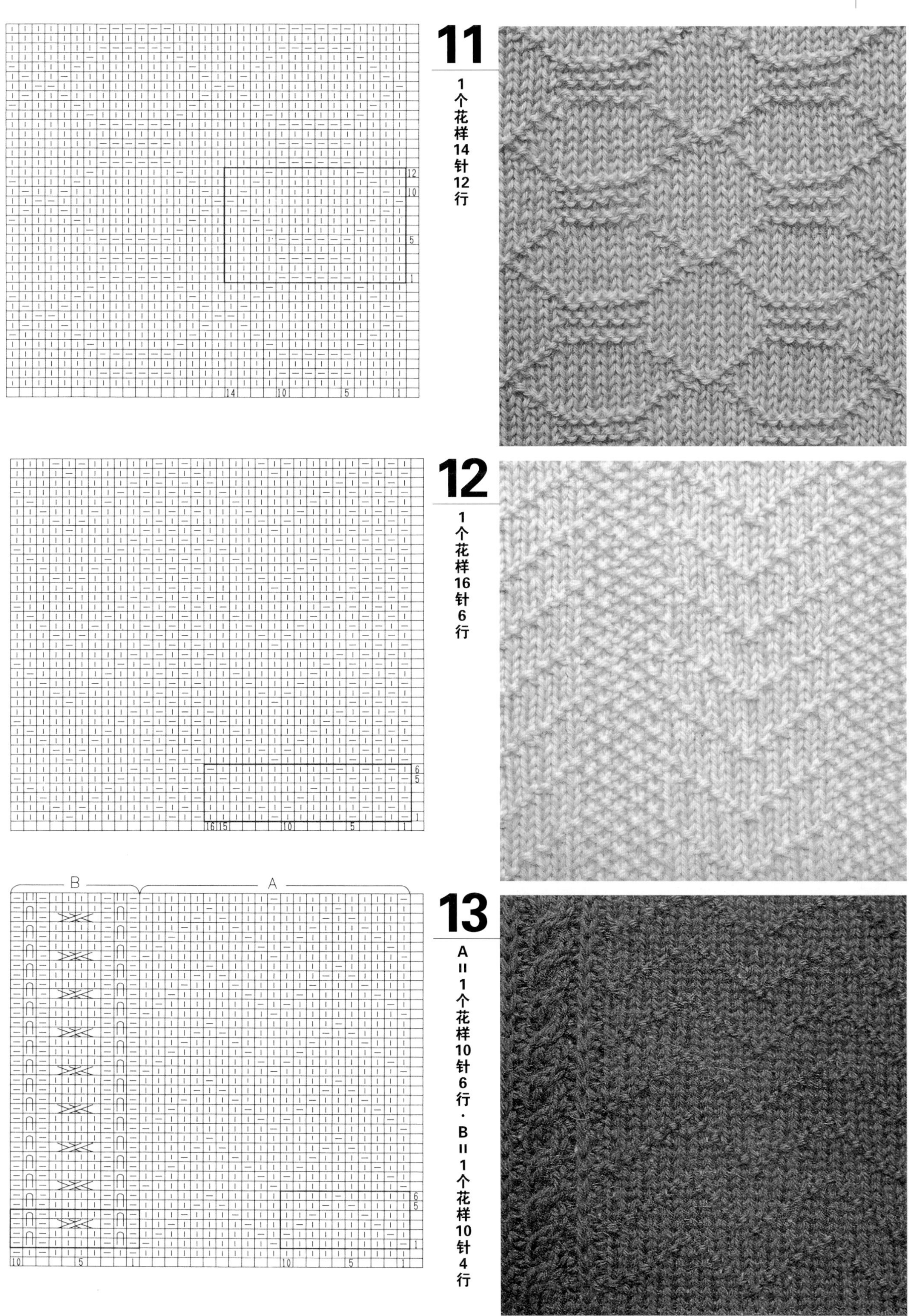
11
1个花样14针12行
12
10
5
1
14
10
5
1
12
1个花样16针6行
6
5
1
16
15
10
5
1
13
A=1个花样10针6行·B=1个花样10针4行
B
A
6
5
1
10
5
1
10
5
1

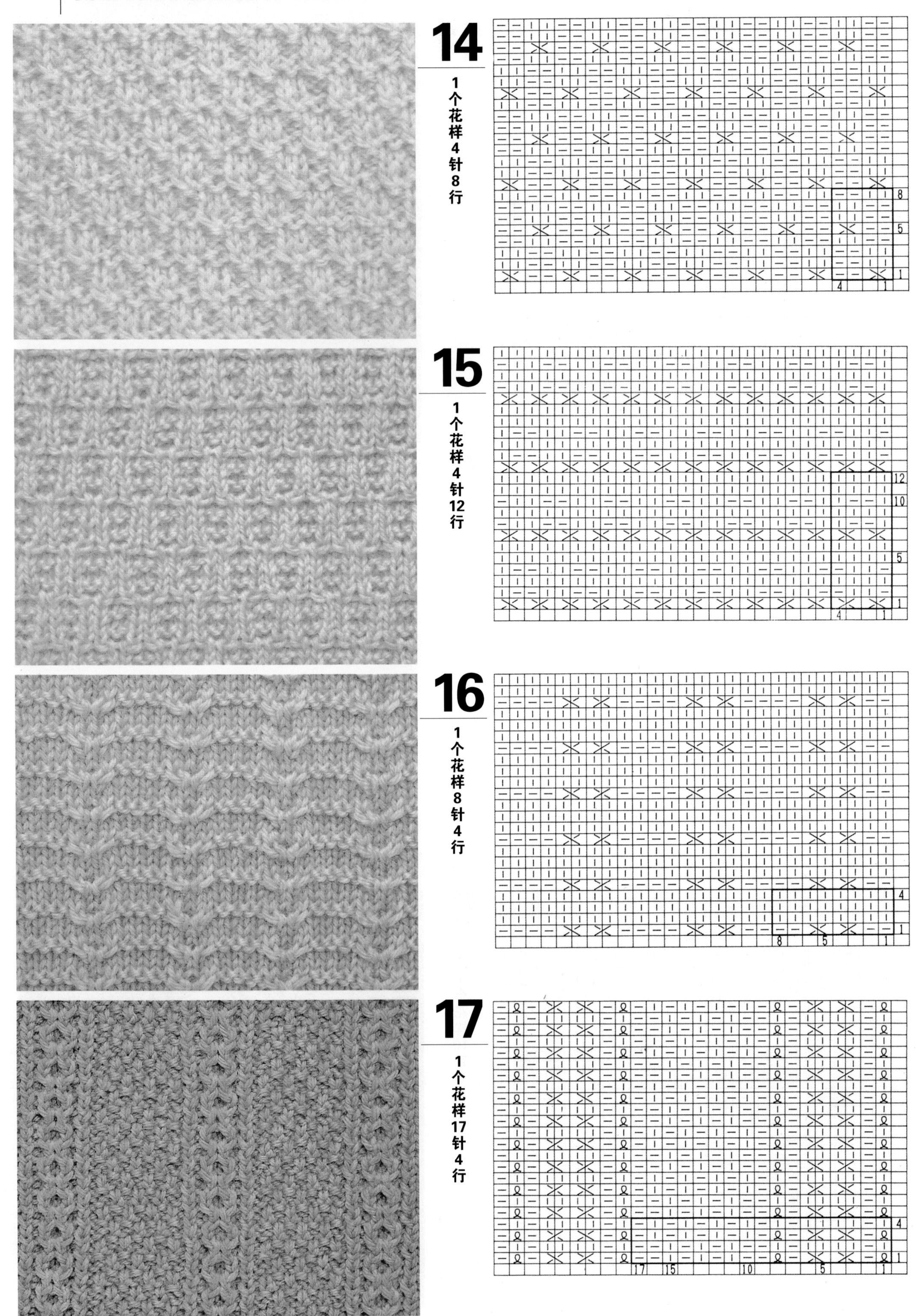
14
1个花样4针8行
8
5
1
4
1
15
1个花样4针12行
12
10
5
1
4
1
16
1个花样8针4行
4
1
8
5
1
17
1个花样17针4行
4
1
17
15
10
5
1

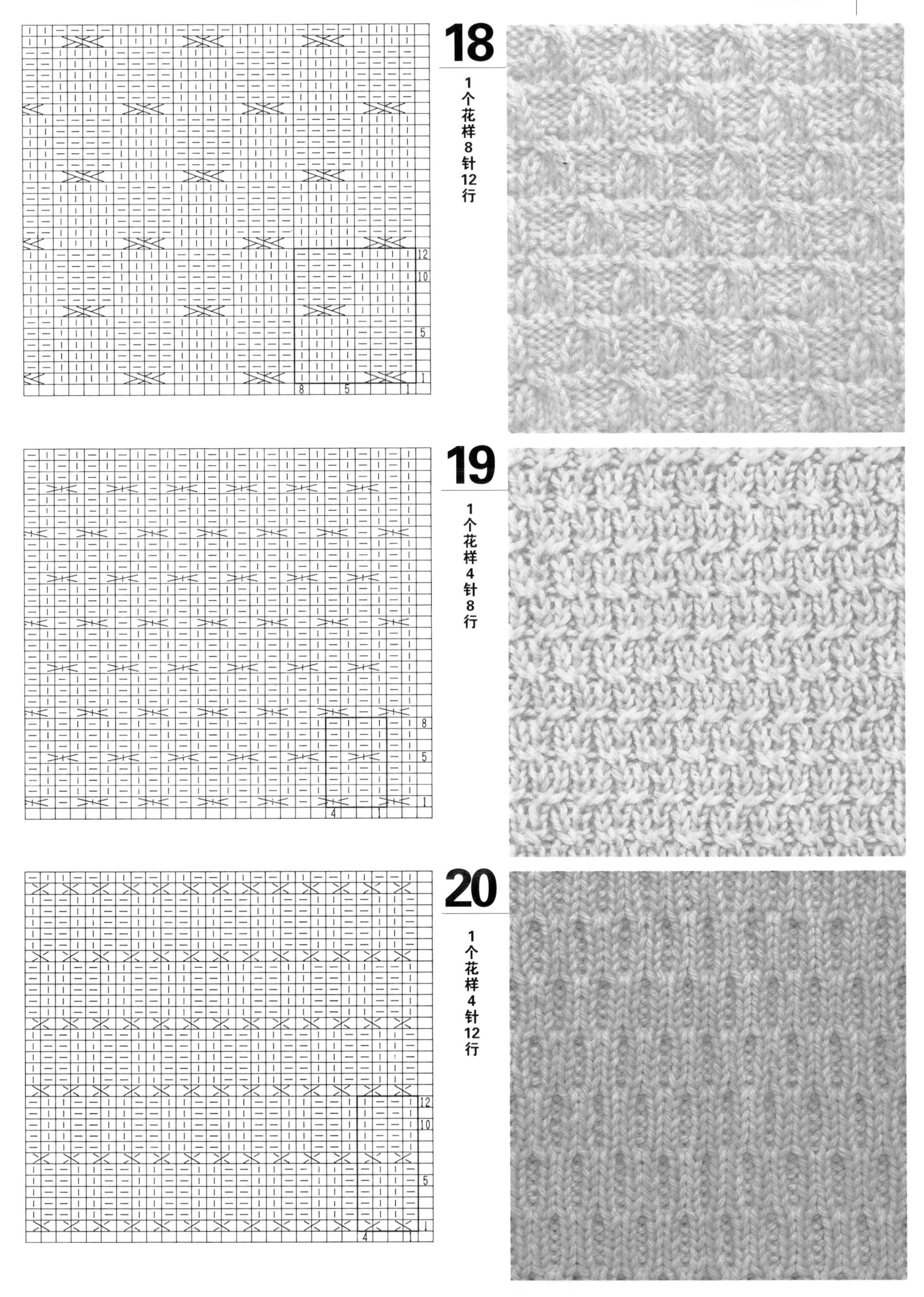
18
1个花样8针12行
19
1个花样4针8行
20
1个花样4针12行

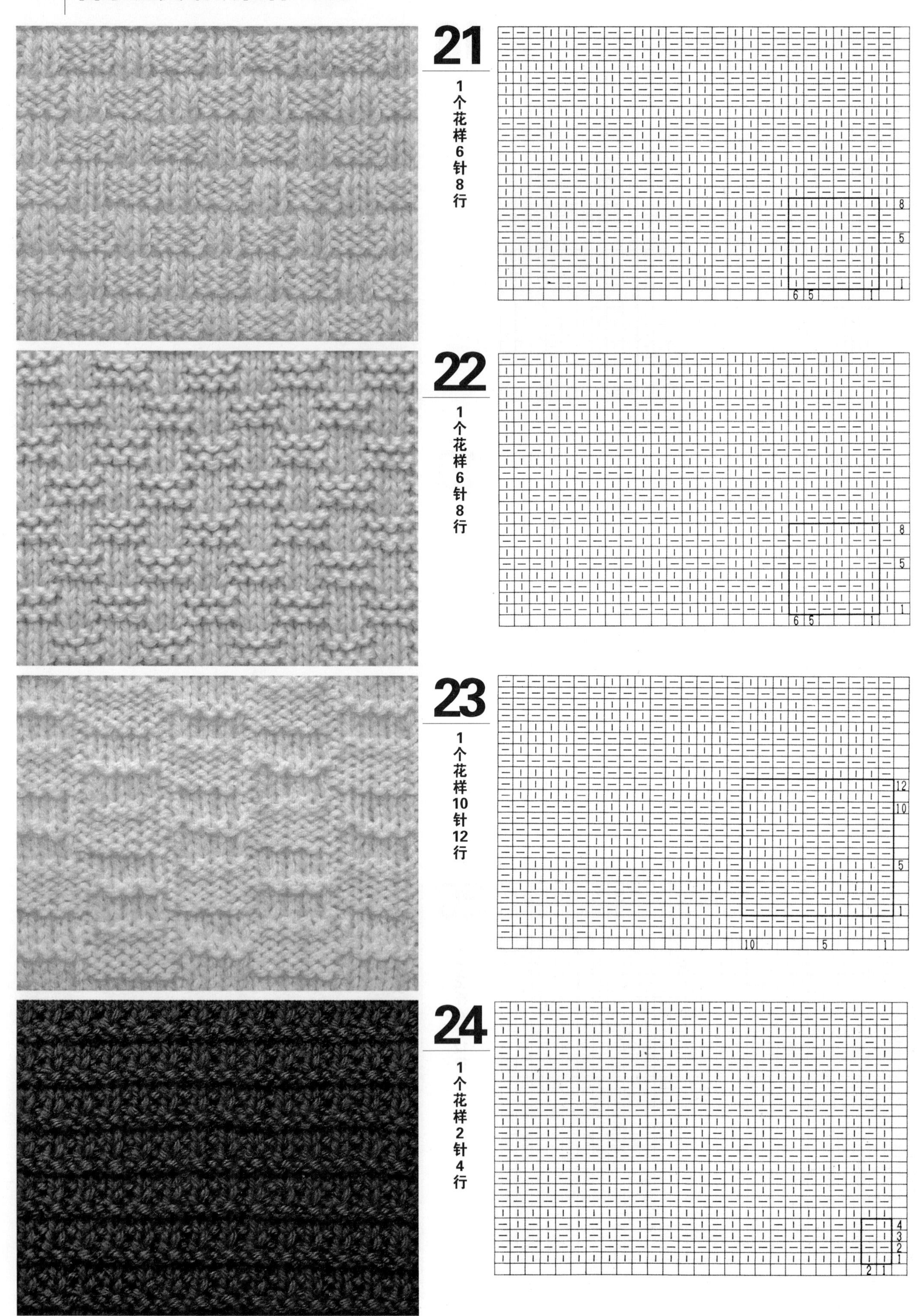
21
1个花样6针8行
22
1个花样6针8行
23
1个花样10针12行
24
1个花样2针4行

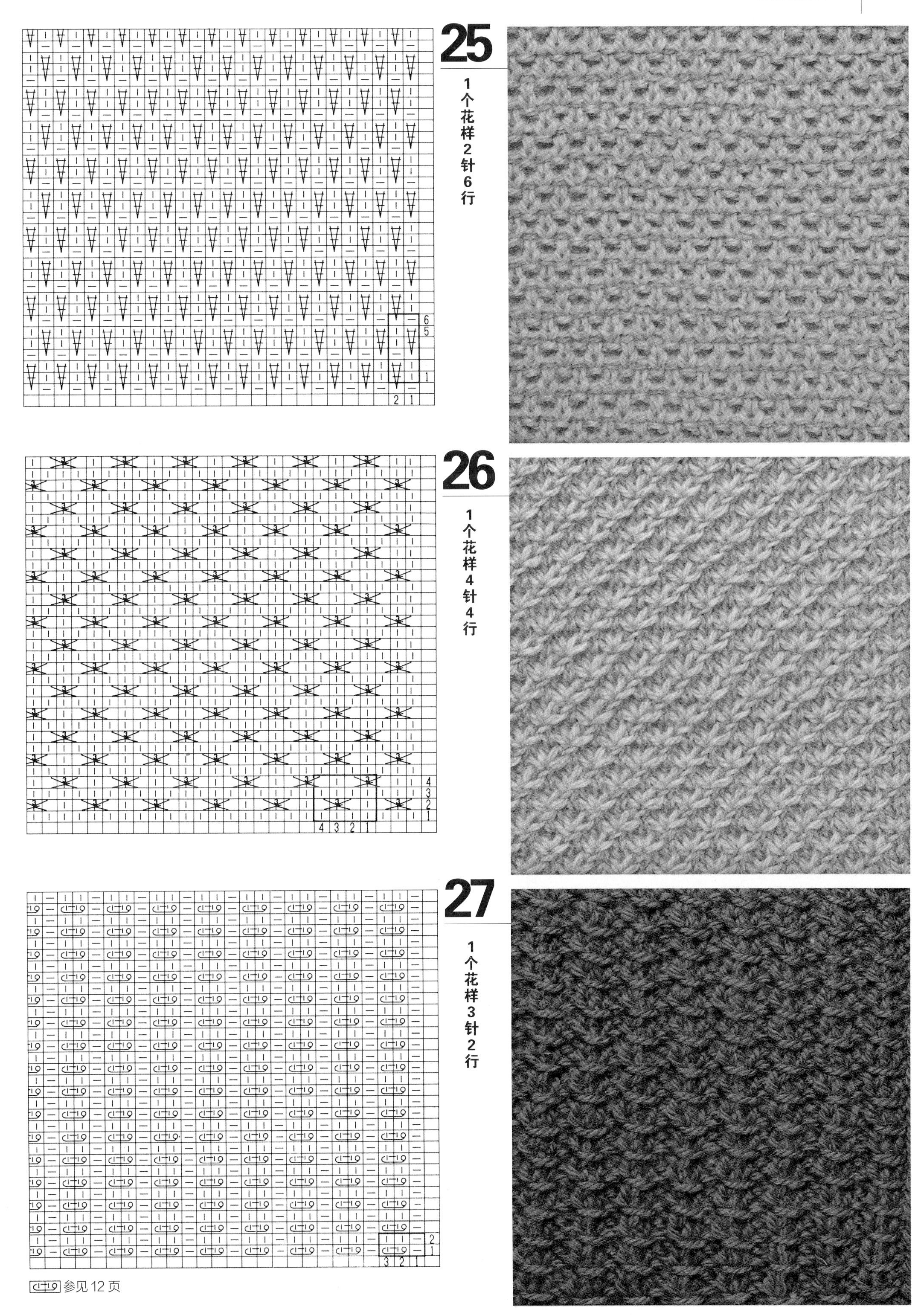

25

1个花样2针6行

26

1个花样4针4行

27

1个花样3针2行

参见12页

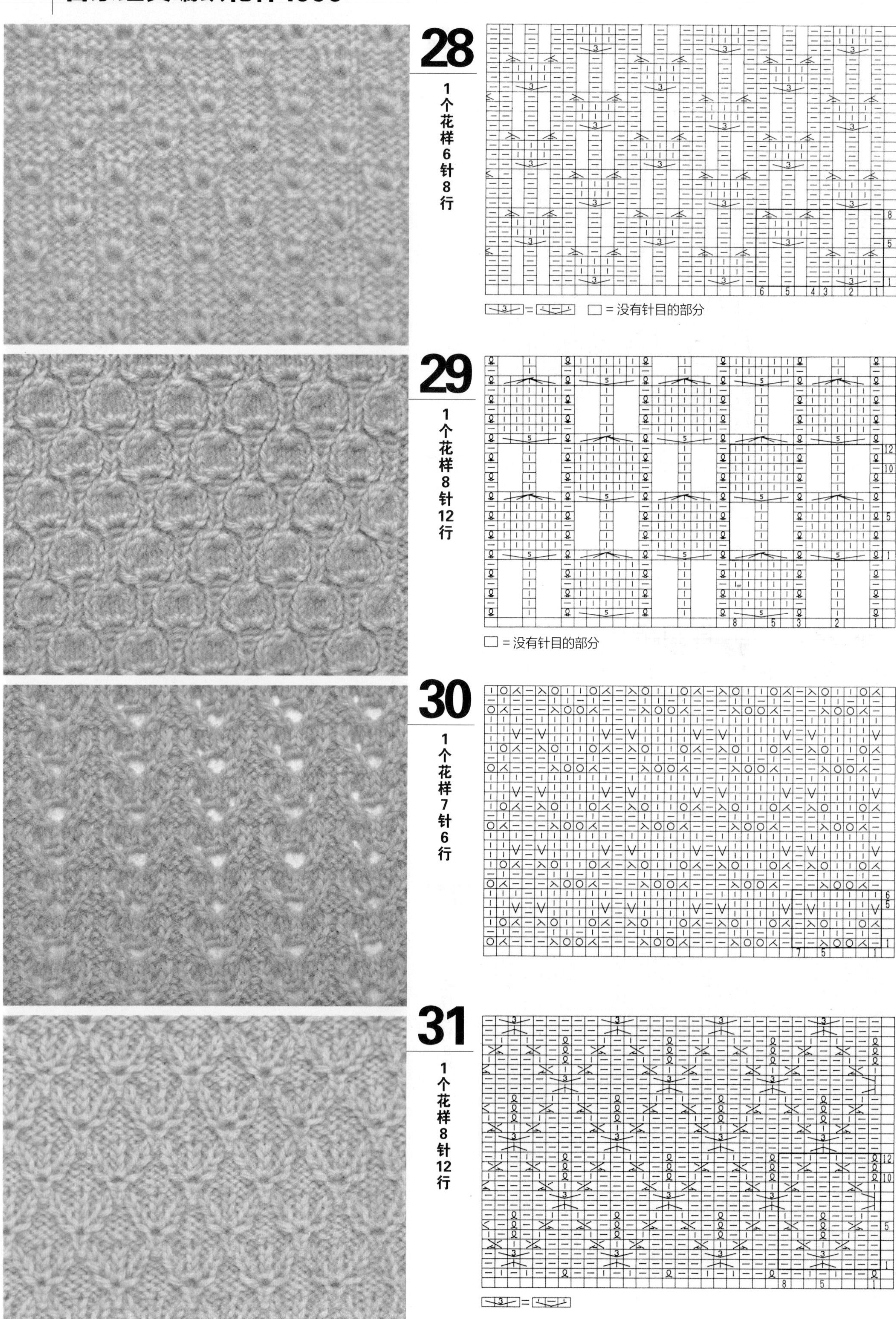
28
1个花样6针8行
[3] = [3] □ = 没有针目的部分
29
1个花样8针12行
□ = 没有针目的部分
30
1个花样7针6行
31
1个花样8针12行
[3] = [3]

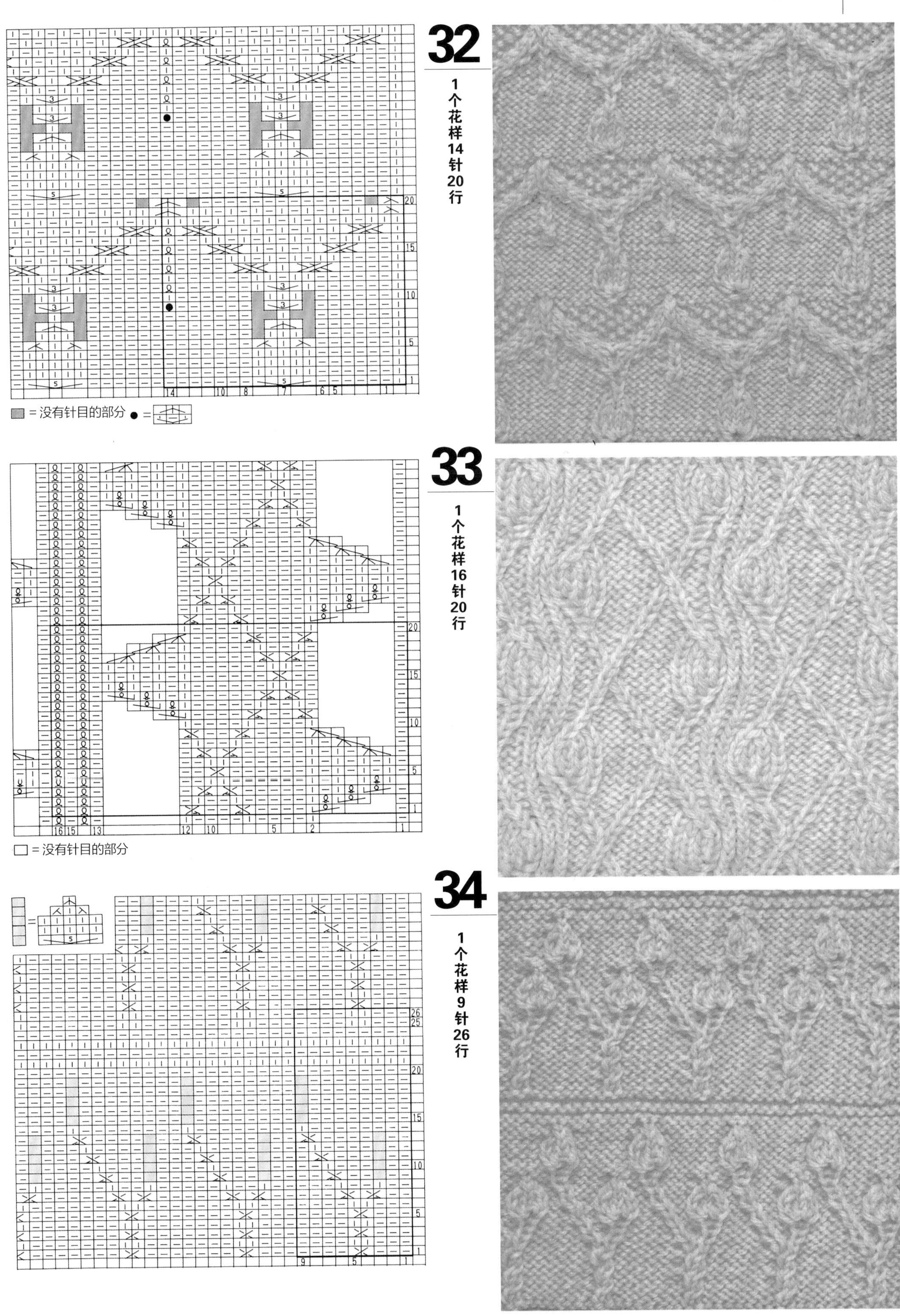
32
1个花样14针20行
= 没有针目的部分
33
1个花样16针20行
= 没有针目的部分
34
1个花样9针26行

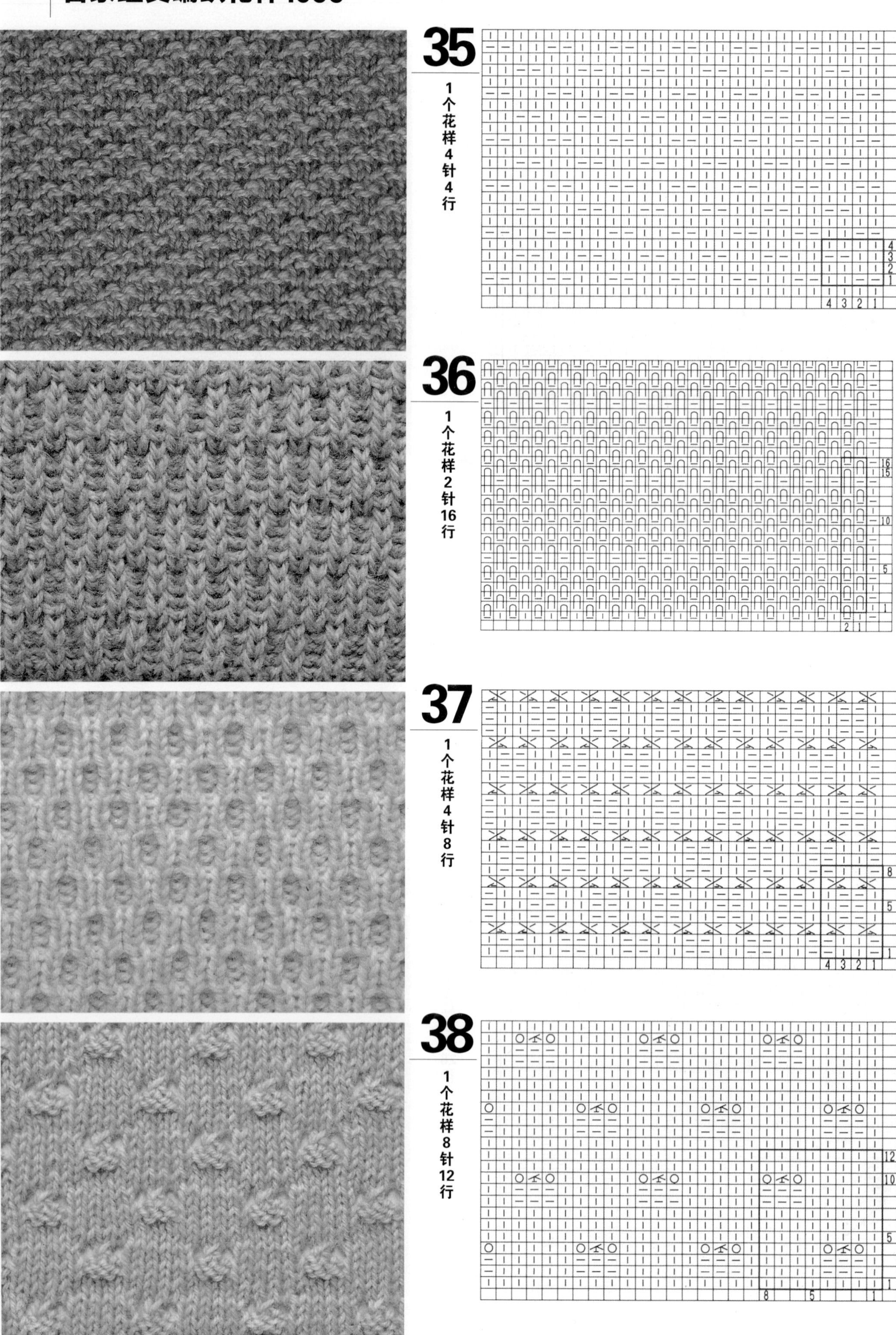
35
1个花样4针4行
36
1个花样2针16行
37
1个花样4针8行
38
1个花样8针12行

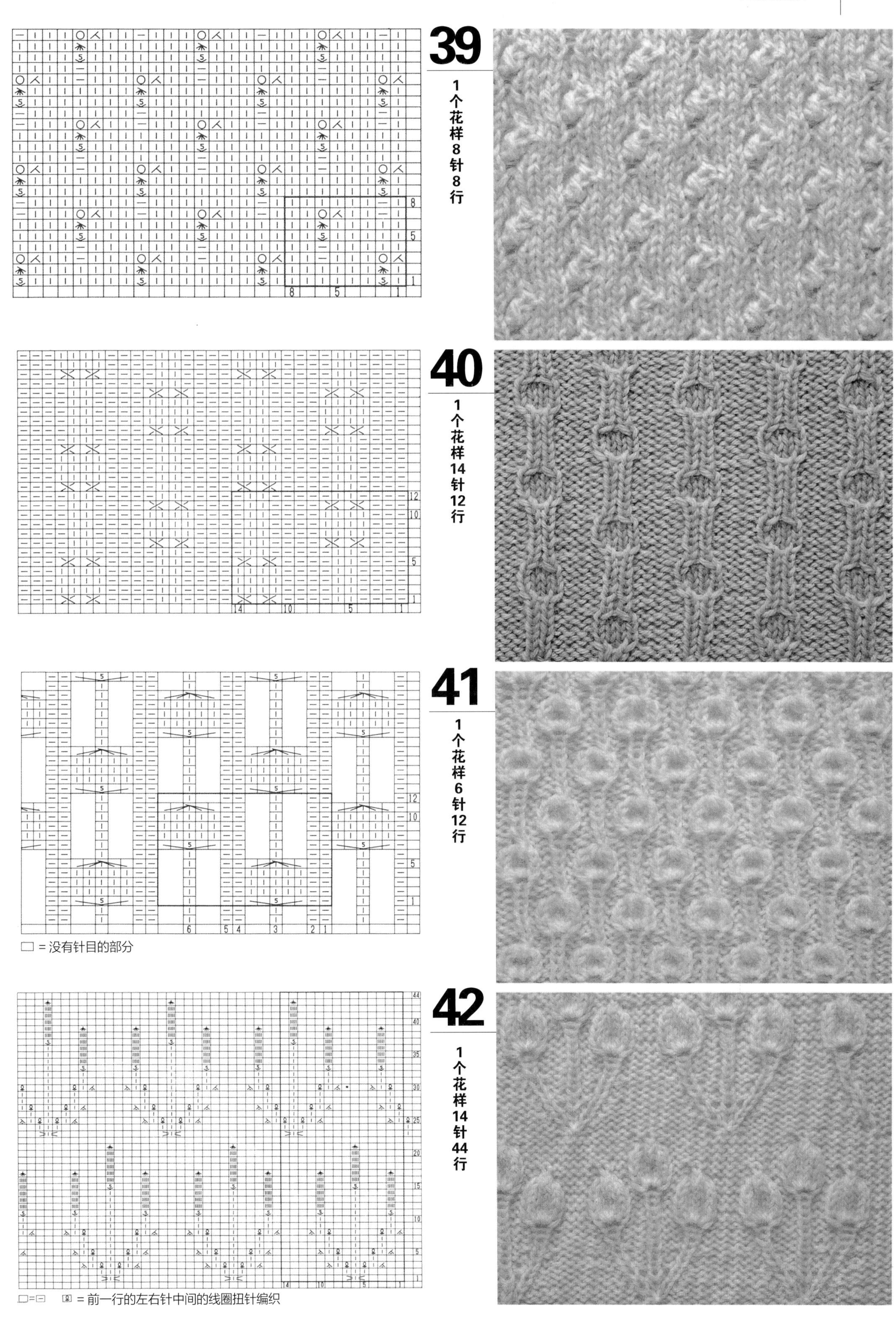
39
1个花样8针8行
40
1个花样14针12行
41
1个花样6针12行
□ = 没有针目的部分
42
1个花样14针44行
□=□ ⑨ = 前一行的左右针中间的线圈扭针编织

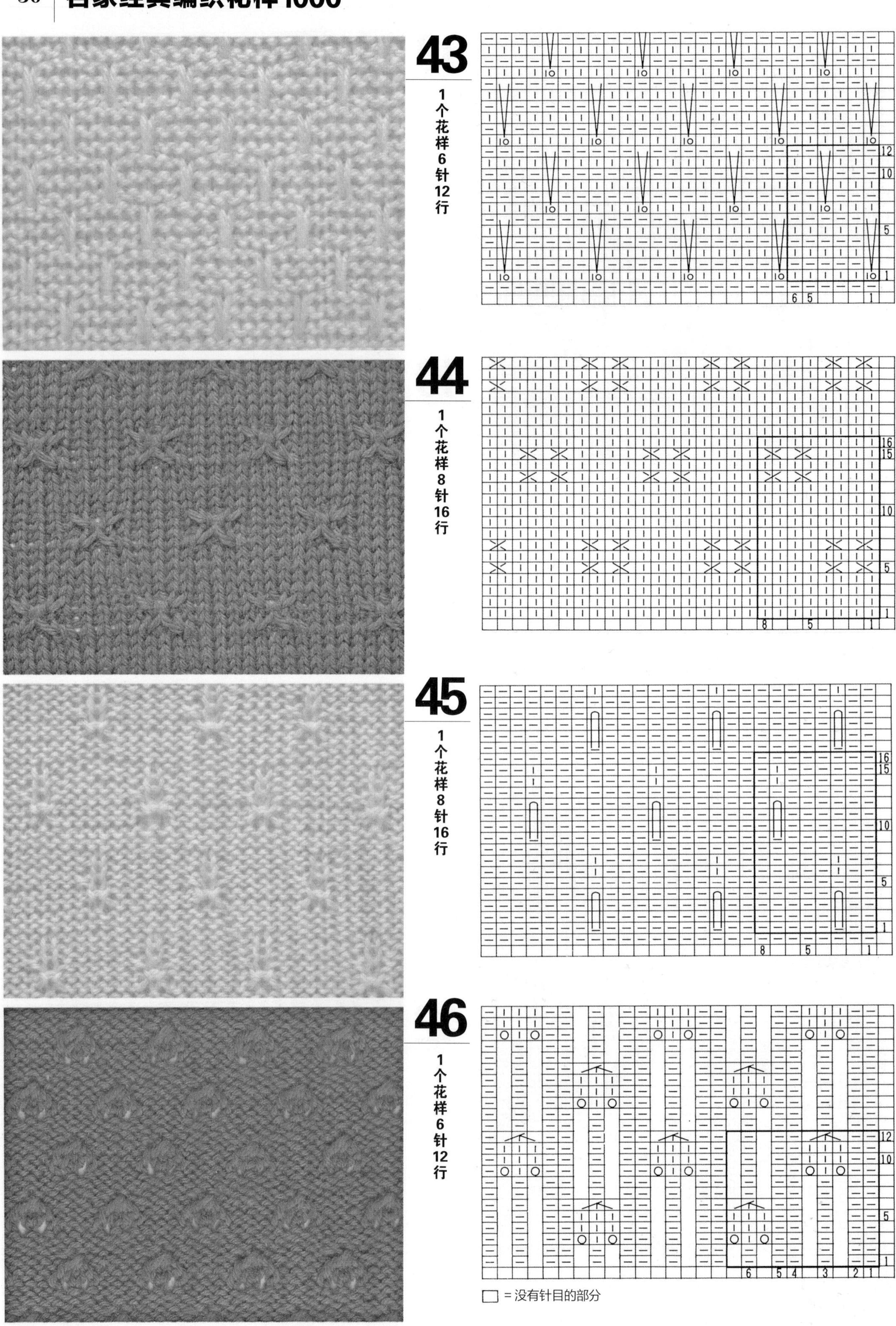
43
1个花样6针12行
44
1个花样8针16行
45
1个花样8针16行
46
1个花样6针12行
□ = 没有针目的部分

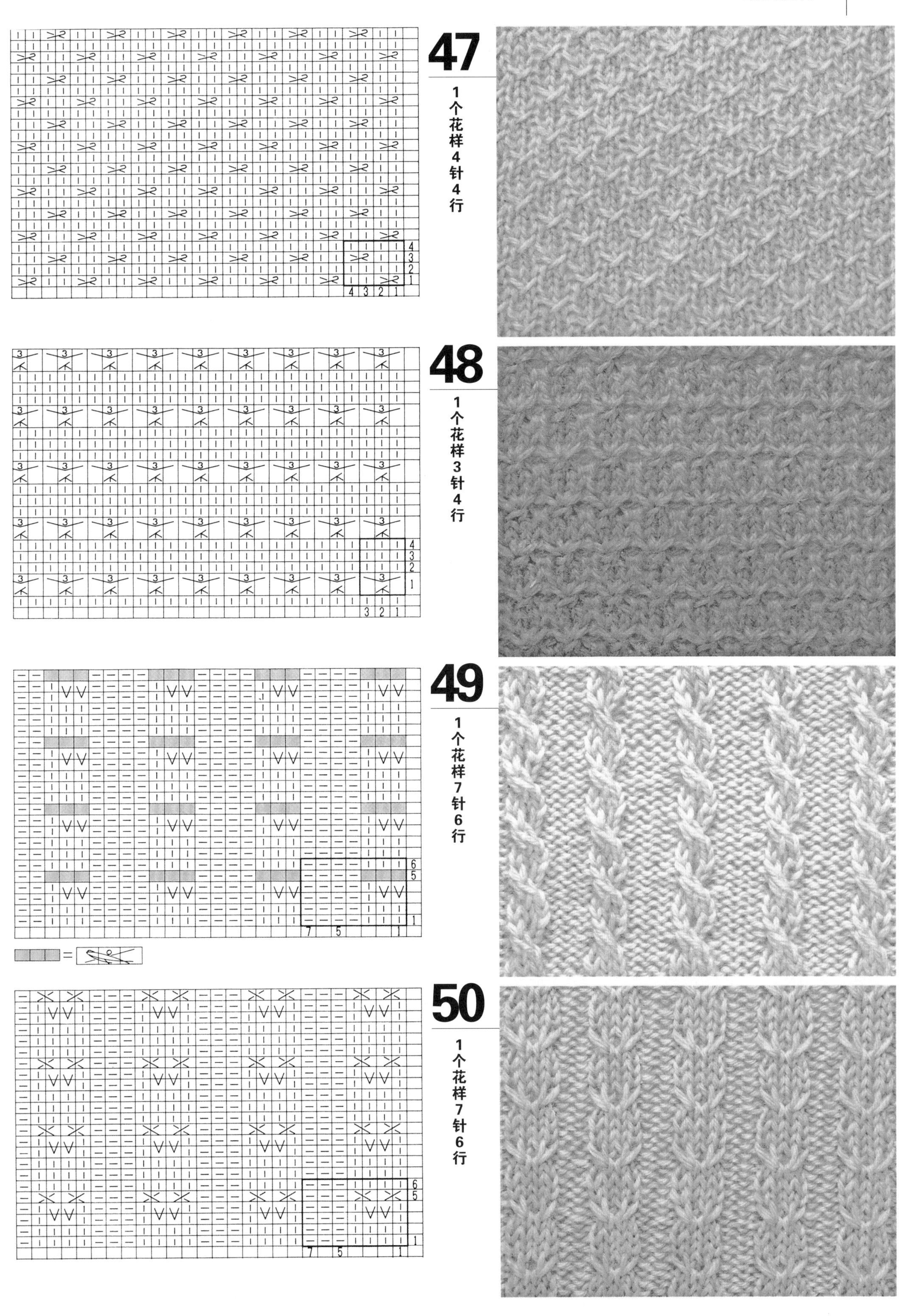
47
1个花样4针4行
48
1个花样3针4行
49
1个花样7针6行
50
1个花样7针6行

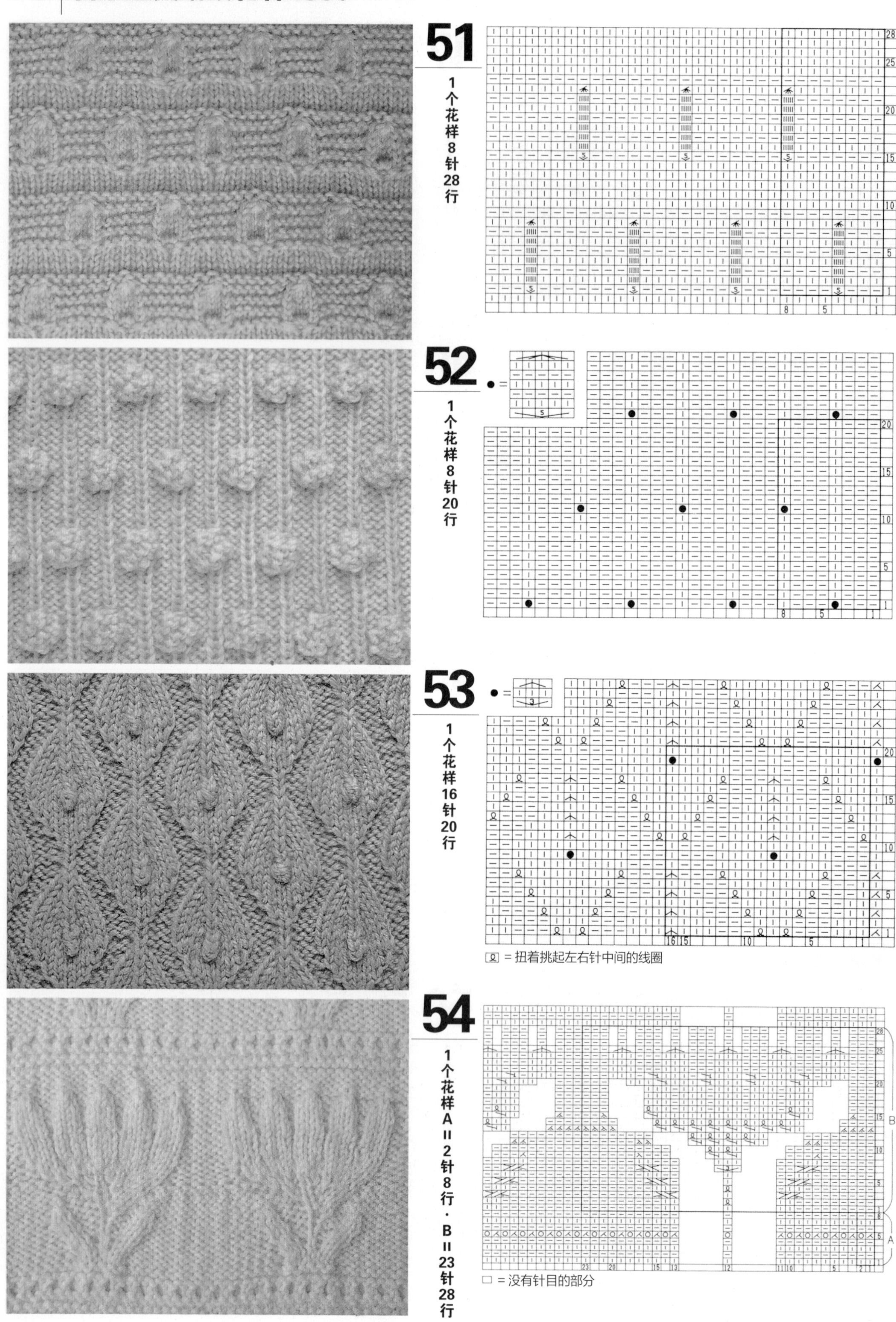
51
1个花样8针28行
52
1个花样8针20行
53
1个花样16针20行
= 扭着挑起左右针中间的线圈
54
1个花样A＝2针8行・B＝23针28行
□ = 没有针目的部分

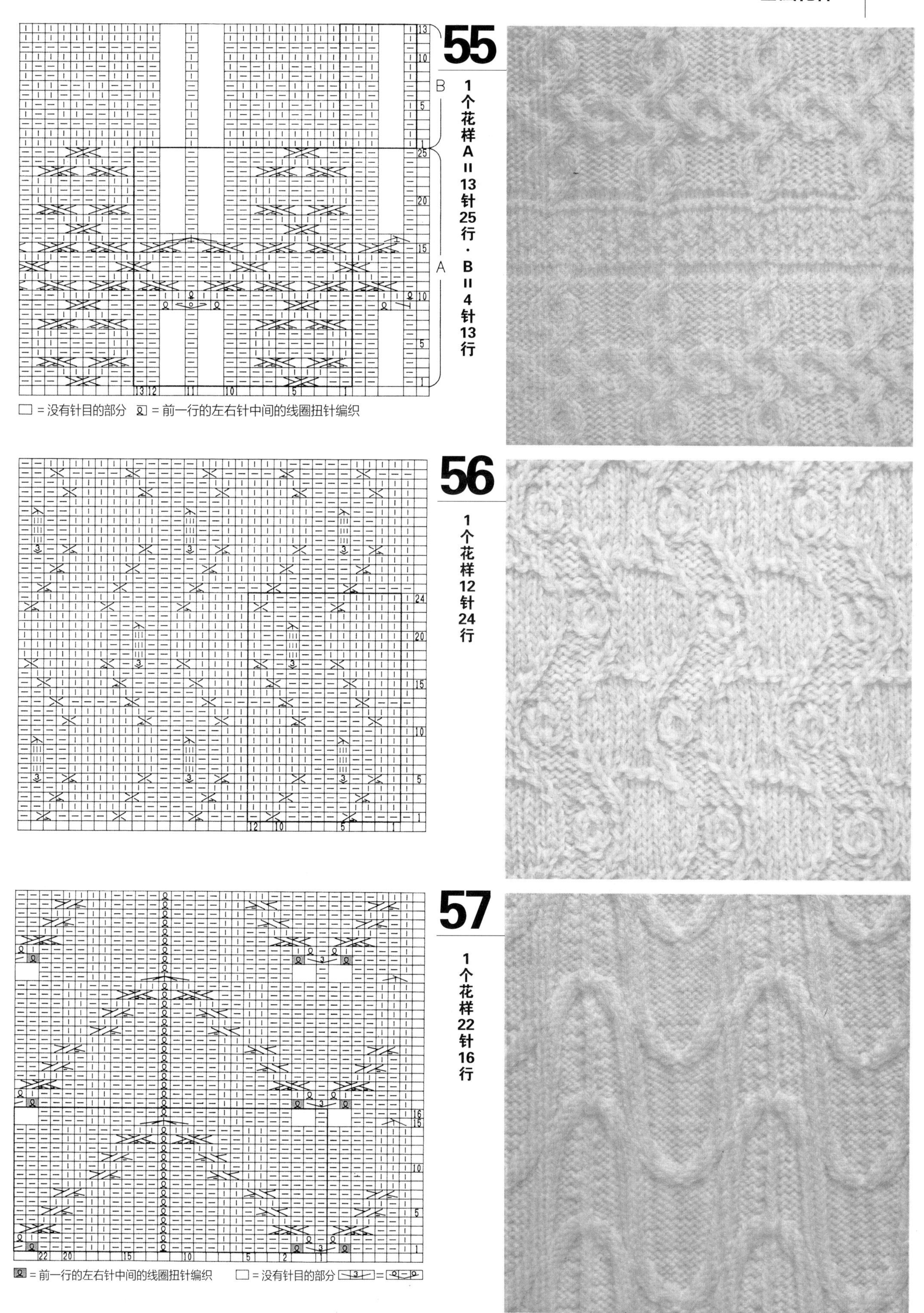
55
1个花样A=13针25行・B=4针13行
□=没有针目的部分
=前一行的左右针中间的线圈扭针编织
56
1个花样12针24行
57
1个花样22针16行
=前一行的左右针中间的线圈扭针编织
□=没有针目的部分

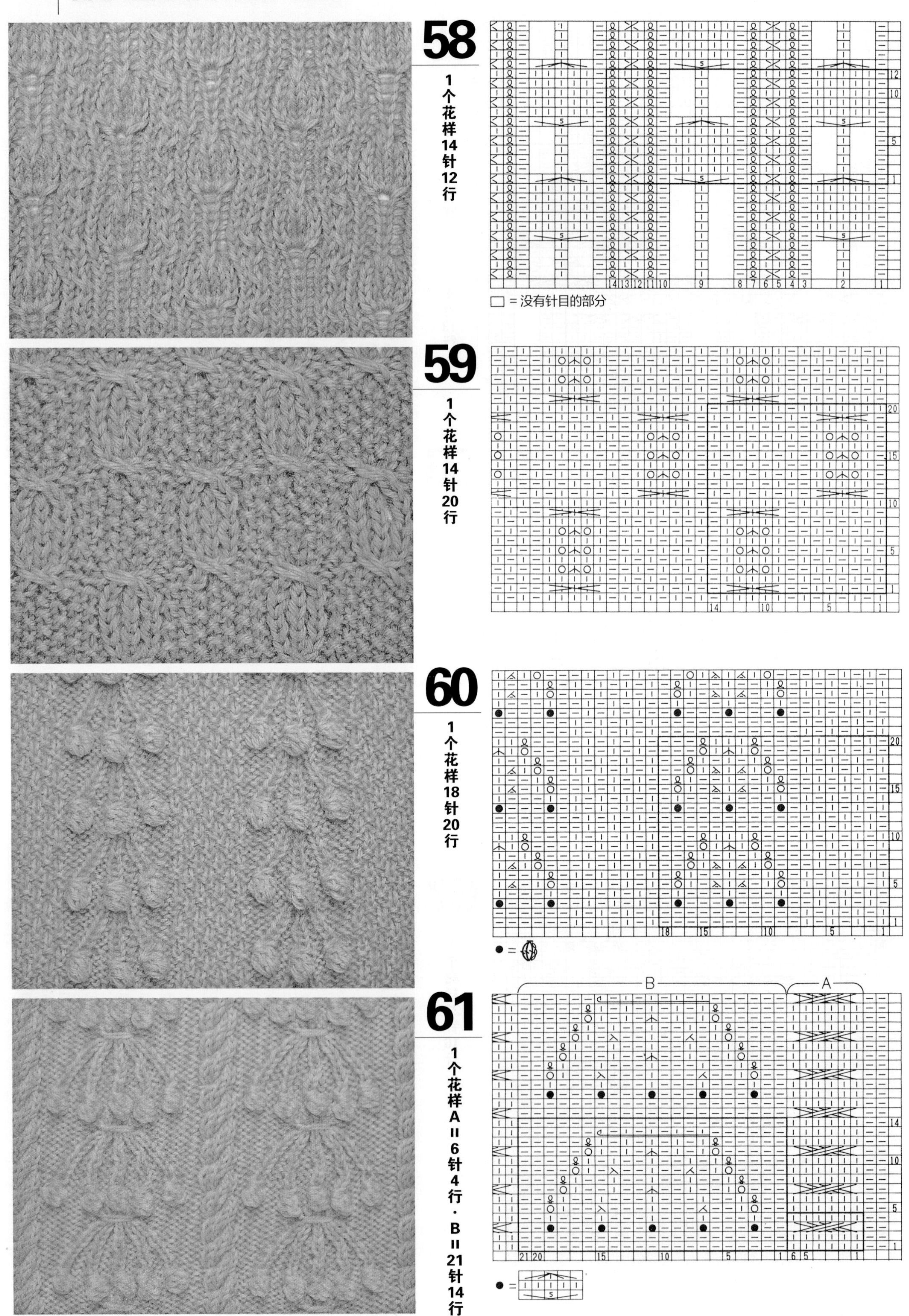
58
1个花样14针12行
□ = 没有针目的部分
59
1个花样14针20行
60
1个花样18针20行
61
1个花样A＝6针4行・B＝21针14行
B
A

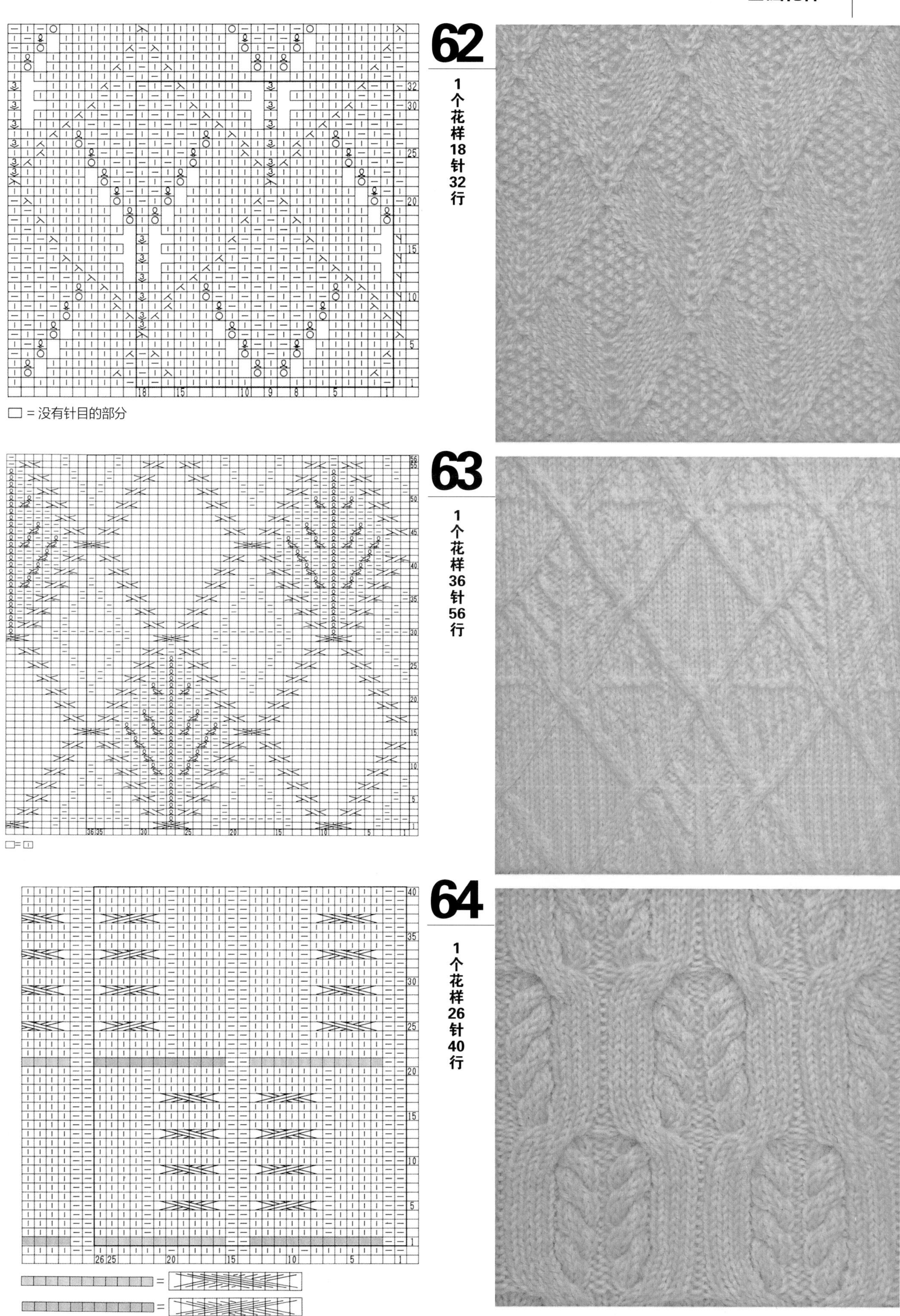
62
1个花样18针32行
□ = 没有针目的部分
63
1个花样36针56行
64
1个花样26针40行

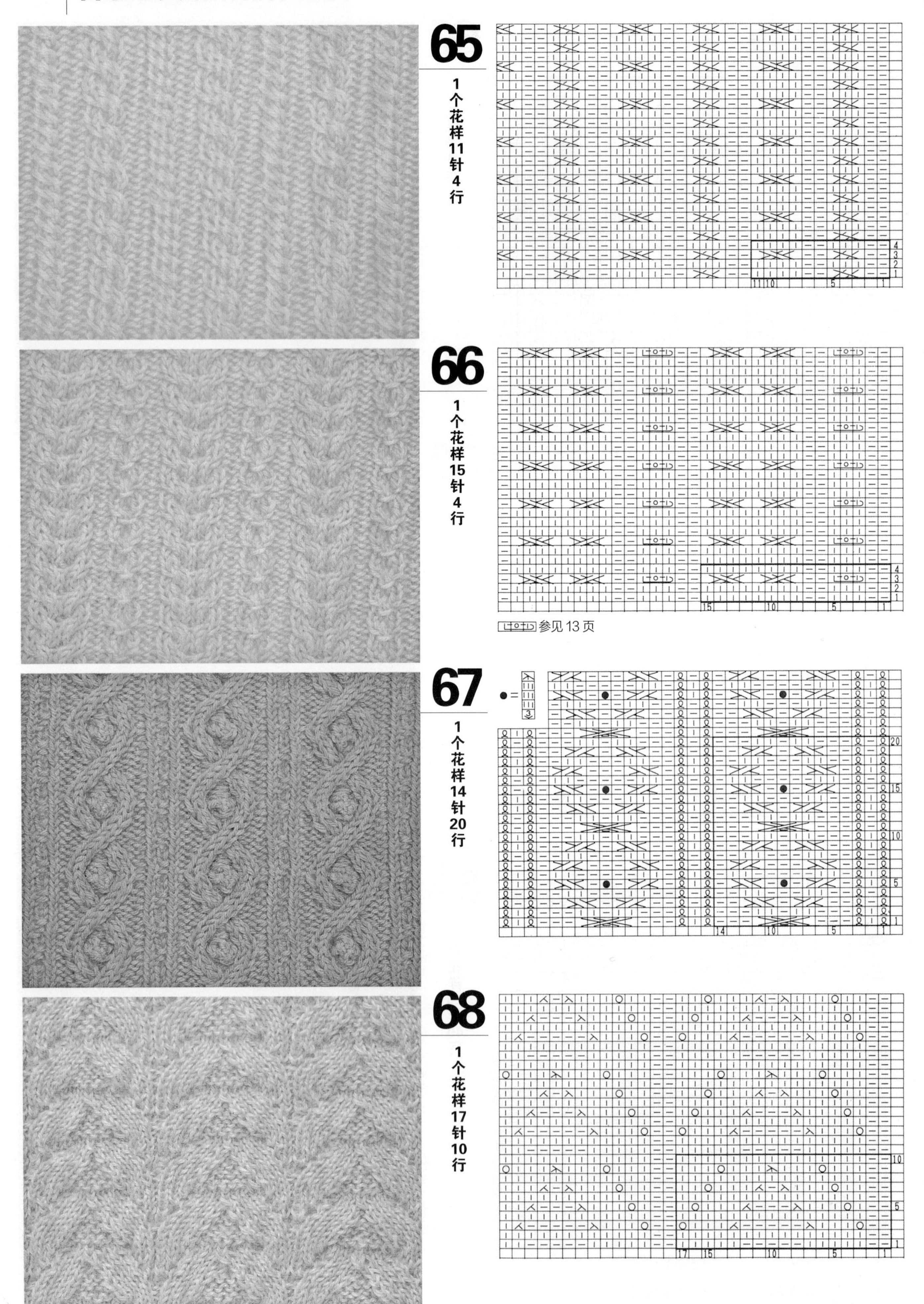

65
1个花样11针4行
66
1个花样15针4行
参见13页
67
1个花样14针20行
68
1个花样17针10行

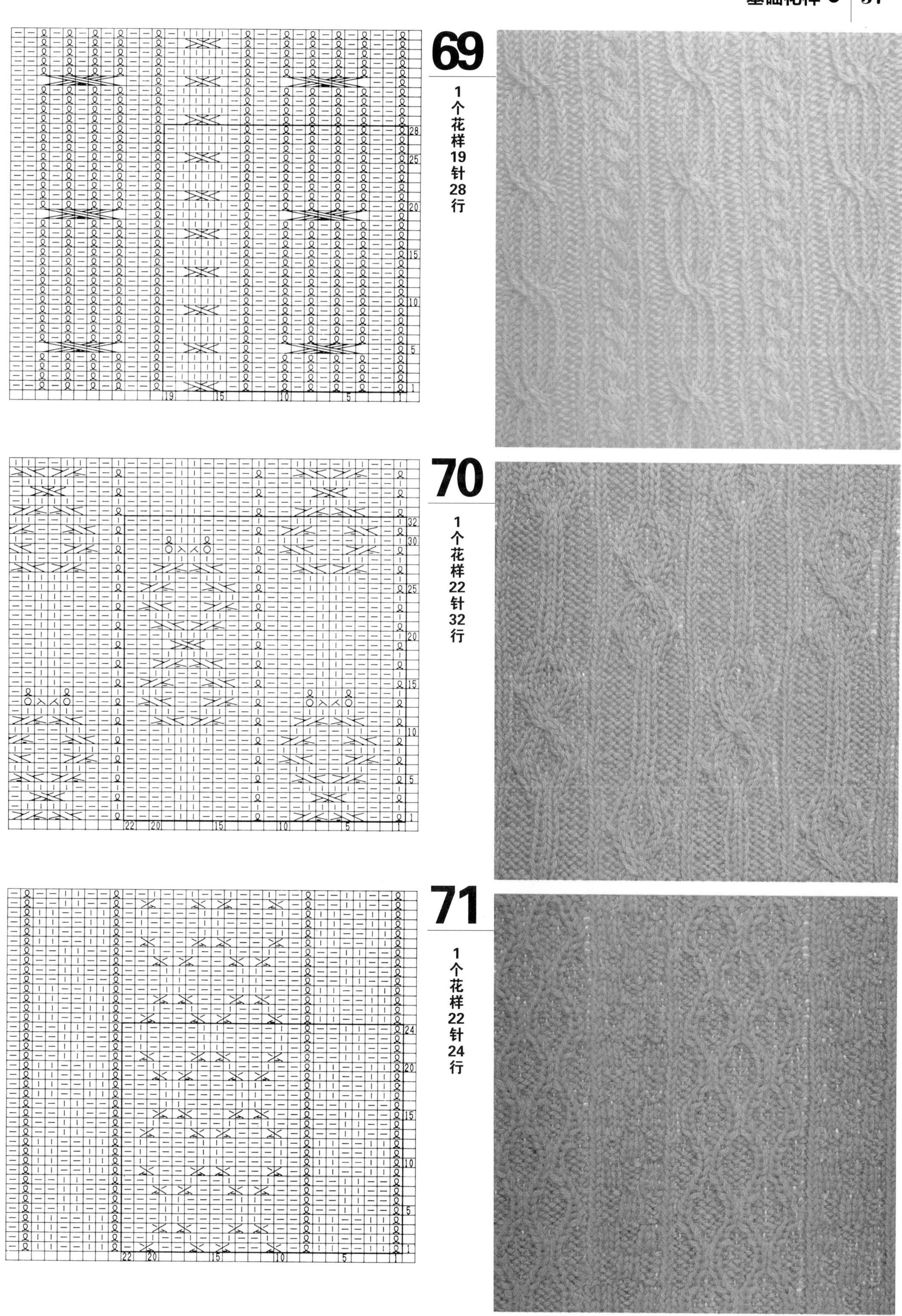
69
1个花样19针28行
70
1个花样22针32行
71
1个花样22针24行

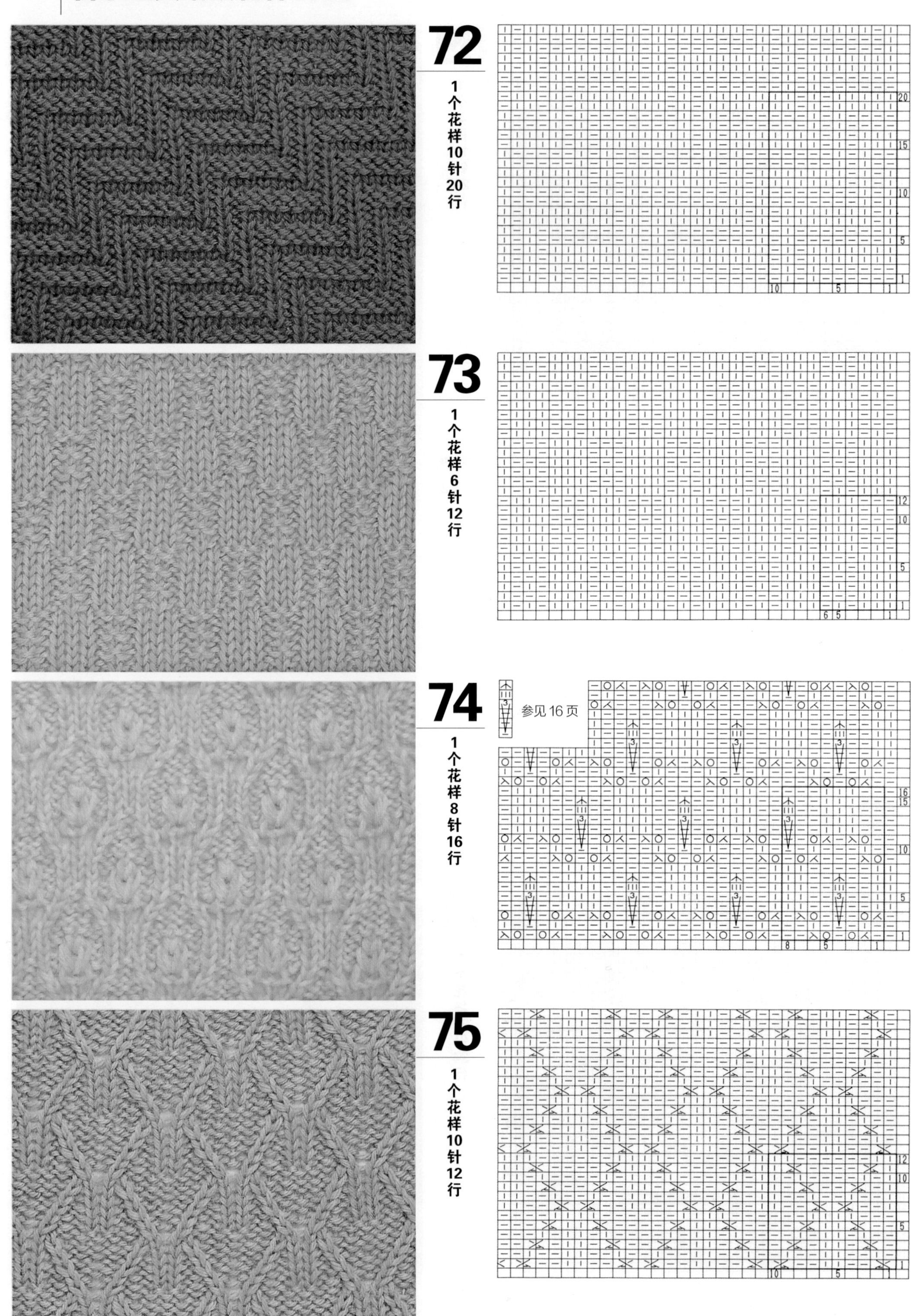
72
1个花样10针20行
73
1个花样6针12行
74
参见16页
1个花样8针16行
75
1个花样10针12行

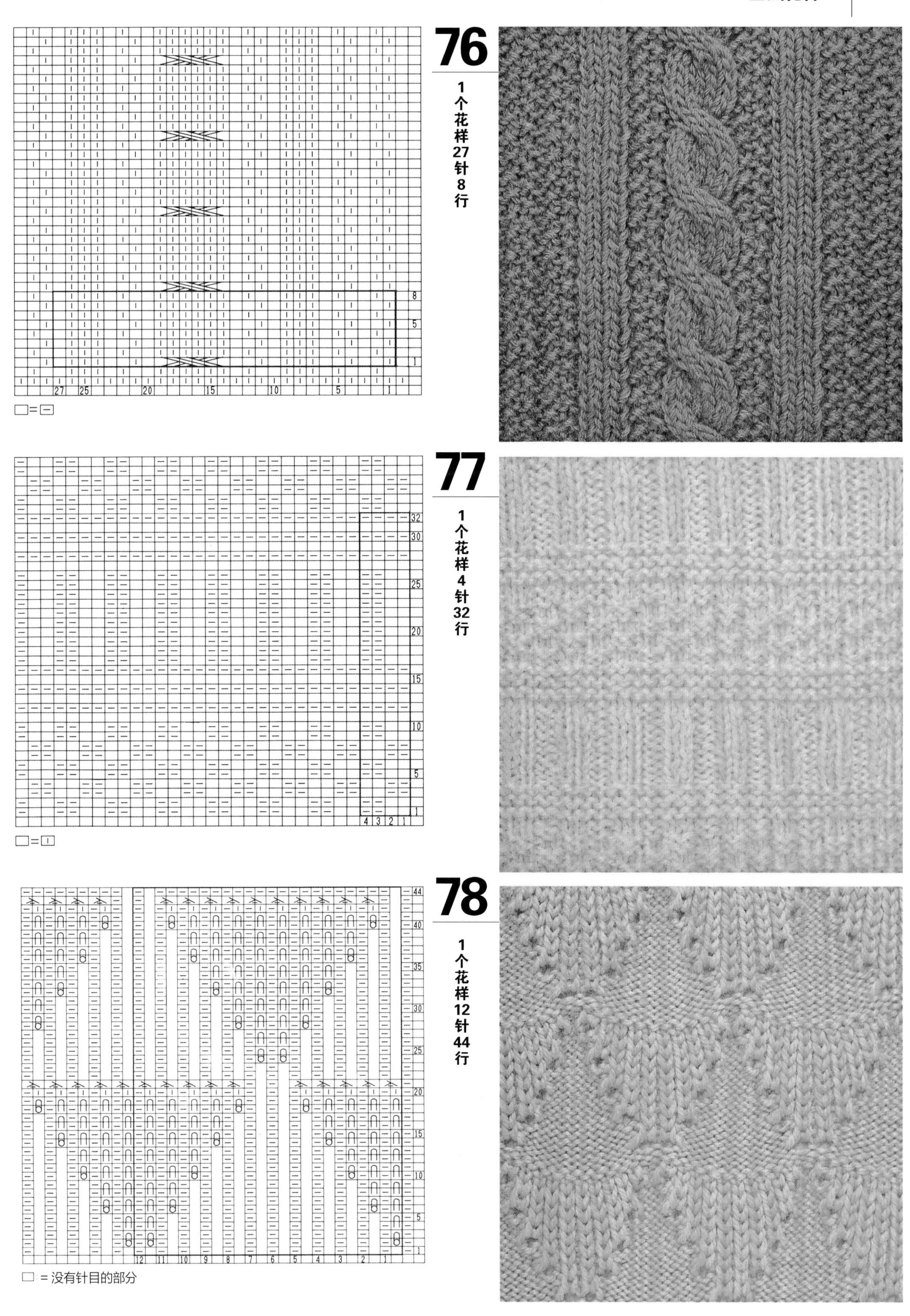
76
1个花样27针8行
□=□
77
1个花样4针32行
□=□
78
1个花样12针44行
□ = 没有针目的部分

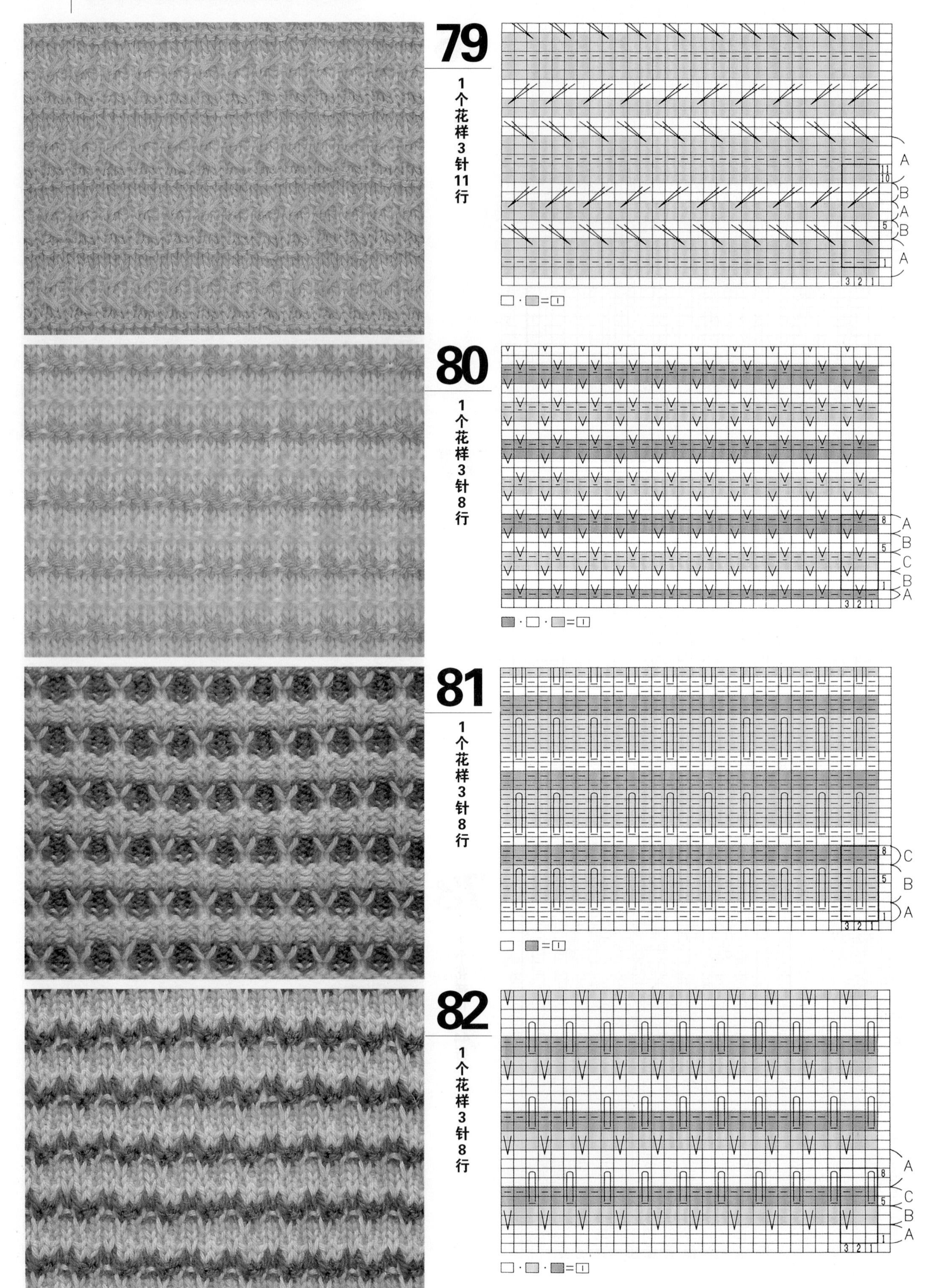
79
1个花样3针11行
A
B
A
B
A
11
10
5
1
3 2 1
80
1个花样3针8行
A
B
C
B
A
8
5
1
3 2 1
81
1个花样3针8行
C
B
A
8
5
1
3 2 1
82
1个花样3针8行
A
C
B
A
8
5
1
3 2 1

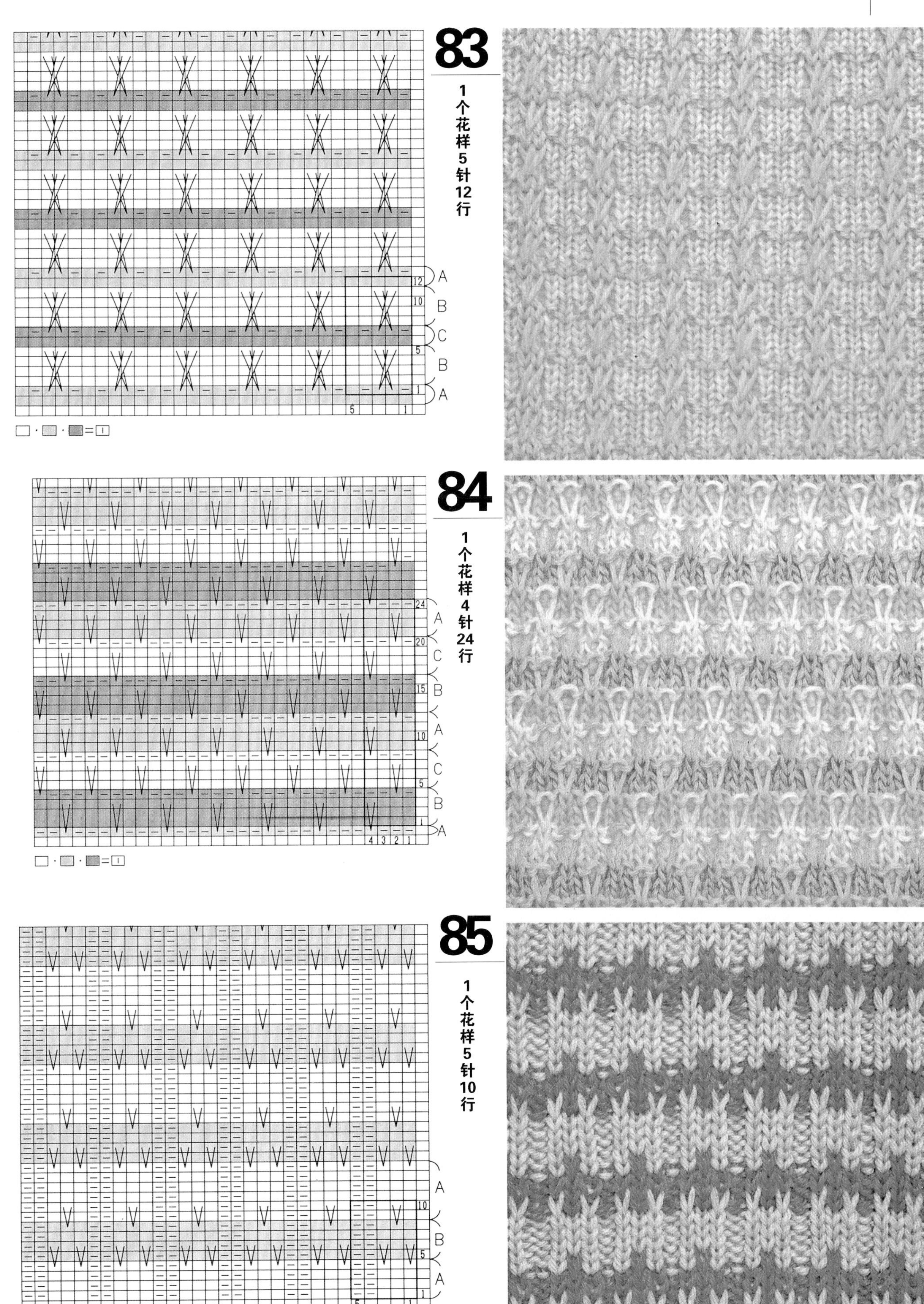
83
1个花样5针12行
12
10
5
1
A
B
C
B
A
5
1
□·□·■=□
84
1个花样4针24行
24
20
15
10
5
1
A
C
B
A
C
B
A
4 3 2 1
□·□·■=□
85
1个花样5针10行
10
5
1
A
B
A
5
1
□·□=□

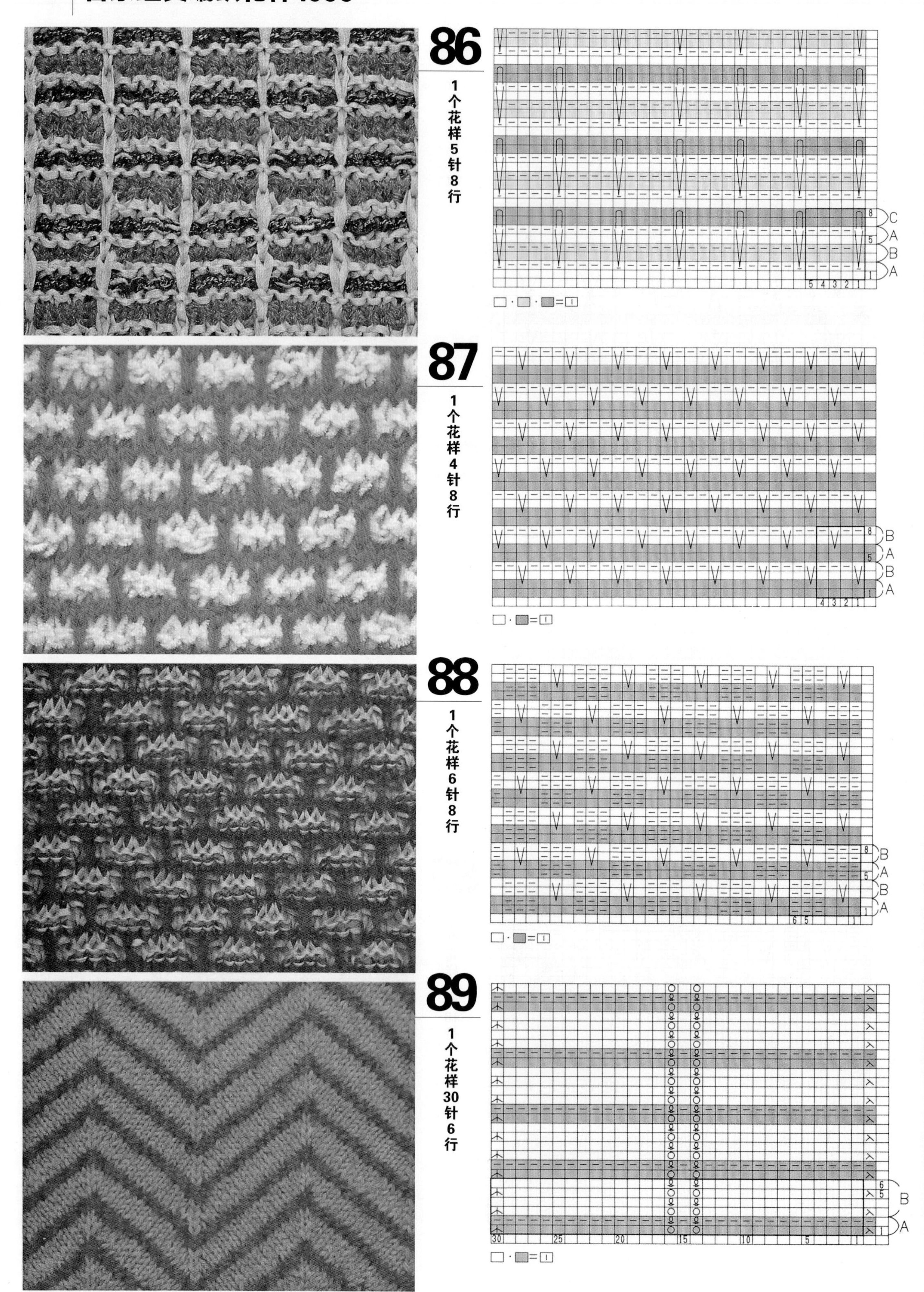
86
1个花样5针8行
C
A
B
A
5 4 3 2 1
□·□·■=□
87
1个花样4针8行
B
A
B
A
4 3 2 1
□·■=□
88
1个花样6针8行
B
A
B
A
6 5 1
□·■=□
89
1个花样30针6行
B
A
30 25 20 15 10 5 1
□·■=□

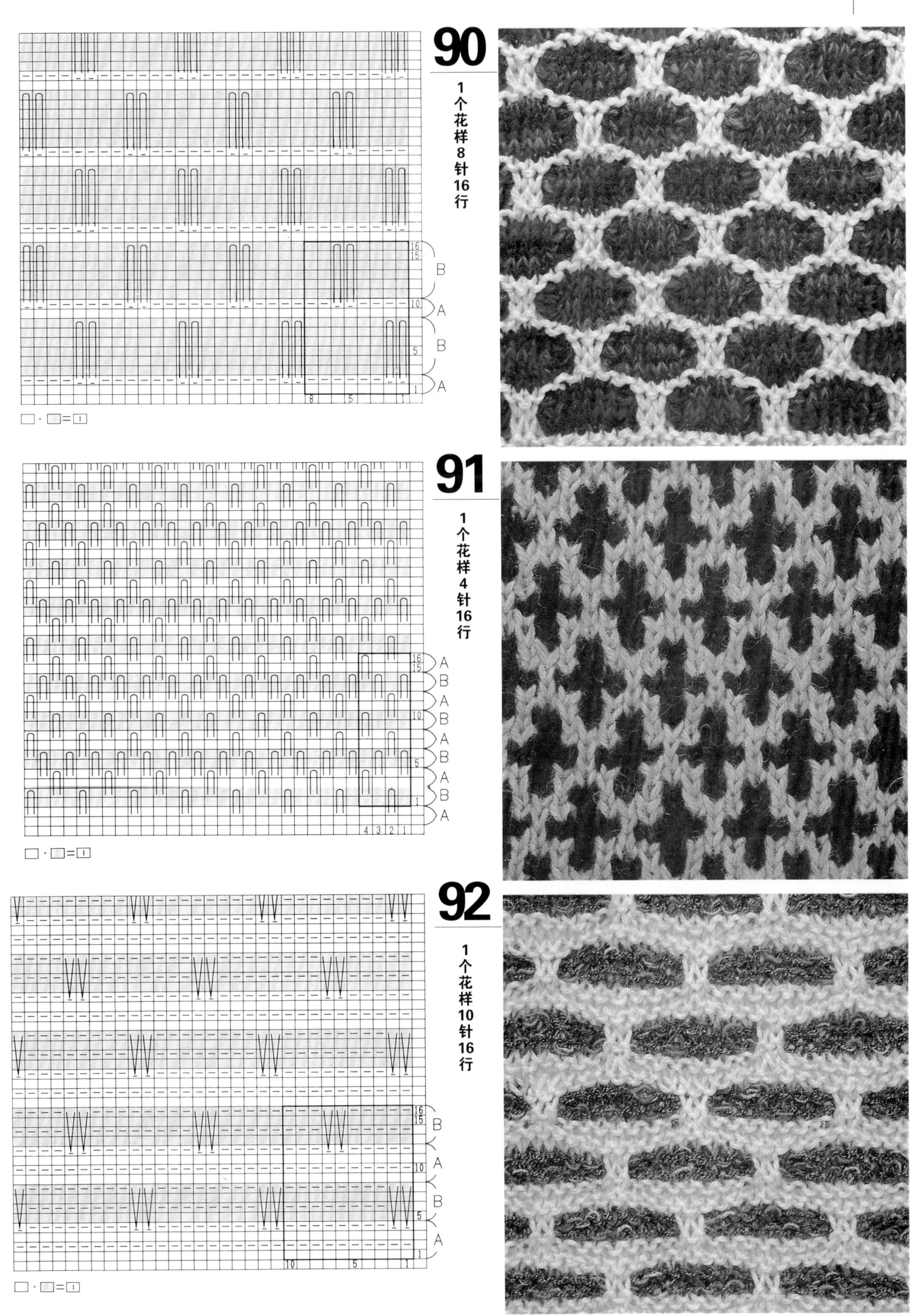
90
1个花样8针16行
B
A
B
A
16
15
10
5
1
8
5
1
□·▨=□
91
1个花样4针16行
A
B
A
B
A
B
A
B
A
16
15
10
5
1
4 3 2 1
□·▨=□
92
1个花样10针16行
B
A
B
A
16
15
10
5
1
10
5
1
□·▨=□

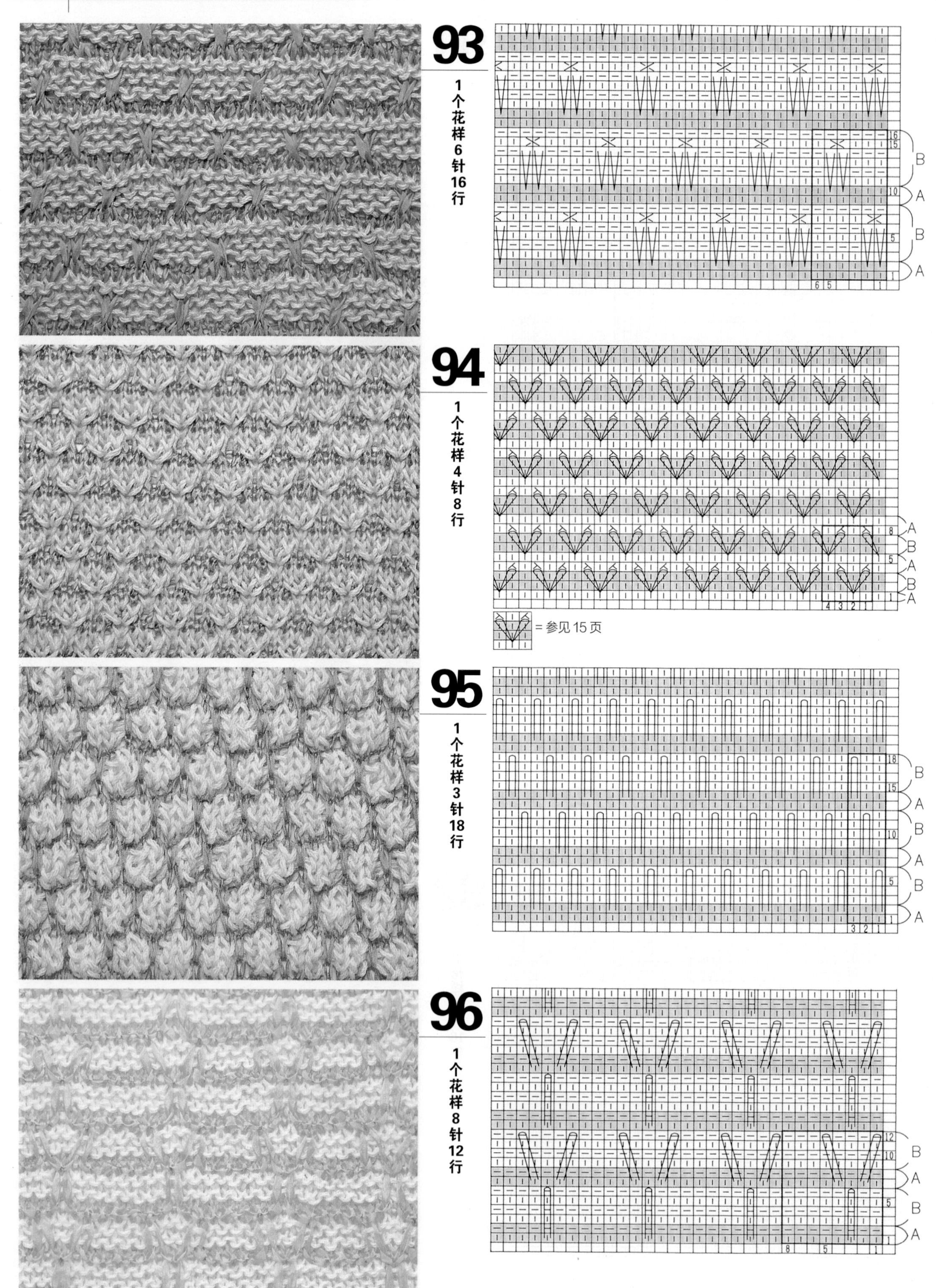
93
1个花样6针16行
94
1个花样4针8行
= 参见15页
95
1个花样3针18行
96
1个花样8针12行

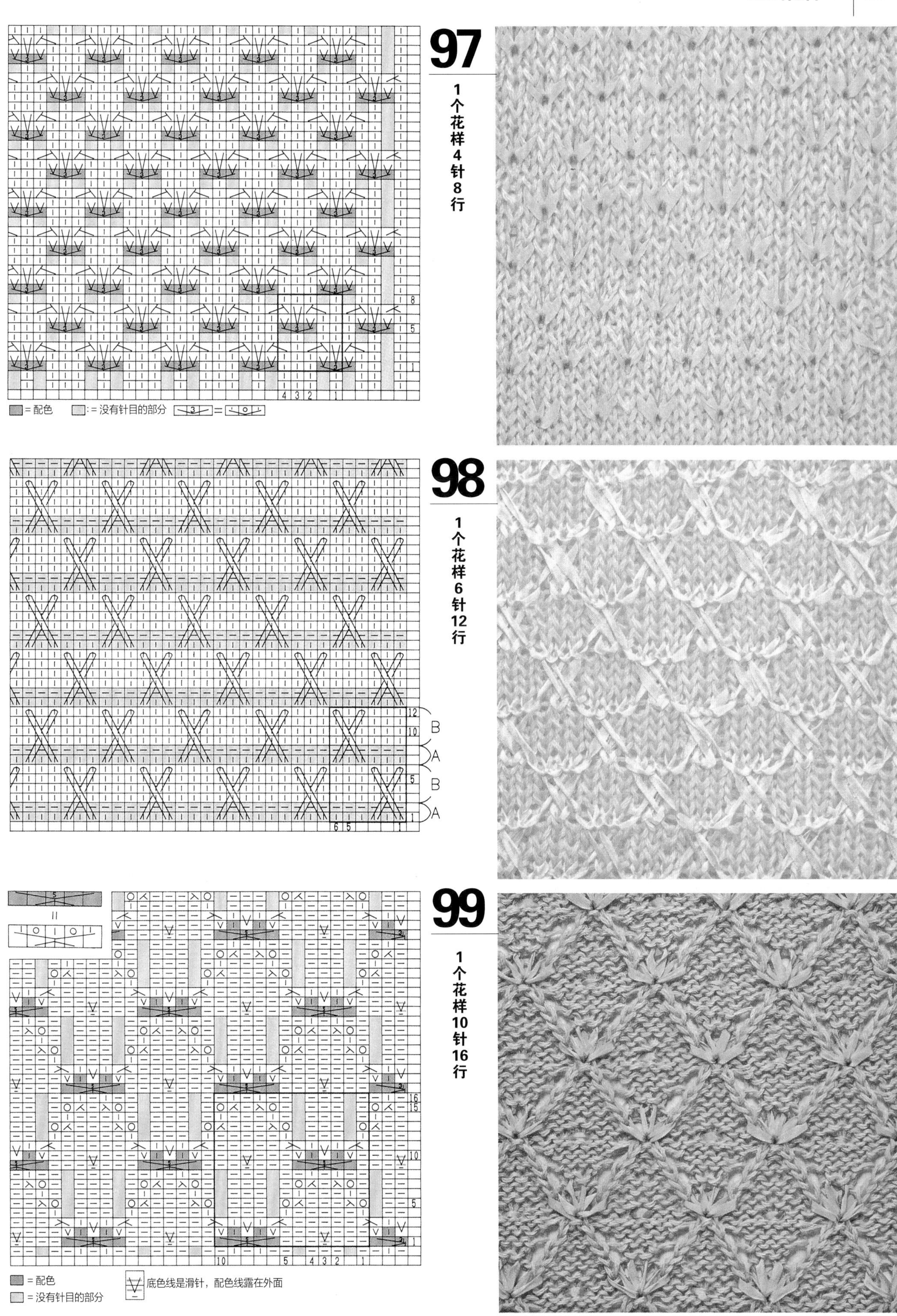
97
1个花样4针8行
■=配色
□:=没有针目的部分
98
1个花样6针12行
A
B
99
1个花样10针16行
■=配色
□=没有针目的部分
底色线是滑针，配色线露在外面

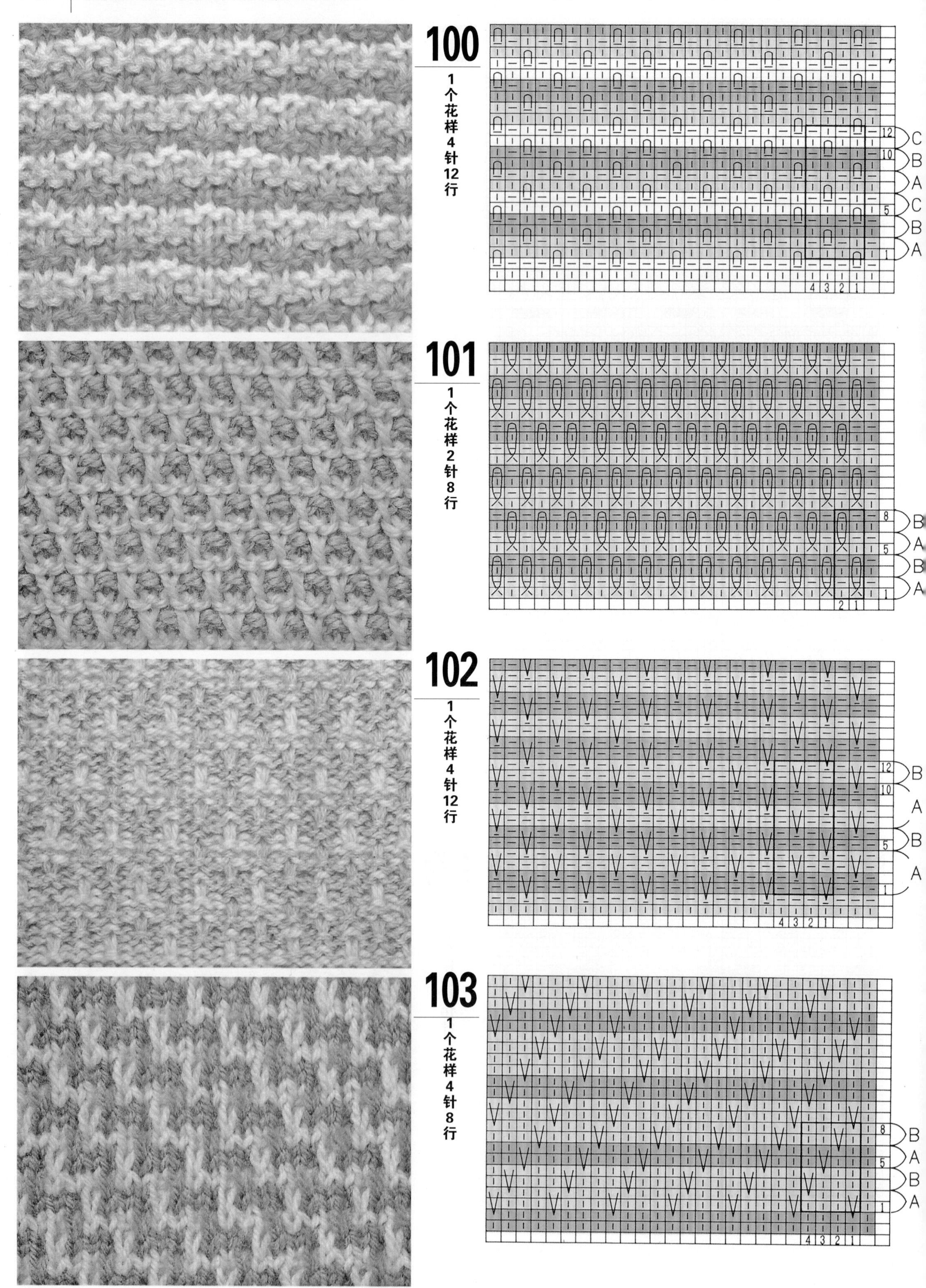
100
1个花样4针12行
12
C
10
B
A
5
C
B
1
A
4 3 2 1
101
1个花样2针8行
8
B
5
A
B
1
A
2 1
102
1个花样4针12行
12
B
10
A
5
B
A
1
4 3 2 1
103
1个花样4针8行
8
B
A
5
B
1
A
4 3 2 1

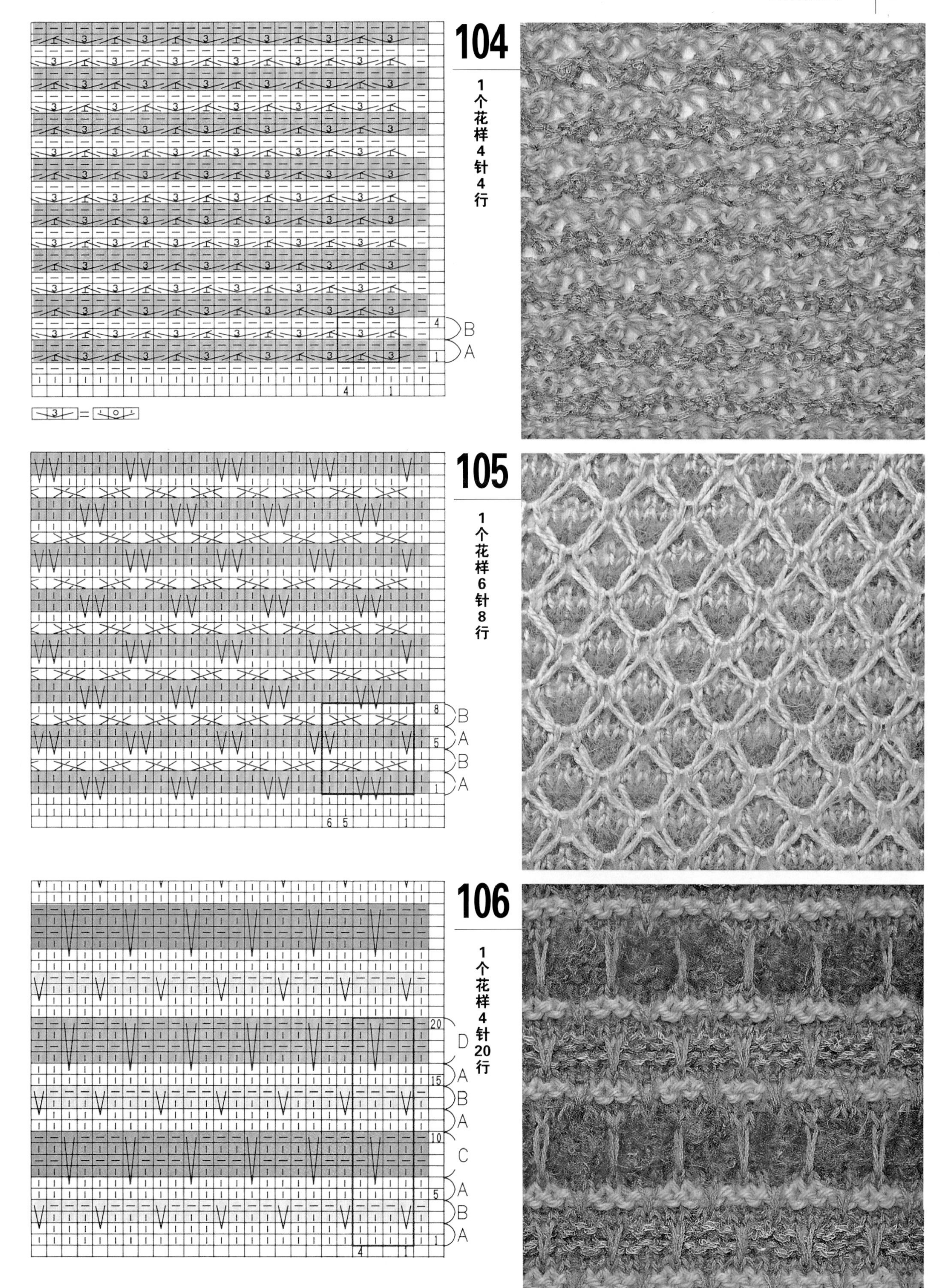
104
1个花样4针4行
4
B
1
A
4
1
3
105
1个花样6针8行
8
B
5
A
B
1
A
6
5
1
106
1个花样4针20行
20
D
15
A
B
A
10
C
5
A
B
1
A
4
1

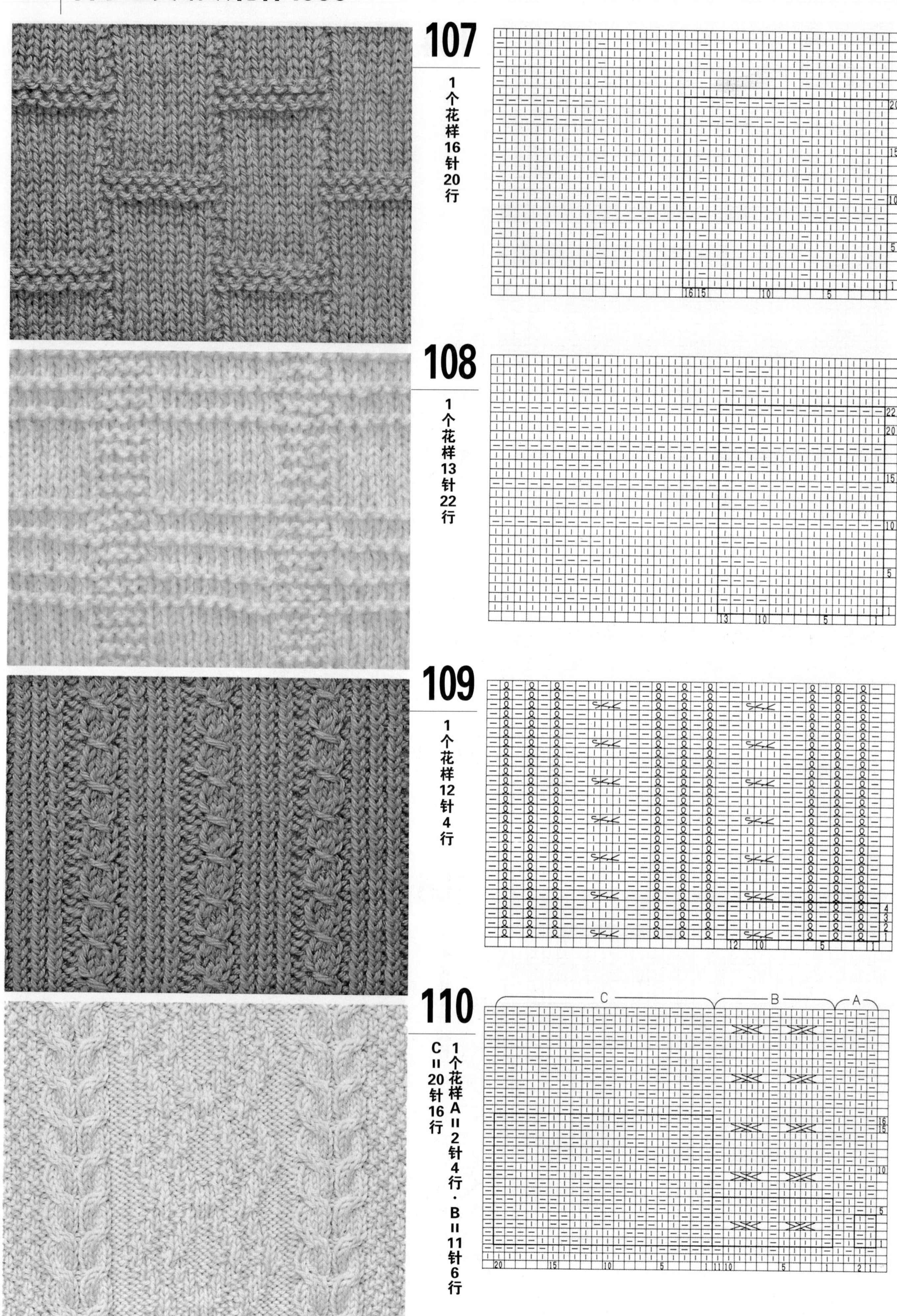
107
1个花样16针20行
108
1个花样13针22行
109
1个花样12针4行
110
1个花样A＝2针4行・B＝11针6行
C＝20针16行
C
B
A

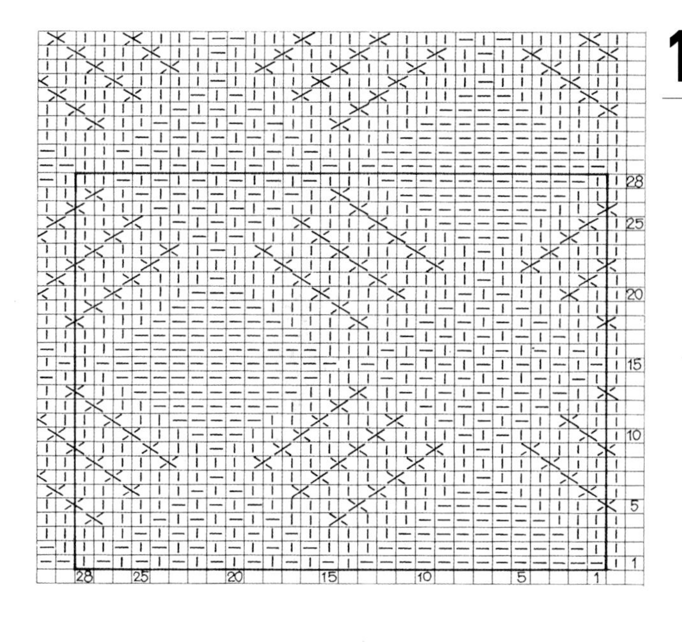

111

1个花样28针28行

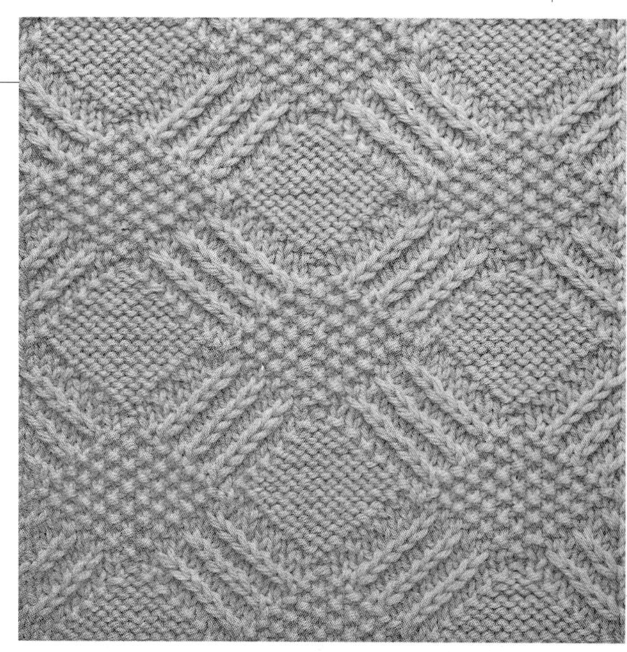

20
15
10
5
1
30 25 24 23 20 18 17 16 15 11 10 9 5 1

□ = 没有针线的部分

112

1个花样30针20行

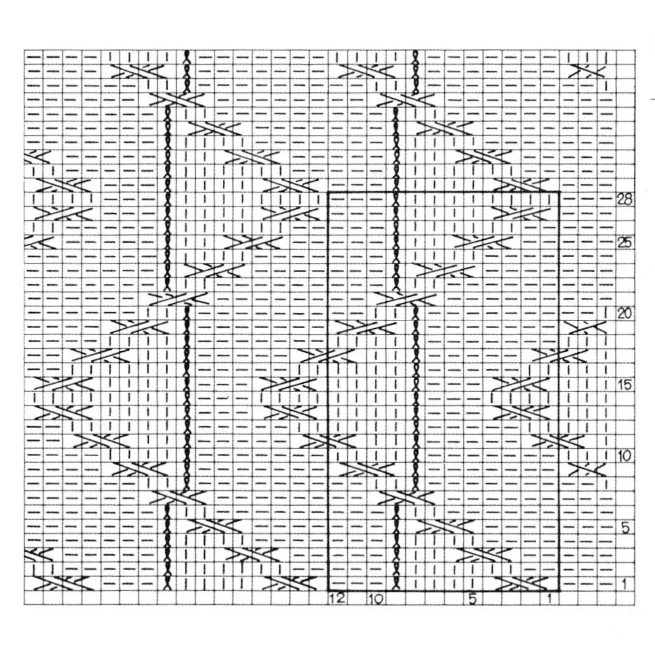

113

1个花样12针28行

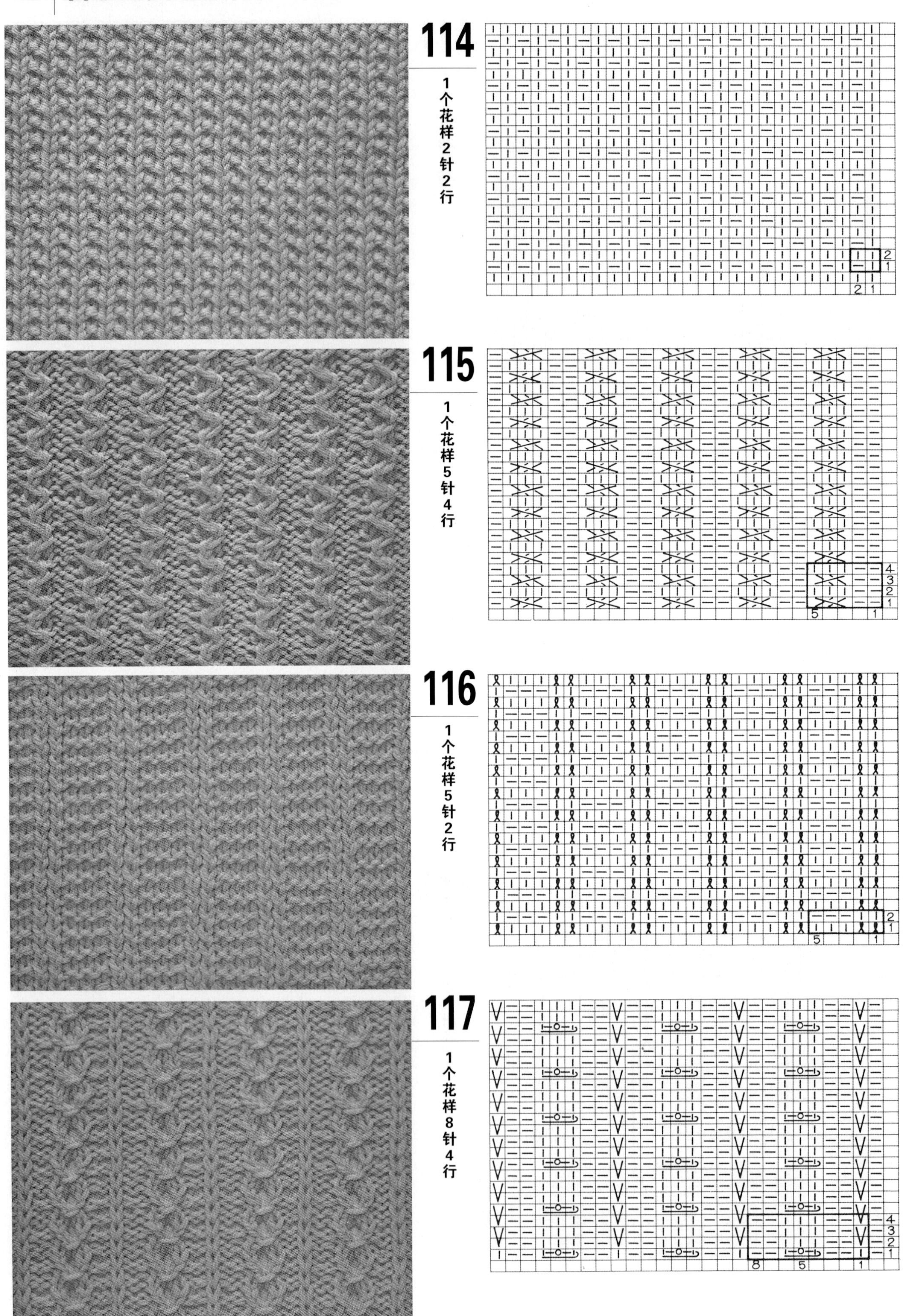
114
1个花样2针2行
115
1个花样5针4行
116
1个花样5针2行
117
1个花样8针4行

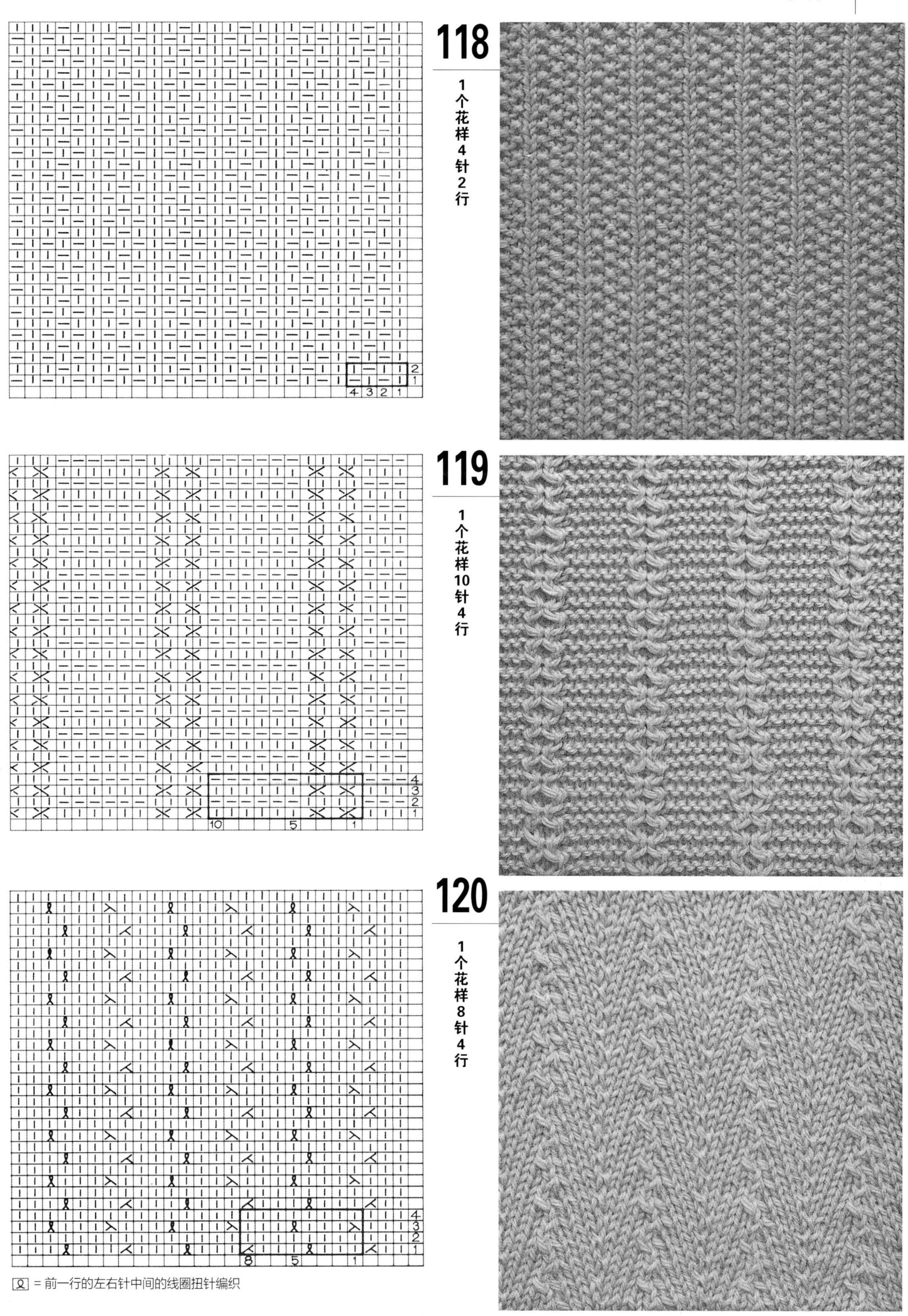

⊠ = 前一行的左右针中间的线圈扭针编织

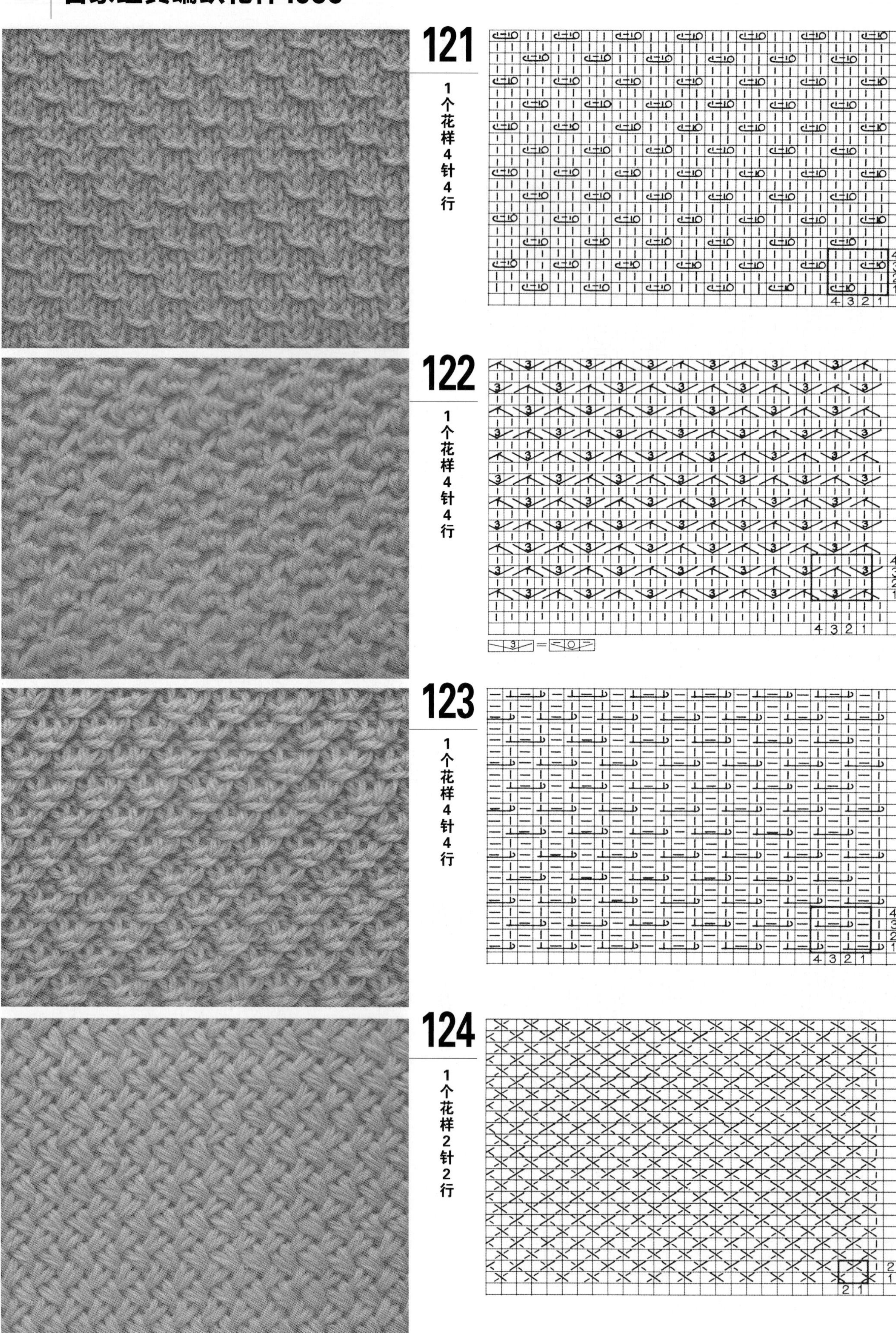
121
1个花样4针4行
122
1个花样4针4行
123
1个花样4针4行
124
1个花样2针2行

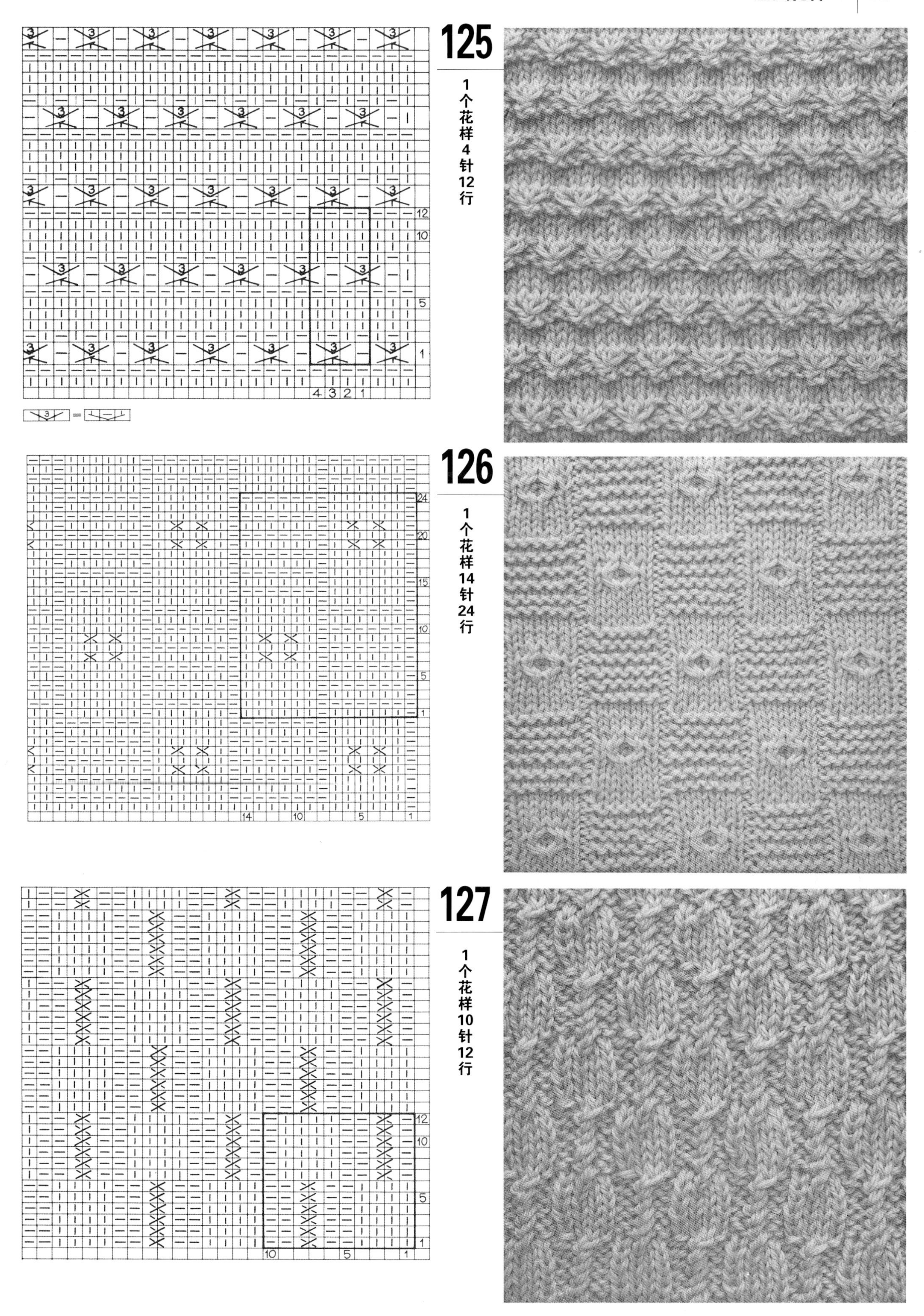
125
1个花样4针12行
126
1个花样14针24行
127
1个花样10针12行

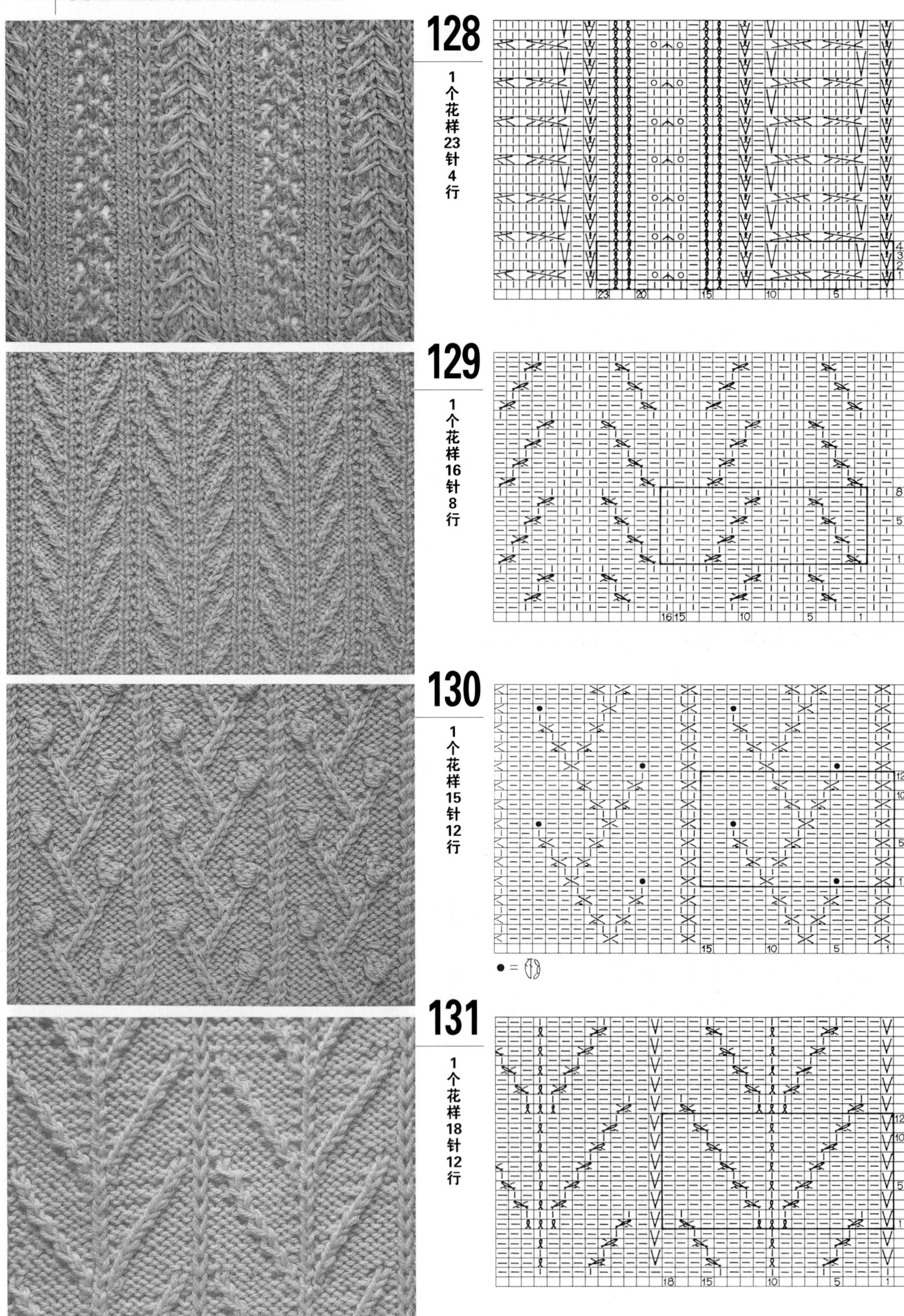
128
1个花样23针4行
129
1个花样16针8行
130
1个花样15针12行
131
1个花样18针12行

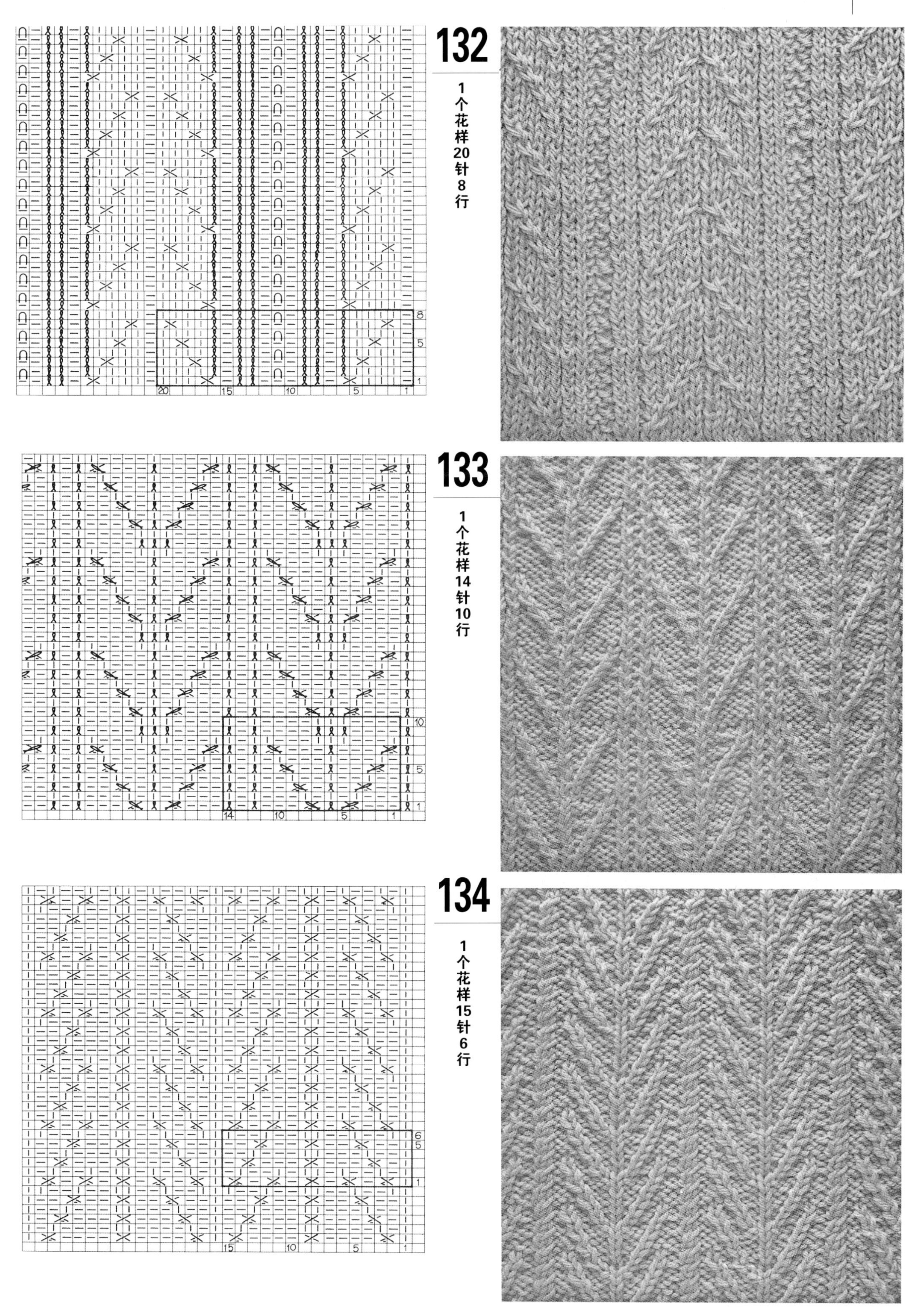
132
1个花样20针8行
133
1个花样14针10行
134
1个花样15针6行

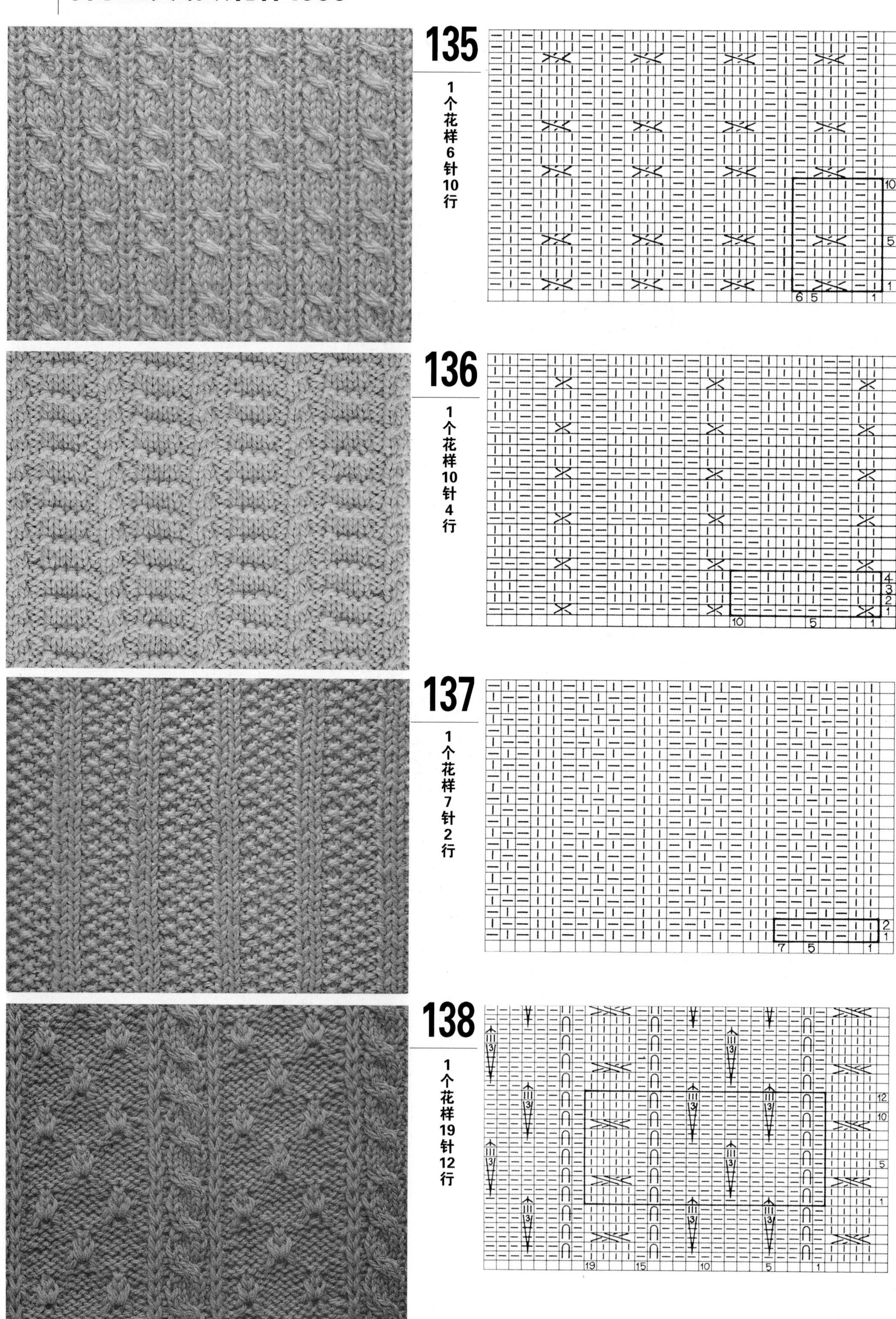
135
1个花样6针10行
136
1个花样10针4行
137
1个花样7针2行
138
1个花样19针12行

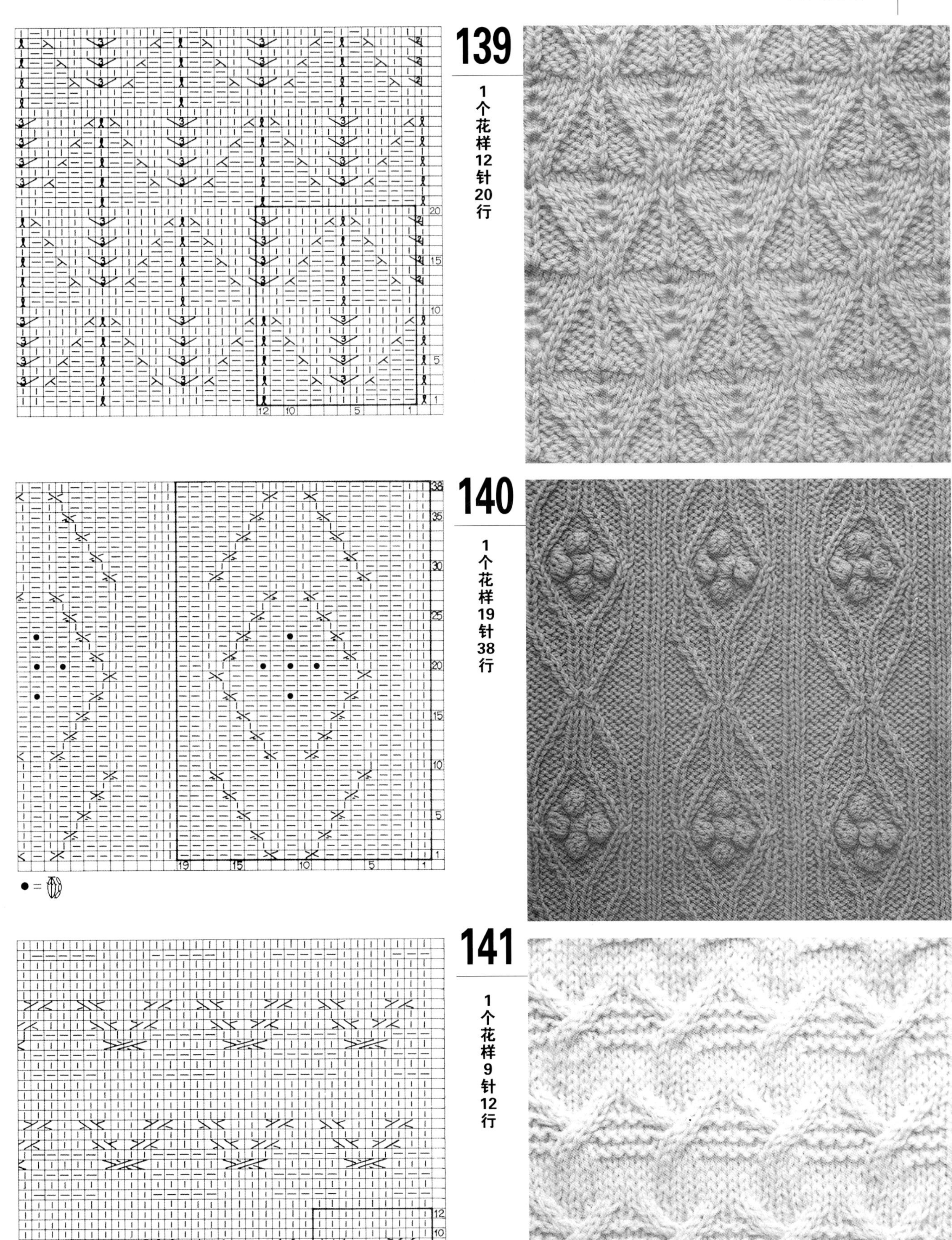

139

1个花样12针20行

140

1个花样19针38行

141

1个花样9针12行

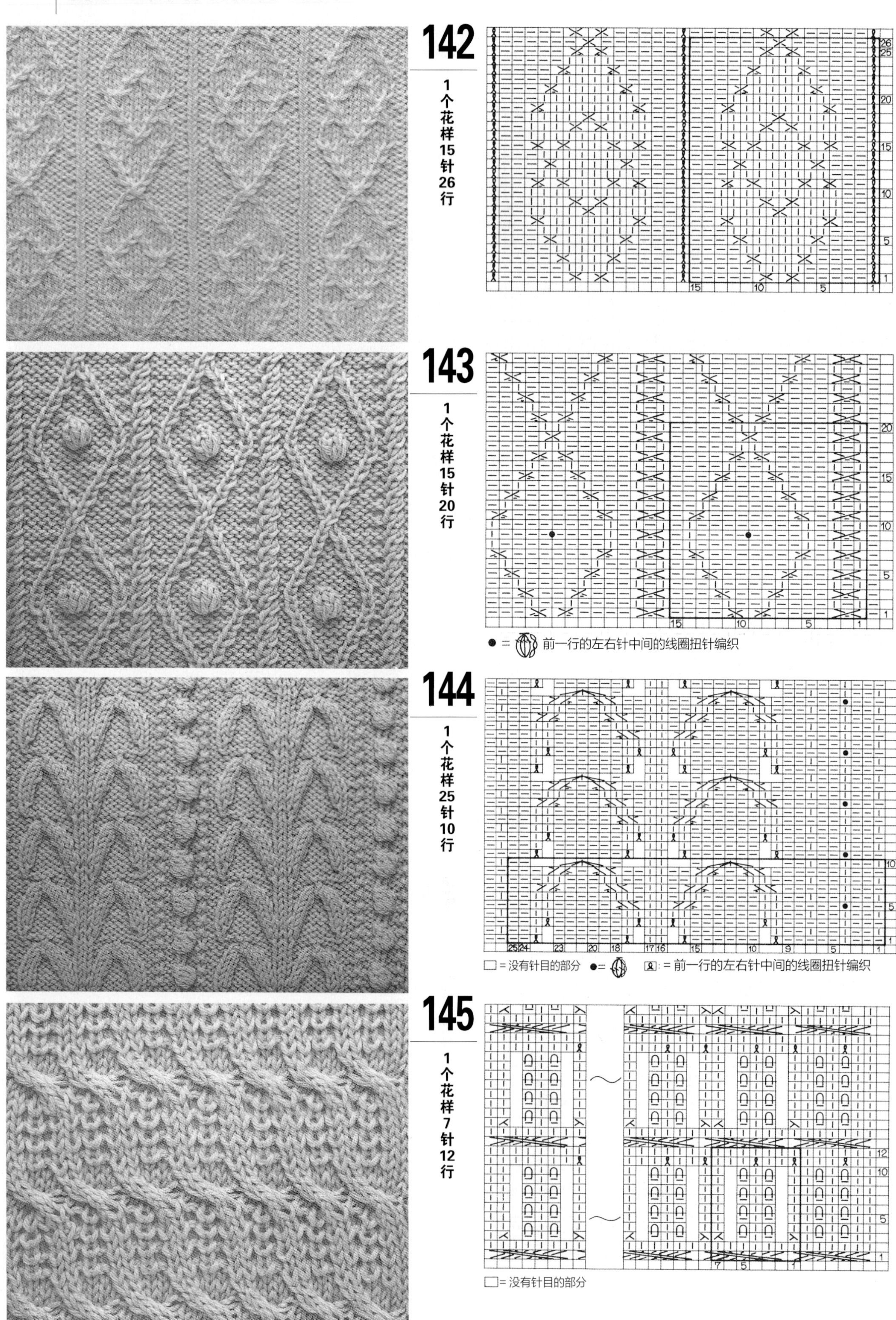

142
1个花样15针26行
143
1个花样15针20行
● = 前一行的左右针中间的线圈扭针编织
144
1个花样25针10行
□ = 没有针目的部分
: = 前一行的左右针中间的线圈扭针编织
145
1个花样7针12行
□= 没有针目的部分

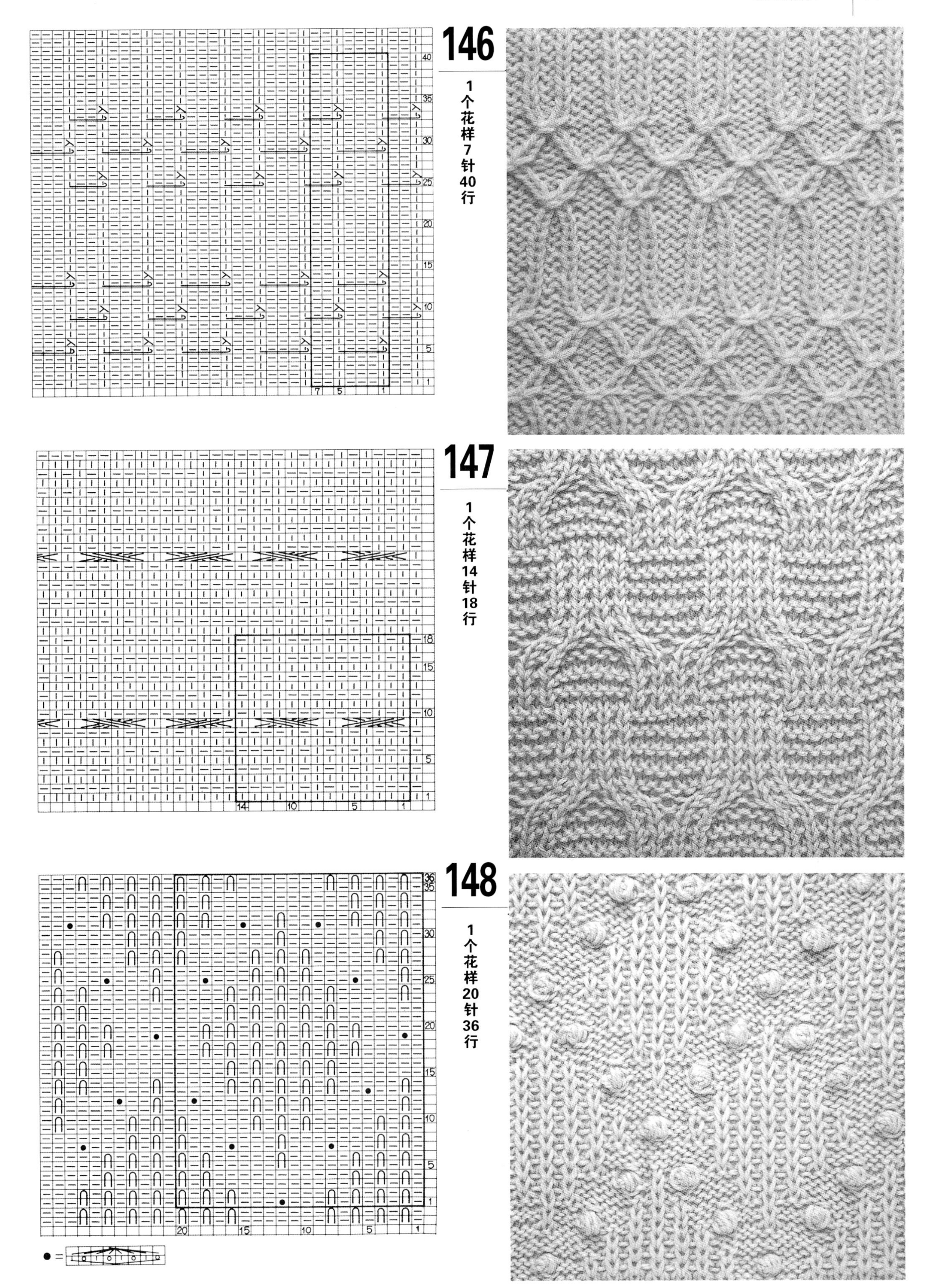
146
1个花样7针40行
147
1个花样14针18行
148
1个花样20针36行

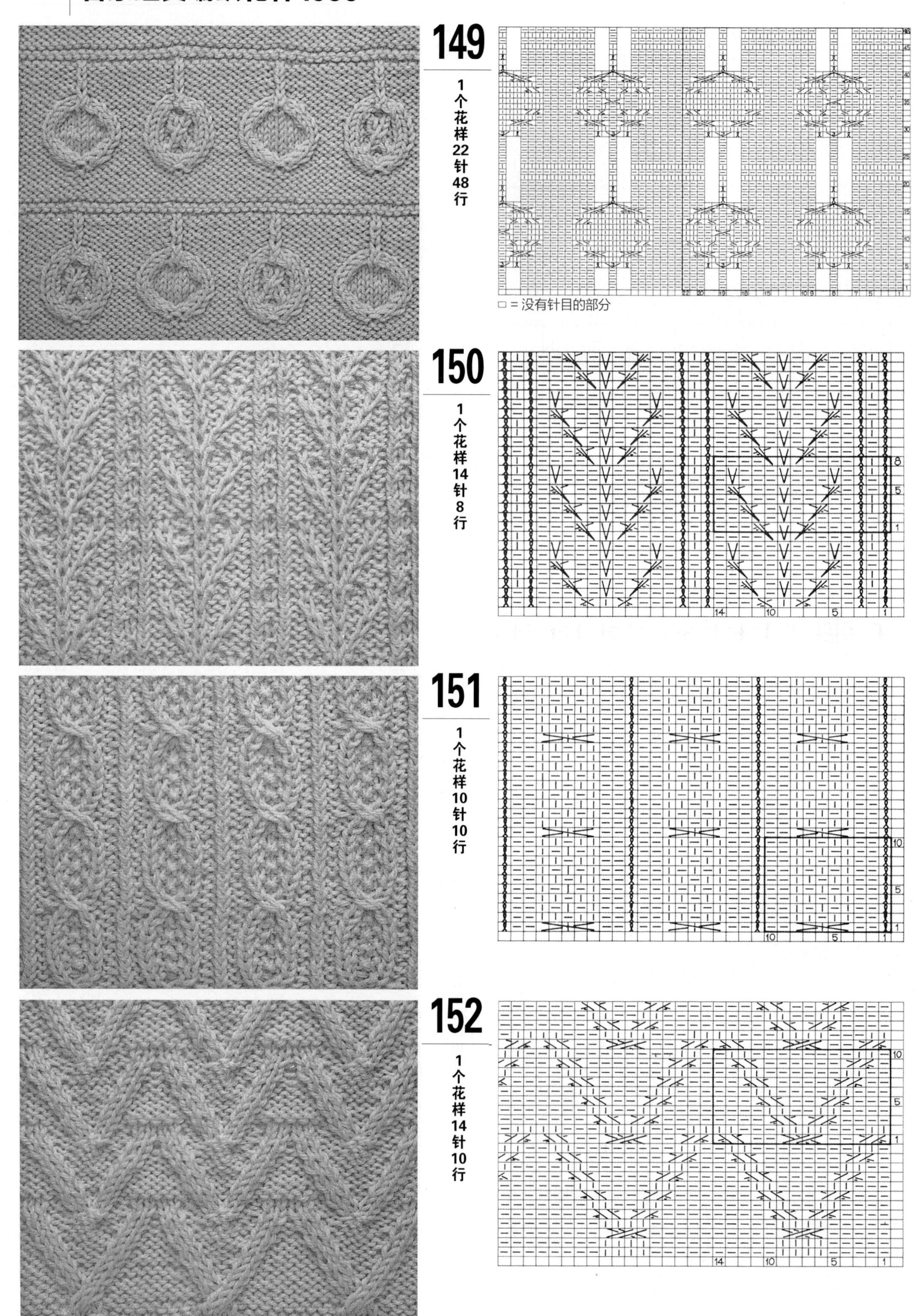
149
1个花样22针48行
□＝没有针目的部分
150
1个花样14针8行
151
1个花样10针10行
152
1个花样14针10行

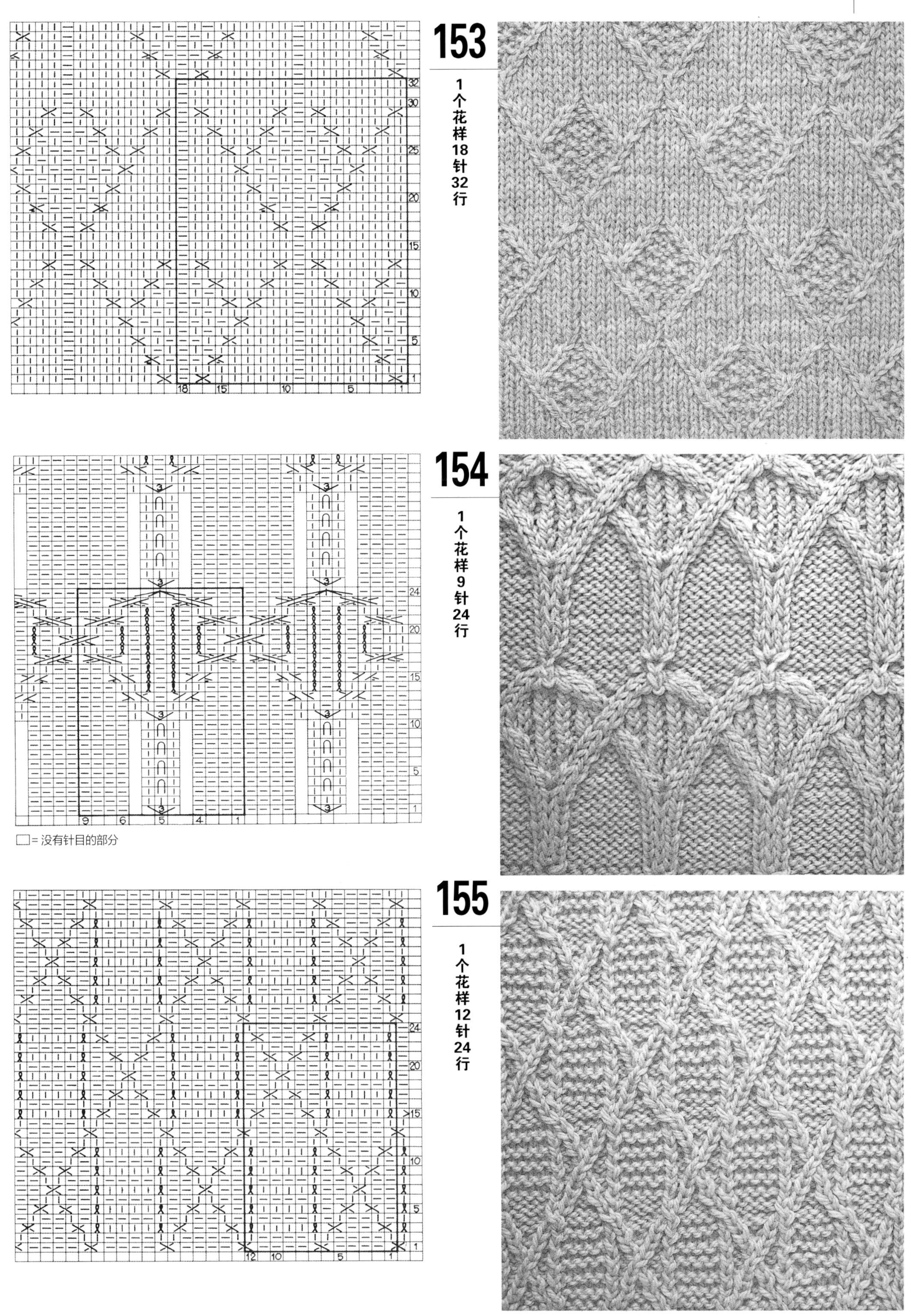
153
1个花样18针32行
154
1个花样9针24行
□=没有针目的部分
155
1个花样12针24行

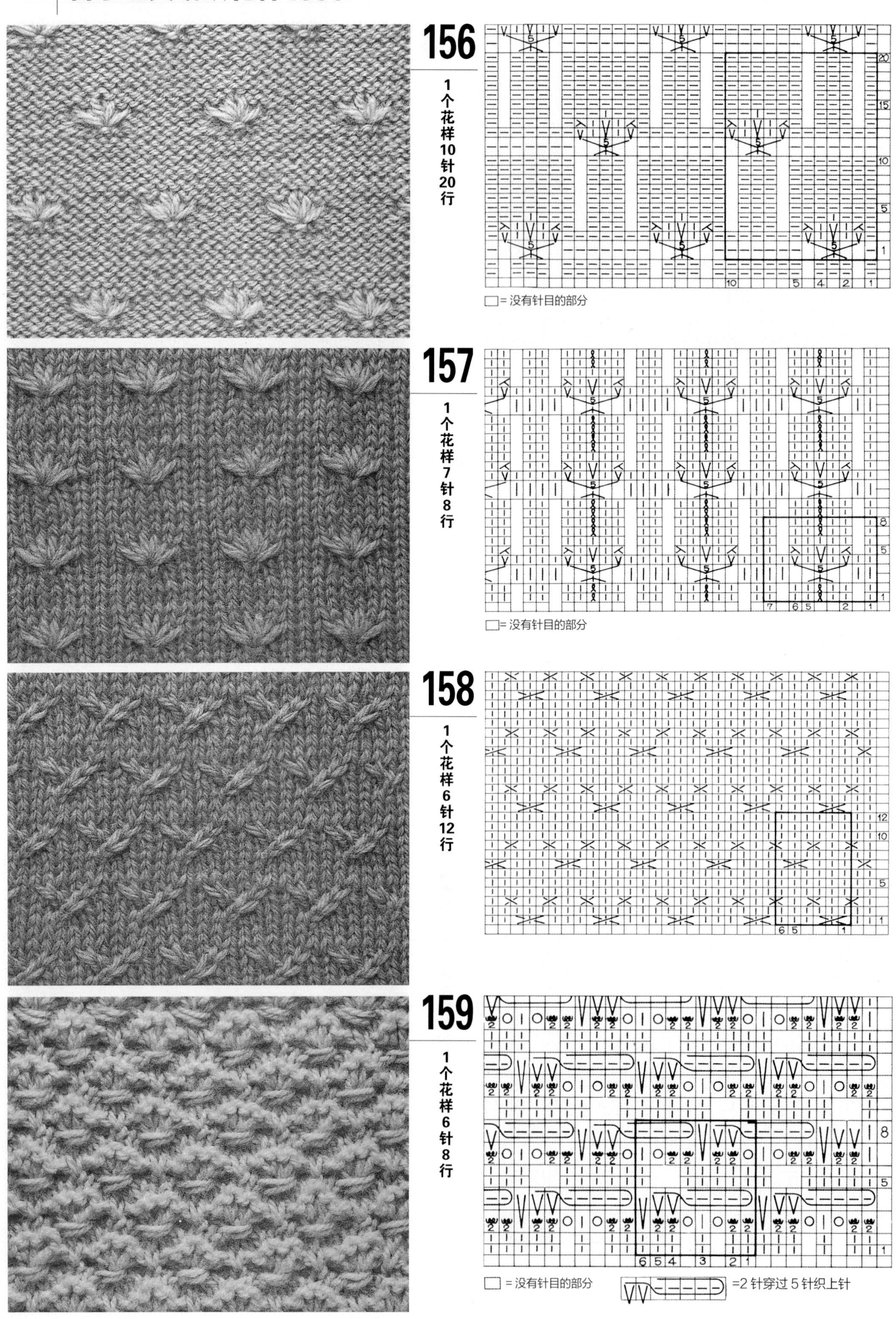
156
1个花样10针20行
□=没有针目的部分
157
1个花样7针8行
□=没有针目的部分
158
1个花样6针12行
159
1个花样6针8行
□=没有针目的部分
=2针穿过5针织上针

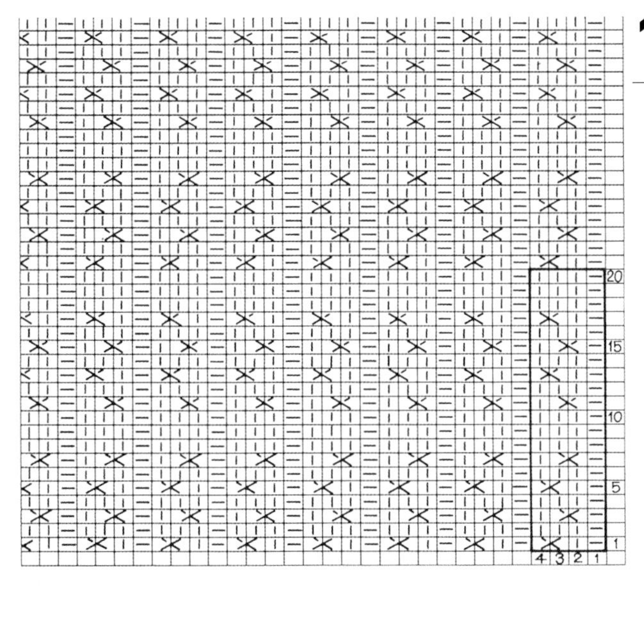

160

1个花样4针20行

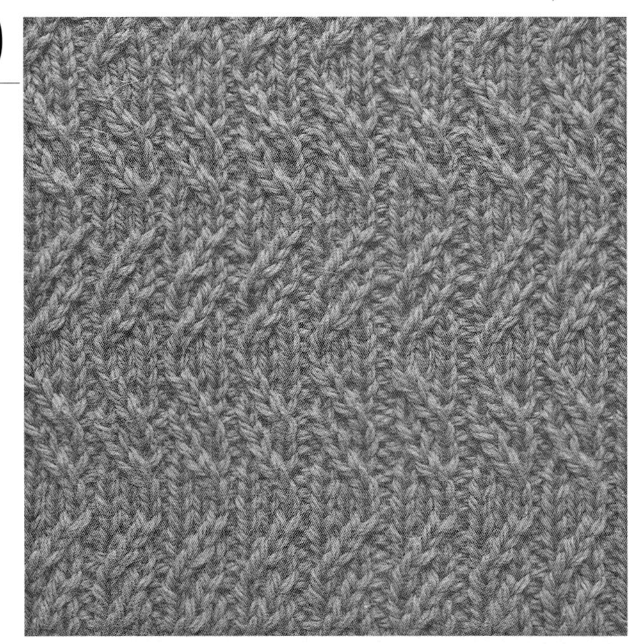

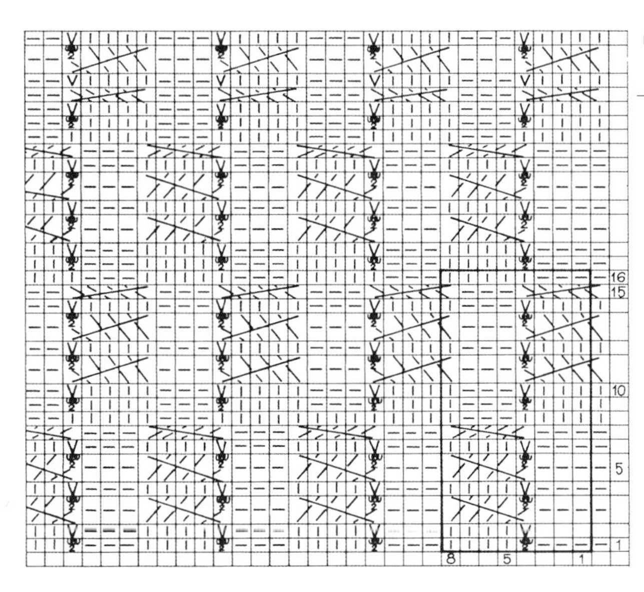

161

1个花样8针16行

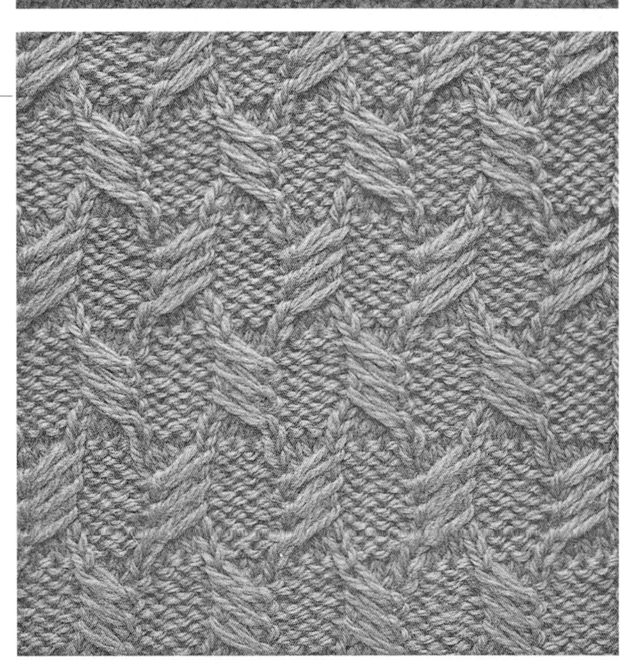

162

1个花样24针32行

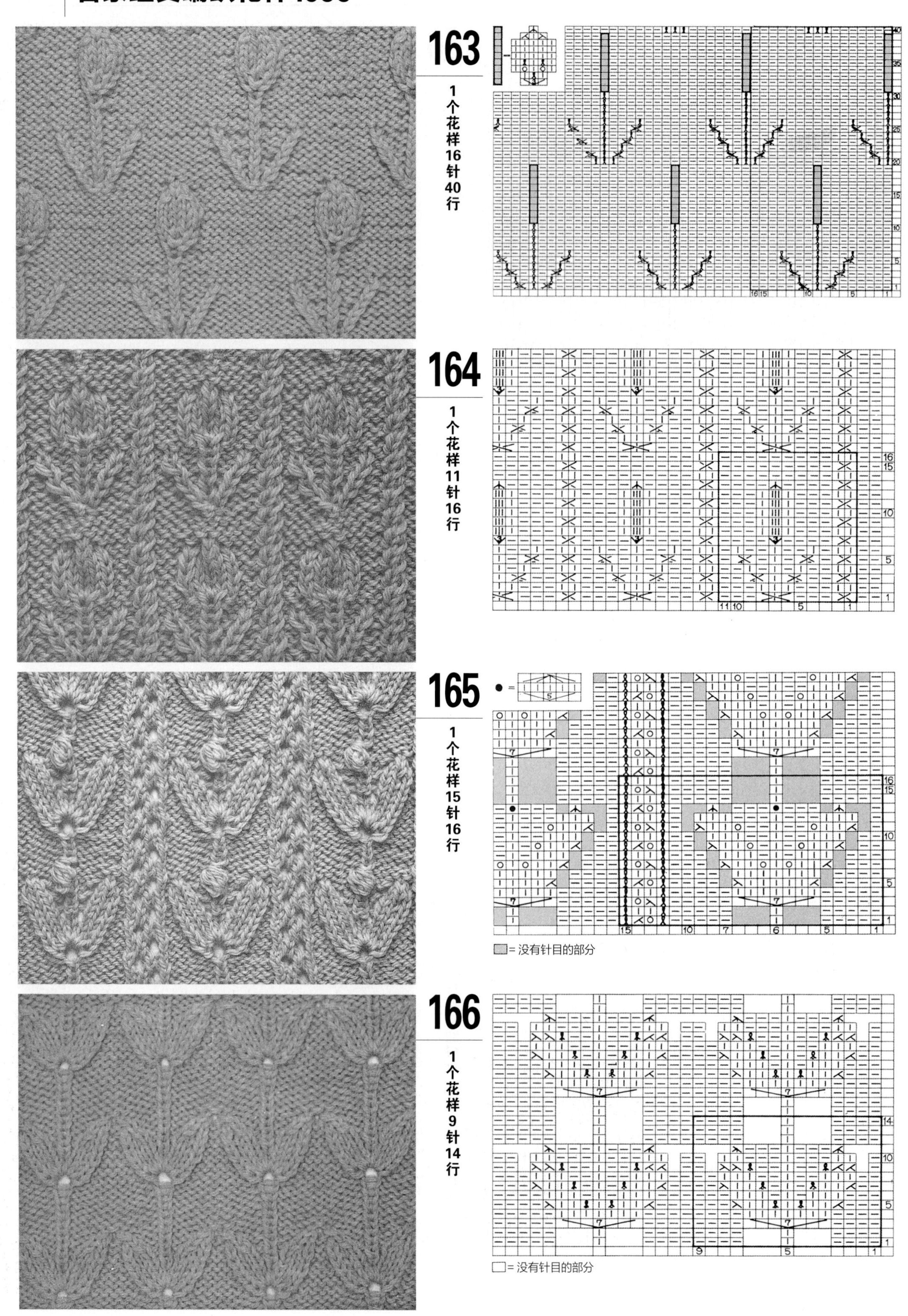
163
1个花样16针40行
164
1个花样11针16行
165
1个花样15针16行
=没有针目的部分
166
1个花样9针14行
=没有针目的部分

镂空花样【藤枝花样、树叶花样、曲径花样】

镂空花样是由空加针和减针构成。
通过镂空花样的不同搭配，花样变得复杂，编织物看起精致、高雅。
毛线的质感也是镂空花样重要的要素之一。

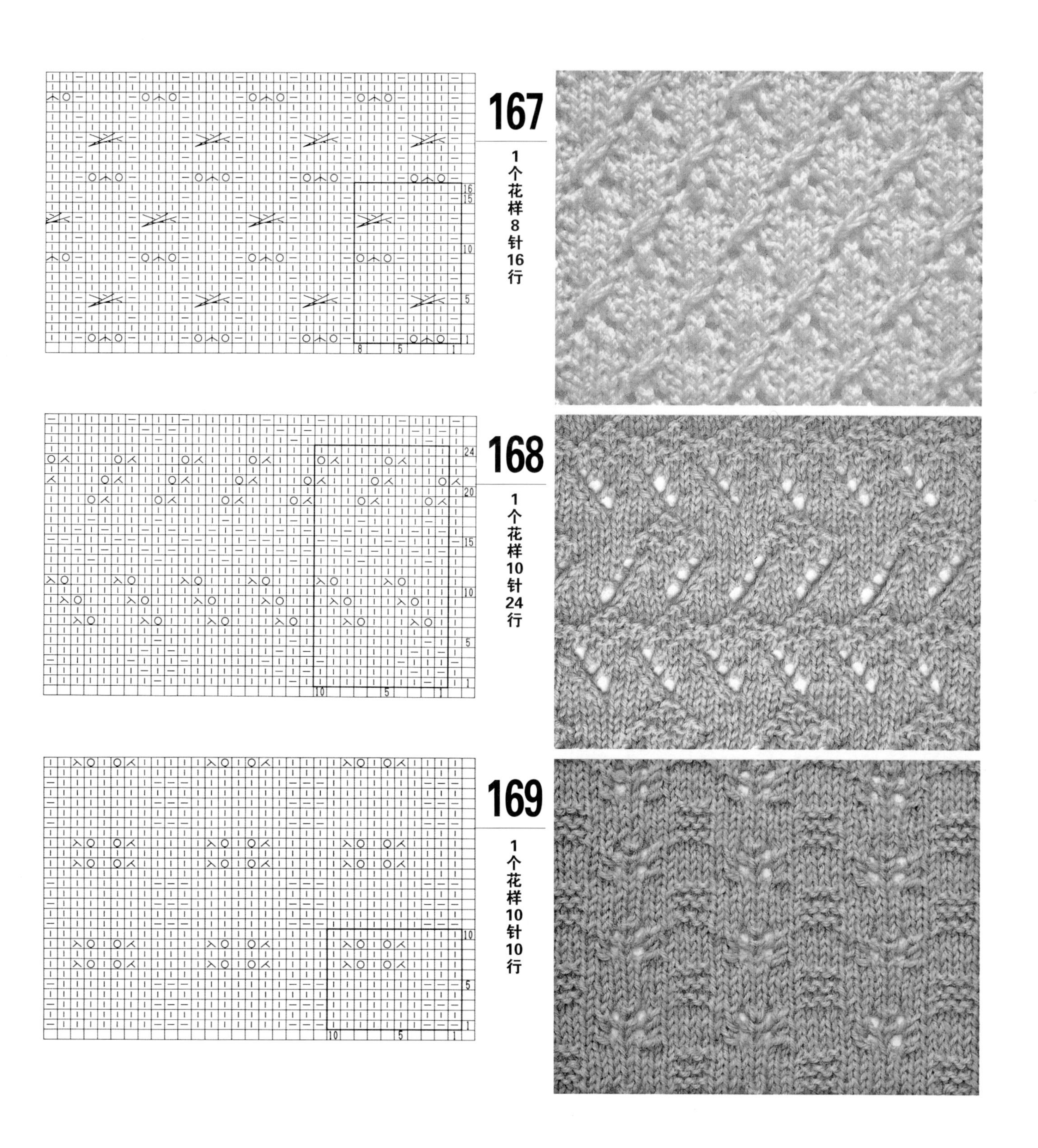

167
1个花样8针16行

168
1个花样10针24行

169
1个花样10针10行

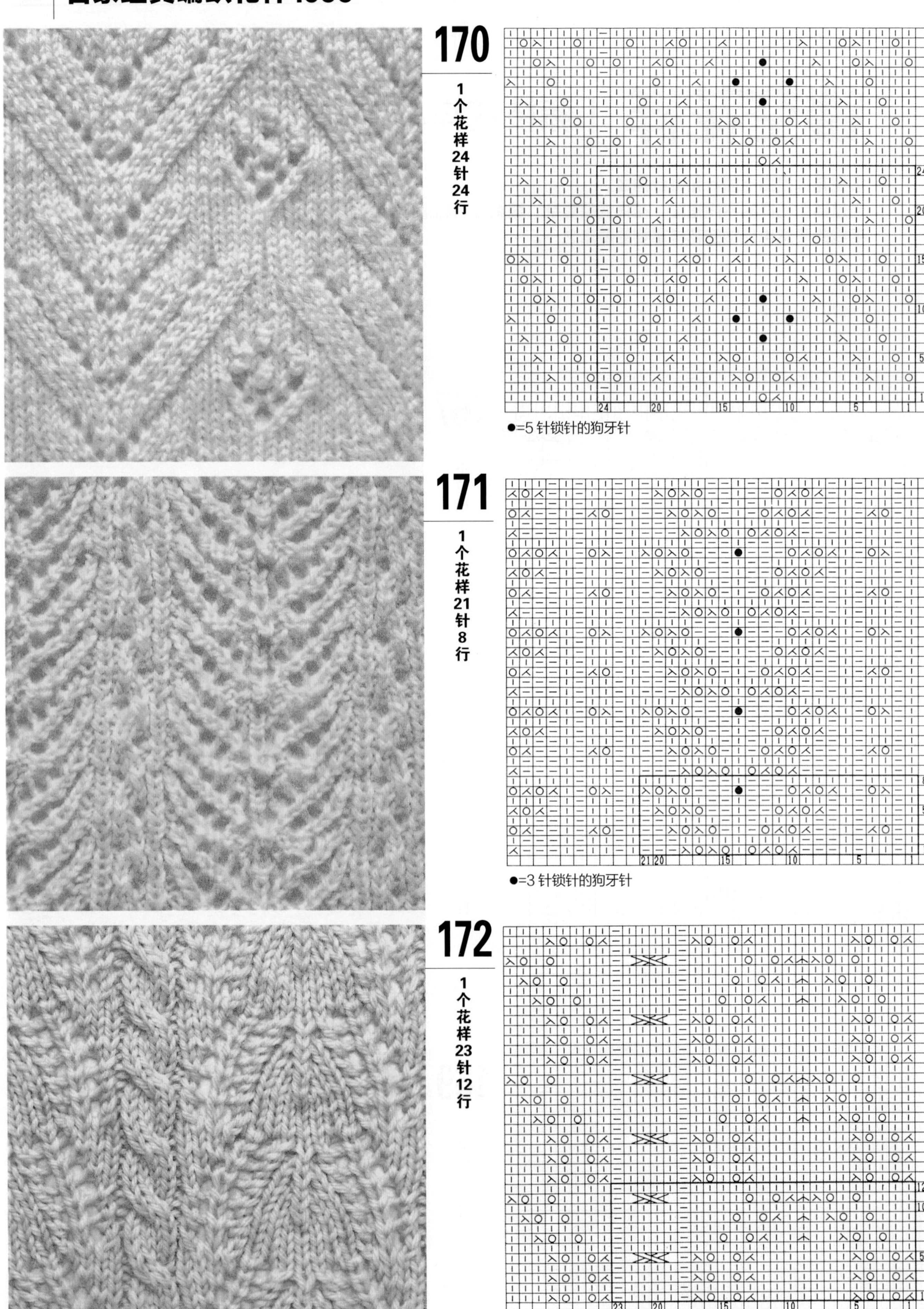
170
1个花样24针24行
●=5针锁针的狗牙针
171
1个花样21针8行
●=3针锁针的狗牙针
172
1个花样23针12行

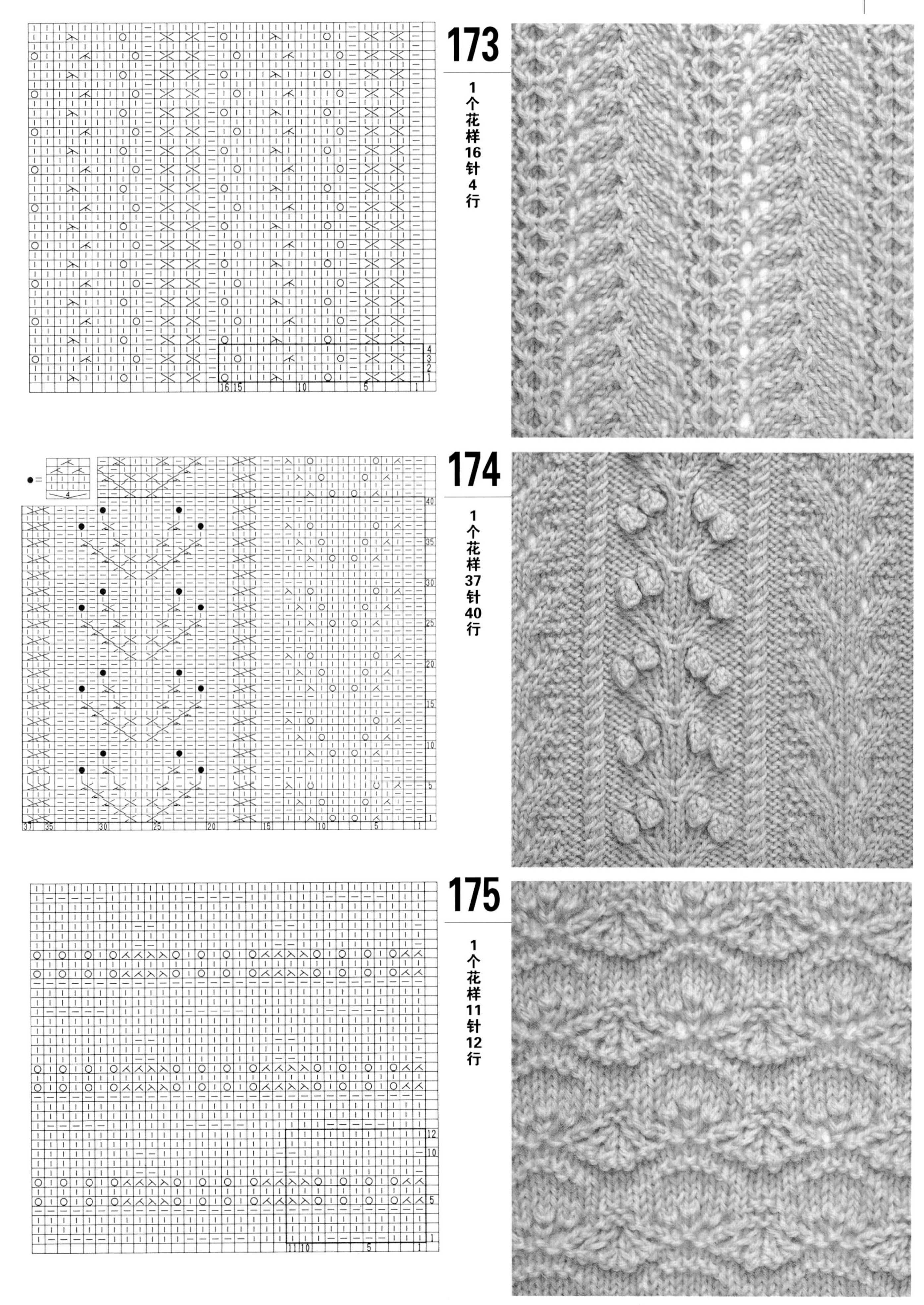
173
1个花样16针4行
174
1个花样37针40行
175
1个花样11针12行

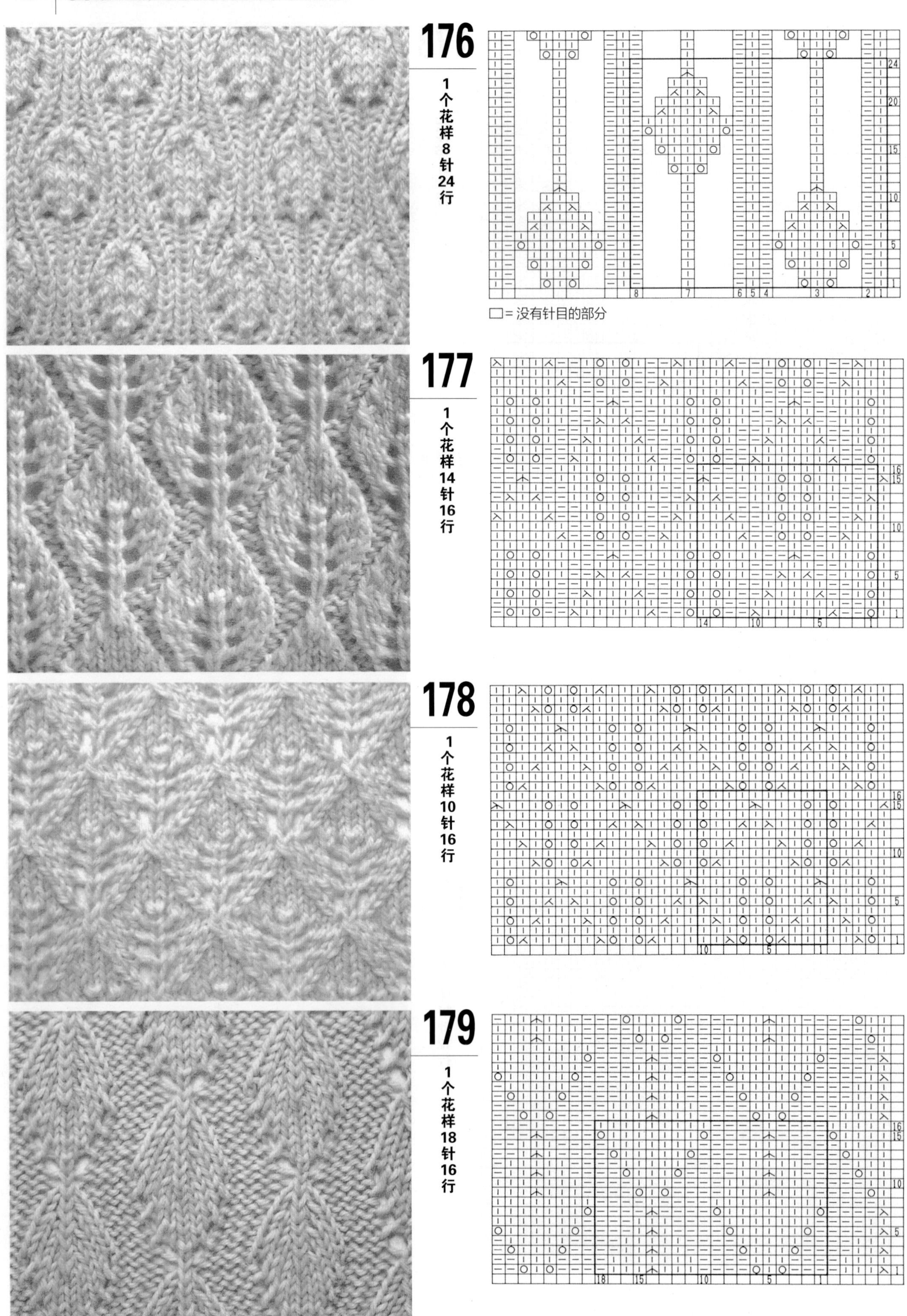
176
1个花样8针24行
□=没有针目的部分
177
1个花样14针16行
178
1个花样10针16行
179
1个花样18针16行

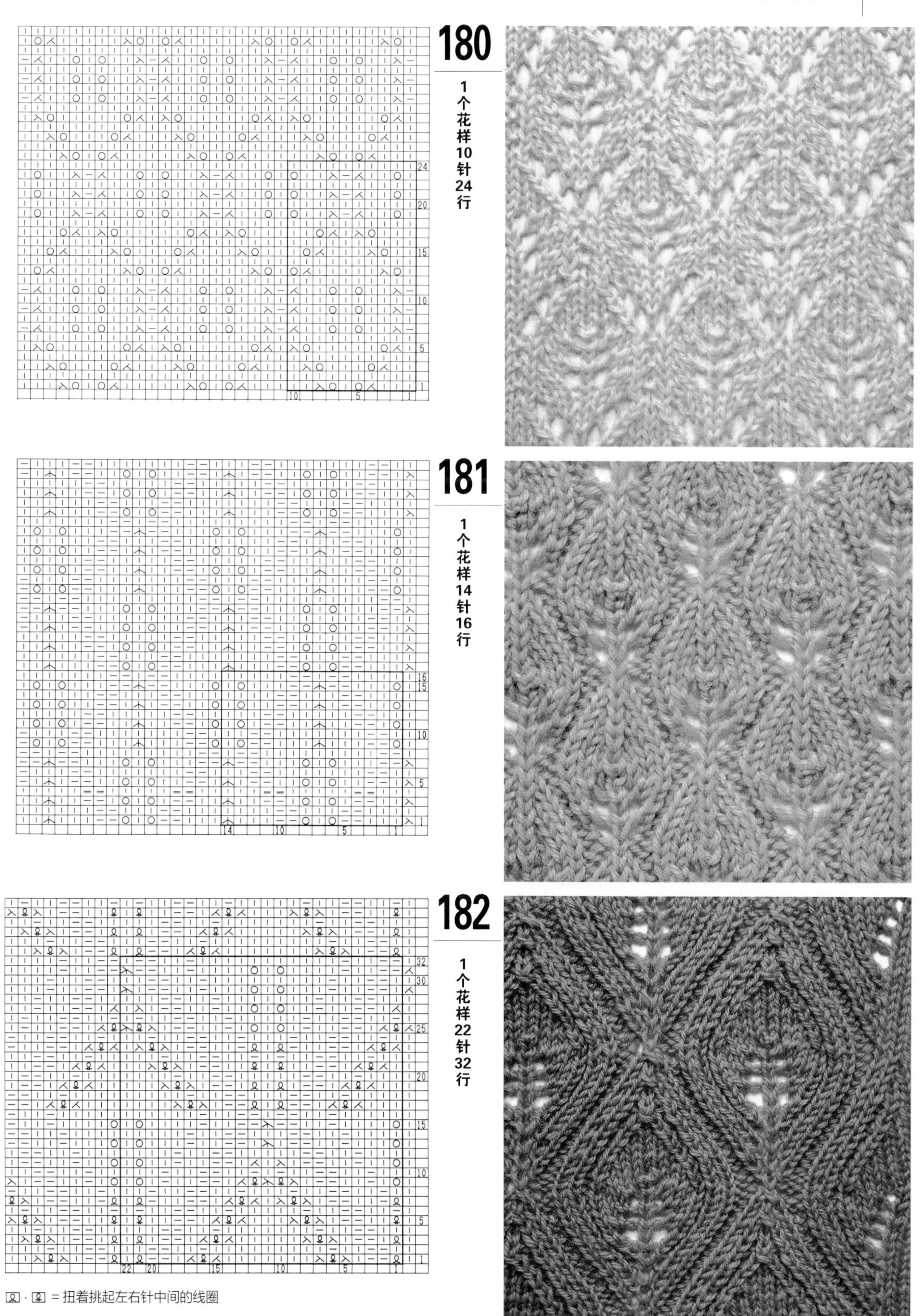

= 扭着挑起左右针中间的线圈

183

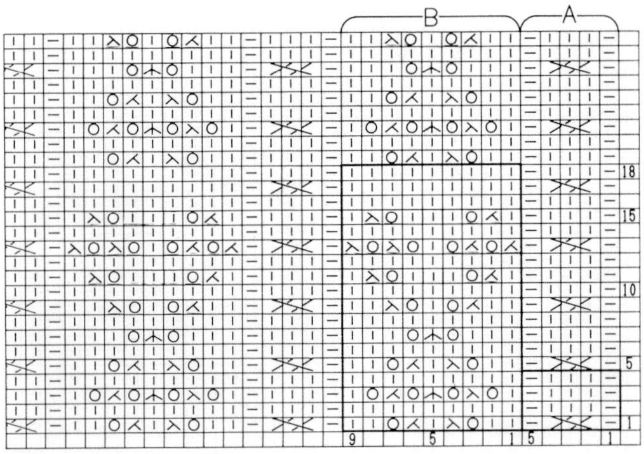

1个花样A＝5针4行・B＝9针18行

184

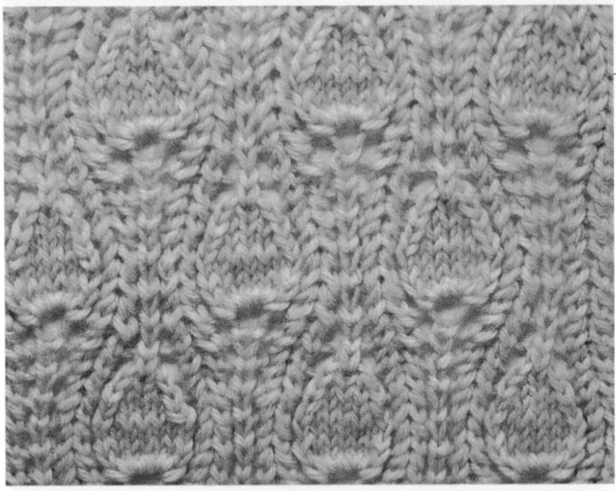

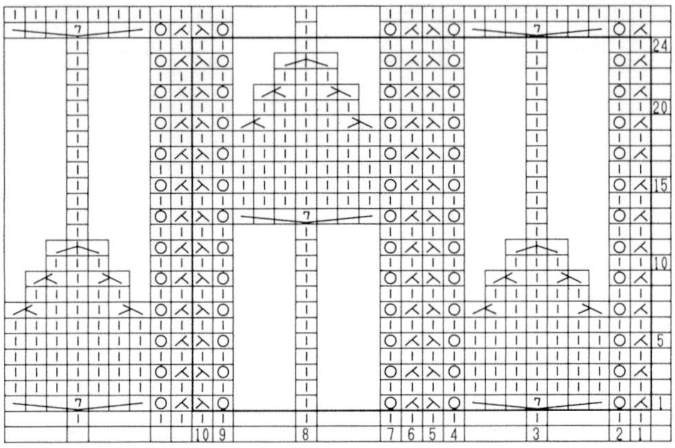

1个花样10针24行

□＝没有针目的部分

185

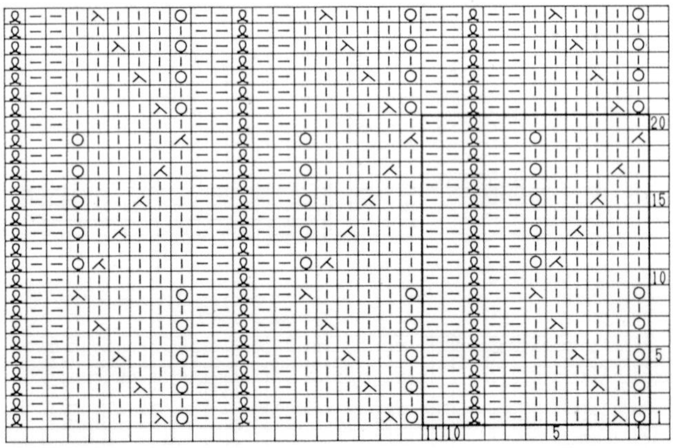

1个花样11针20行

186

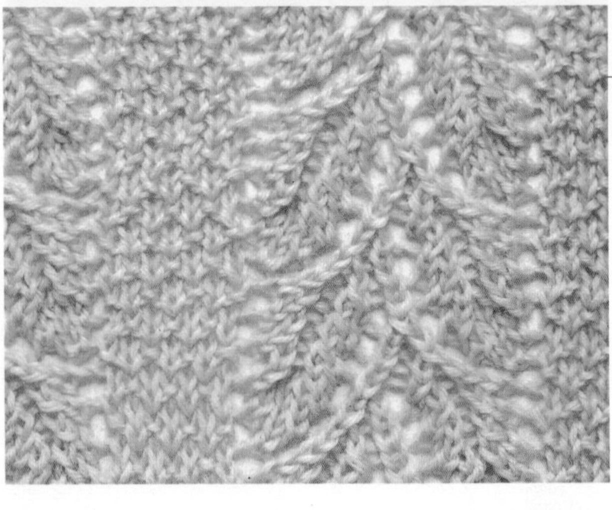

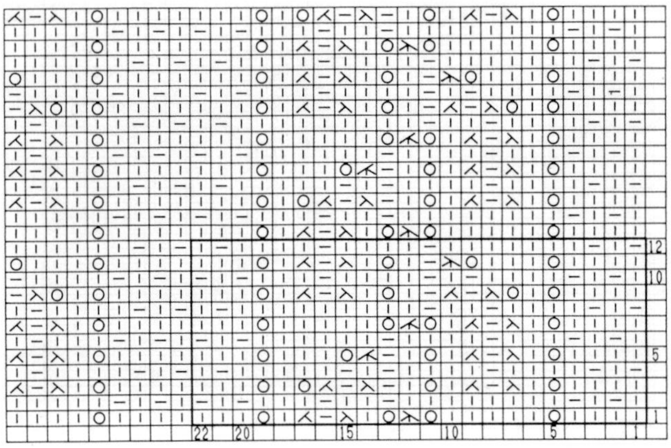

1个花样22针12行

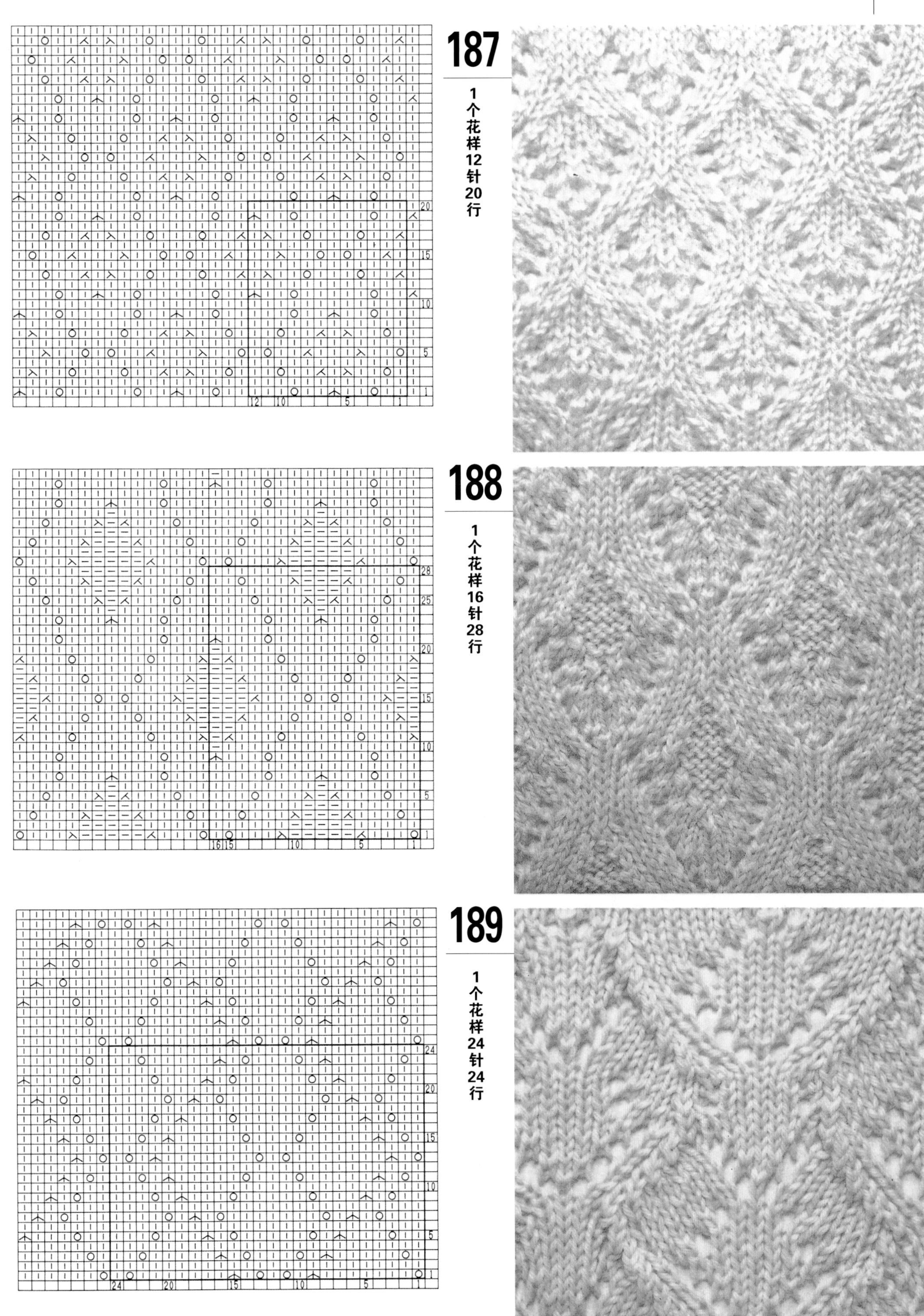
187
1个花样12针20行
188
1个花样16针28行
189
1个花样24针24行

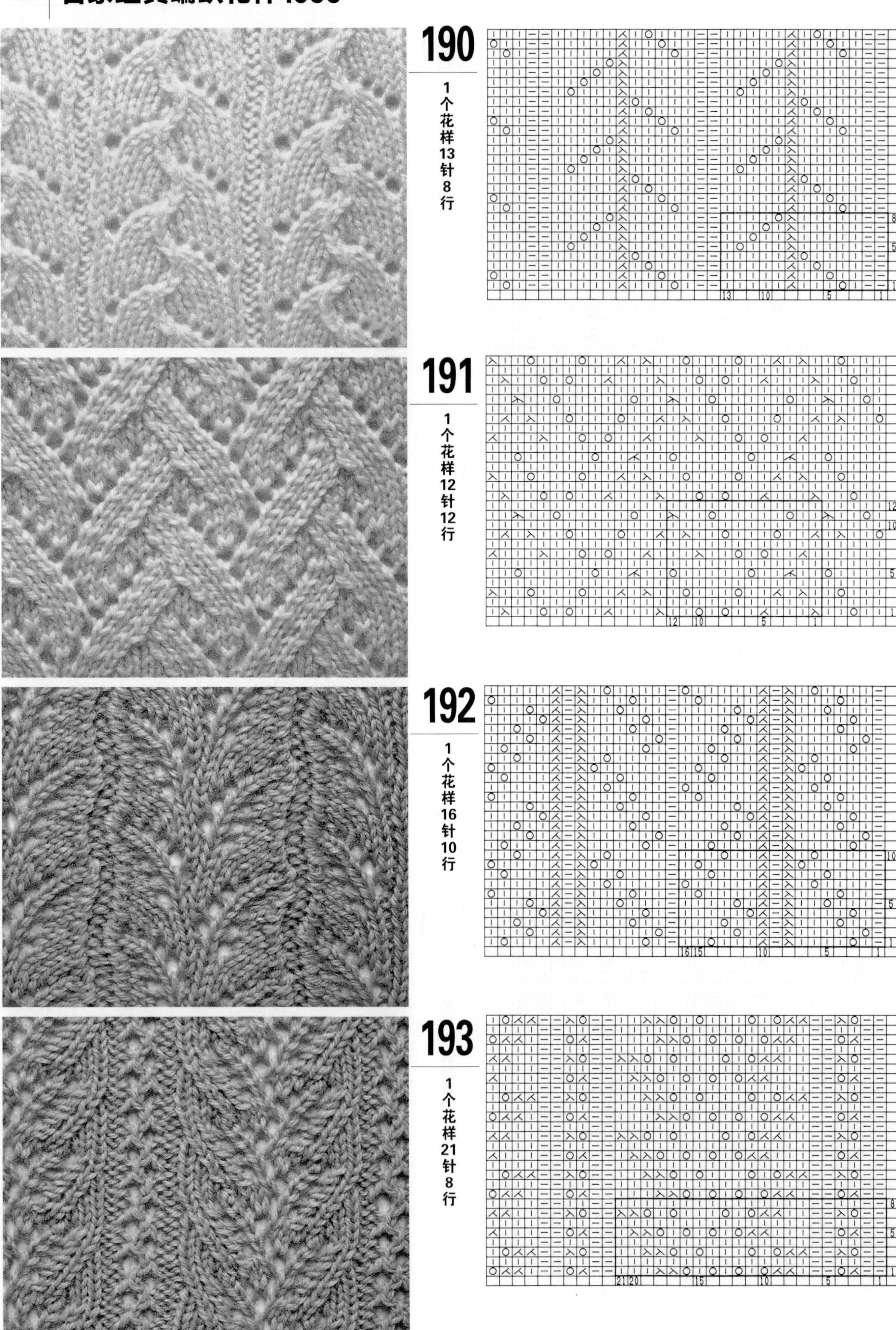

190

1个花样13针8行

191

1个花样12针12行

192

1个花样16针10行

193

1个花样21针8行

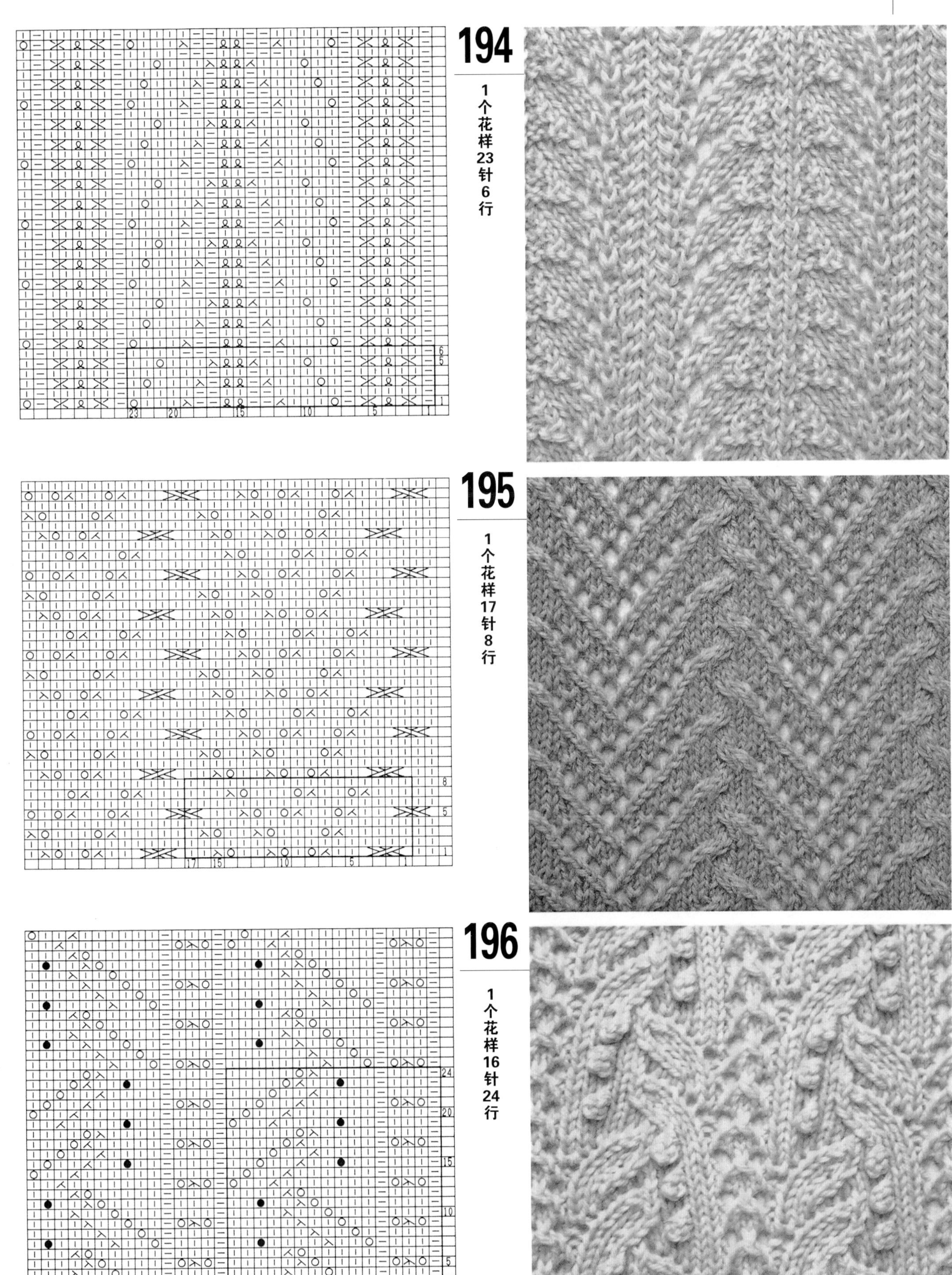

● =5针锁针的狗牙针

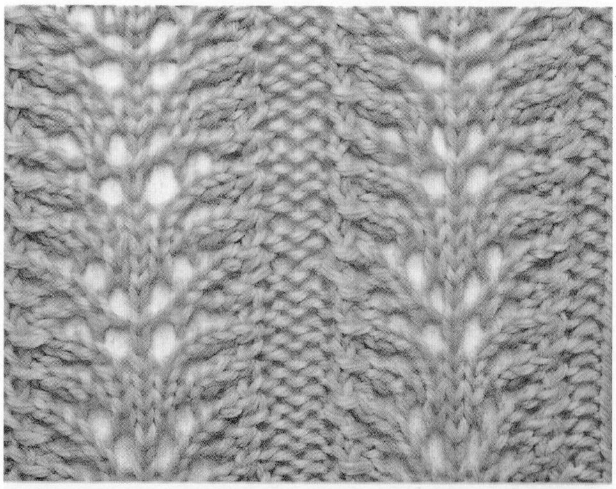

197

1个花样15针6行

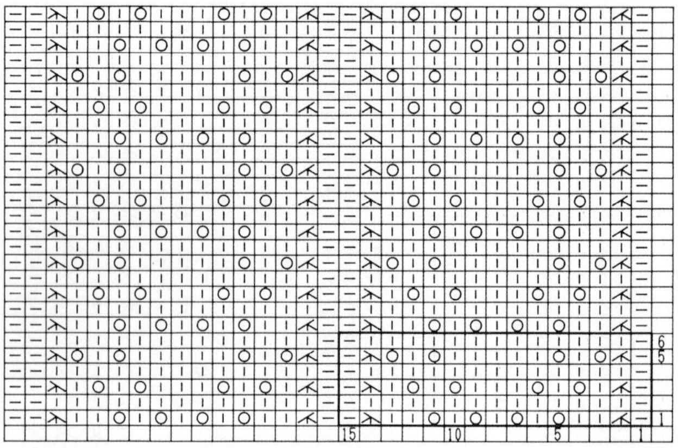

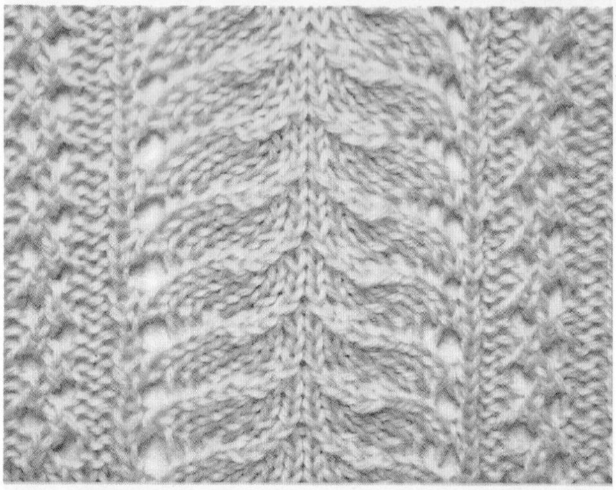

198

1个花样26针4行

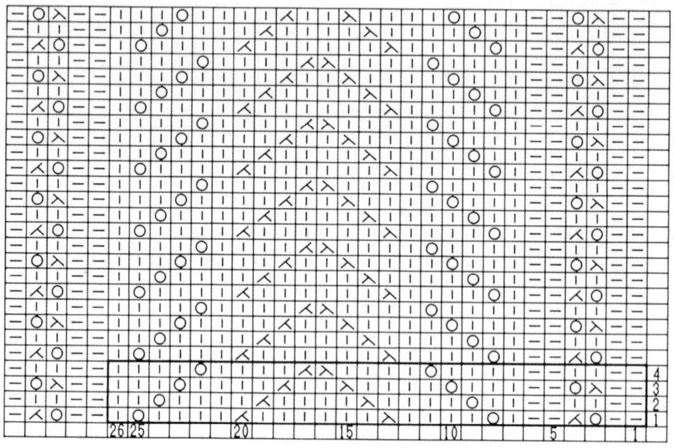

199

1个花样16针6行

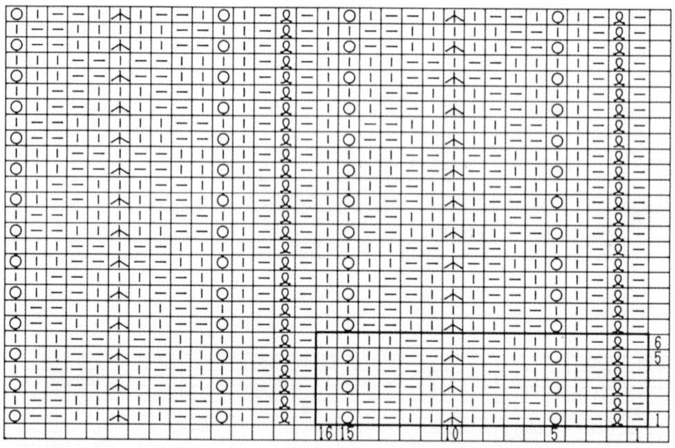

200

1个花样15针10行

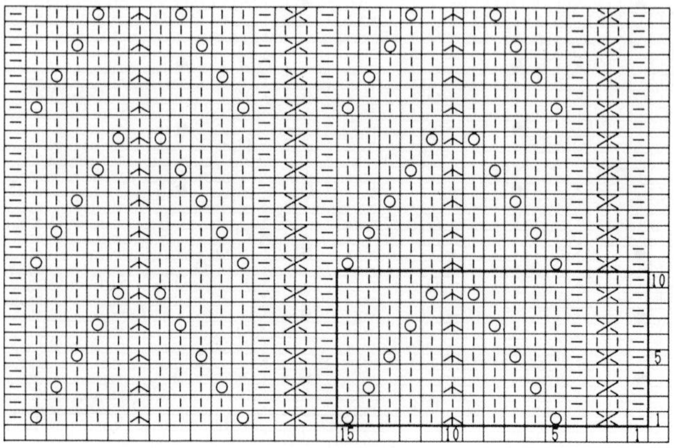

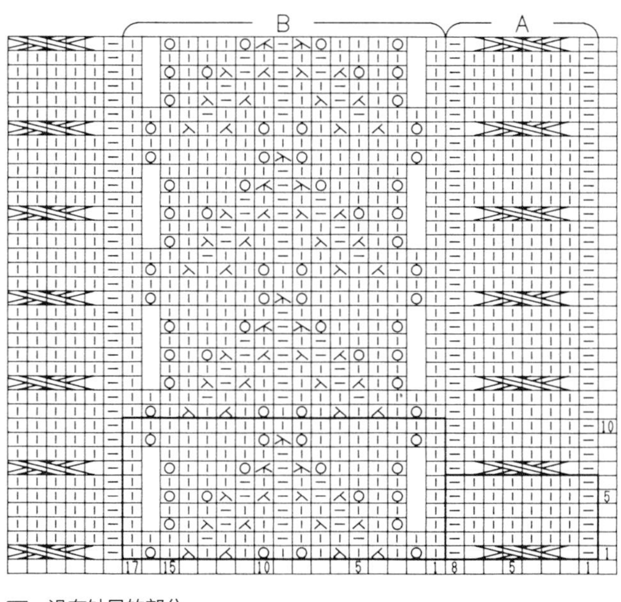

□= 没有针目的部分

1个花样A=8针6行·B=17针10行

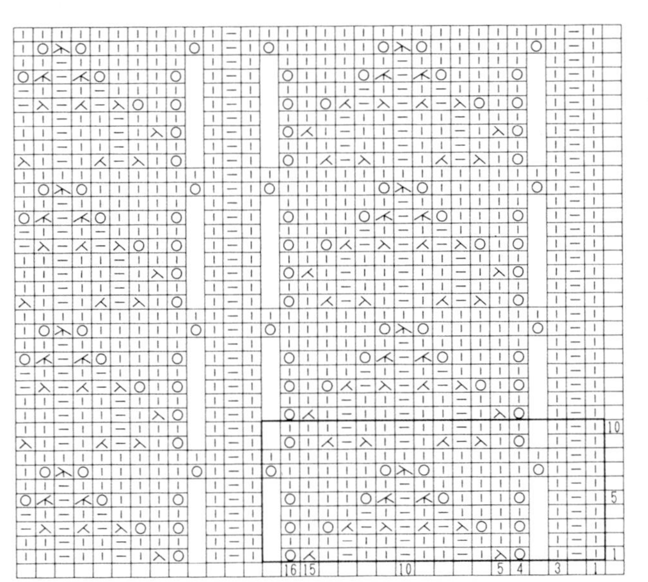

□= 没有针目的部分

202

1个花样16针10行

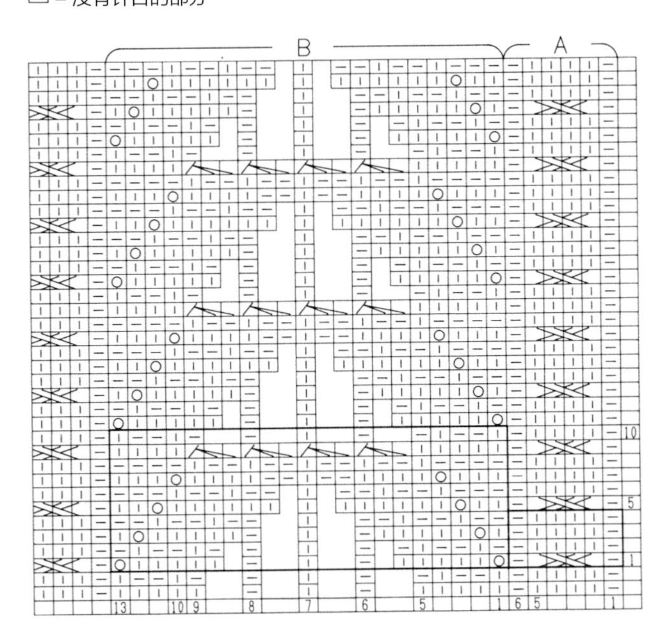

□= 没有针目的部分

203

1个花样A=6针4行·B=13针10行

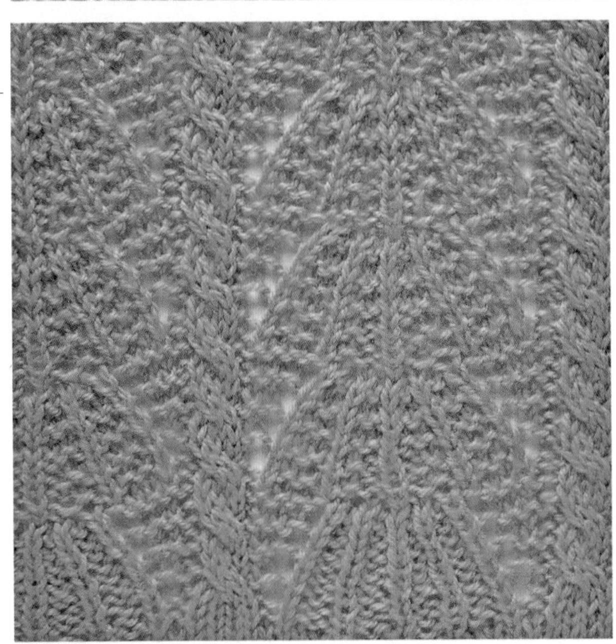

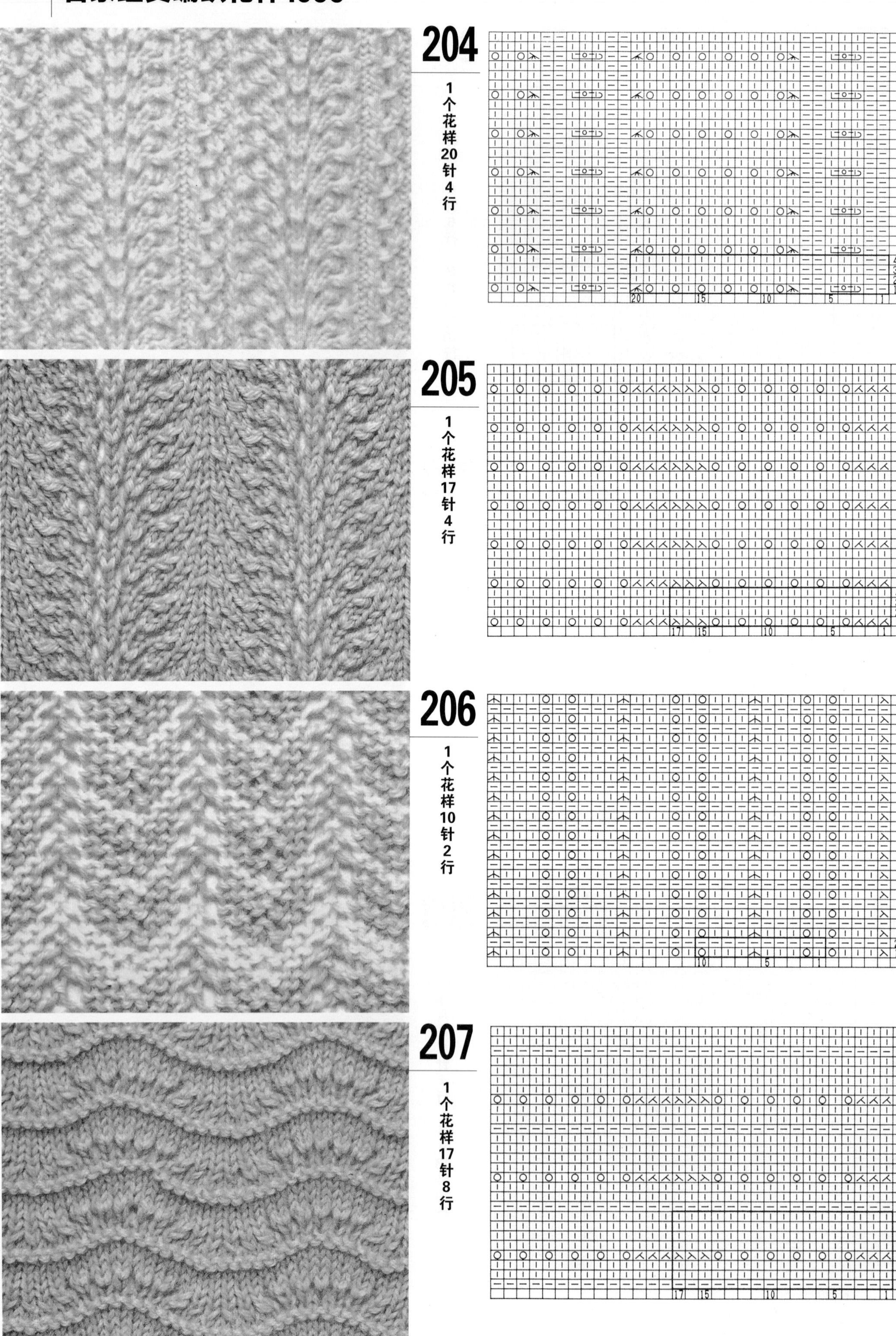
204
1个花样20针4行
205
1个花样17针4行
206
1个花样10针2行
207
1个花样17针8行

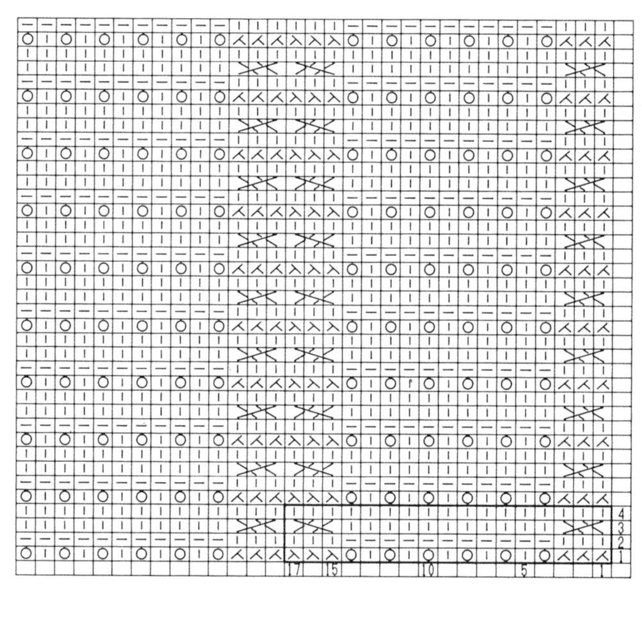

208

1个花样17针4行

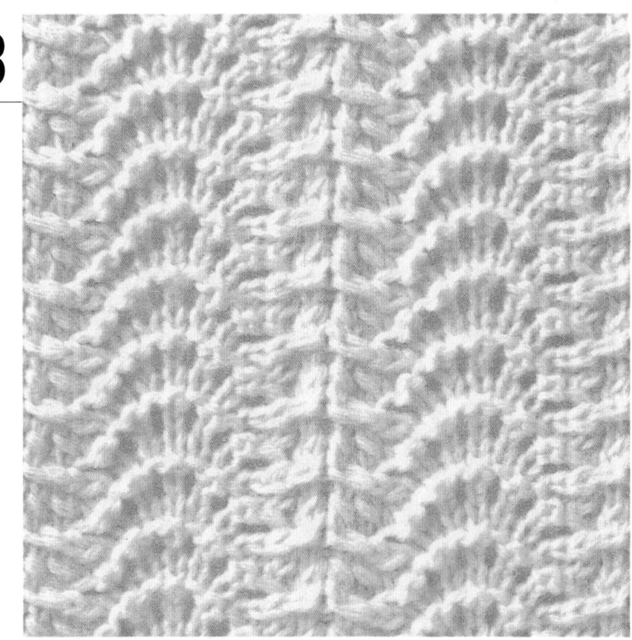

209

1个花样18针6行

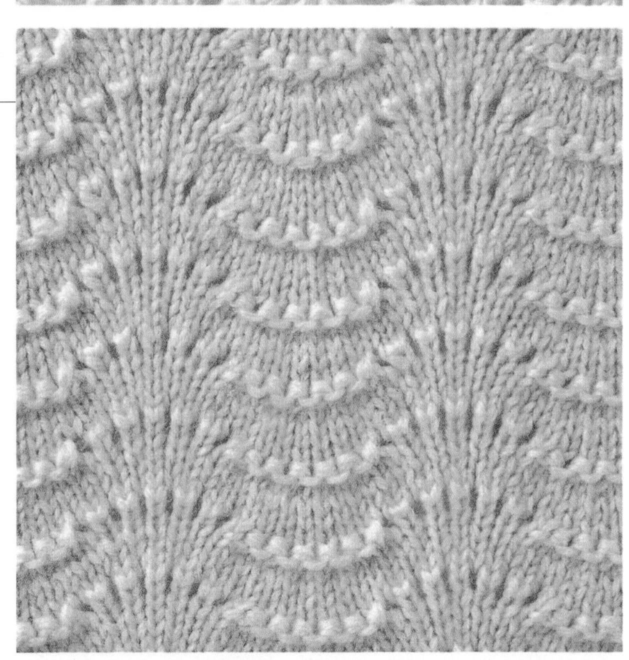

210

1个花样17针4行

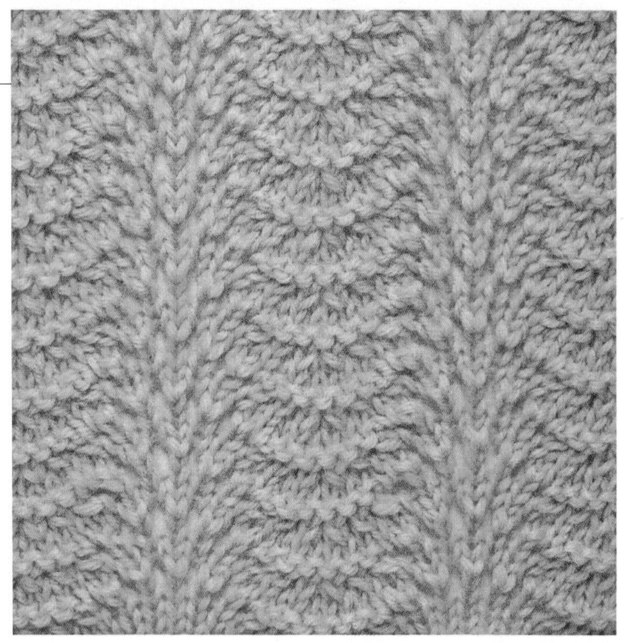

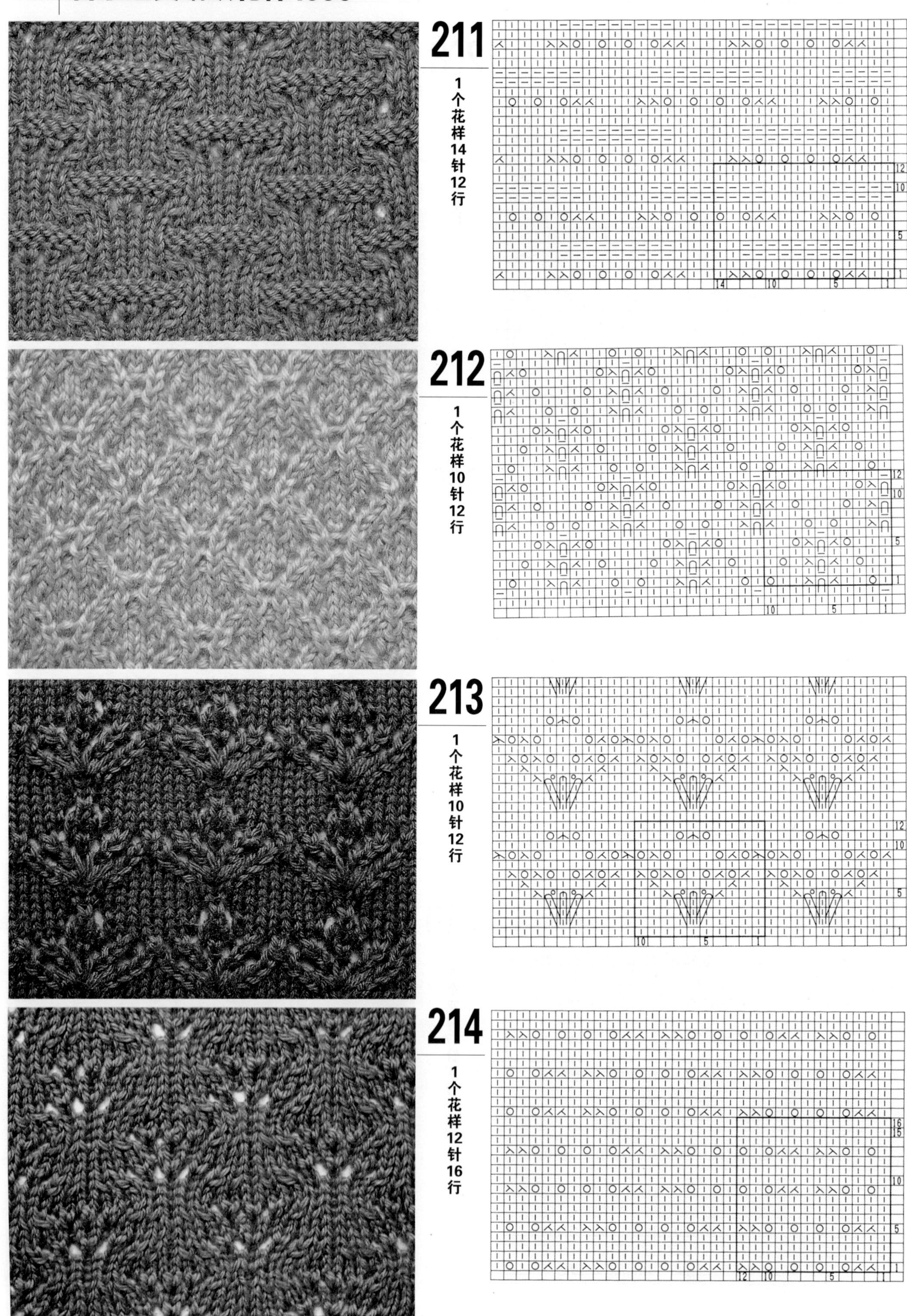
211
1个花样14针12行
212
1个花样10针12行
213
1个花样10针12行
214
1个花样12针16行

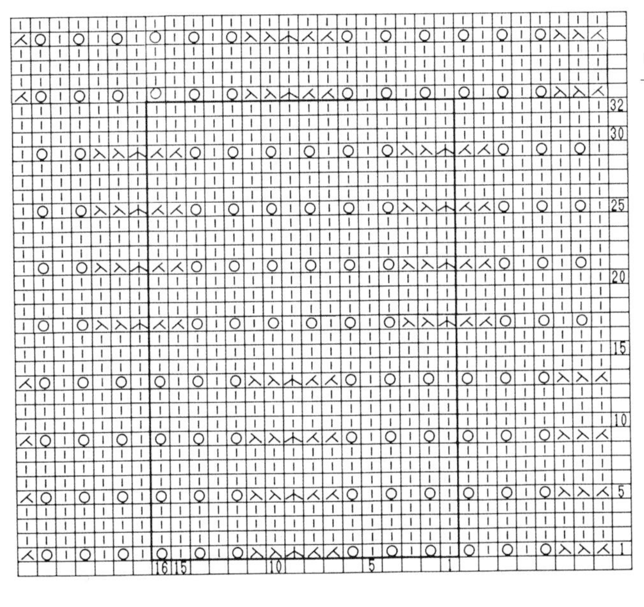

215

1个花样16针32行

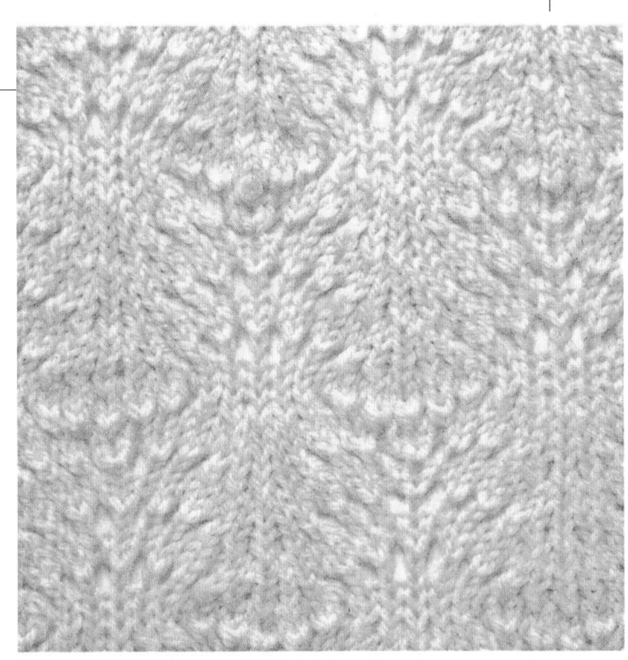

216

1个花样11针10行

217

1个花样18针16行

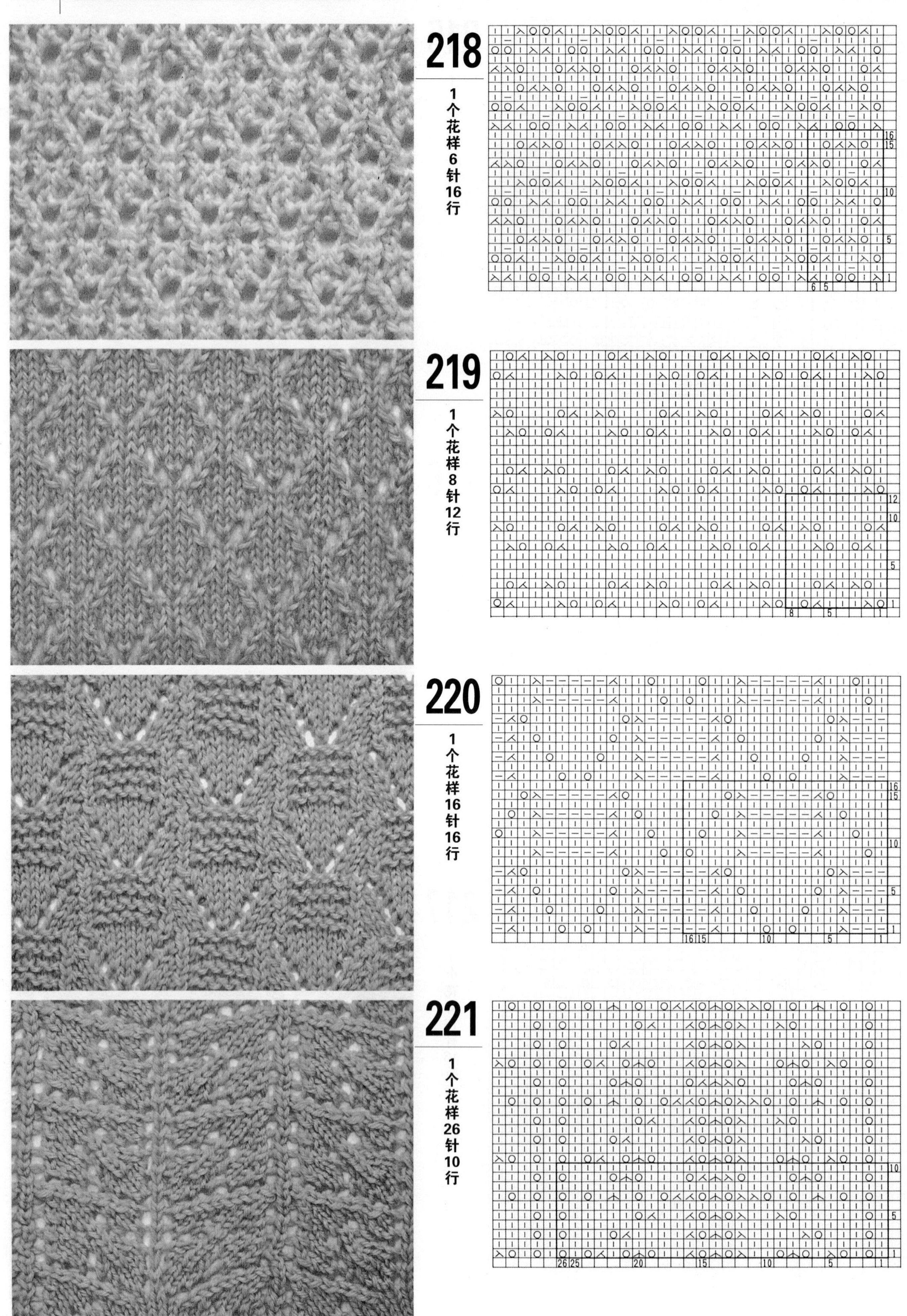
218
1个花样6针16行
219
1个花样8针12行
220
1个花样16针16行
221
1个花样26针10行

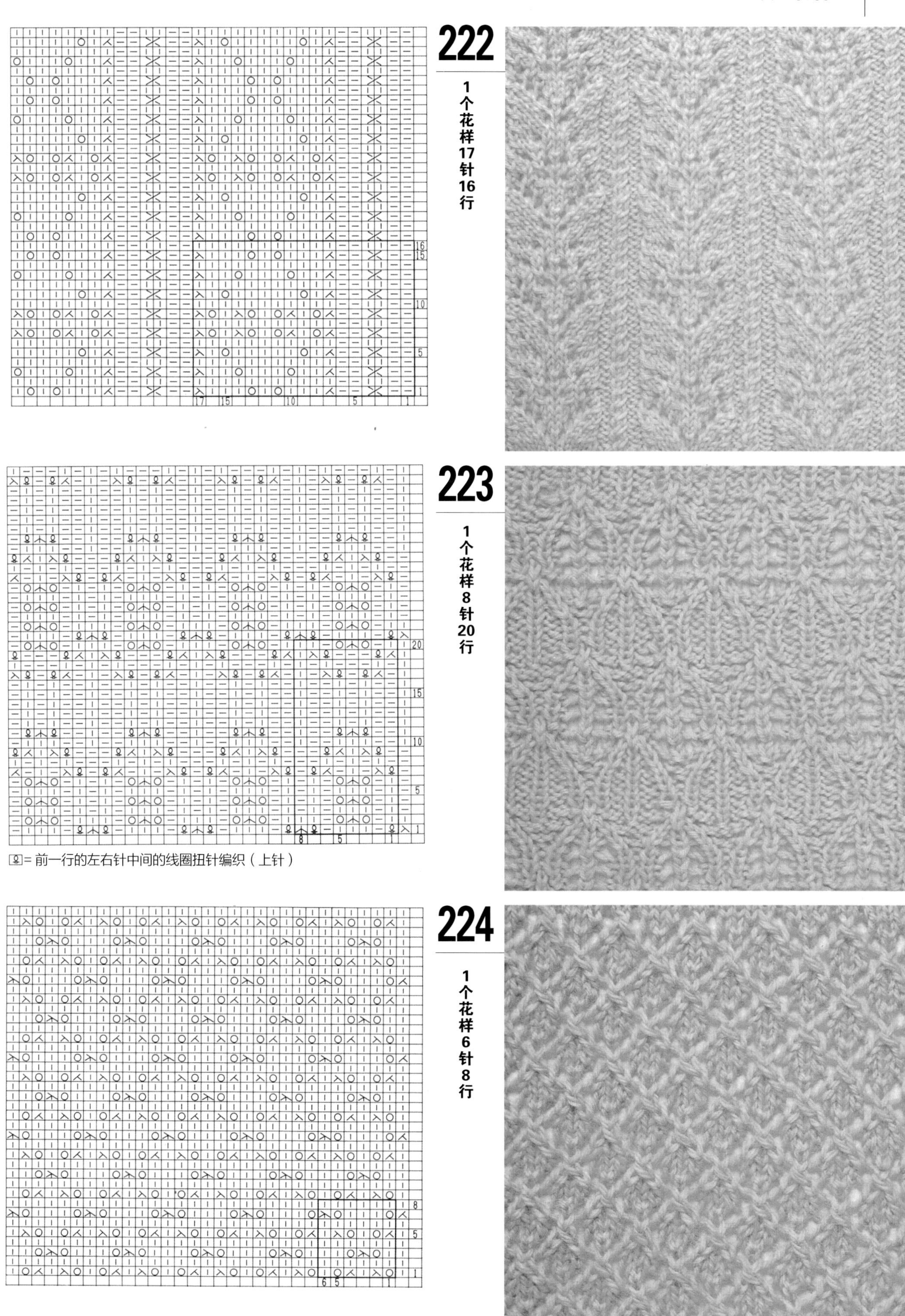
222
1个花样17针16行
223
1个花样8针20行
⑨=前一行的左右针中间的线圈扭针编织（上针）
224
1个花样6针8行

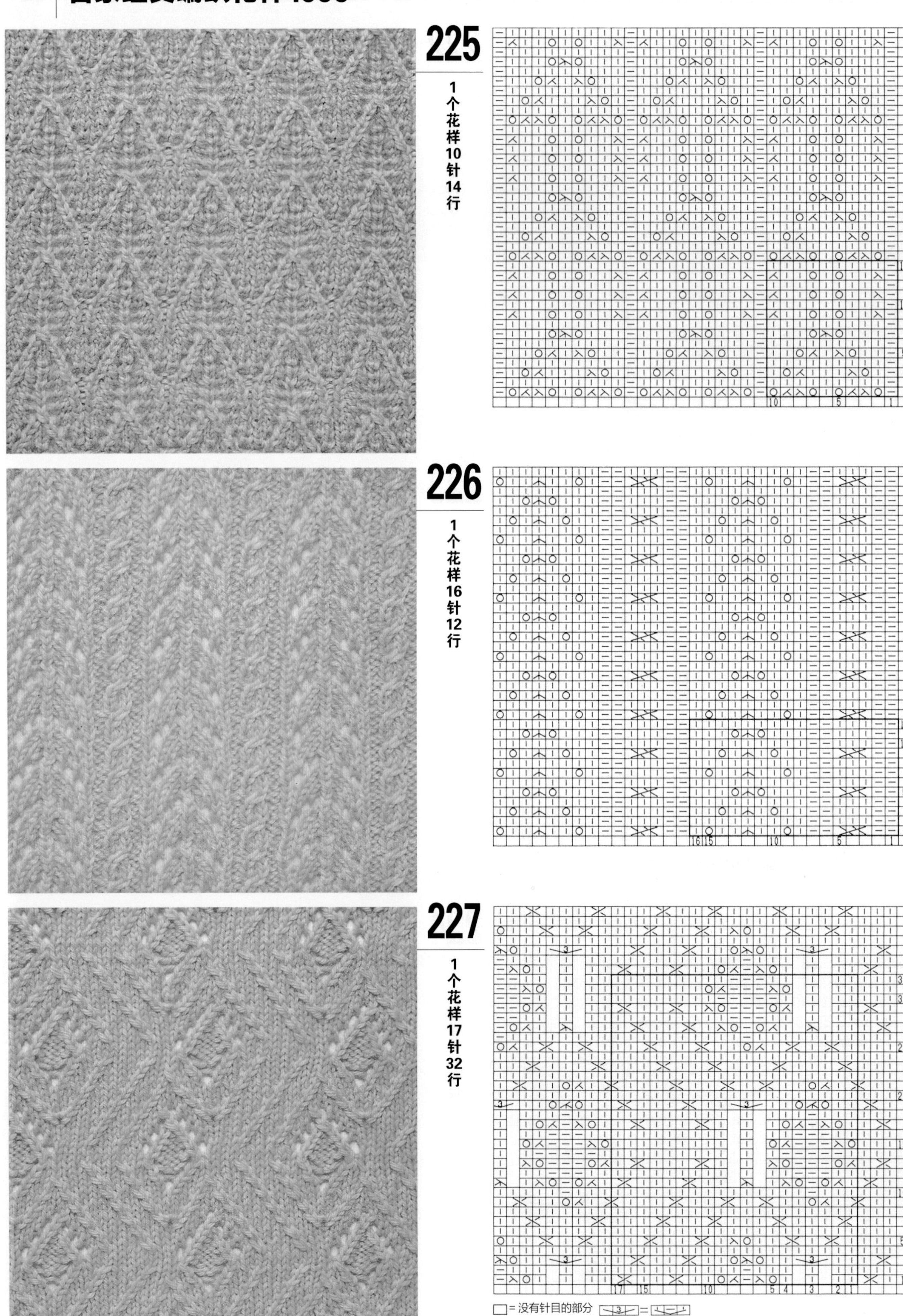
225
1个花样10针14行
226
1个花样16针12行
227
1个花样17针32行
□=没有针目的部分

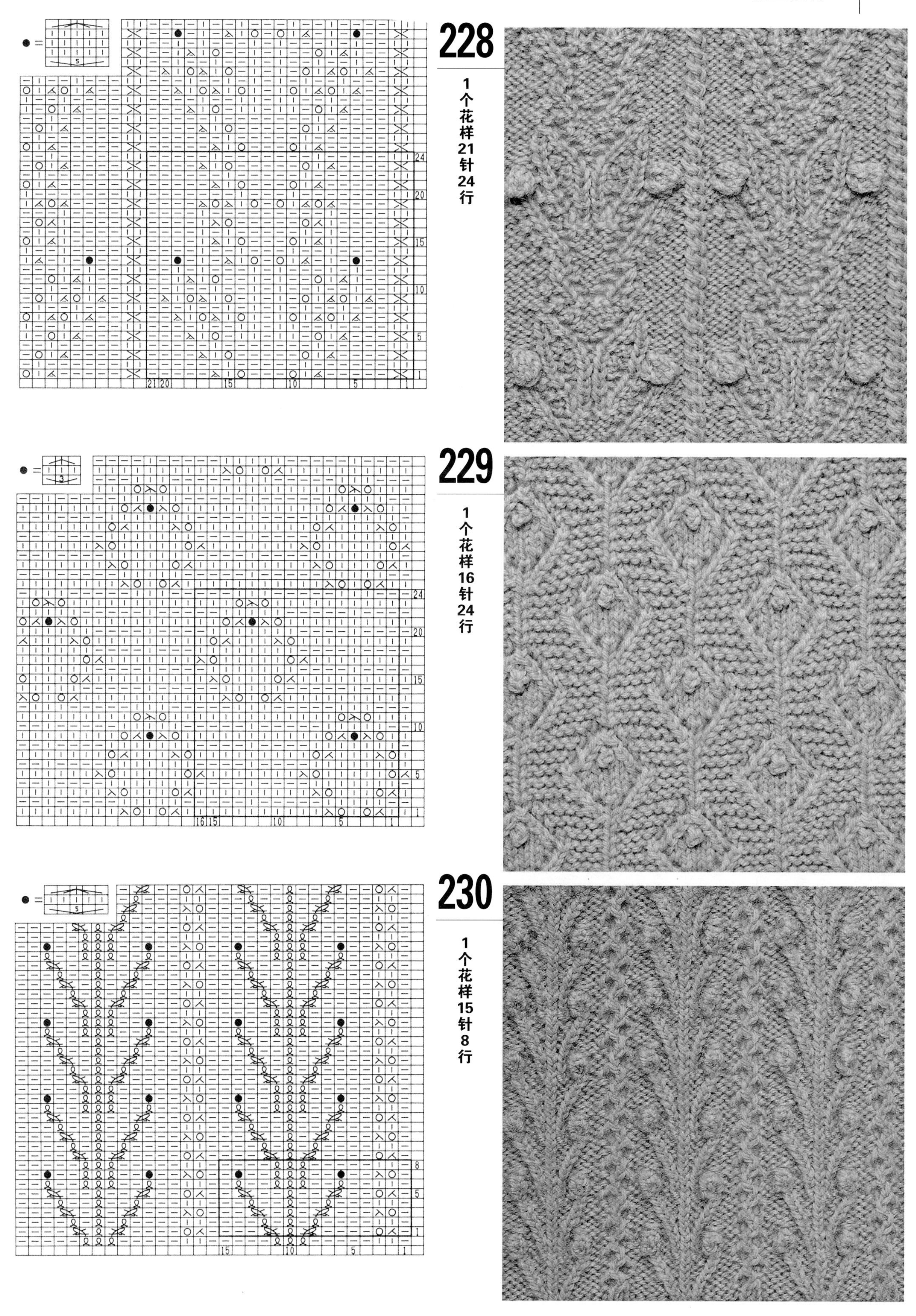
228
1个花样21针24行
229
1个花样16针24行
230
1个花样15针8行

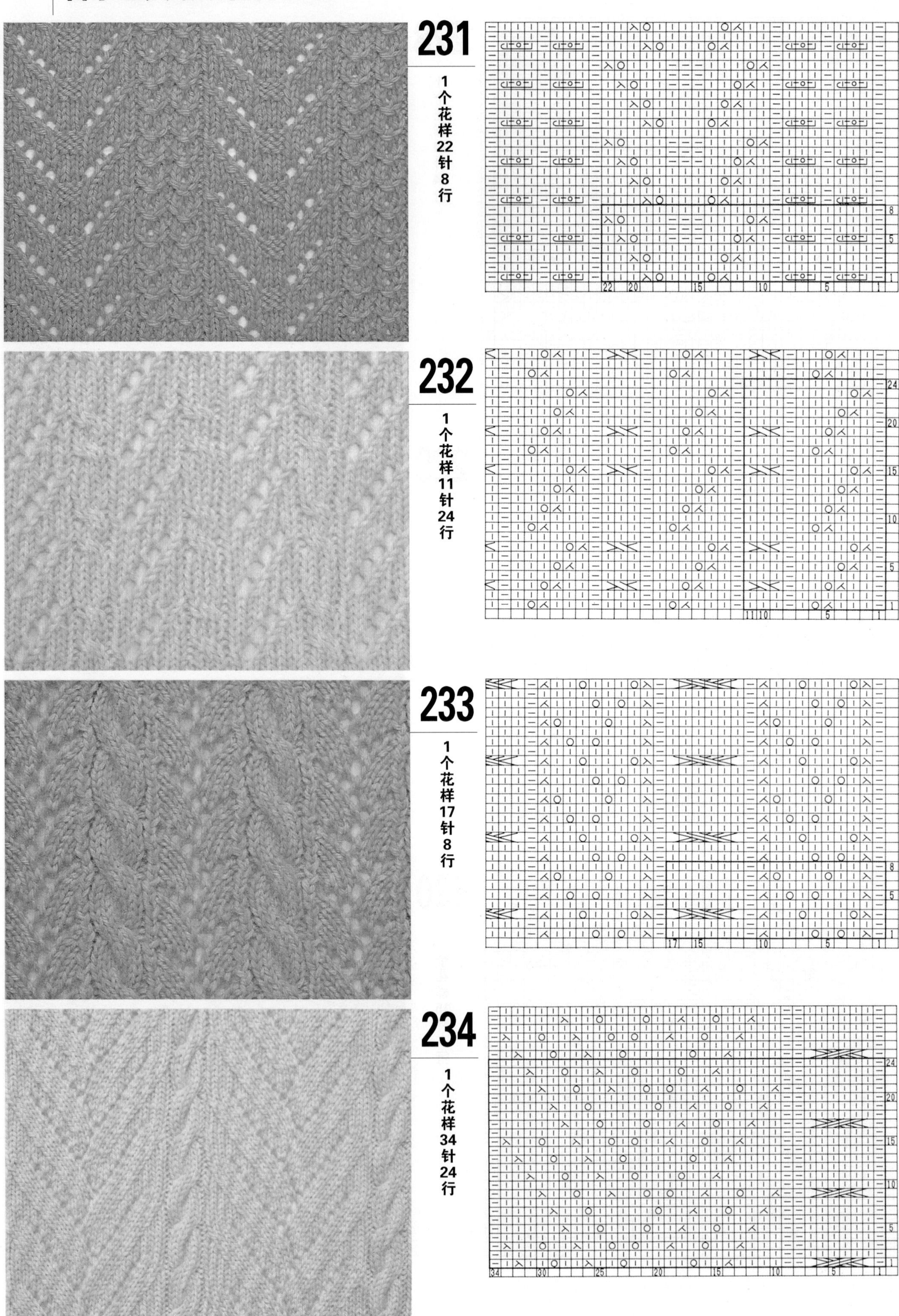
231
1个花样22针8行
232
1个花样11针24行
233
1个花样17针8行
234
1个花样34针24行

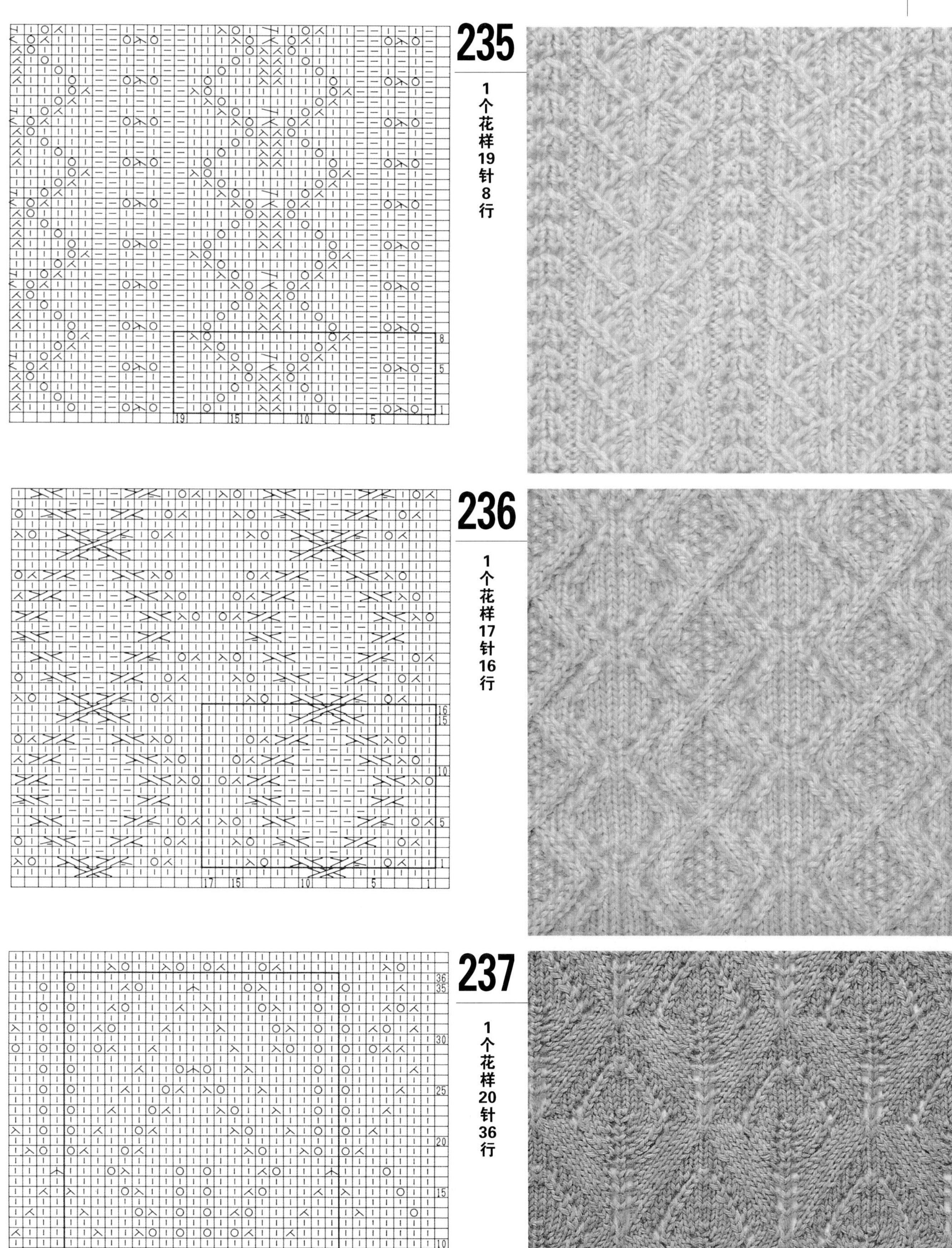

235

1个花样19针8行

236

1个花样17针16行

237

1个花样20针36行

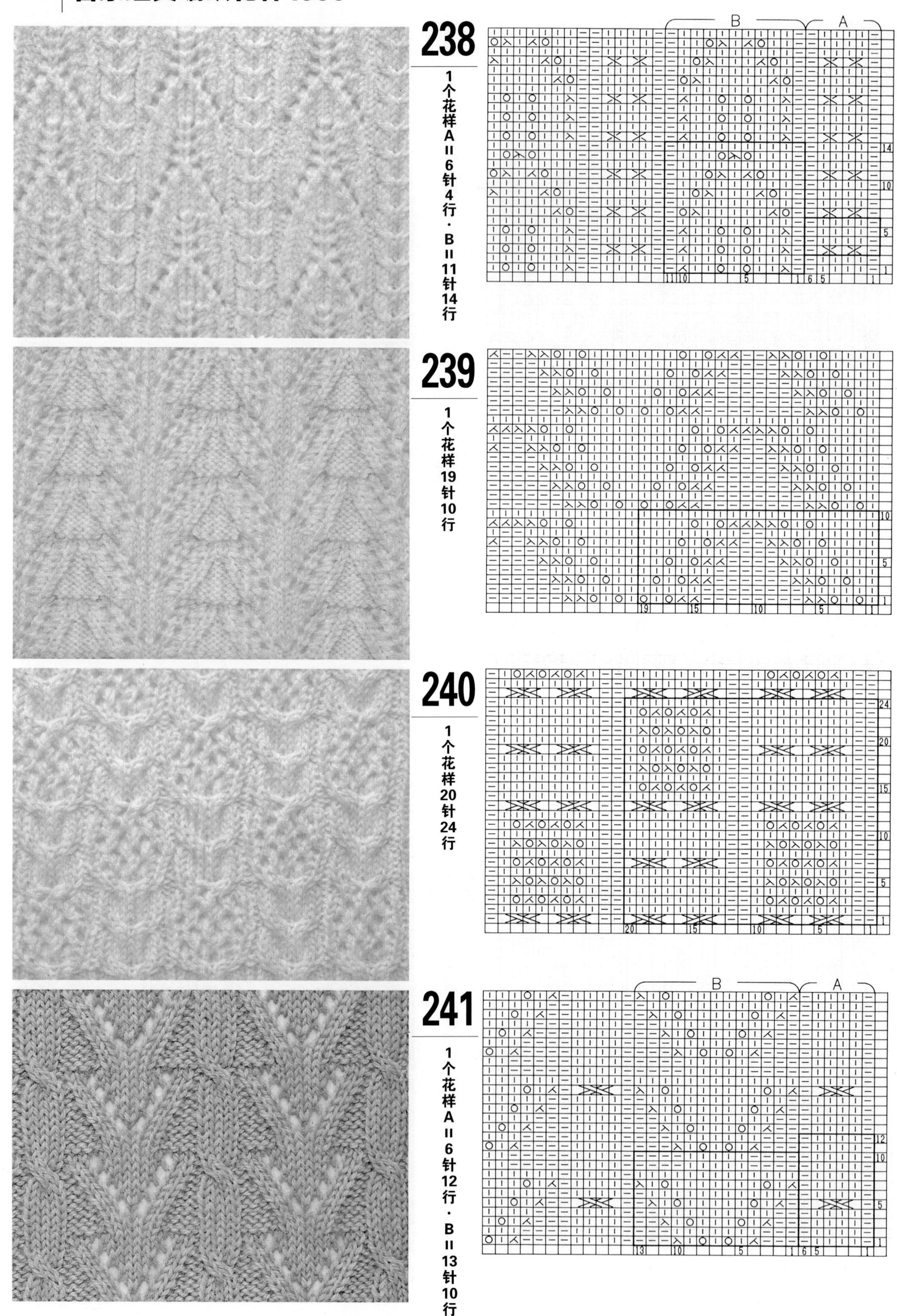
238
1个花样A＝6针4行·B＝11针14行
B
A
239
1个花样19针10行
240
1个花样20针24行
241
1个花样A＝6针12行·B＝13针10行
B
A

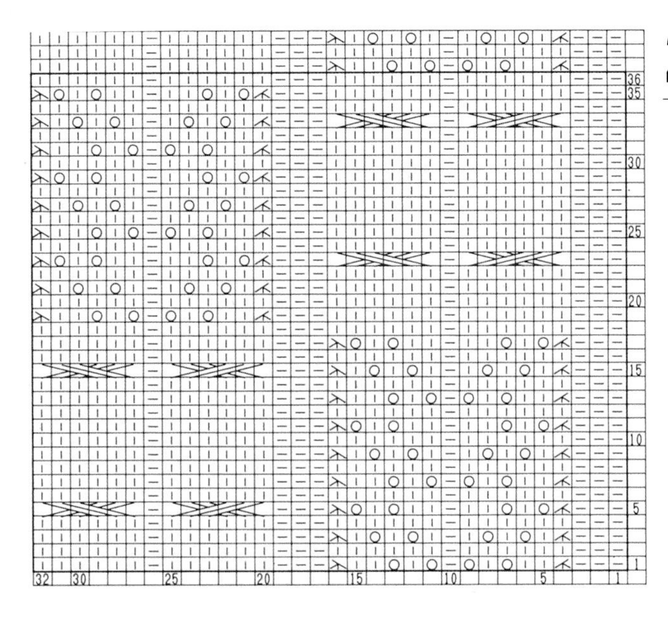

242

1个花样32针36行

243

1个花36针8行

244

1个花样23针10行

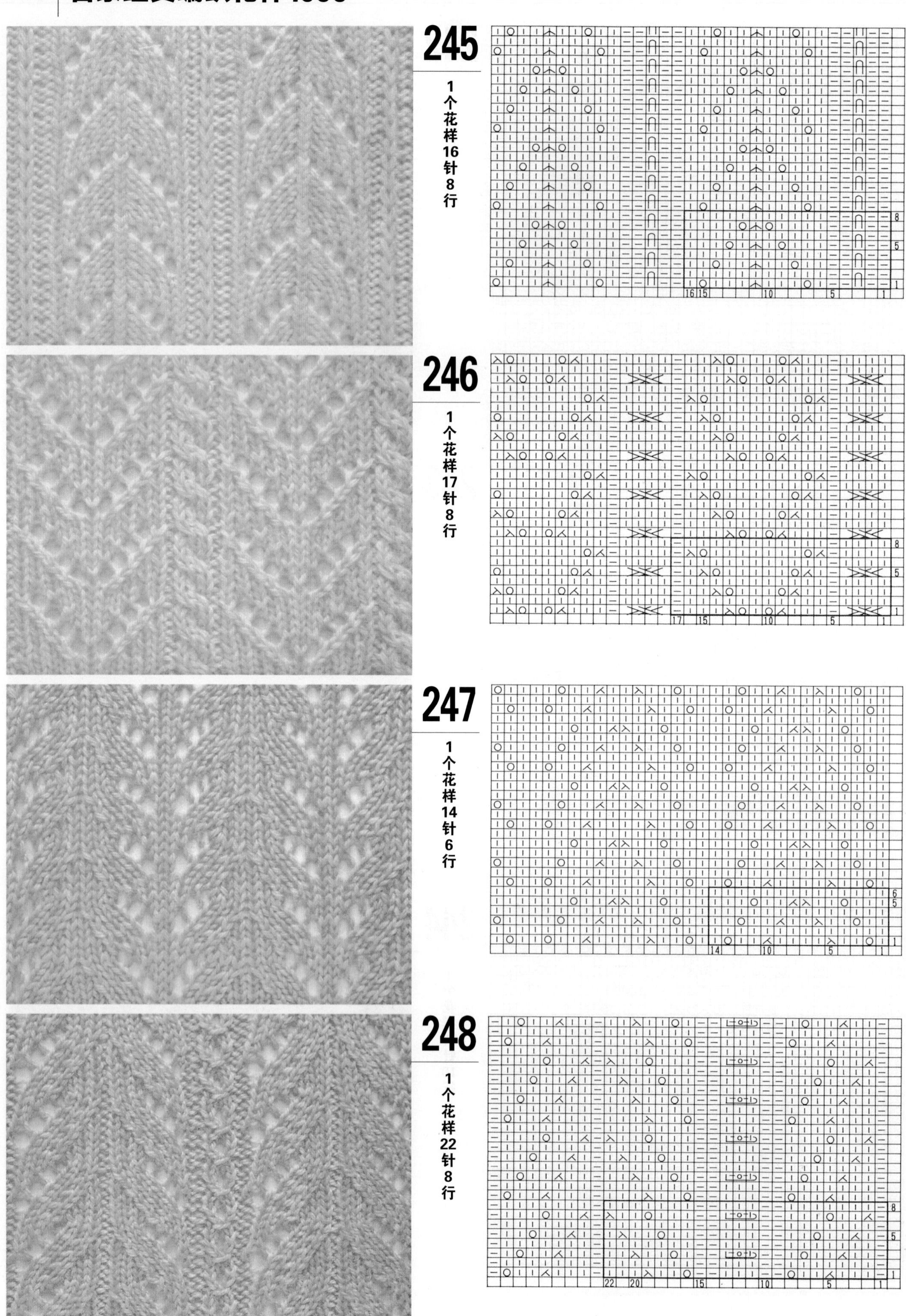
245
1个花样16针8行
246
1个花样17针8行
247
1个花样14针6行
248
1个花样22针8行

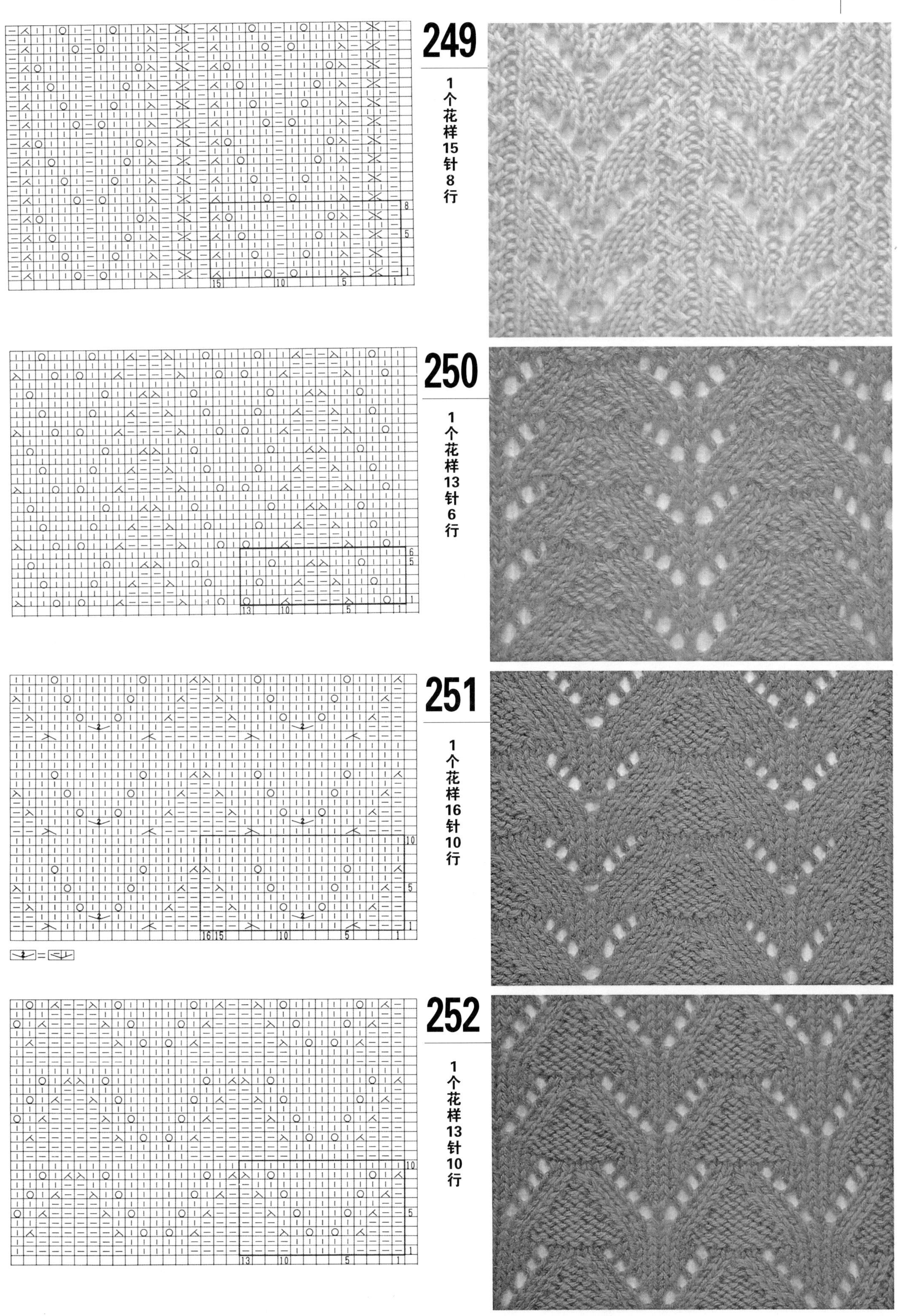
249
1个花样15针8行
250
1个花样13针6行
251
1个花样16针10行
252
1个花样13针10行

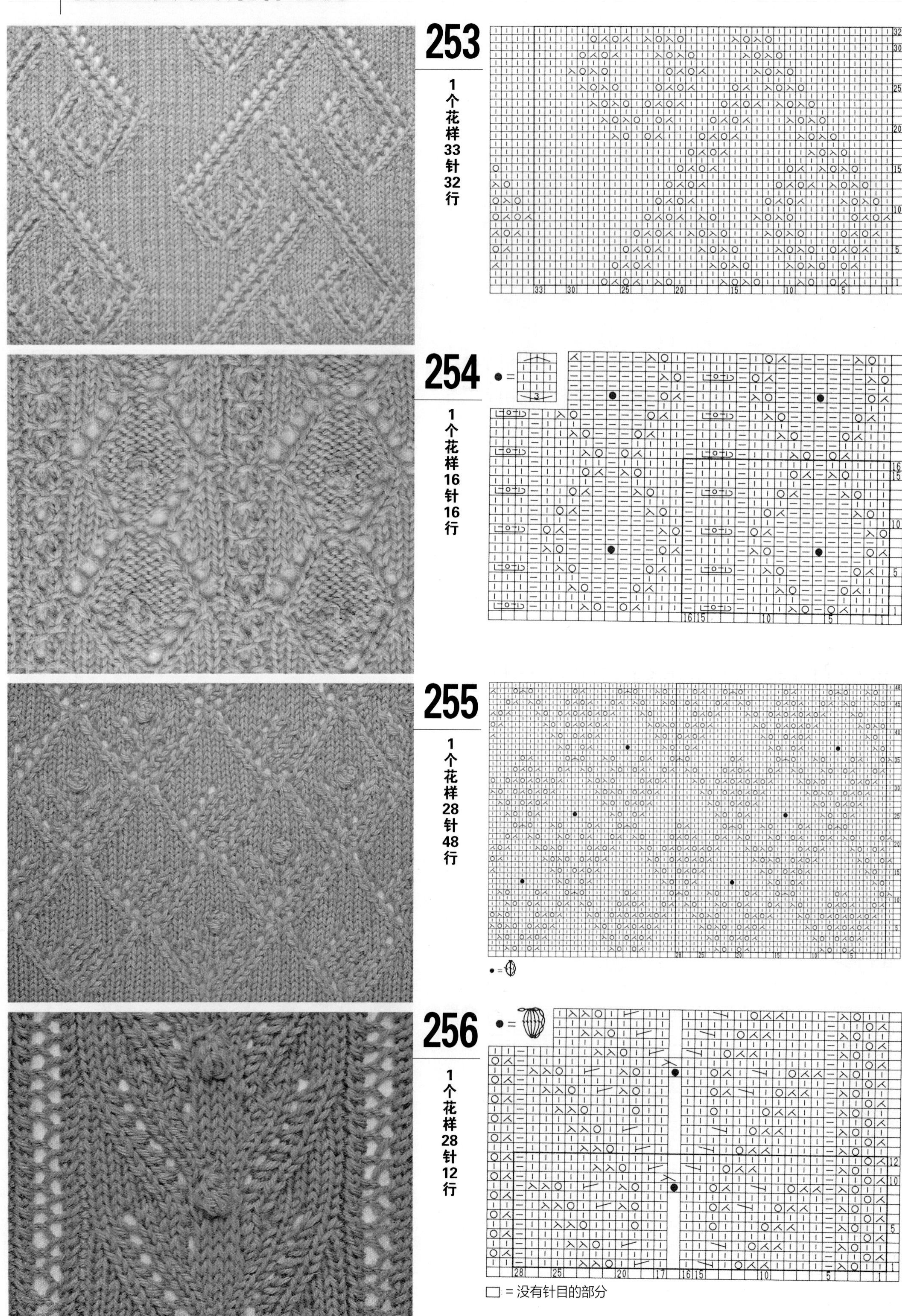
253
1个花样33针32行
254
1个花样16针16行
255
1个花样28针48行
256
1个花样28针12行
□ = 没有针目的部分

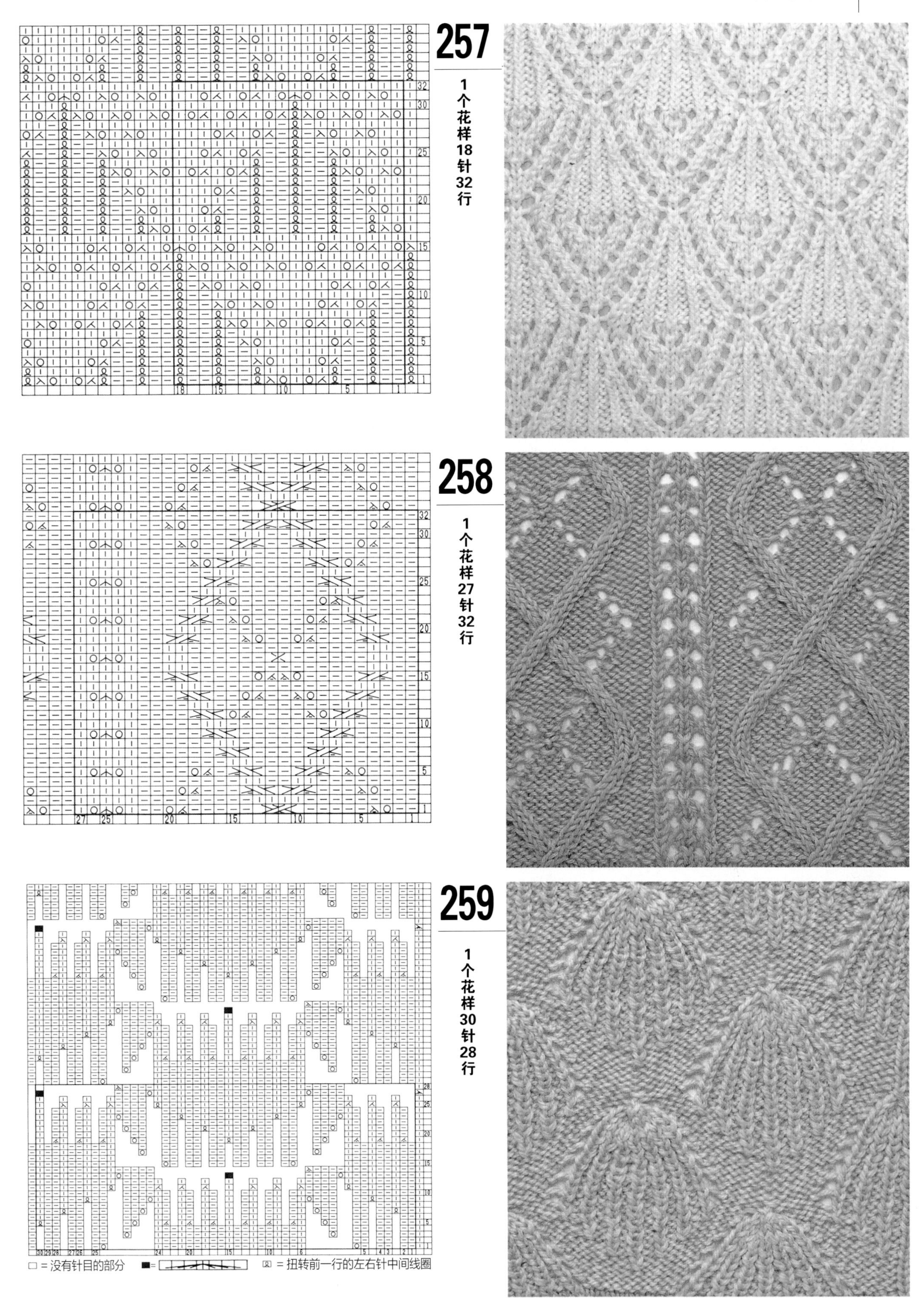
257
1个花样18针32行
258
1个花样27针32行
259
1个花样30针28行
□ = 没有针目的部分
☒ = 扭转前一行的左右针中间线圈

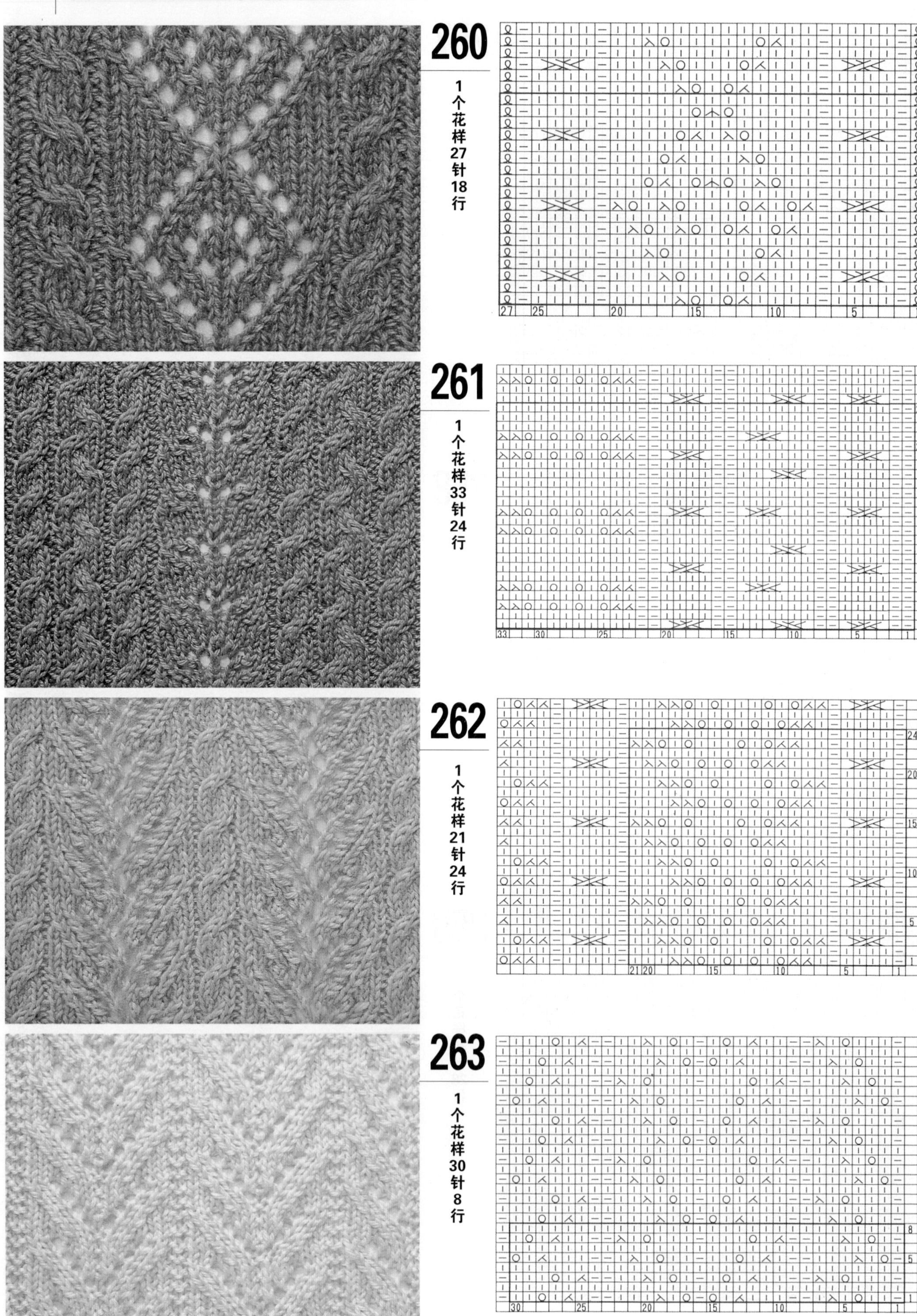
260
1个花样27针18行
261
1个花样33针24行
262
1个花样21针24行
263
1个花样30针8行

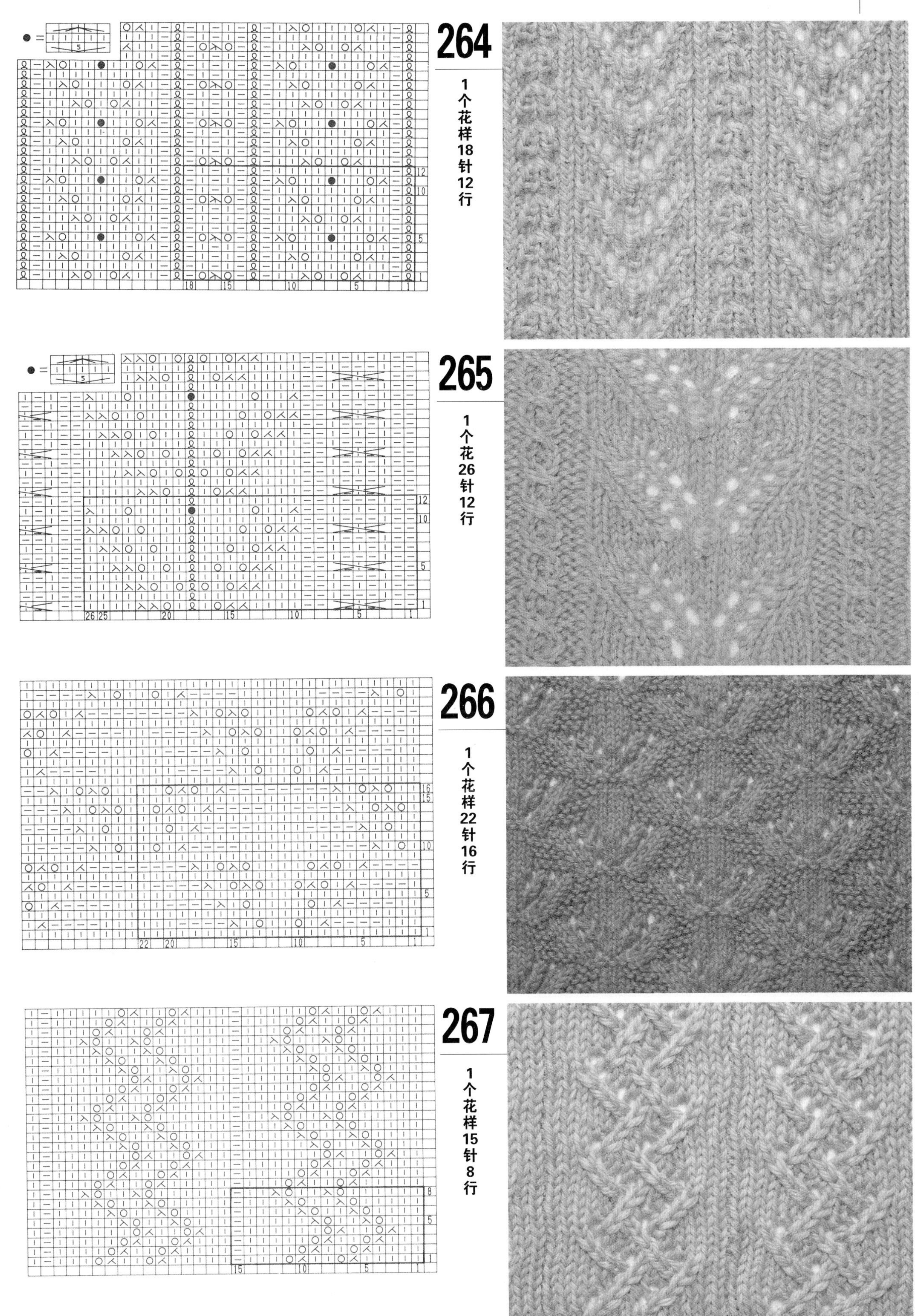
264
1个花样18针12行
265
1个花26针12行
266
1个花样22针16行
267
1个花样15针8行

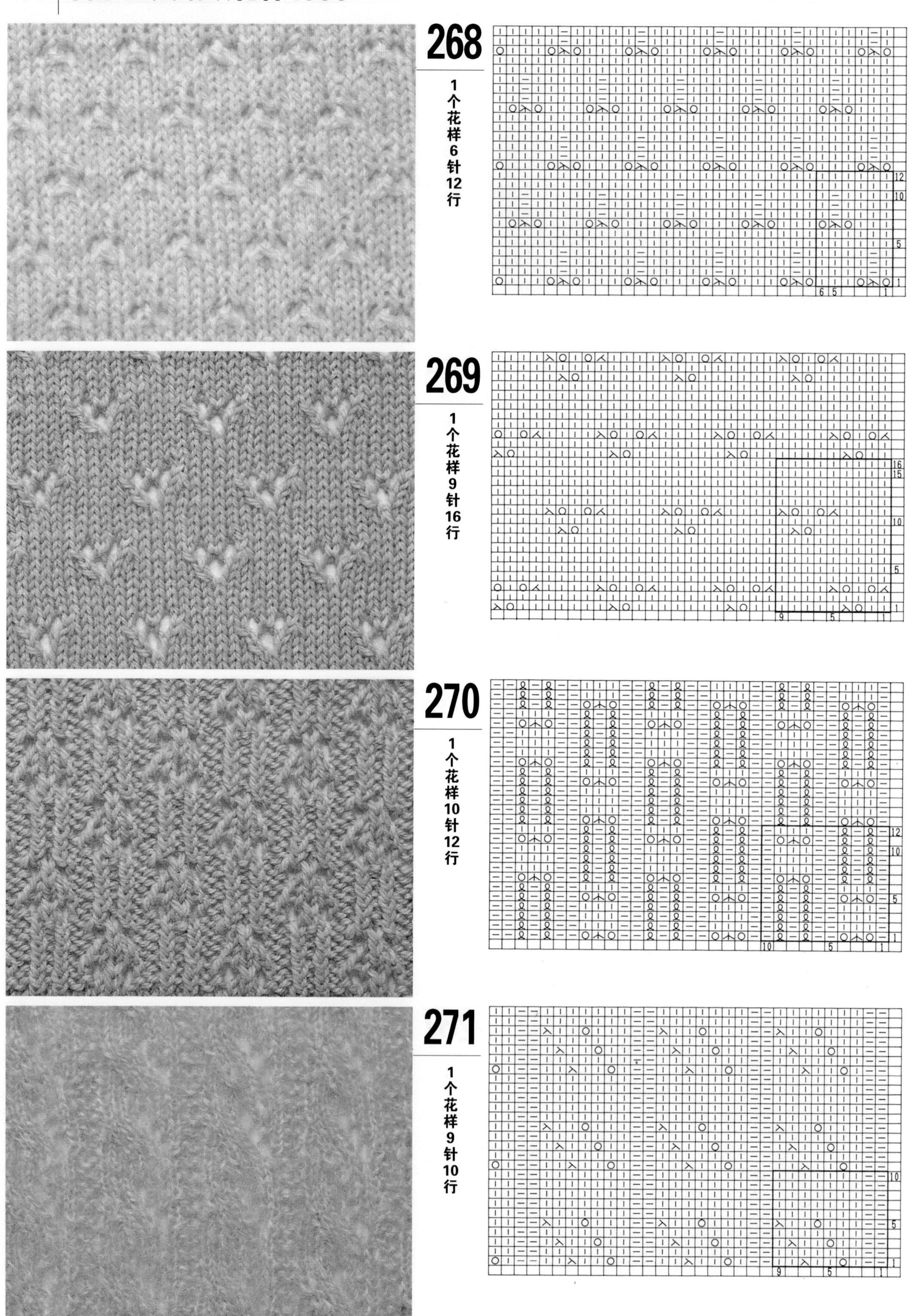
268
1个花样6针12行
269
1个花样9针16行
270
1个花样10针12行
271
1个花样9针10行

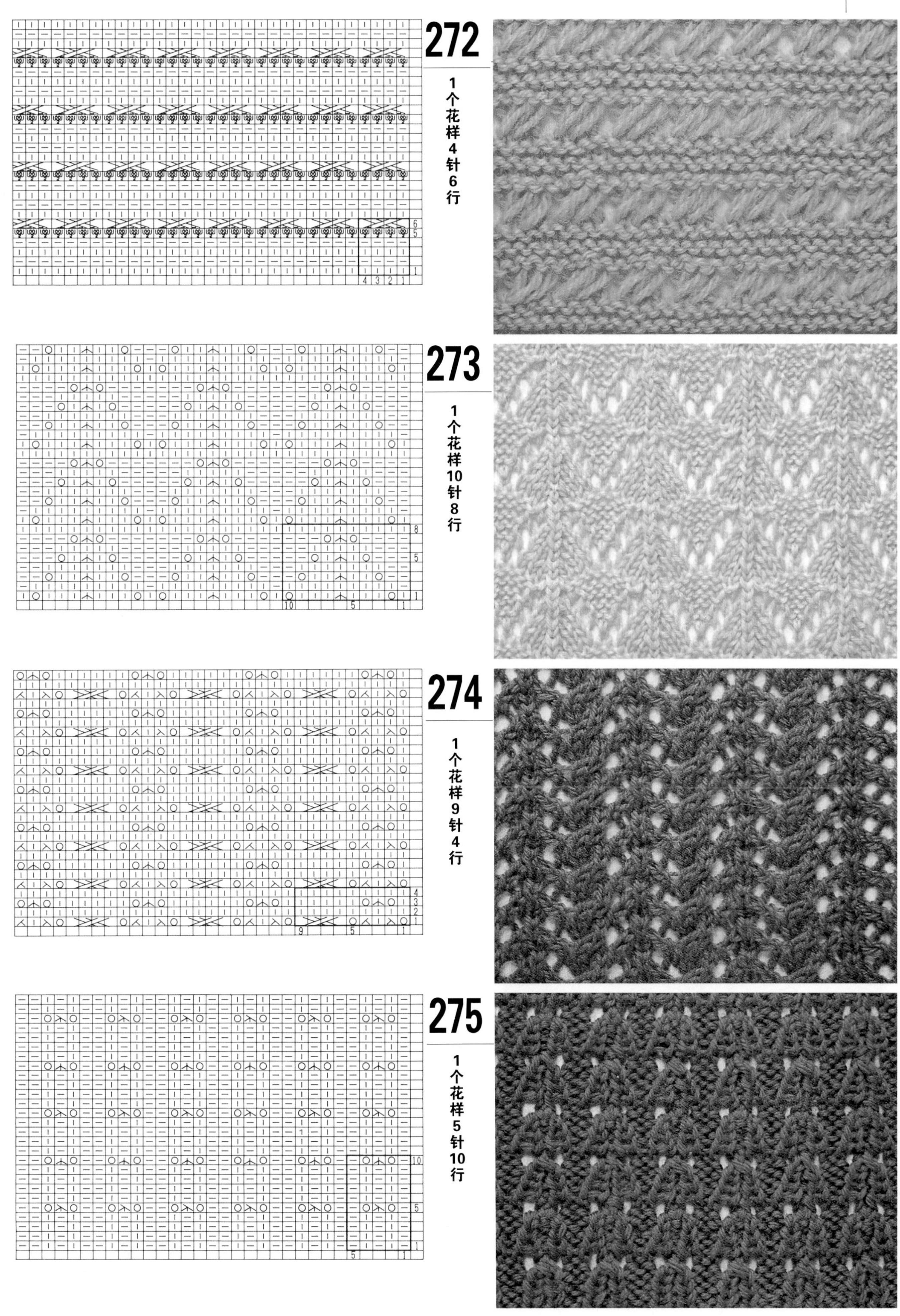
272
1个花样4针6行
273
1个花样10针8行
274
1个花样9针4行
275
1个花样5针10行

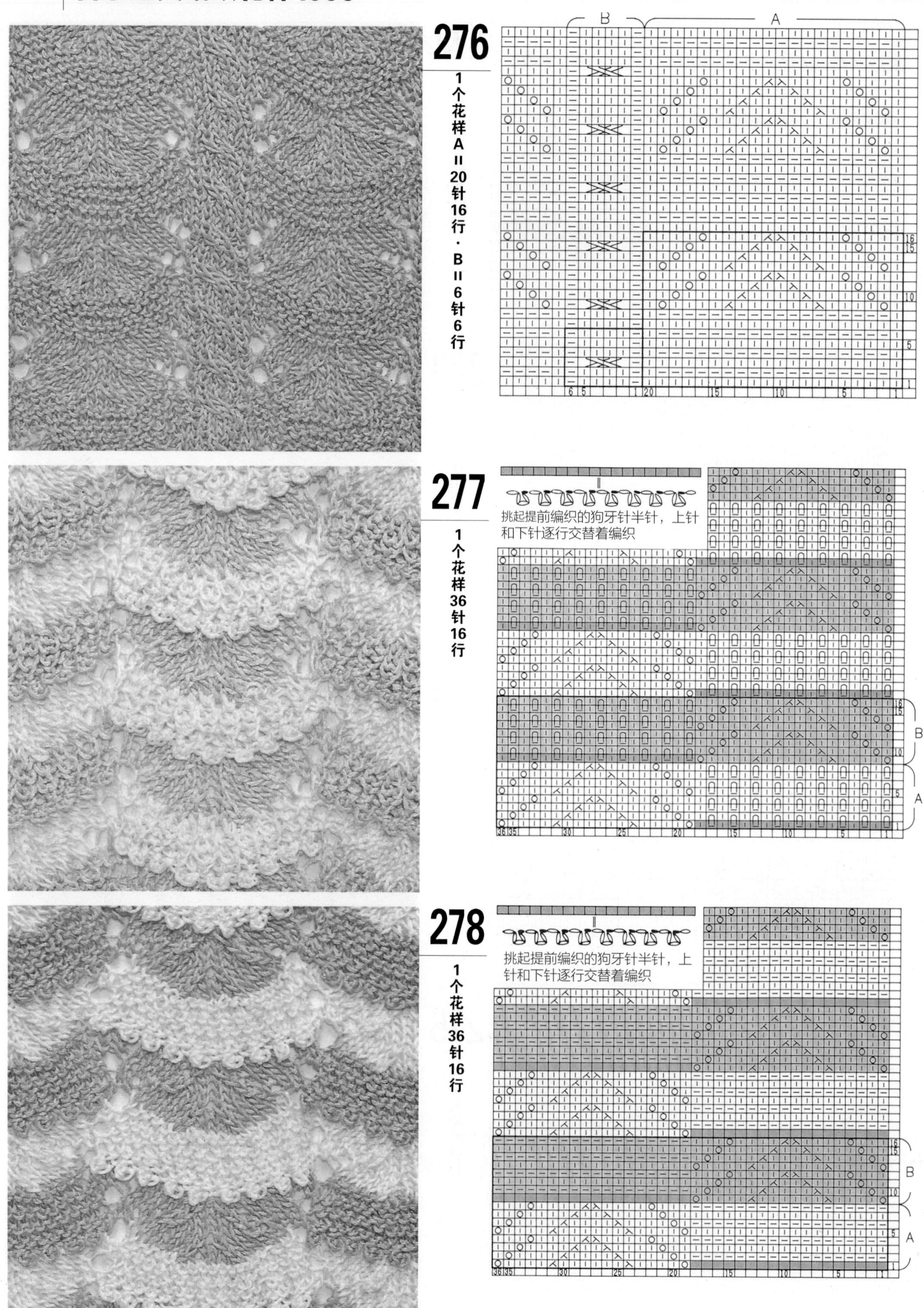
276
1个花样A＝20针16行・B＝6针6行
B
A
277
1个花样36针16行
挑起提前编织的狗牙针半针，上针和下针逐行交替着编织
B
A
278
1个花样36针16行
挑起提前编织的狗牙针半针，上针和下针逐行交替着编织
B
A

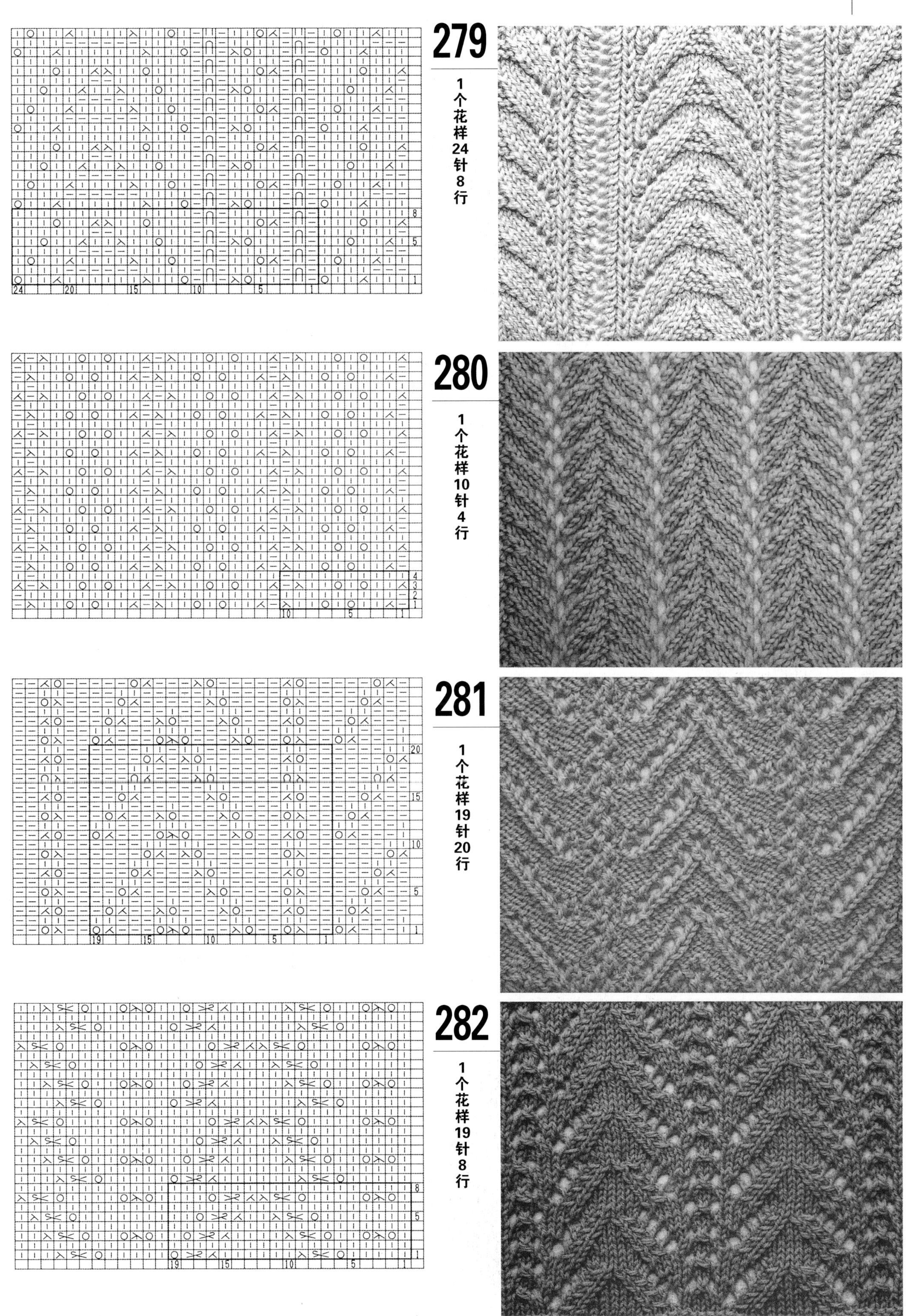
279
1个花样24针8行
280
1个花样10针4行
281
1个花样19针20行
282
1个花样19针8行

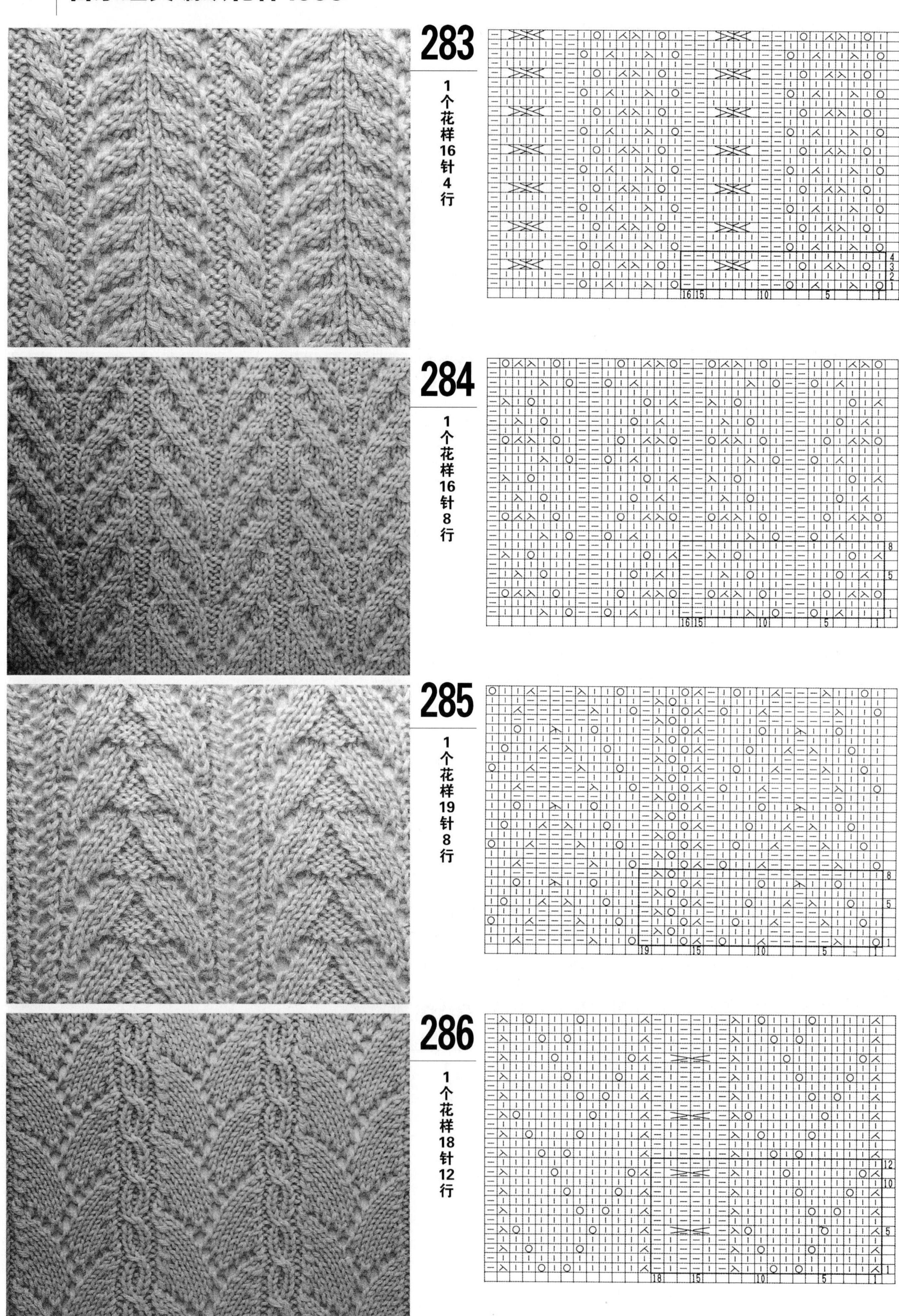
283
1个花样16针4行
284
1个花样16针8行
285
1个花样19针8行
286
1个花样18针12行

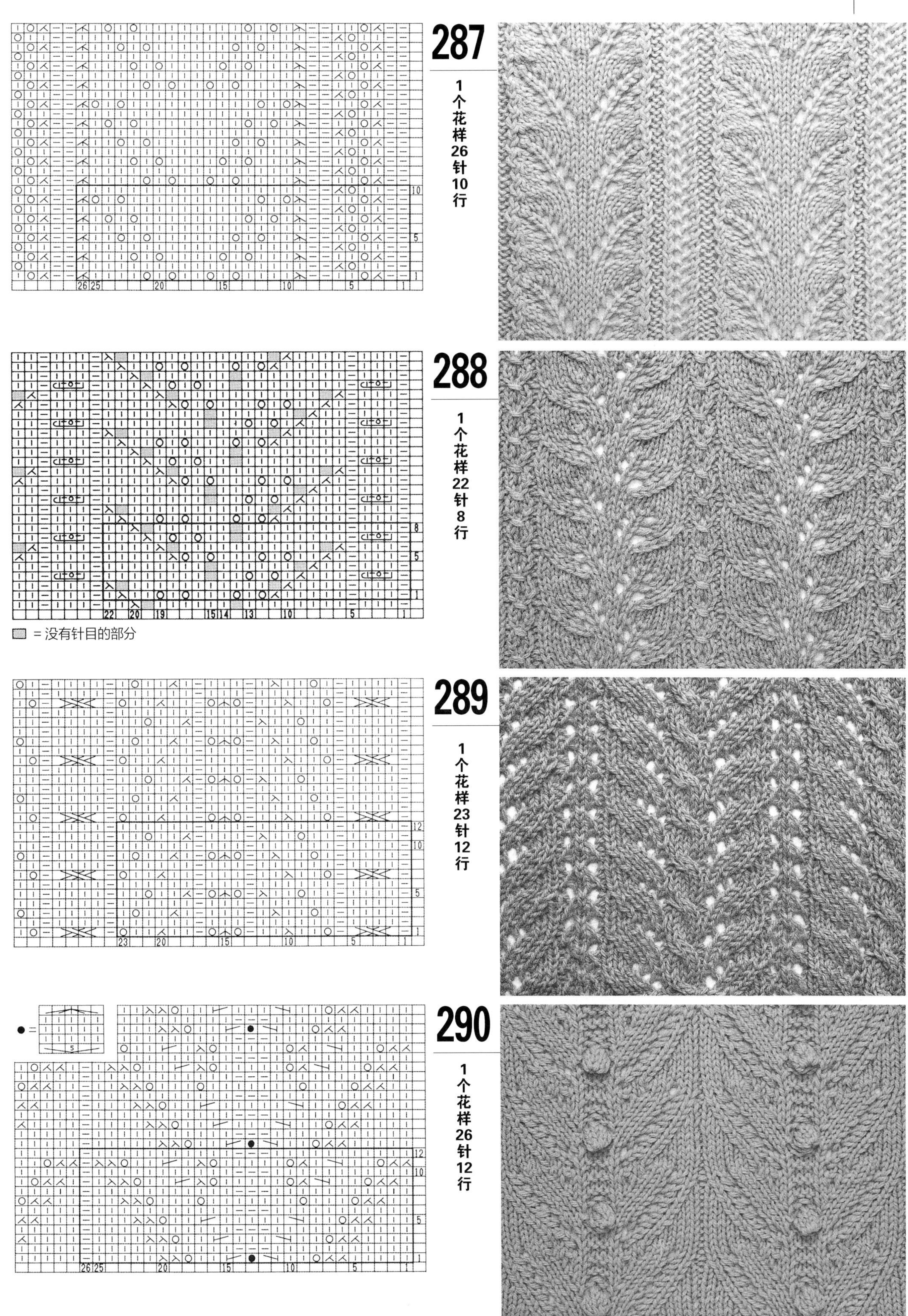
287
1个花样26针10行
288
1个花样22针8行
= 没有针目的部分
289
1个花样23针12行
290
1个花样26针12行

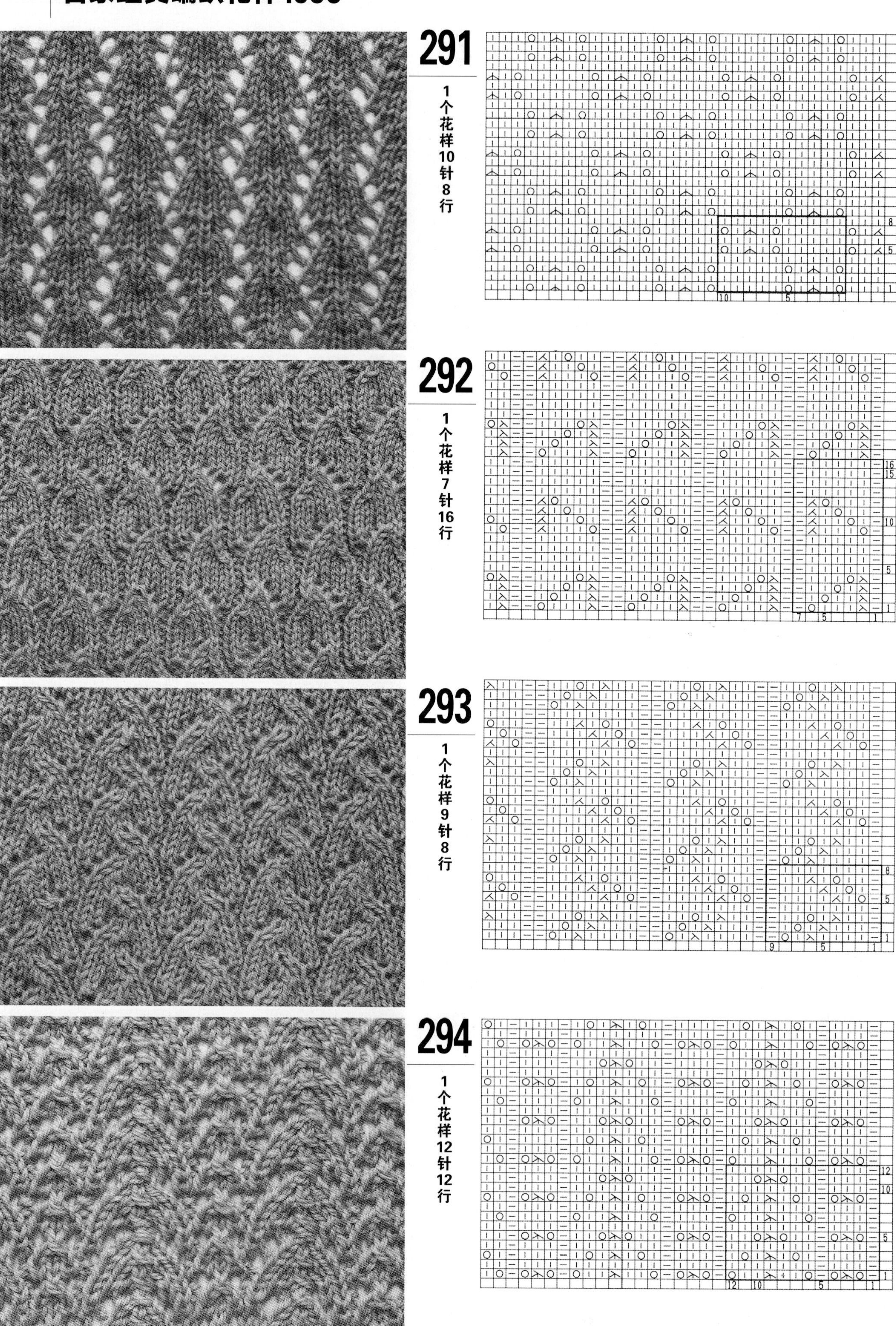
291
1个花样10针8行
292
1个花样7针16行
293
1个花样9针8行
294
1个花样12针12行

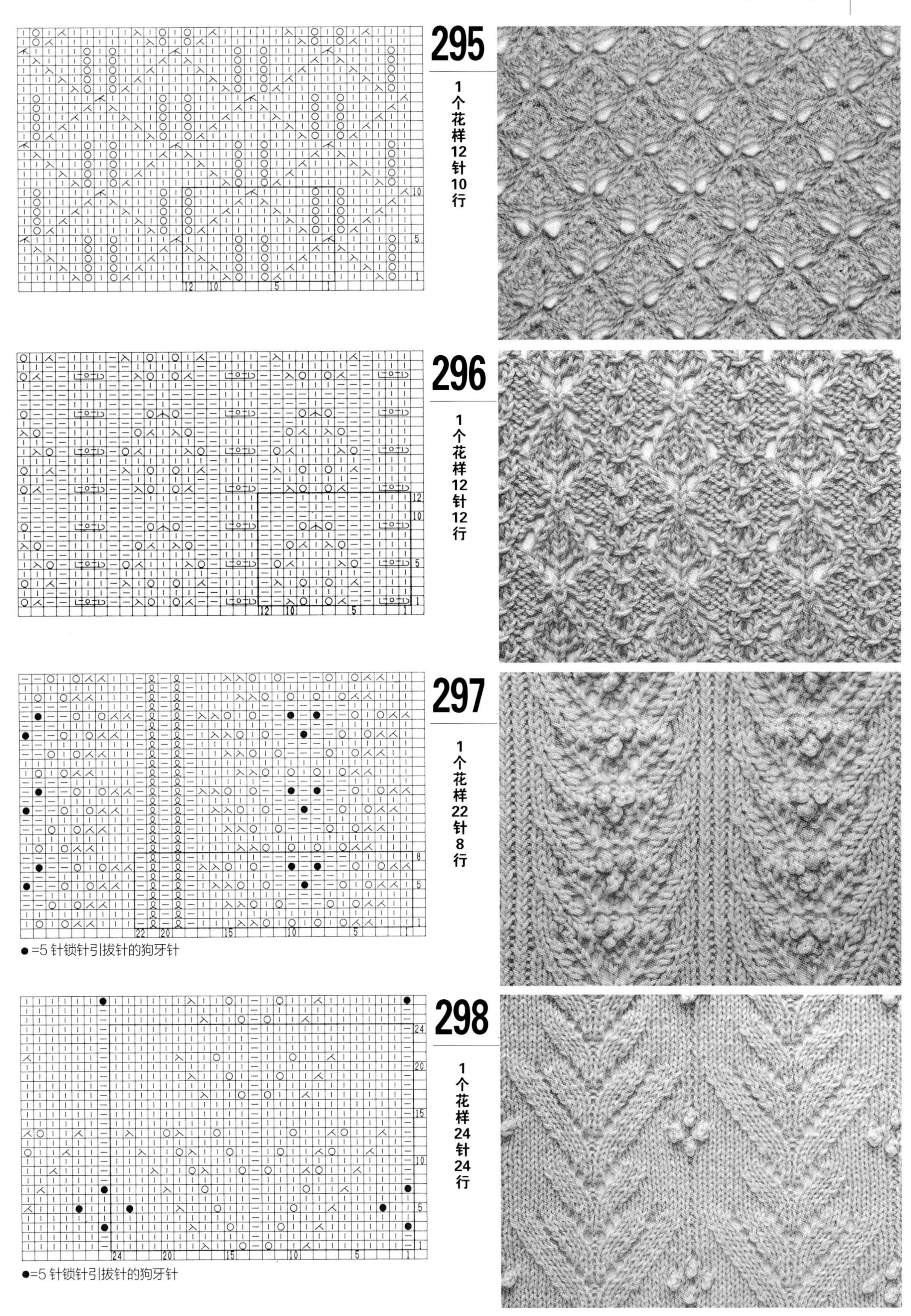
295
1个花样12针10行
296
1个花样12针12行
297
1个花样22针8行
●=5针锁针引拔针的狗牙针
298
1个花样24针24行
●=5针锁针引拔针的狗牙针

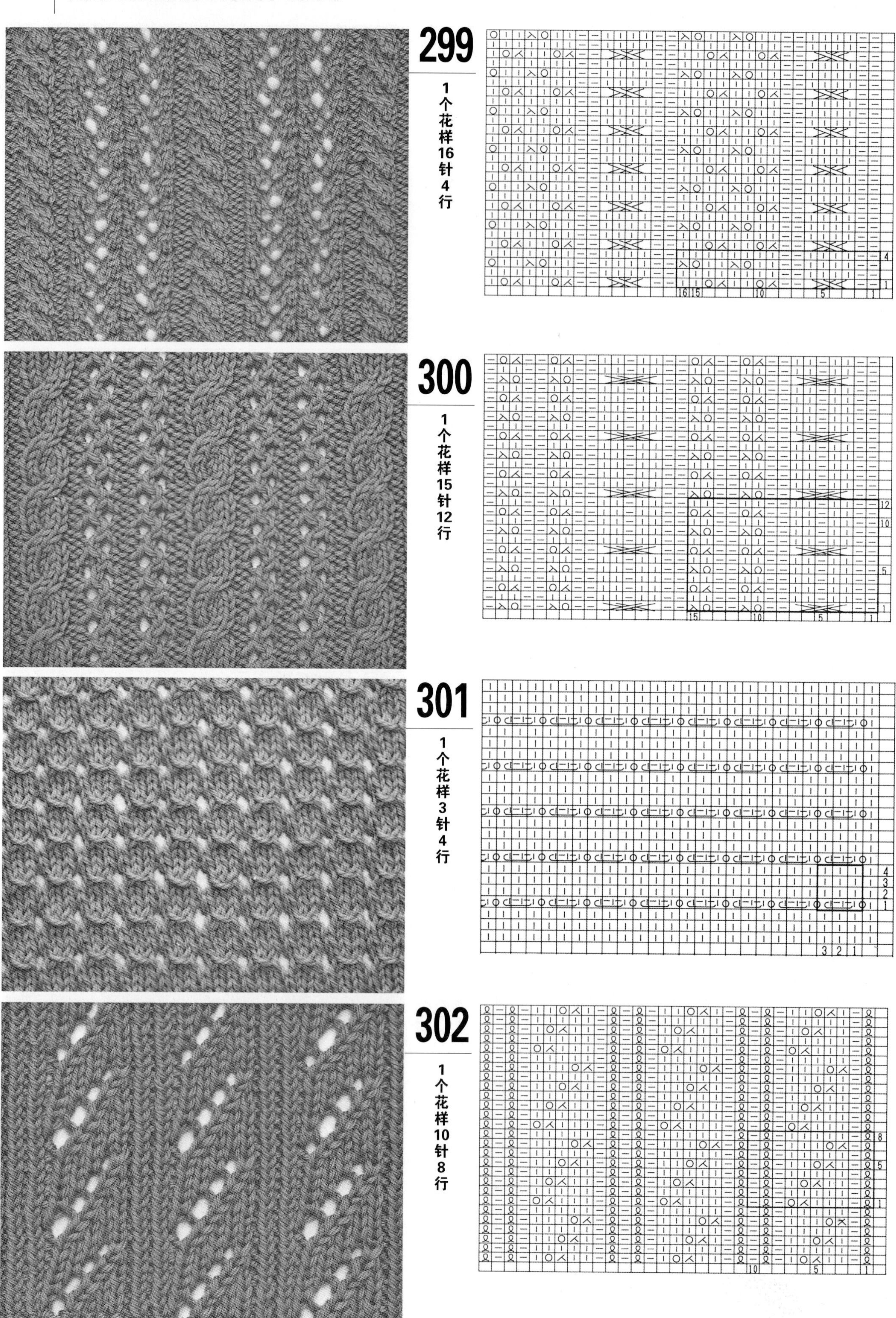
299
1个花样16针4行
300
1个花样15针12行
301
1个花样3针4行
302
1个花样10针8行

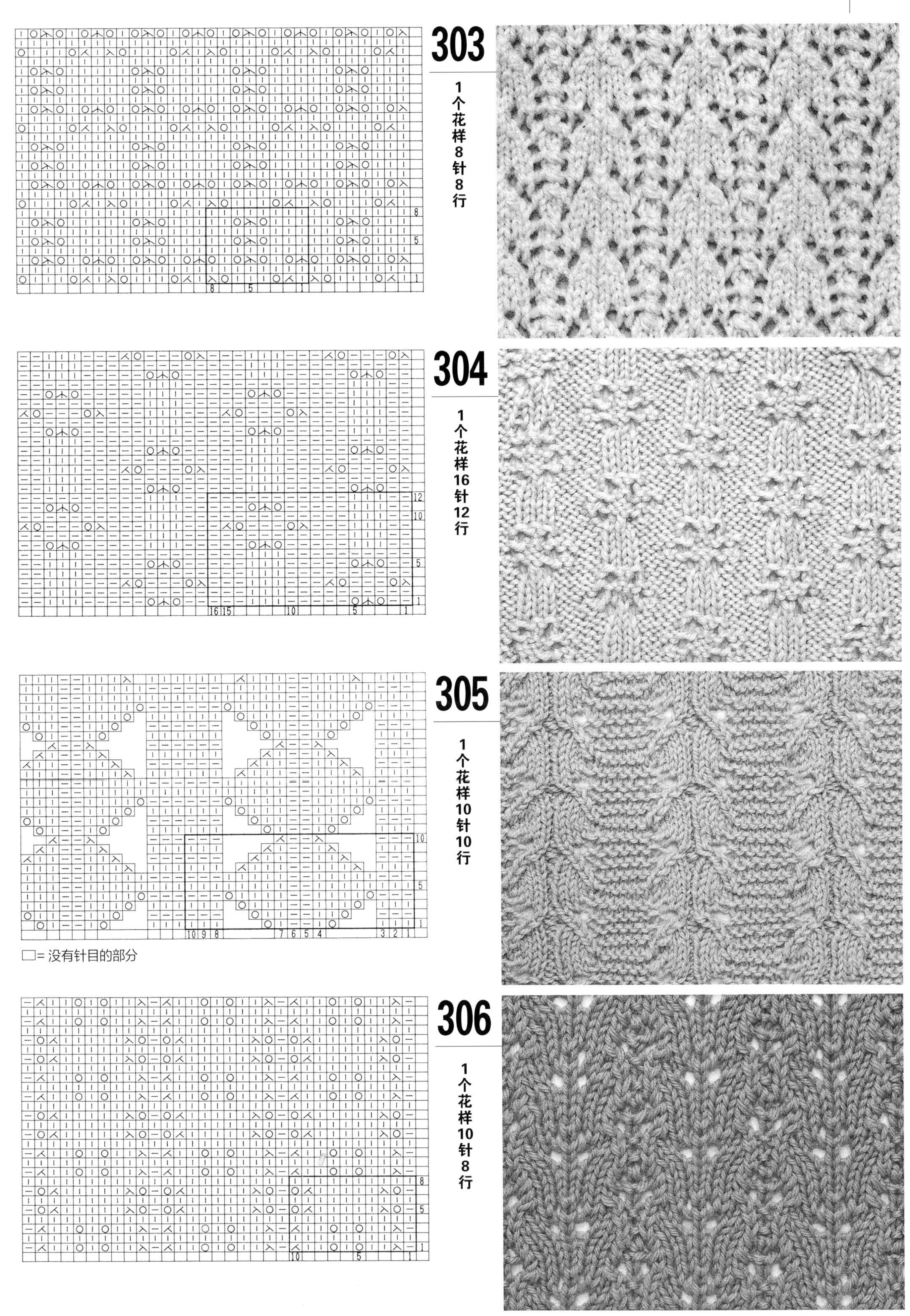
303
1个花样8针8行
304
1个花样16针12行
305
1个花样10针10行
□= 没有针目的部分
306
1个花样10针8行

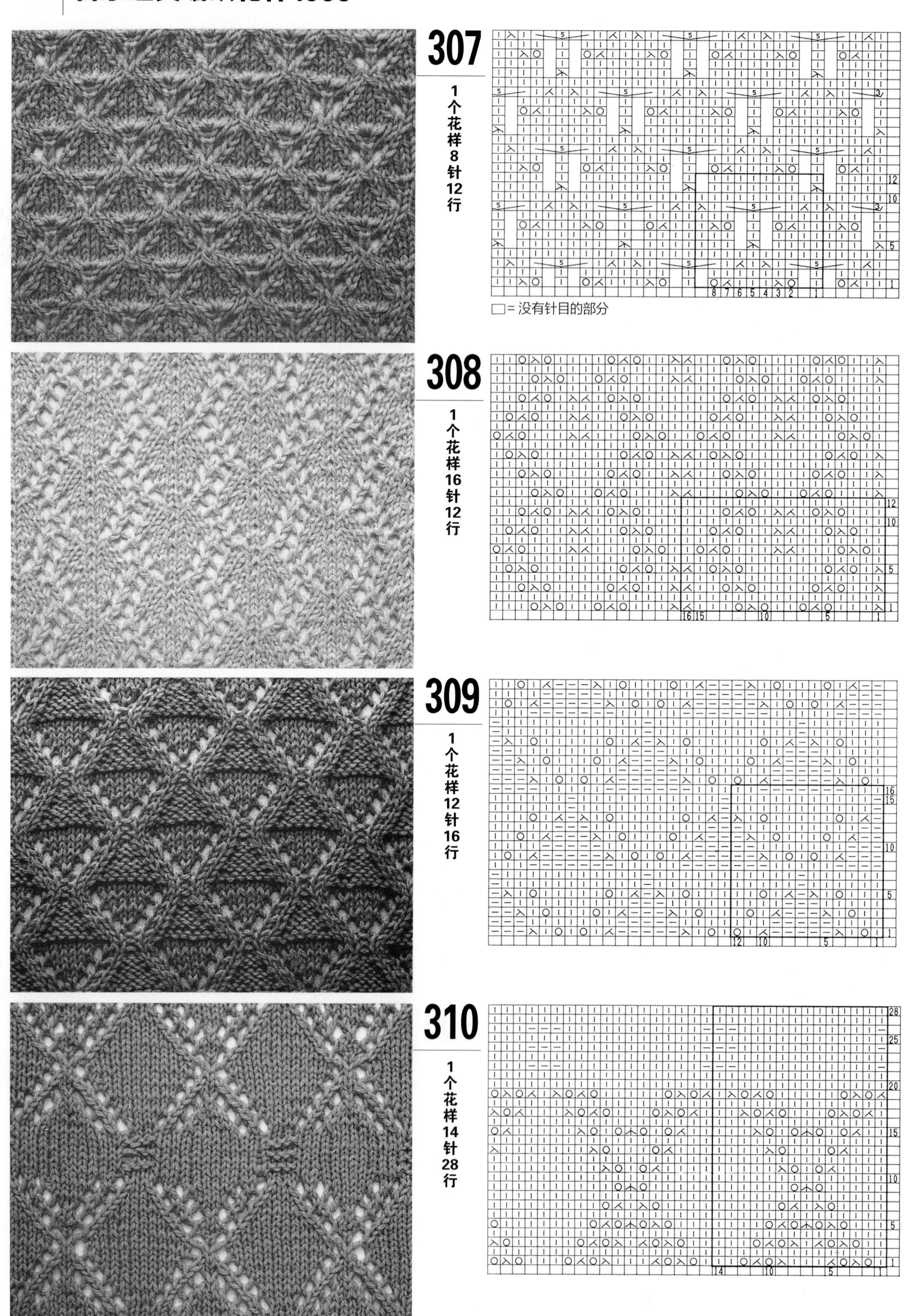
307
1个花样8针12行
□=没有针目的部分
308
1个花样16针12行
309
1个花样12针16行
310
1个花样14针28行

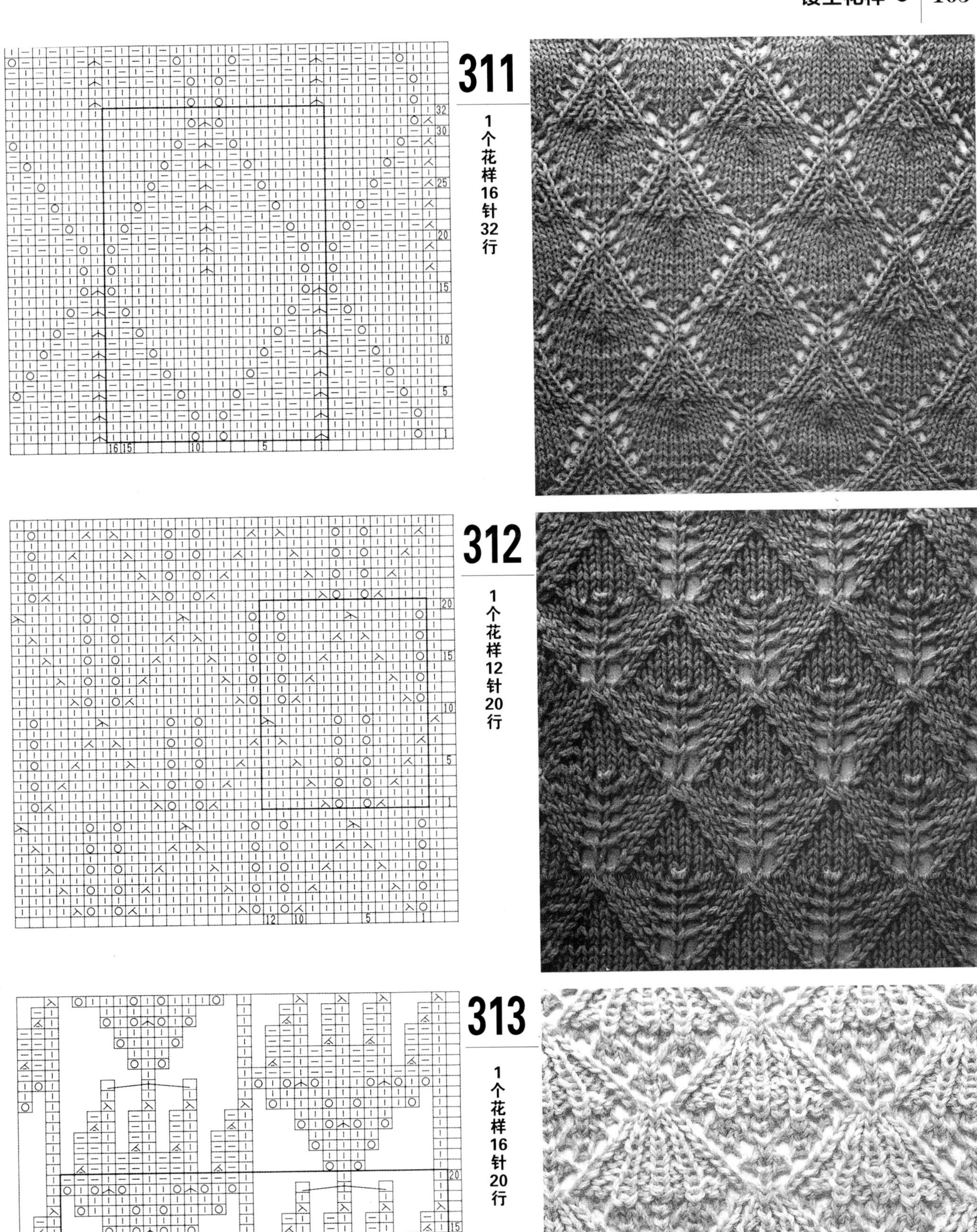

311

1个花样16针32行

312

1个花样12针20行

313

1个花样16针20行

□=没有针目的部分

314

1个花样8针20行

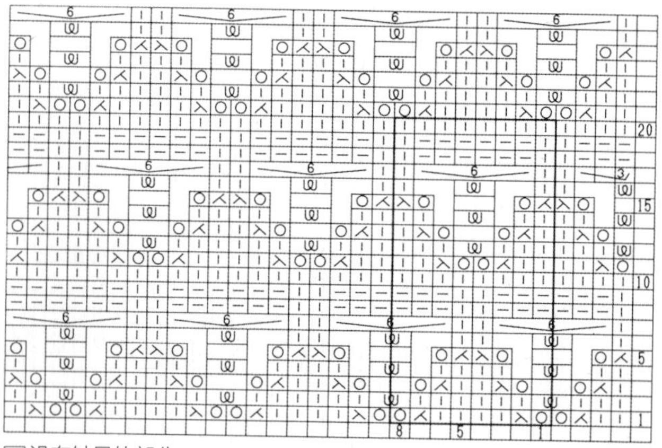

□没有针目的部分

315

1个花样10针10行

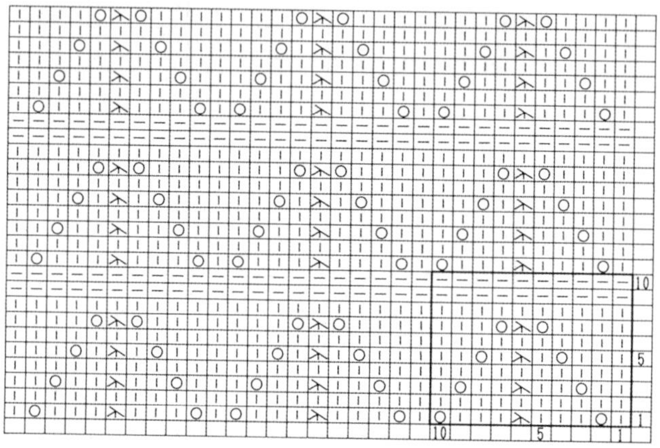

316

1个花样14针10行

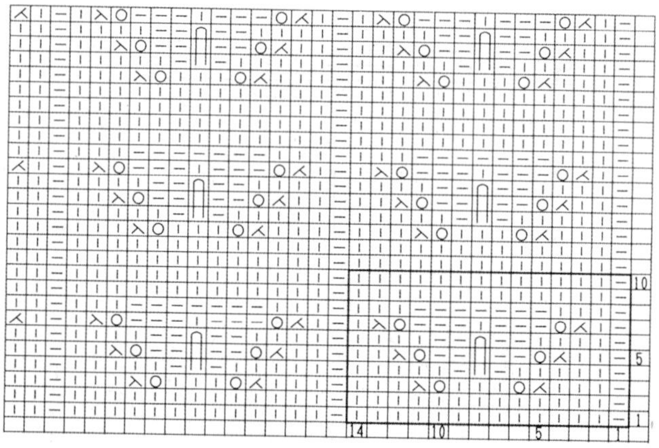

317

1个花样18针24行

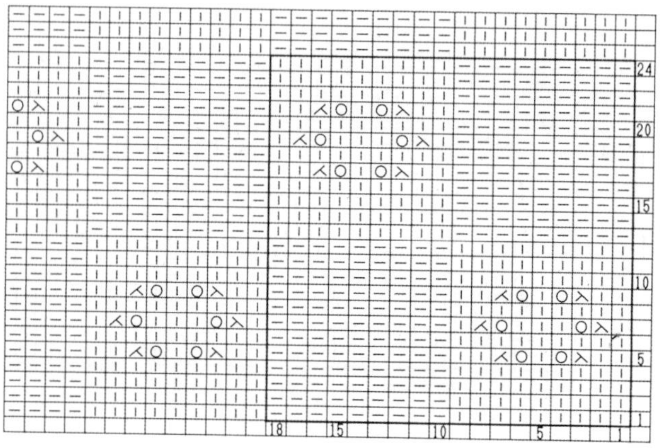

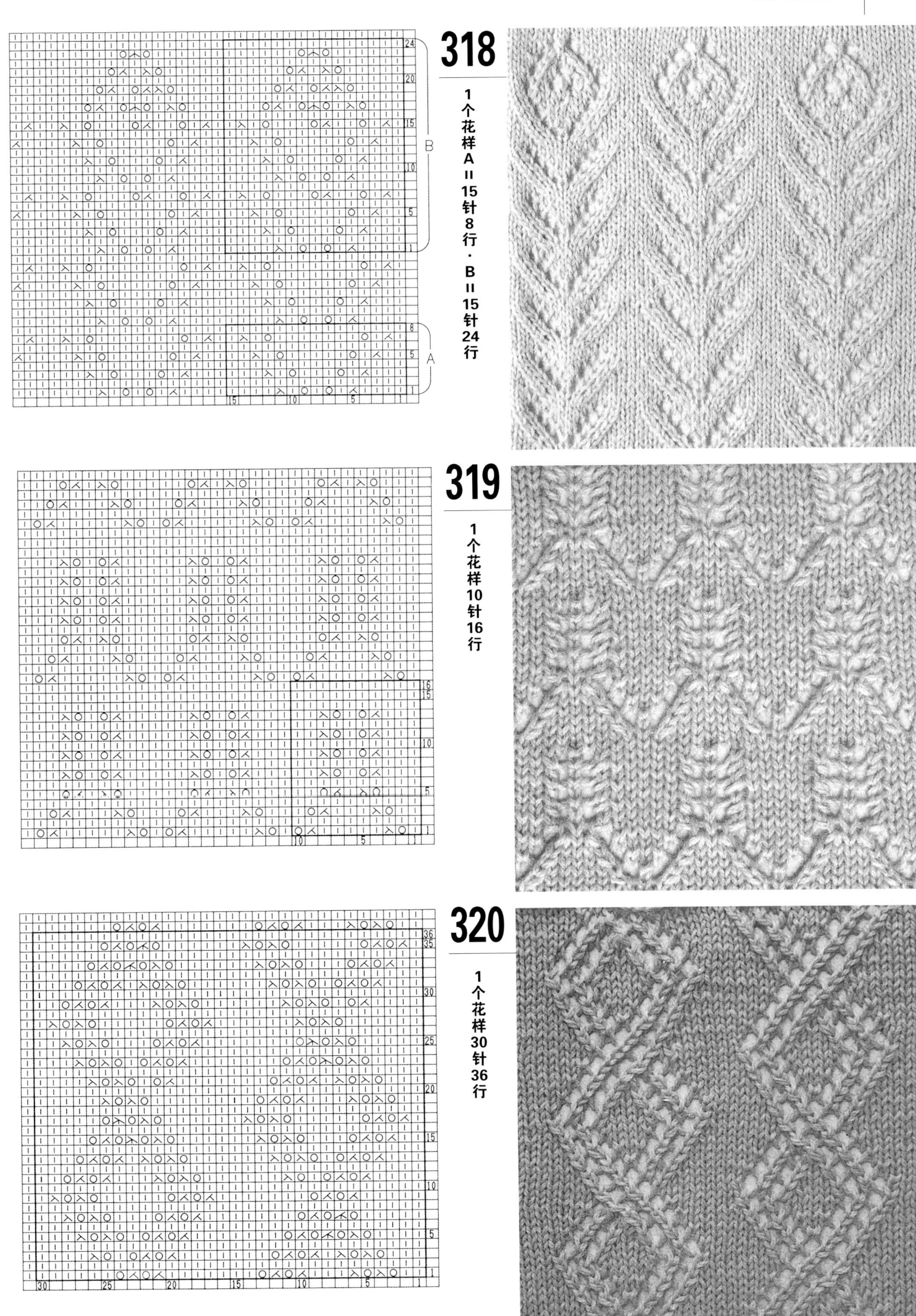

318

1个花样A＝15针8行·B＝15针24行

319

1个花样10针16行

320

1个花样30针36行

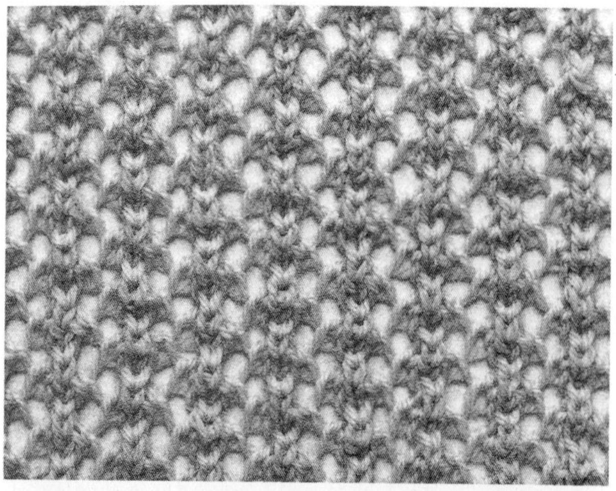

321

1个花样6针8行

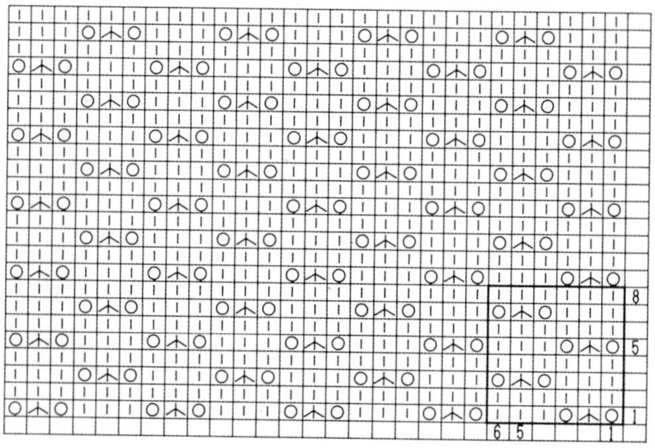

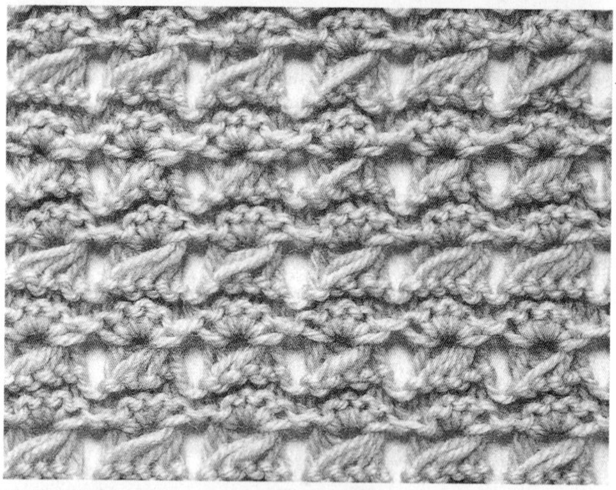

322

1个花样5针4行

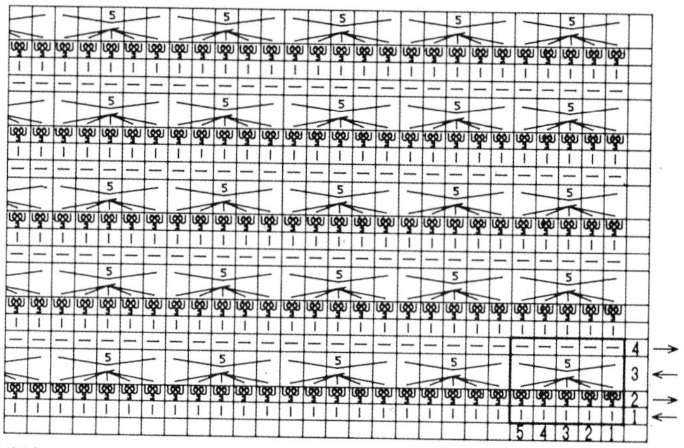

卷针是上针

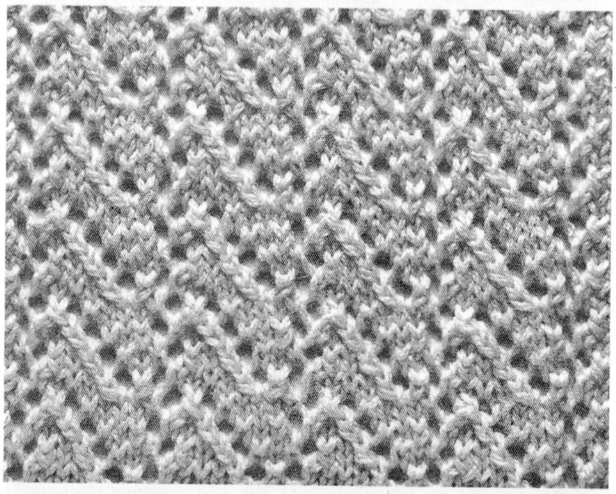

323

1个花样8针8行

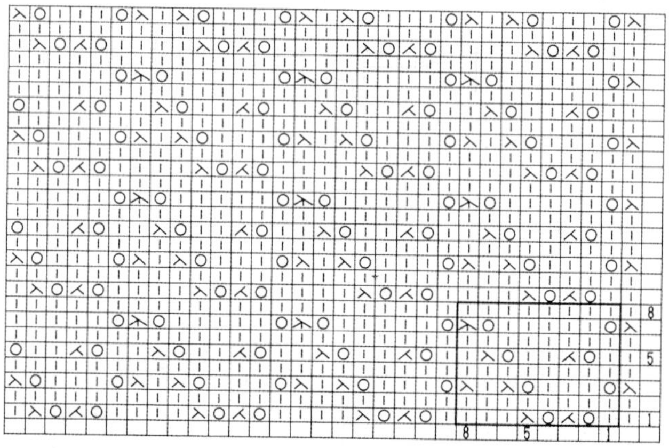

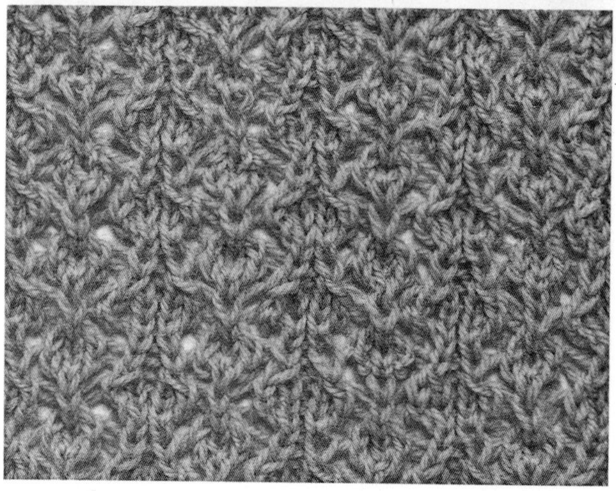

324

1个花样8针6行

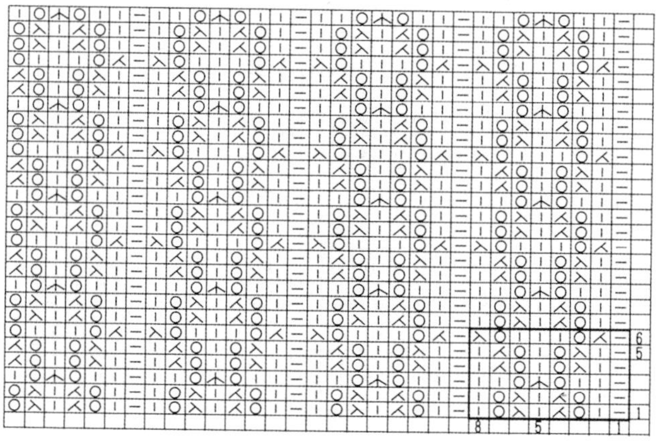

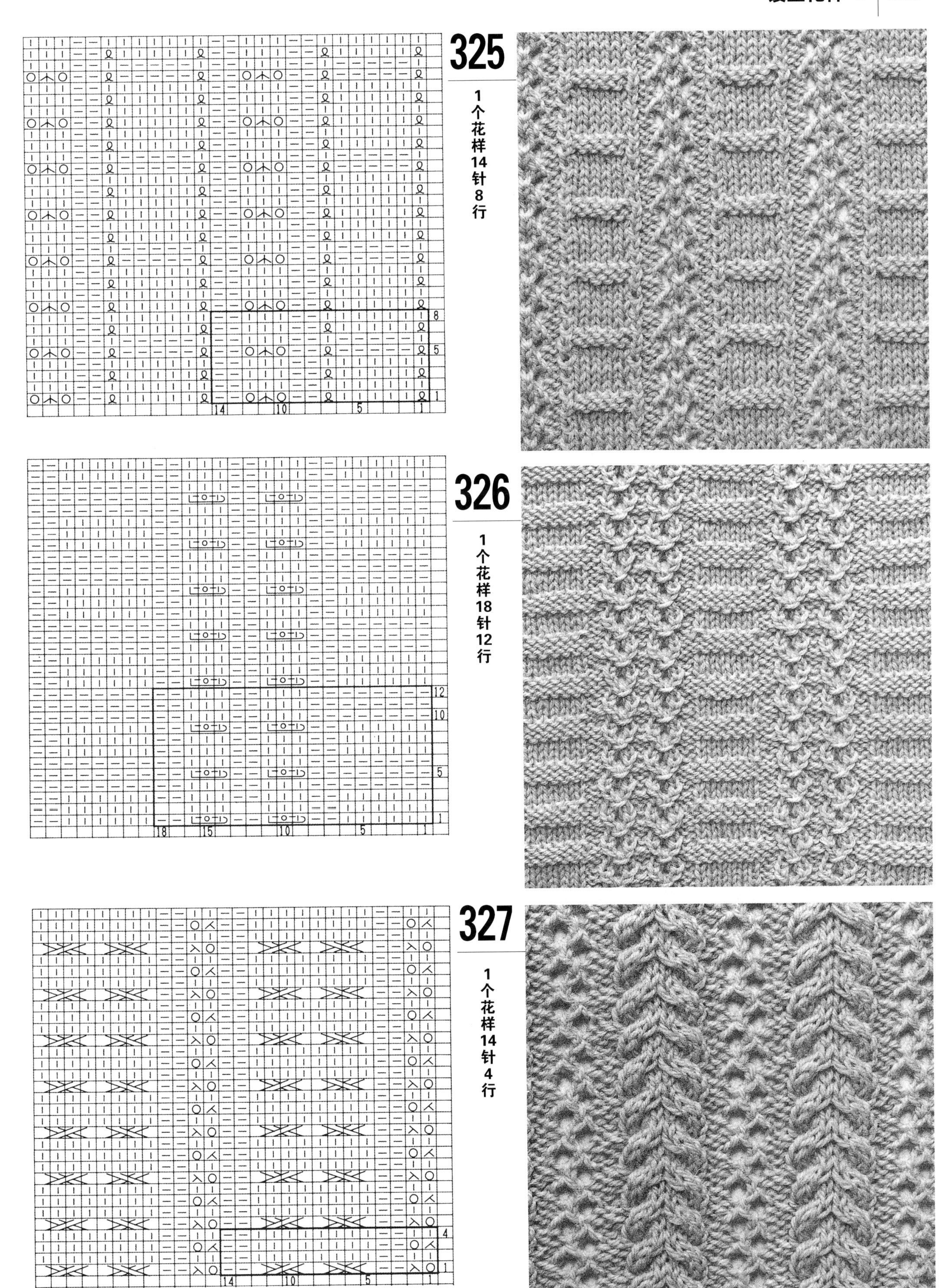
325
1个花样14针8行
326
1个花样18针12行
327
1个花样14针4行

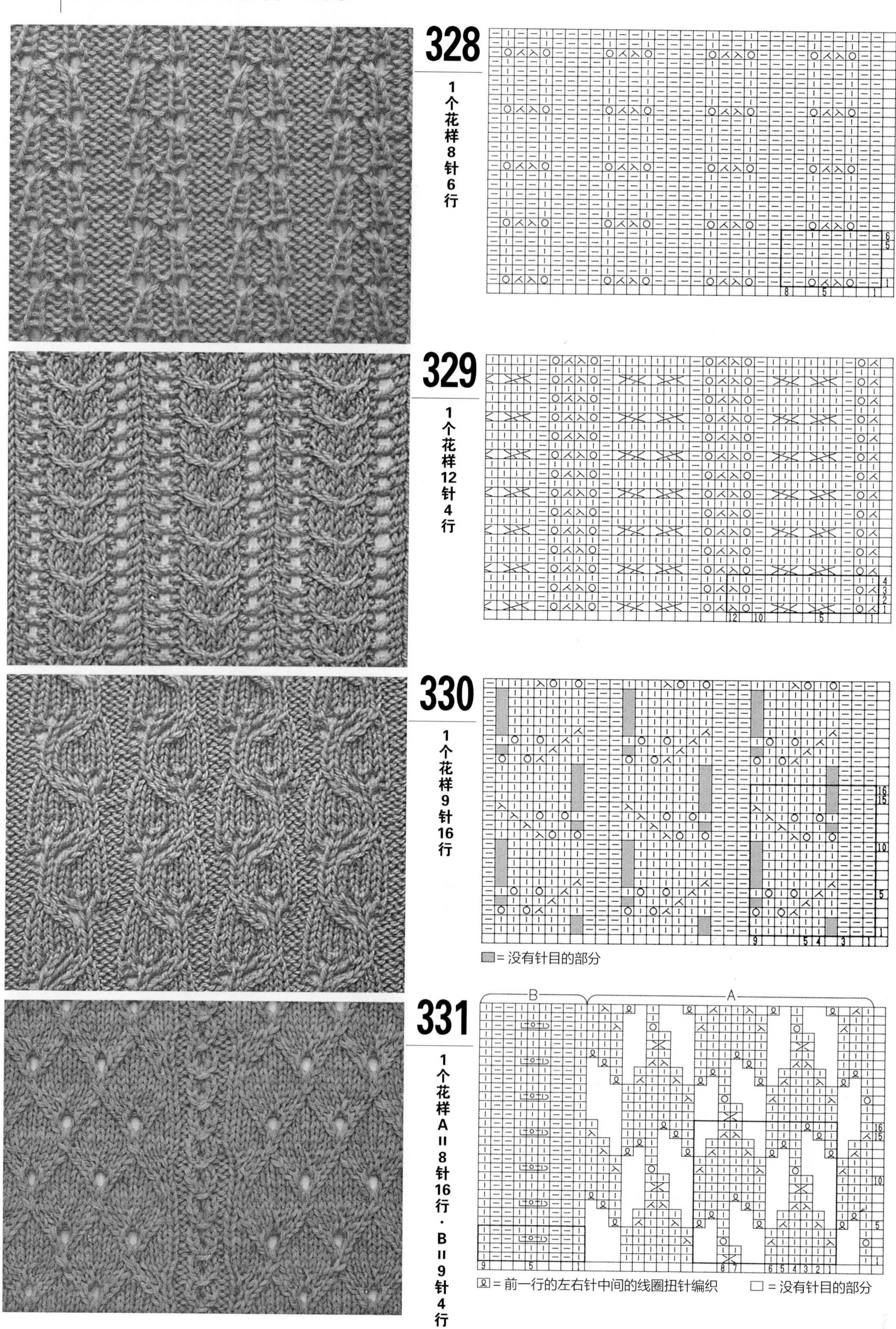
328
1个花样8针6行
329
1个花样12针4行
330
1个花样9针16行
▨=没有针目的部分
331
1个花样A＝8针16行・B＝9针4行
B
A
Ձ＝前一行的左右针中间的线圈扭针编织
□＝没有针目的部分

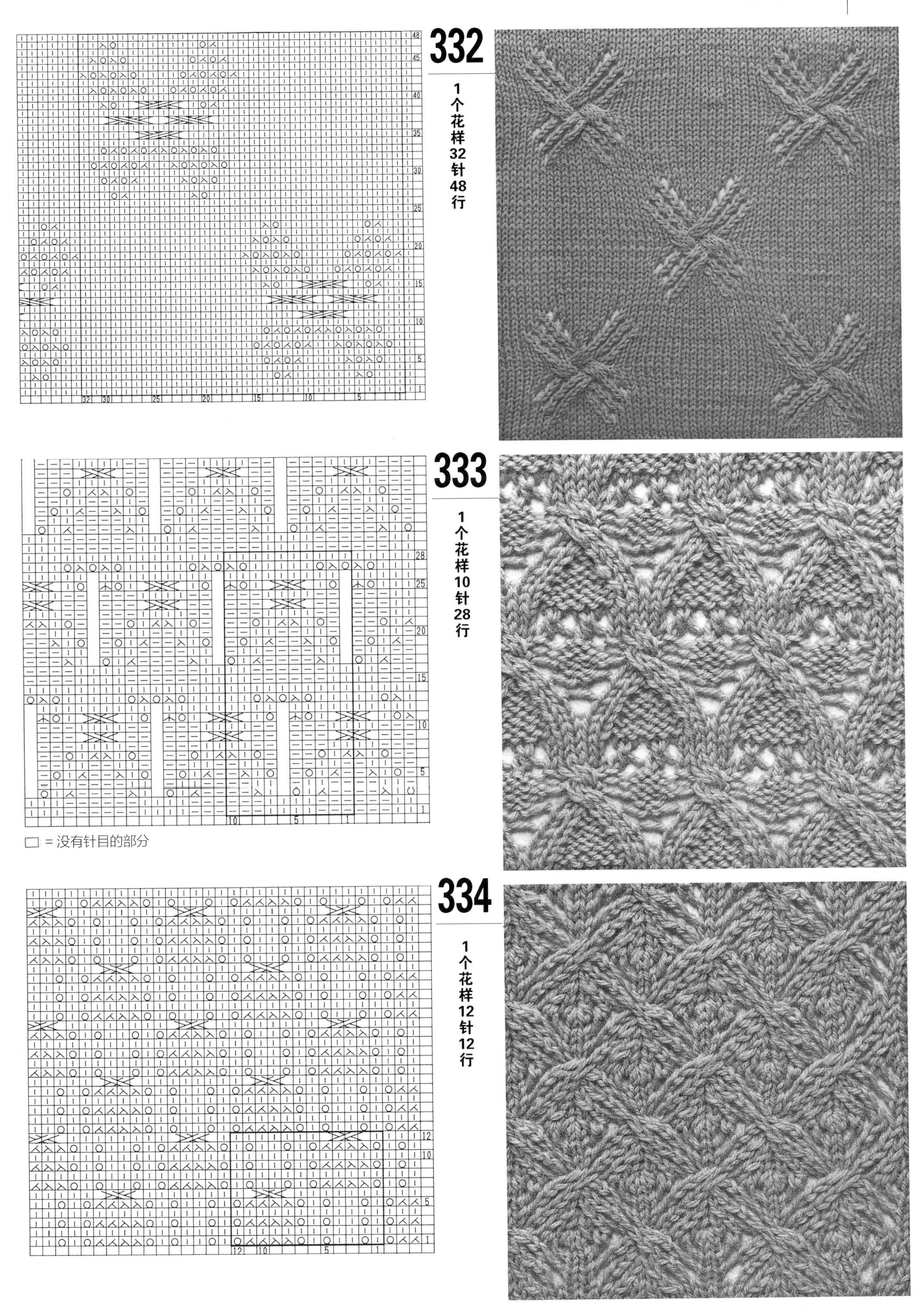
332
1个花样32针48行
333
1个花样10针28行
□ = 没有针目的部分
334
1个花样12针12行

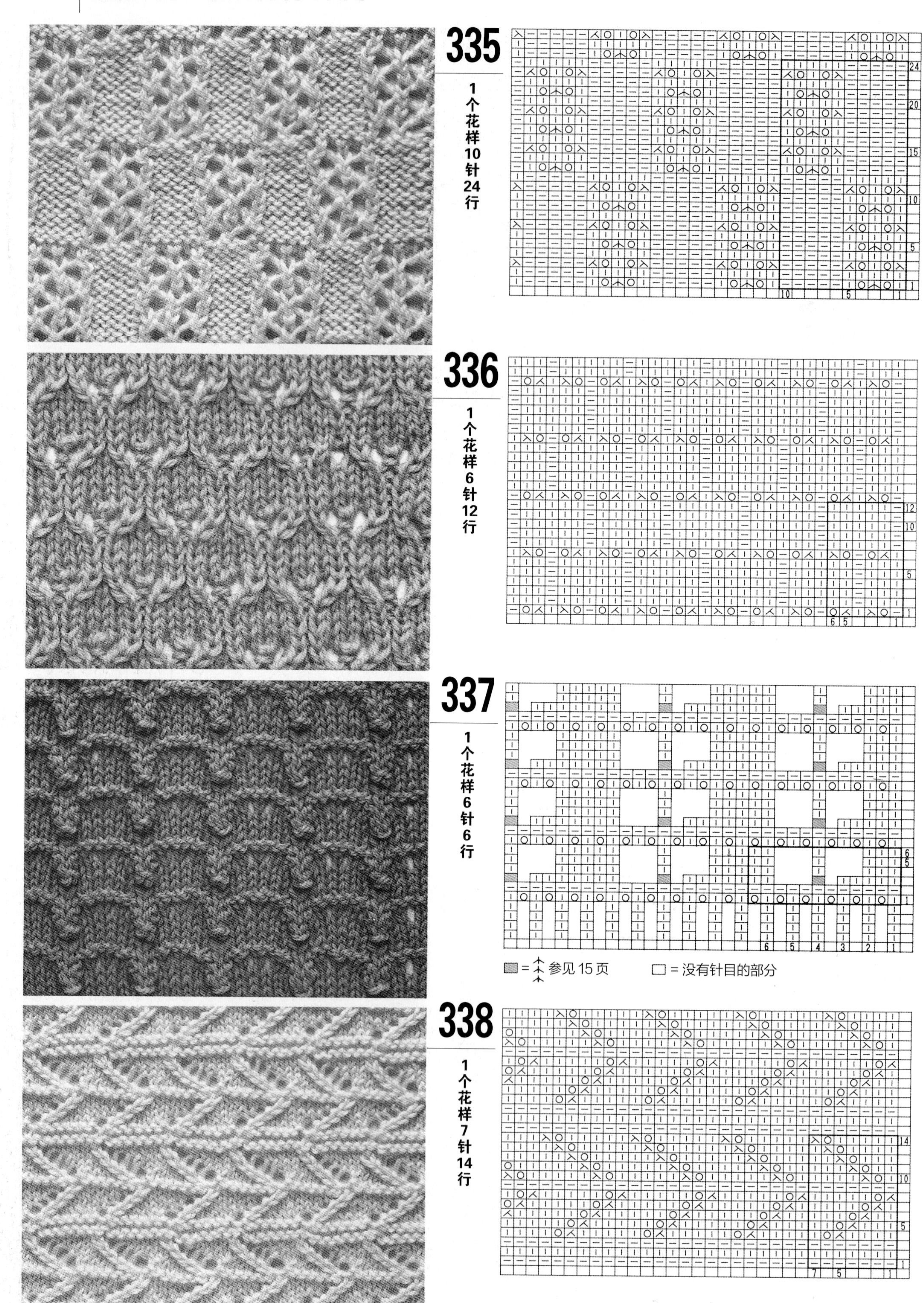
335
1个花样10针24行
336
1个花样6针12行
337
1个花样6针6行
= 参见15页
□ = 没有针目的部分
338
1个花样7针14行

传统花样【北欧风格花样、费尔岛花样、阿兰花样】

传统花样的一针一目，倾注了人们的生活状态、浪漫以及对神的祈福之情。
在这些传统的花样中加一点新意，就这样诞生了时尚美丽，却又能让人感到浓浓乡情的编织物。

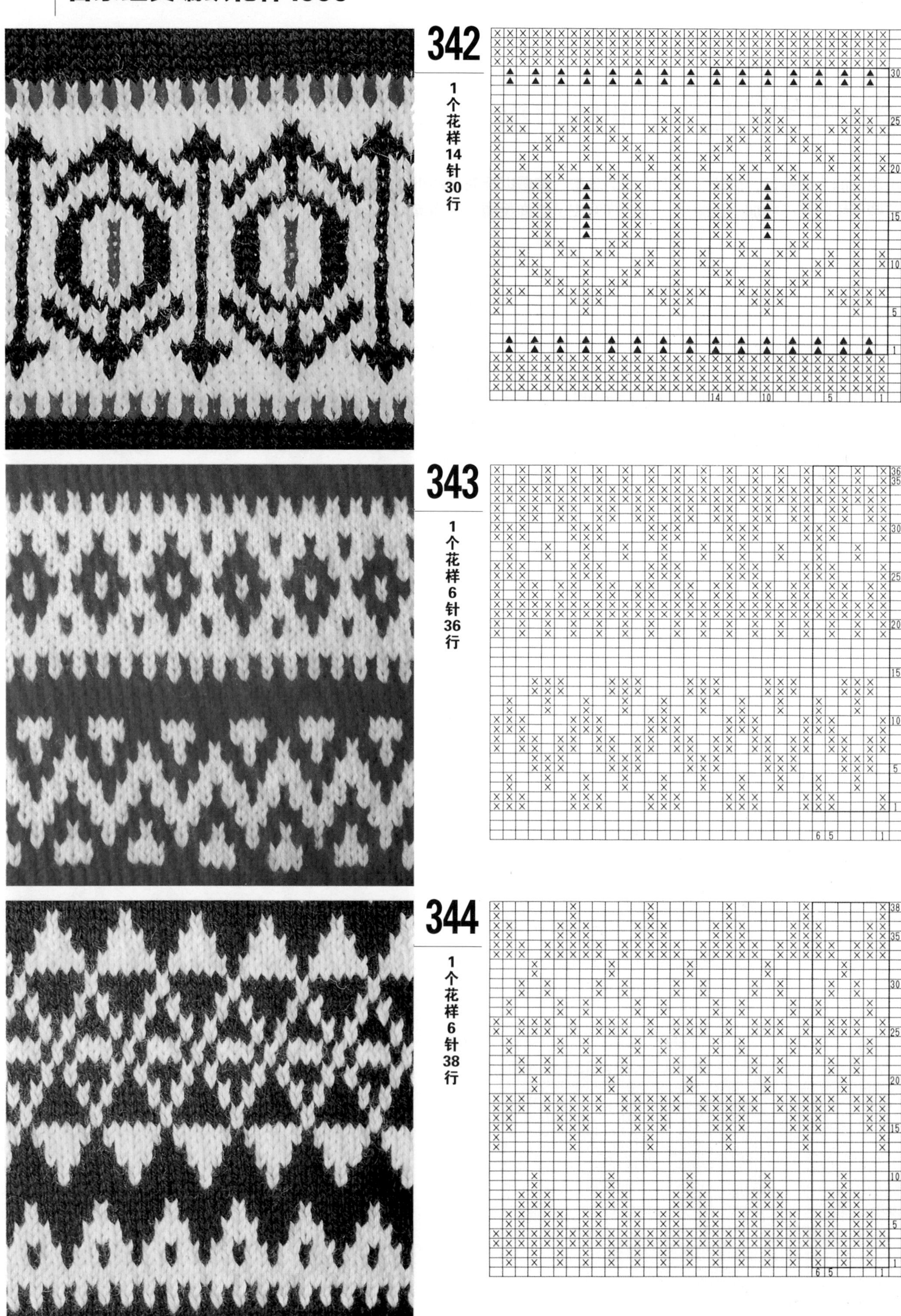
342
1个花样14针30行
343
1个花样6针36行
344
1个花样6针38行

345

1个花样20针28行

346

1个花样24针52行

347

1个花样32针30行

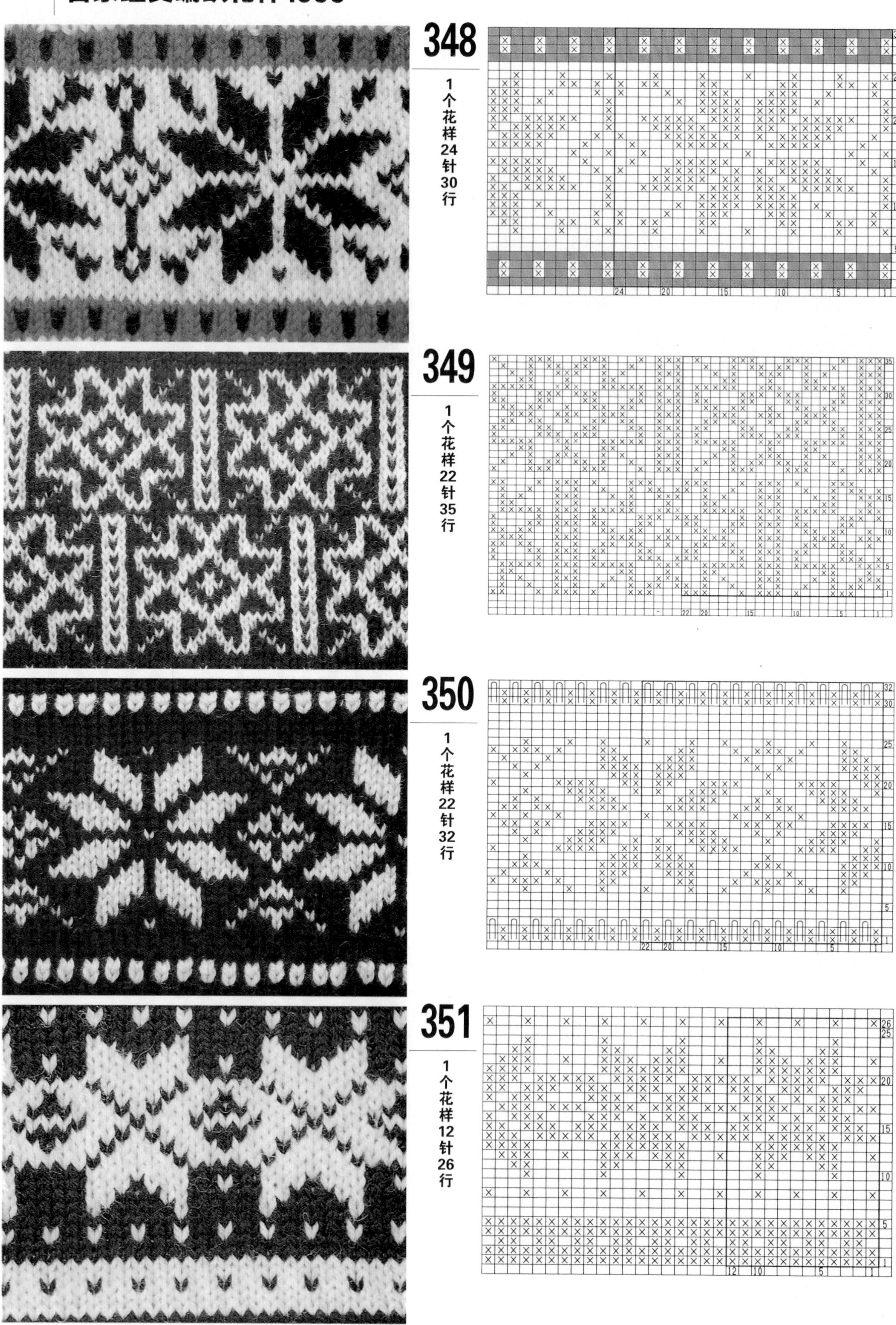
348
1个花样24针30行
349
1个花样22针35行
350
1个花样22针32行
351
1个花样12针26行

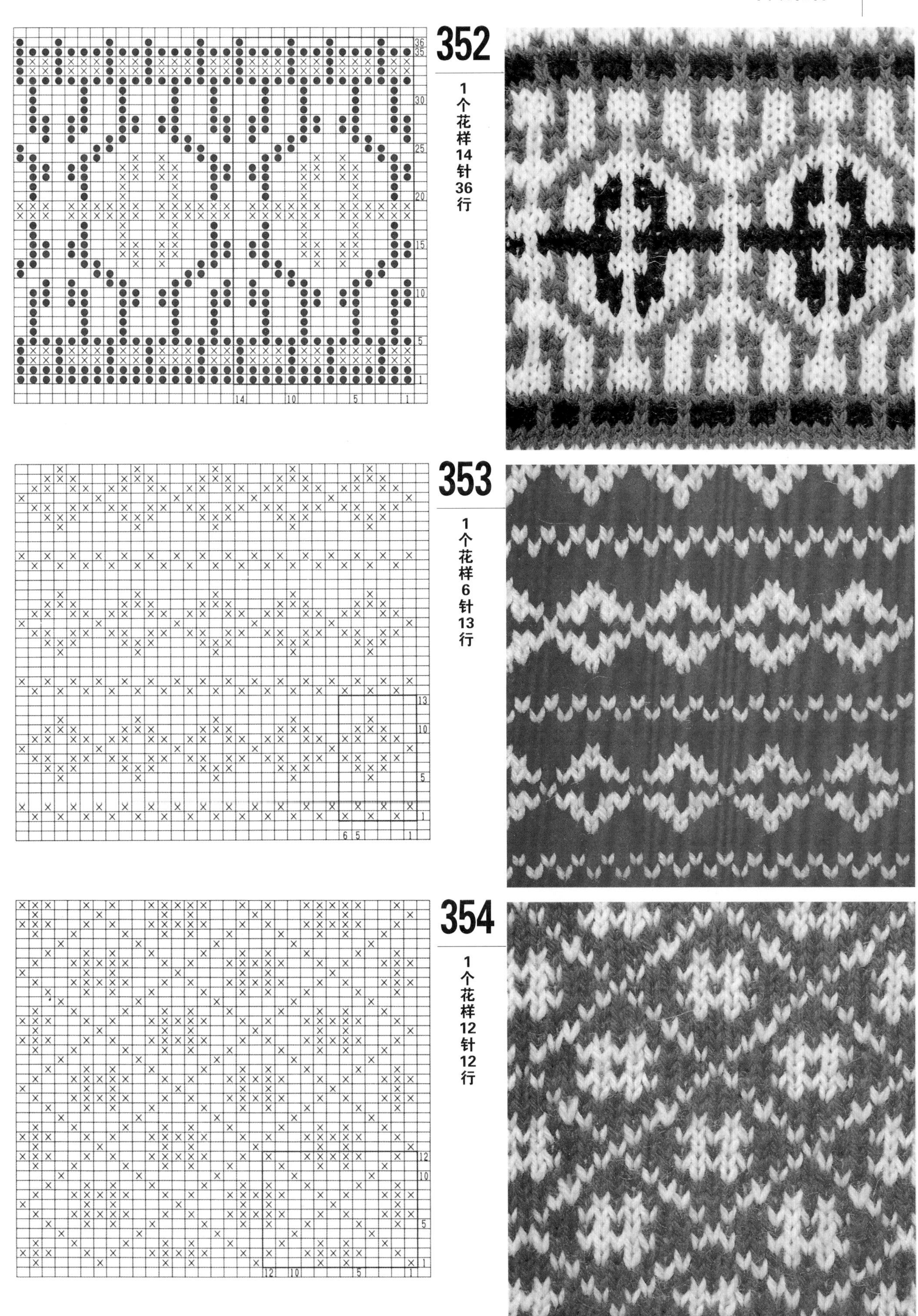

352

1个花样14针36行

353

1个花样6针13行

354

1个花样12针12行

355
1个花样24针24行
356
1个花样12针36行
357
1个花样20针22行

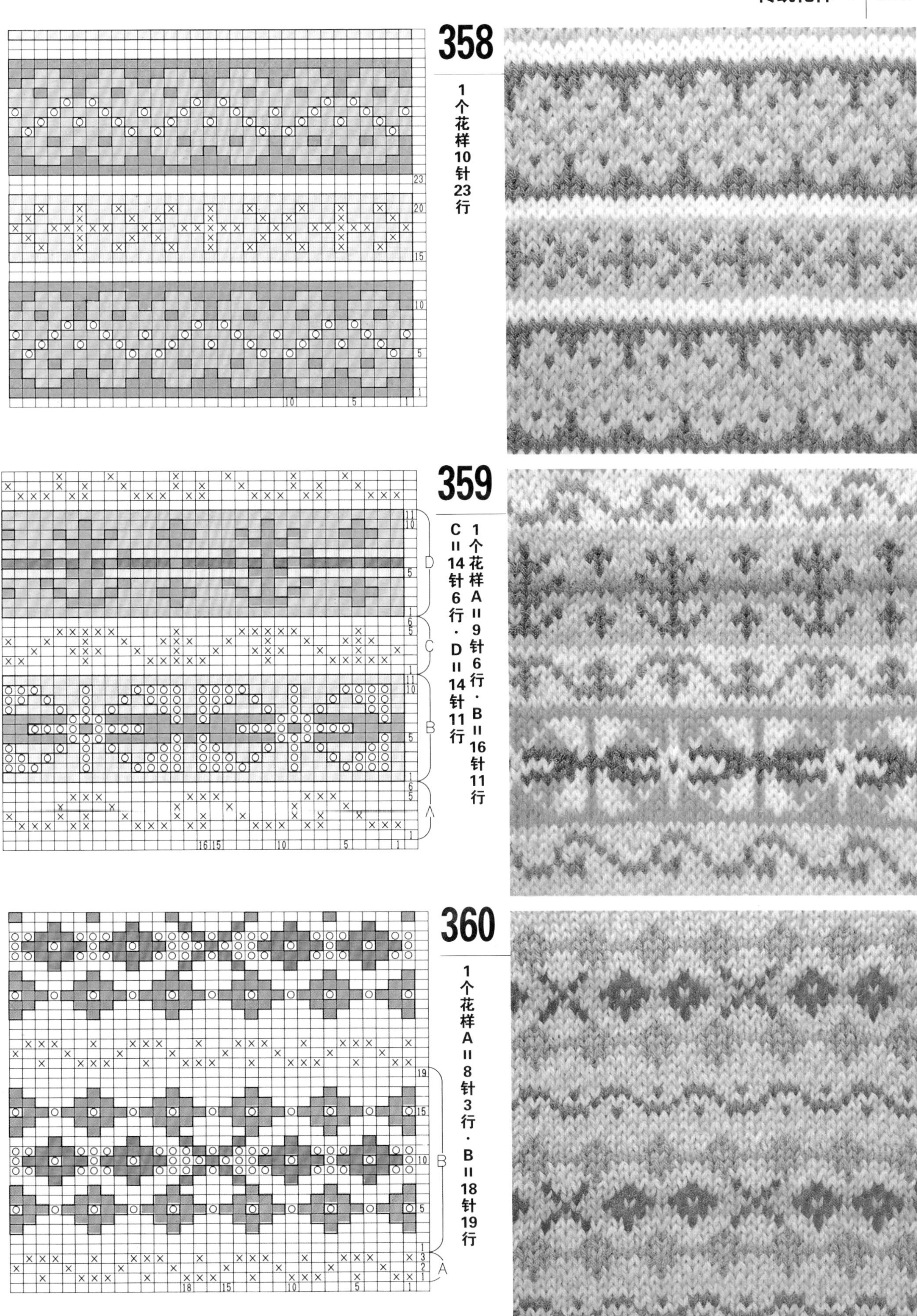

358

1个花样10针23行

359

1个花样A＝9针6行・B＝16针11行

C＝14针6行・D＝14针11行

360

1个花样A＝8针3行・B＝18针19行

361

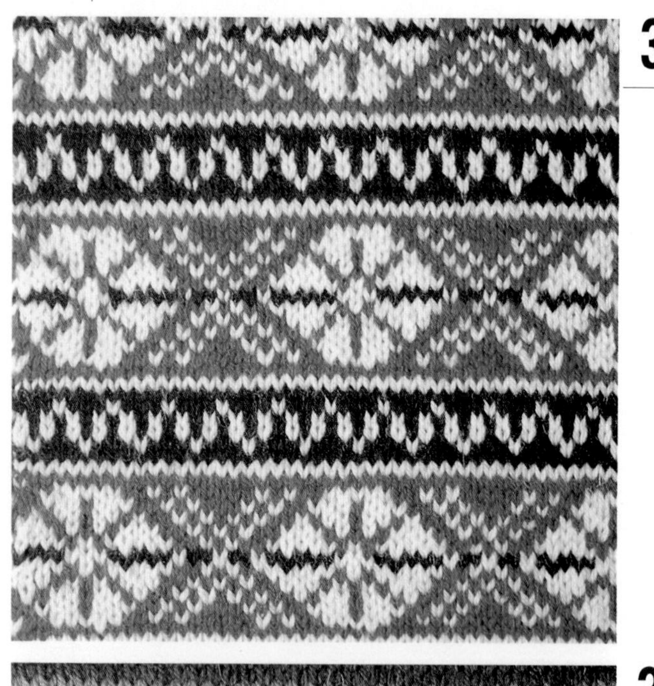

1个花样20针21行

362

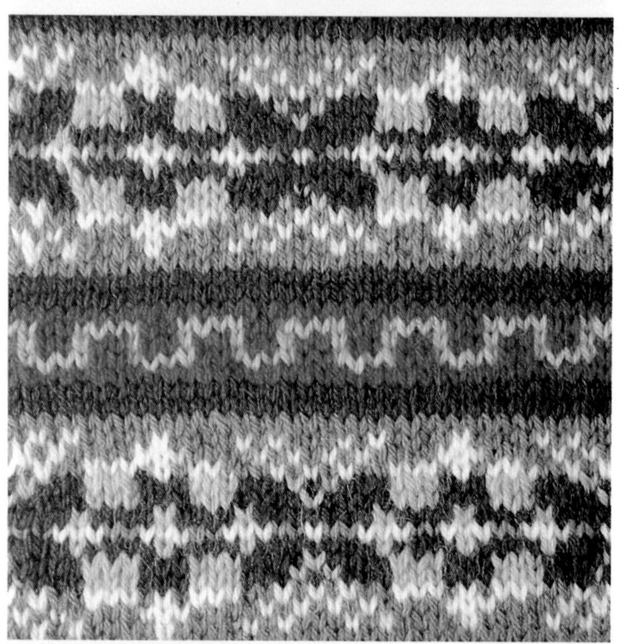

1个花样18针24行

363

1个花样A=4针3行·B=38针29行

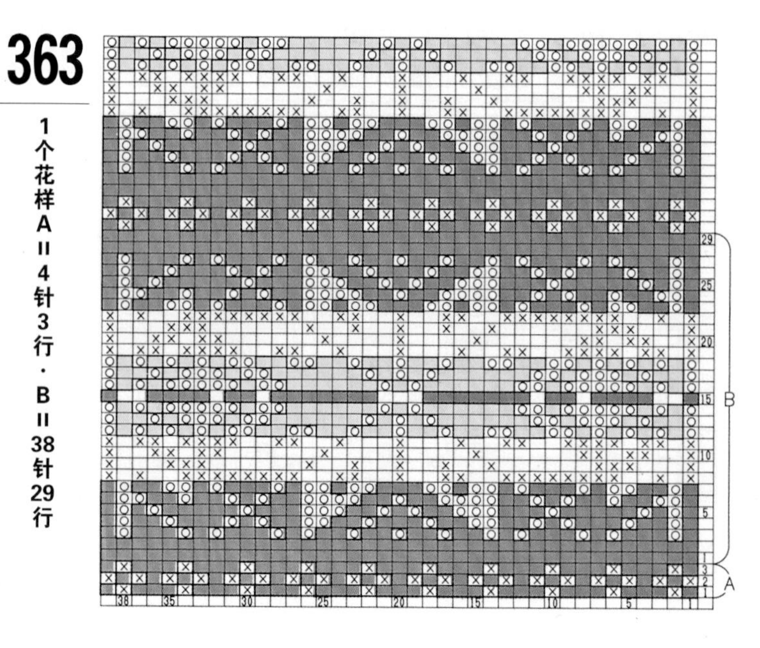

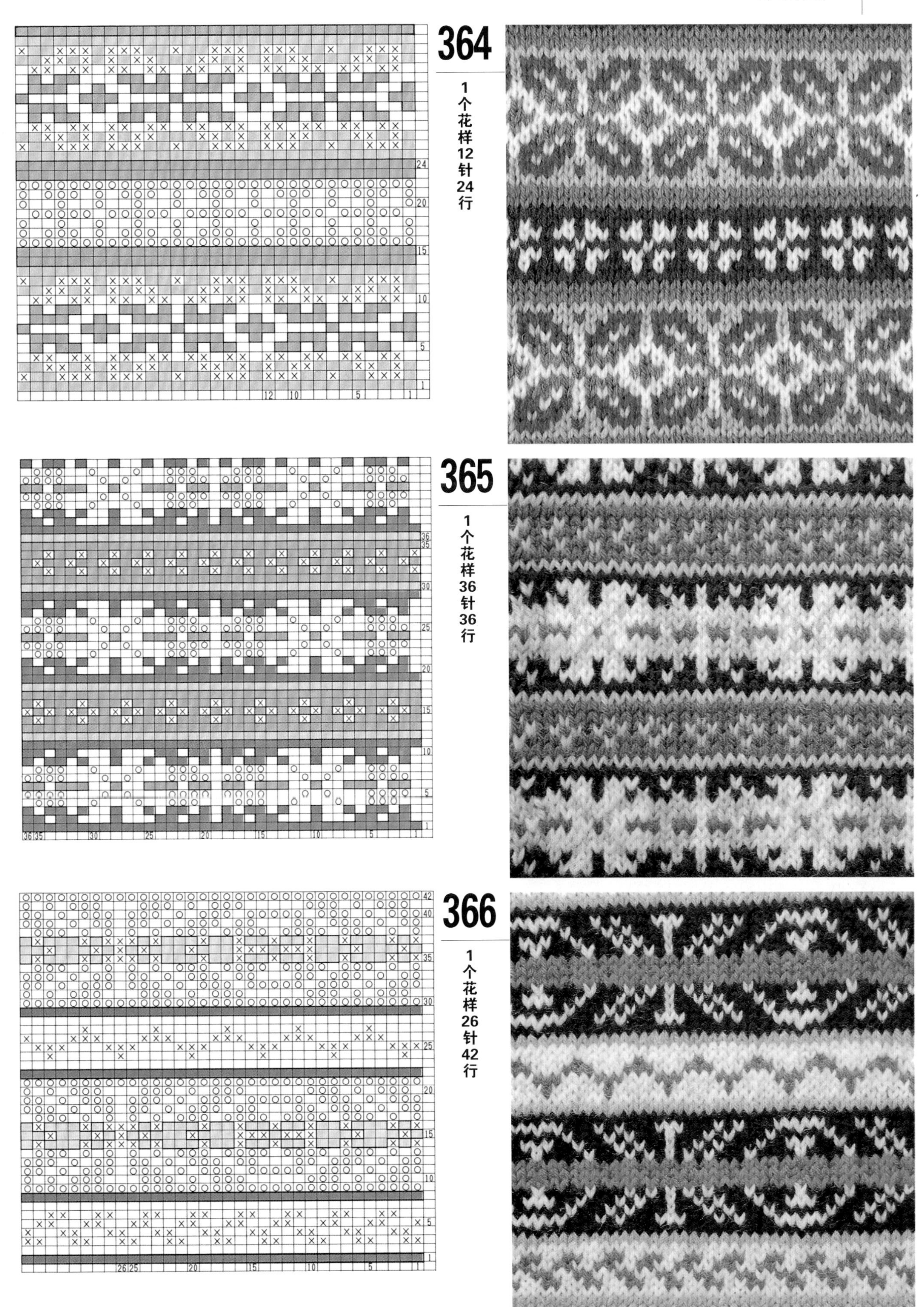
364
1个花样12针24行
365
1个花样36针36行
366
1个花样26针42行

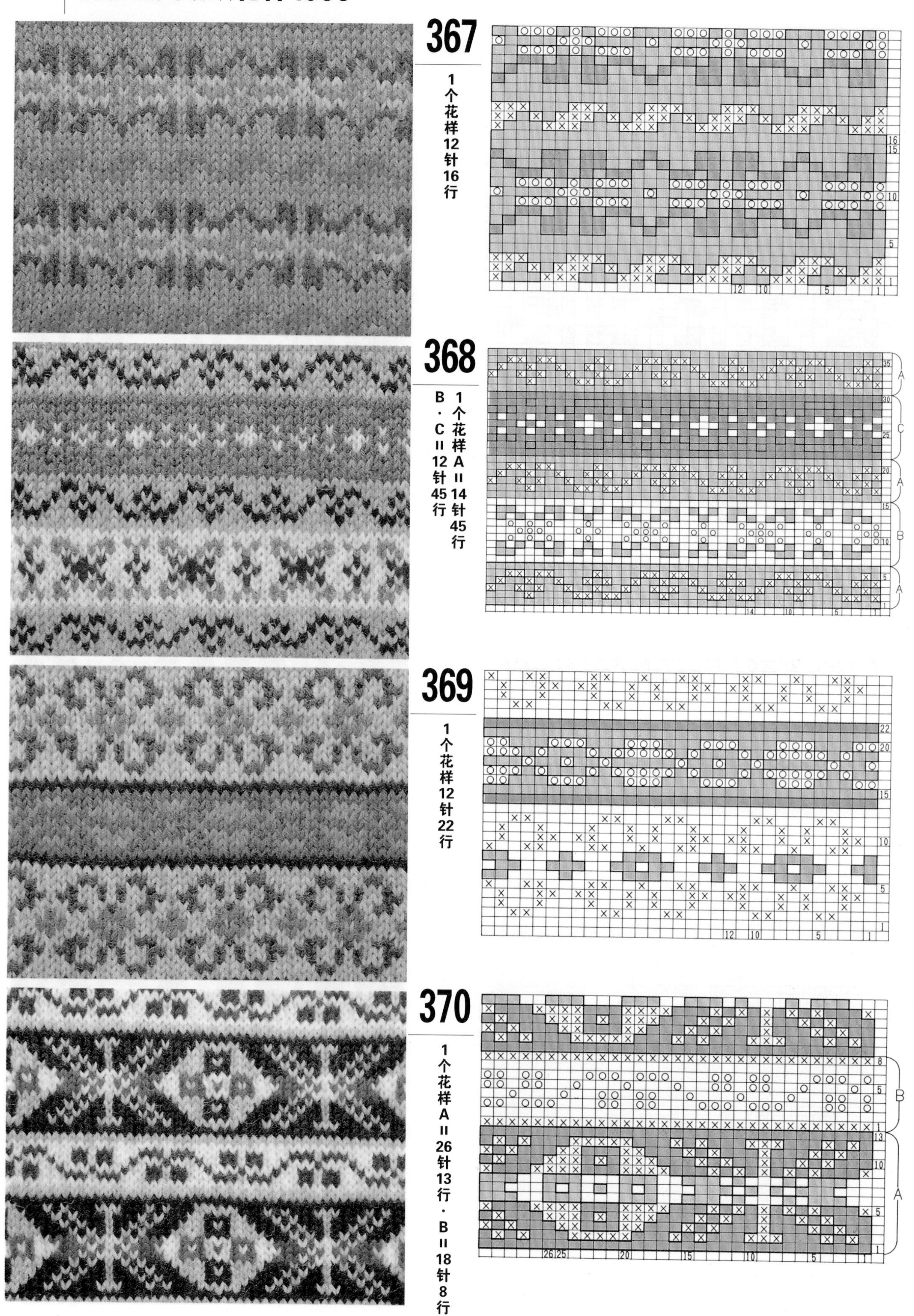
367
1个花样12针16行
368
1个花样A＝14针45行
B·C＝12针45行
369
1个花样12针22行
370
1个花样A＝26针13行·B＝18针8行

371

1个花样24针28行

372

1个花样24针26行

373

1个花样36针44行

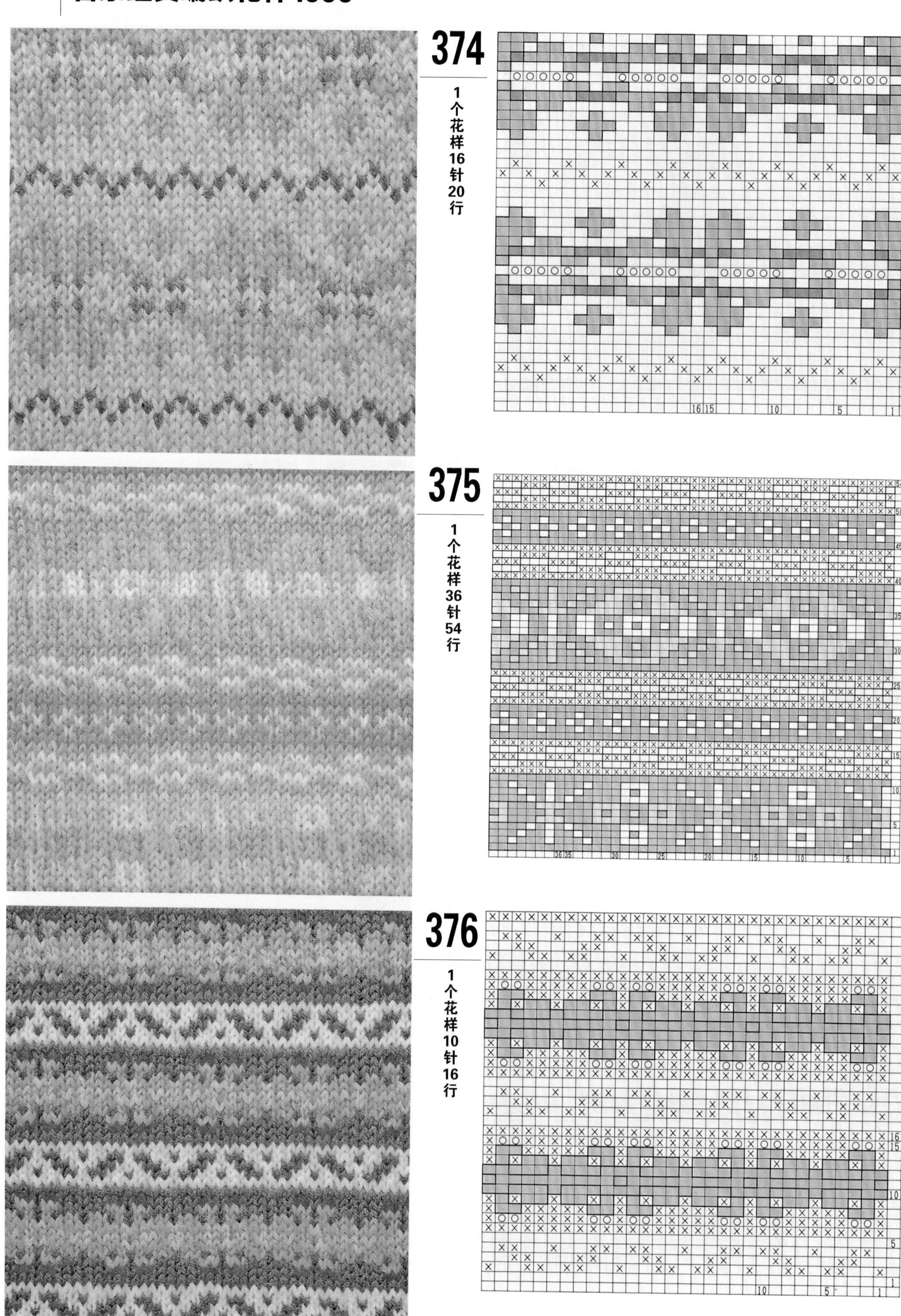
374
1个花样16针20行
375
1个花样36针54行
376
1个花样10针16行

377
1个花样A=9针6行·B=14针15行
C=9针12行
378
1个花样28针30行
379
1个花样20针28行

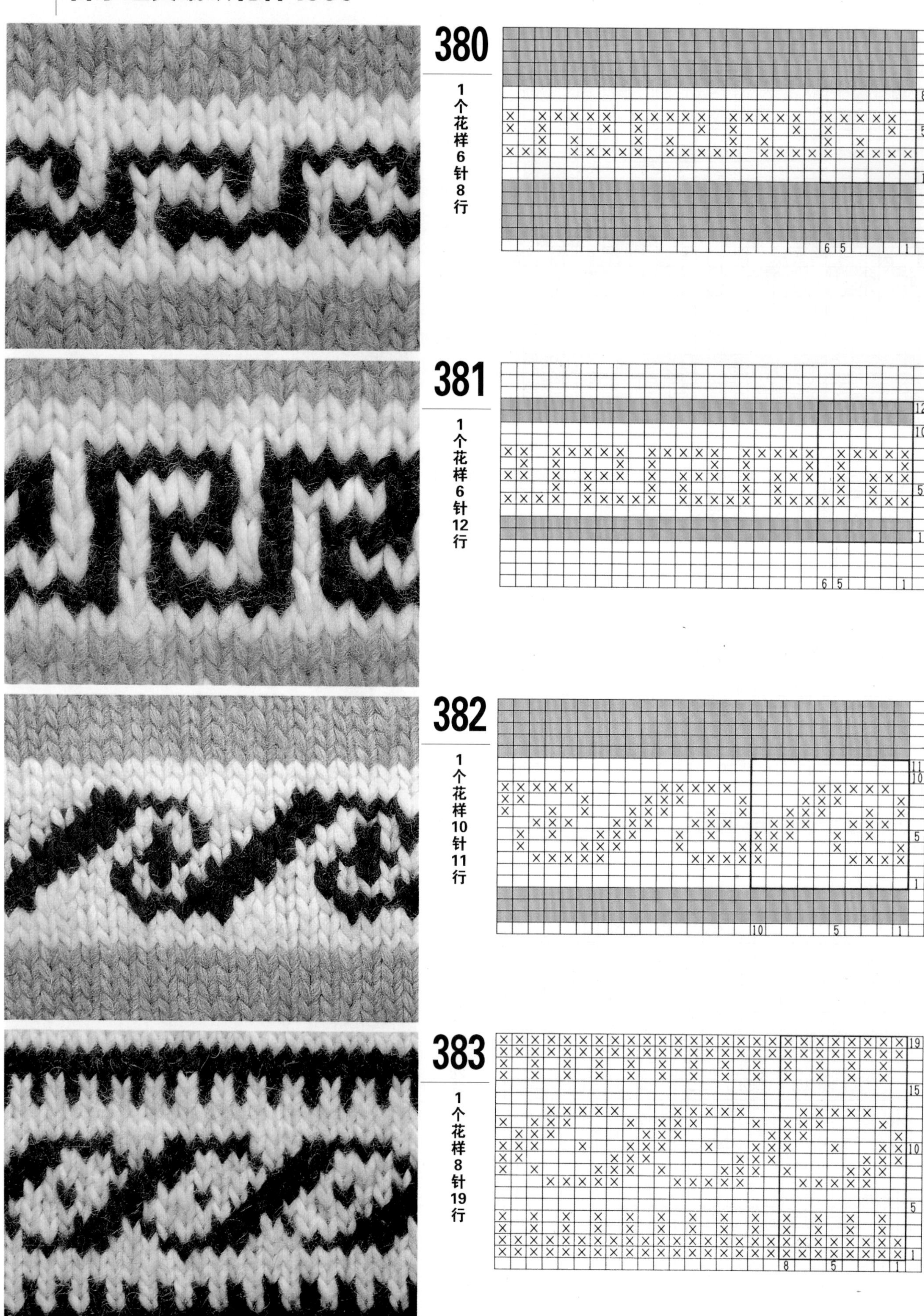
380
1个花样6针8行
381
1个花样6针12行
382
1个花样10针11行
383
1个花样8针19行

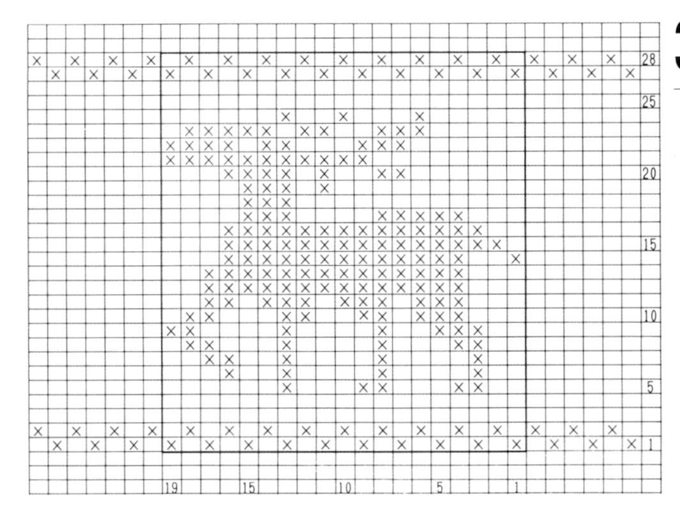

384

1个花样19针28行

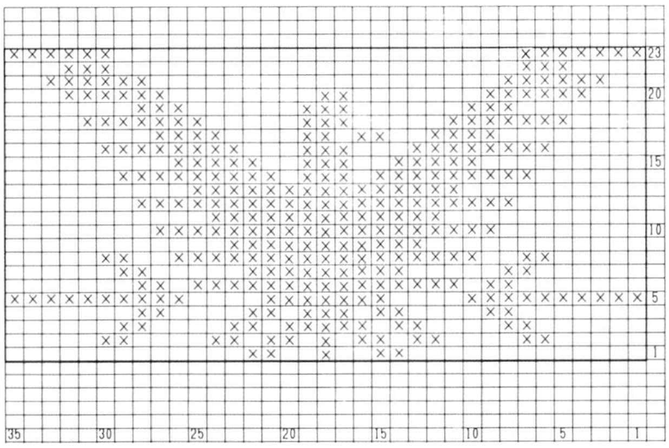

385

1个花样35针23行

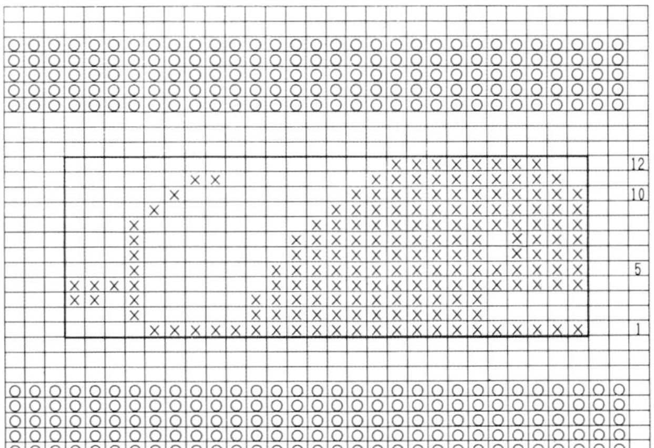

386

1个花样26针12行

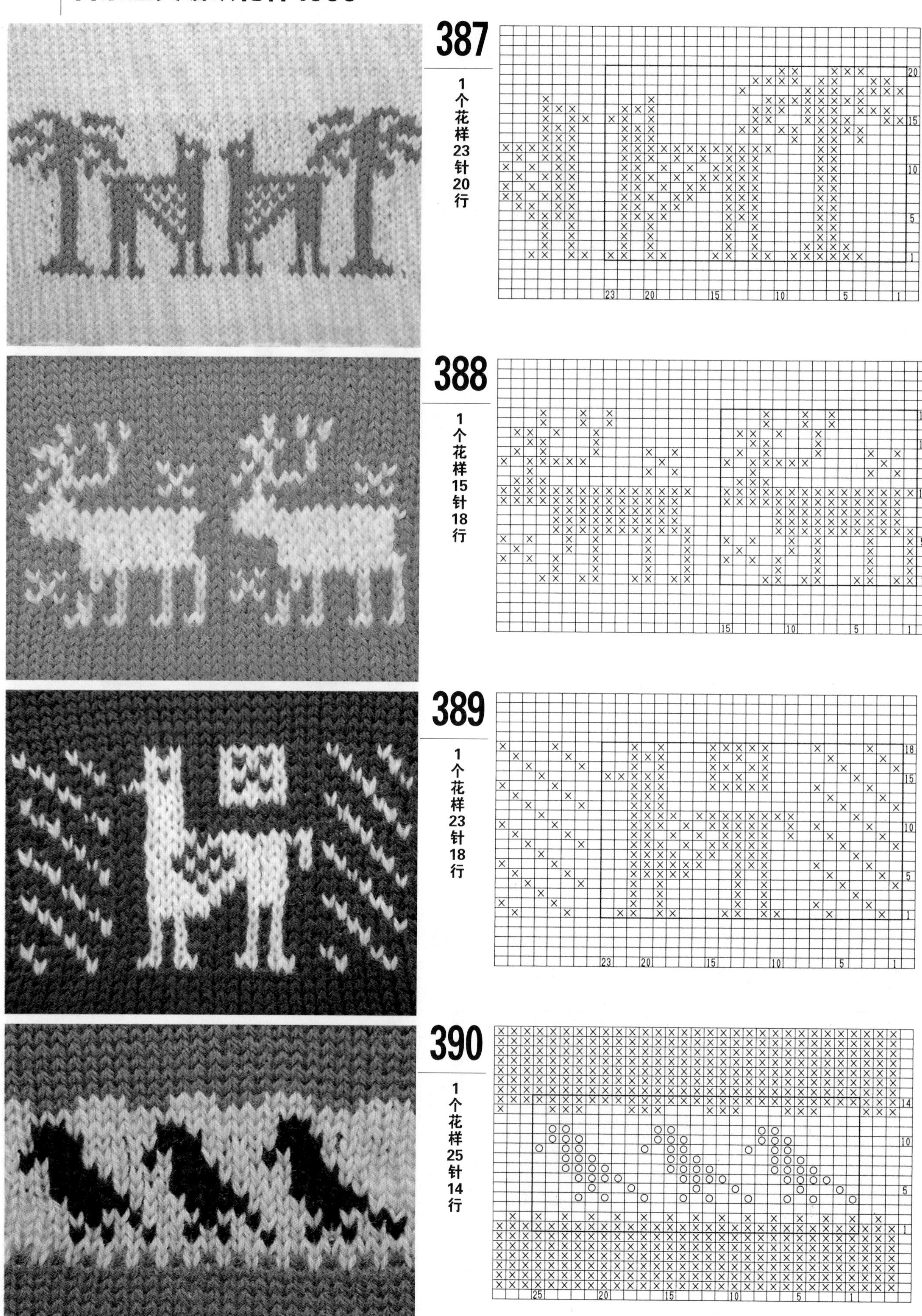
387
1个花样23针20行
388
1个花样15针18行
389
1个花样23针18行
390
1个花样25针14行

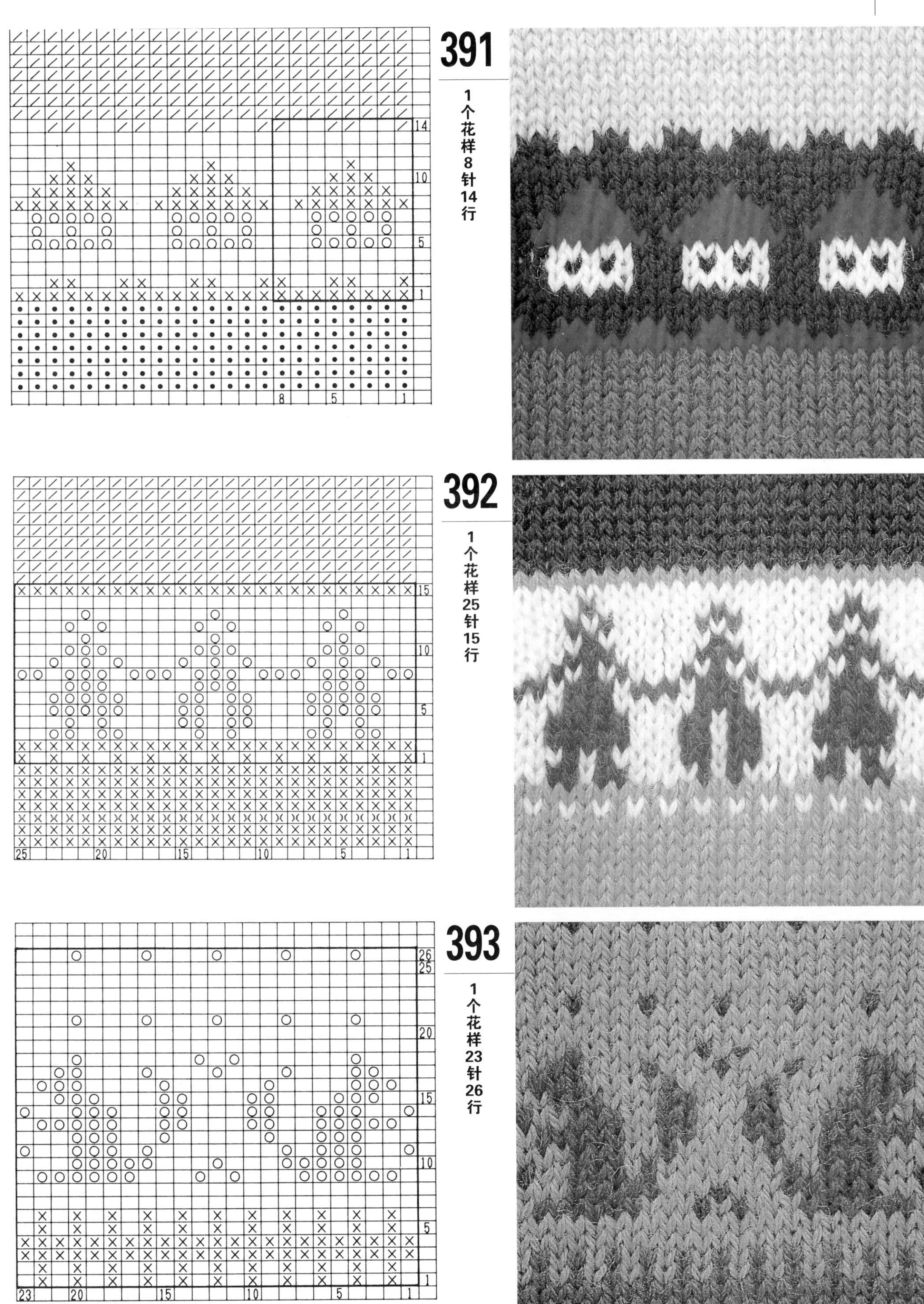
391
1个花样8针14行
392
1个花样25针15行
393
1个花样23针26行

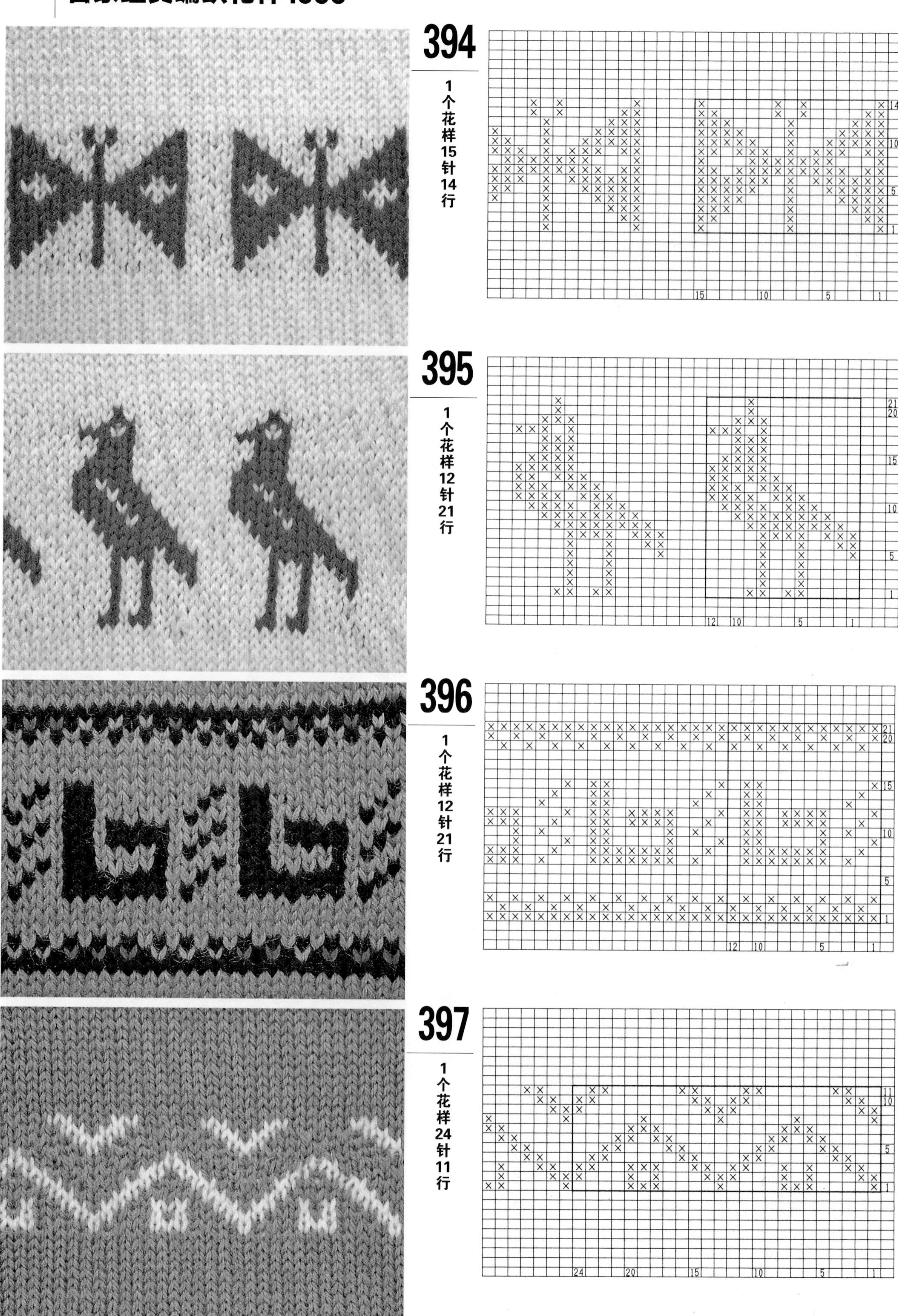
394
1个花样15针14行
395
1个花样12针21行
396
1个花样12针21行
397
1个花样24针11行

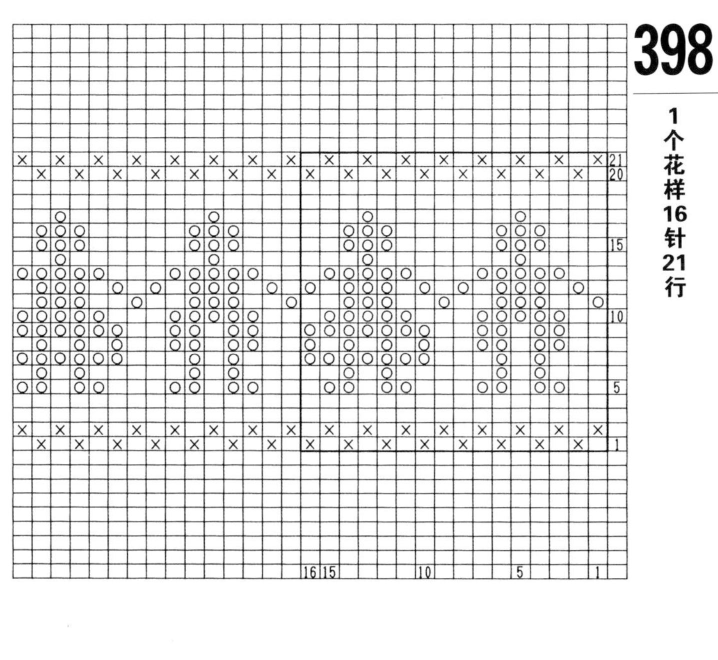

398

1个花样16针21行

399

1个花样13针23行

400

1个花样A・A'＝10针7行・B＝8针17行

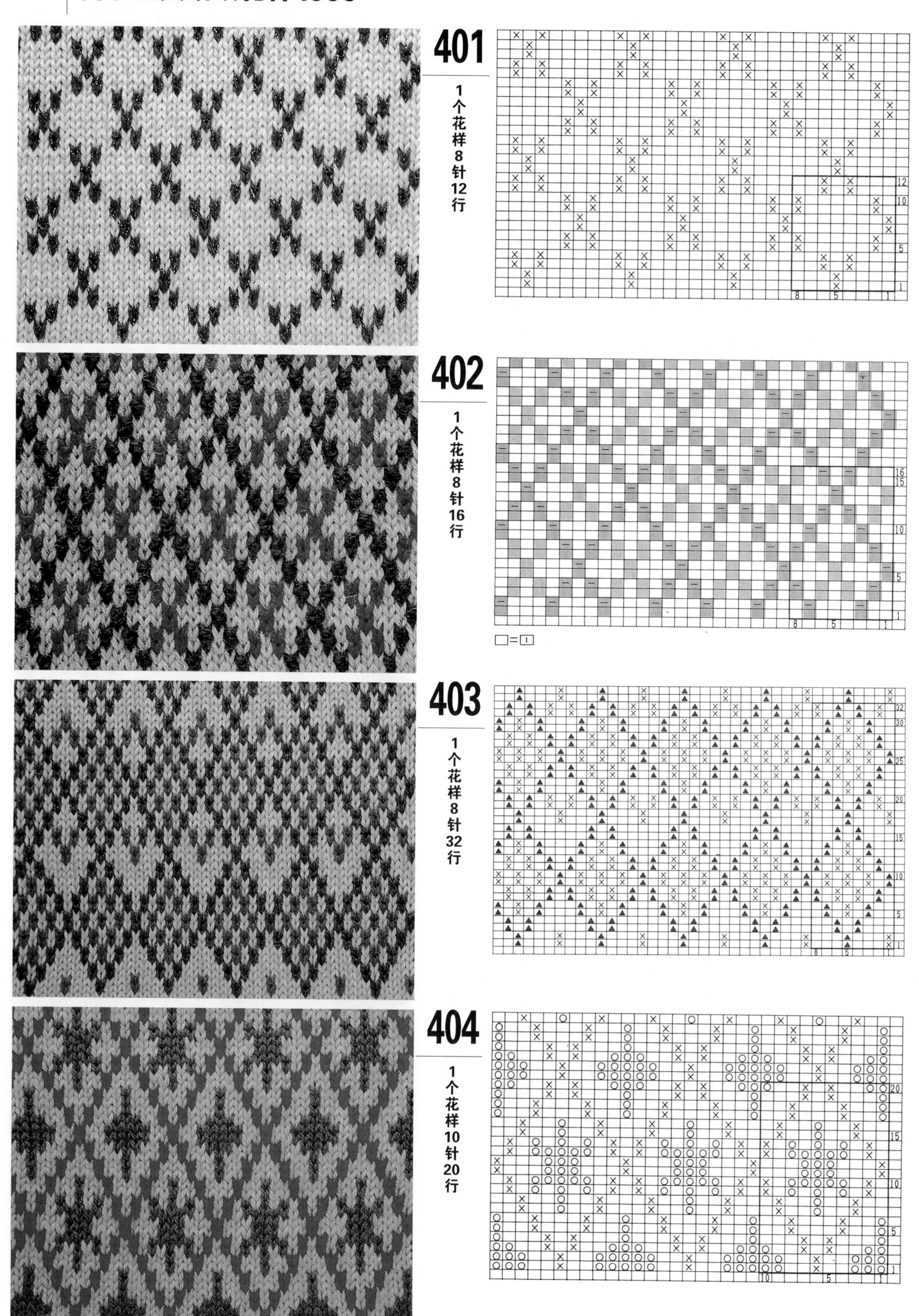
401
1个花样8针12行
402
1个花样8针16行
□=□
403
1个花样8针32行
404
1个花样10针20行

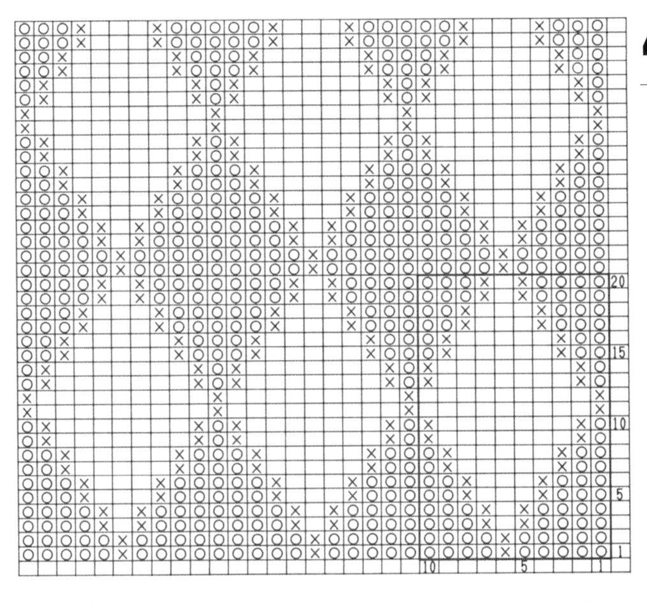

405

1个花样10针20行

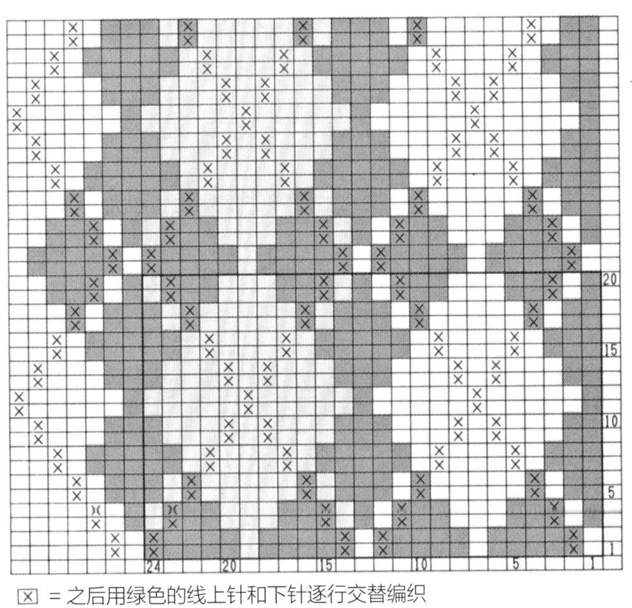

☒ = 之后用绿色的线上针和下针逐行交替编织

406

1个花样24针20行

407

1个花样12针12行

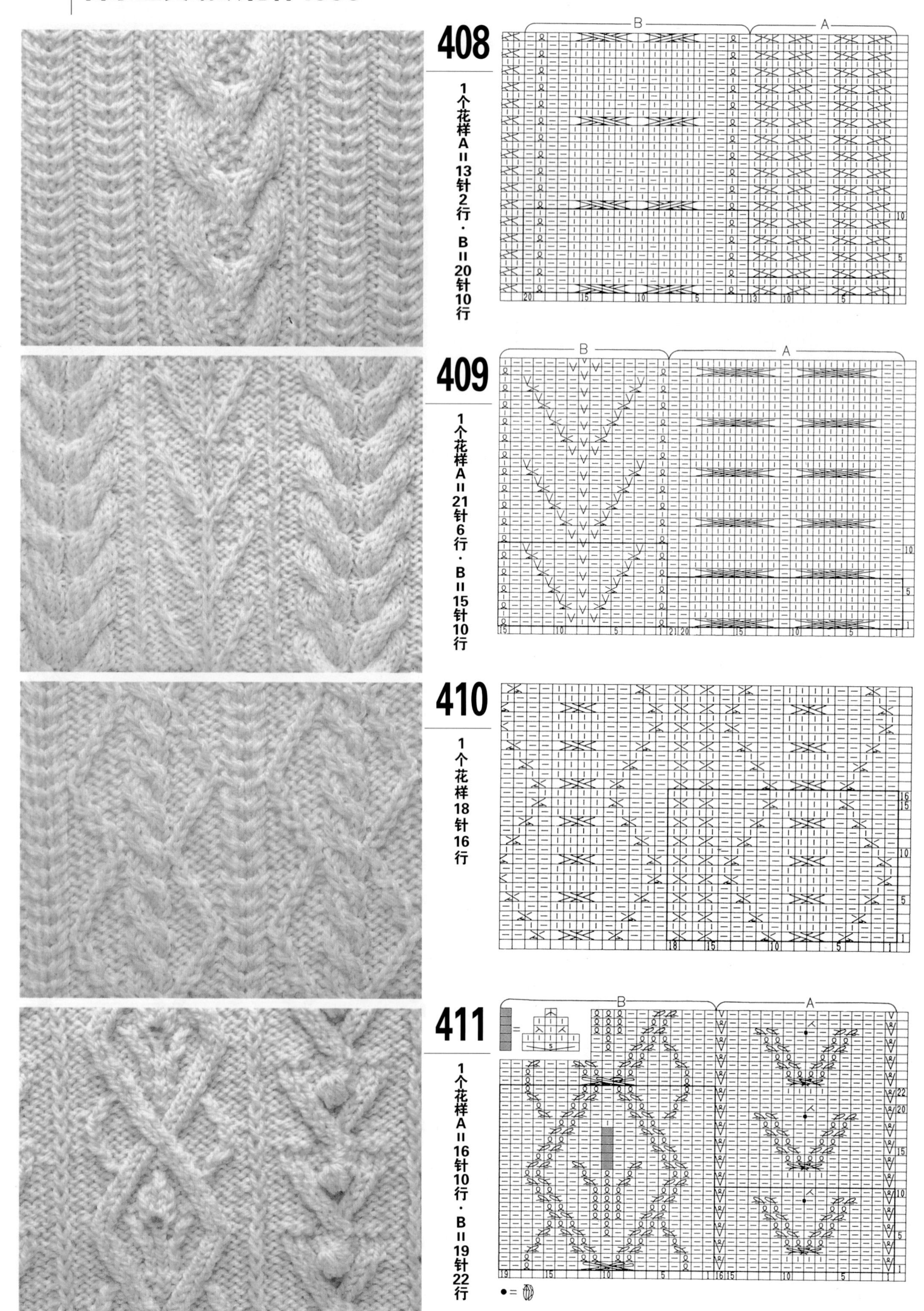
408
1个花样A=13针2行・B=20针10行
B
A
409
1个花样A=21针6行・B=15针10行
410
1个花样18针16行
411
1个花样A=16针10行・B=19针22行

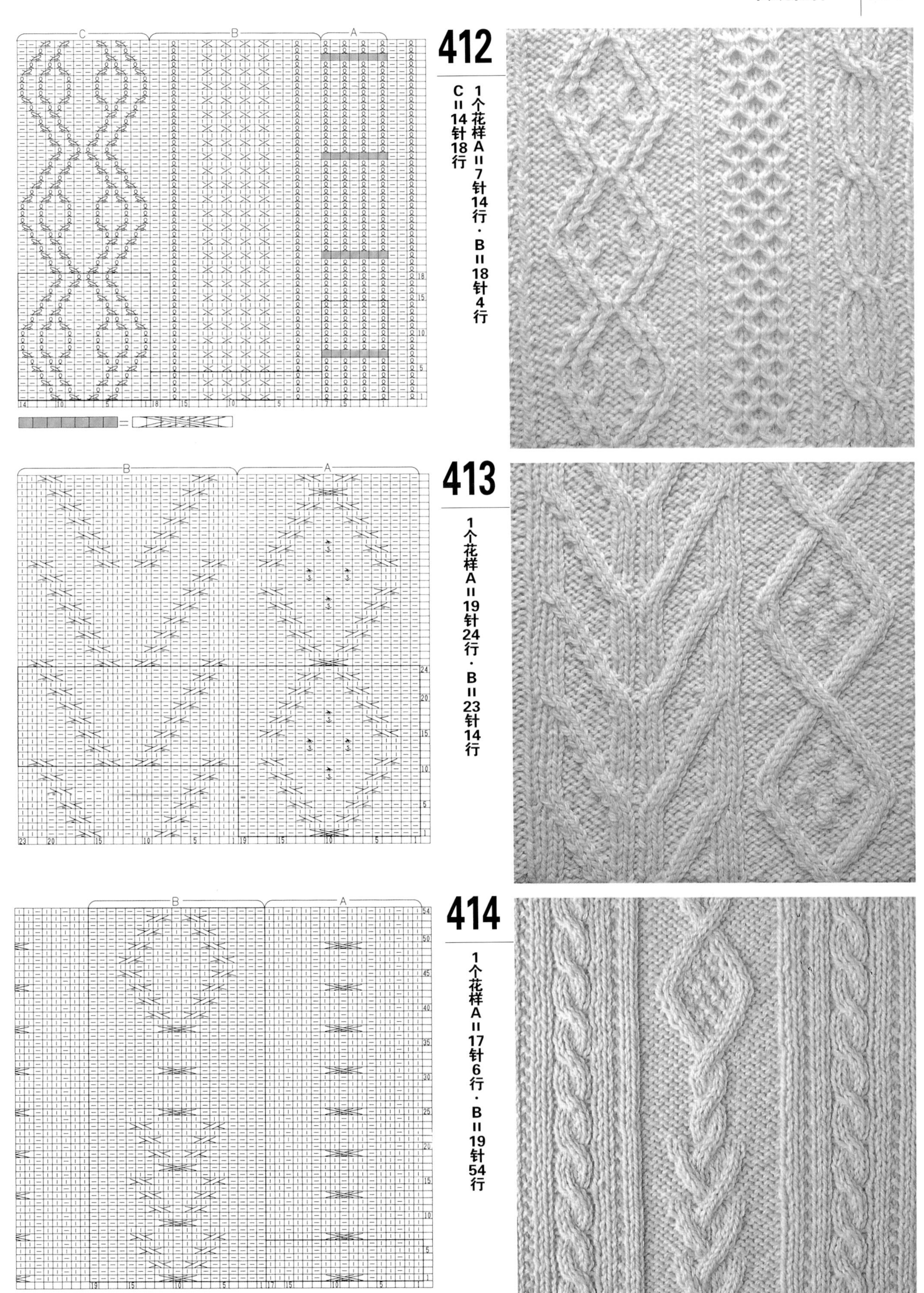

412

1个花样A＝7针14行・B＝18针4行
C＝14针18行

413

1个花样A＝19针24行・B＝23针14行

414

1个花样A＝17针6行・B＝19针54行

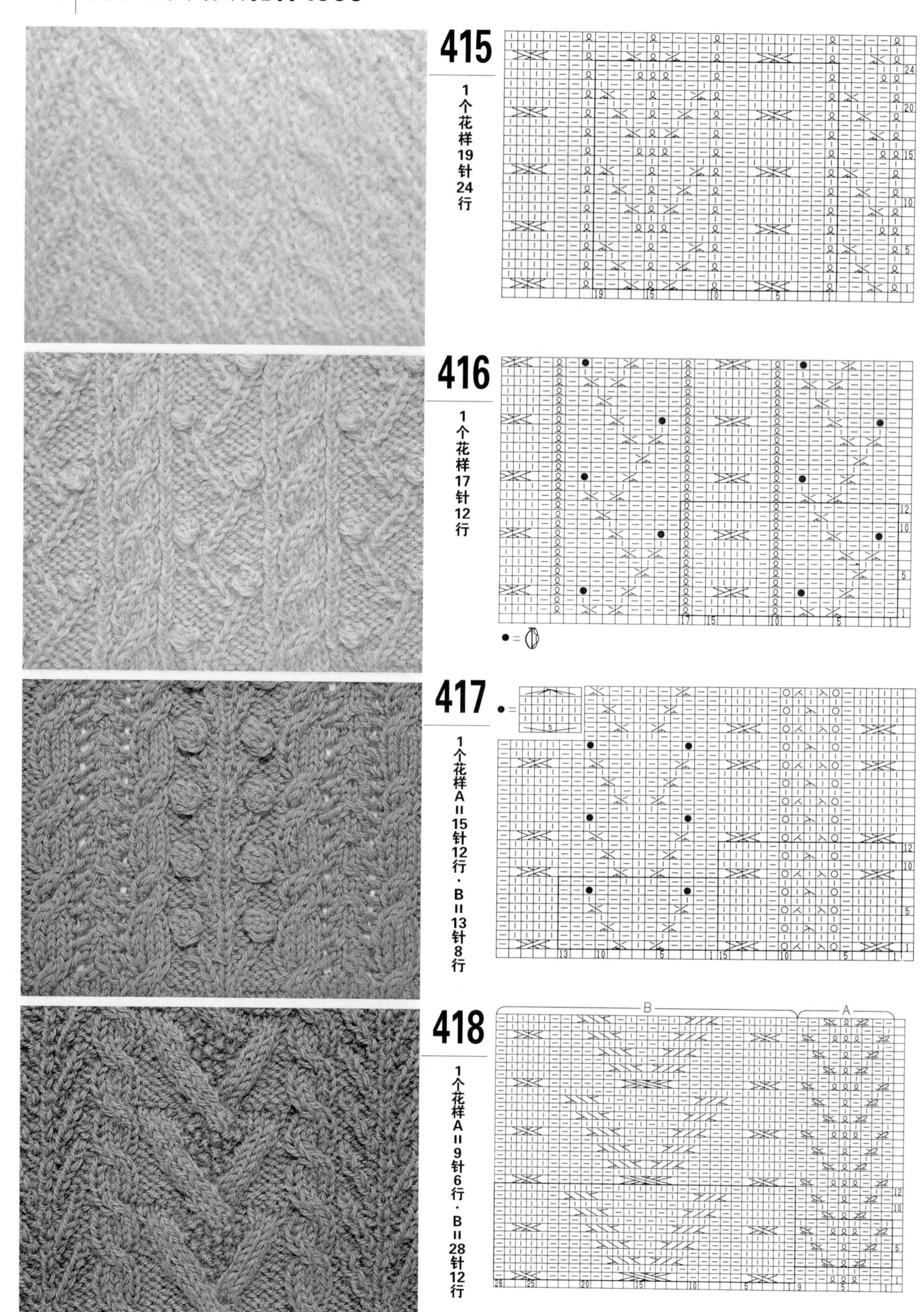
415
1个花样19针24行
416
1个花样17针12行
417
1个花样A＝15针12行・B＝13针8行
418
1个花样A＝9针6行・B＝28针12行
B
A

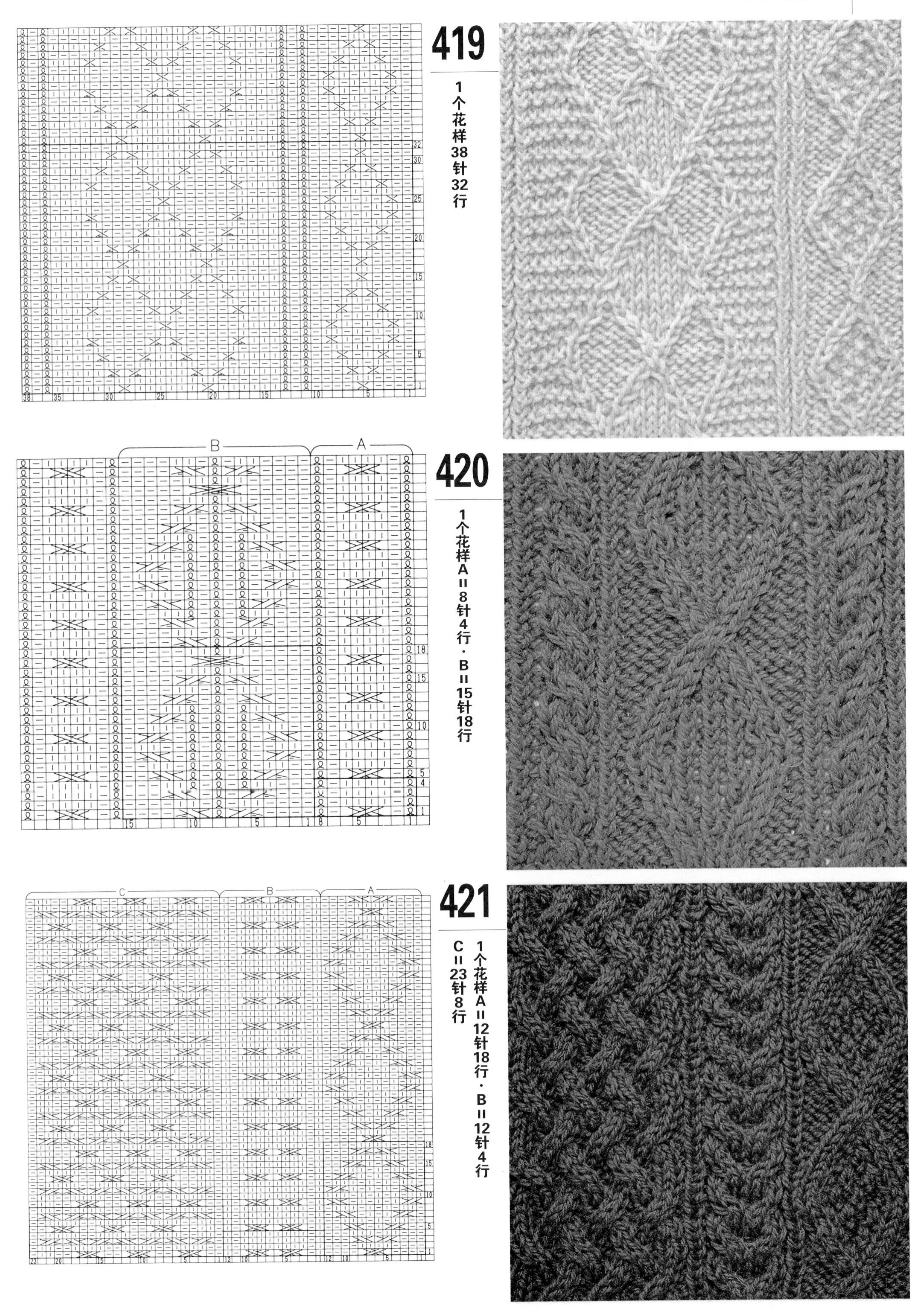
419
1个花样38针32行
420
1个花样A＝8针4行・B＝15针18行
421
1个花样A＝12针18行・B＝12针4行
C＝23针8行
B
A
C

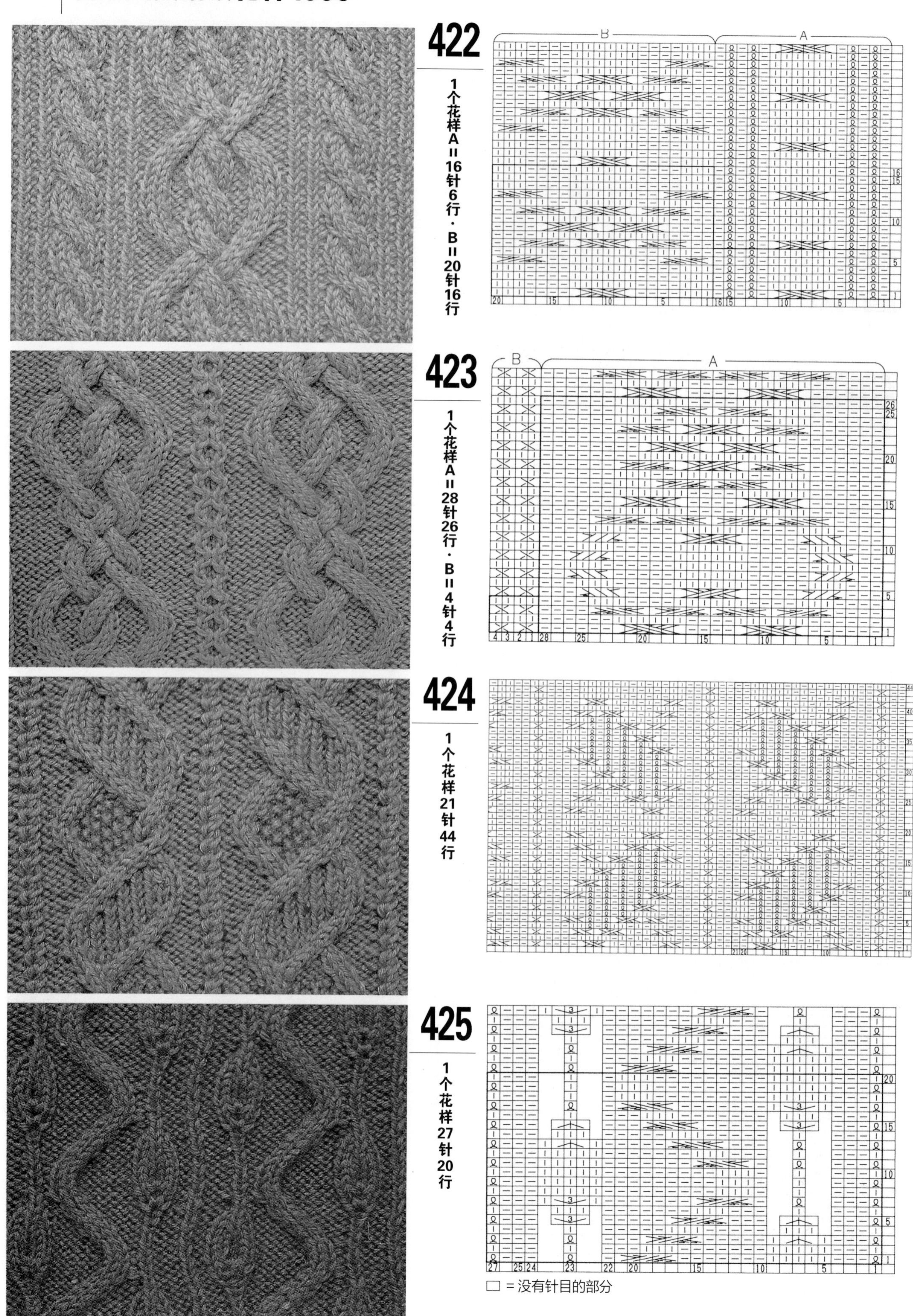
422
1个花样A=16针6行・B=20针16行
423
1个花样A=28针26行・B=4针4行
424
1个花样21针44行
425
1个花样27针20行
□ = 没有针目的部分

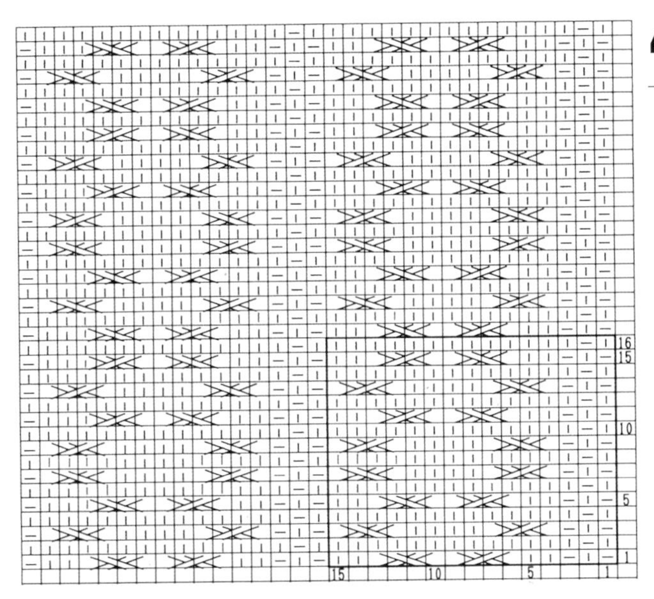

426

1个花样15针16行

427

1个花样12针24行

428

1个花样15针18行

□ = 没有针目的部分

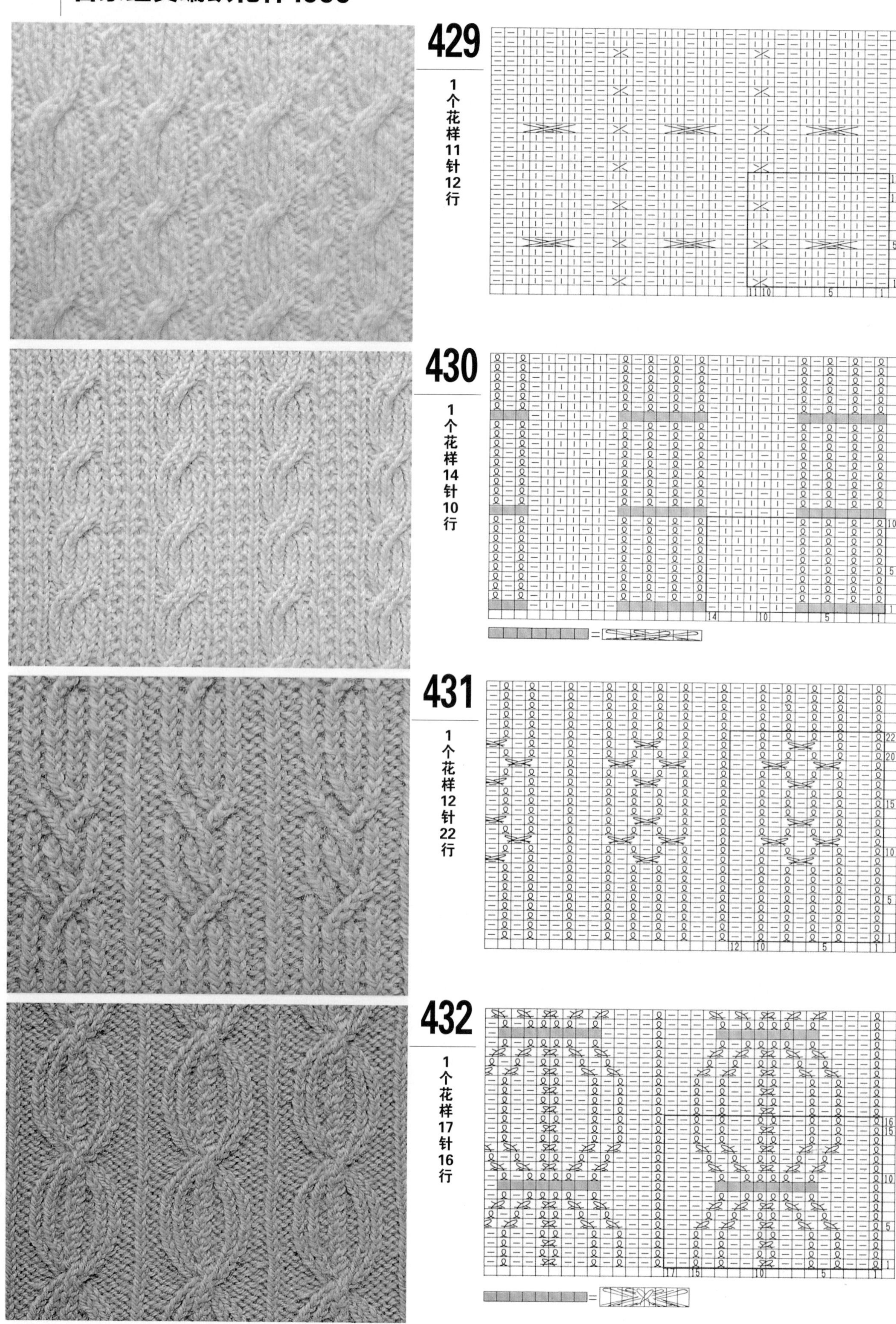
429
1个花样11针12行
430
1个花样14针10行
431
1个花样12针22行
432
1个花样17针16行

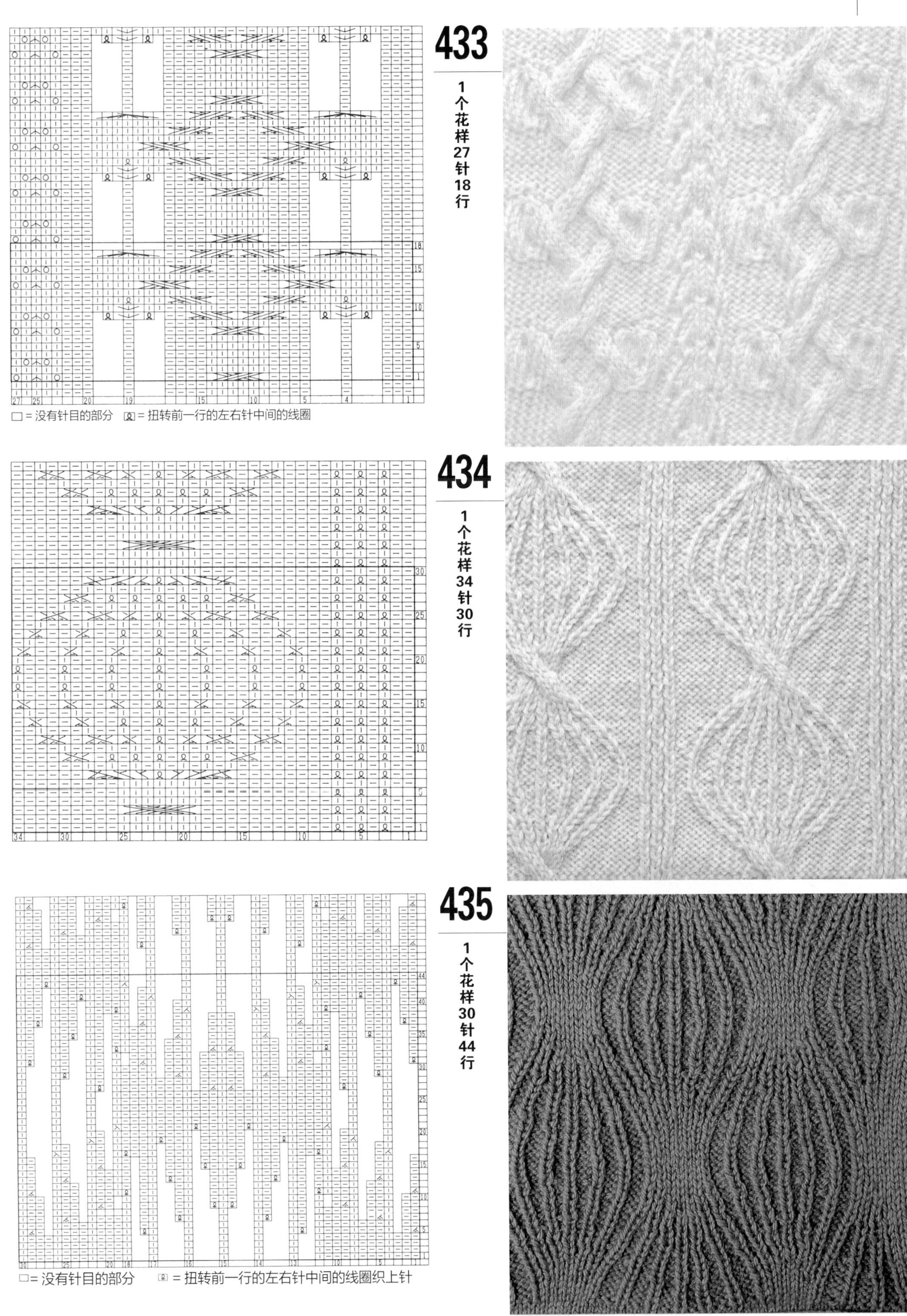
433
1个花样27针18行
□=没有针目的部分 ⌂=扭转前一行的左右针中间的线圈
434
1个花样34针30行
435
1个花样30针44行
□=没有针目的部分 ⌂=扭转前一行的左右针中间的线圈织上针

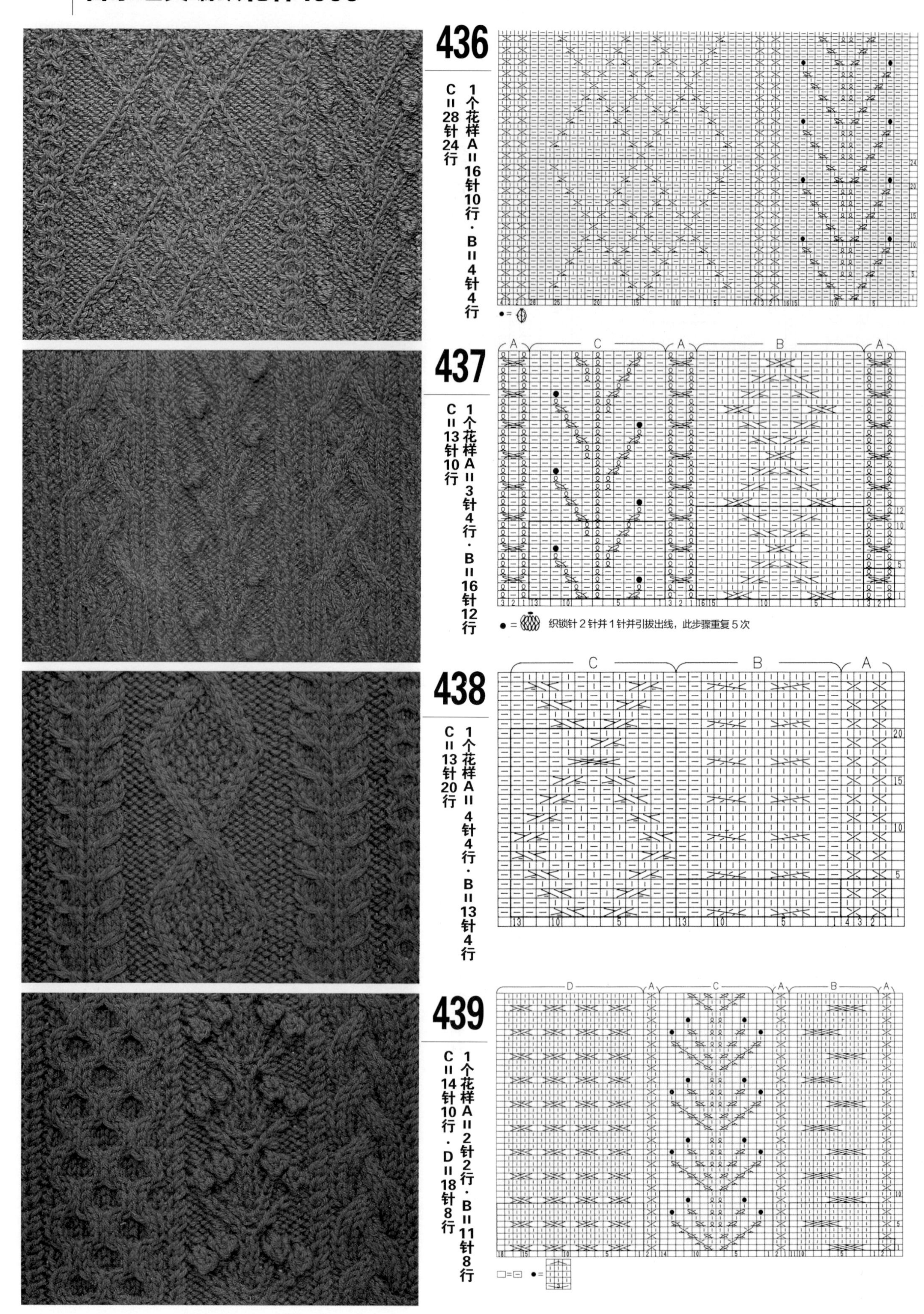
436
1个花样A=16针10行·B=4针4行
C=28针24行
437
1个花样A=3针4行·B=16针12行
C=13针10行
●=织锁针2针并1针并引拔出线，此步骤重复5次
438
1个花样A=4针4行·B=13针4行
C=13针20行
439
1个花样A=2针2行·B=11针8行
C=14针10行·D=18针8行

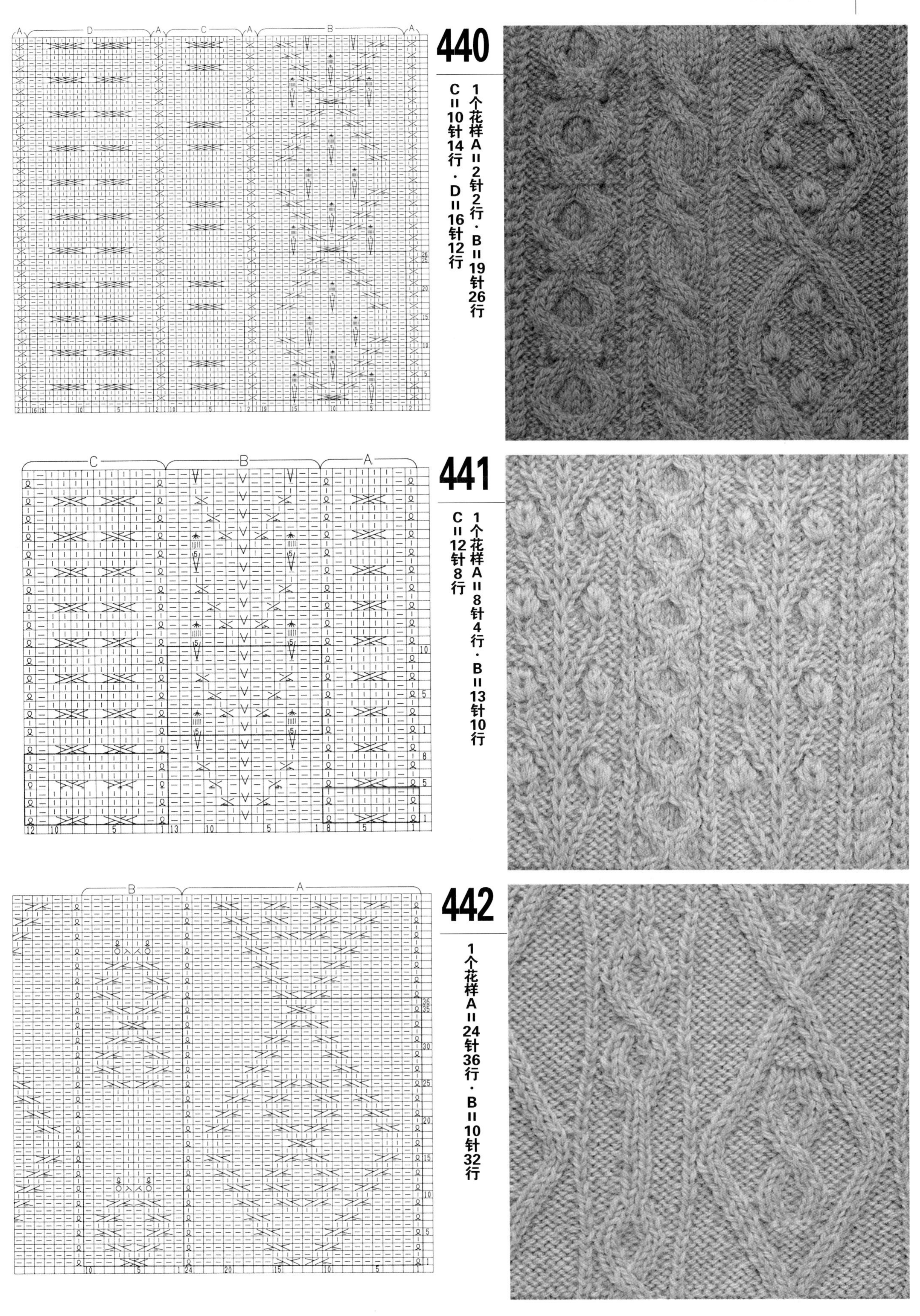
440
1个花样A=2针2行·B=19针26行
C=10针14行·D=16针12行
441
1个花样A=8针4行·B=13针10行
C=12针8行
442
1个花样A=24针36行·B=10针32行

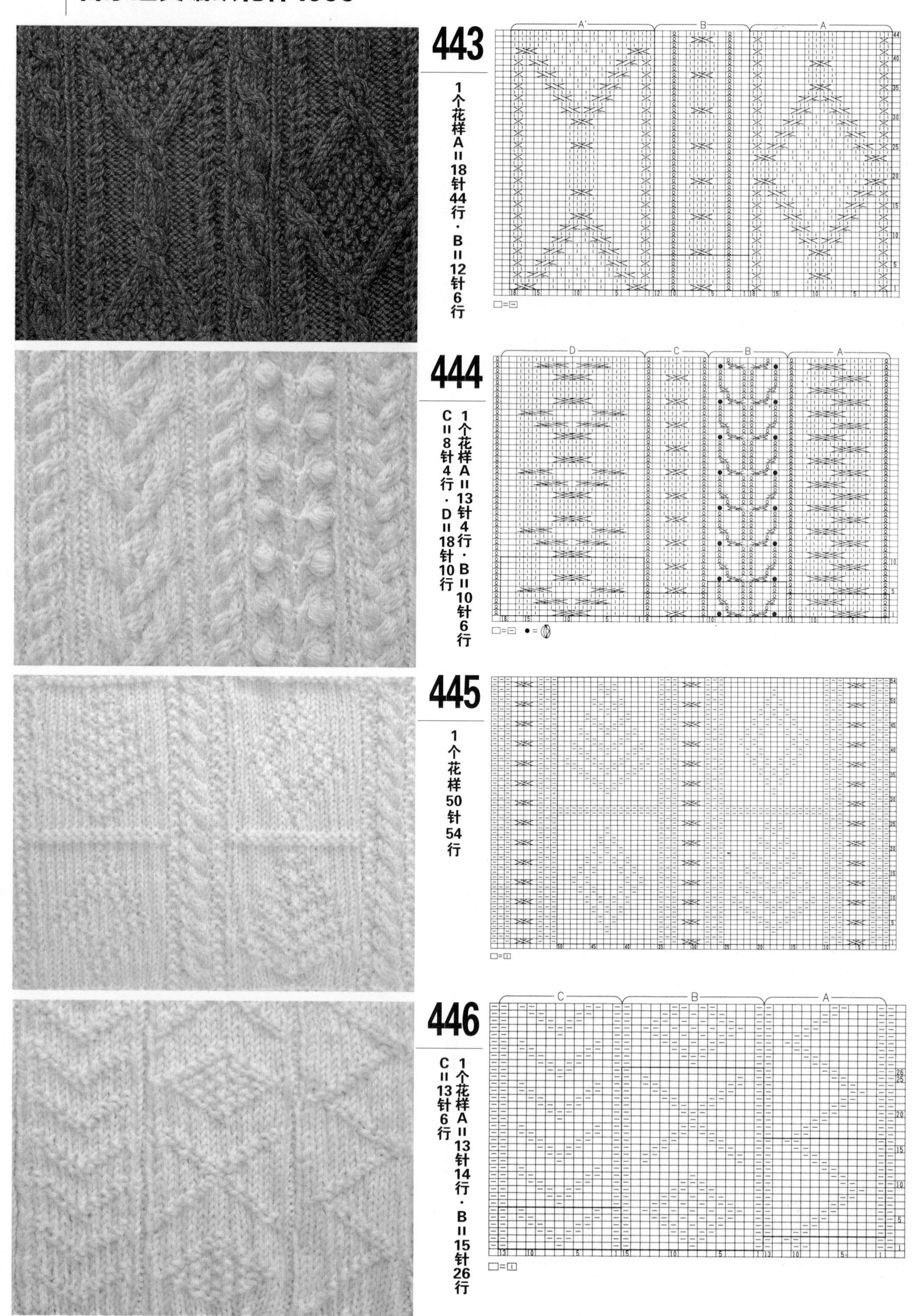
443
1个花样A=18针44行・B=12针6行
A'
B
A
444
1个花样A=13针4行・B=10针6行
C=8针4行・D=18针10行
D
C
B
A
445
1个花样50针54行
446
1个花样A=13针14行・B=15针26行
C=13针6行
C
B
A

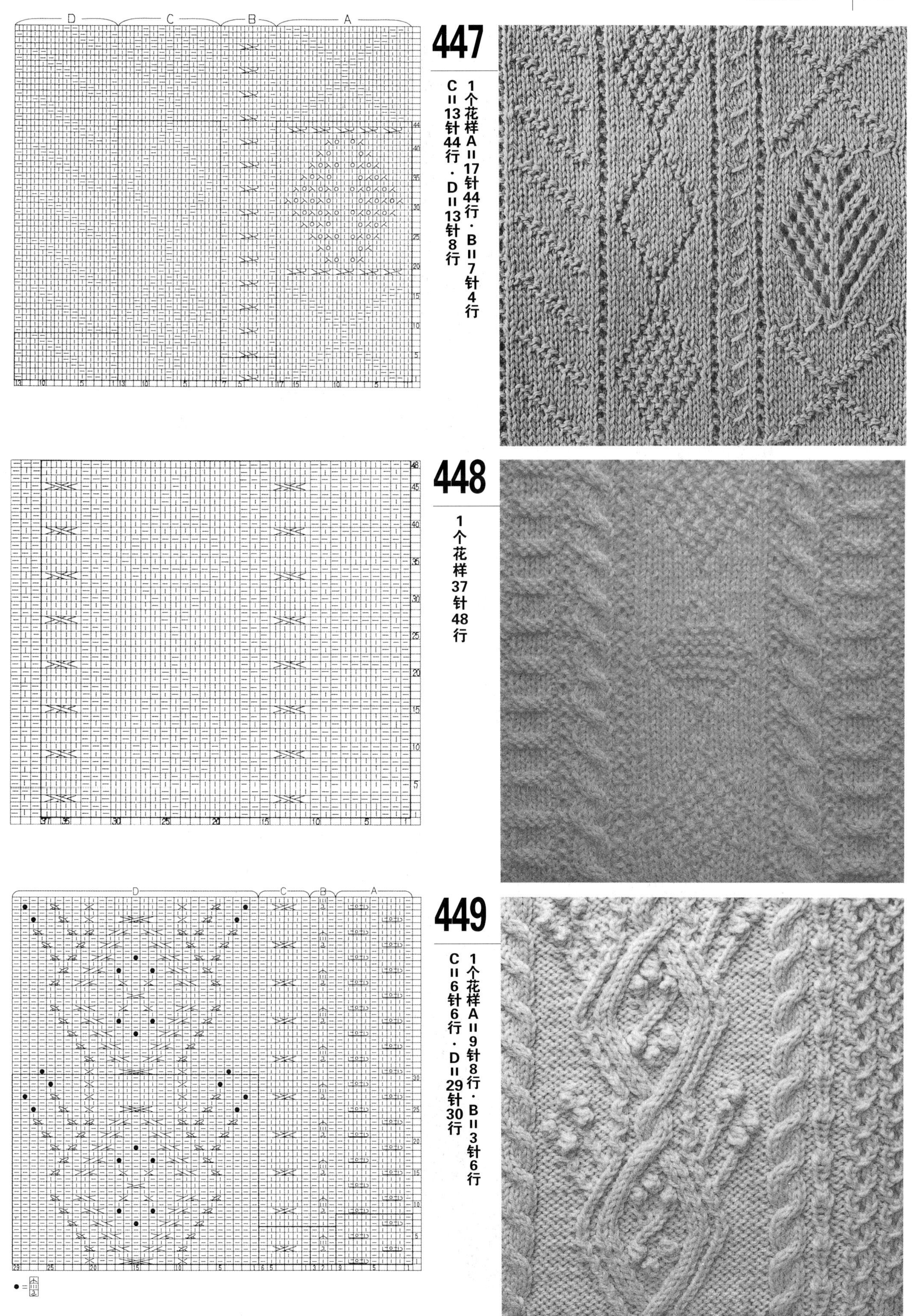
447
1个花样A＝17针44行·B＝7针4行
C＝13针44行·D＝13针8行
448
1个花样37针48行
449
1个花样A＝9针8行·B＝3针6行
C＝6针6行·D＝29针30行

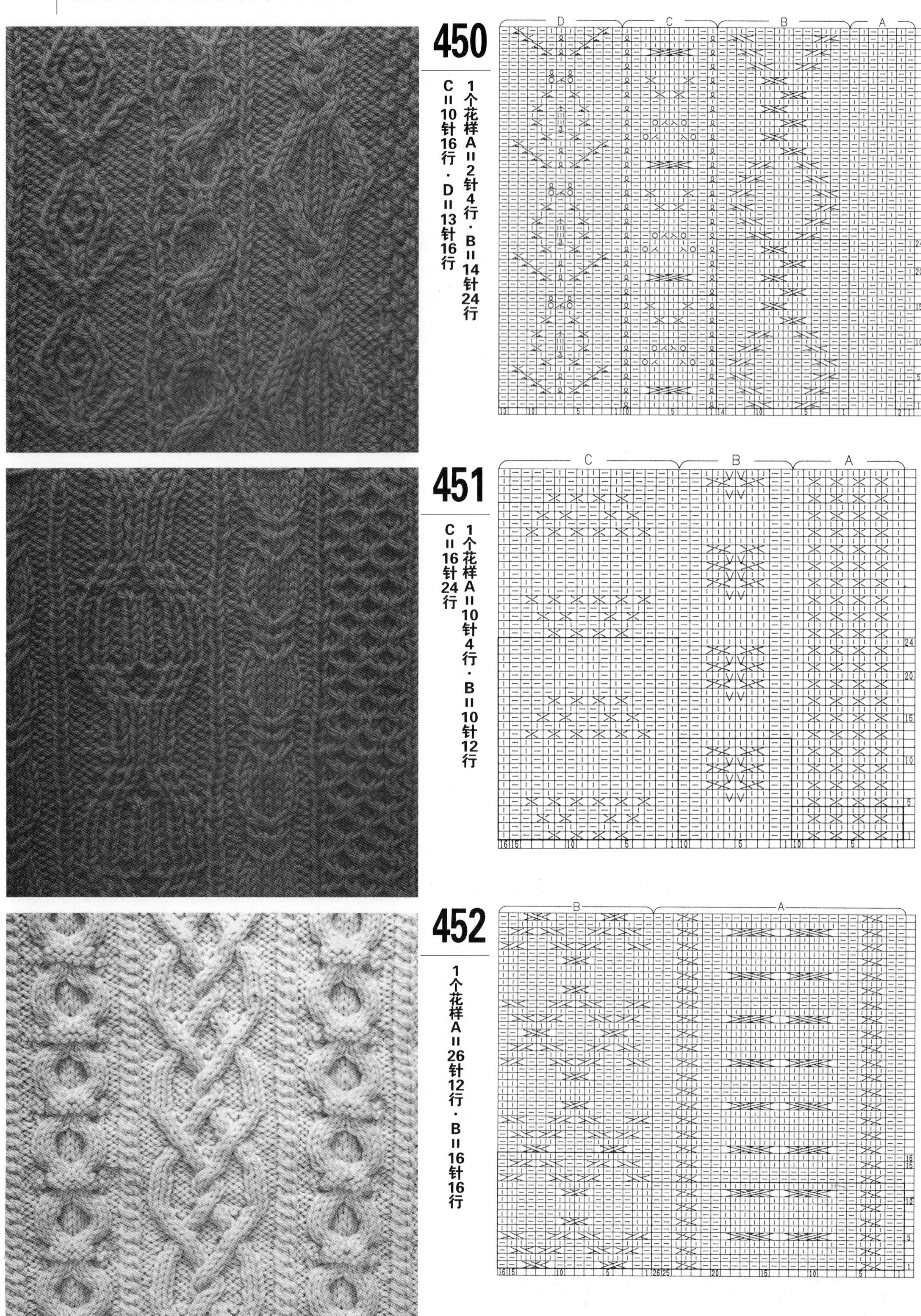

450

1个花样A＝2针4行・B＝14针24行
C＝10针16行・D＝13针16行

451

1个花样A＝10针4行・B＝10针12行
C＝16针24行

452

1个花样A＝26针12行・B＝16针16行

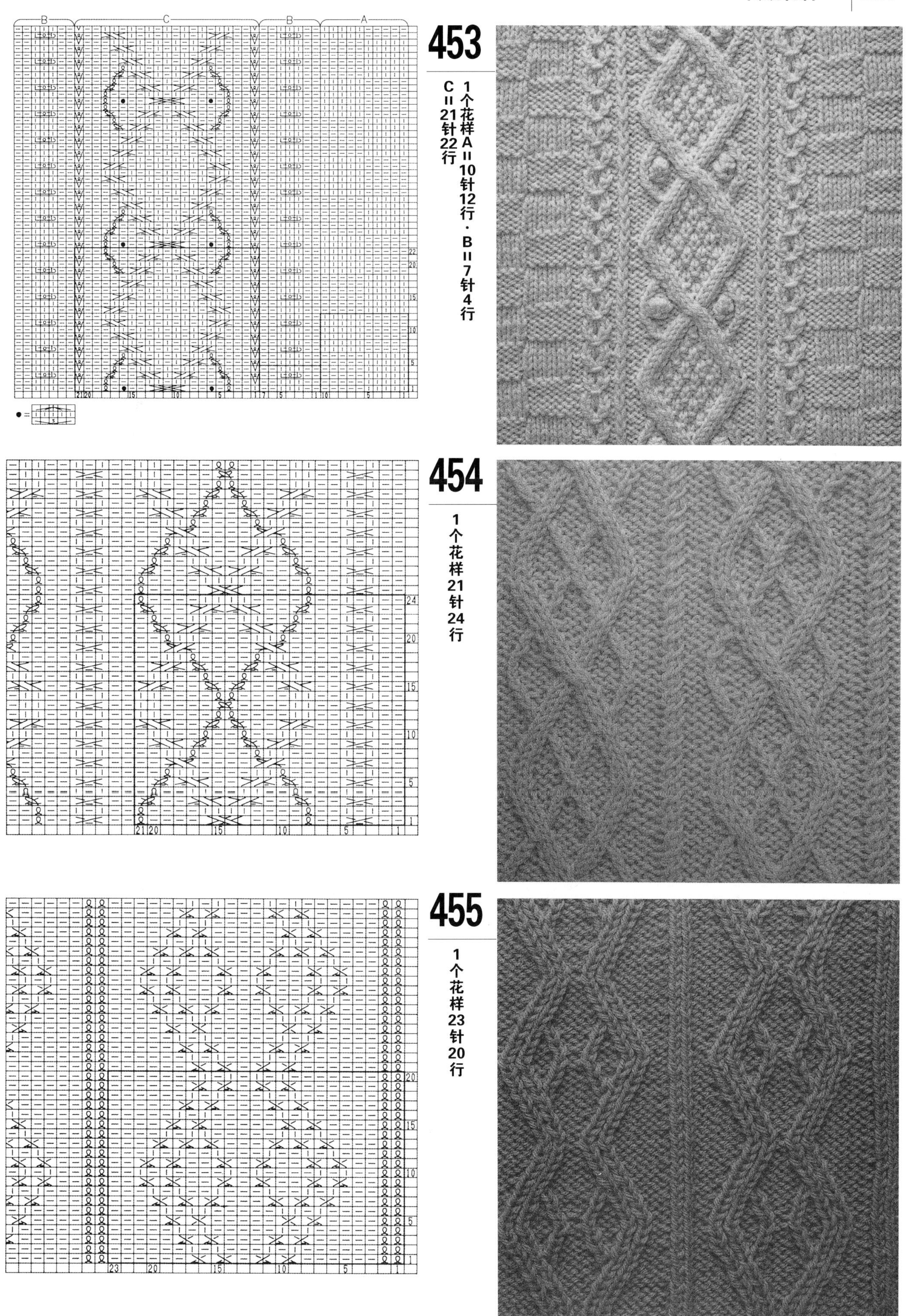
453
1个花样A＝10针12行・B＝7针4行
C＝21针22行
454
1个花样21针24行
455
1个花样23针20行

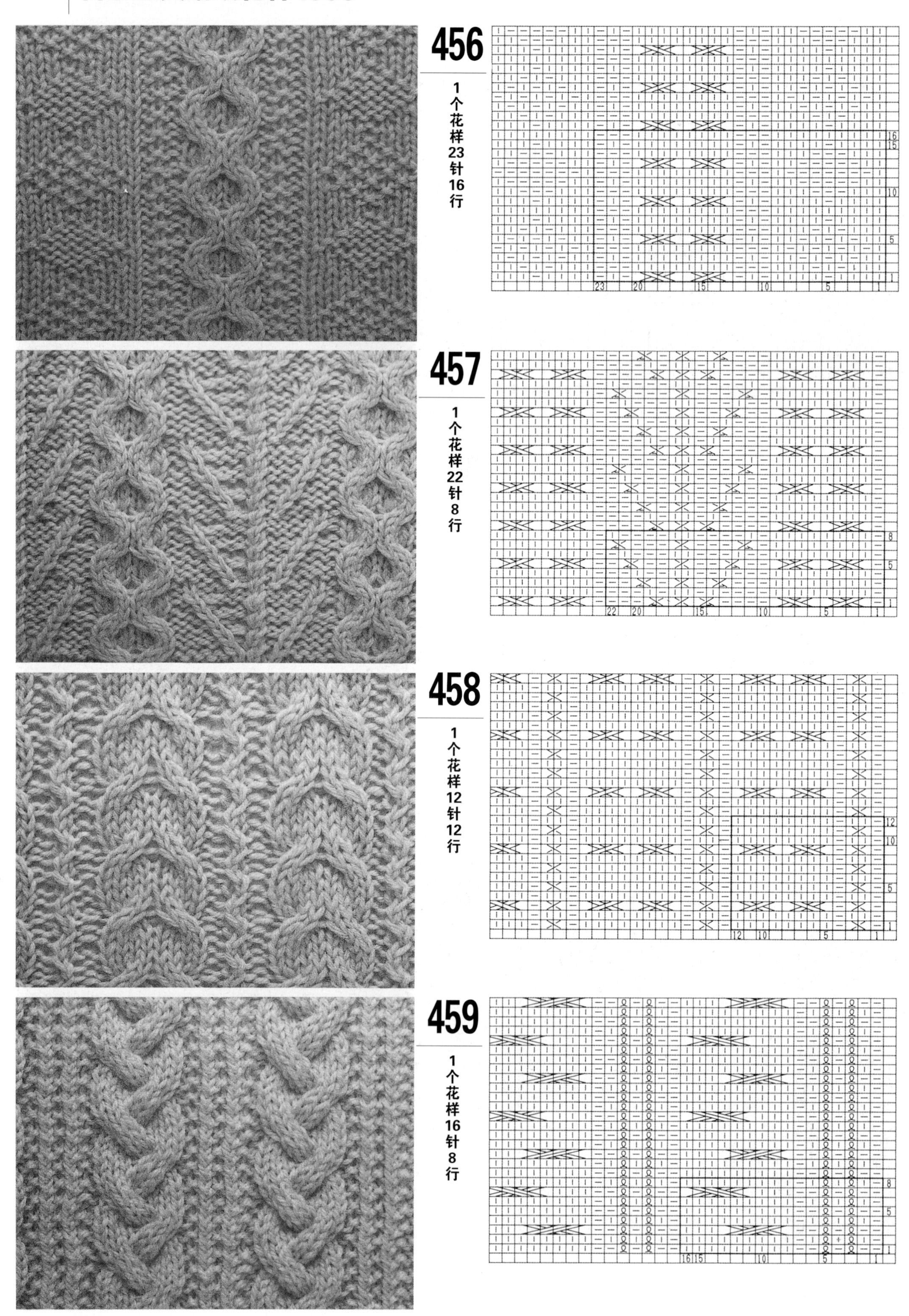
456
1个花样23针16行
457
1个花样22针8行
458
1个花样12针12行
459
1个花样16针8行

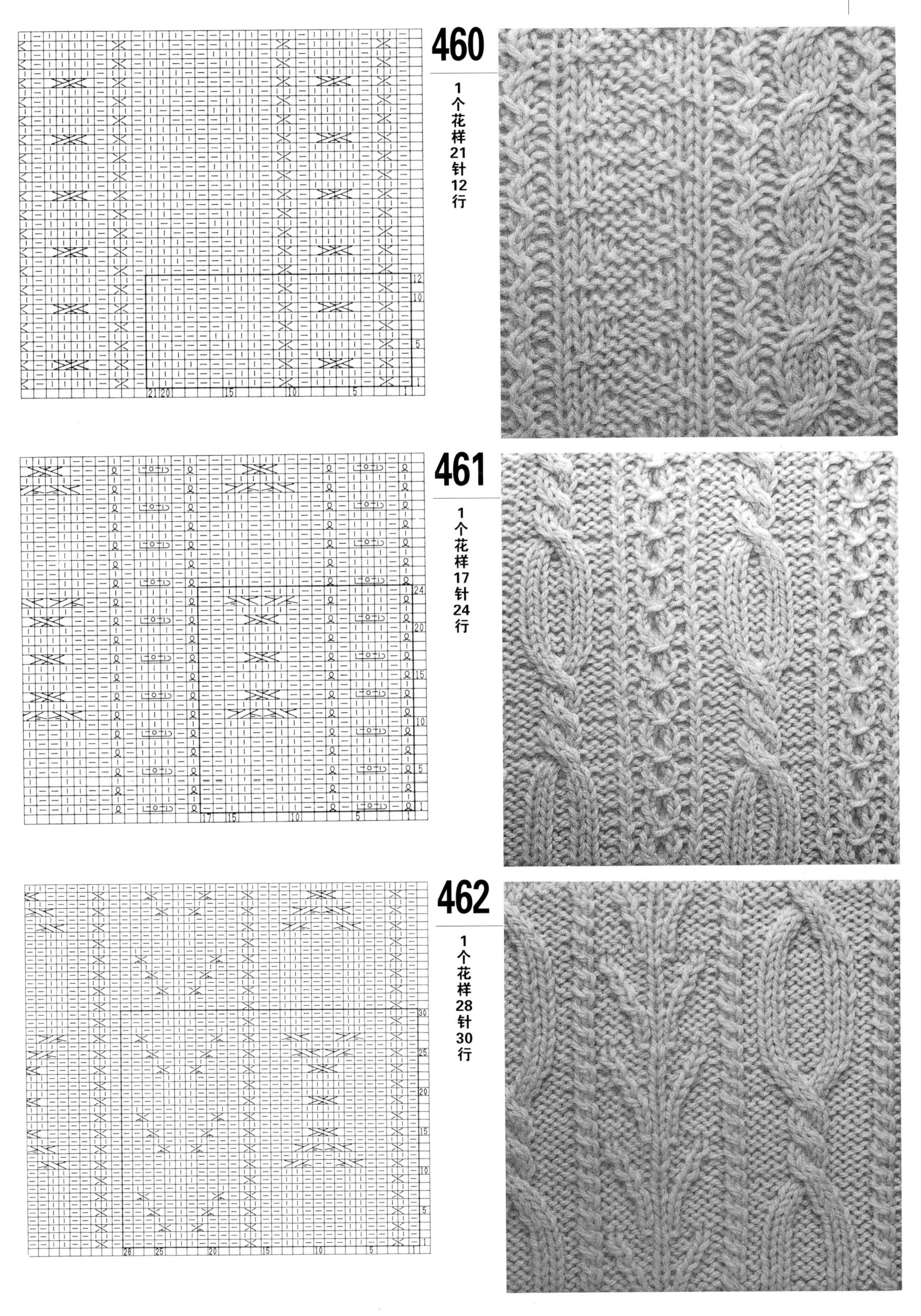
460
1个花样21针12行
461
1个花样17针24行
462
1个花样28针30行

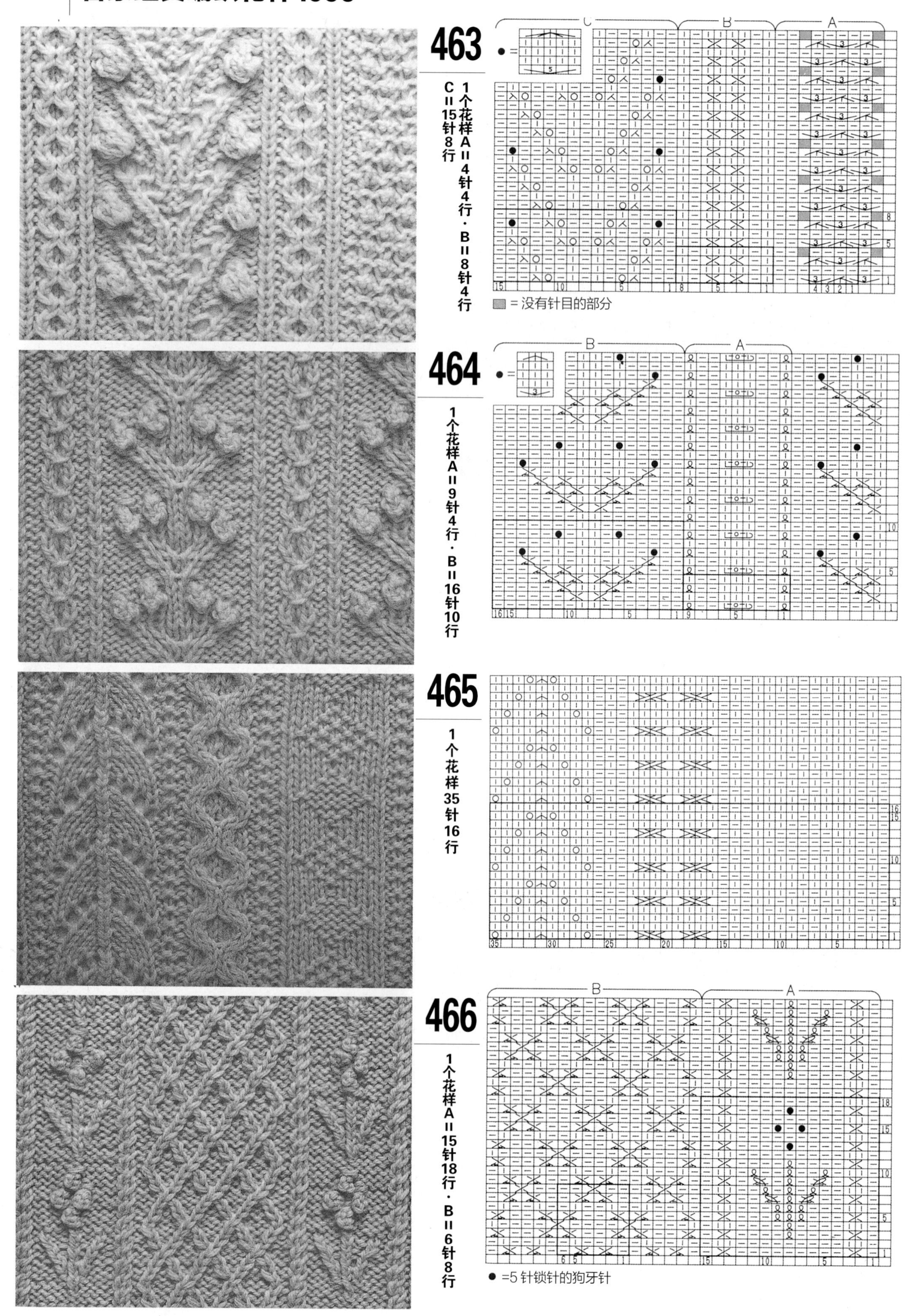
463
1个花样A＝4针4行·B＝8针4行
C＝15针8行
C
B
A
● =
5
3
8
5
1
15
10
5
1
8
5
1
4 3 2 1
▢ =没有针目的部分
464
1个花样A＝9针4行·B＝16针10行
B
A
● =
3
10
5
1
16 15
10
5
1
9
5
1
465
1个花样35针16行
16
15
10
5
1
35
30
25
20
15
10
5
1
466
1个花样A＝15针18行·B＝6针8行
B
A
18
15
10
5
1
6
5
1
15
10
5
1
● =5针锁针的狗牙针

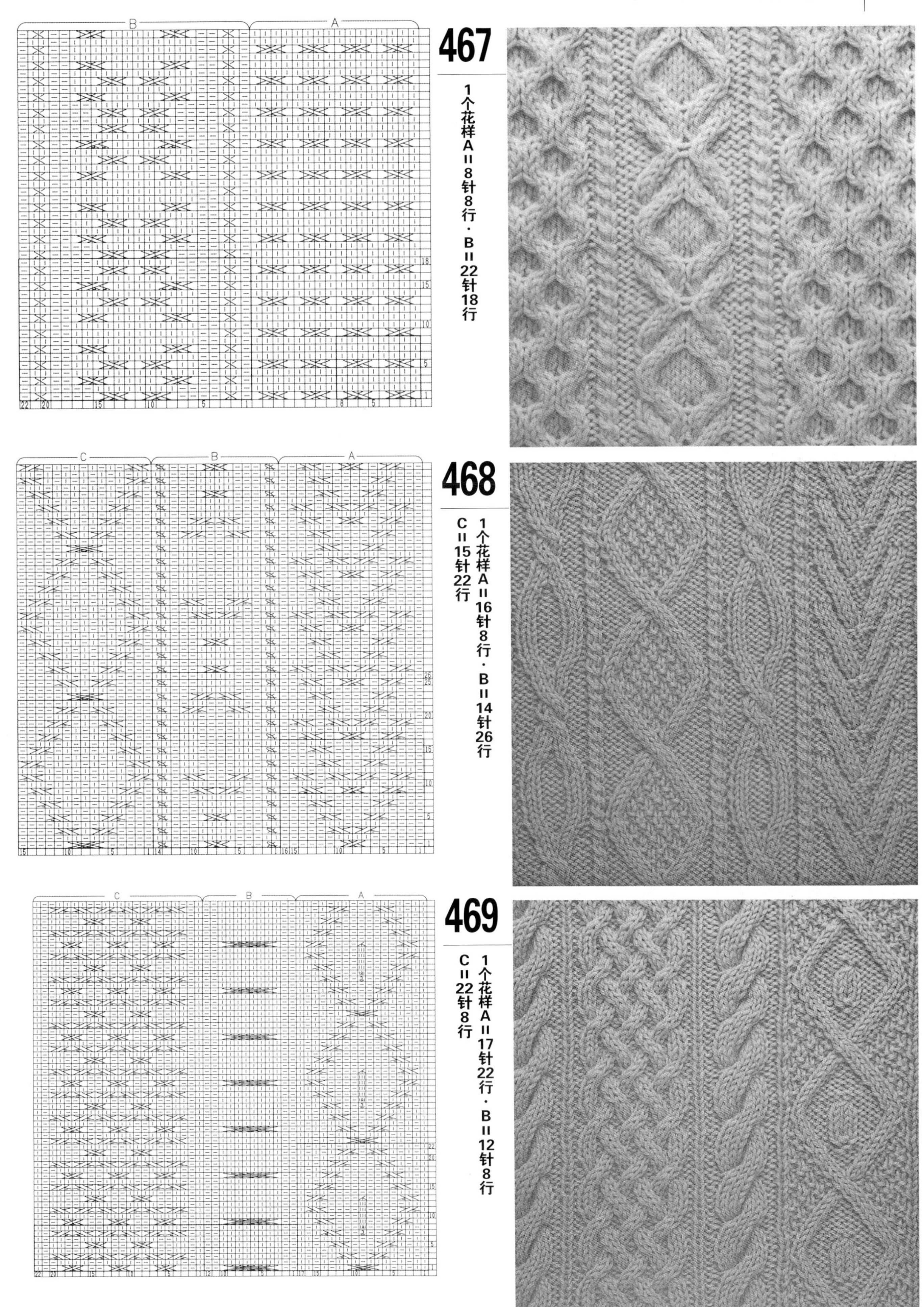
467
1个花样A=8针8行·B=22针18行
468
1个花样A=16针8行·B=14针26行
C=15针22行
469
1个花样A=17针22行·B=12针8行
C=22针8行

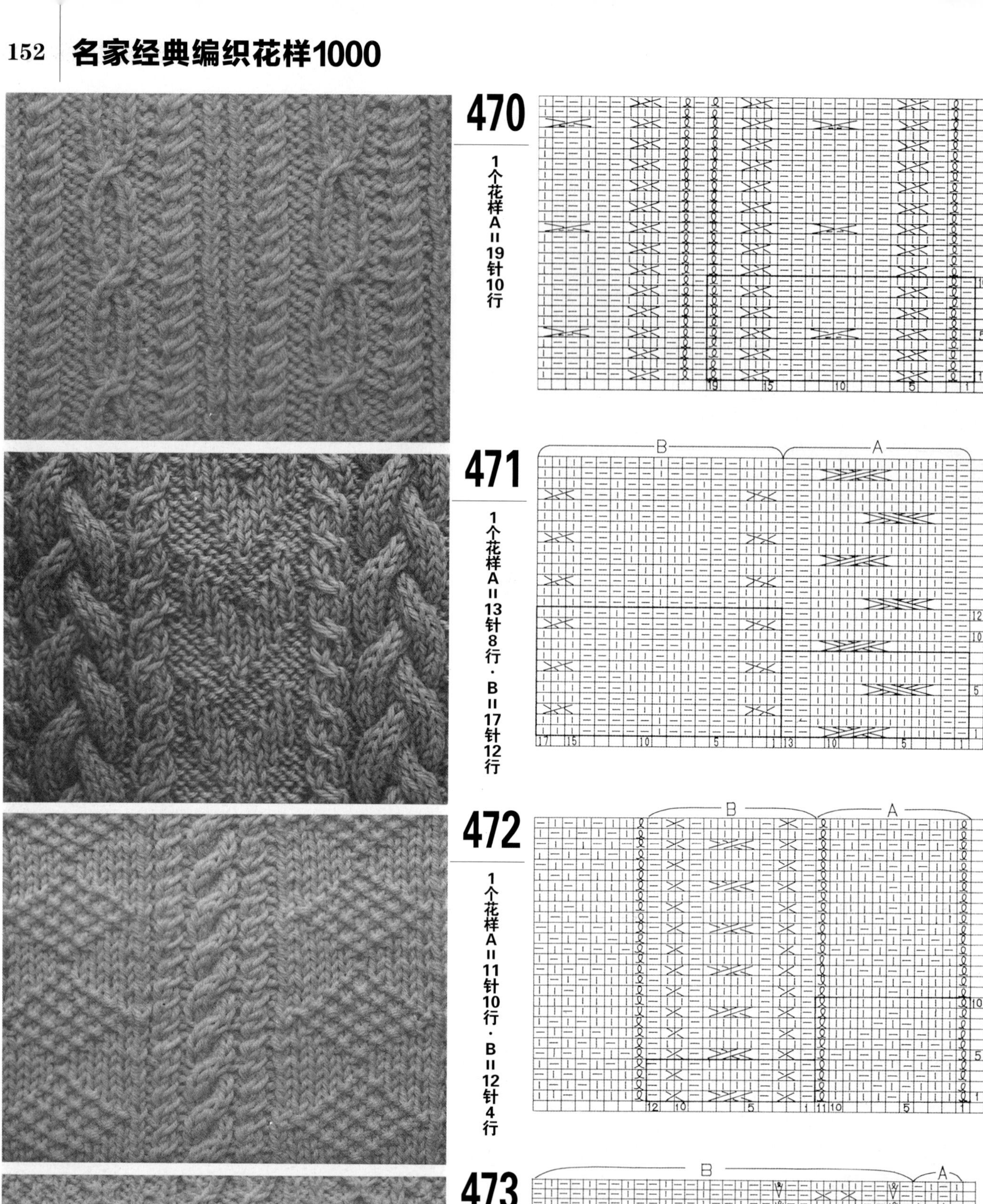
470
1个花样A=19针10行
471
1个花样A=13针8行·B=17针12行
472
1个花样A=11针10行·B=12针4行

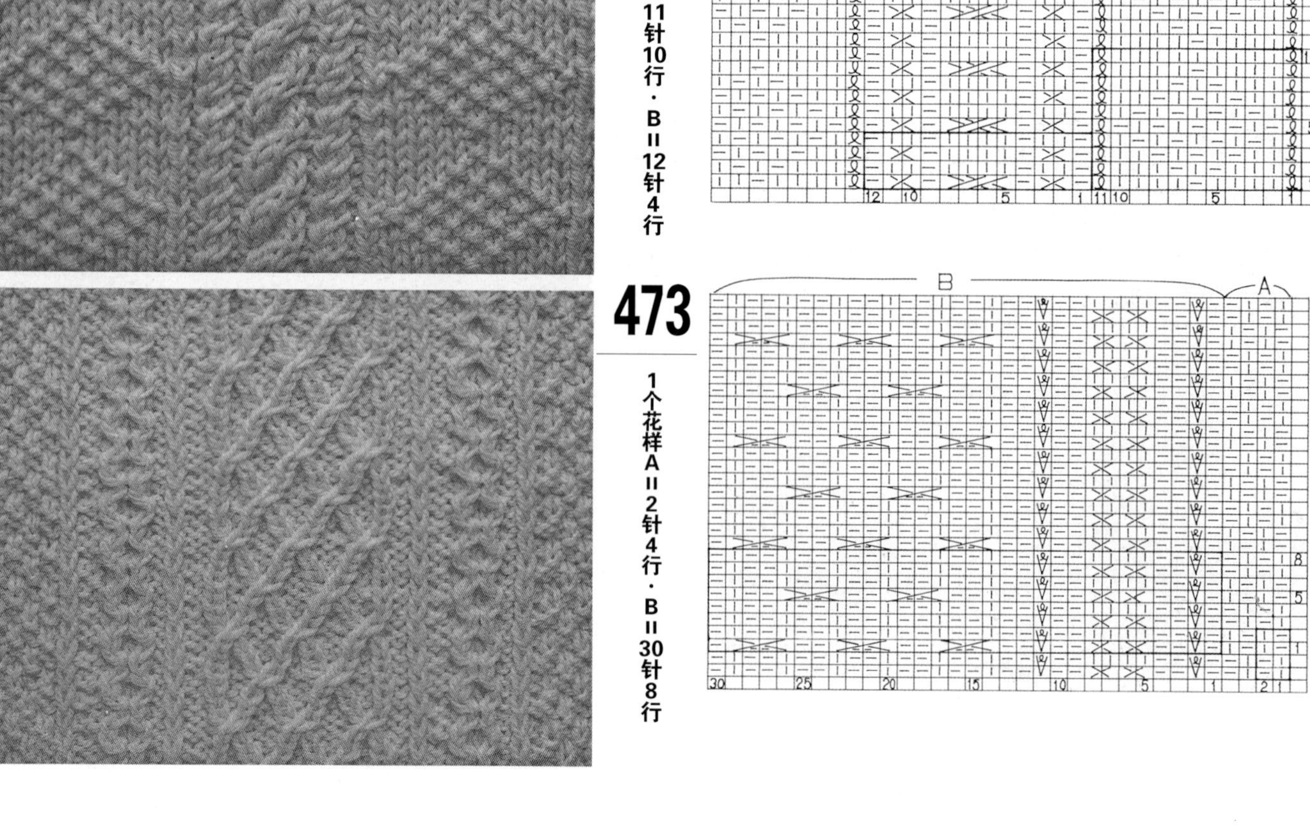
473
1个花样A=2针4行·B=30针8行

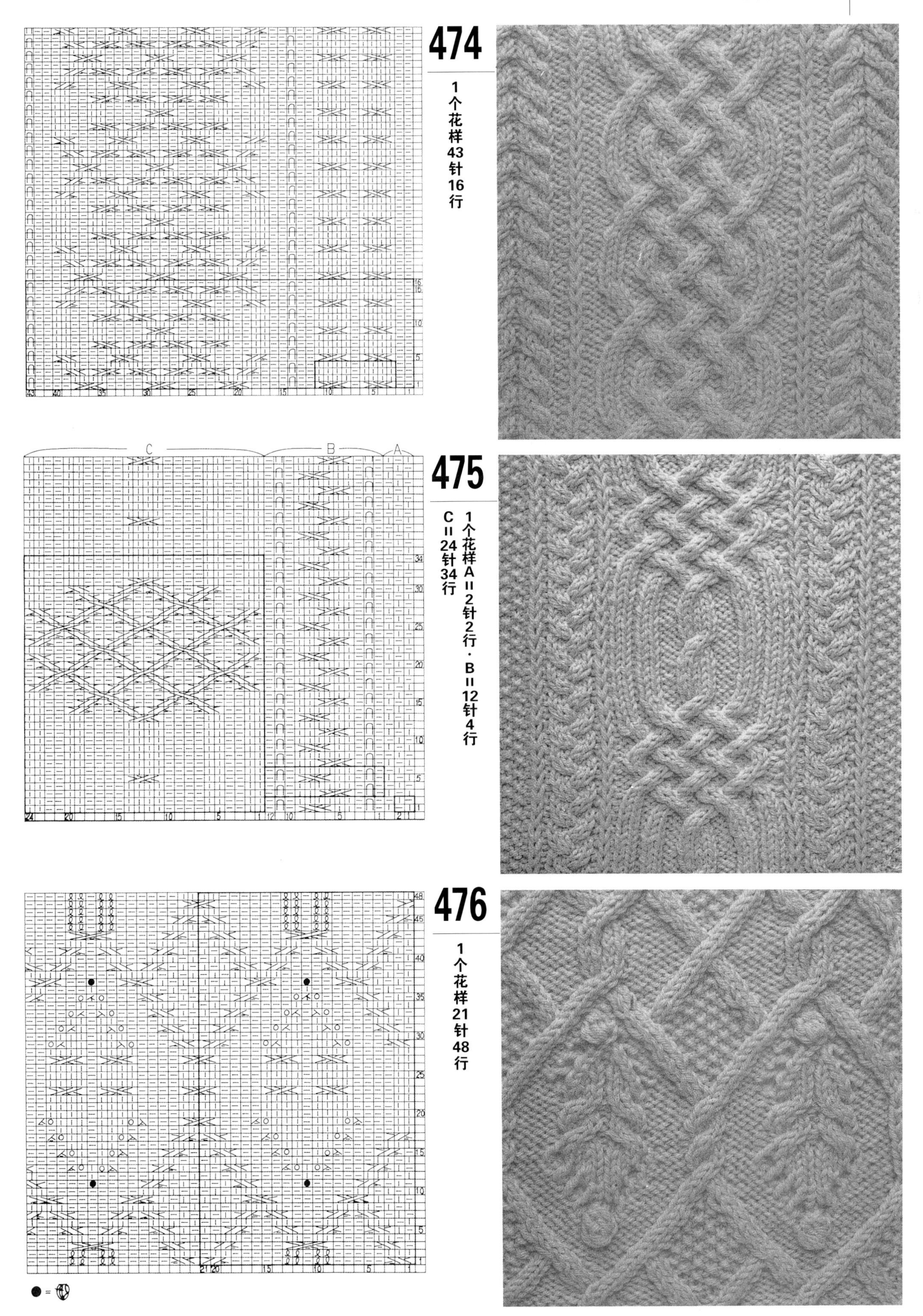
474
1个花样43针16行
475
1个花样A＝2针2行・B＝12针4行
C＝24针34行
476
1个花样21针48行

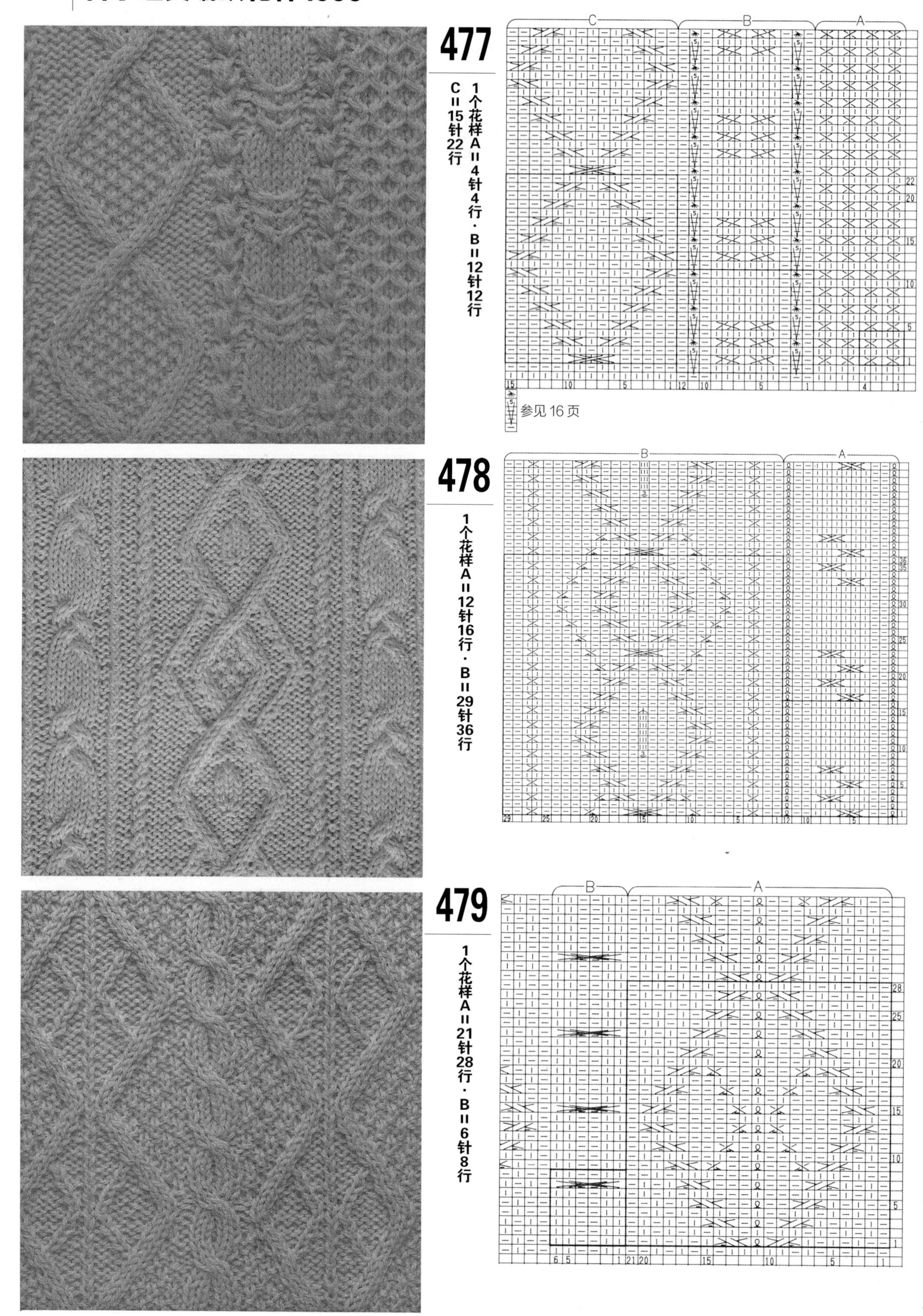
477
C＝15针22行
1个花样A＝4针4行·B＝12针12行
参见16页
478
1个花样A＝12针16行·B＝29针36行
479
1个花样A＝21针28行·B＝6针8行

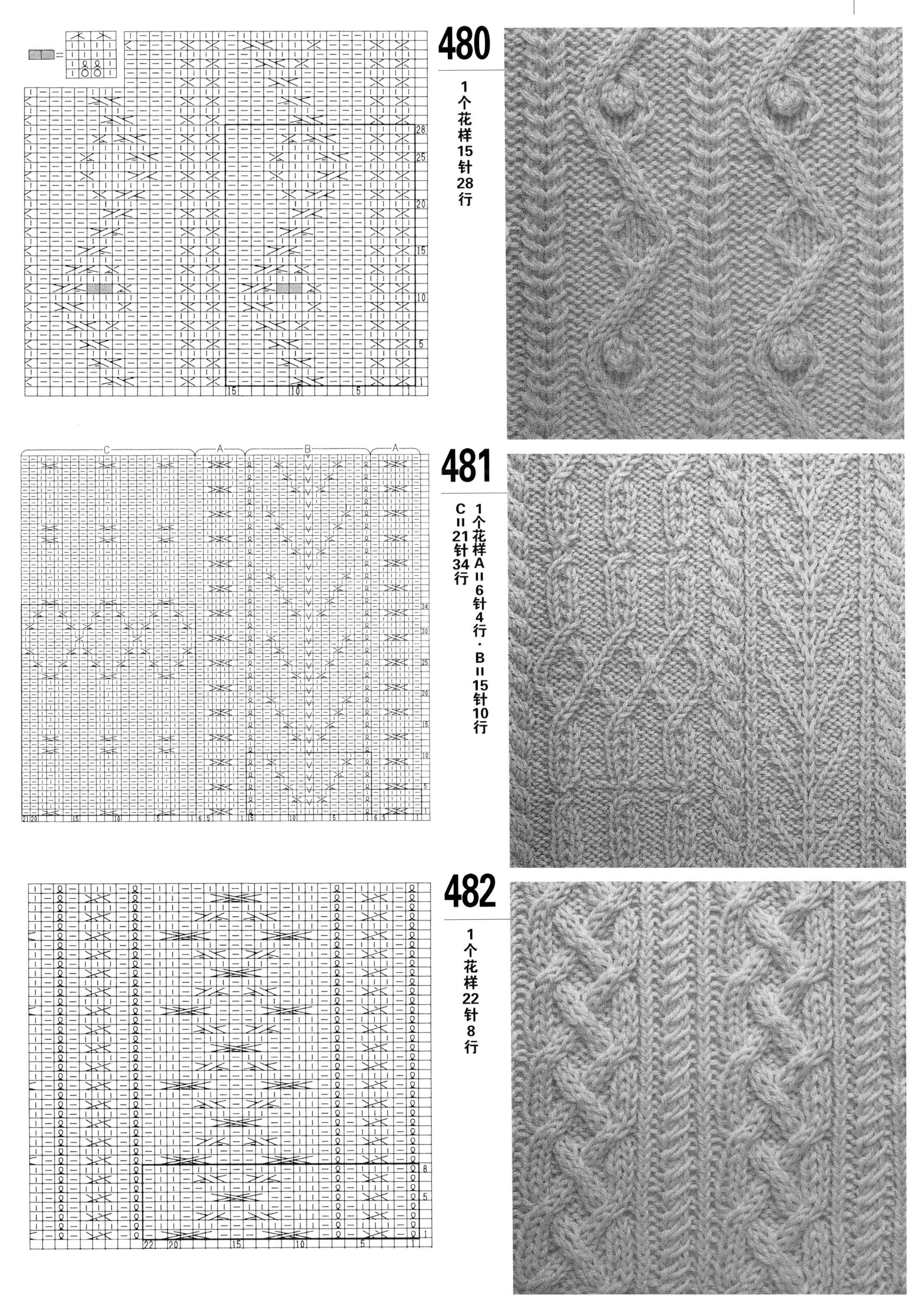
480
1个花样15针28行
481
1个花样A＝6针4行·B＝15针10行
C＝21针34行
482
1个花样22针8行

483

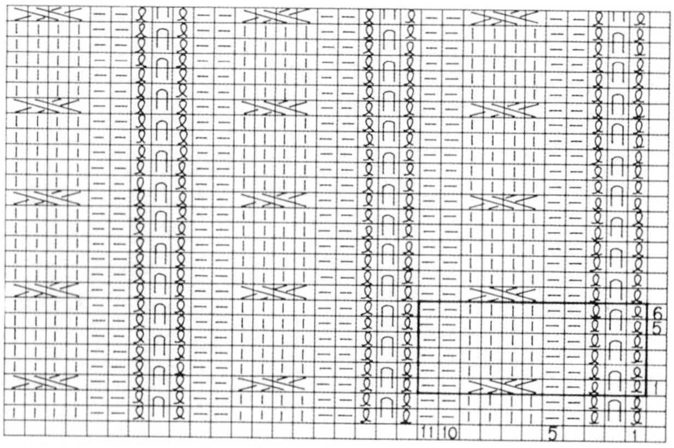

1个花样11针6行

484

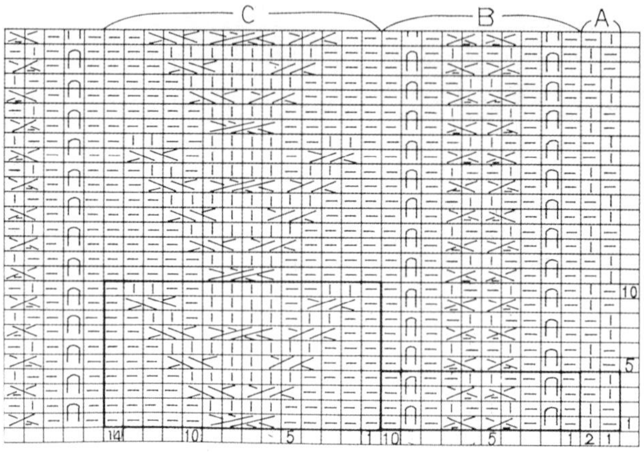

1个花样A=2针4行・B=10针4行
C=14针10行

485

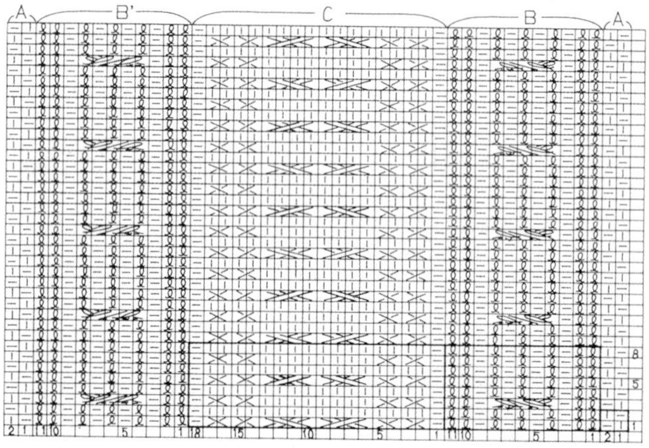

1个花样A=2针2行・B=11针8行
C=18针8行

486

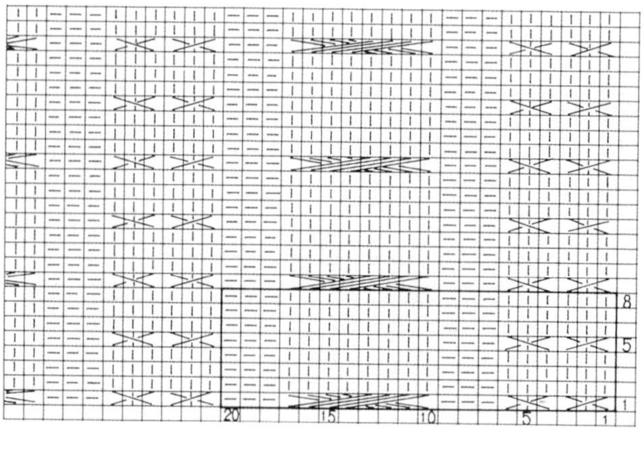

1个花样20针8行

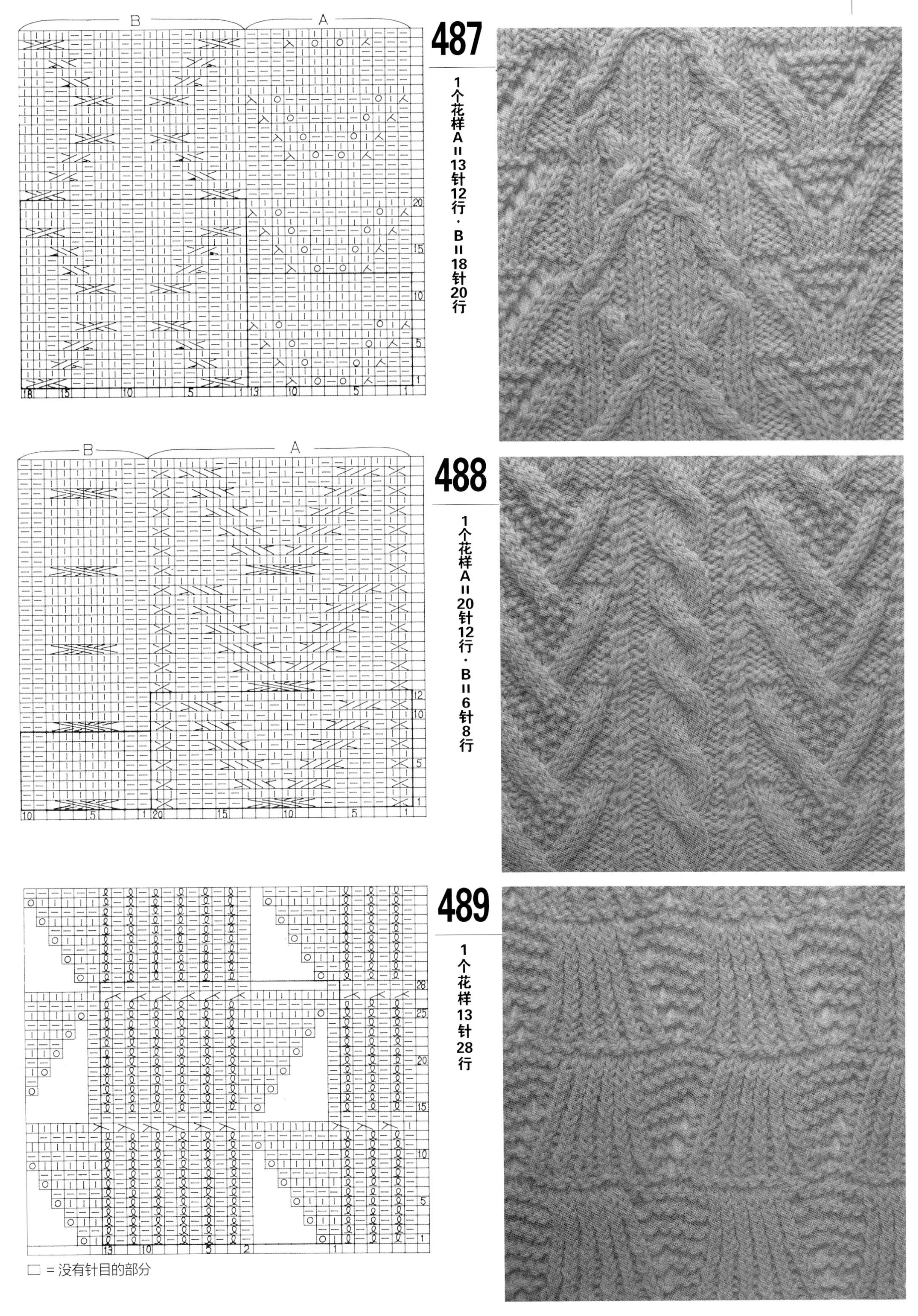
B
A
487
1个花样A=13针12行·B=18针20行
488
1个花样A=20针12行·B=6针8行
489
1个花样13针28行
□=没有针目的部分

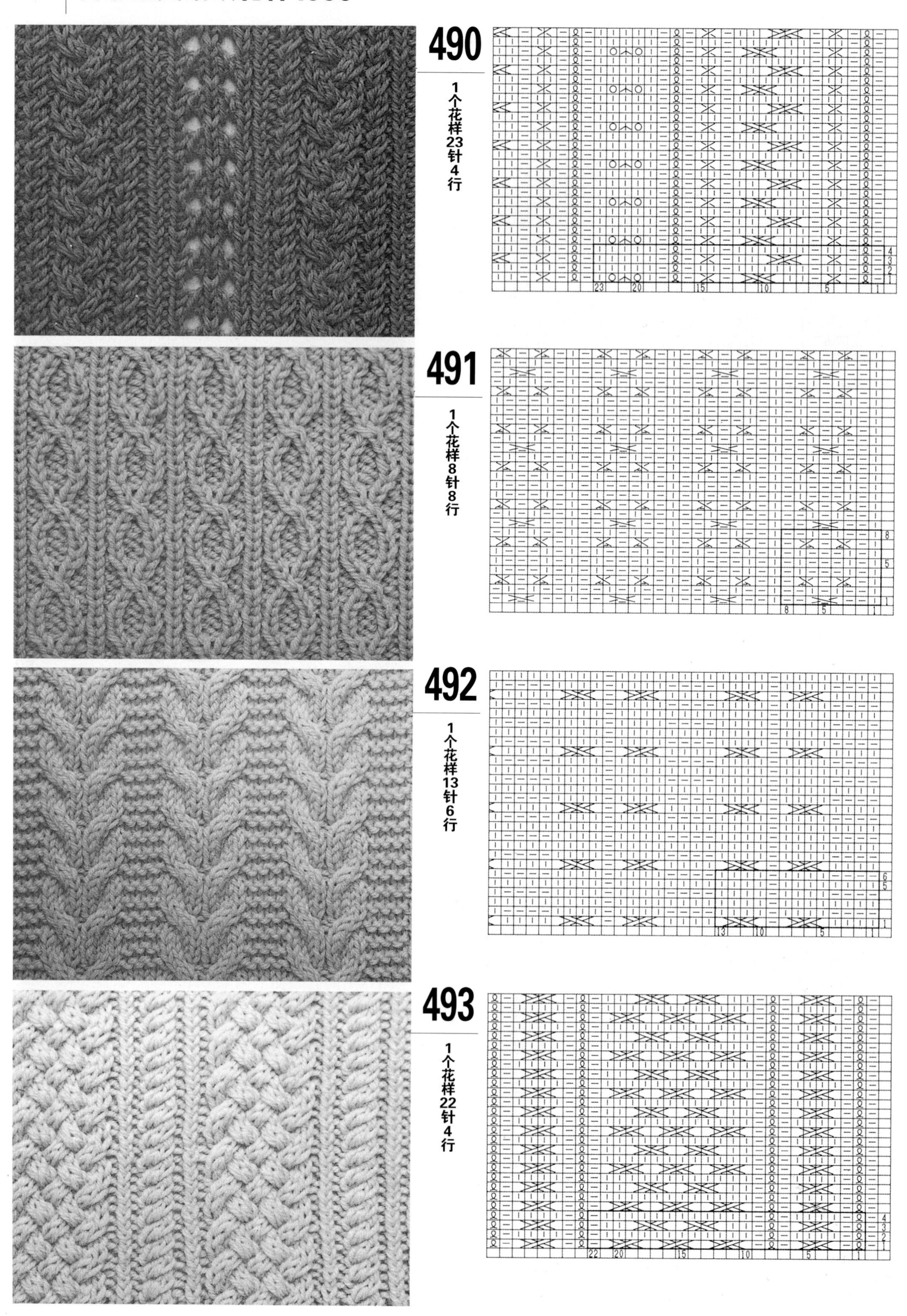
490
1个花样23针4行
491
1个花样8针8行
492
1个花样13针6行
493
1个花样22针4行

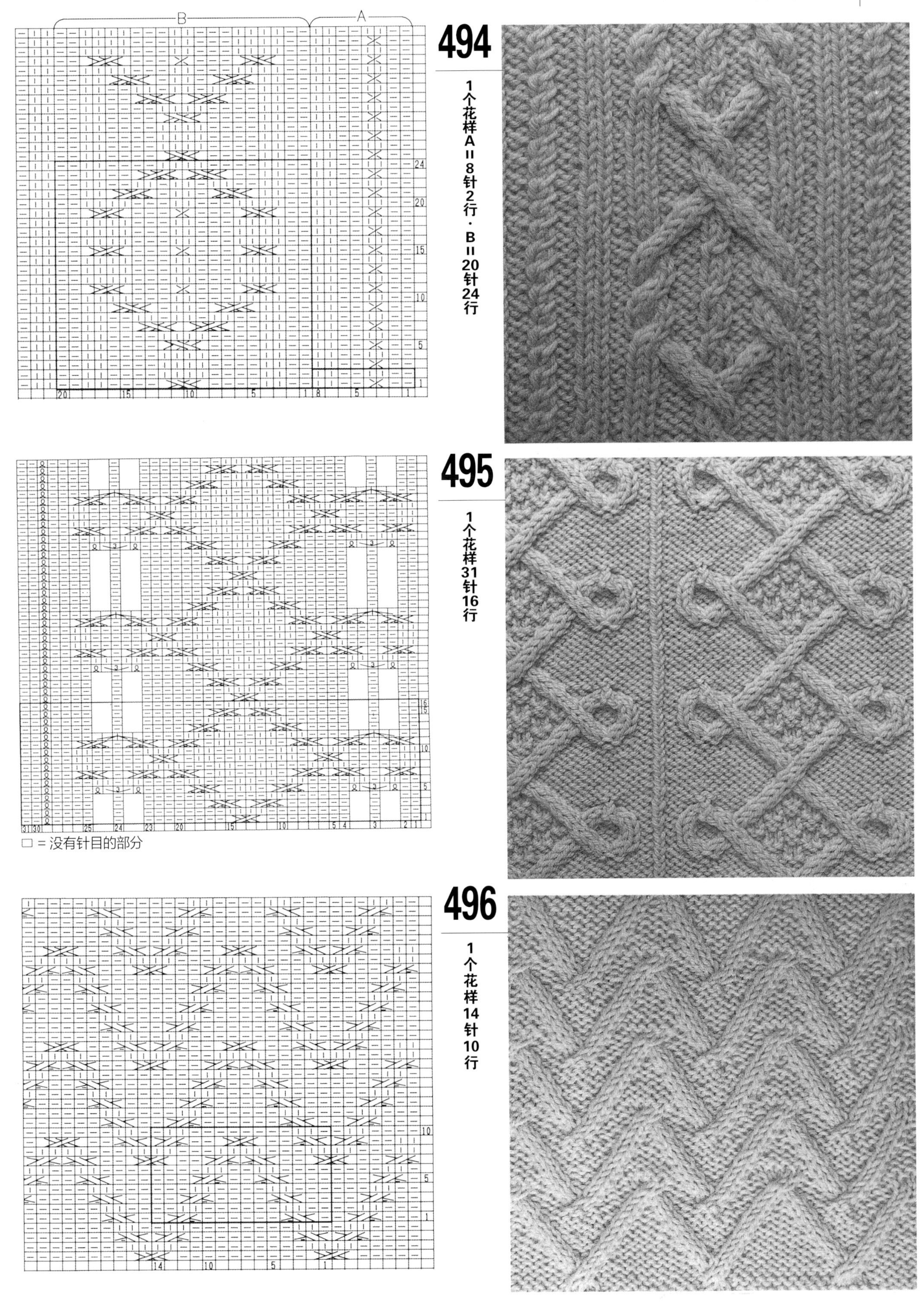
B
A
24
20
15
10
5
1
20
15
10
5
1
8
5
1
494
1个花样A＝8针2行·B＝20针24行
495
1个花样31针16行
16
10
5
1
31
30
25
24
23
20
15
10
5
4
3
2
1
□＝没有针目的部分
496
1个花样14针10行
10
5
1
14
10
5
1

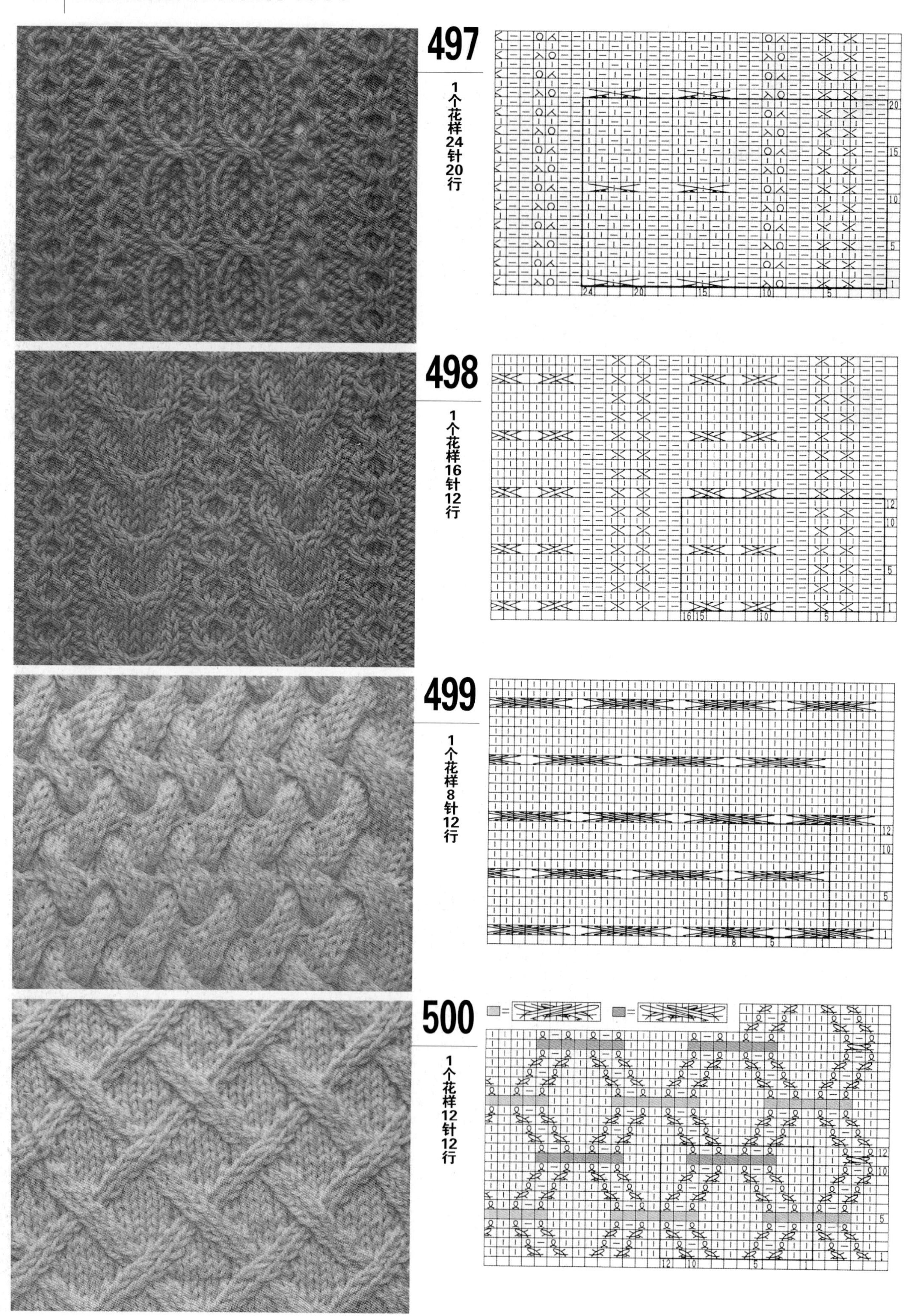
497
1个花样24针20行
498
1个花样16针12行
499
1个花样8针12行
500
1个花样12针12行

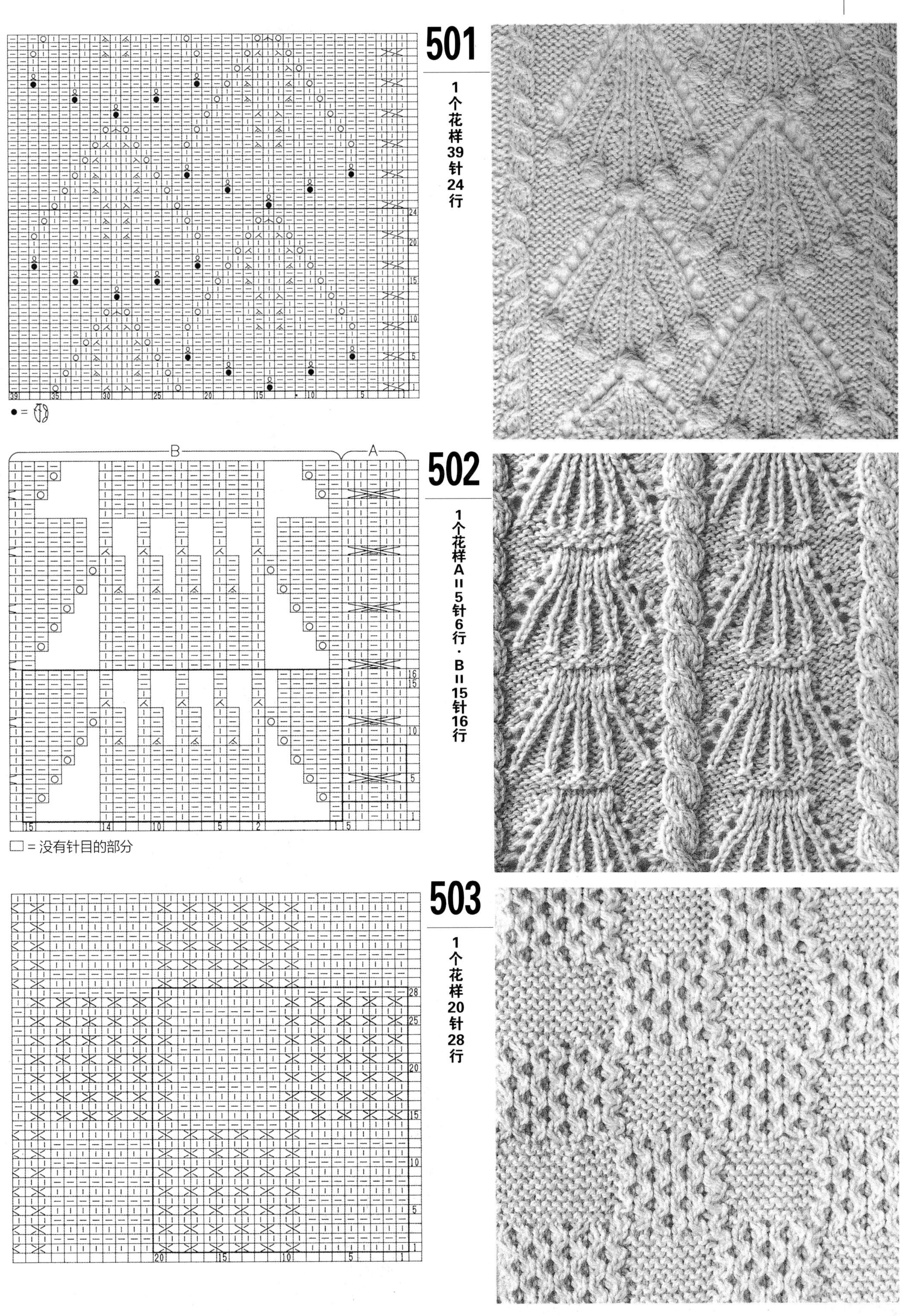

501

1个花样39针24行

502

1个花样A＝5针6行・B＝15针16行

503

1个花样20针28行

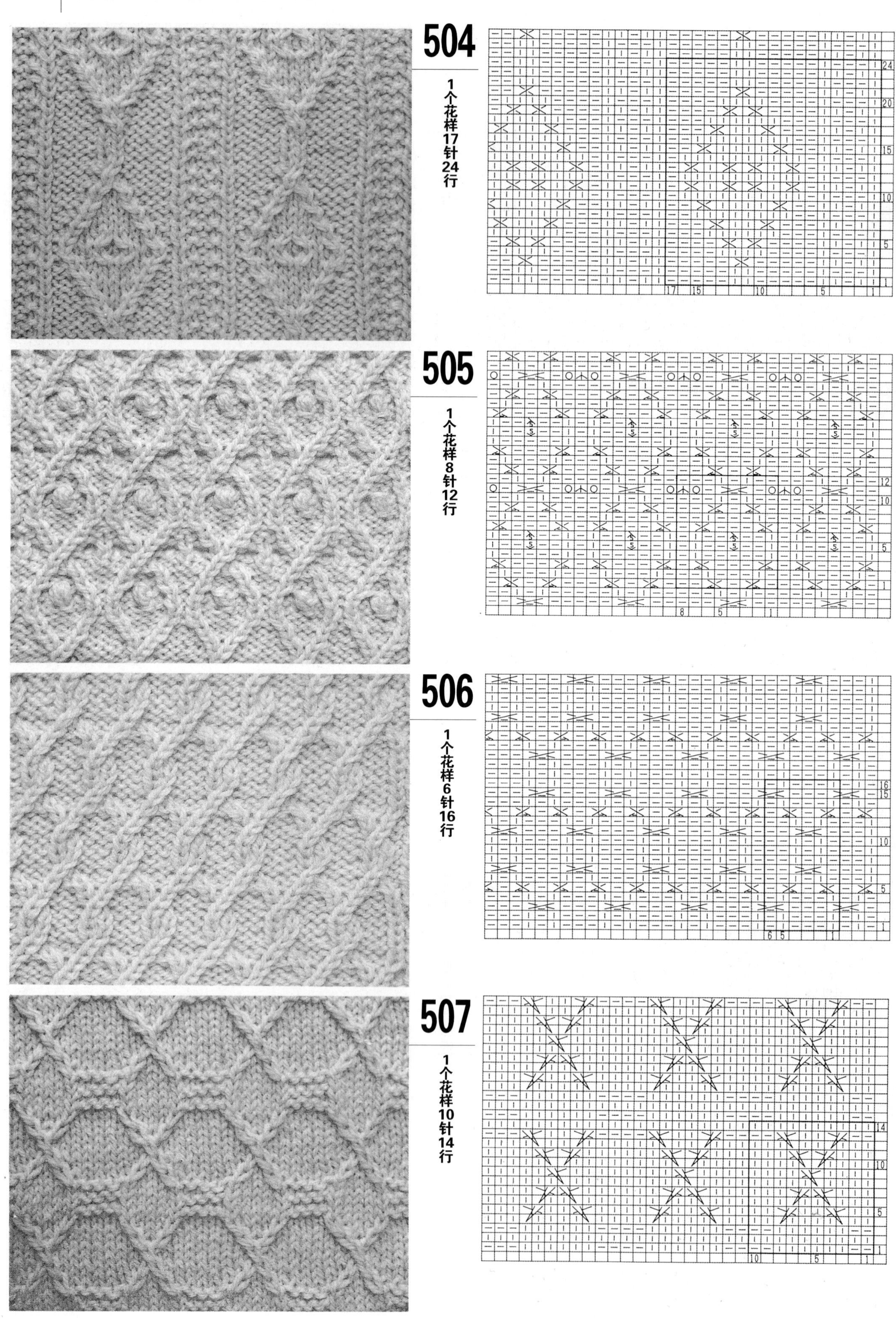

504
1个花样17针24行

505
1个花样8针12行

506
1个花样6针16行

507
1个花样10针14行

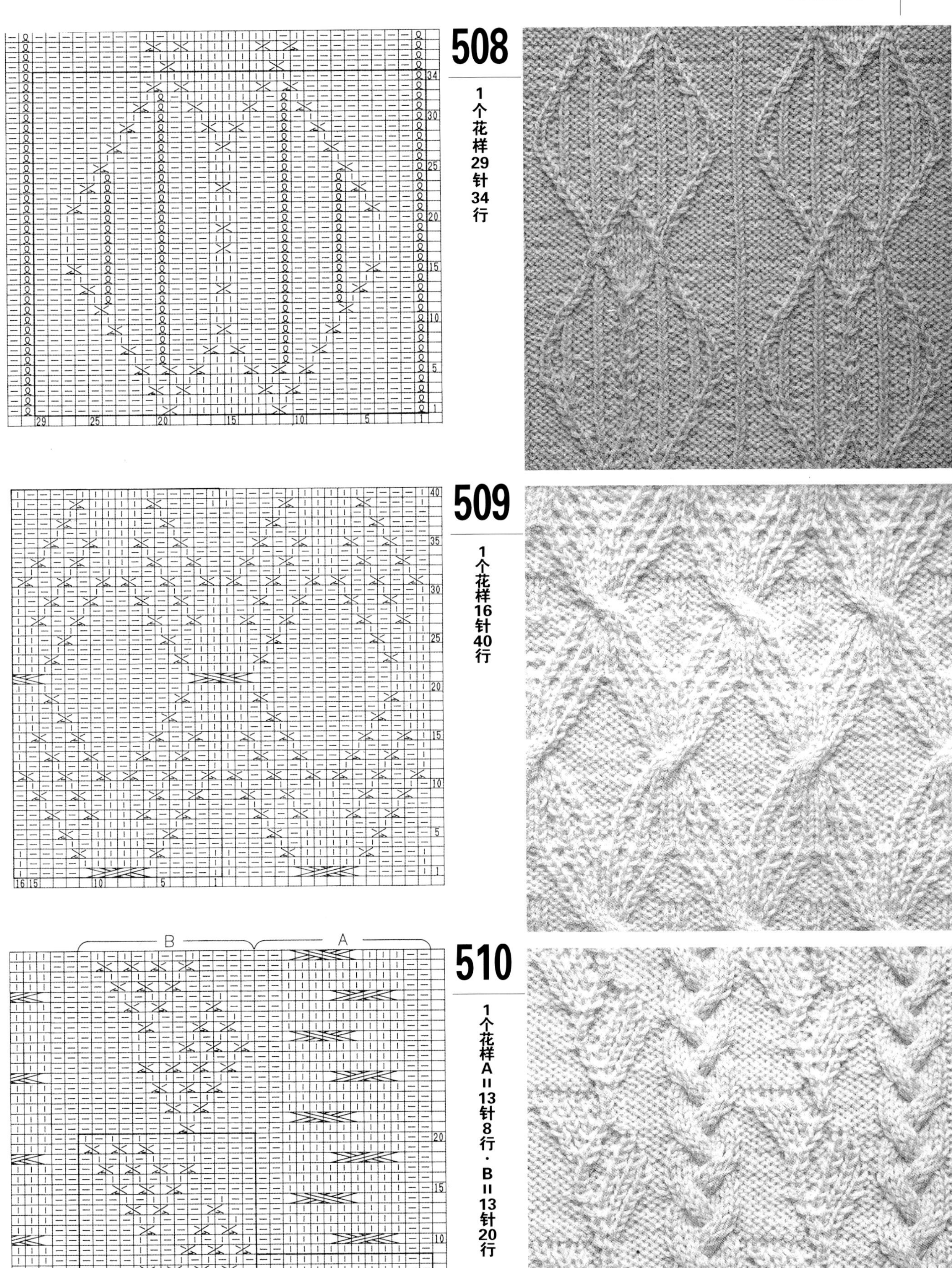
508
1个花样29针34行
509
1个花样16针40行
510
1个花样A＝13针8行・B＝13针20行
B
A

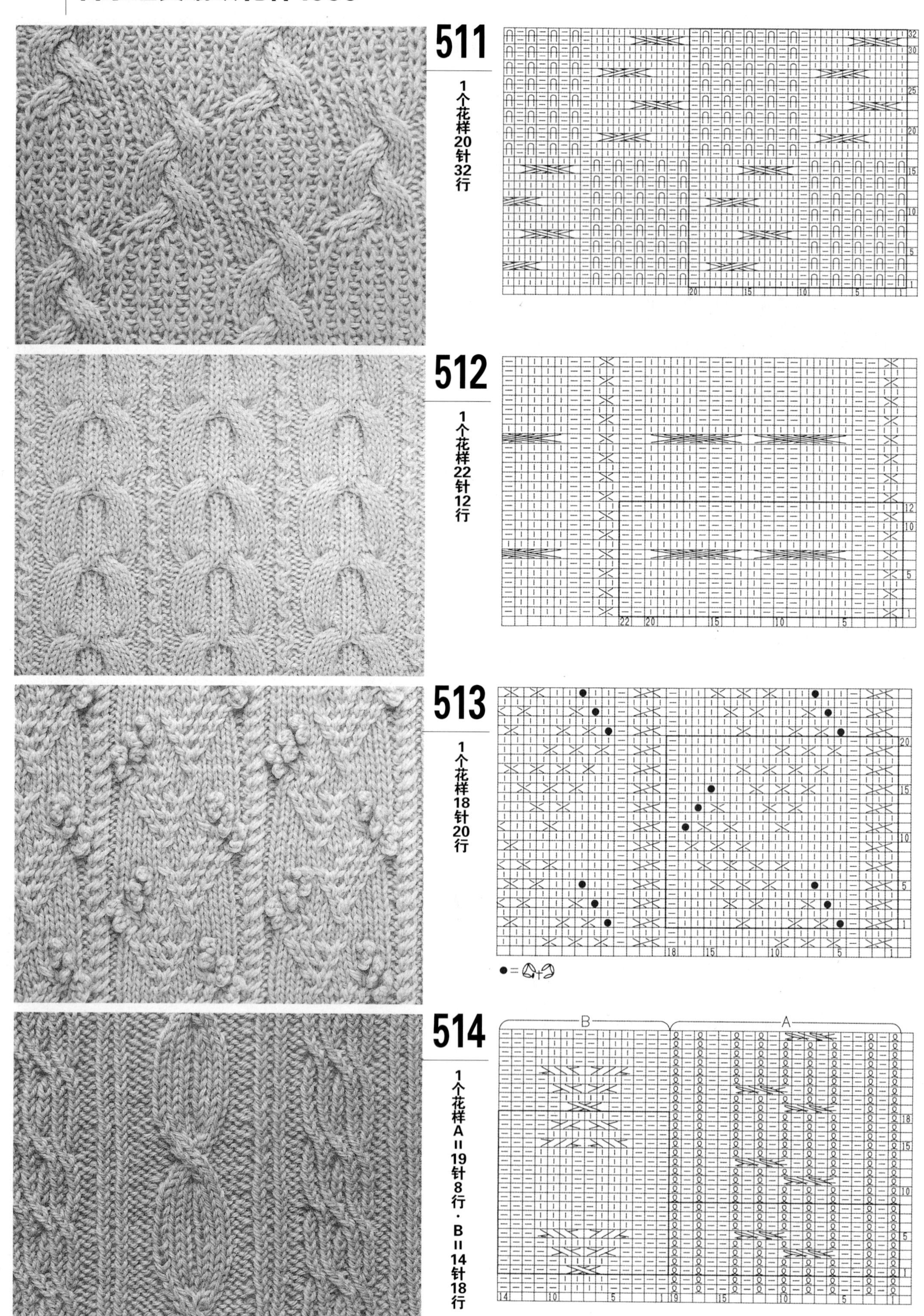
511
1个花样20针32行
512
1个花样22针12行
513
1个花样18针20行
514
1个花样A=19针8行·B=14针18行

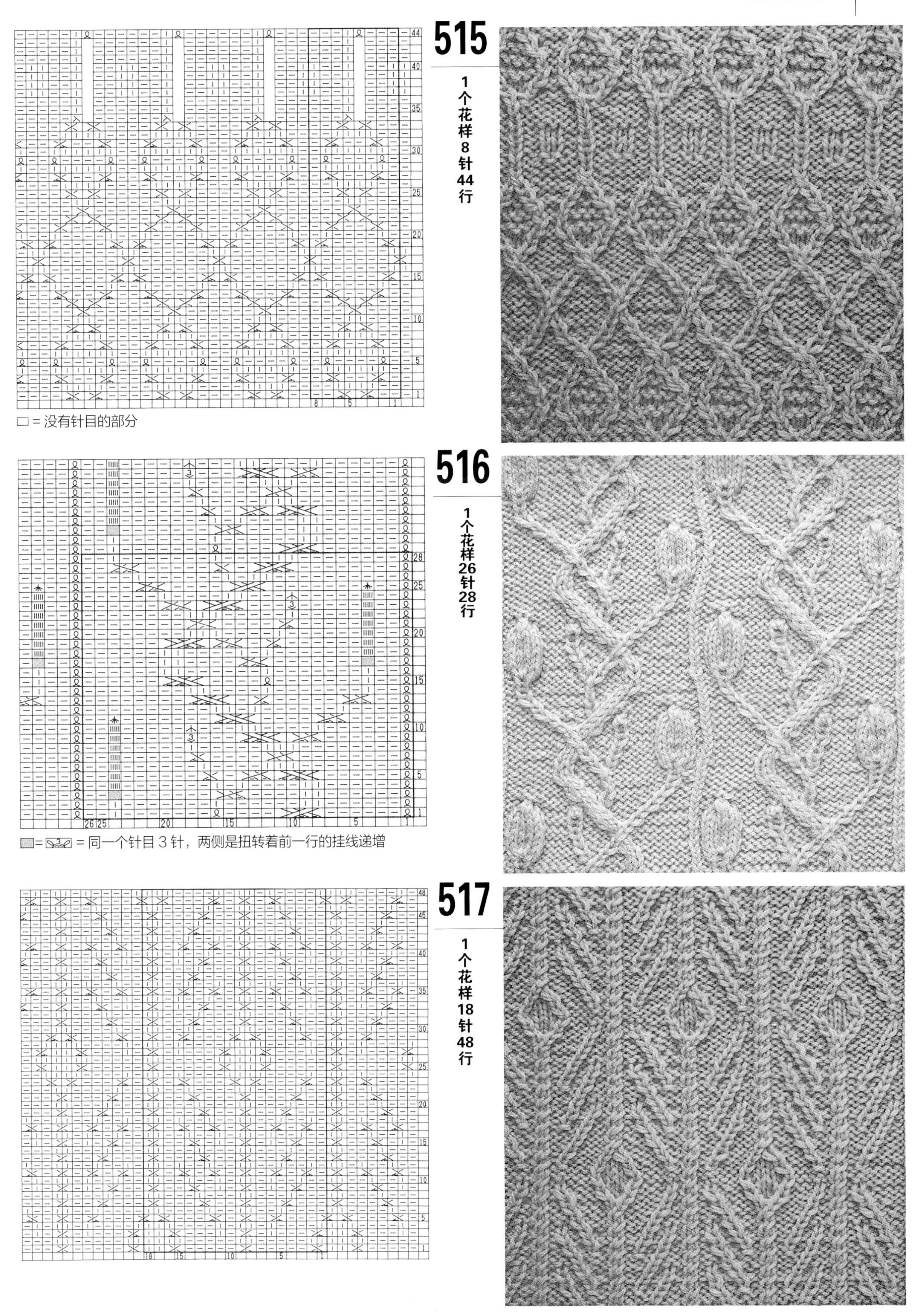

515

1个花样8针44行

□ = 没有针目的部分

516

1个花样26针28行

▒ = [3] = 同一个针目3针，两侧是扭转着前一行的挂线递增

517

1个花样18针48行

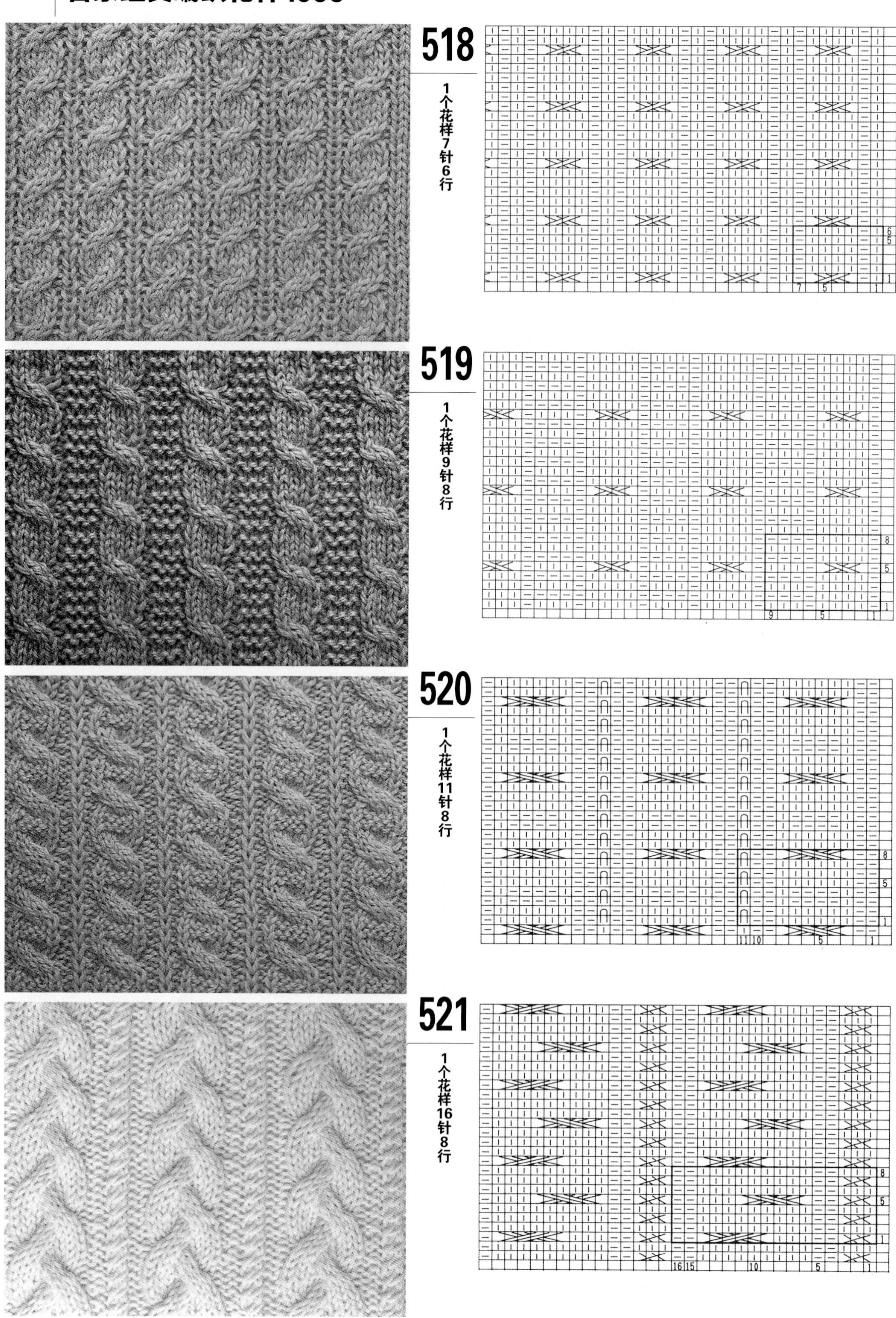
518
1个花样7针6行
519
1个花样9针8行
520
1个花样11针8行
521
1个花样16针8行

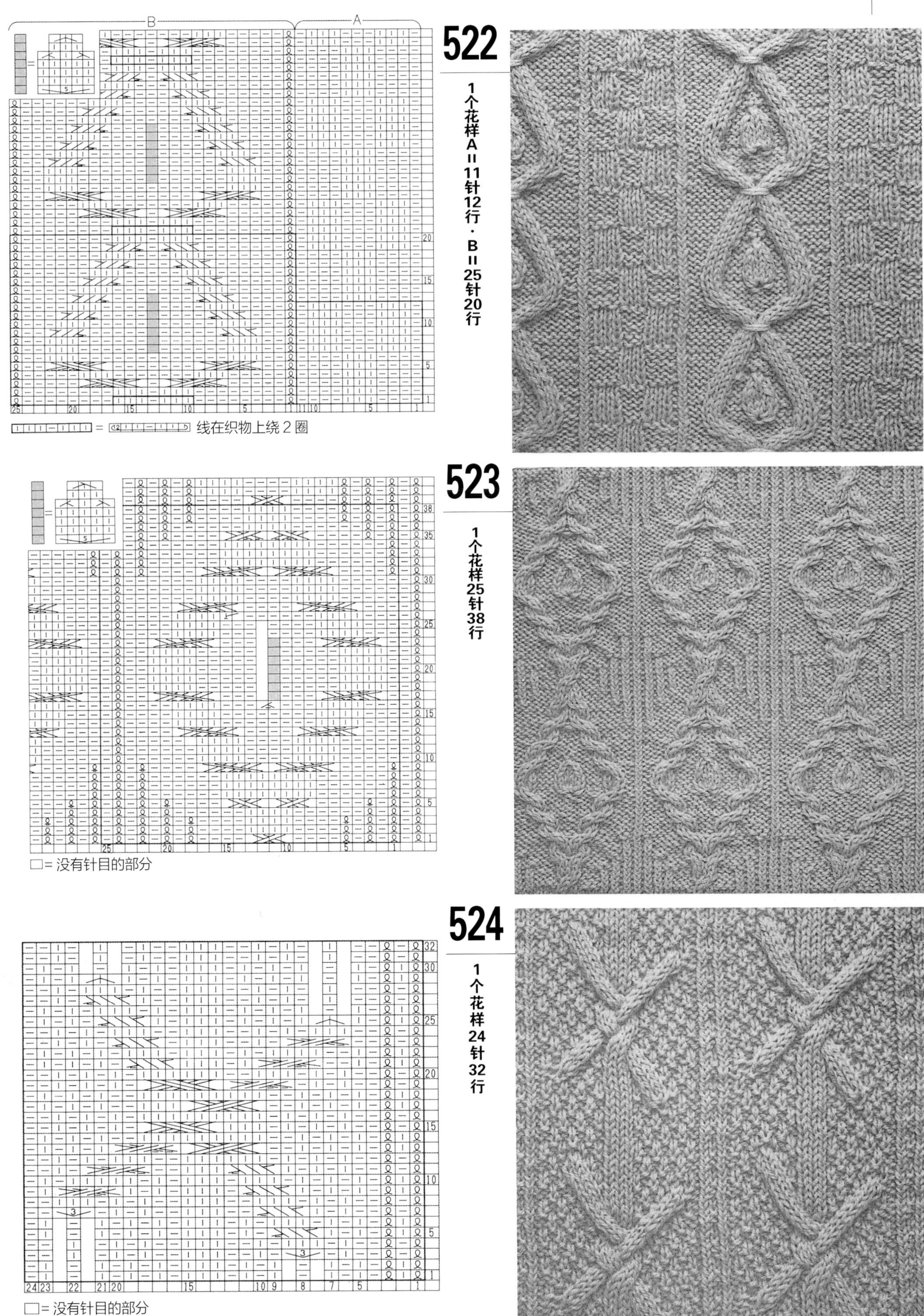

522

1个花样A＝11针12行・B＝25针20行

线在织物上绕2圈

523

1个花样25针38行

□＝没有针目的部分

524

1个花样24针32行

□＝没有针目的部分

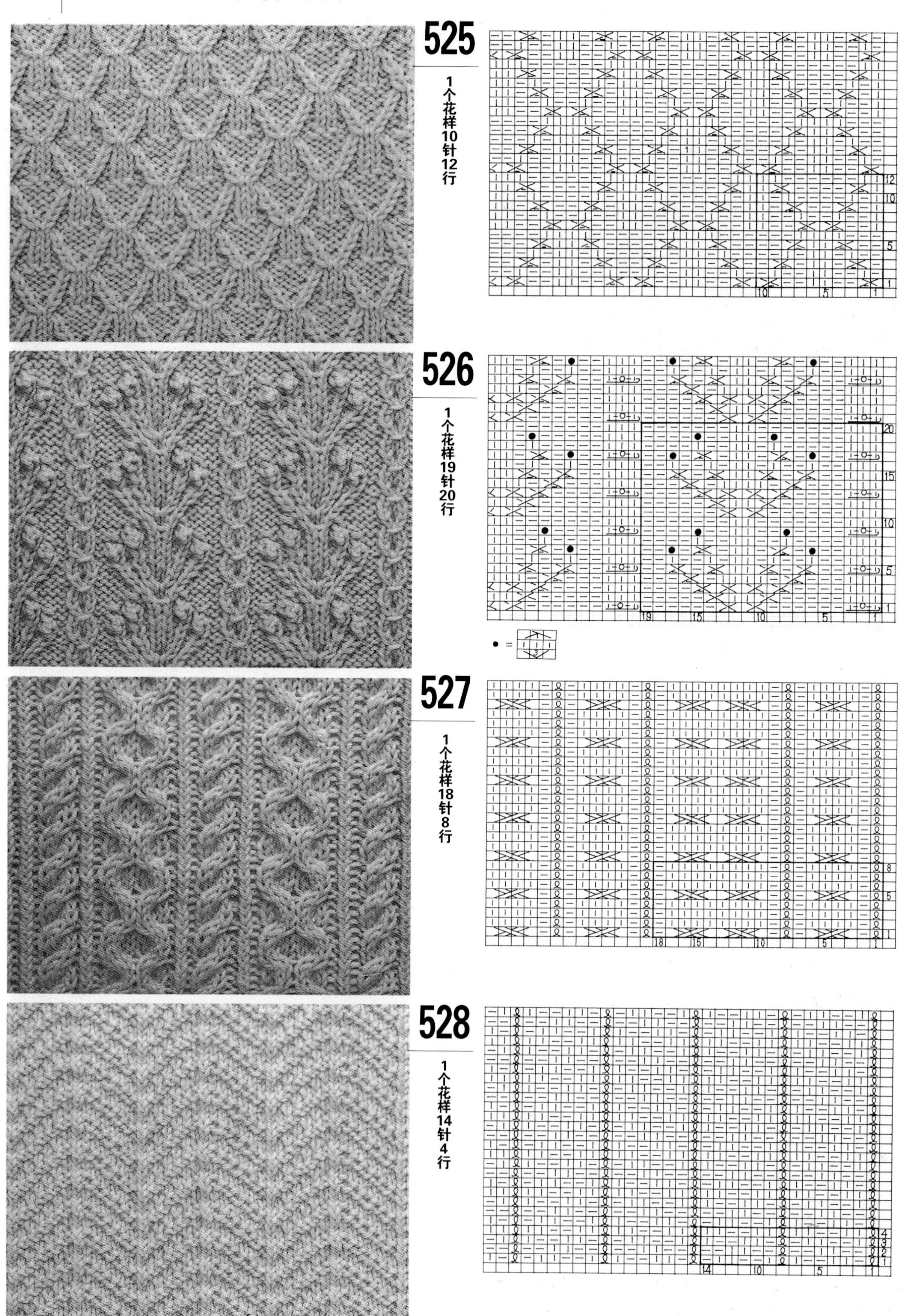
525
1个花样10针12行
526
1个花样19针20行
527
1个花样18针8行
528
1个花样14针4行

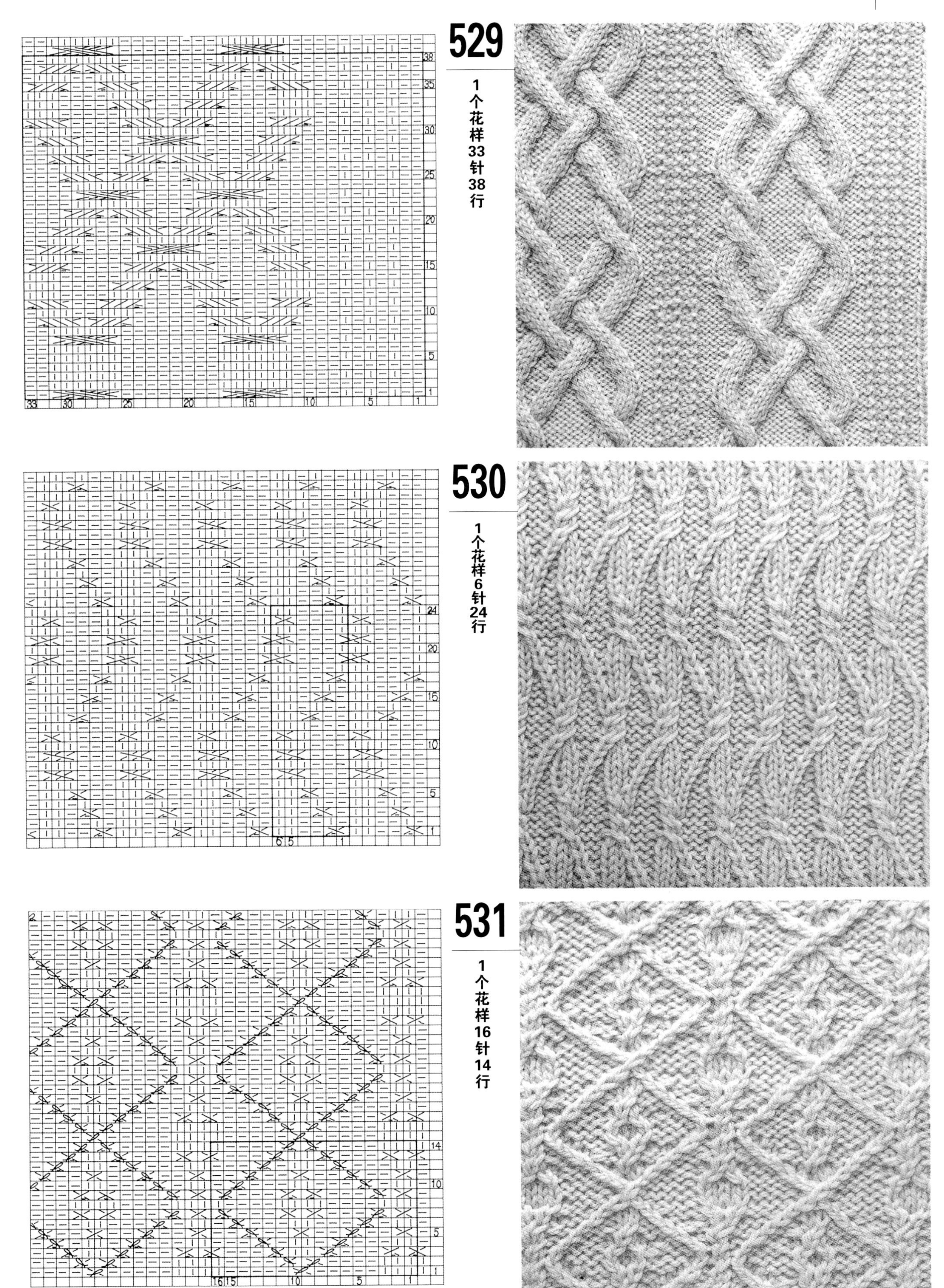

529

1个花样33针38行

530

1个花样6针24行

531

1个花样16针14行

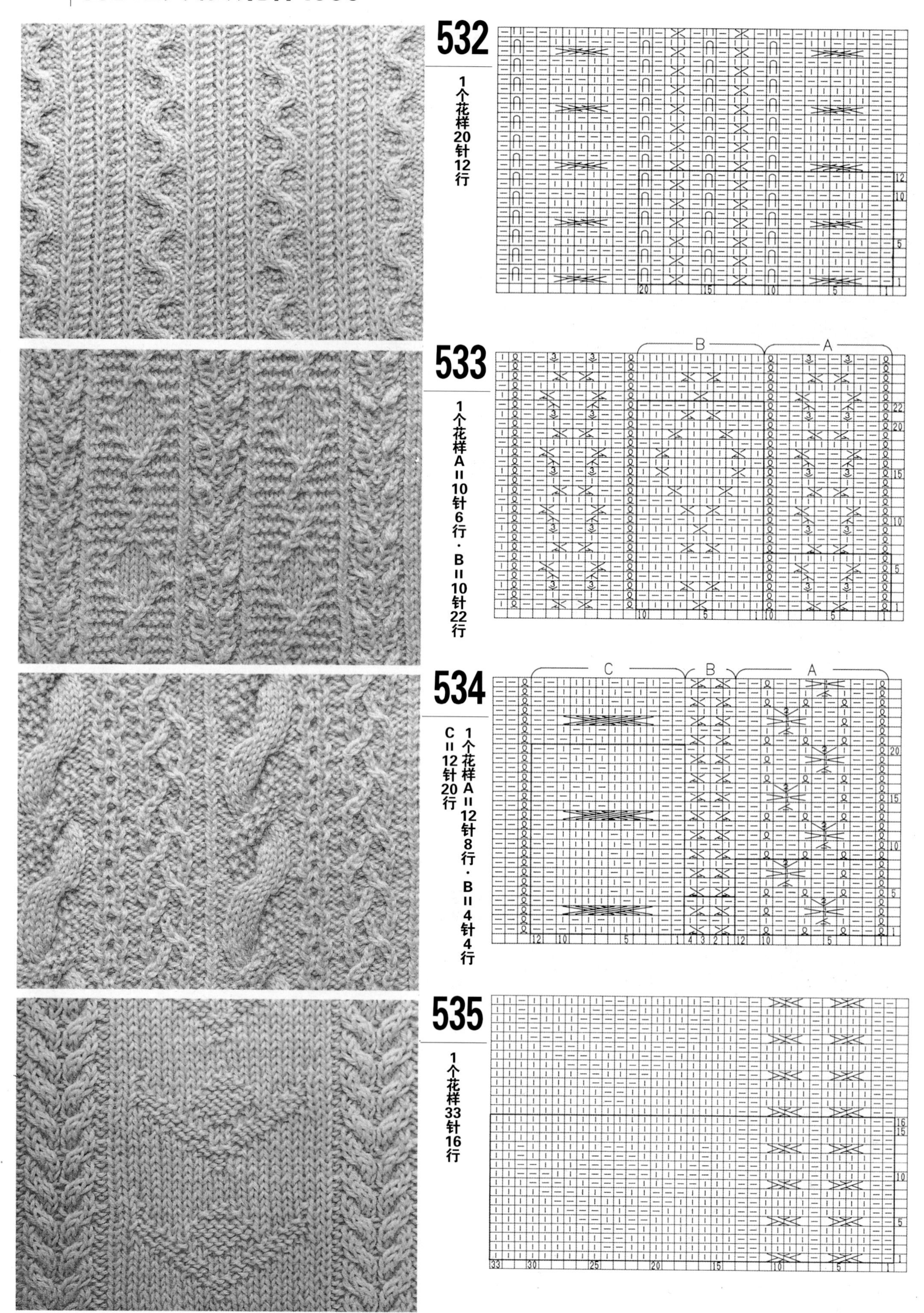
532
1个花样20针12行
533
1个花样A=10针6行・B=10针22行
534
1个花样A=12针8行・B=4针4行
C=12针20行
535
1个花样33针16行

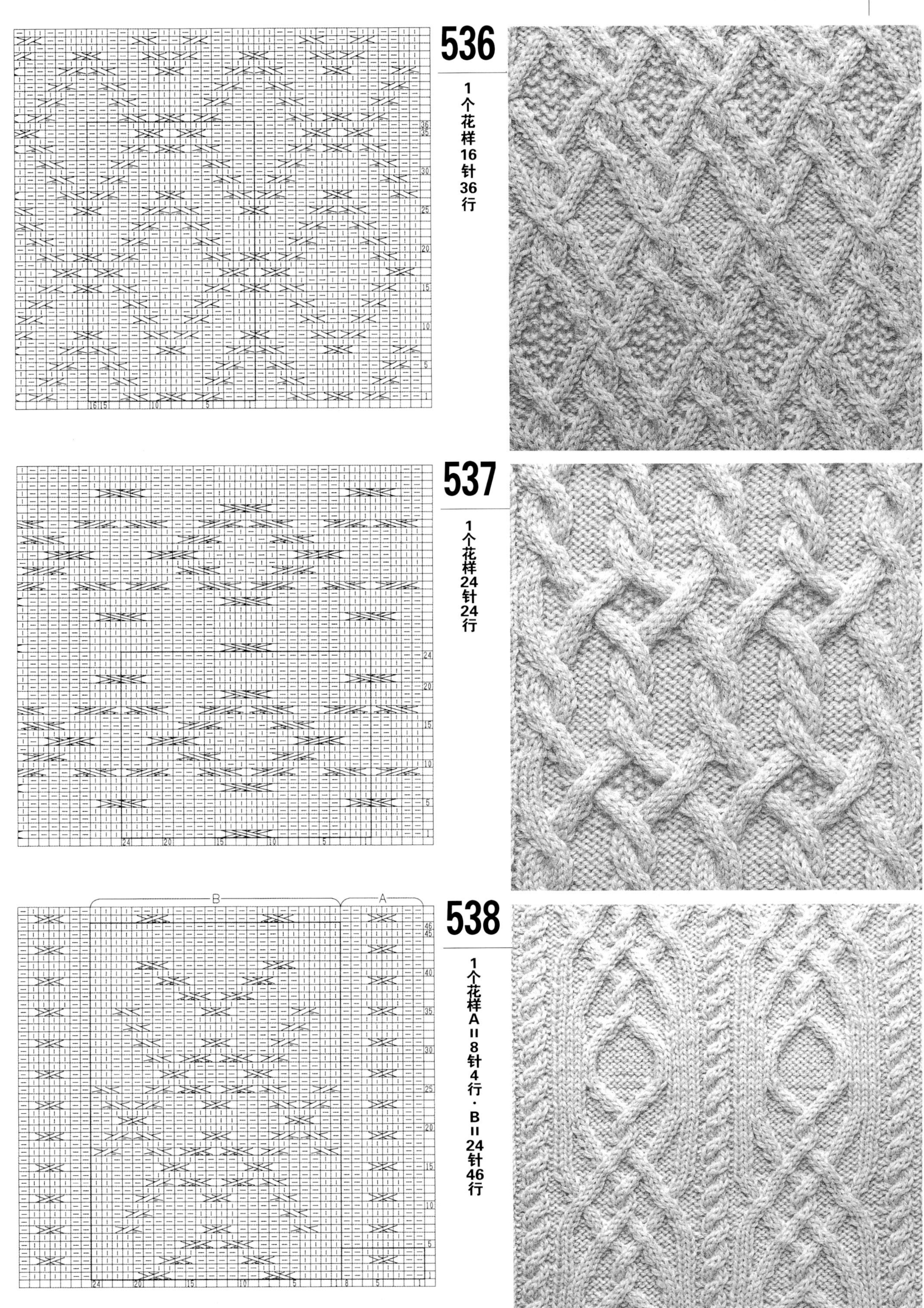
536
1个花样16针36行
537
1个花样24针24行
538
1个花样A＝8针4行·B＝24针46行
A
B

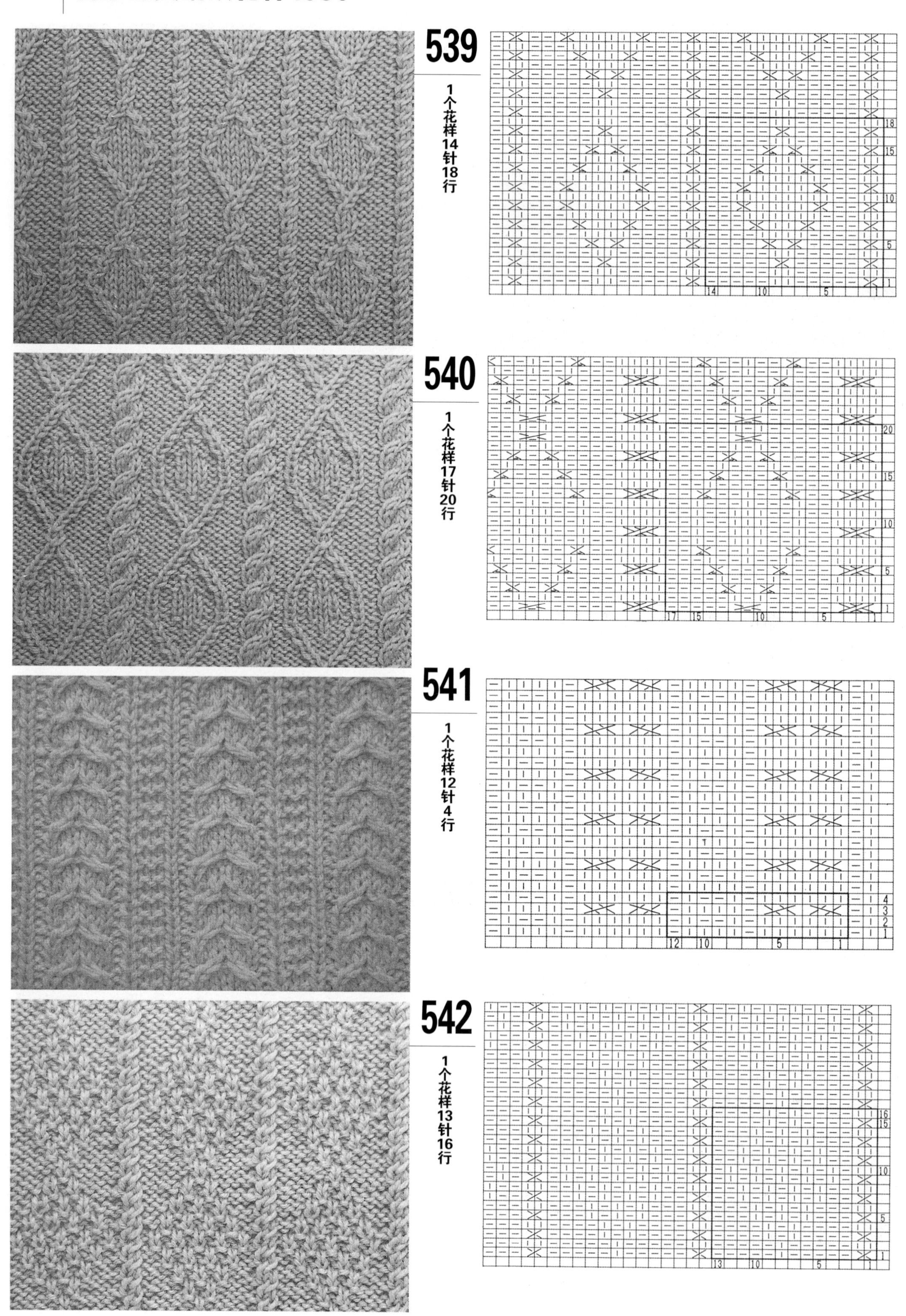
539
1个花样14针18行
540
1个花样17针20行
541
1个花样12针4行
542
1个花样13针16行

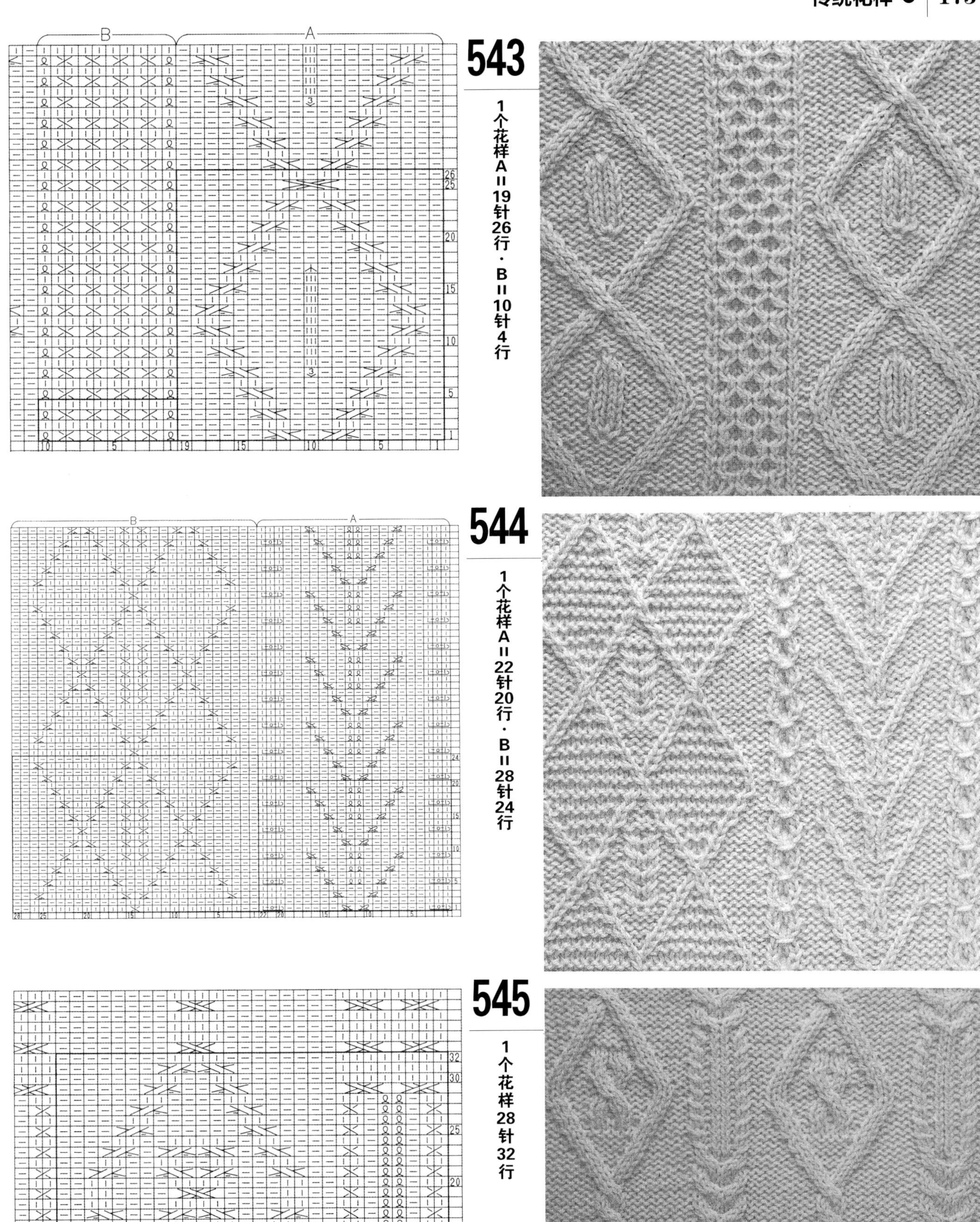

543

1个花样A=19针26行·B=10针4行

544

1个花样A=22针20行·B=28针24行

545

1个花样28针32行

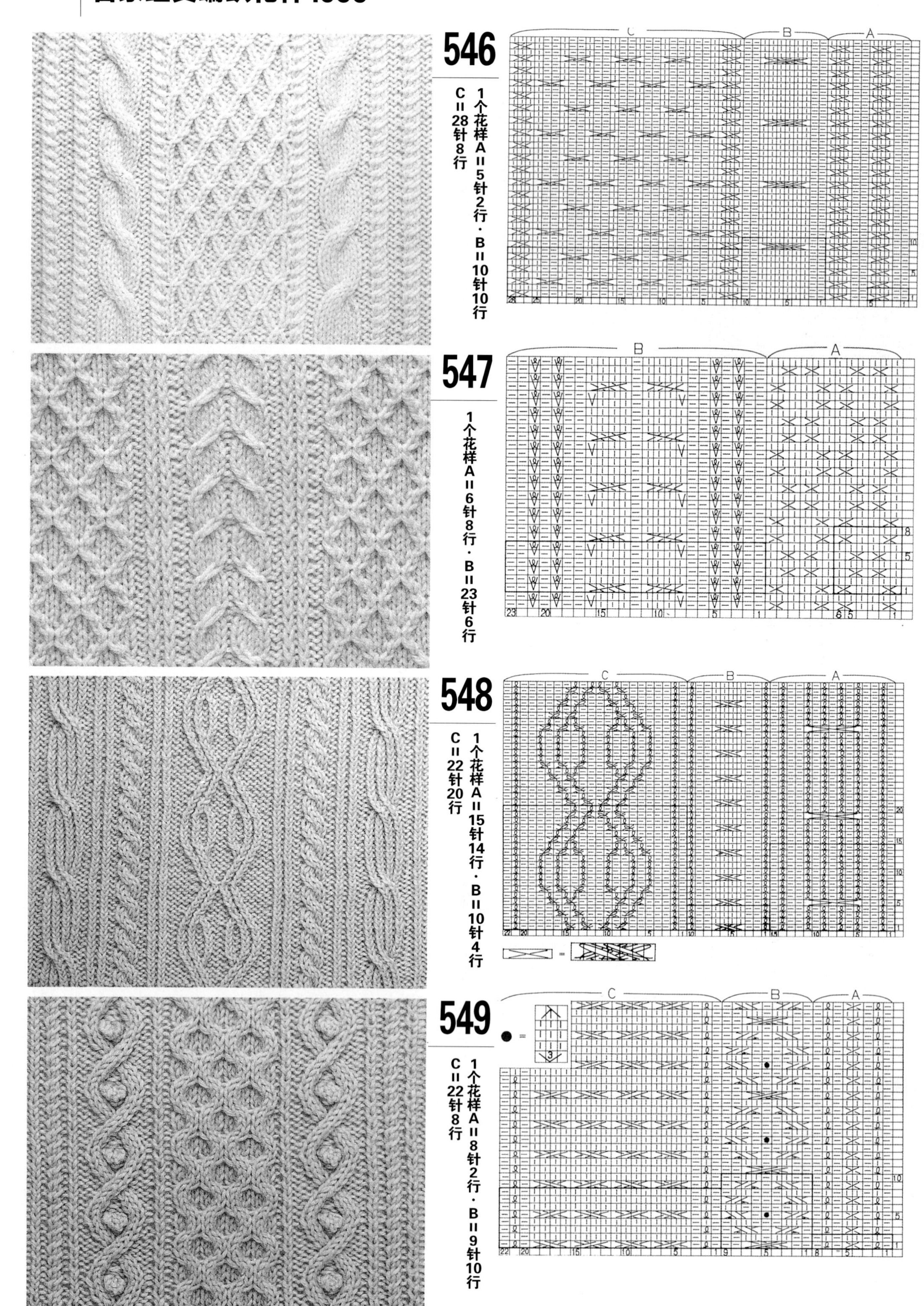

546

1个花样A=5针2行·B=10针10行 C=28针8行

547

1个花样A=6针8行·B=23针6行

548

1个花样A=15针14行·B=10针4行 C=22针20行

549

1个花样A=8针2行·B=9针10行 C=22针8行

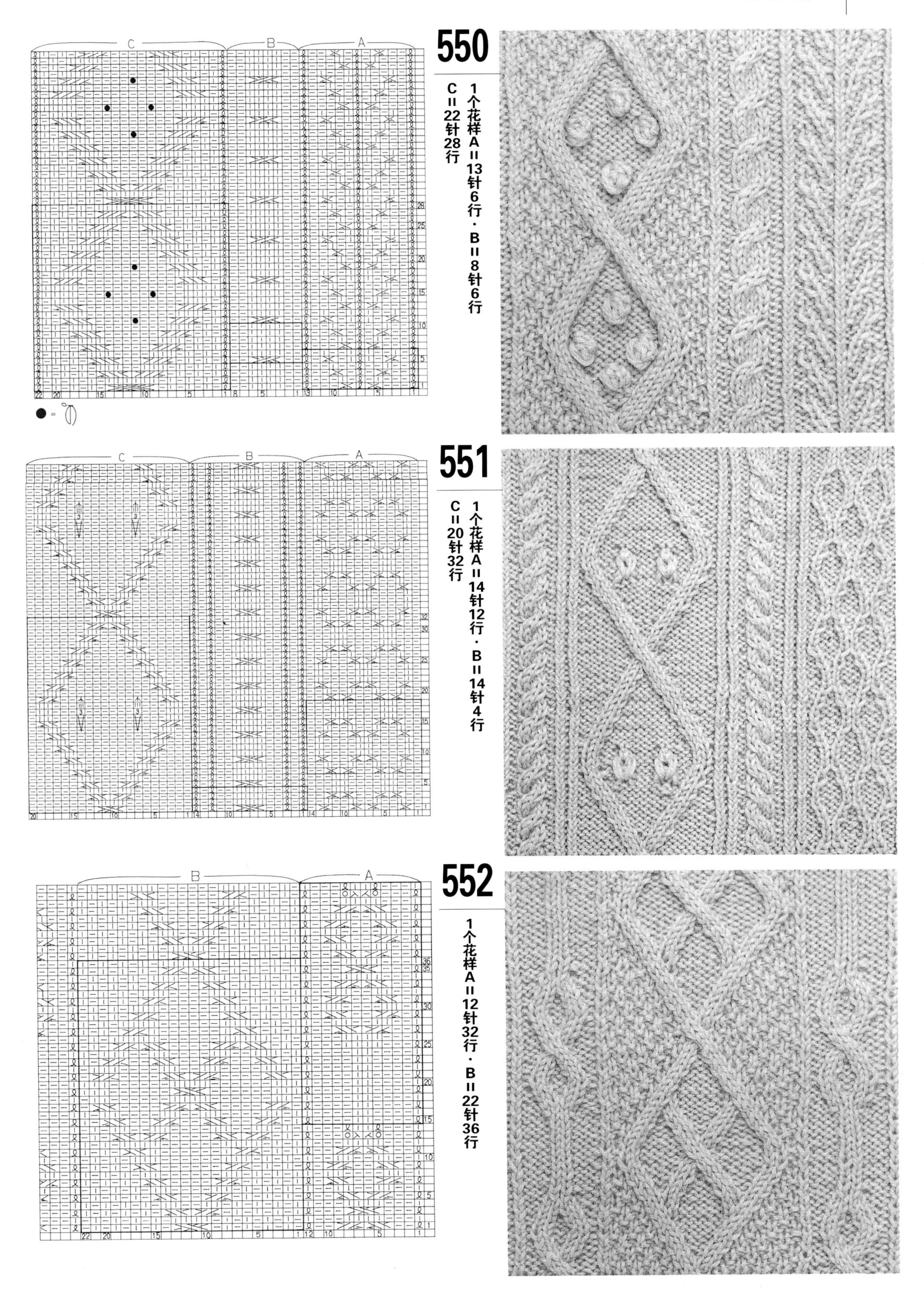
550
1个花样A=13针6行・B=8针6行
C=22针28行
551
1个花样A=14针12行・B=14针4行
C=20针32行
552
1个花样A=12针32行・B=22针36行

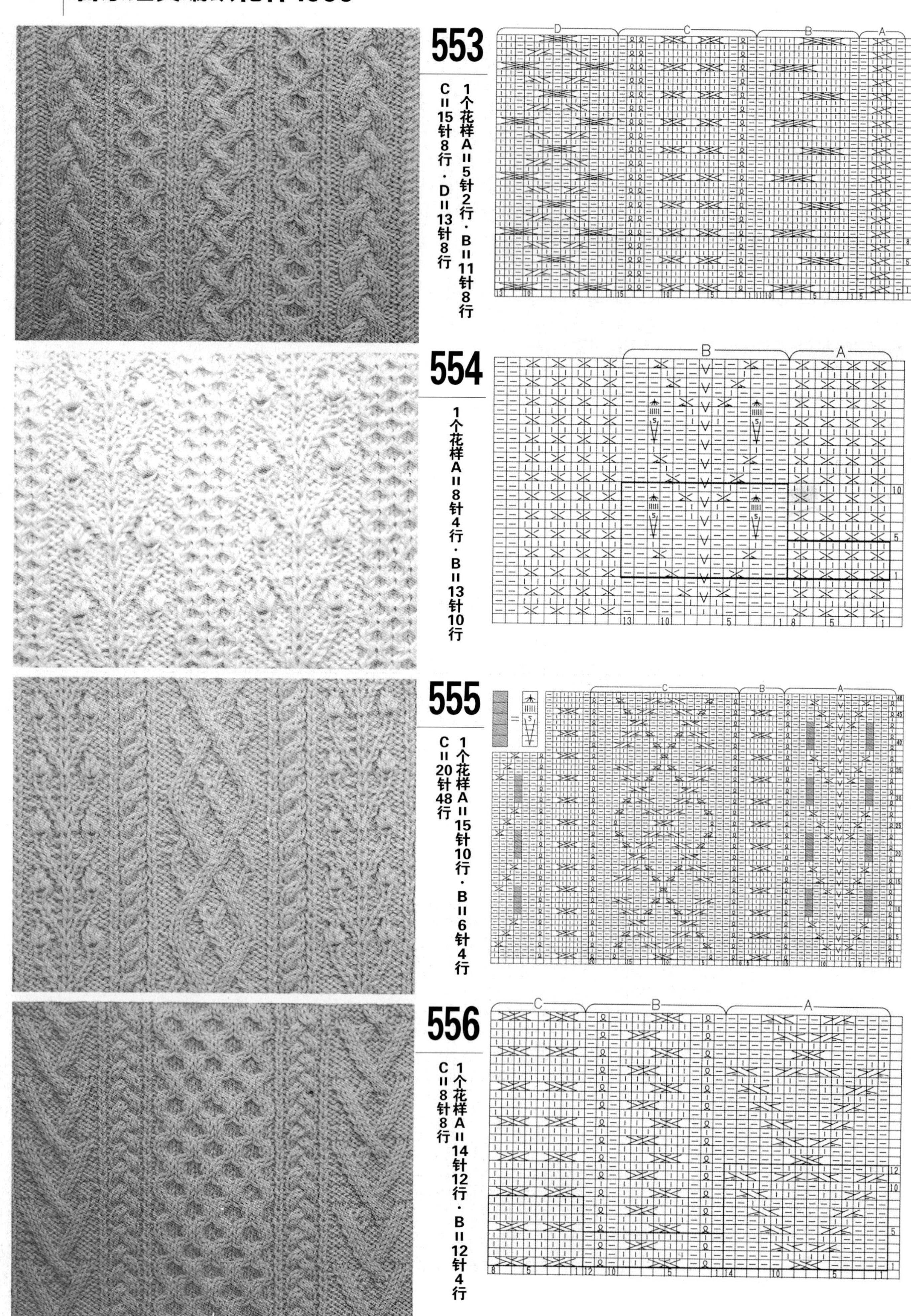
553
1个花样A=5针2行・B=11针8行
C=15针8行・D=13针8行
554
1个花样A=8针4行・B=13针10行
555
1个花样A=15针10行・B=6针4行
C=20针48行
556
1个花样A=14针12行・B=12针4行
C=8针8行

花色编织【北欧风格花样、费尔岛花样、阿兰花样】

花色编织如同指尖下的色彩的游戏。
欢快轻松的感觉，明快鲜艳的颜色，无论是时髦新颖还是古典优雅，都隐藏着无限的可能。
和交叉针一起搭配编织，或者应用拼布图谱的一些花样，或许会构成为另一种新的编织方法。

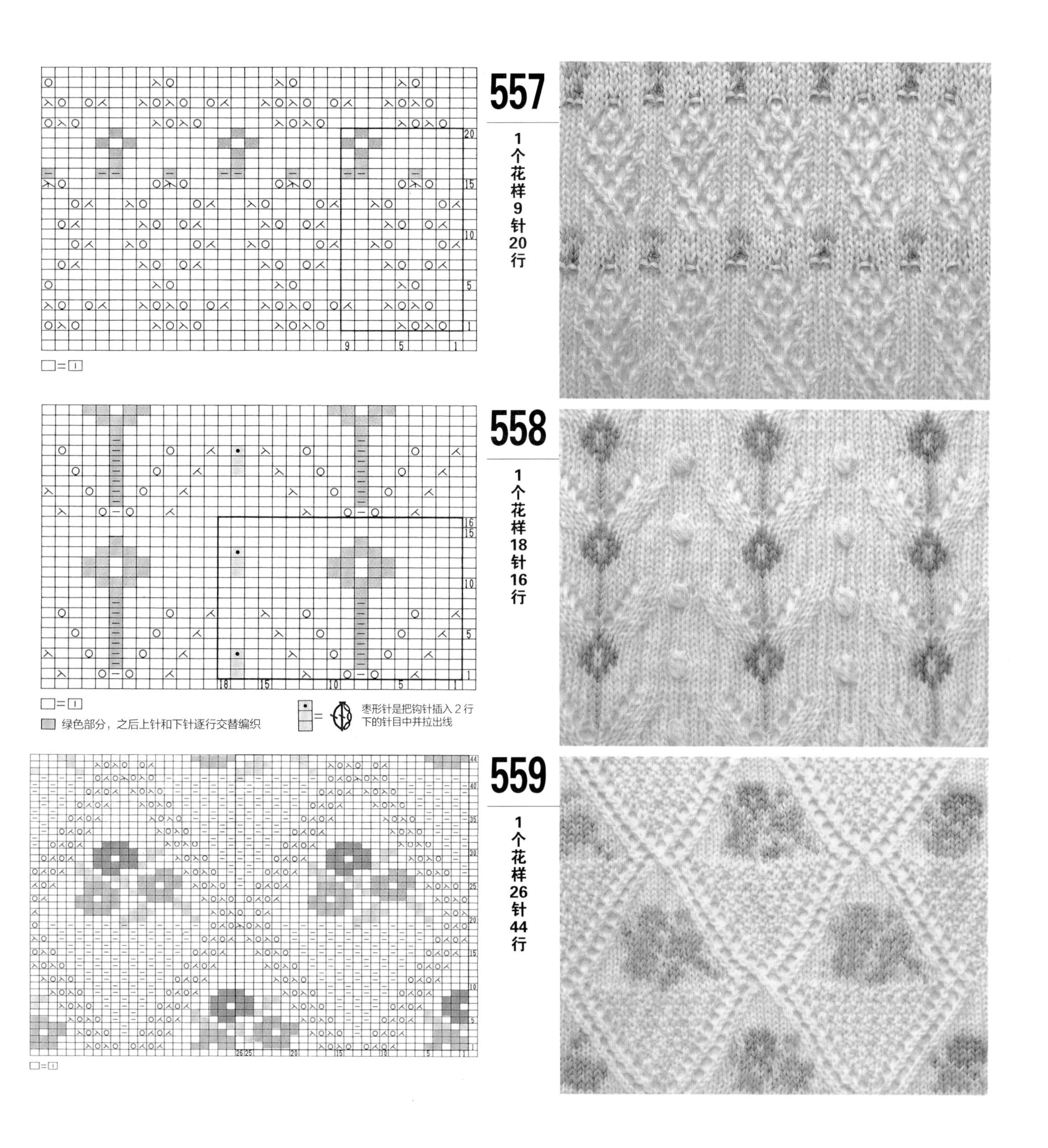

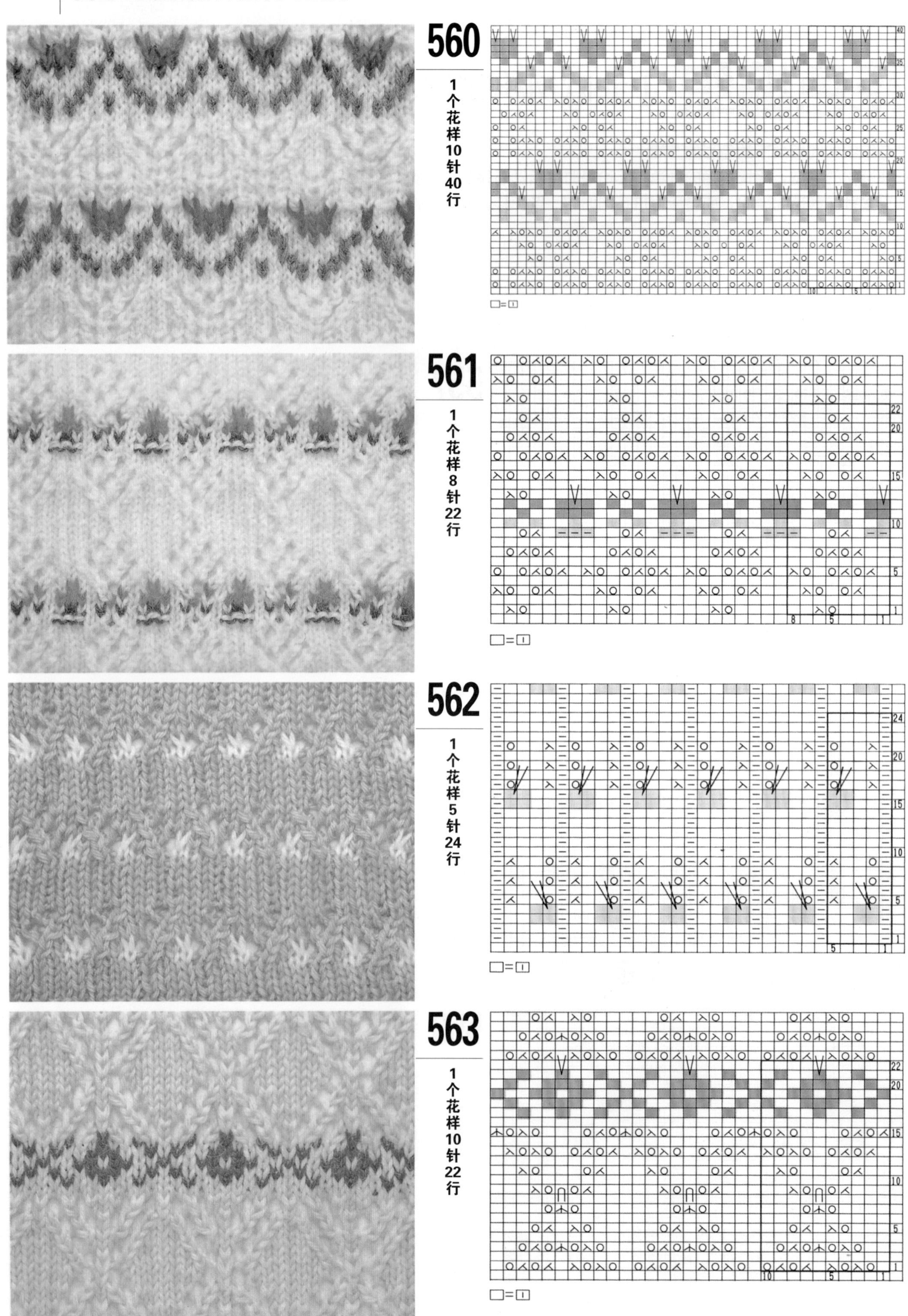
560
1个花样10针40行
□=⊡
561
1个花样8针22行
□=⊡
562
1个花样5针24行
□=⊡
563
1个花样10针22行
□=⊡

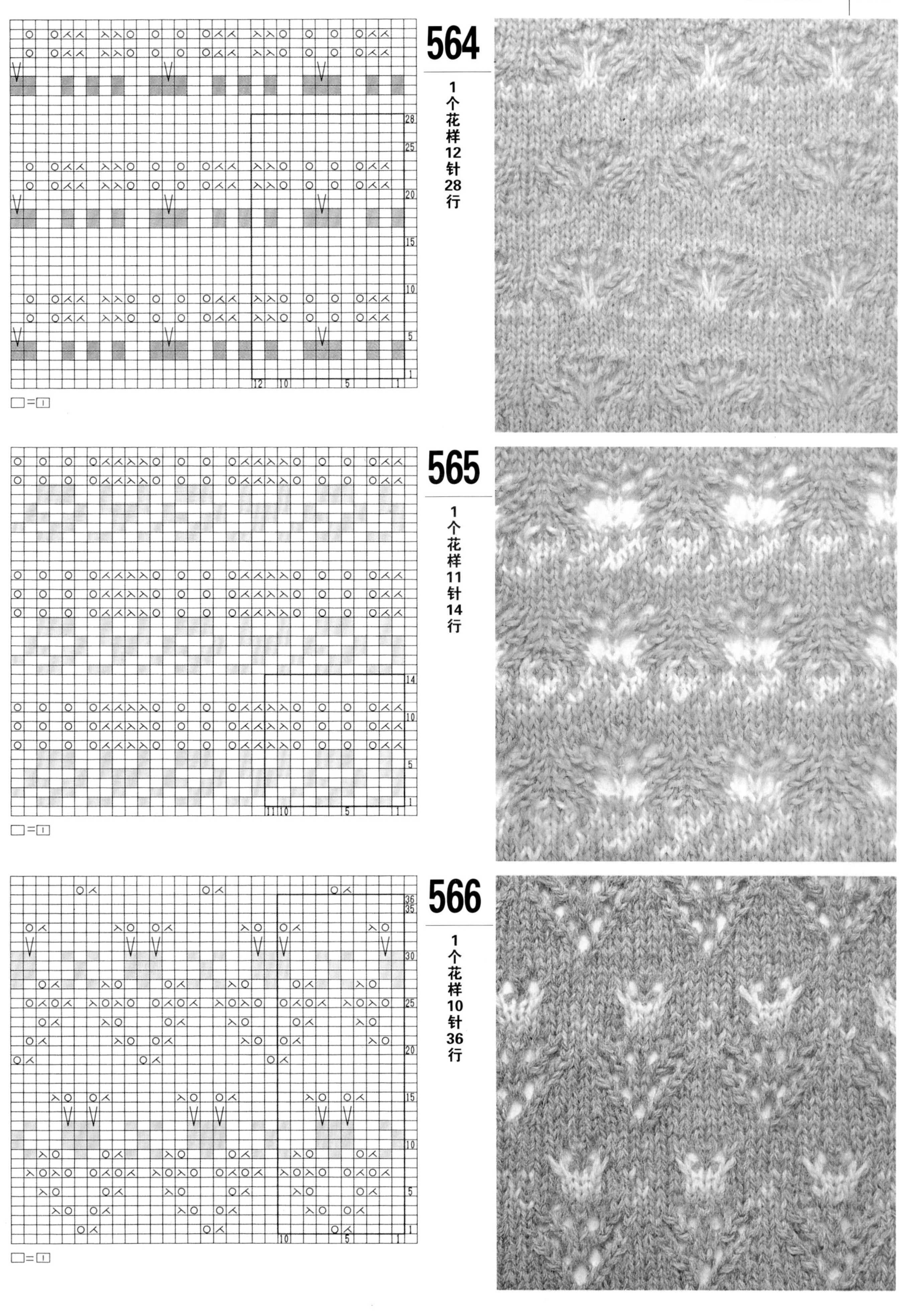

564
1个花样12针28行
565
1个花样11针14行
566
1个花样10针36行
□=□

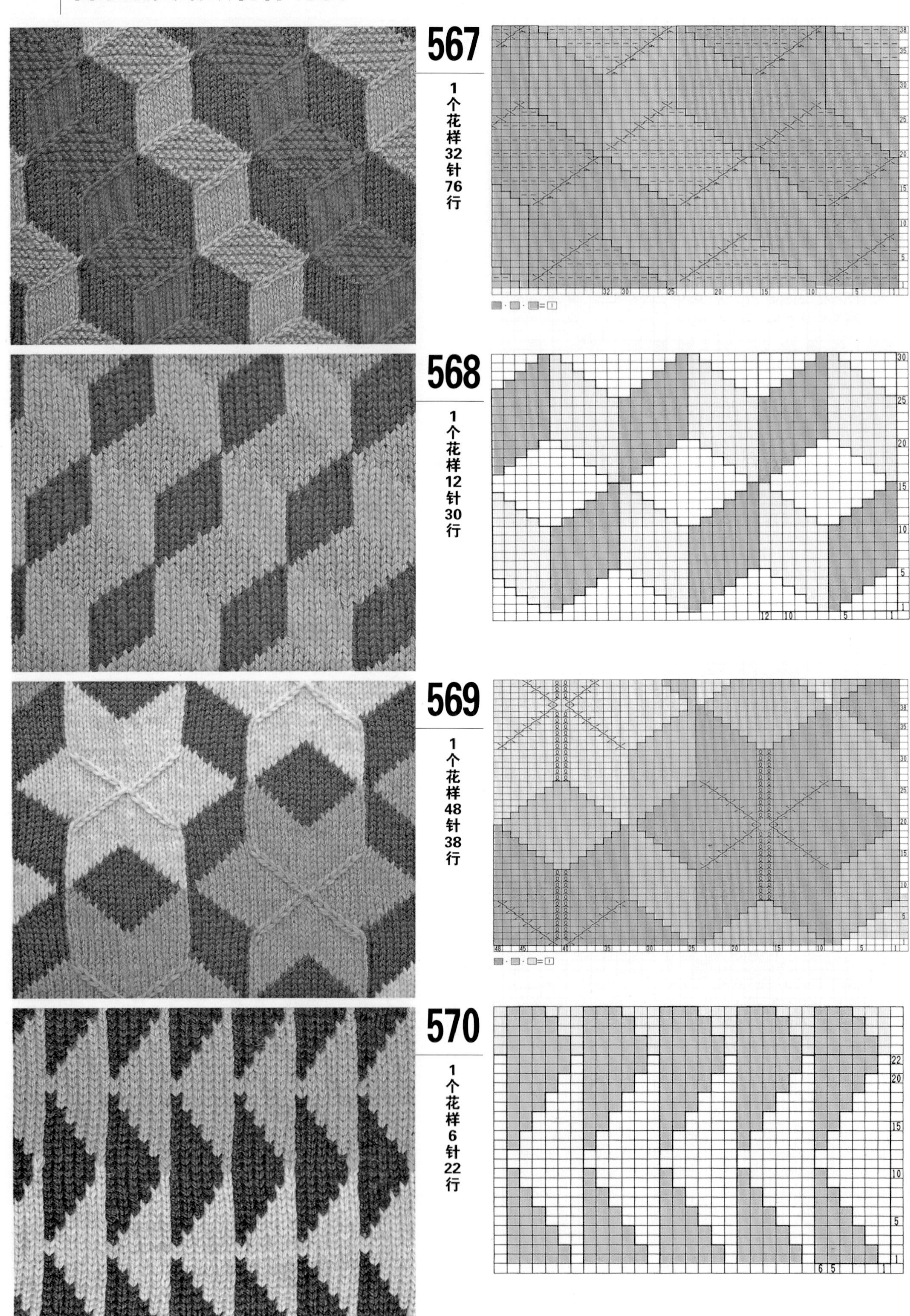

567
1个花样32针76行
568
1个花样12针30行
569
1个花样48针38行
570
1个花样6针22行

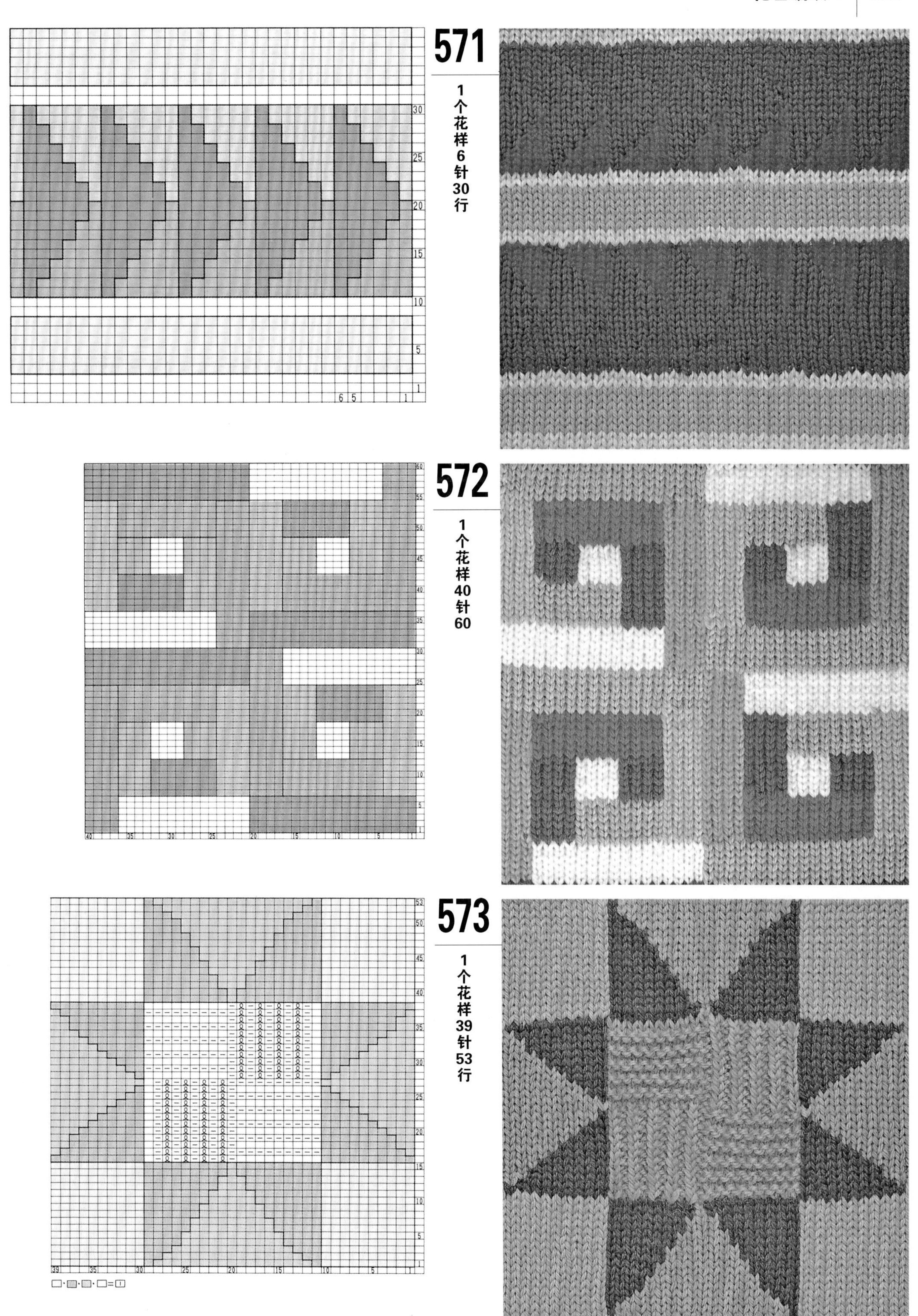
571
1个花样6针30行
572
1个花样40针60
573
1个花样39针53行

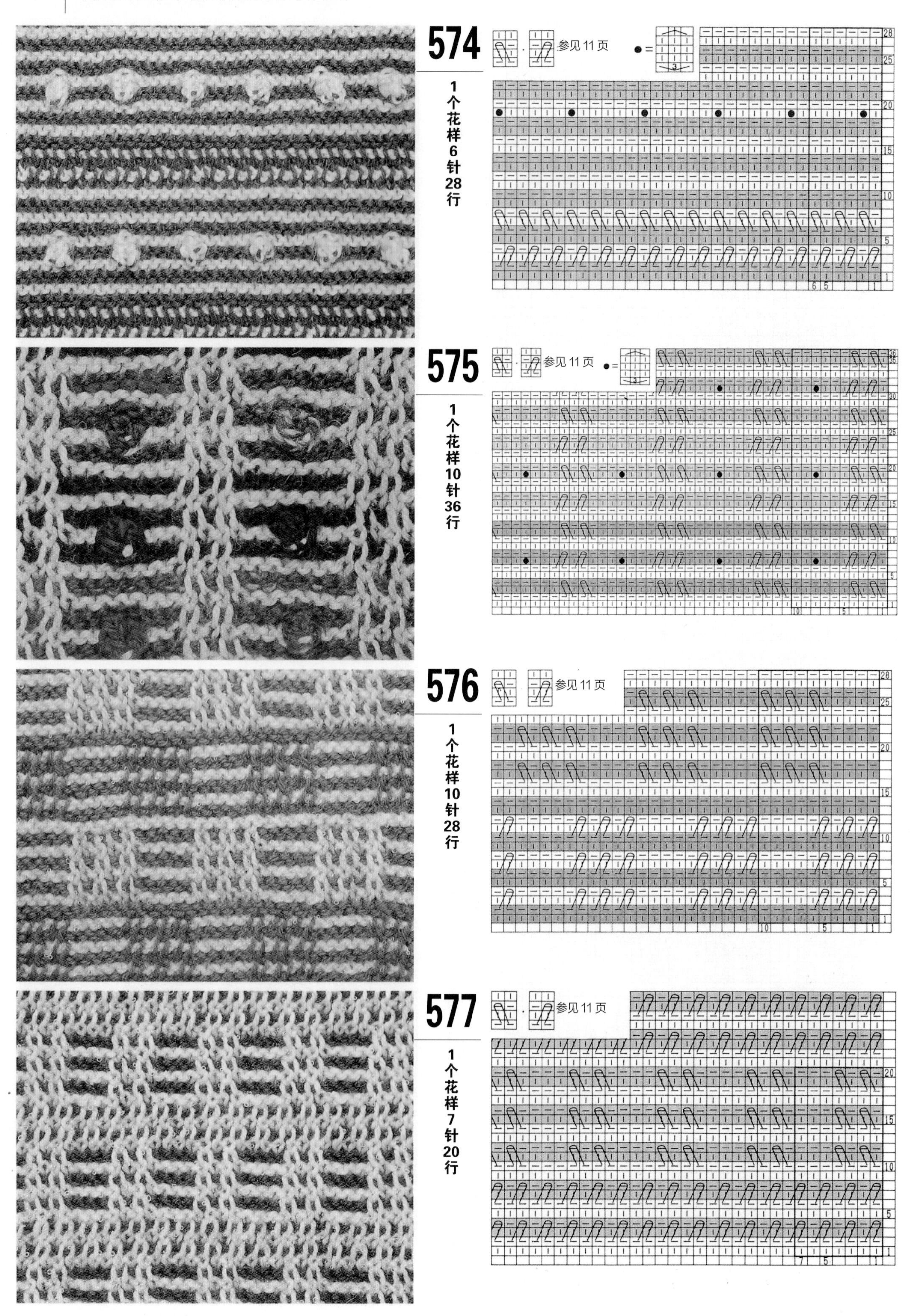
574
参见11页
1个花样6针28行
575
参见11页
1个花样10针36行
576
参见11页
1个花样10针28行
577
参见11页
1个花样7针20行

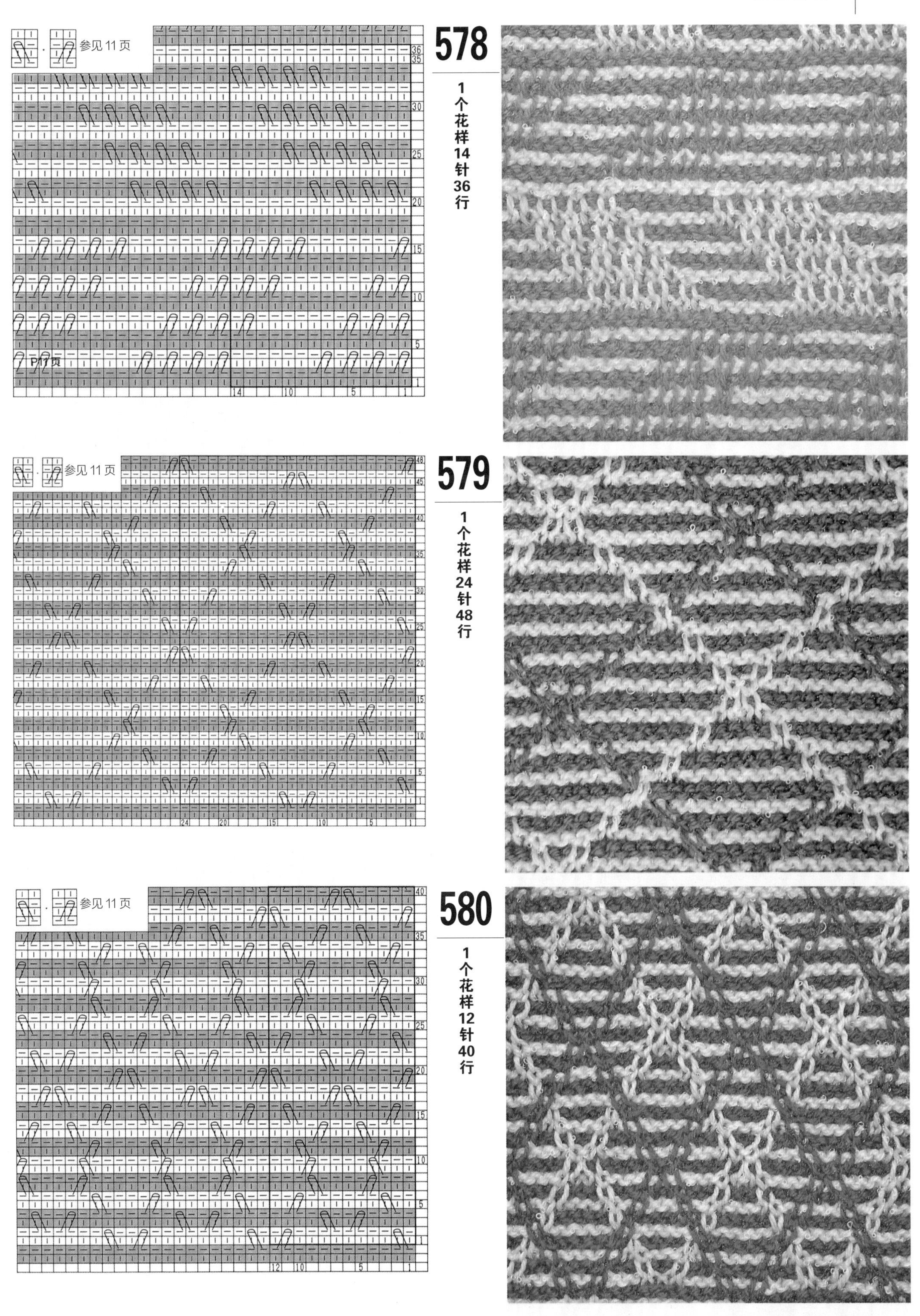
参见11页
P11页
578
1个花样14针36行
参见11页
579
1个花样24针48行
参见11页
580
1个花样12针40行

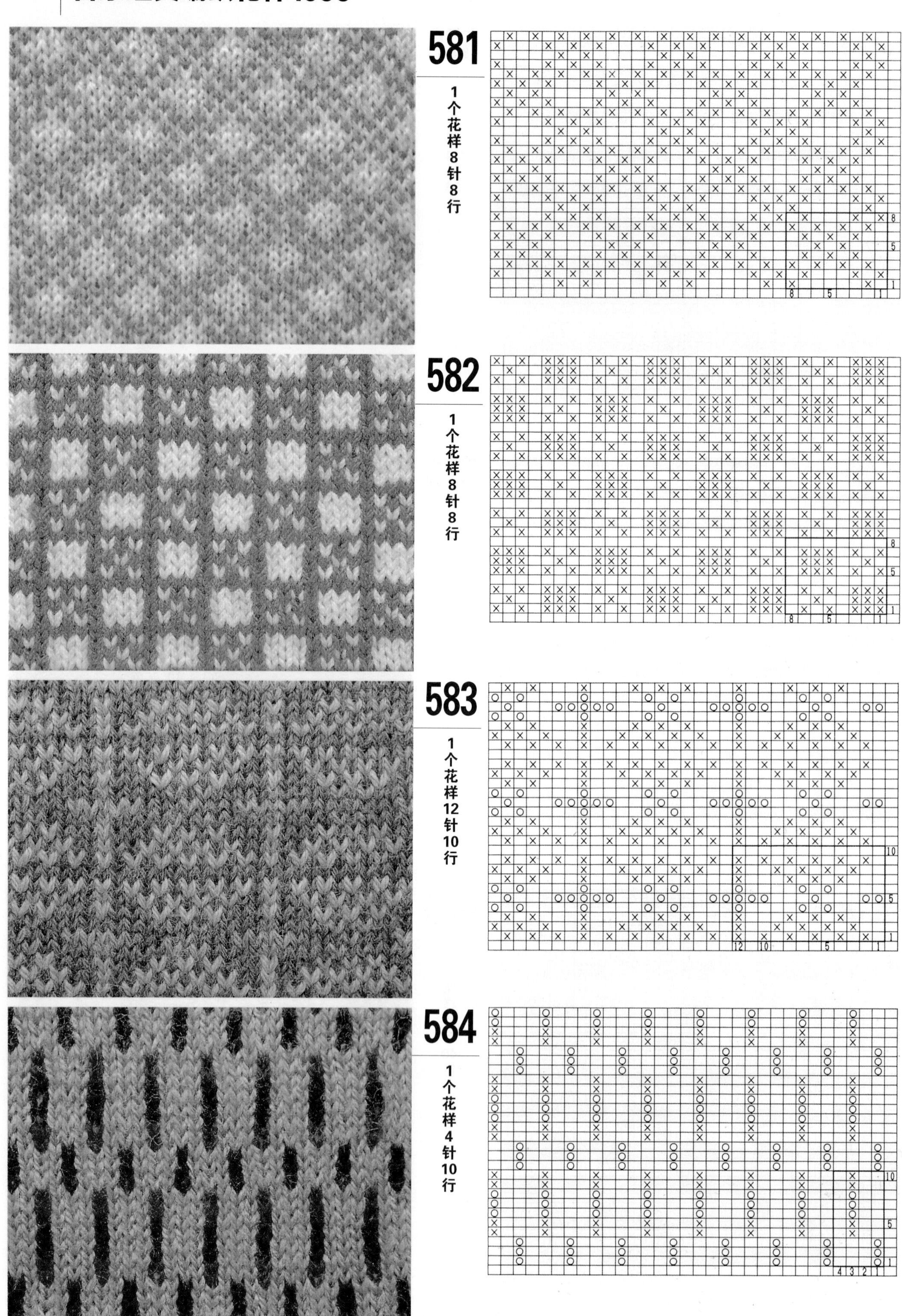
581
1个花样8针8行
582
1个花样8针8行
583
1个花样12针10行
584
1个花样4针10行

585
1个花样22针22行
586
1个花样24针24行
587
1个花样13针22行

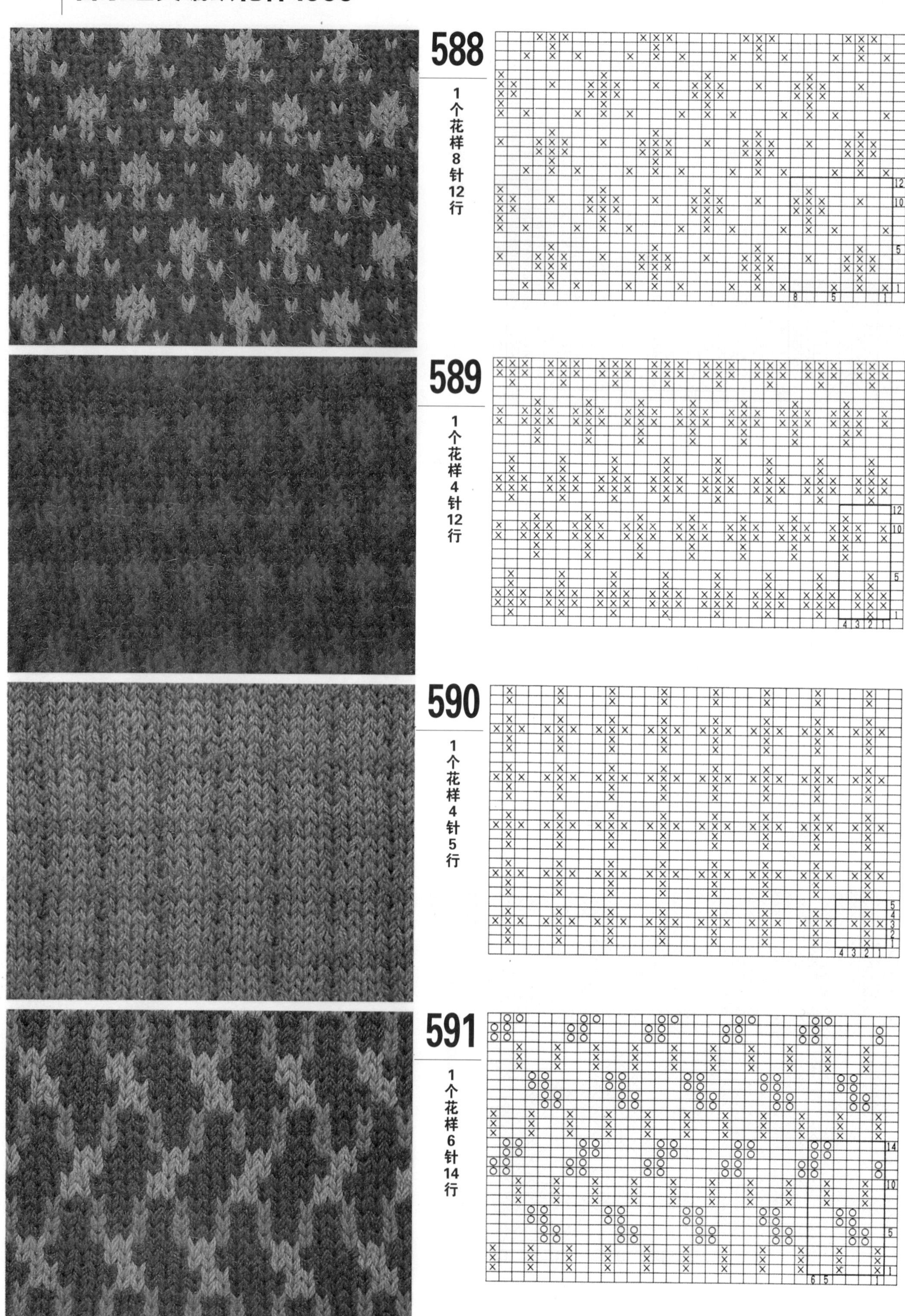
588
1个花样8针12行
589
1个花样4针12行
590
1个花样4针5行
591
1个花样6针14行

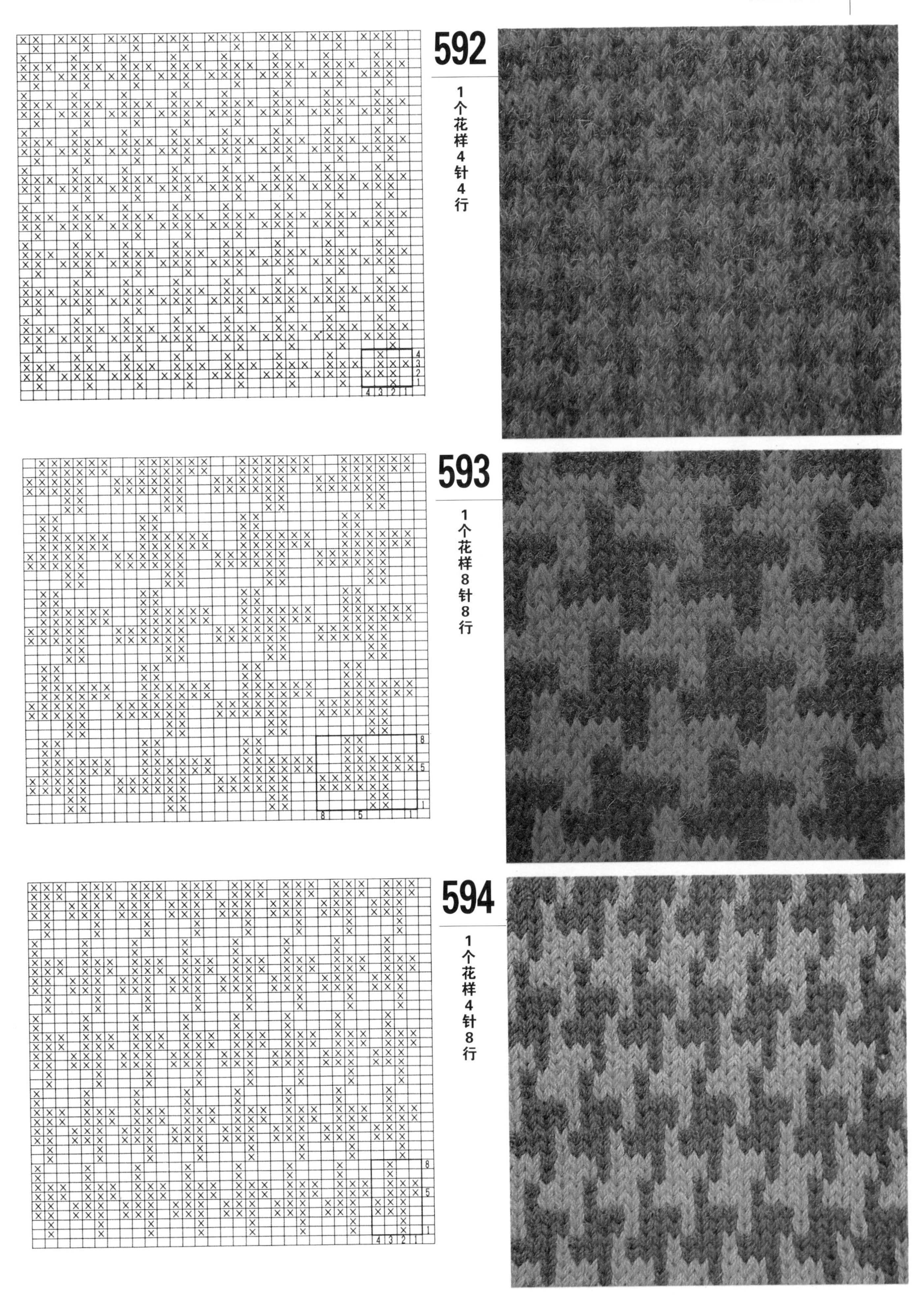
592
1个花样4针4行
593
1个花样8针8行
594
1个花样4针8行

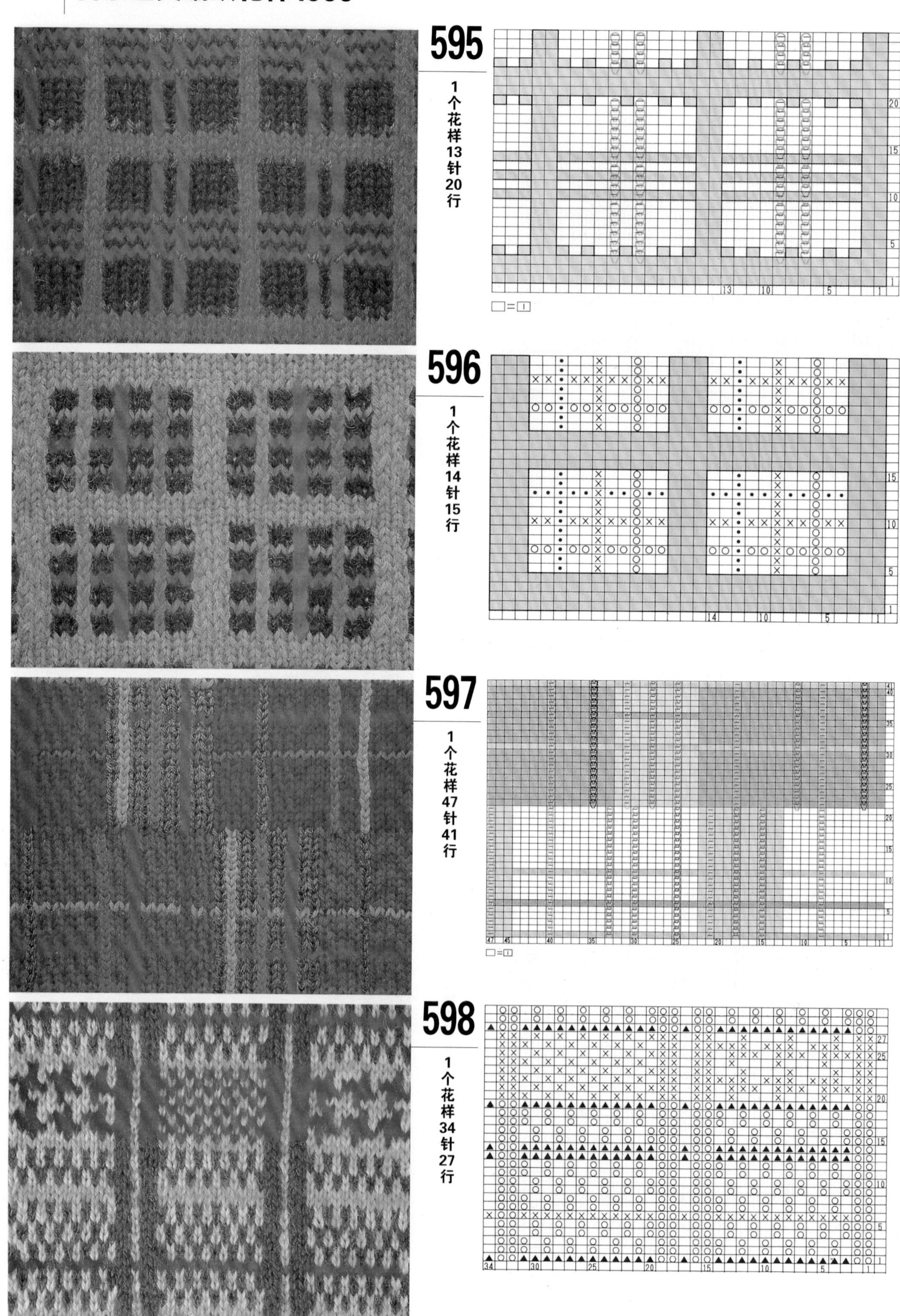
595
1个花样13针20行
□=□
596
1个花样14针15行
597
1个花样47针41行
□=□
598
1个花样34针27行

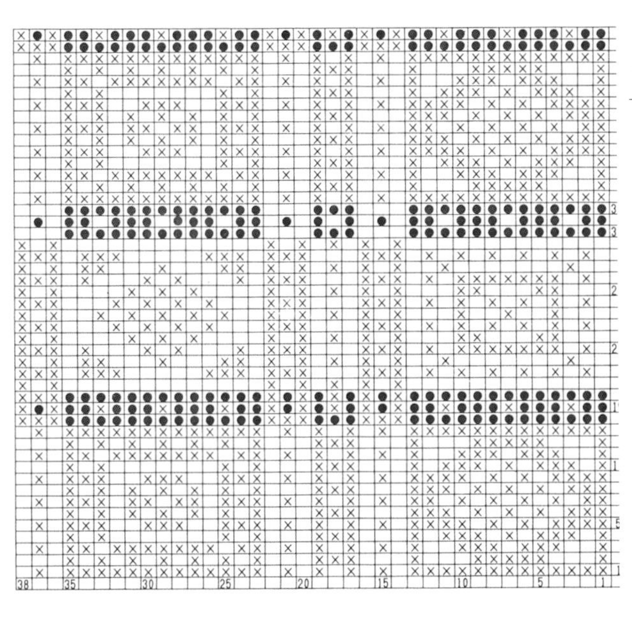

599

1个花样38针32行

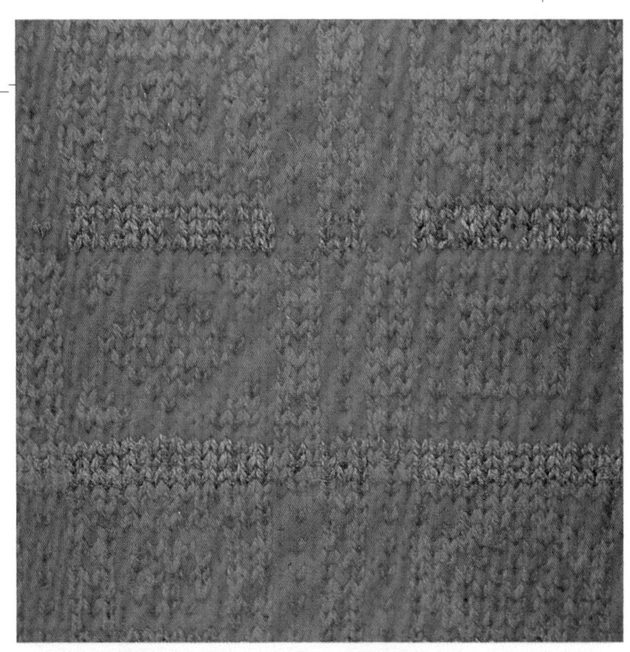

600

1个花样17针28行

□=□

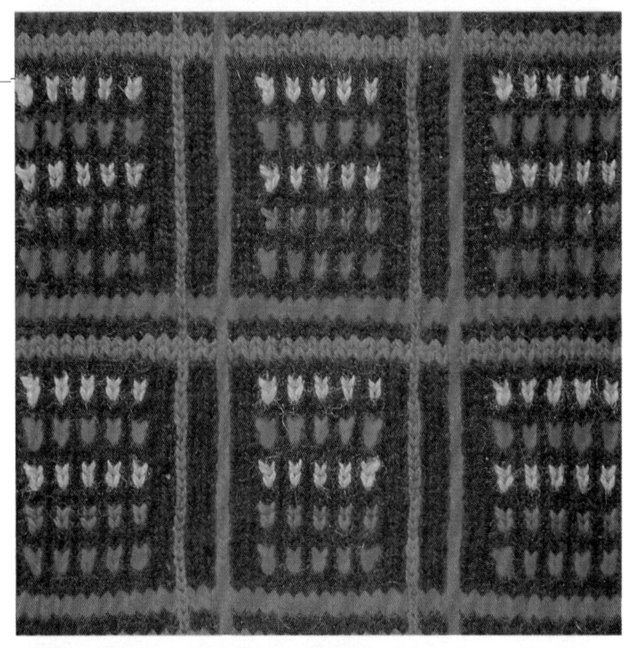

601

1个花样22针30行

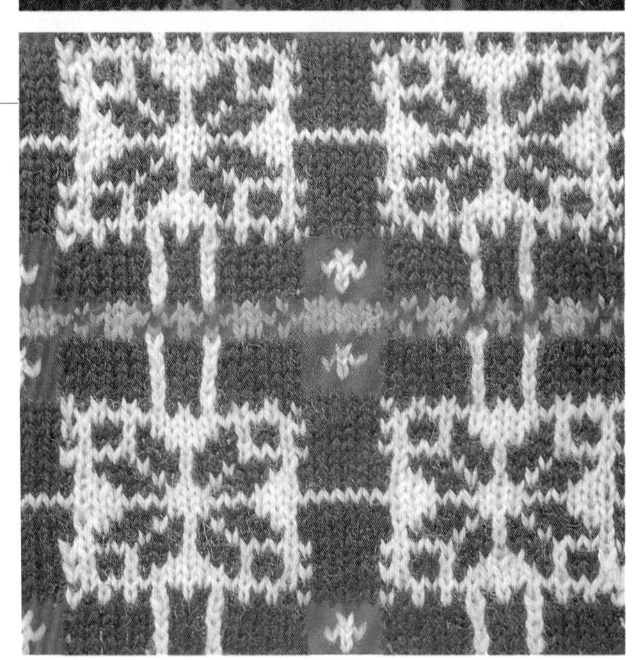

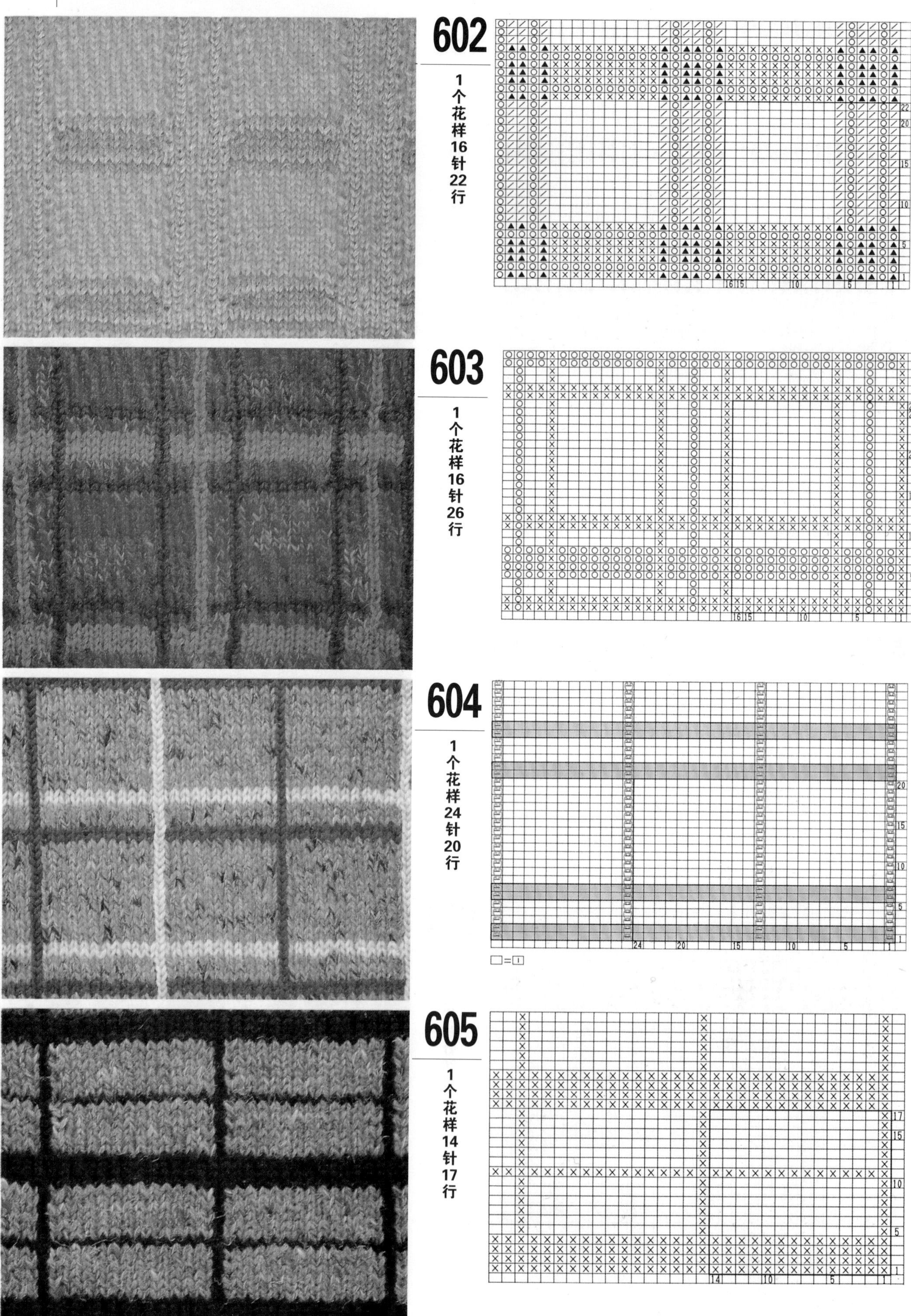
602
1个花样16针22行
603
1个花样16针26行
604
1个花样24针20行
605
1个花样14针17行

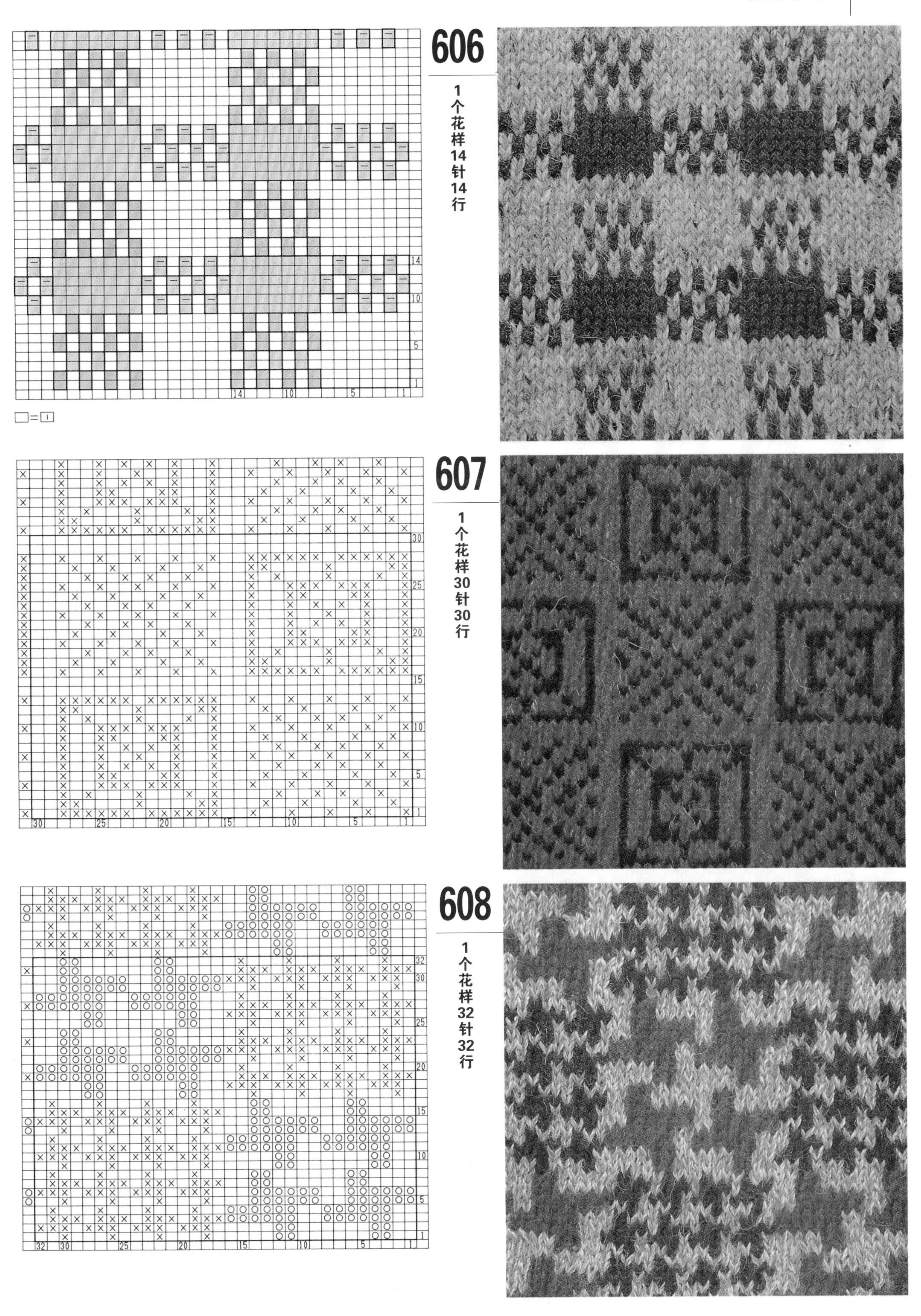
606
1个花样14针14行
□=□
607
1个花样30针30行
608
1个花样32针32行

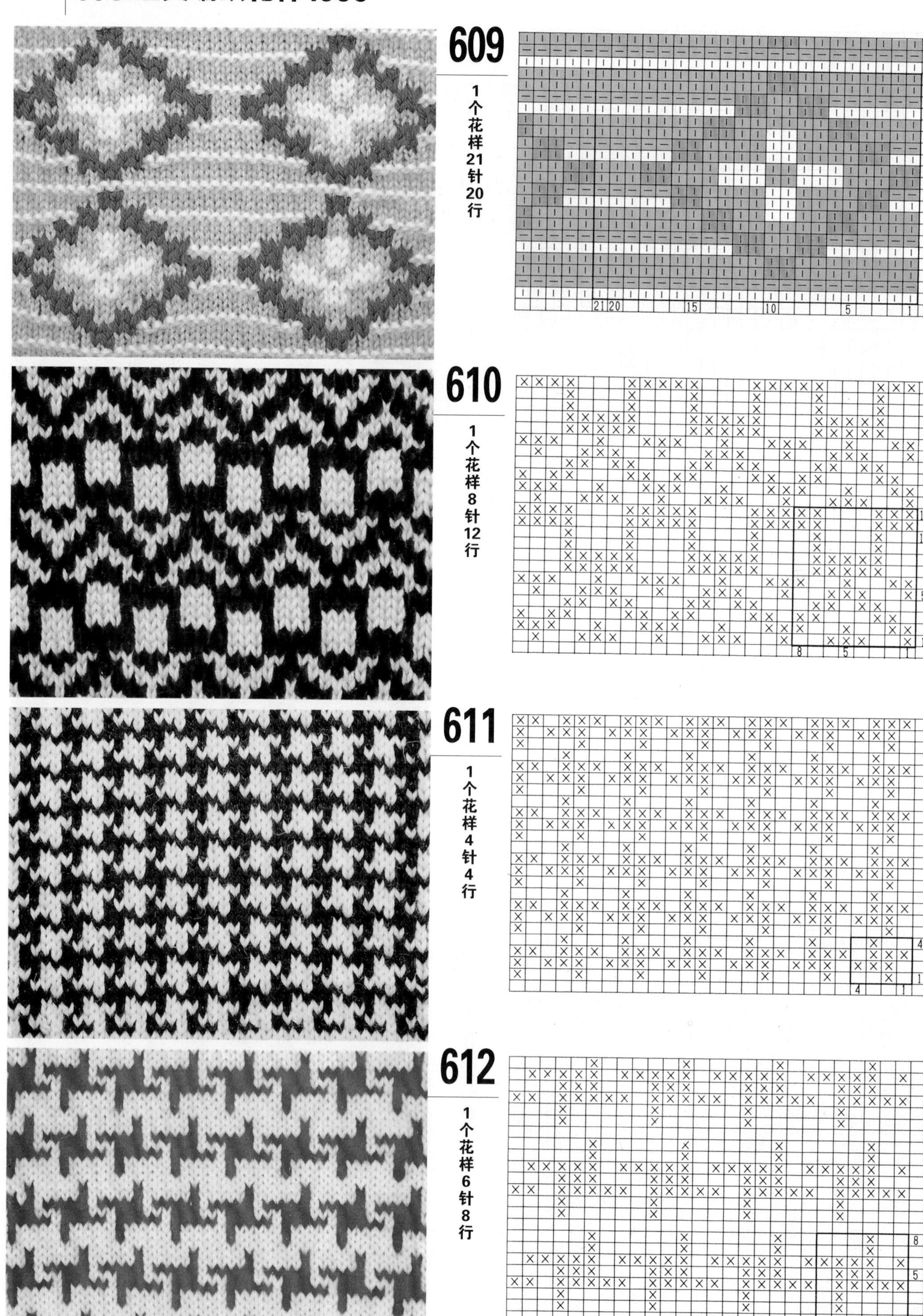
609
1个花样21针20行
610
1个花样8针12行
611
1个花样4针4行
612
1个花样6针8行

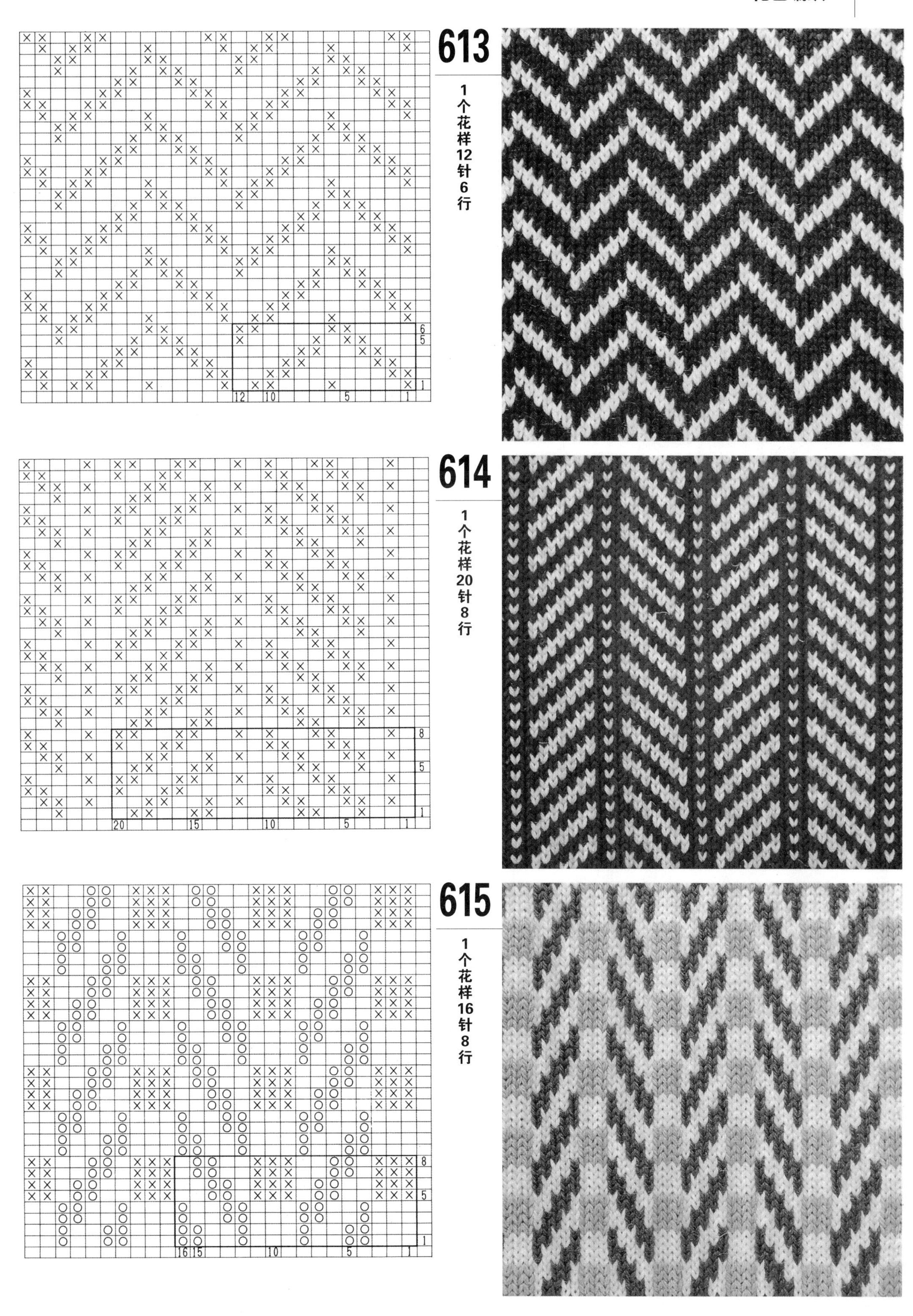
613
1个花样12针6行
614
1个花样20针8行
615
1个花样16针8行

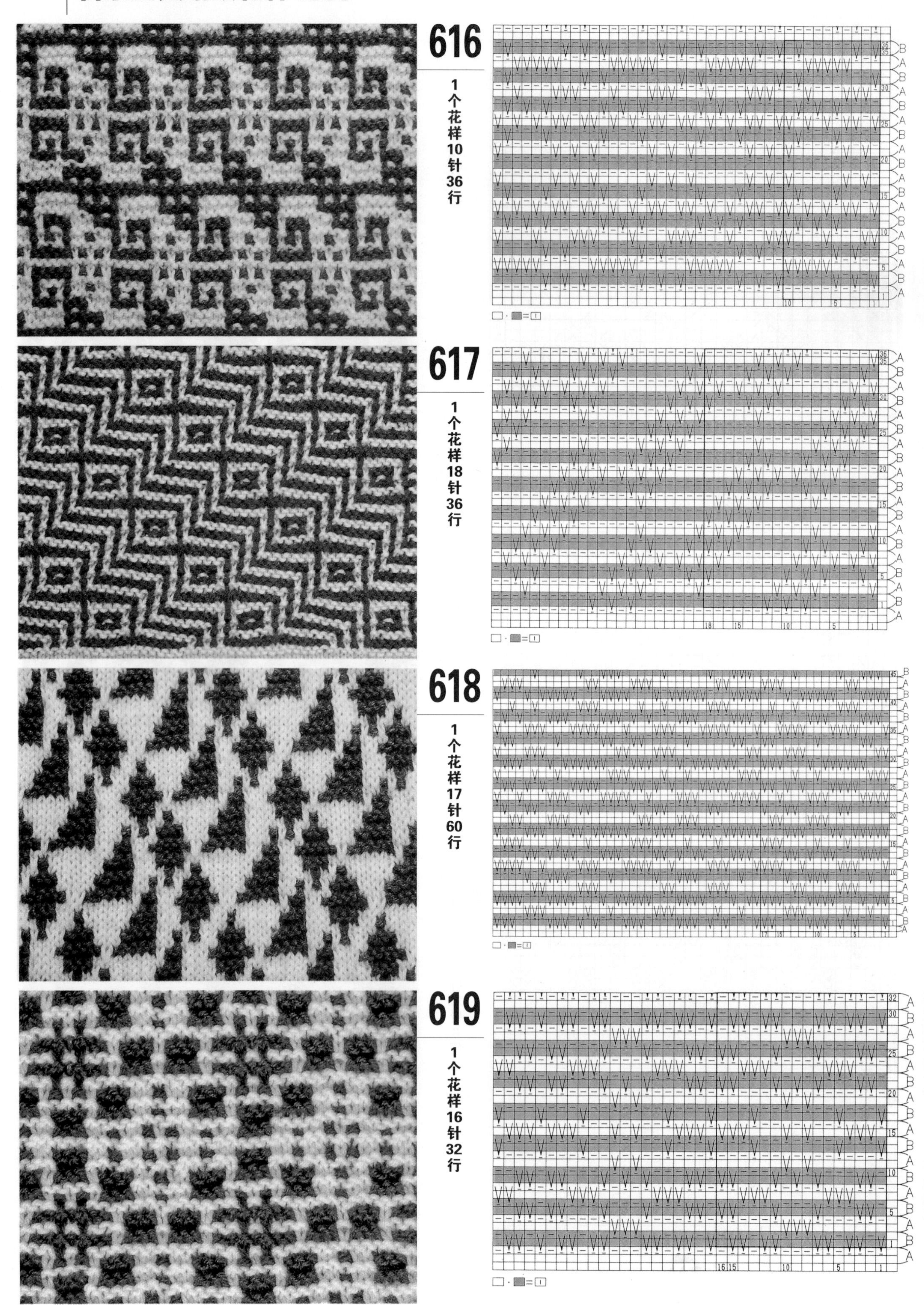

616

1个花样10针36行

617

1个花样18针36行

618

1个花样17针60行

619

1个花样16针32行

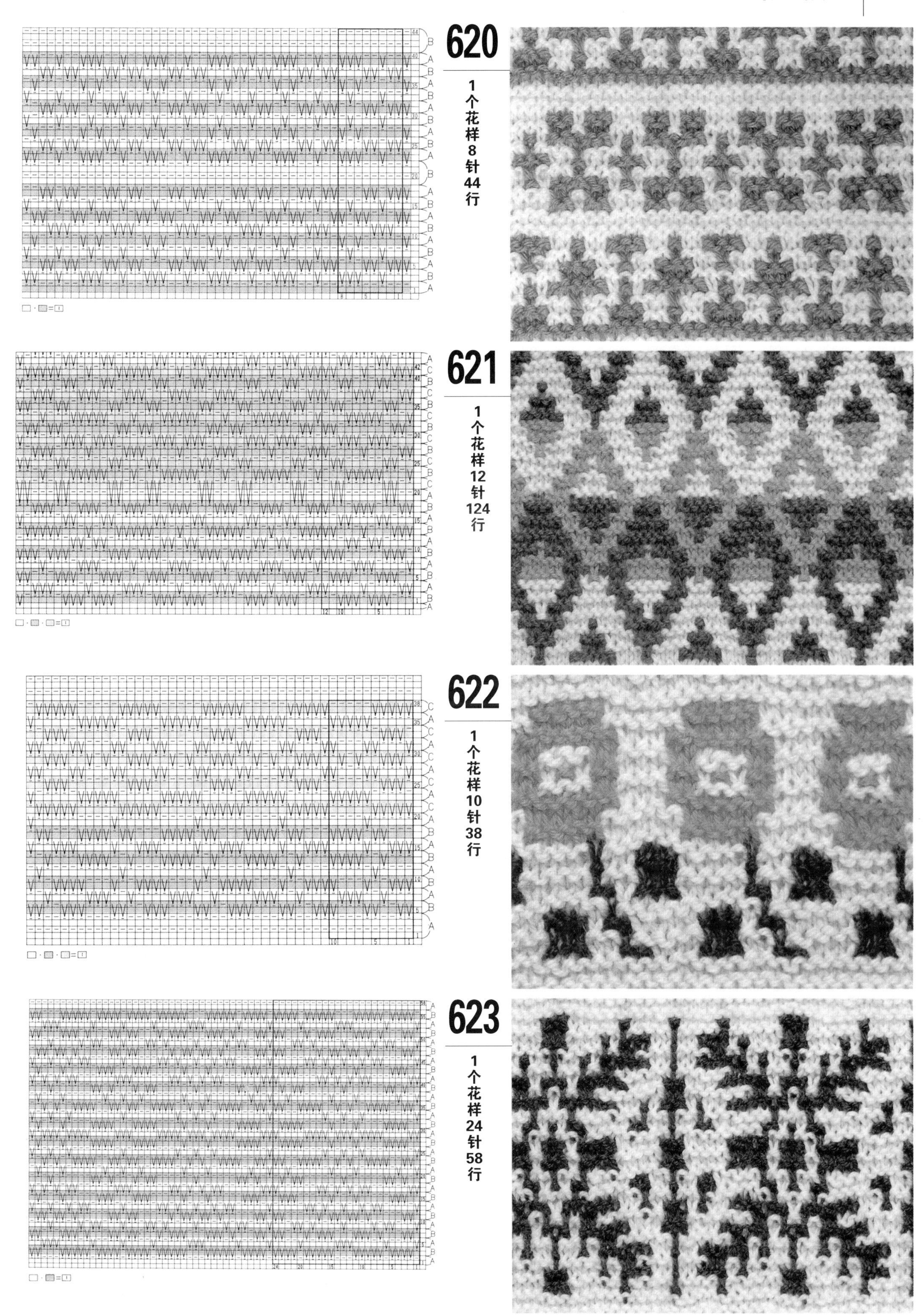

620

1个花样8针44行

621

1个花样12针124行

622

1个花样10针38行

623

1个花样24针58行

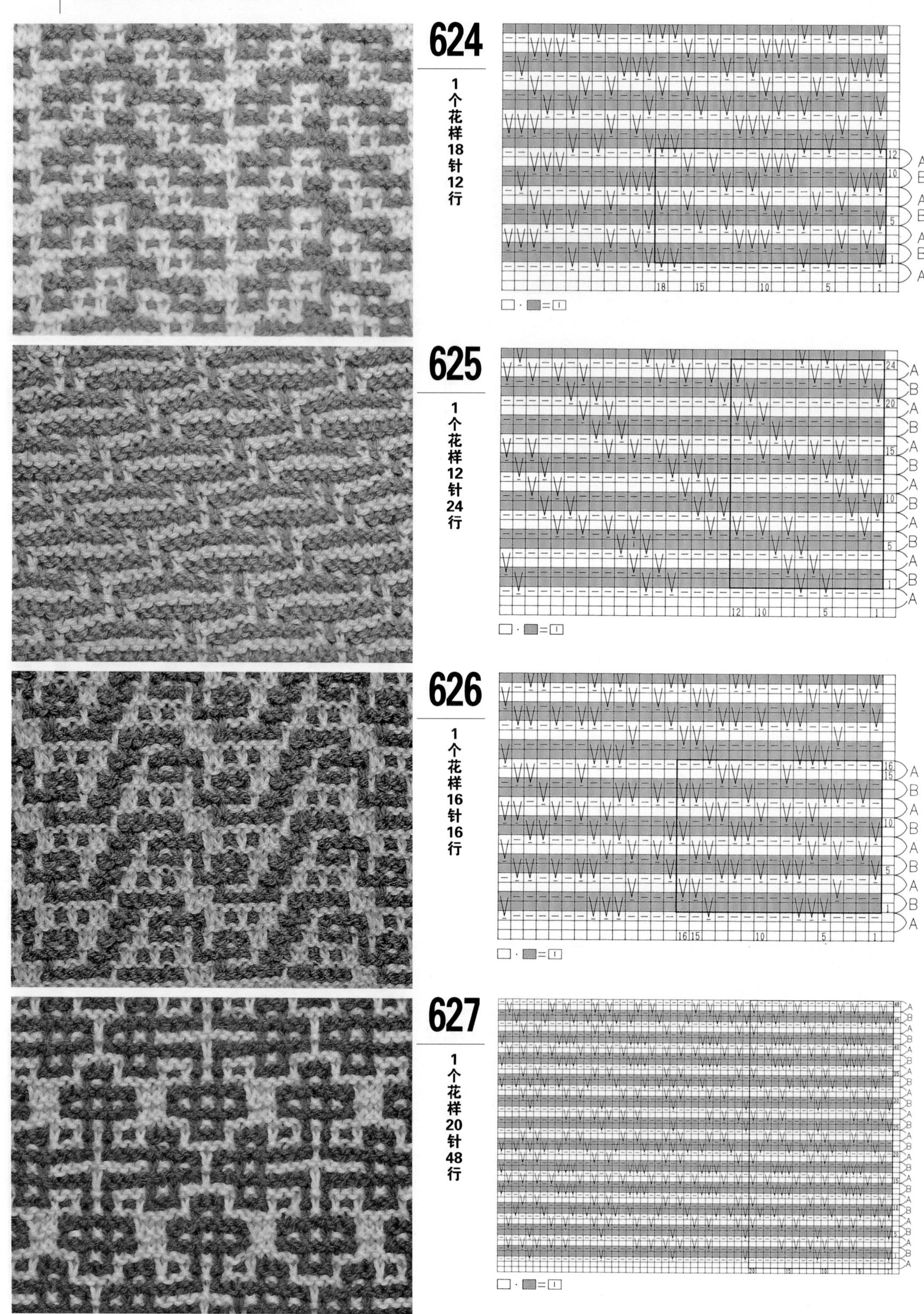
624
1个花样18针12行
A
B
A
B
A
B
A
625
1个花样12针24行
626
1个花样16针16行
627
1个花样20针48行

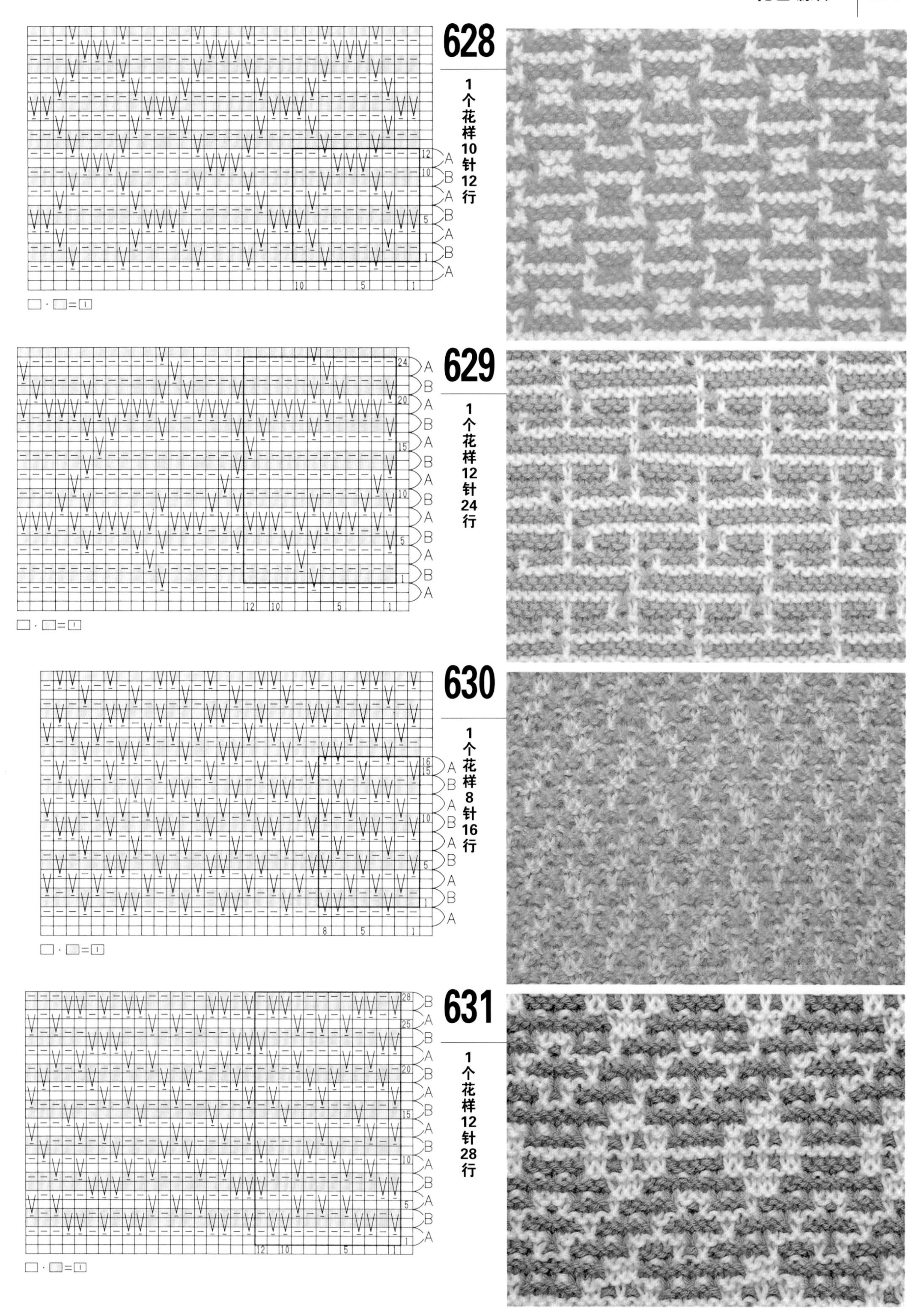
628
1个花样10针12行
629
1个花样12针24行
630
1个花样8针16行
631
1个花样12针28行

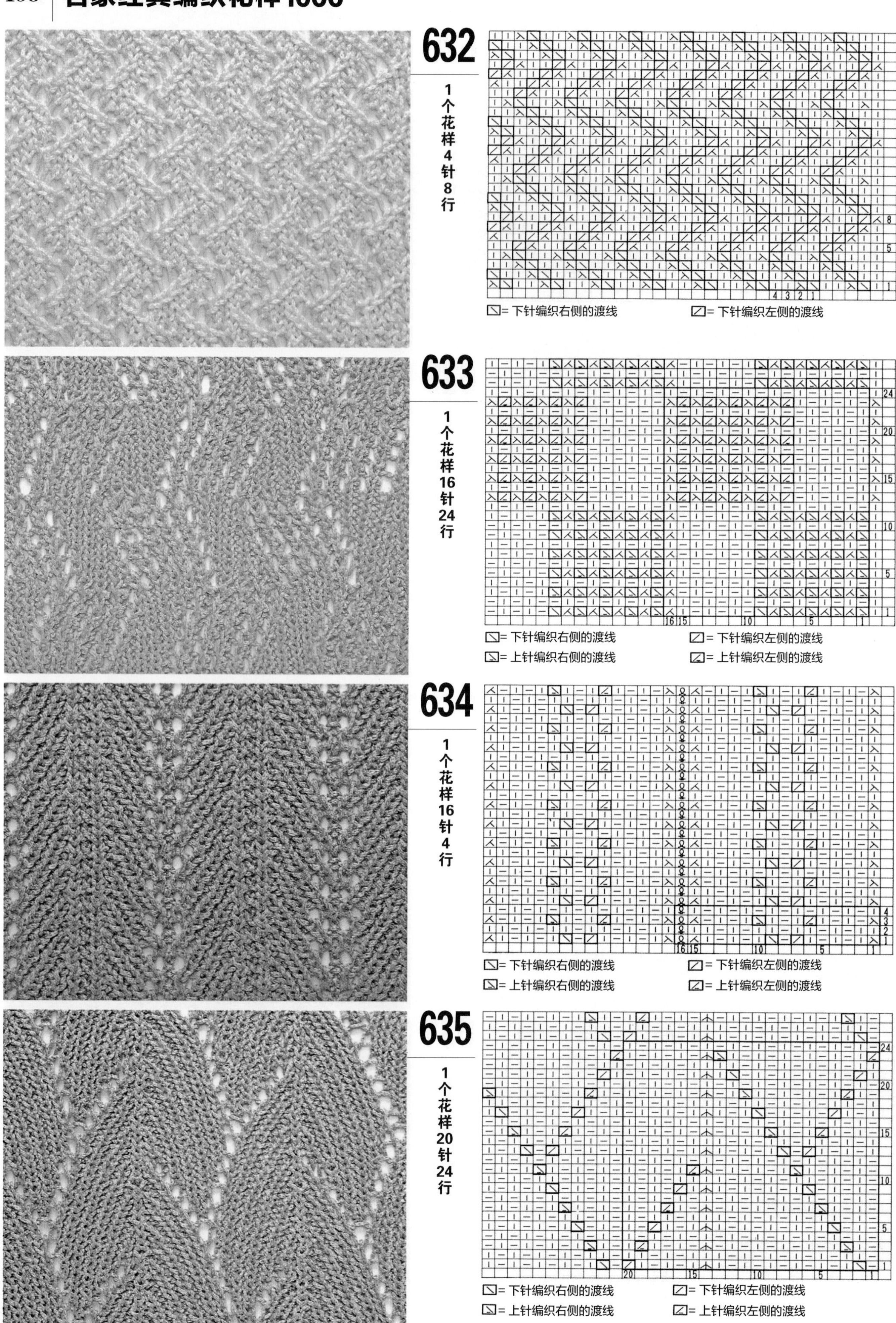
632
1个花样4针8行
▧= 下针编织右侧的渡线
▨= 下针编织左侧的渡线
633
1个花样16针24行
▧= 下针编织右侧的渡线
▨= 下针编织左侧的渡线
▧= 上针编织右侧的渡线
▨= 上针编织左侧的渡线
634
1个花样16针4行
▧= 下针编织右侧的渡线
▨= 下针编织左侧的渡线
▧= 上针编织右侧的渡线
▨= 上针编织左侧的渡线
635
1个花样20针24行
▧= 下针编织右侧的渡线
▨= 下针编织左侧的渡线
▧= 上针编织右侧的渡线
▨= 上针编织左侧的渡线

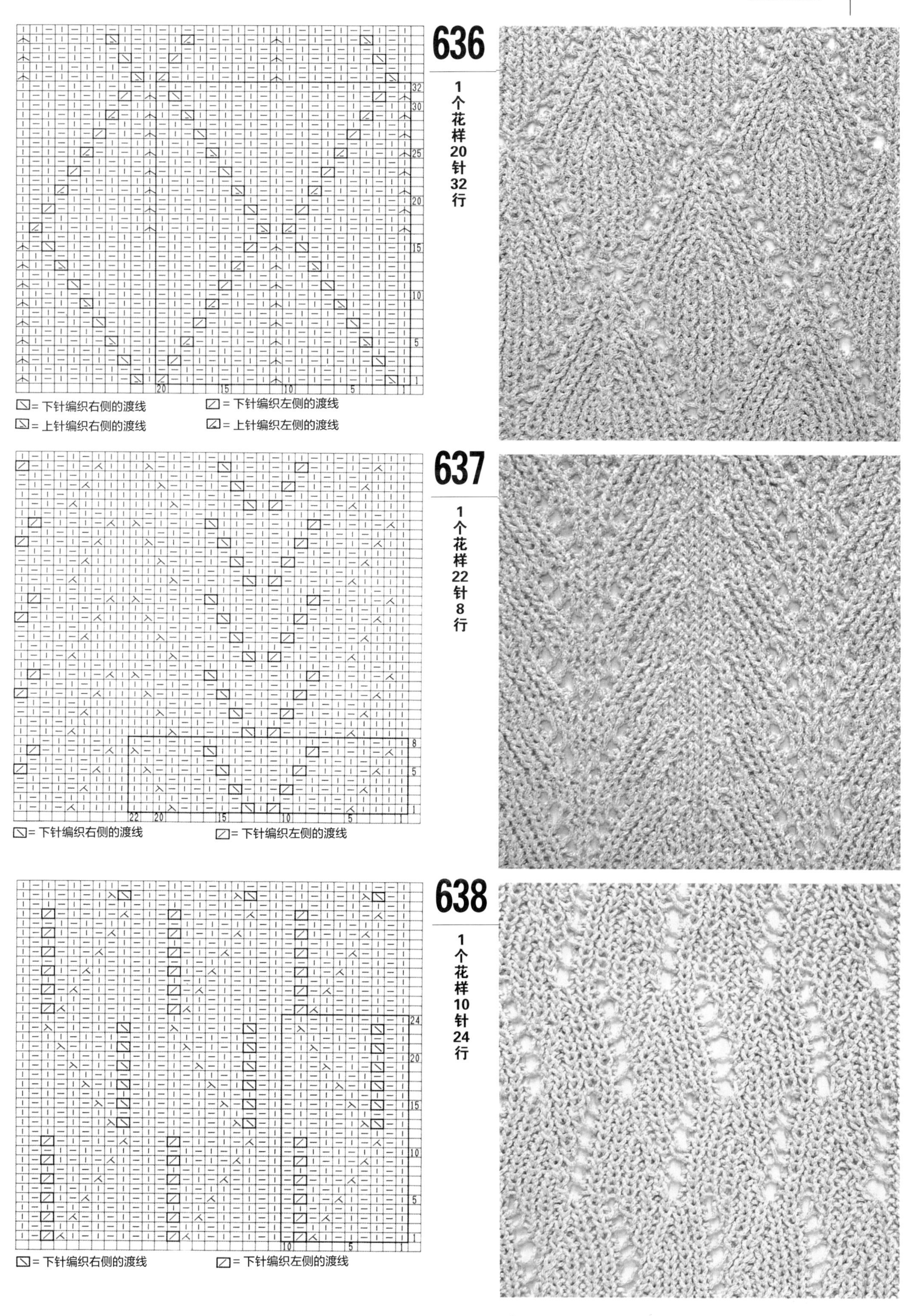
636
1个花样20针32行
=下针编织右侧的渡线
=下针编织左侧的渡线
=上针编织右侧的渡线
=上针编织左侧的渡线
637
1个花样22针8行
=下针编织右侧的渡线
=下针编织左侧的渡线
638
1个花样10针24行
=下针编织右侧的渡线
=下针编织左侧的渡线

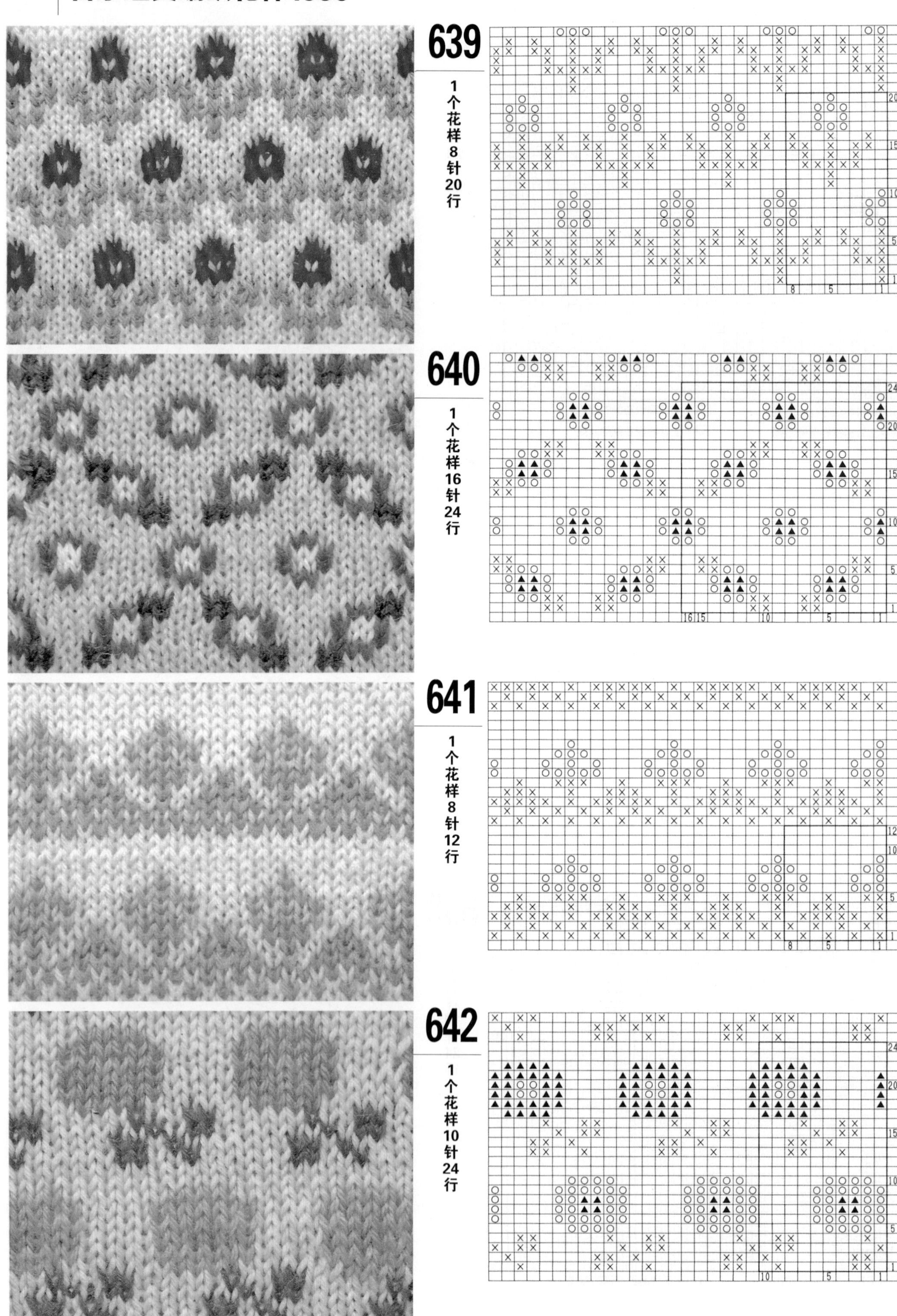
639
1个花样8针20行
640
1个花样16针24行
641
1个花样8针12行
642
1个花样10针24行

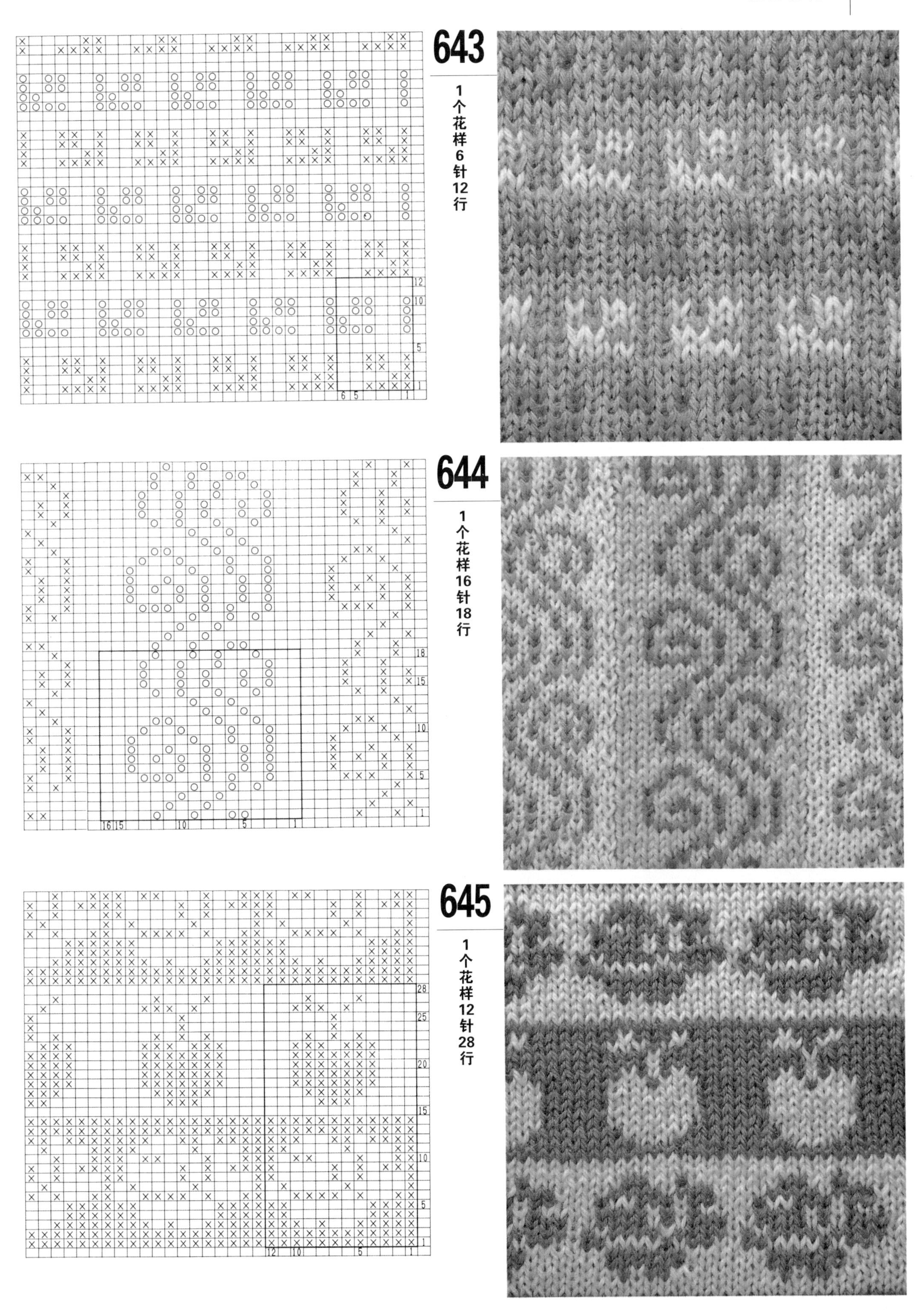
643
1个花样6针12行
12
10
5
1
6 5 1
644
1个花样16针18行
18
15
10
5
1
16 15 10 5 1
645
1个花样12针28行
28
25
20
15
10
5
1
12 10 5 1

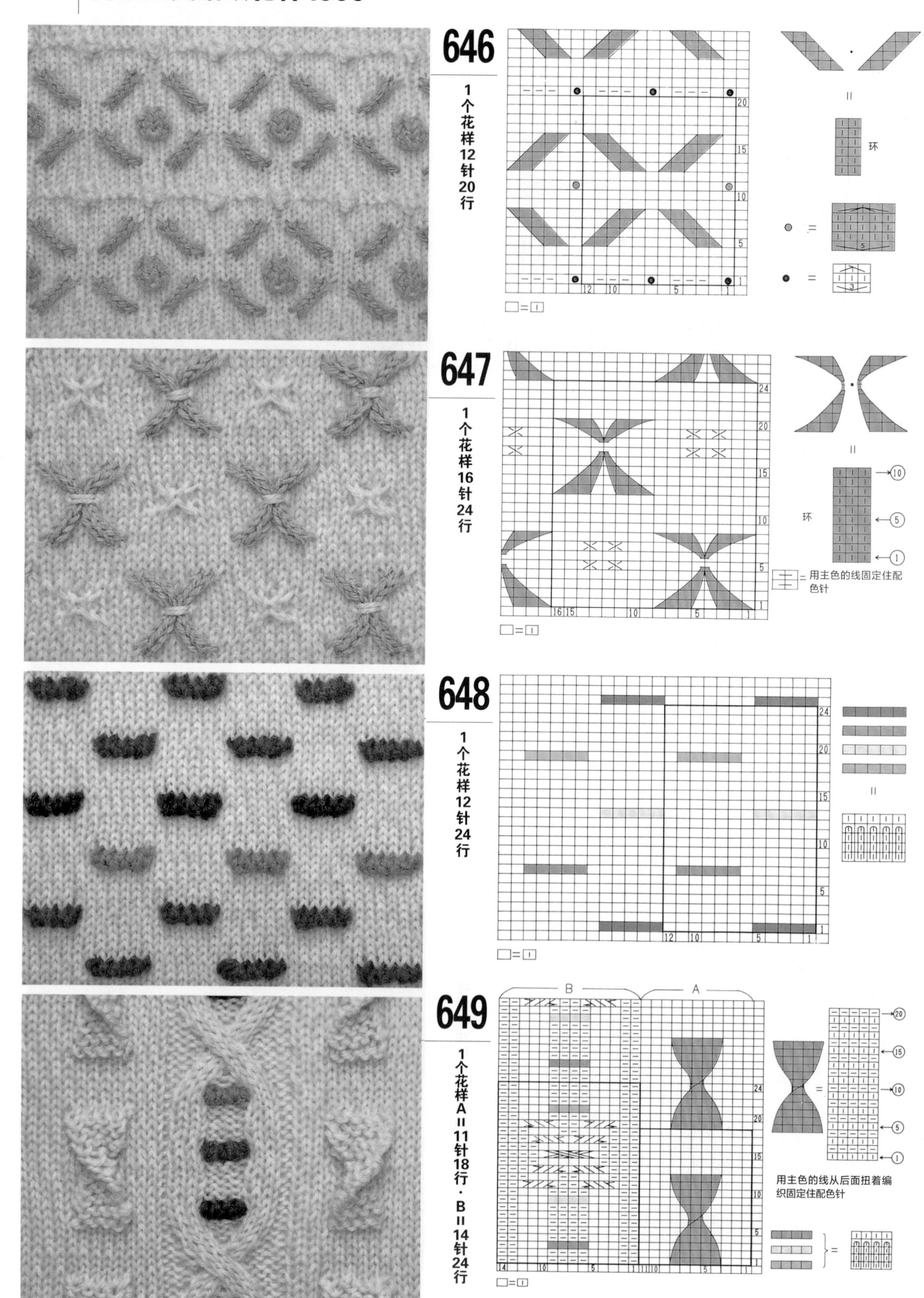
646
1个花样12针20行
环
647
1个花样16针24行
环
用主色的线固定住配色针
648
1个花样12针24行
649
1个花样A＝11针18行·B＝14针24行
B
A
用主色的线从后面扭着编织固定住配色针

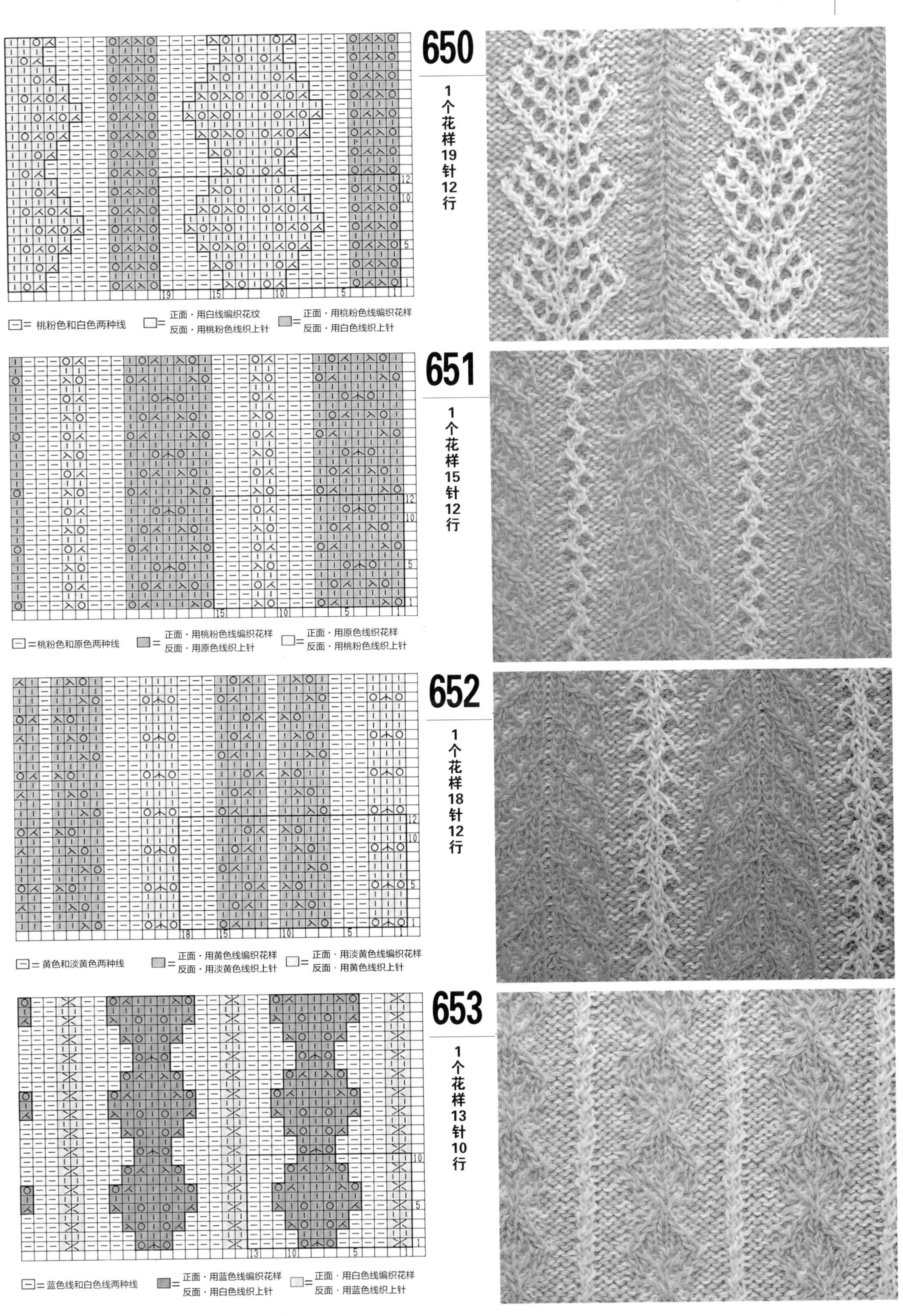
650
1个花样19针12行
▭=桃粉色和白色两种线
▭=正面·用白线编织花纹 反面·用桃粉色线织上针
▭=正面·用桃粉色线编织花样 反面·用白色线织上针
651
1个花样15针12行
▭=桃粉色和原色两种线
▭=正面·用桃粉色线编织花样 反面·用原色线织上针
▭=正面·用原色线织花样 反面·用桃粉色线织上针
652
1个花样18针12行
▭=黄色和淡黄色两种线
▭=正面·用黄色线编织花样 反面·用淡黄色线织上针
▭=正面·用淡黄色线编织花样 反面·用黄色线织上针
653
1个花样13针10行
▭=蓝色线和白色线两种线
▭=正面·用蓝色线编织花样 反面·用白色线织上针
▭=正面·用白色线编织花样 反面·用蓝色线织上针

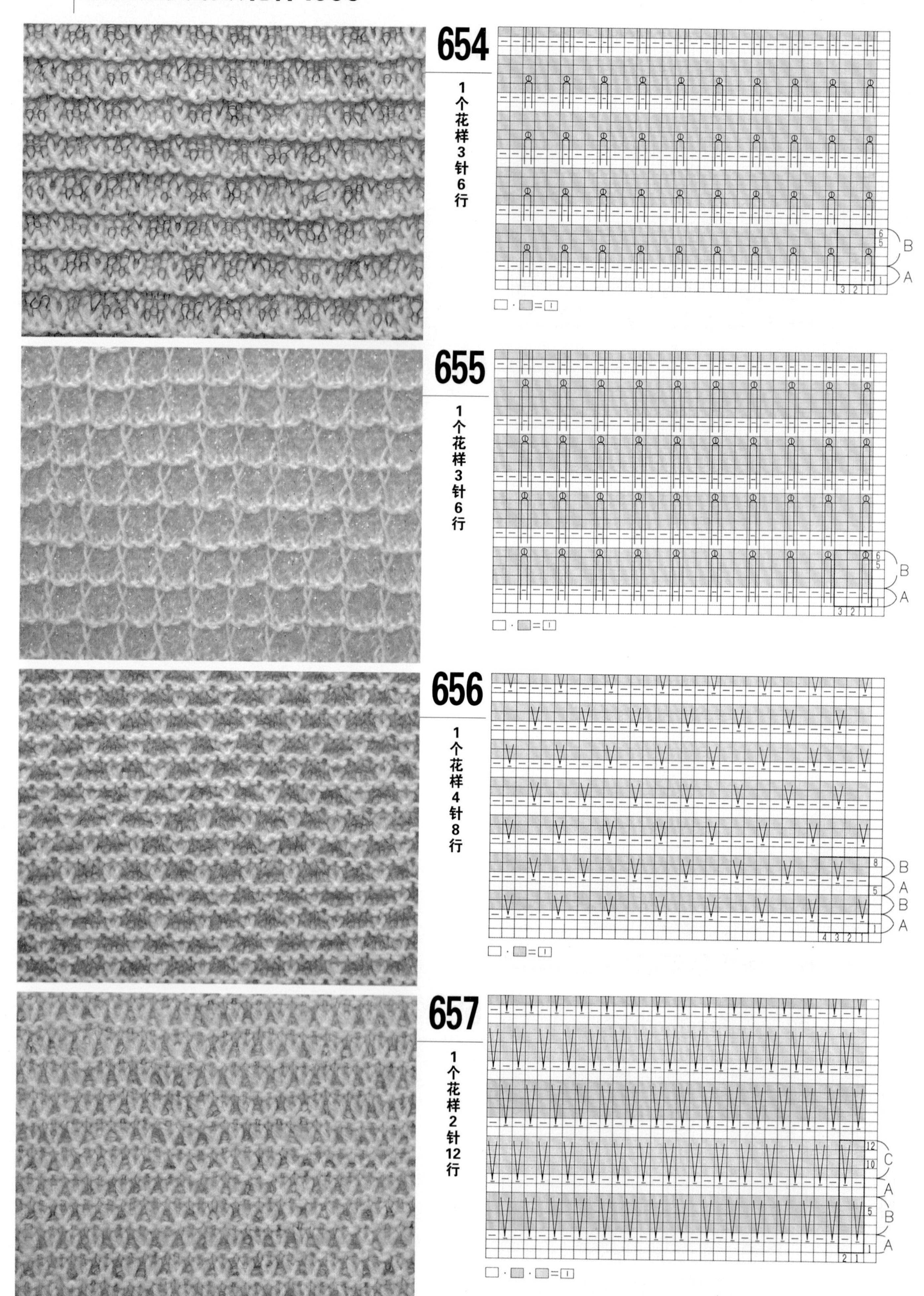
654
1个花样3针6行
655
1个花样3针6行
656
1个花样4针8行
657
1个花样2针12行

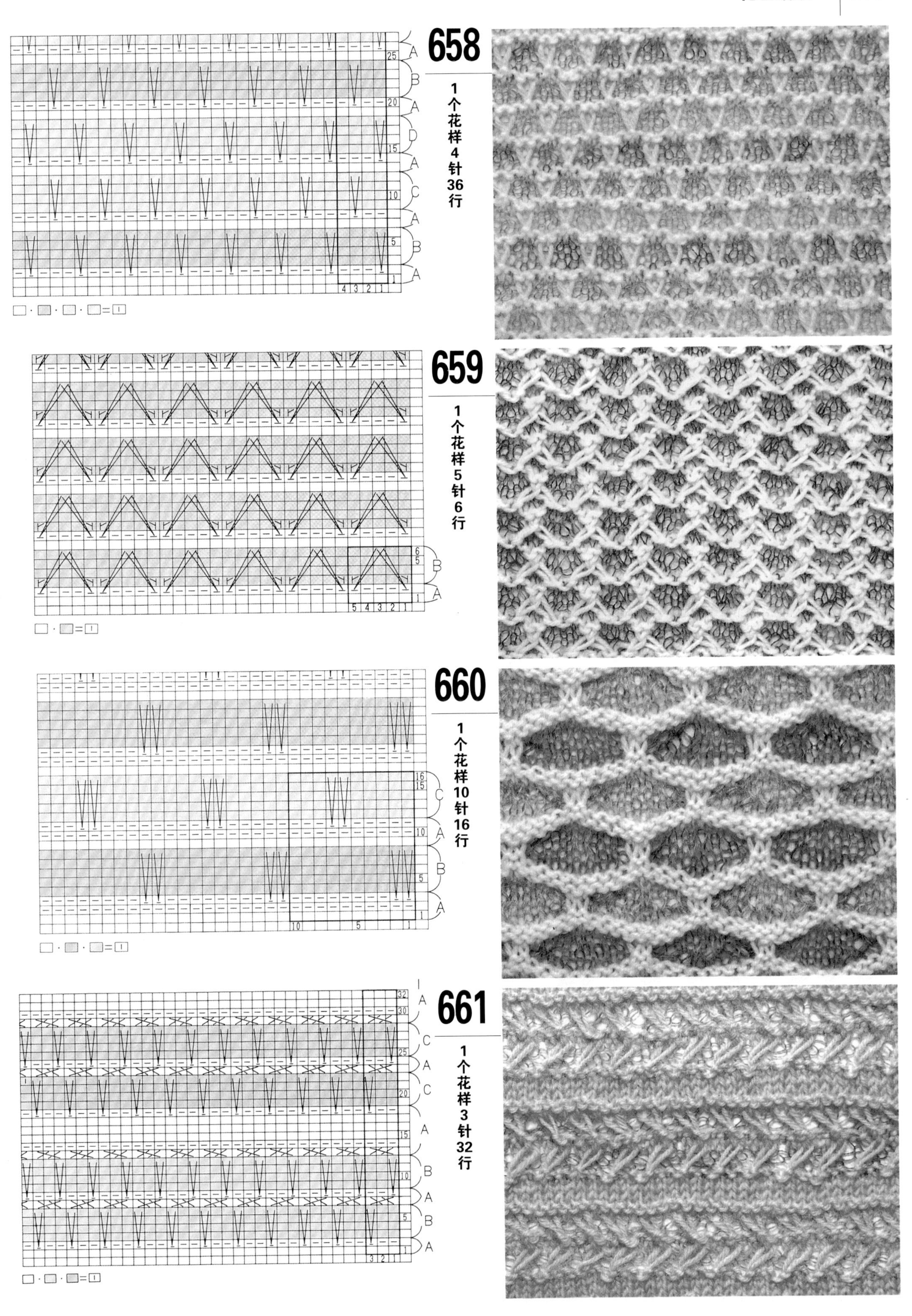
658
1个花样4针36行
659
1个花样5针6行
660
1个花样10针16行
661
1个花样3针32行

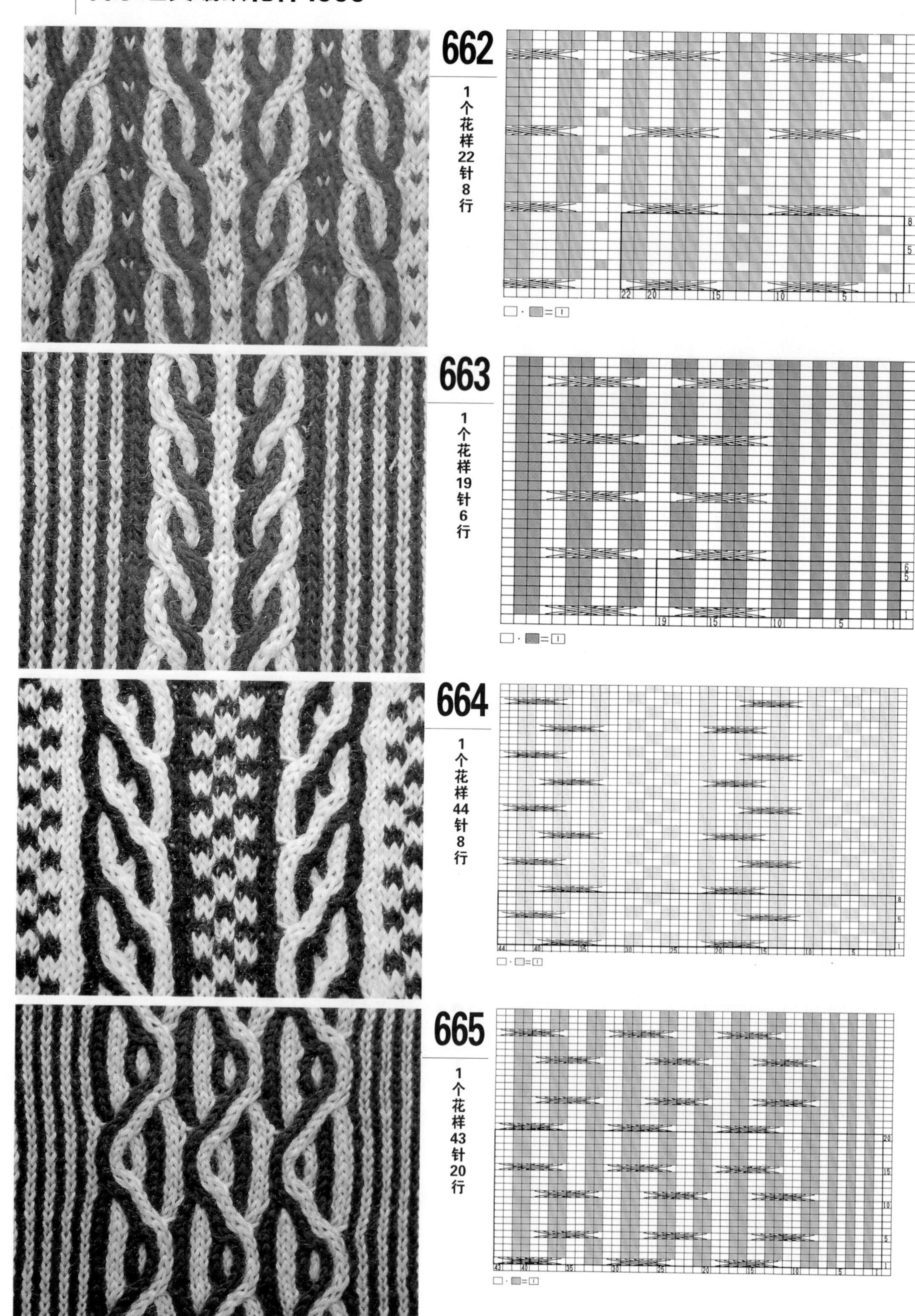
662
1个花样22针8行
663
1个花样19针6行
664
1个花样44针8行
665
1个花样43针20行

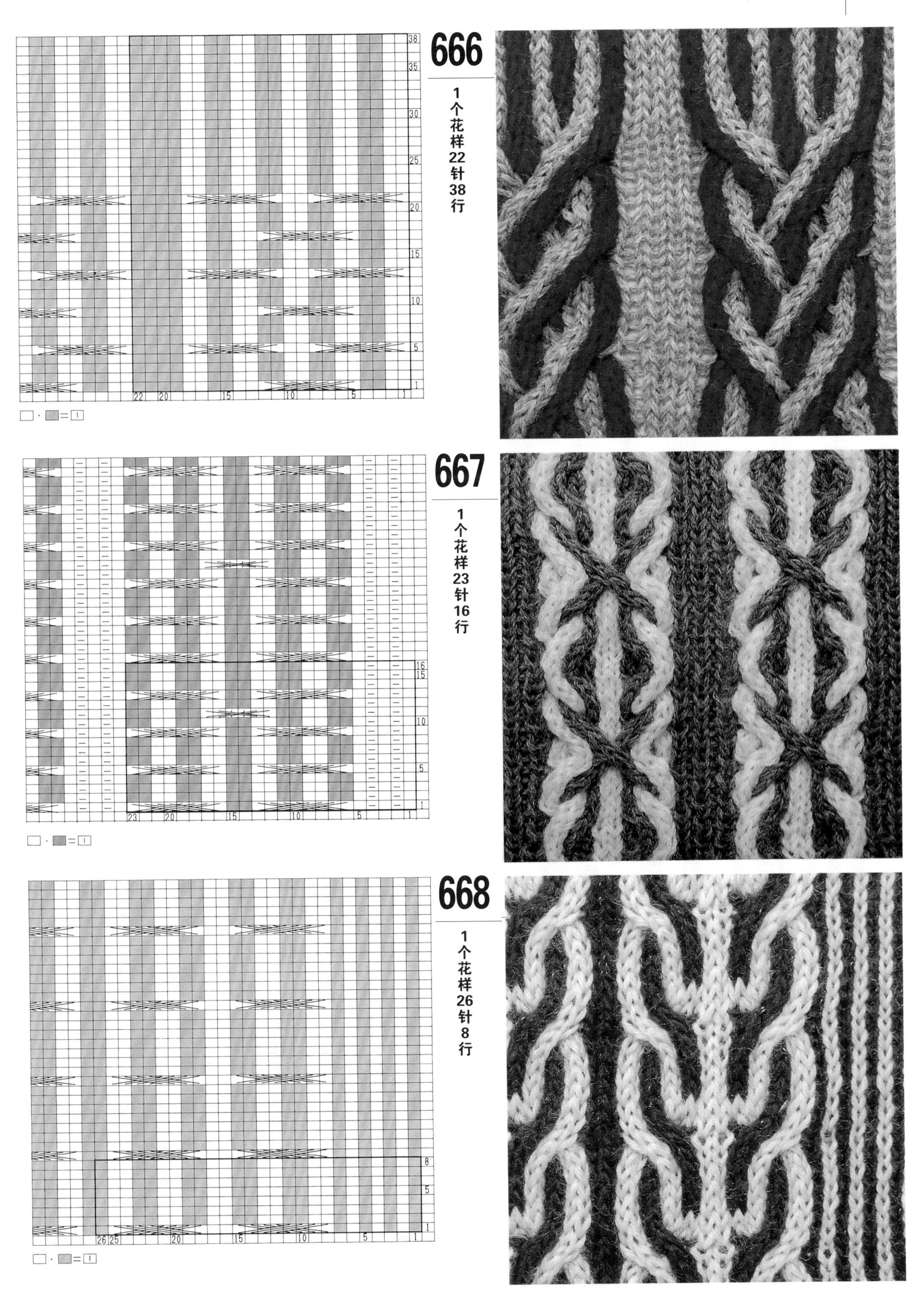

666
1个花样22针38行

667
1个花样23针16行

668
1个花样26针8行

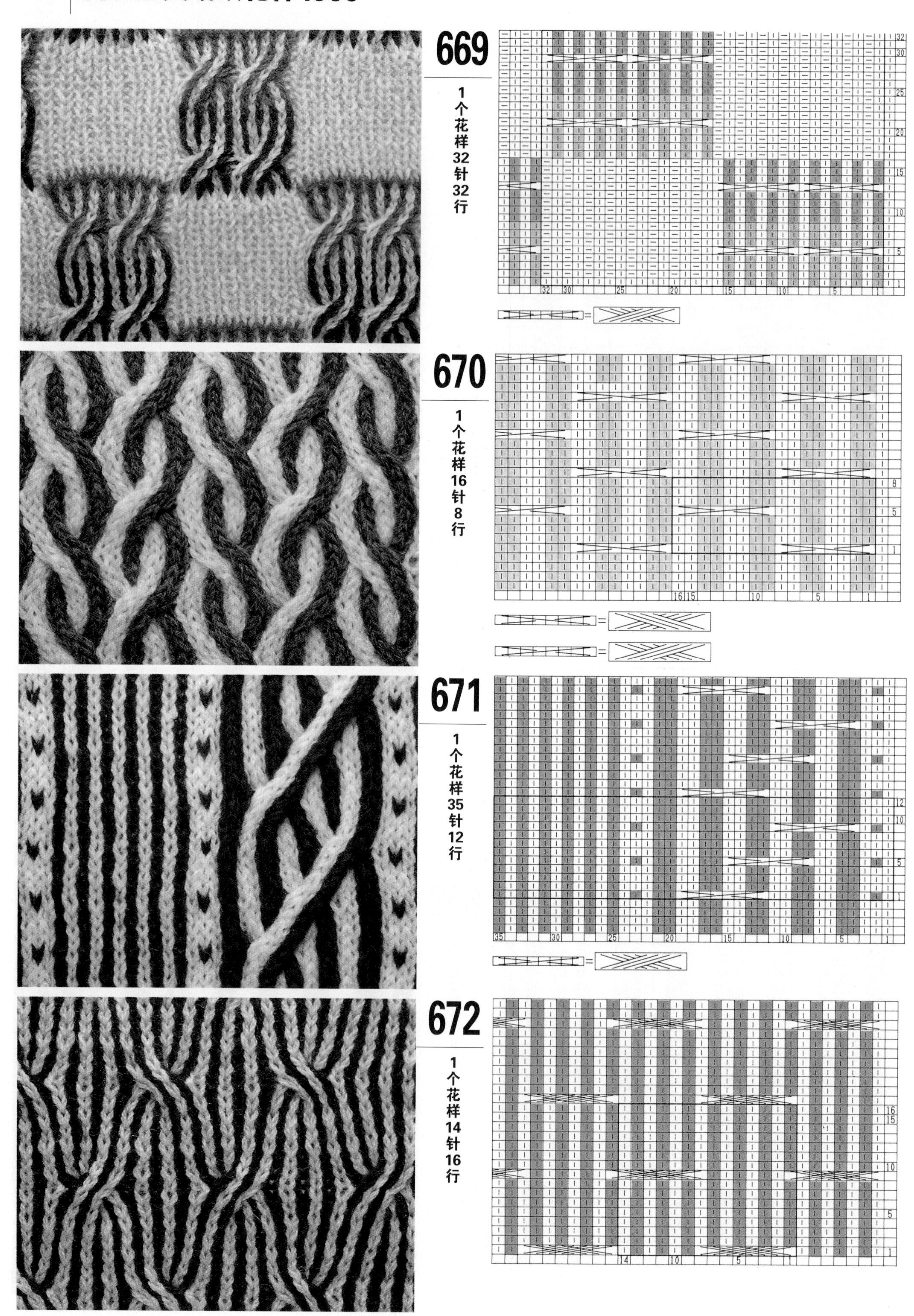
669
1个花样32针32行
670
1个花样16针8行
671
1个花样35针12行
672
1个花样14针16行

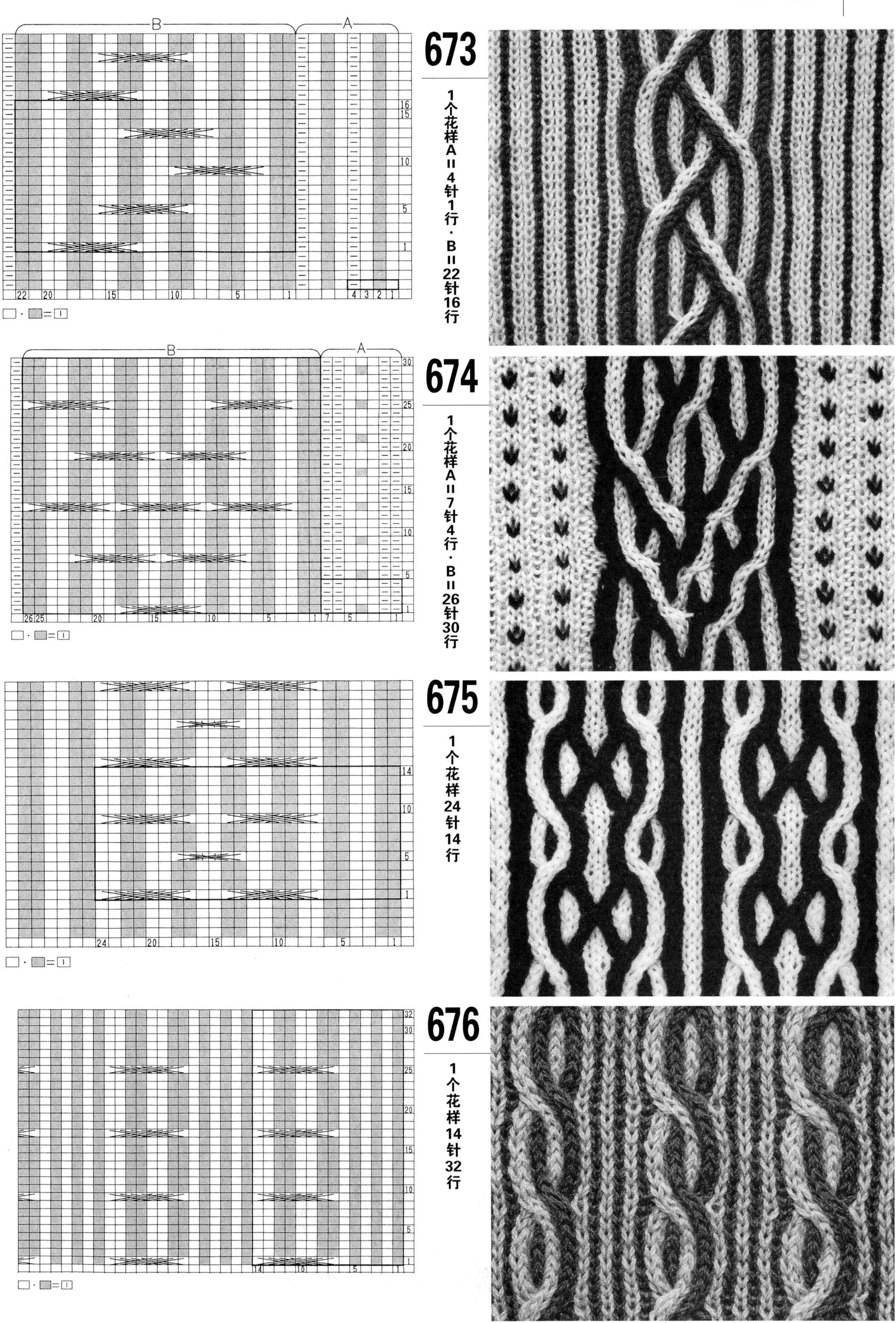

673

1个花样A=4针1行·B=22针16行

674

1个花样A=7针4行·B=26针30行

675

1个花样24针14行

676

1个花样14针32行

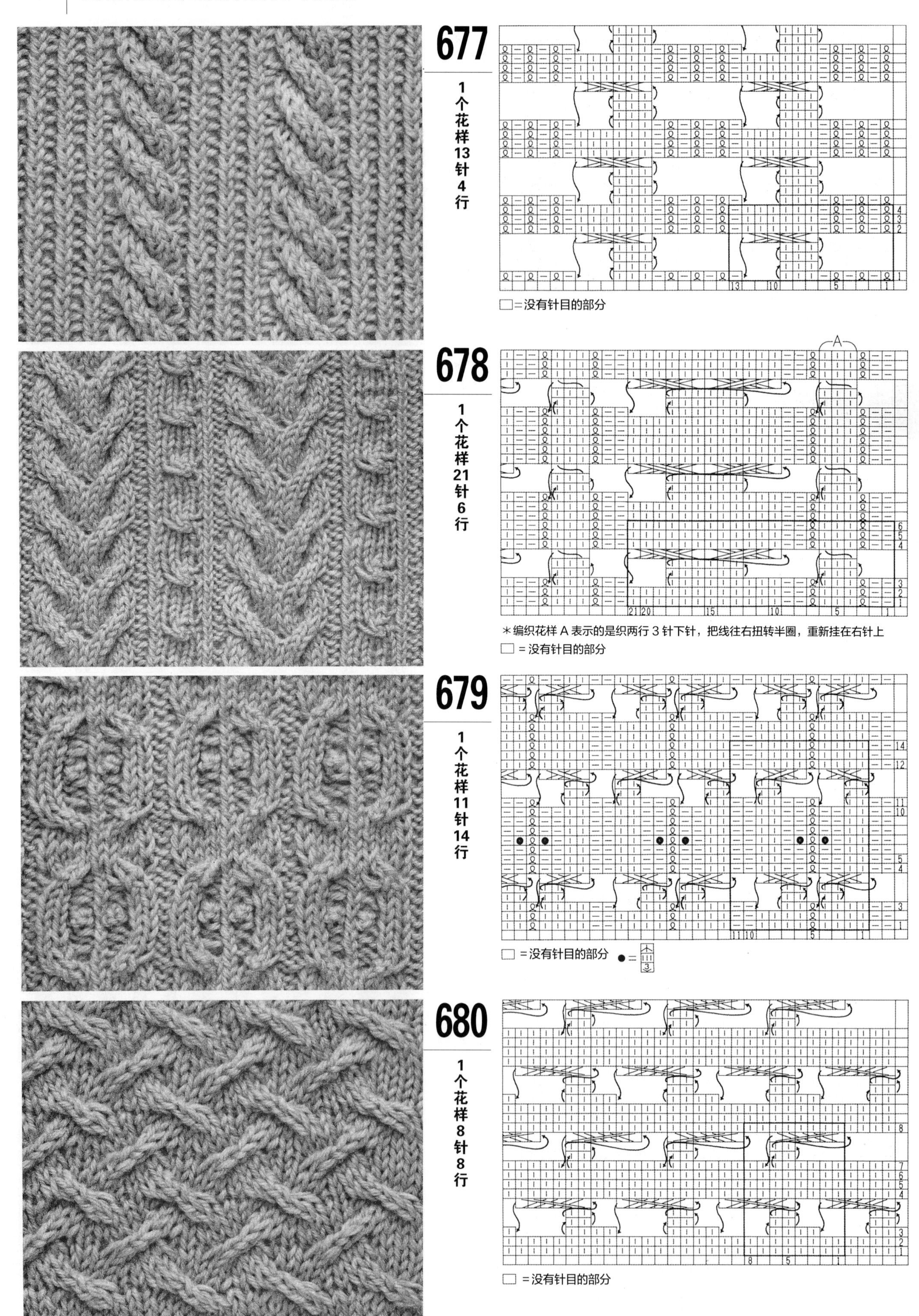
677
1个花样13针4行
□=没有针目的部分
678
1个花样21针6行
*编织花样A表示的是织两行3针下针，把线往右扭转半圈，重新挂在右针上
□=没有针目的部分
679
1个花样11针14行
□=没有针目的部分
680
1个花样8针8行
□=没有针目的部分

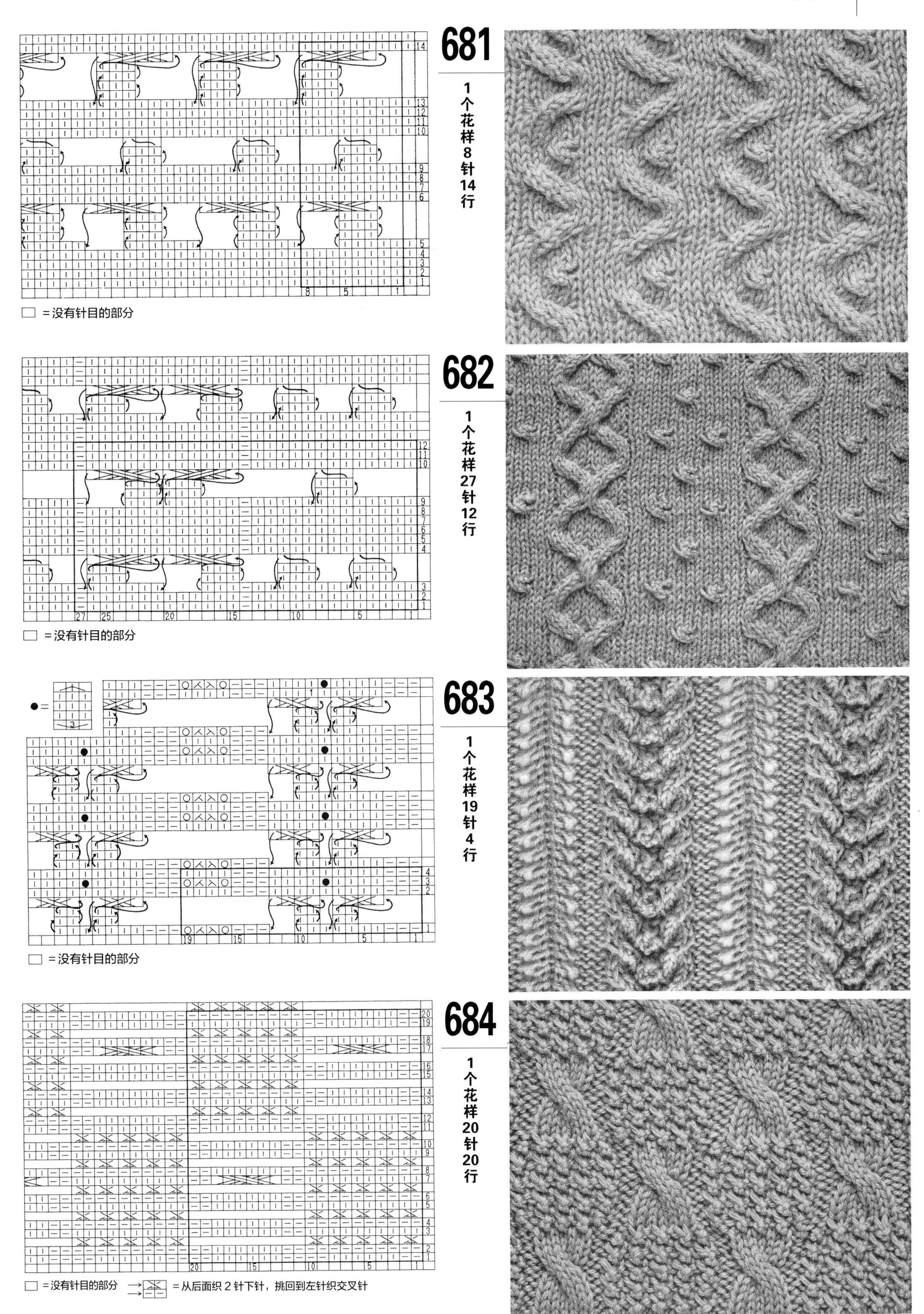
681
1个花样8针14行
□ =没有针目的部分
682
1个花样27针12行
□ =没有针目的部分
683
1个花样19针4行
●=
□ =没有针目的部分
684
1个花样20针20行
□ =没有针目的部分
=从后面织2针下针，挑回到左针织交叉针

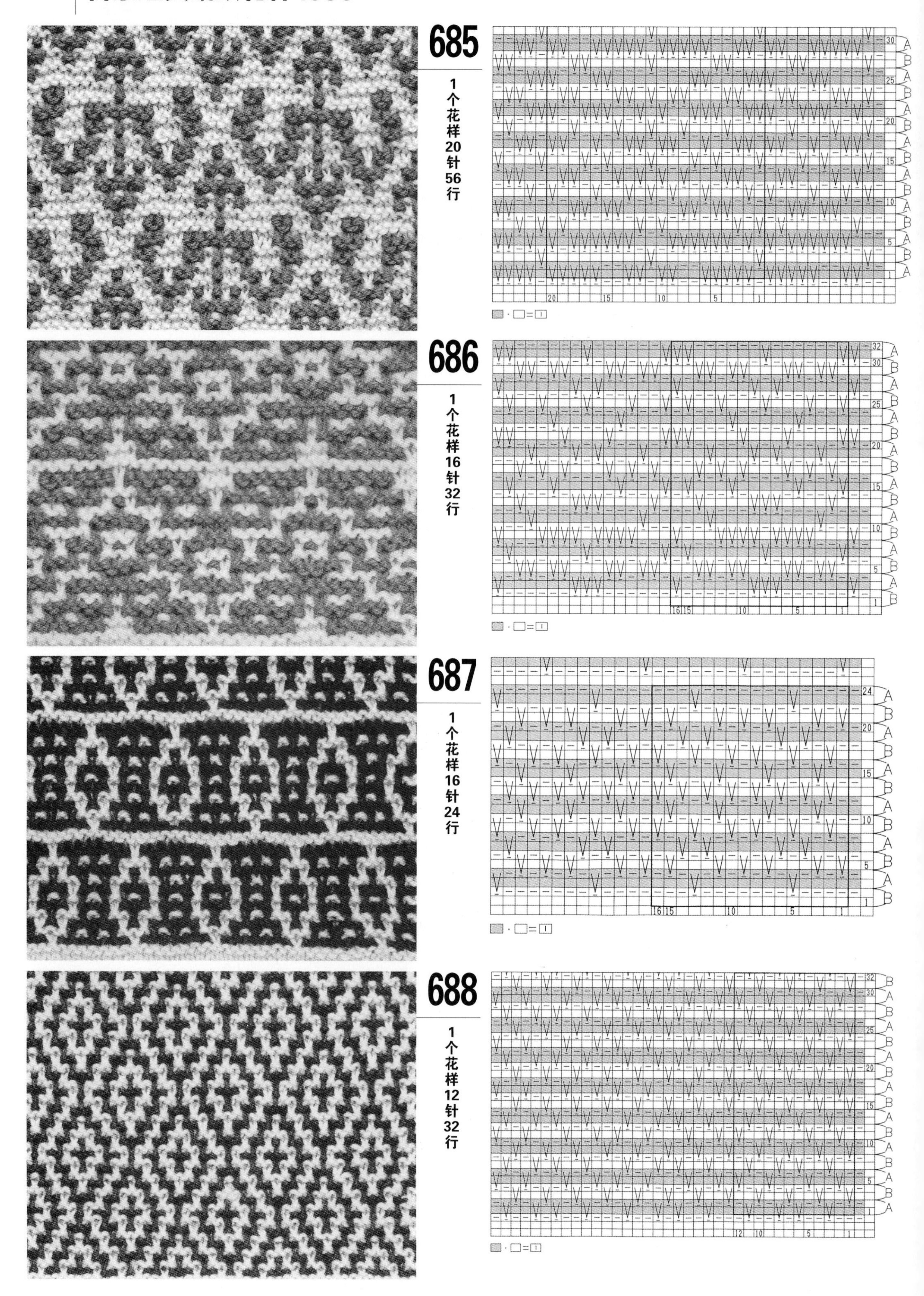
685
1个花样20针56行
686
1个花样16针32行
687
1个花样16针24行
688
1个花样12针32行

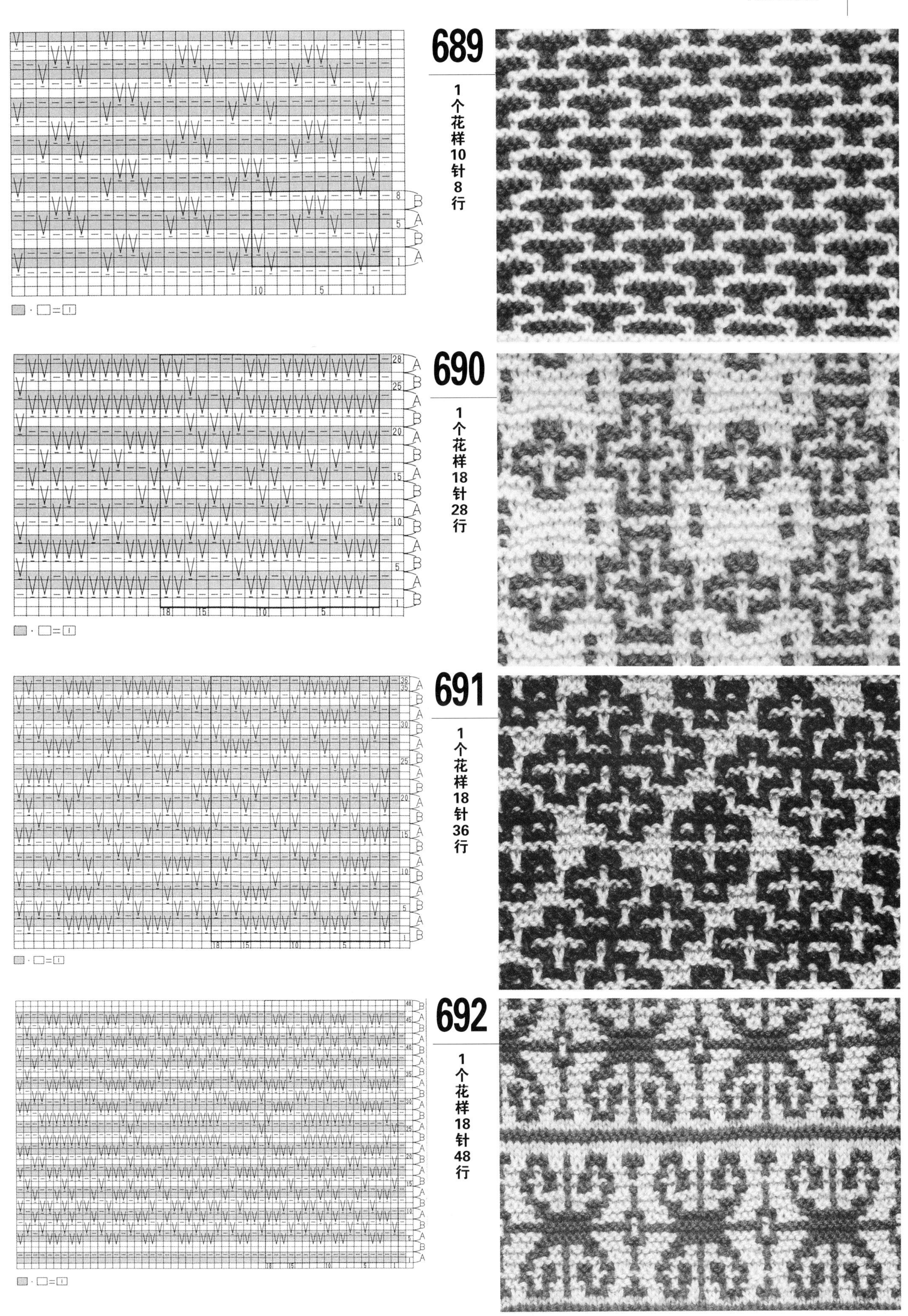
689
1个花样10针8行
690
1个花样18针28行
691
1个花样18针36行
692
1个花样18针48行

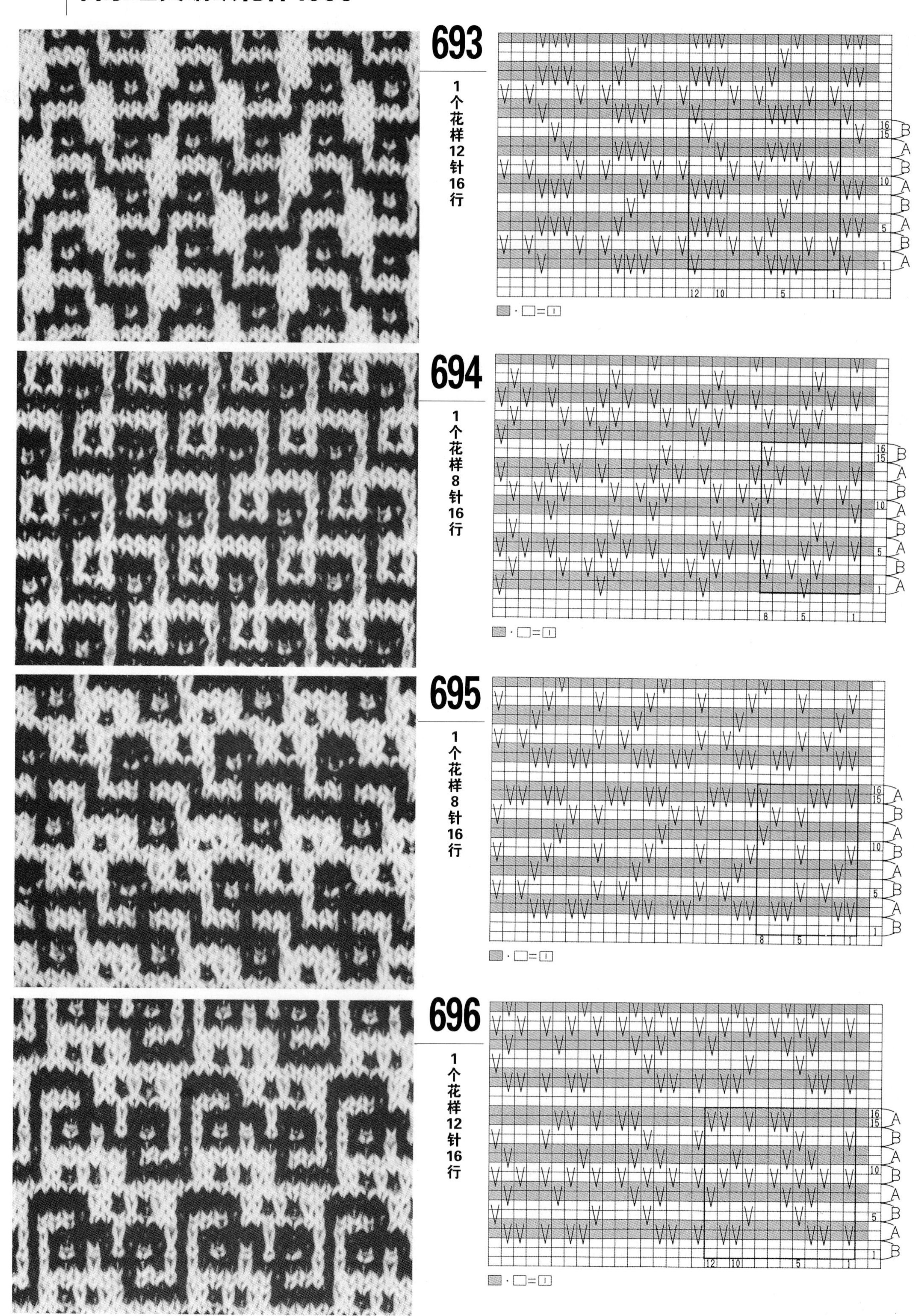
693
1个花样12针16行
694
1个花样8针16行
695
1个花样8针16行
696
1个花样12针16行

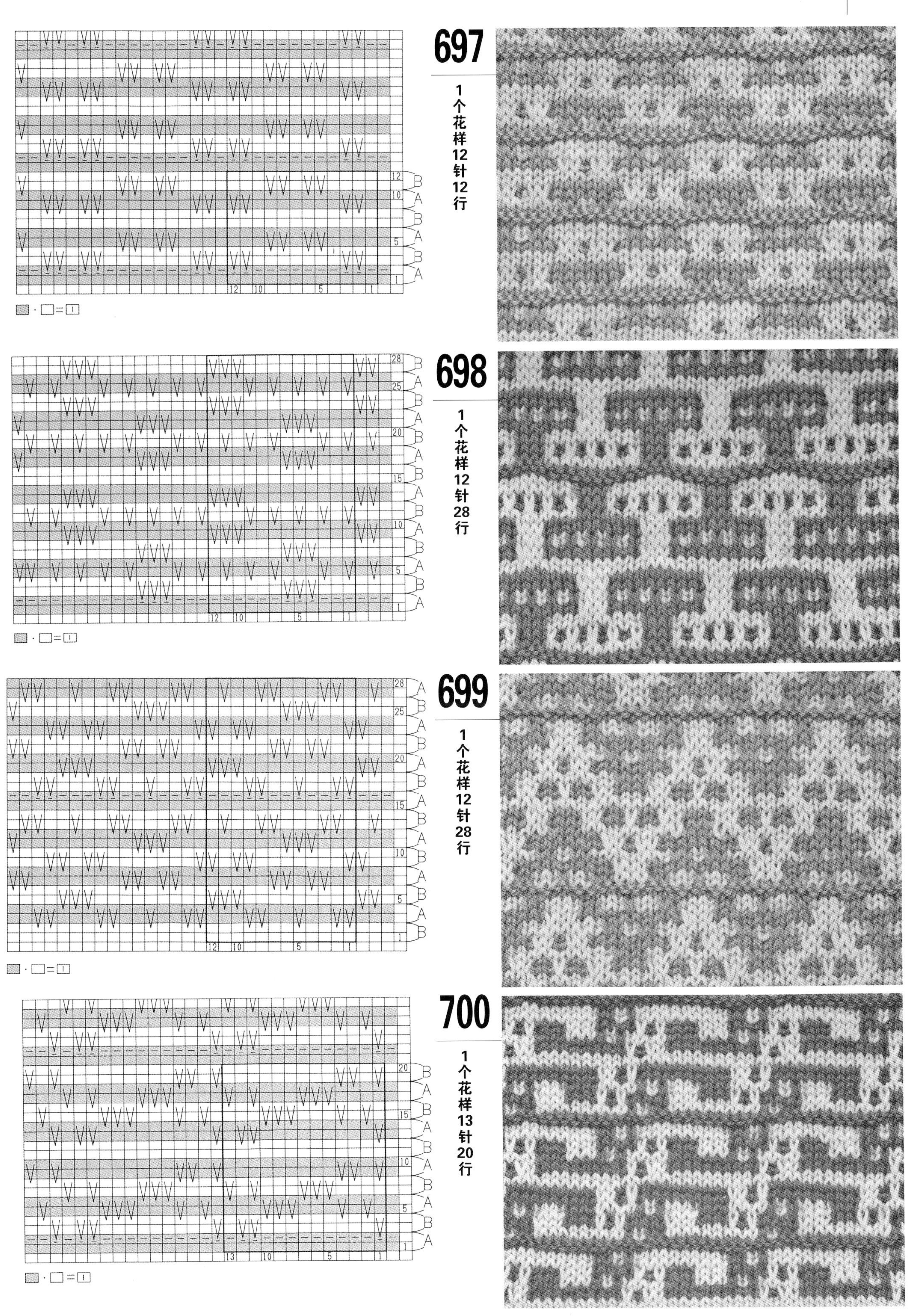
697
1个花样12针12行
698
1个花样12针28行
699
1个花样12针28行
700
1个花样13针20行

钩针编织符号及编织方法

使用 JIS 符号来标注时采用“从正面看到的编织图”。
钩针编织除了拔引针之外，没有上针和下针的区别。
因此重复花样编织时，即使是上下针相互交叉，符号也是相同的。
并且，很多情况下花样的正面是编织物的表面。其他的标记符号也是此类情况。

○ 锁针

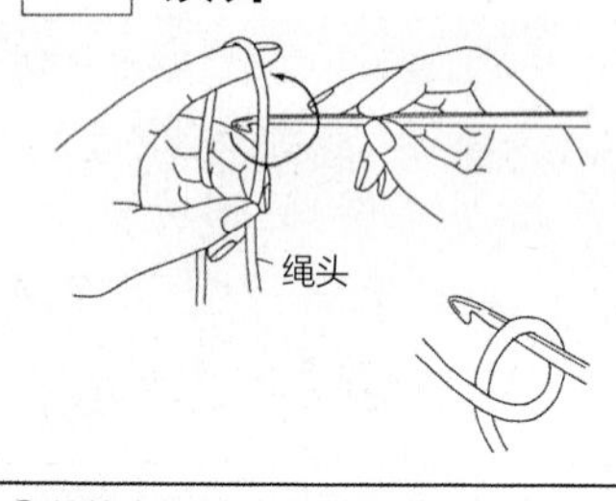

❶ 按箭头所示，把钩针旋转一圈，把线缠在钩针上。

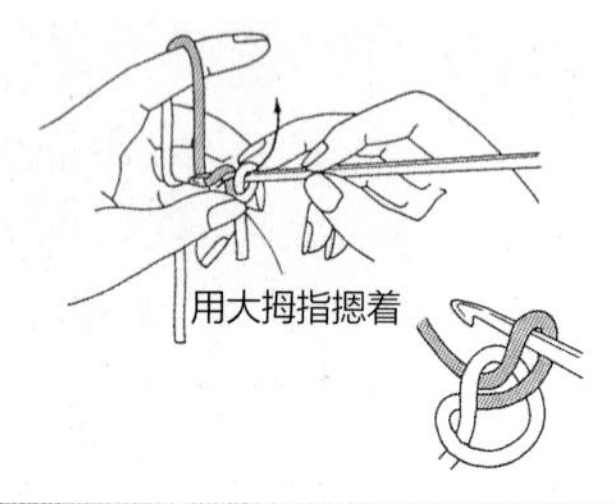

❷ 把线绕在钩针上并拉出，把线头拉出并收紧。

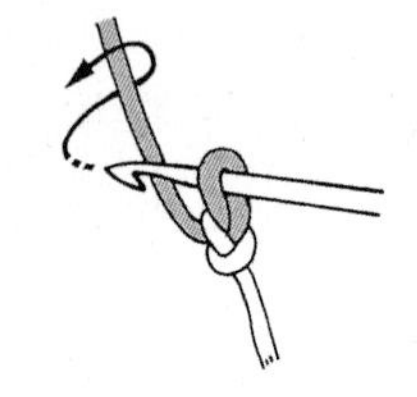

❸ 按箭头方向转动钩针，并把线绕在钩针上。

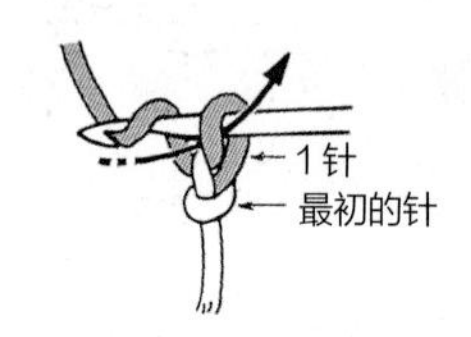

❹ 从挂在钩针上的 1 针中钩出线，编织完成 1 针锁针。

＋ 短针（JIS 符号 =× 以下省略）

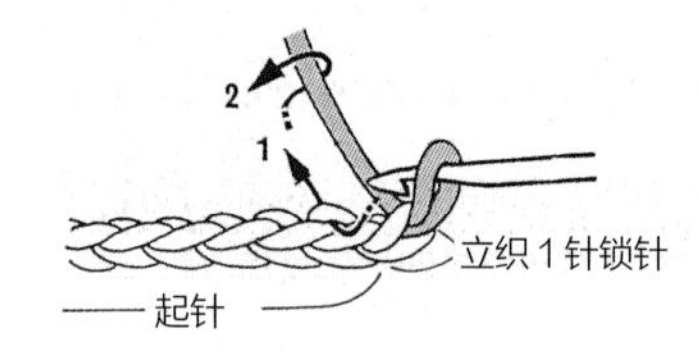

❶ 锁针 1 针构成 1 个立织，把钩针插入钩织的第一个针目里。

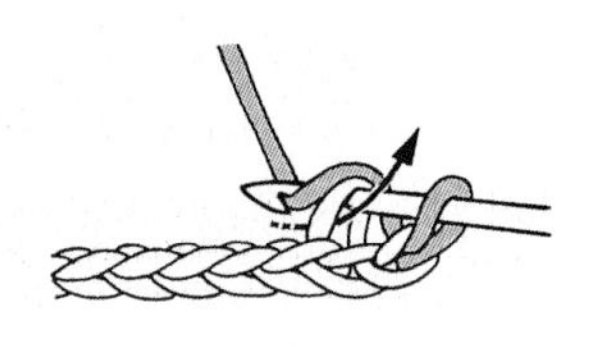

❷ 把线绕到钩针上，按箭头方向把线拉出。

❸ 再一次把线绕在钩针上，一次从挂在钩针上的 2 针中引拔出线。

❹ 编织完成 1 针短针。

● 引拔针

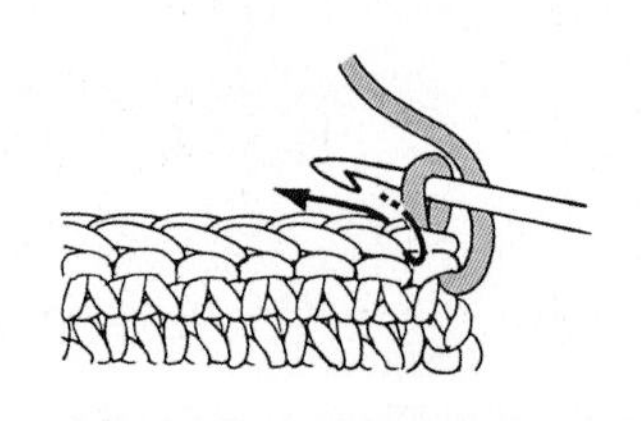

❶ 右转编织物，把钩针插入箭头所示的针目中，不钩织立针。

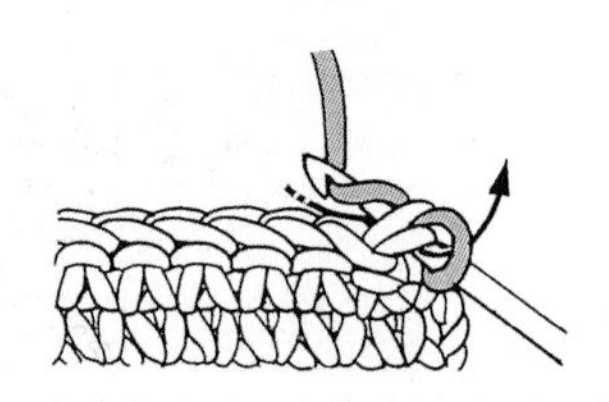

❷ 把线绕在钩针上，按箭头所示一次性引拔出线。

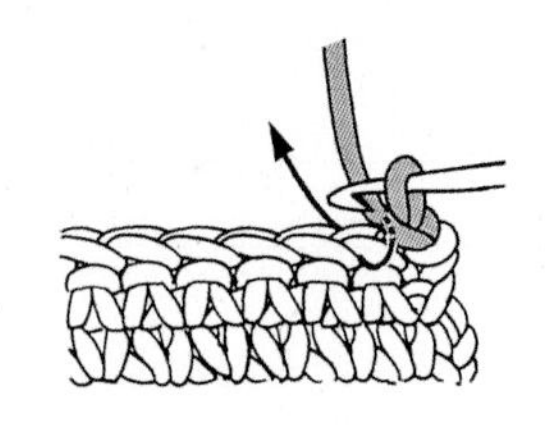

❸ 在箭头位置重复步骤❶、❷，完成第 2 针的引拔针的编织。

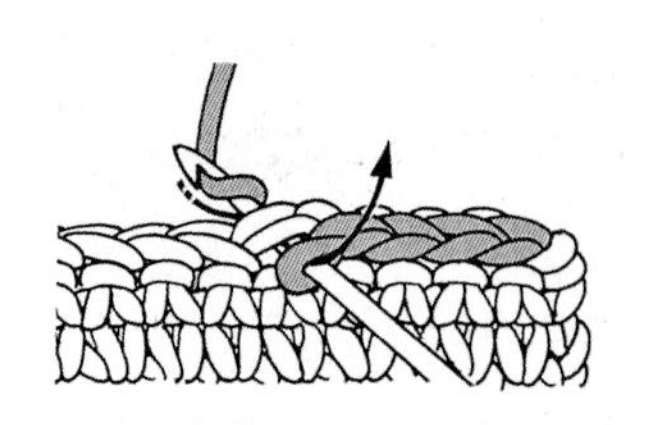

❹ 因为容易变形，松松地拉出线。

下 长针

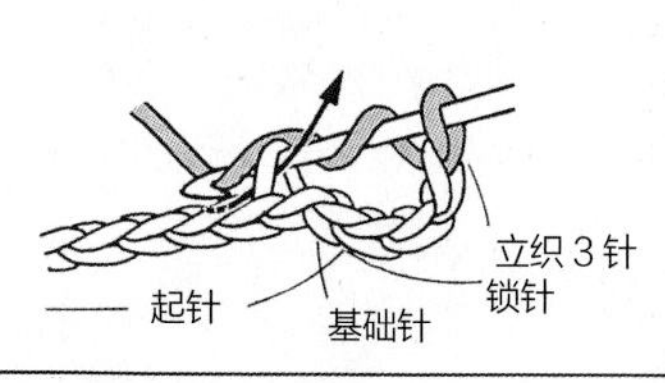

❶ 把线绕在钩针上，把钩针插入基础针左面的锁针里，拉出线。

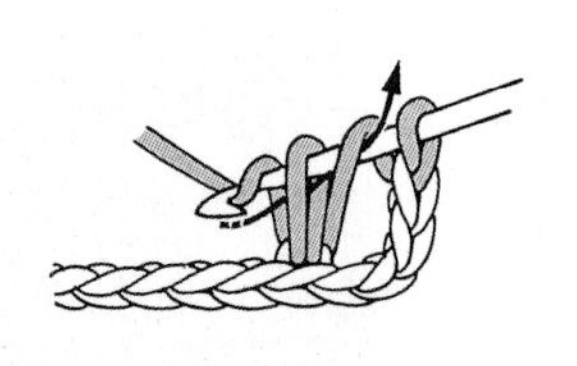

❷ 把线绕在钩针上，一次从挂在钩针上的 2 针中引拔出线。

❸ 再一次把线绕在钩针上，一次性从挂在钩针上的剩下的 2 针中引拔出线。

❹ 编织完成 1 针长针。

中长针

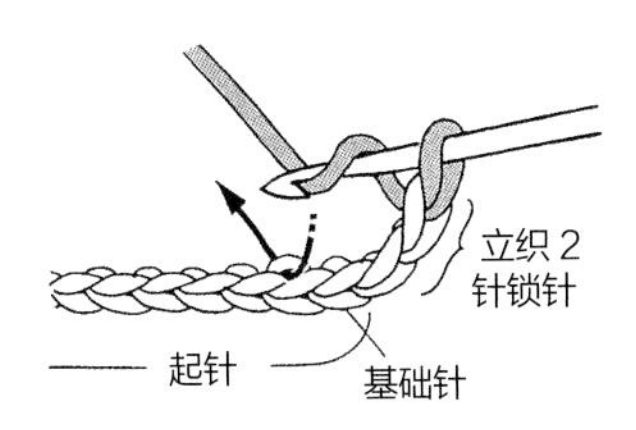

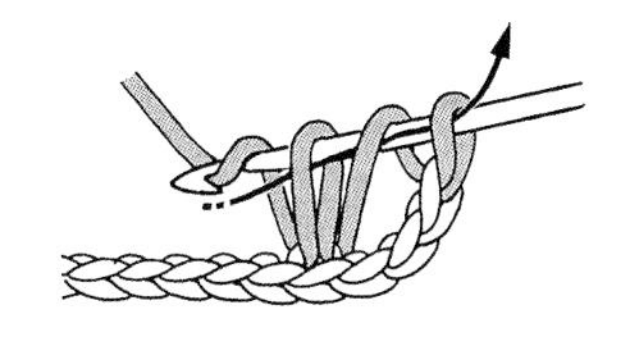

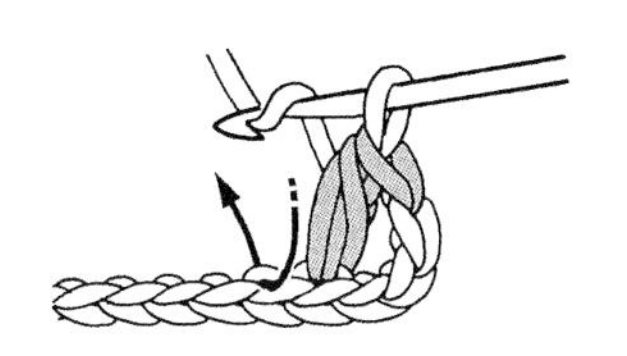

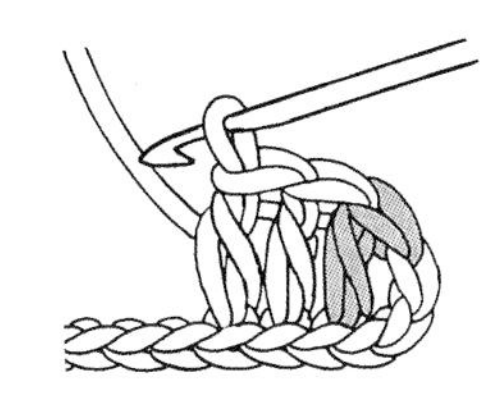

❶ 把线绕在钩针上，把钩针插入基础针左面的锁针里。

❷ 拉出线，再次把线绕在钩针上，一次性从挂在钩针上的3针中引拔出线。

❸ 编织完成1针中长针。重复步骤❶、❷。

❹ 把立针也算作1针，编织完成4针时的情形。

长长针

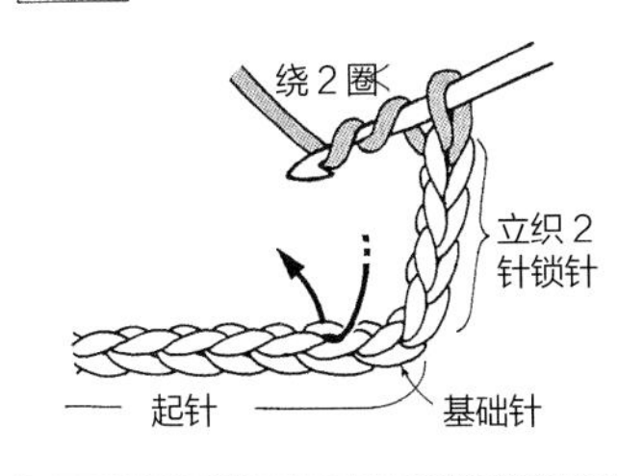

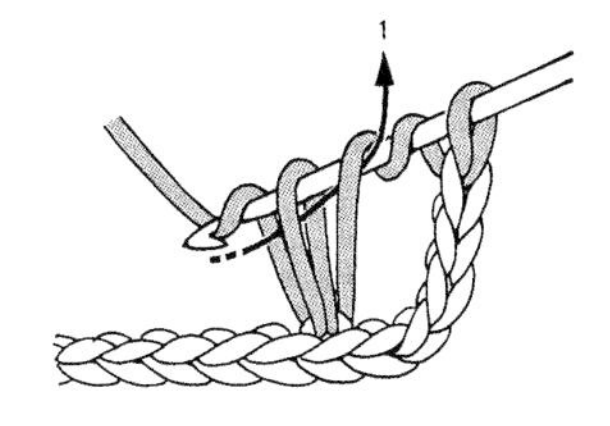

❶ 把线在钩针上绕 2 圈，按箭头所示把钩针插入基础针左面的锁针里。

❷ 拉出线，再次把线绕在钩针上，从挂在钩针上的 2 针中引拔出线。

❸ 再一次把线绕在钩针上，一次性从挂在钩针上的 2 针中引拔出线。

❹ 又一次把线绕在钩针上，从挂在钩针上的剩余的针线中引拔出线。

3 针中长针的枣形针

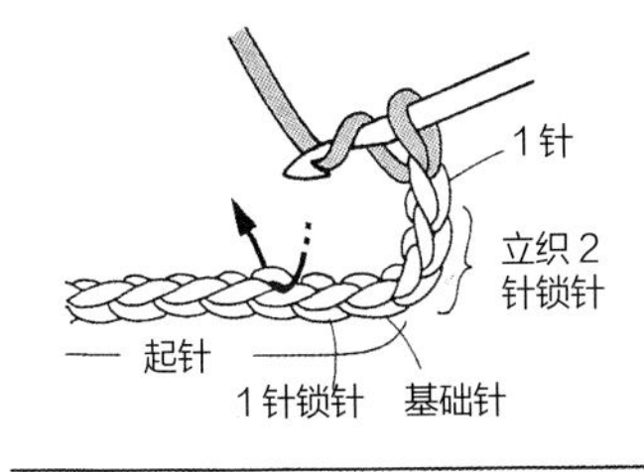

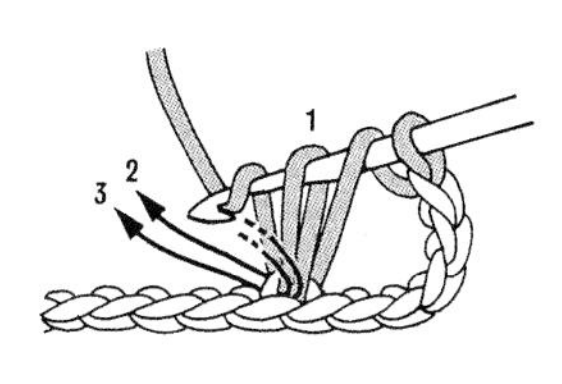

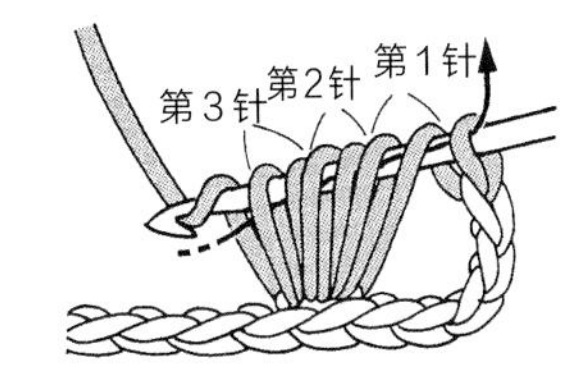

❶ 把线绕在钩针上，按中长针编织的要领拉出线，拉出的线的长度较高。

❷ 从同一针目，同步骤 ❶ 一样，重复 2 次拉出线。

❸ 把线绕在钩针上，一次性从挂在钩针上的针目中引拔出线。

❹ 完成第 1 个 3 针中长针枣形针的编织。编织下 1 个时，重复上述步骤。

3 针长针的枣形针

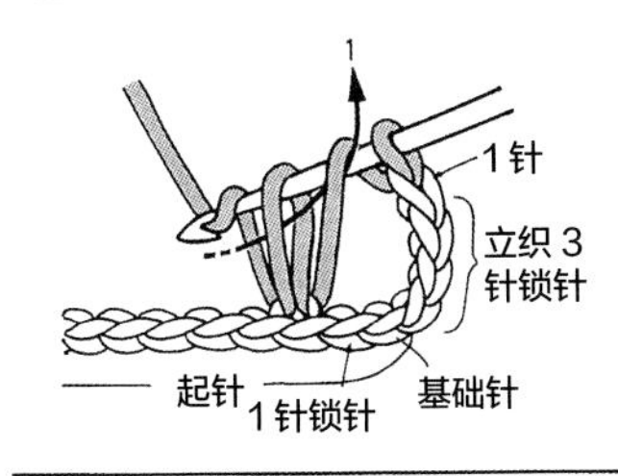

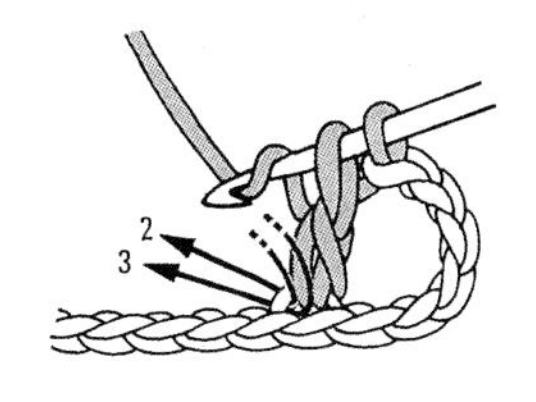

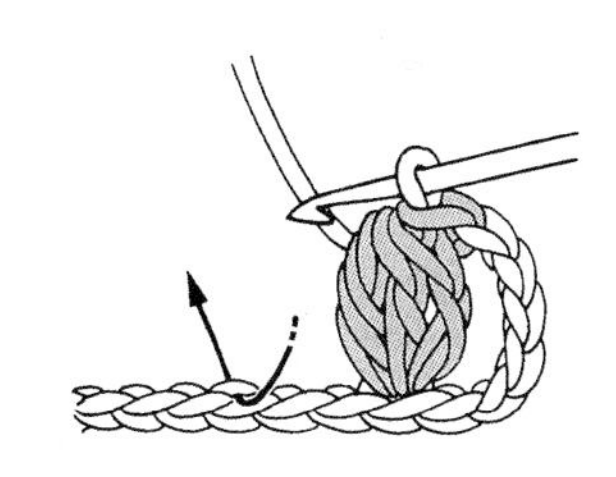

❶ 立织 3 针锁针。织 1 针未完成的长针。

❷ 在同一针目，再织 2 针未完成的长针。

❸ 把线绕在钩针上，一次性从挂在钩针上的针线中引拔出线。

❹ 完成第 1 个 3 针长针的枣形针编织。编织下 1 个时，重复上述步骤。

3 针长长针的枣形针

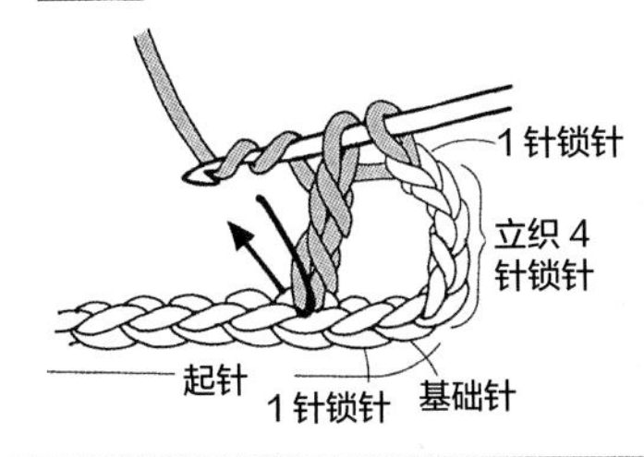

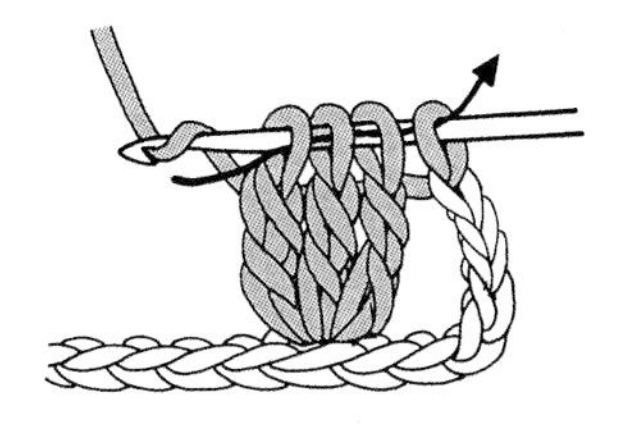

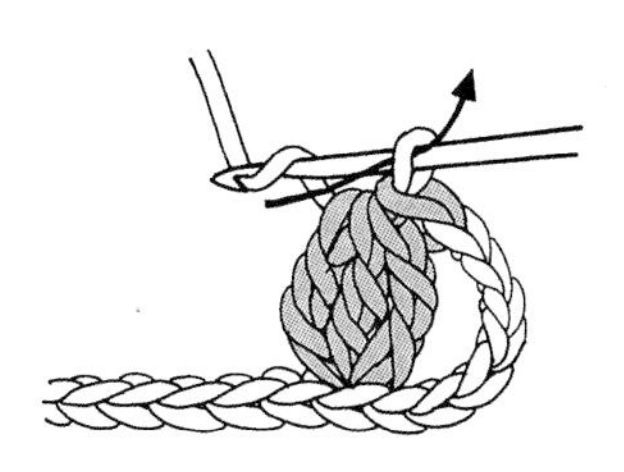

❶ 立织 4 针锁针。织 1 针未完成的长长针。

❷ 在同一针目，再织 2 针未完成的长长针。把线绕在钩针上。

❸ 一次性从挂在钩针上的 4 针中引拔出线。编织下一针时，重复上述步骤。

变形的枣形针

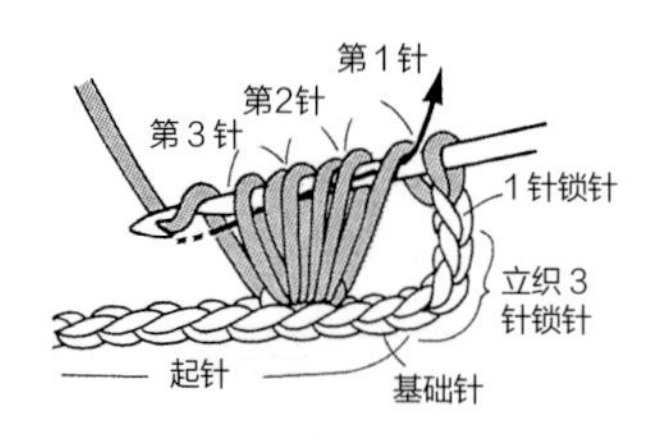

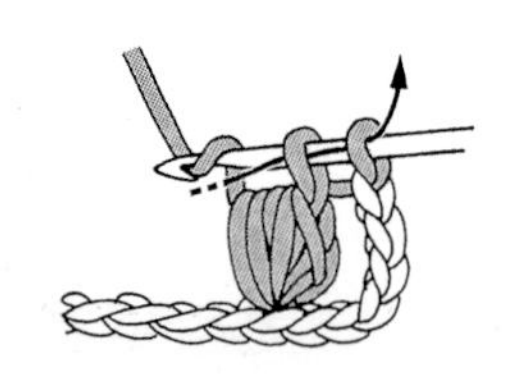

❶ 织1针未完成的中长针，一次从挂在钩针上的6针中引拔出线。

❷ 再次把线绕在钩针上，一次性从挂在钩针上的剩下的2针中引拔出线，完成编织。

❸ 编织完成第2个变形的枣形针的情形。

拉伸的立针

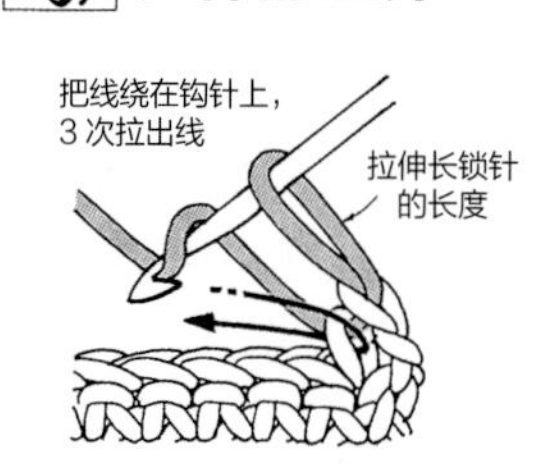

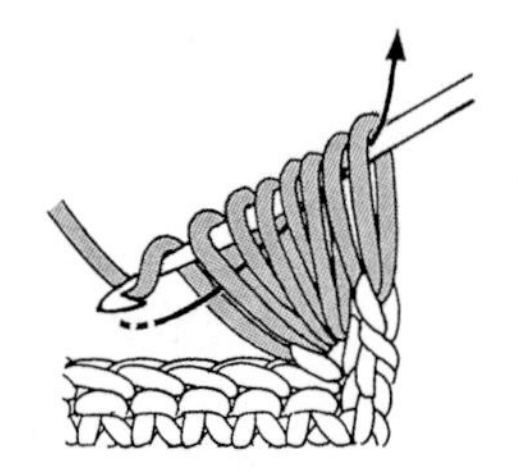

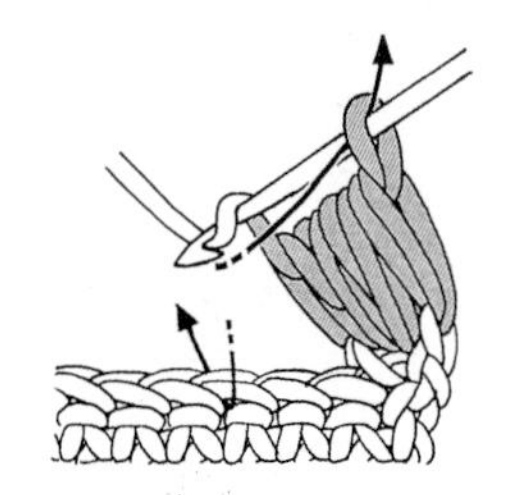

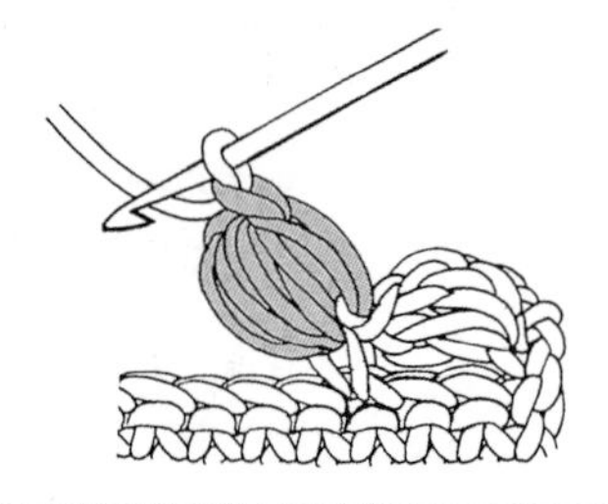

❶ 把挂在钩针的线拉到同枣形针一样的长度，把线绕在钩针上。

❷ 按照3针枣形针的编织要领拉出线，一次性从挂在钩针上的7针中引拔出线。

❸ 织1针锁针。上一行的针目用短针锁住。

❹ 重复步骤重复步骤❶~❸的操作。

的区别

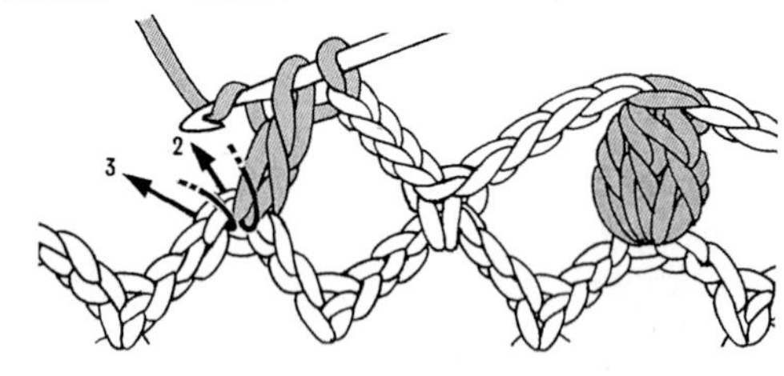

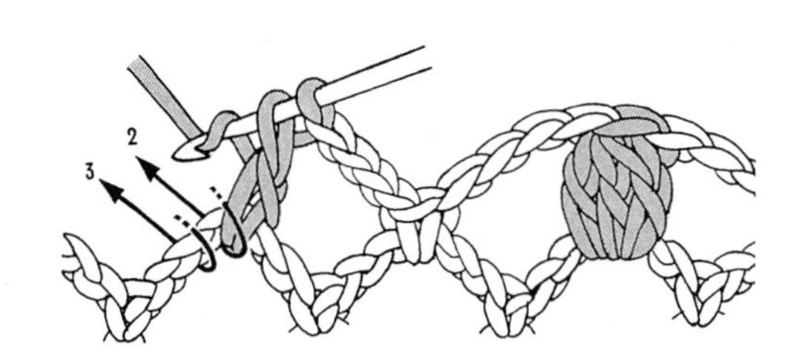

从前一行的1针开始，仅挑起所需针数的针目。描述这种编织方法的编织符号1的针目处是收紧的状态。因此，当前一行是锁针时，挑起上侧的半针（1线）和后面的针线。前一行是锁针的时候，通常是挑起整段的针目。这叫做“成束挑起”。描述这种编织方法的编织符号的针目处是开着的状态。

5针长针的爆米花针

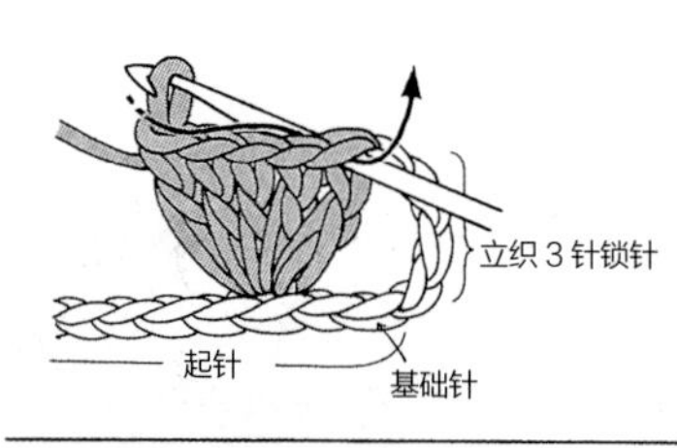

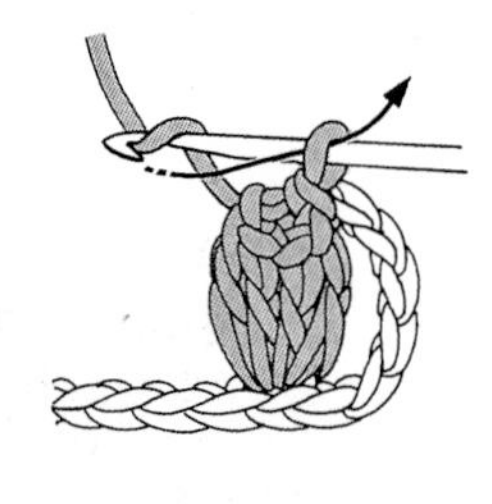

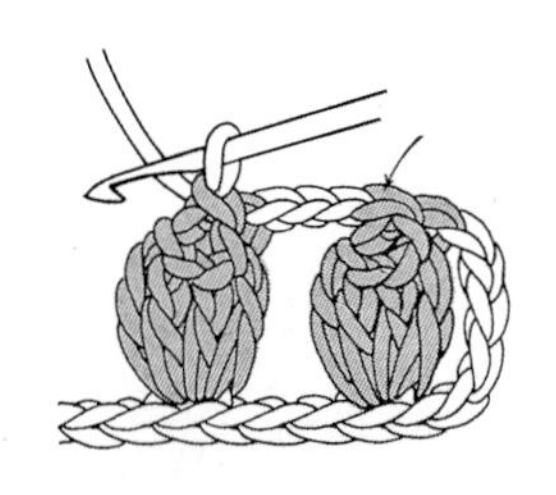

❶ 在同一针目织5针长针，取下钩针，重新从前向后插入长针的第1针和第5针中，拉出钩针上的线。

❷ 织1针锁针，并把线拉紧，完成第1个5针长针的爆米花针编织。

❸ 第2个5针长针爆米花针编织时的情形。

1针长针的交叉针

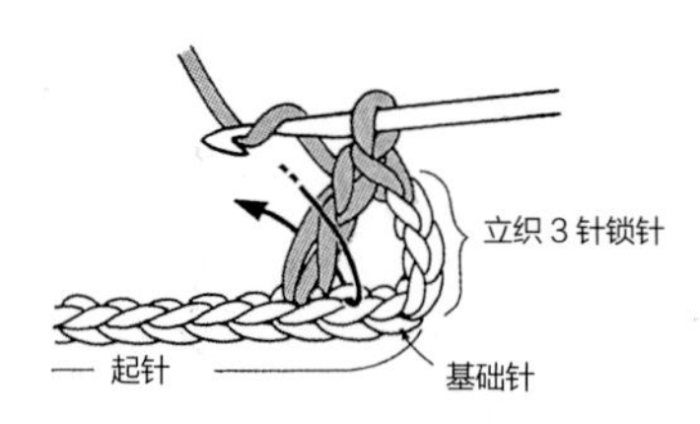

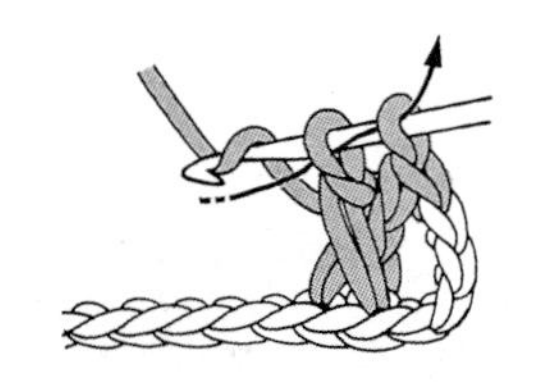

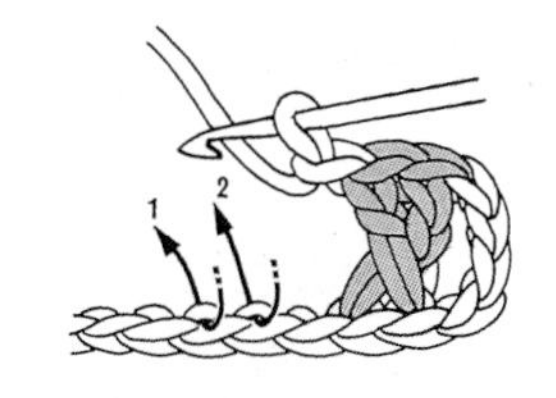

❶ 在针上挂线，然后插入箭头所示的位置钩织长针。

❷ 拉出线，把线绕在钩针上，按箭头方向所示引拔出线。

❸ 把线绕在钩针上，一次性从挂在钩针上的针线中引拔出线。

❹ 把长针的针线包住先钩织的1针上。

1针长针并2针的交叉针

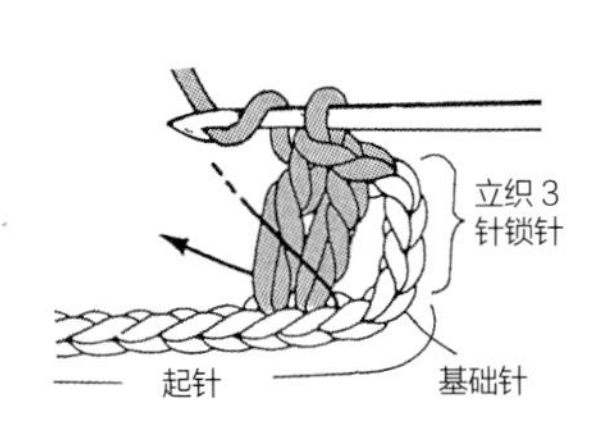

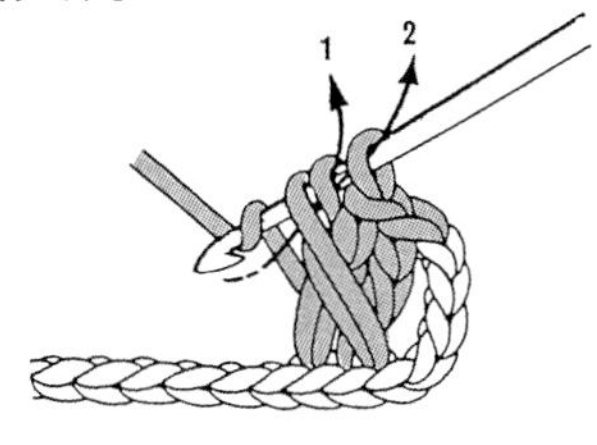

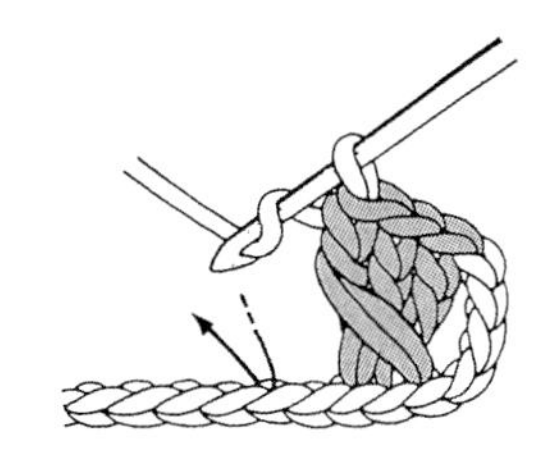

❶ 跳过1针，连续2针织长针，把线绕在钩针上，把钩针插入刚才跳过的1针中。

❷ 拉出线，把线绕在钩针上，织长针。

❸ 把后面钩织的1针长针包住先钩织的2针交叉长针，完成编织。

2针长针并1针的交叉针

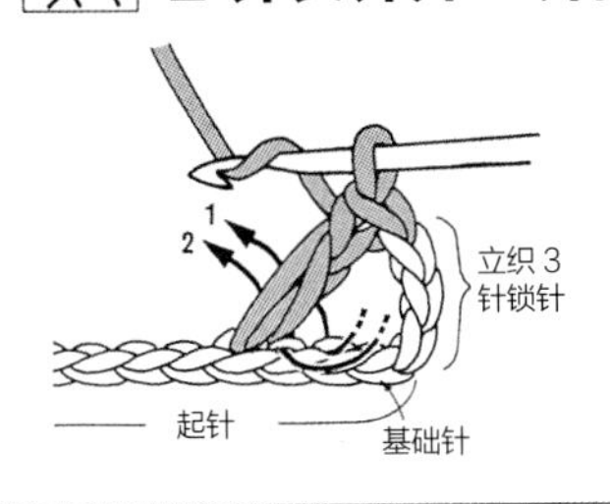

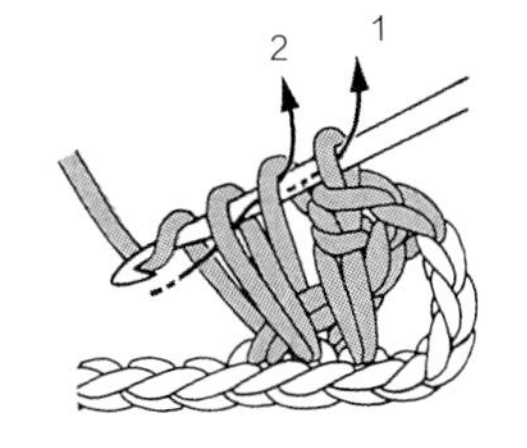

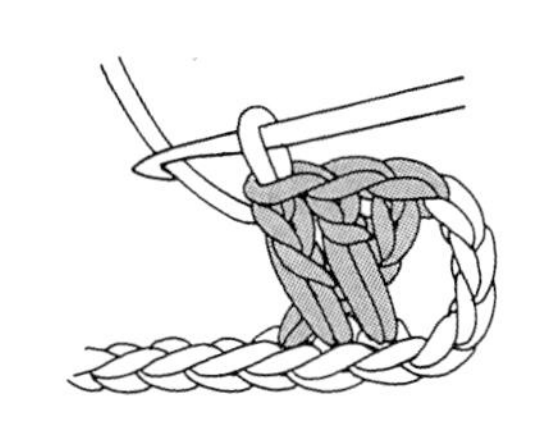

❶ 跳过2针，织1针长针，在箭头位置织长针。

❷ 在箭头2位置也织长针。

❸ 把后面钩织的1针长针包住线先编织的1针交叉长针，完成编织。

1针长针的交叉针的变形（左上交叉）

（右上交叉）

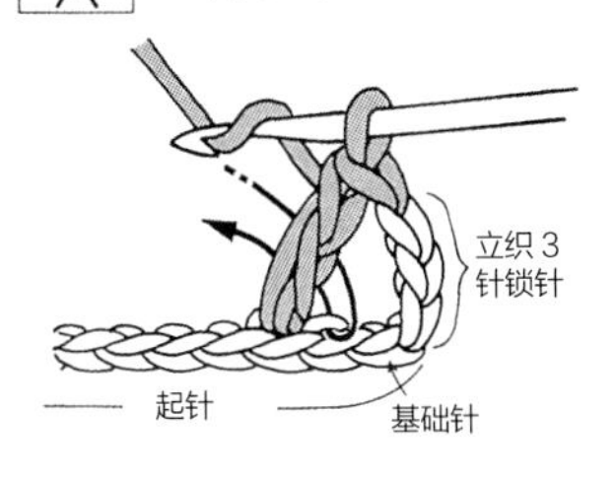

❶ 把钩针从后向前插入上一行针前的内侧。

❷ 拉出线，织长针。浮着的状态，长针的地方是交叉的。

❶ 按箭头方向所示，在刚才钩织的长线前面，从上一行的针目处把线拉出。

❷ 织长针，完成右上交叉的编织。

1针长长针与3针长针的交叉针的变形(左上交叉）

（右上交叉）

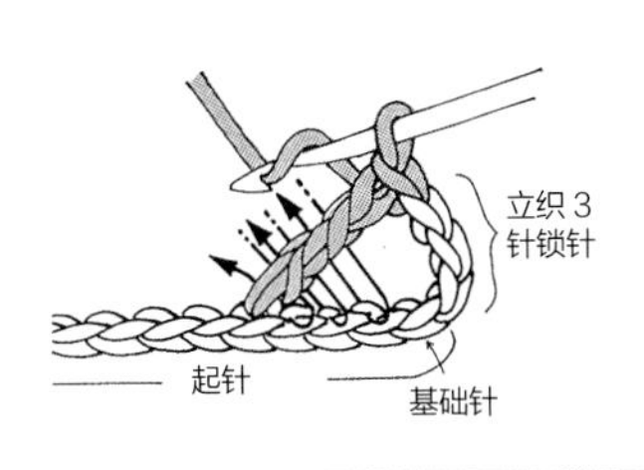

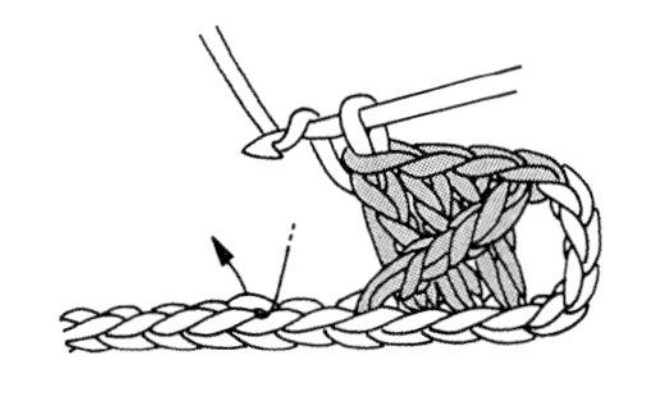

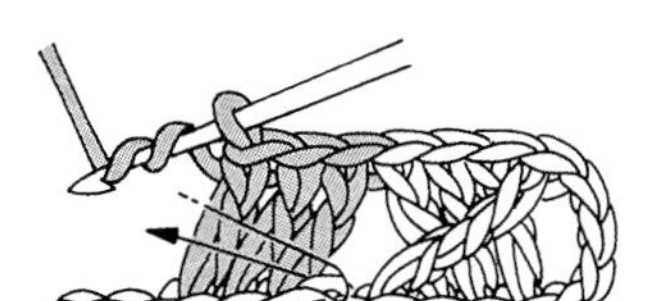

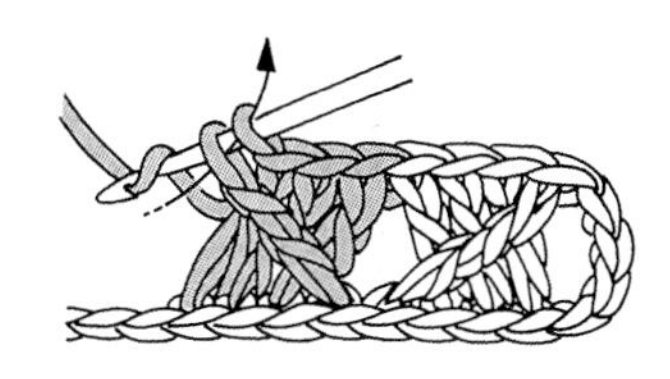

❶ 跳过3针，在第4针处织长长针，在交叉的针目处，按箭头方向所示，织长针。

❷ 从右往左按顺序织3针长针。

❸ 连续织3针长针，把线在钩针上绕2圈，在前侧拉出钩线。

❹ 织长长针，完成右上交叉的编织。

长针交叉编针

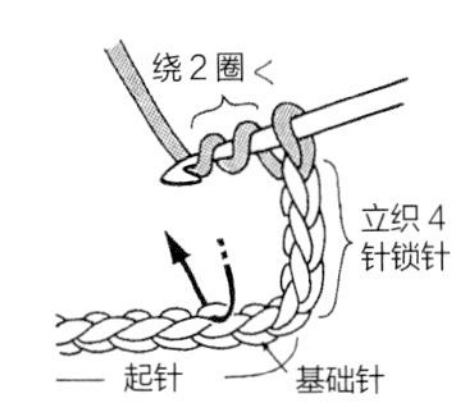

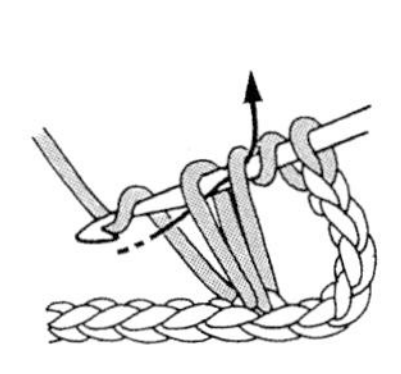

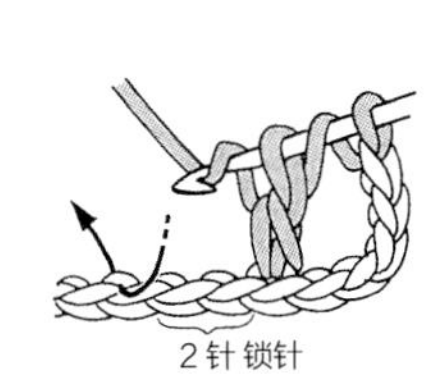

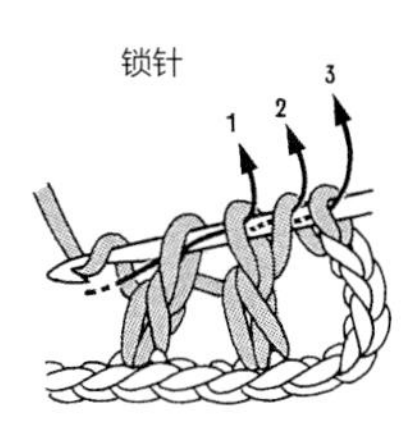

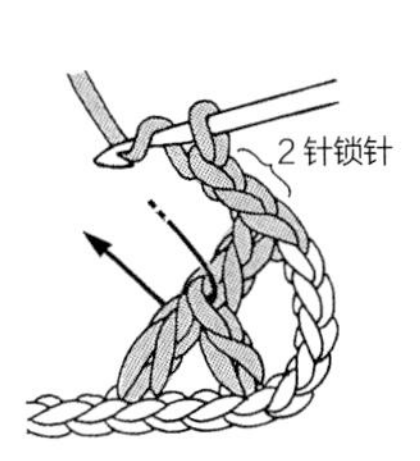

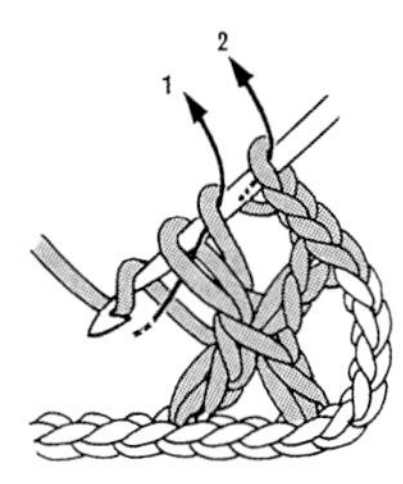

❶ 按箭头所示插入钩针，并拉出线。
❷ 把线绕在钩针上，一次性从挂在钩针上的2针中引拔出。

❸ 把线绕在钩针上，跳过2针，按箭头方向插入钩针，拉出线。

❹ 织未完成的长针，再次一边把线钩在钩针上，一边一次性从挂在钩针上的2针中引拔出线。

❺ 织交叉在中间的2针锁针，把线绕在钩针上，挑出其中的2根线。
❻ 织长针。

Y 字编织

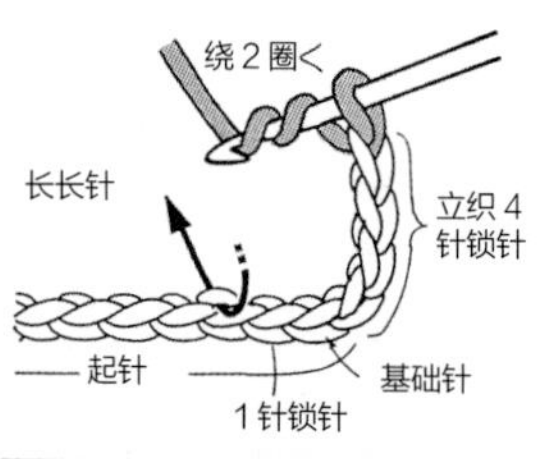

❶ 立织 4 针锁针。把线绕在钩针上 2 圈。在箭头所示的针目上织长长针。

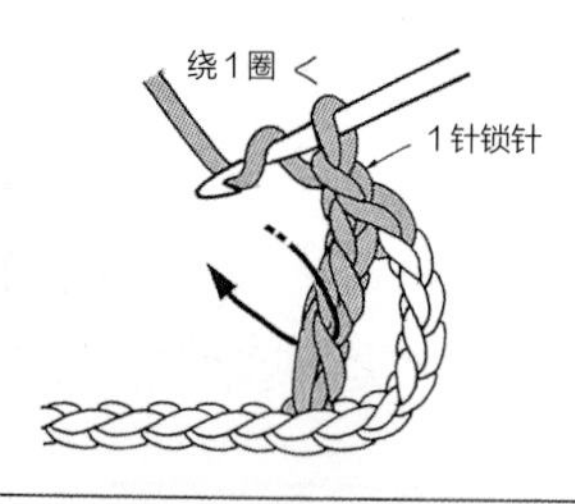

❷ 把线绕在钩针上，按箭头方向挑起其中的 2 根线。

❸ 拉出挂在钩针上的线，织长针。

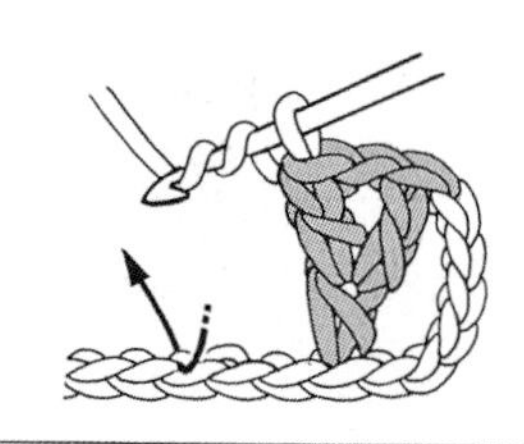

❹ 完成 Y 字编织。

短针 2 针并 1 针

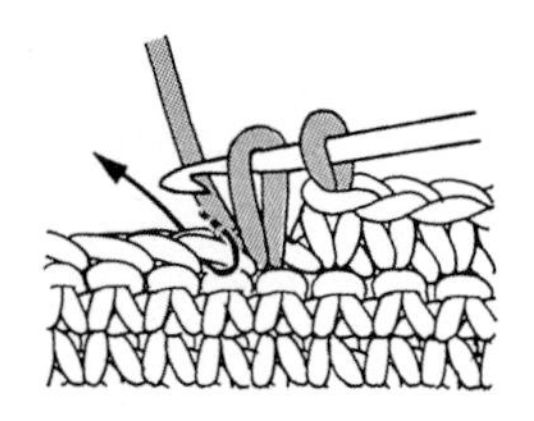

❶ 在上一行的 1 针中织未完成的短针 2 针。

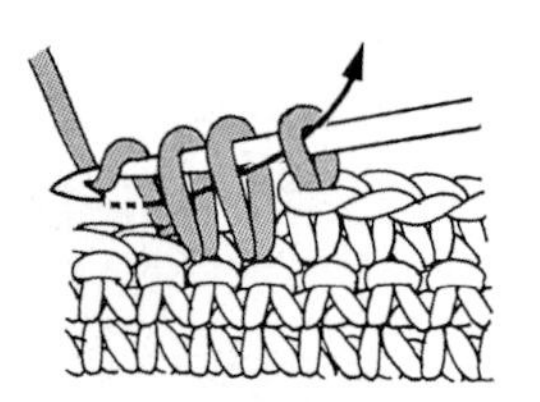

❷ 把线绕在钩针上，一次性从挂在钩针上的 3 针中引拔出线。

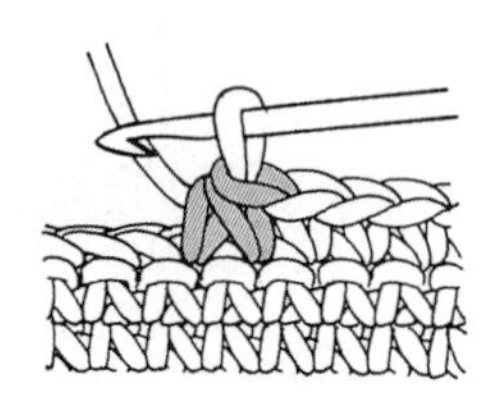

❸ 完成短针 2 针并 1 针的编织。1 针减针时的情形。

短针 3 针并 1 针

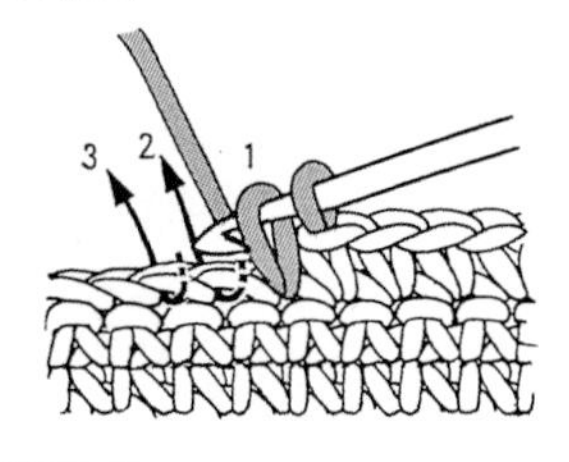

❶ 在上一行的 1 针中织未完成的短针 3 针。

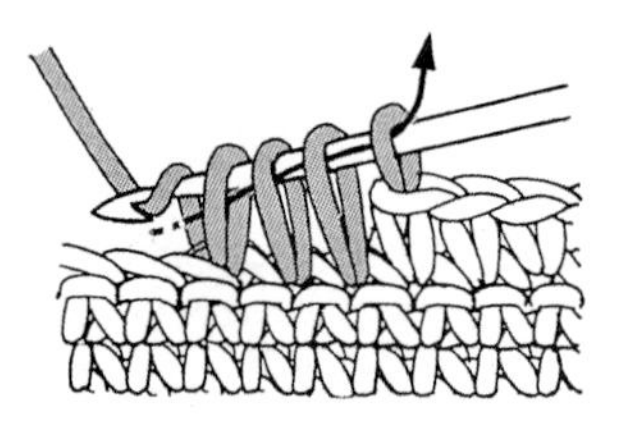

❷ 把线绕在钩针上，一次性从挂在钩针上的 4 针中引拔出线。

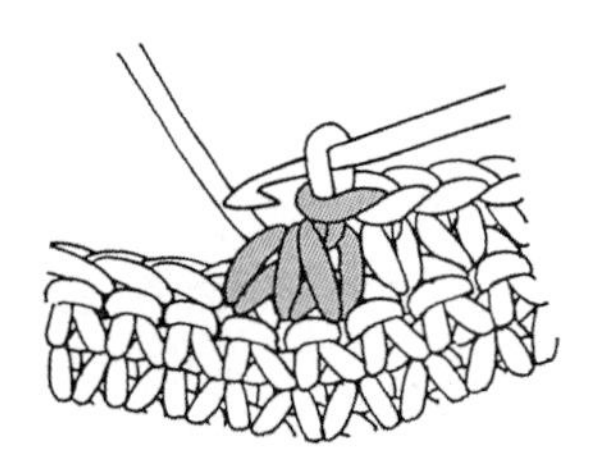

❸ 完成短针 3 针并 1 针的编织。2 针减针时的情形。

中长针 2 针并 1 针

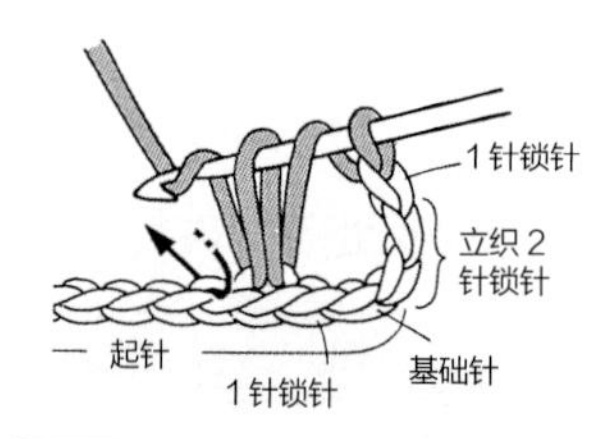

❶ 在上一行的 1 针中织未完成的中长针 1 针。下一针也织中长针。

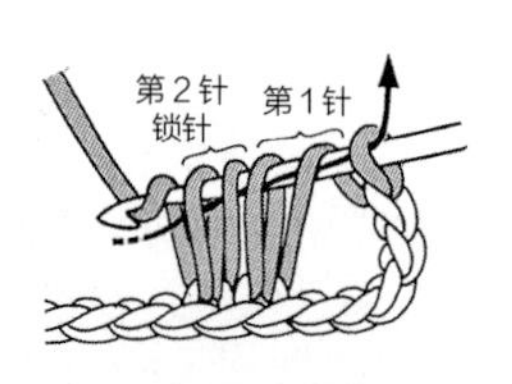

❷ 把线绕在钩针上，按箭头方向所示一次性从挂在钩针上的针线中引拔出。

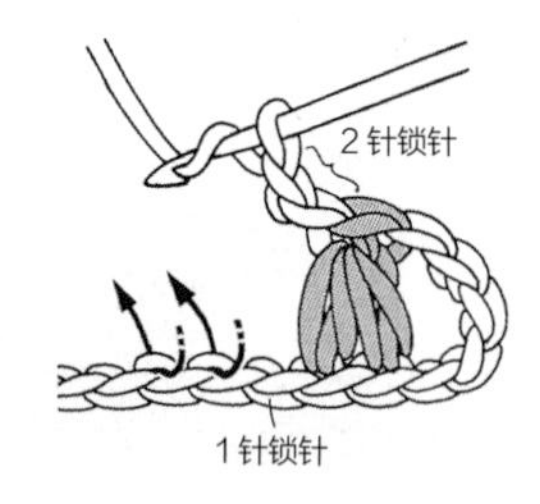

❸ 完成第 1 针的中长针 2 针并 1 针的编织。

中长针 3 针并 1 针

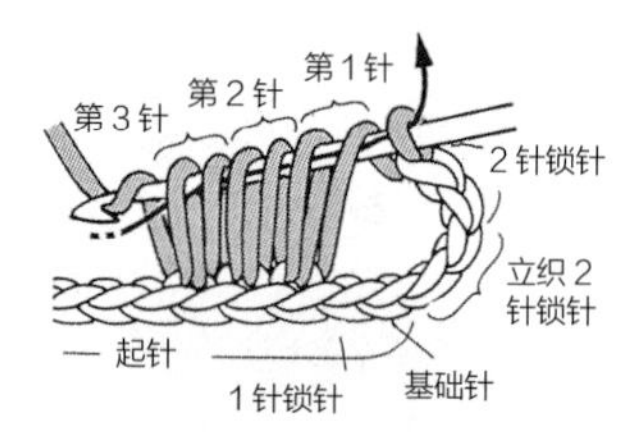

在上一行的 1 针中，织未完成的中长针 3 针，把线绕在钩针上，一次性从挂在钩针上的针线中引拔出。

长针 2 针并 1 针

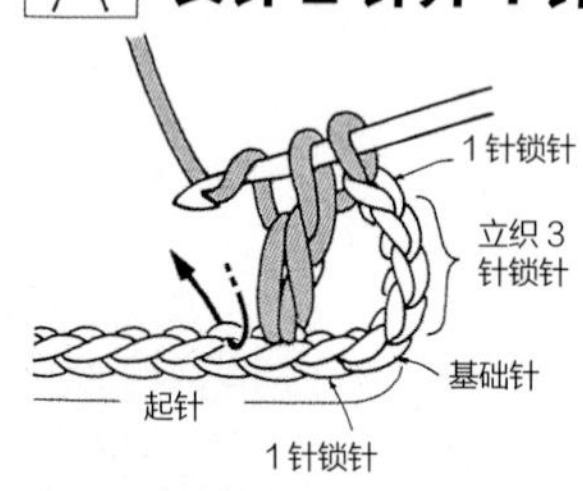

❶ 在上一行的 1 针中，织未完成的长针，下一针也织未完成的长针。

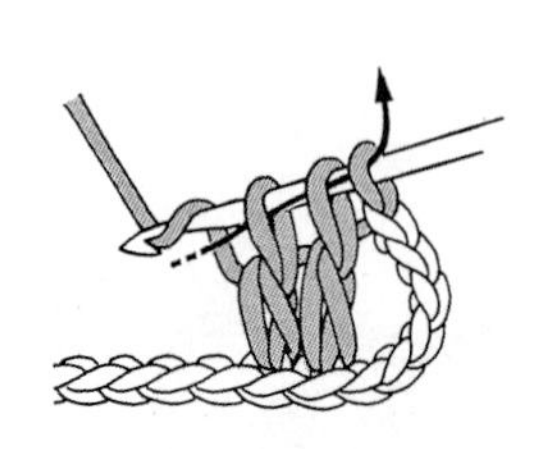

❷ 把线绕在钩针上，一次性从挂在钩针上的 2 针中引拔出。

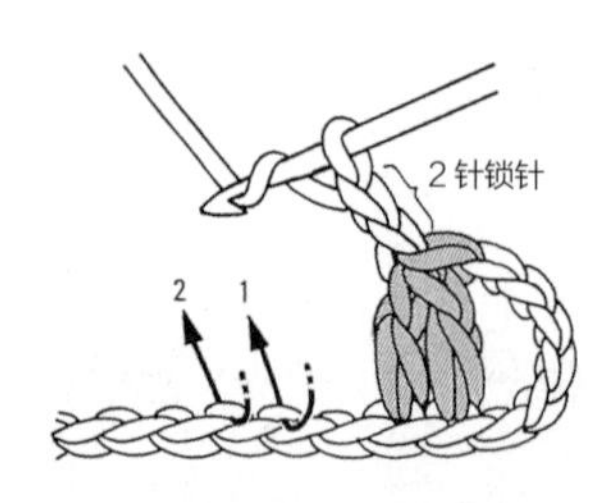

❸ 完成长针 2 针并 1 针的编织。

长针 3 针并 1 针

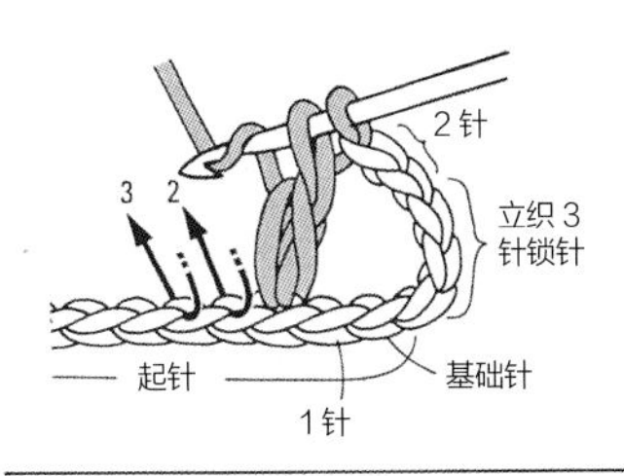

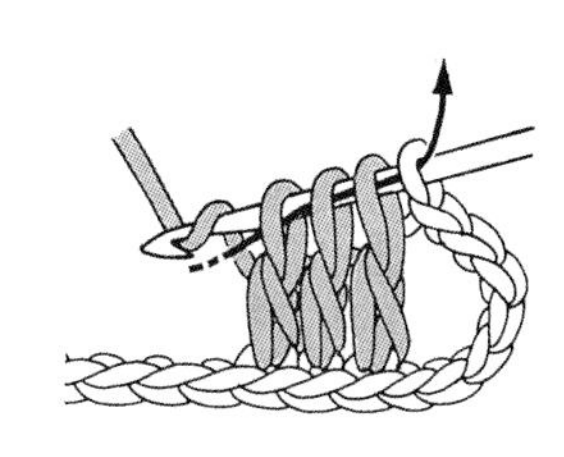

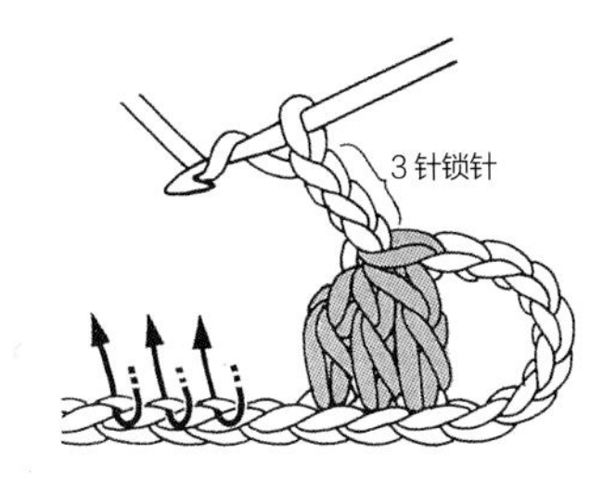

❶ 在上一行的 1 针中织未完成的长针 1 针，下两针也继续织未完成的长针。

❷ 把线绕在钩上，一次从挂在钩针上的 4 针中引拔出。

❸ 完成 1 个长针 3 针并 1 针的编织。

1 针放 2 针中长针

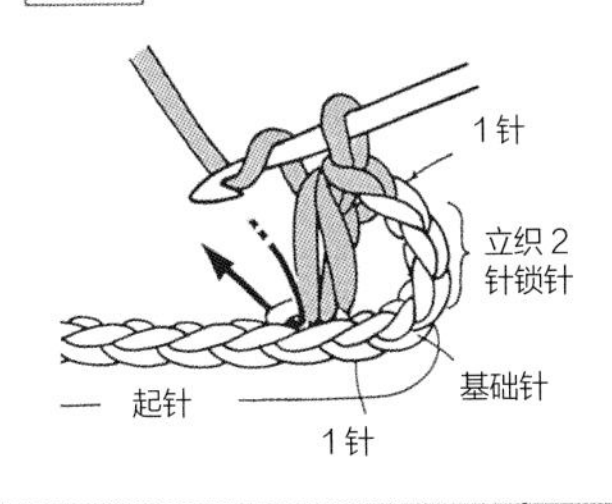

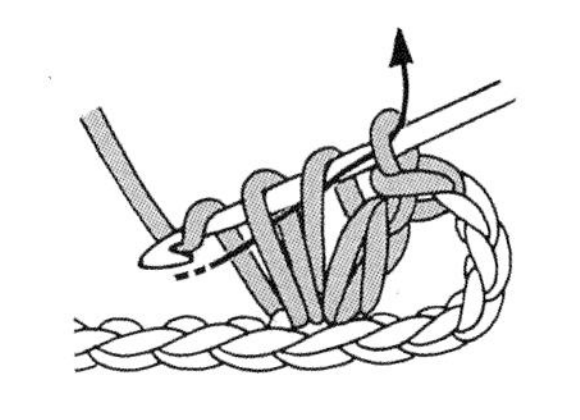

❶ 织中长针 1 针，把线绕在钩针上，从同一针目中拉出线。

❷ 把线绕在钩针上，按箭头方向所示引拔出。

1 针放 3 针中长针

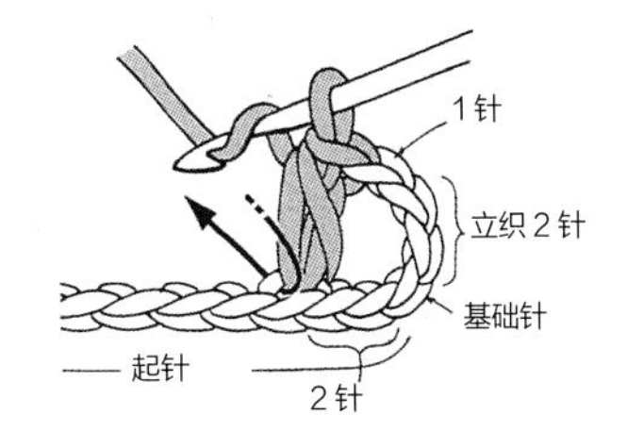

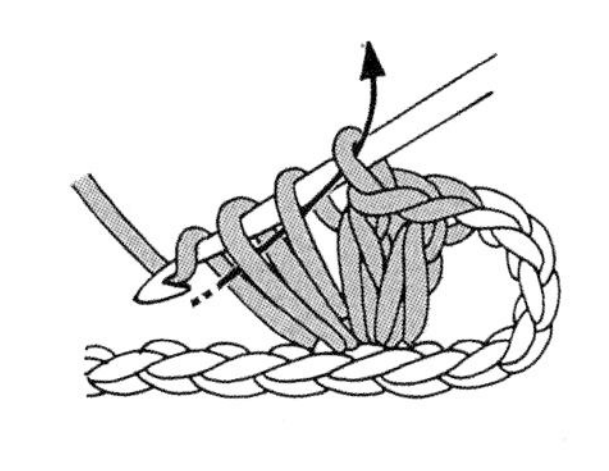

❶ 织中长针 1 针，在同一针目再织中长针 2 针。

❷1 针放 3 针中长针加针的情形。

1 针放 2 针长针

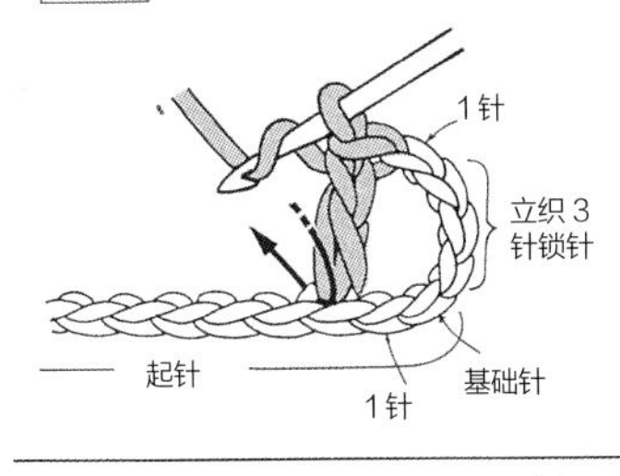

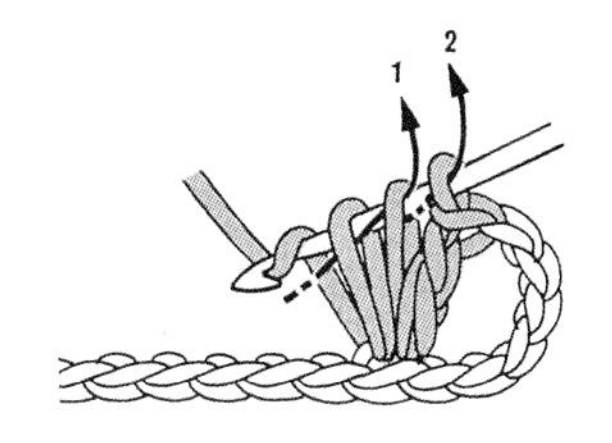

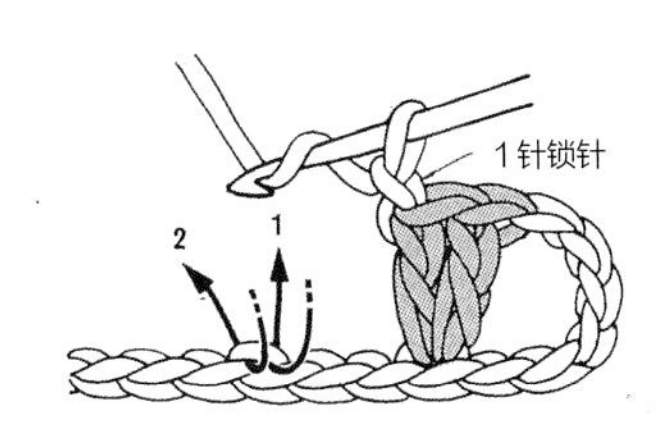

❶ 织长针 1 针，把线绕在钩针上，按箭头方向所示把钩针插入同一针目中。

❷ 拉出针织长针

❸ 上一行的 1 针中织好 2 针长针时的情形。

1 针放 3 针长针

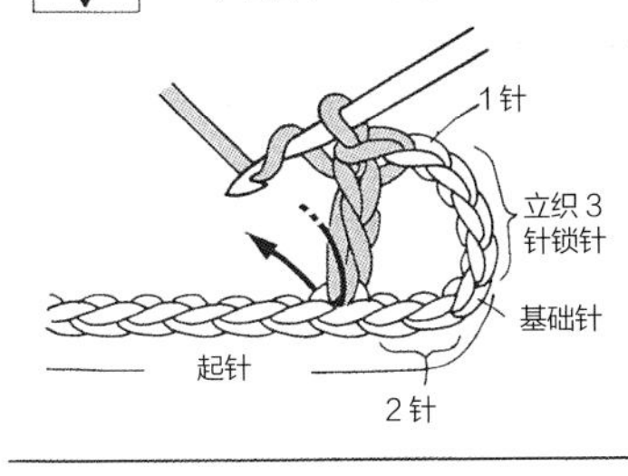

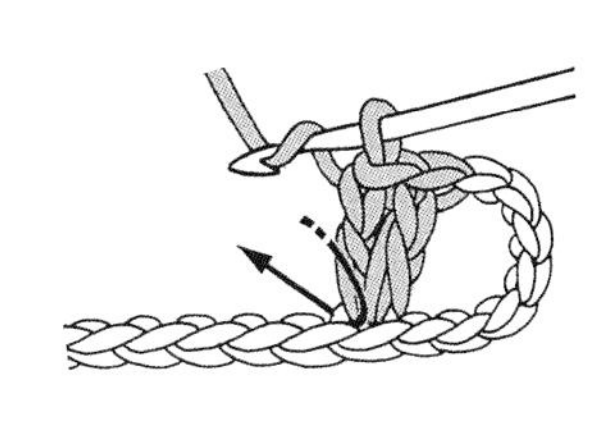

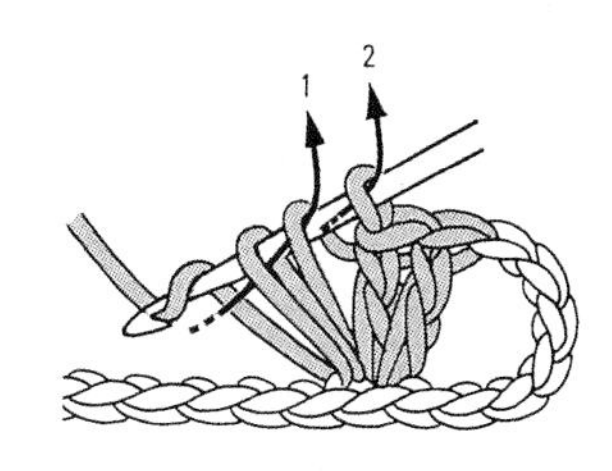

❶ 织长针 1 针，把线绕在钩针上，把钩针插入同一针目中，织长针。

❷ 把线绕在钩针上，再一次把钩针插入同一针目中。

❸ 拉出线织长针。完成长针 1 针放 3 针加针的编织。

1 针放 5 针长针（松叶针）

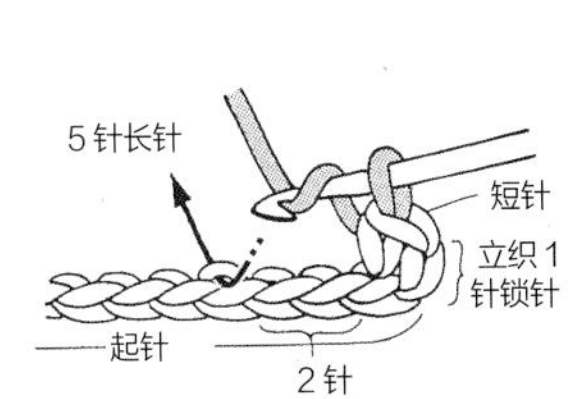

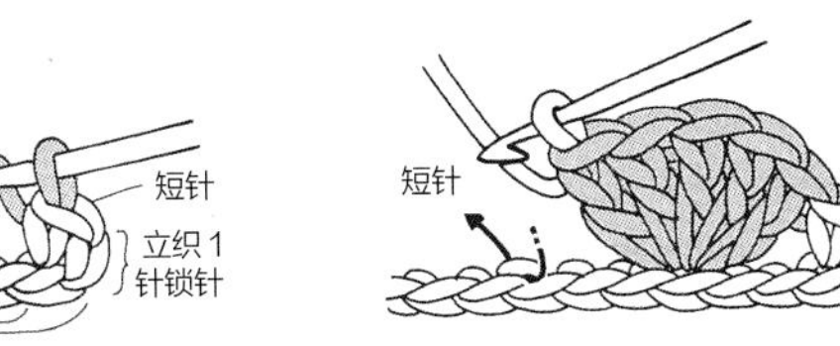

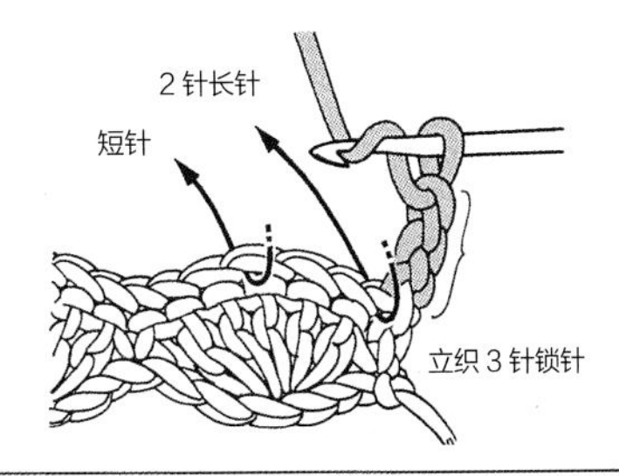

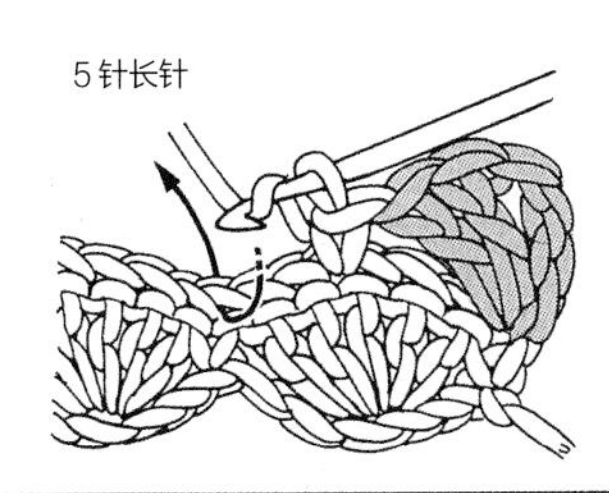

❶ 立织 1 针锁针，织短针 1 针，在第 3 针中加织 5 针长针。

❷ 跳过 2 针，在下一针织短针。编织完成 1 个松叶针花样。

❸ 第 2 行是 3 针锁针构成 1 针立针，在上一行的短针上织长针 2 针。

❹ 在箭头的位置用短针锁住。按箭头方向在松叶针的低凹处织 5 针长针。

1针放4针长针（贝壳针）

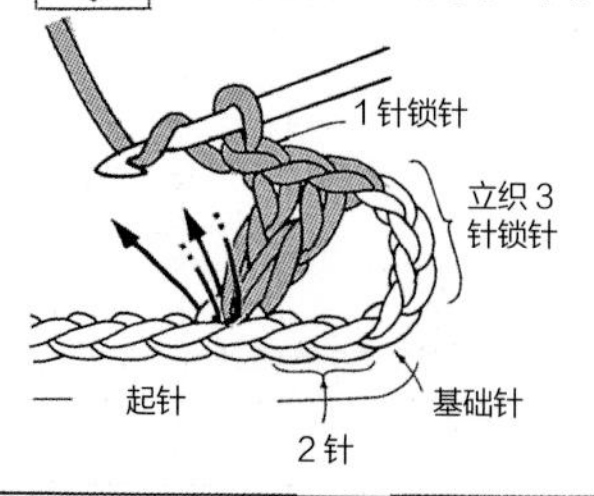

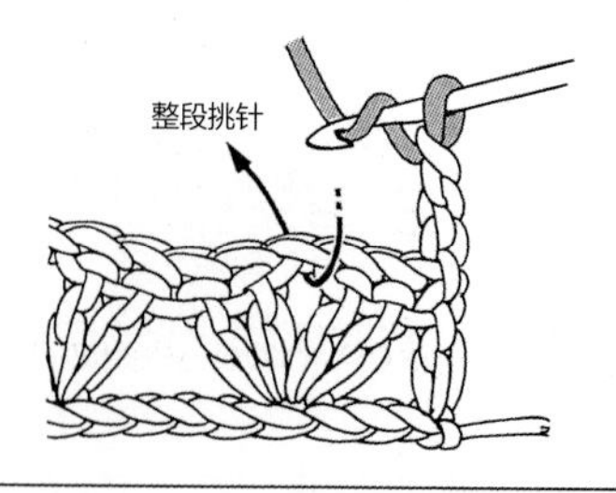

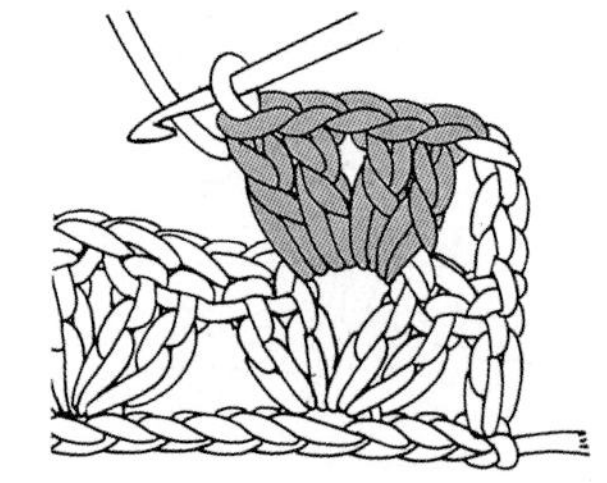

❶如图所示，在同一针中织长针2针，锁针1针，再织长针2针。

❷编织完成1个贝壳针的花样。

❸第2行是立织3针锁针。把锁针挑成一段，织贝壳针。

❹编织完成第2行的1个贝壳针花样。之后的贝壳花样按照以上的要领编织。

短针正拉针

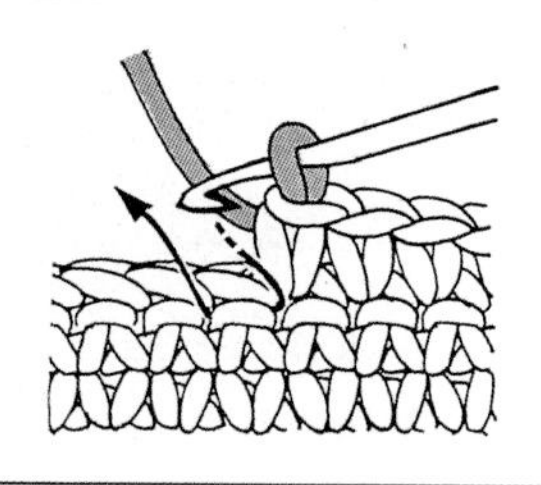

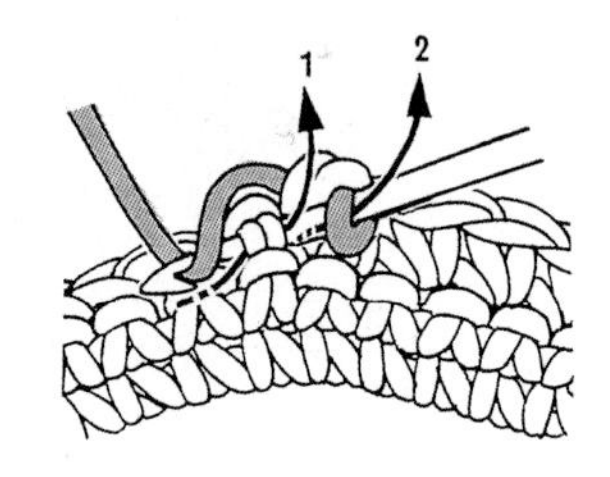

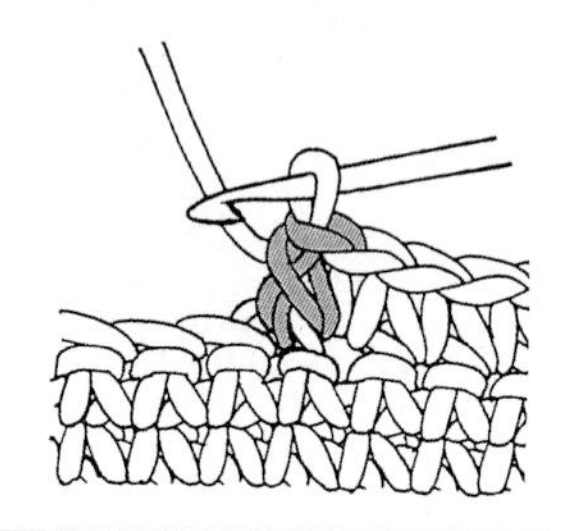

❶按箭头所示，从正面横着插入钩针，挑起上一行的1针上的针目。

❷把线绕在钩针上，按箭头所示，拉出线，织短针。

❸完成编织。上一行的锁针的顶部显露在另一侧。

短针反拉针

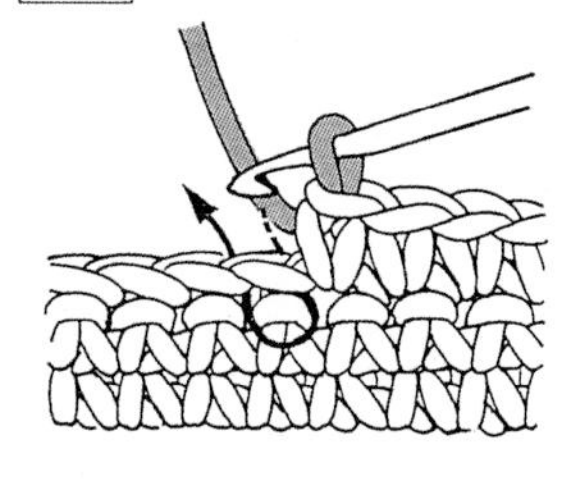

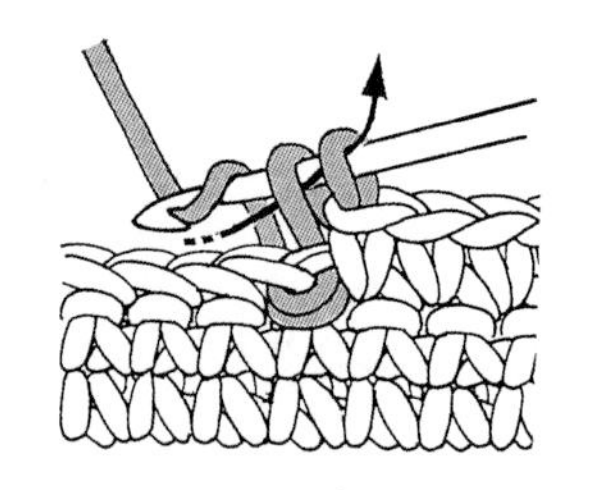

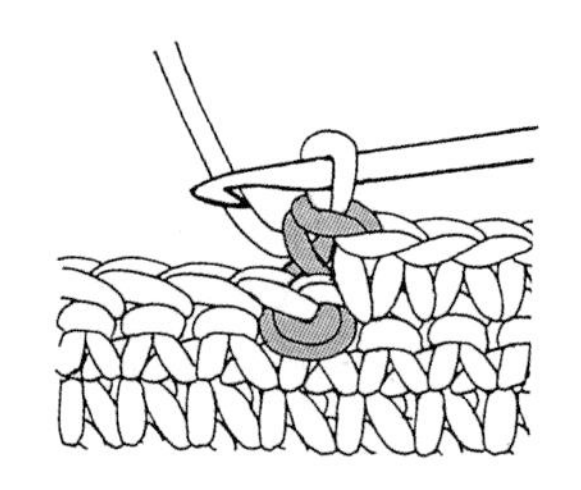

❶按箭头所示，从反面横着插入钩针，挑起上一行的1针上的针目。

❷把线绕在钩针上，把线拉伸到另一侧，织短针。

❸完成编织。上一行的锁针的顶部显露在自己面前。

中长针正拉针

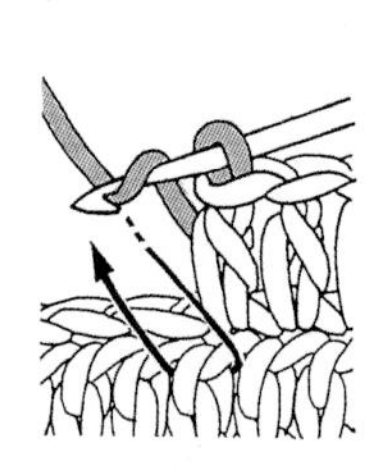

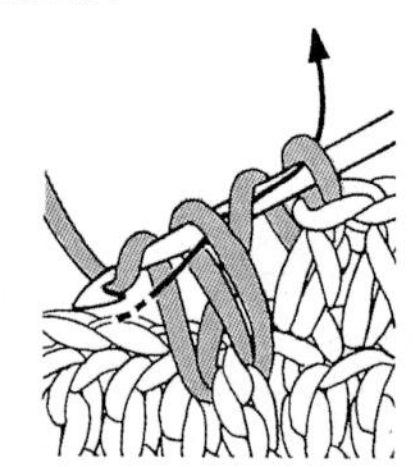

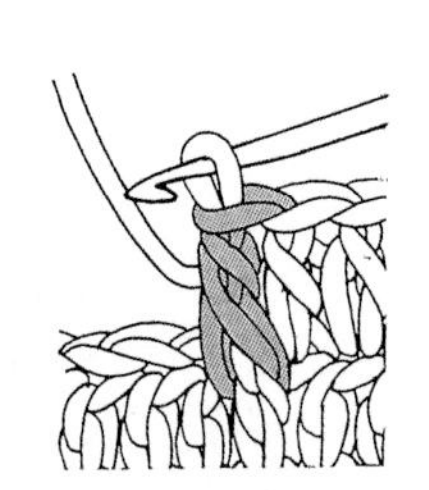

❶把线绕在钩针上，从正面横着插入钩针，挑起上一行1针上的针目。

❷织中长针。
❸完成编织。

中长针反拉针

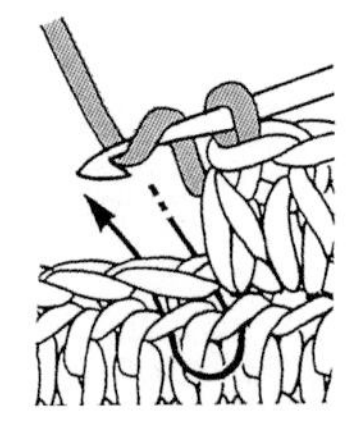

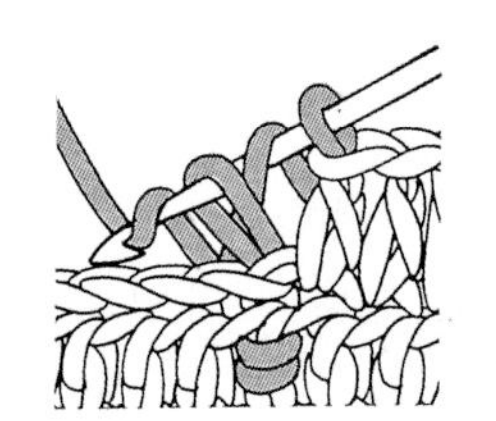

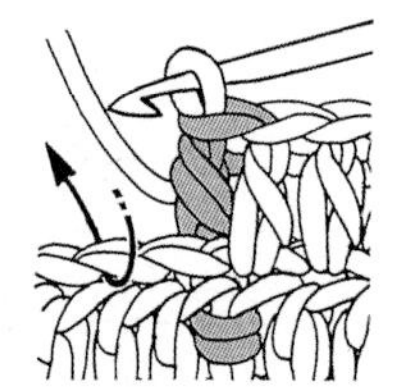

❶把线绕在钩针上，从正面横着插入钩针，挑起上一行1针上的针目。

❷织中长针。
❸完成编织。

长针正拉针

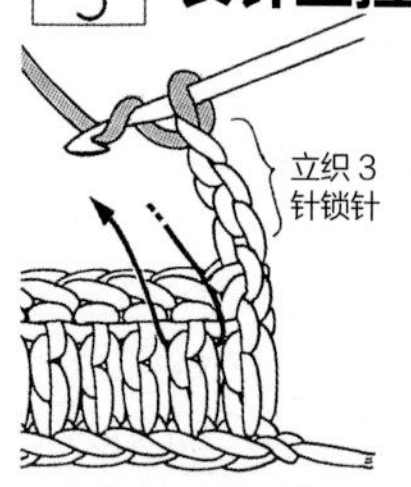

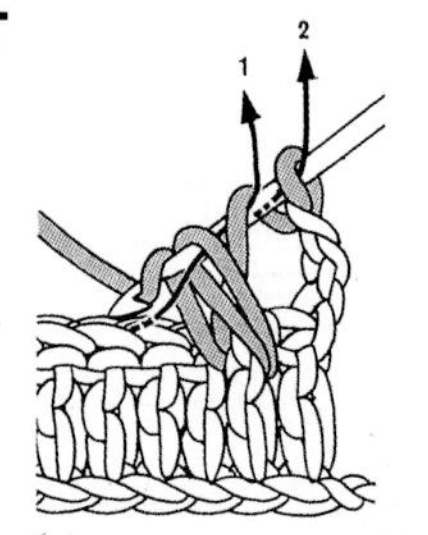

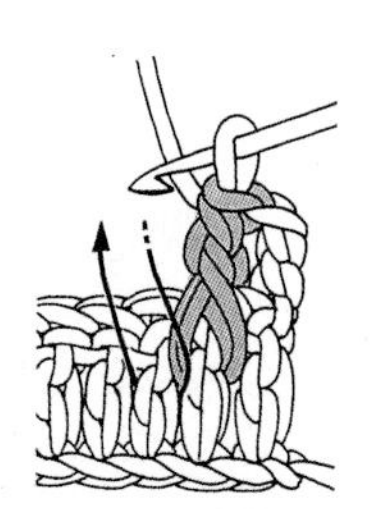

❶把线绕在钩针上，从正面横着插入钩针，挑起上一行1针上的针目。

❷织长针。
❸完成编织。

长针反拉针

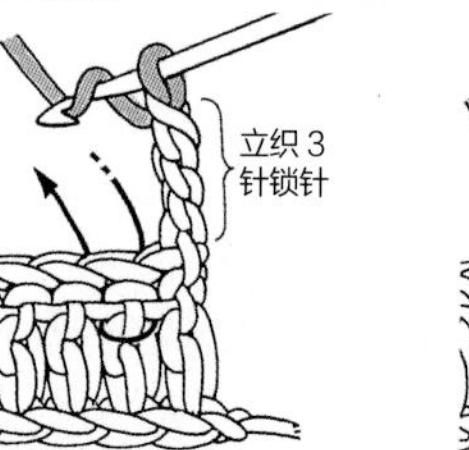

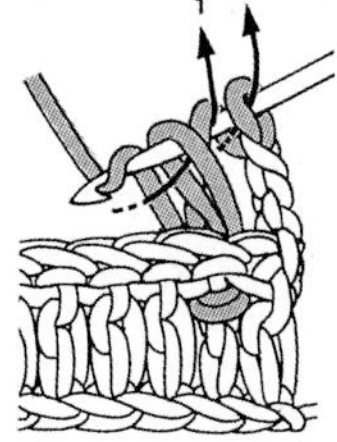

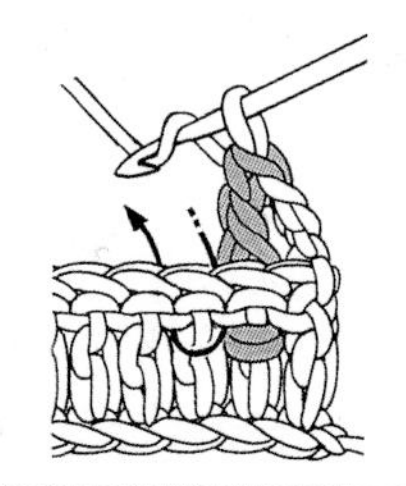

❶把线绕在钩针上，从反面横着插入钩针，挑起上一行1针上的针目。

❷织长针。
❸完成编织。

正拉针 3 针长长针的枣形针

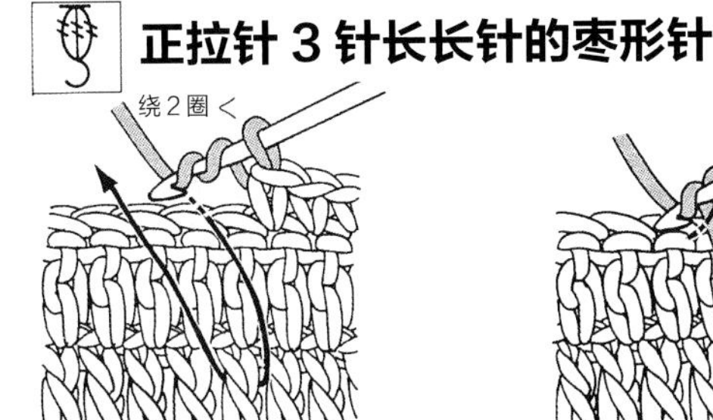

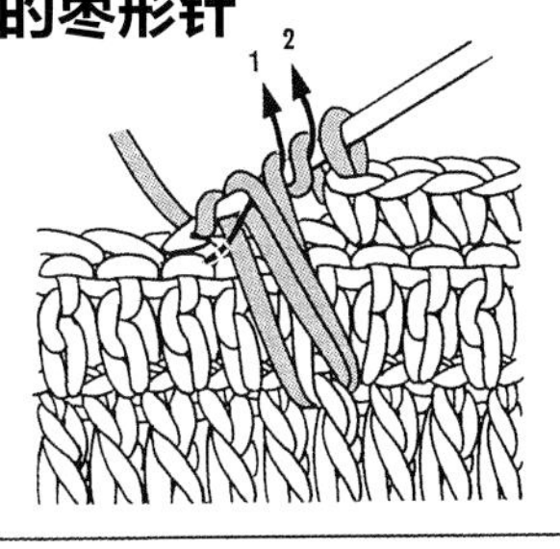

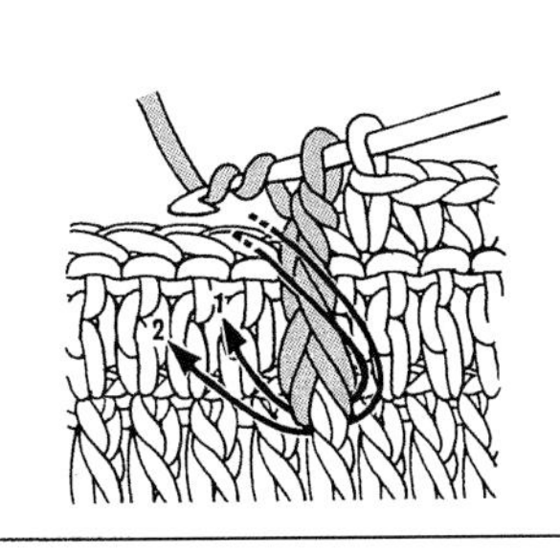

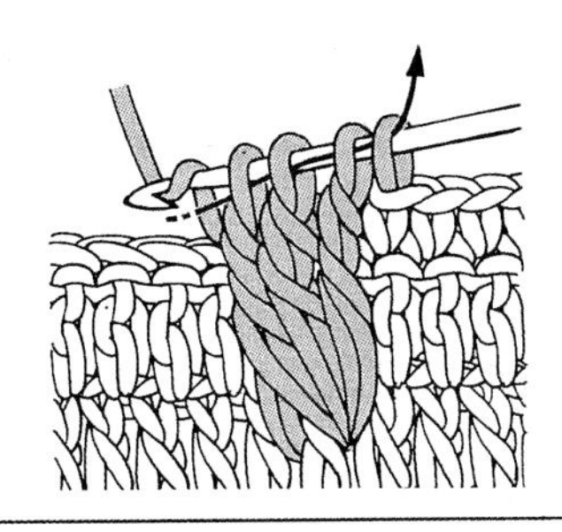

❶ 把针绕在钩针上 2 圈，横着挑起上上一行的长针上的针目。

❷ 把线绕在钩针上，并拉出线，织未完成的长长针。

❸ 同一个长针的针目上，再织未完成的长长针 2 针。

❹ 把线绕在钩针上，一次性从挂在钩针上的 4 针中引拔出线。

长长针正浮针与 2 针长针交叉

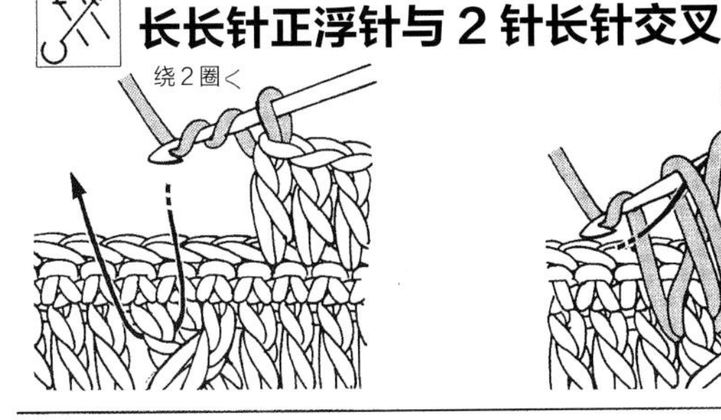

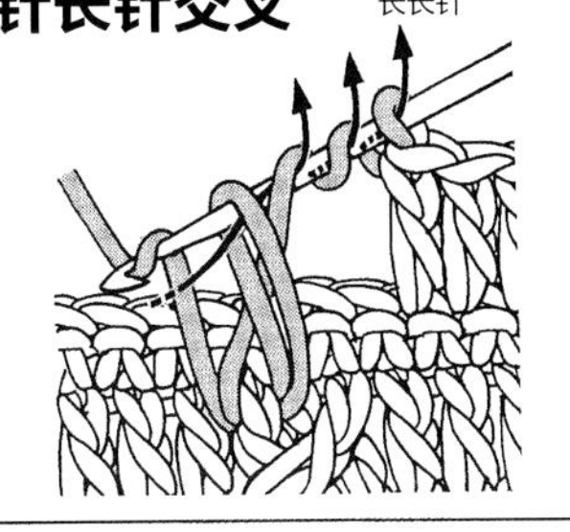

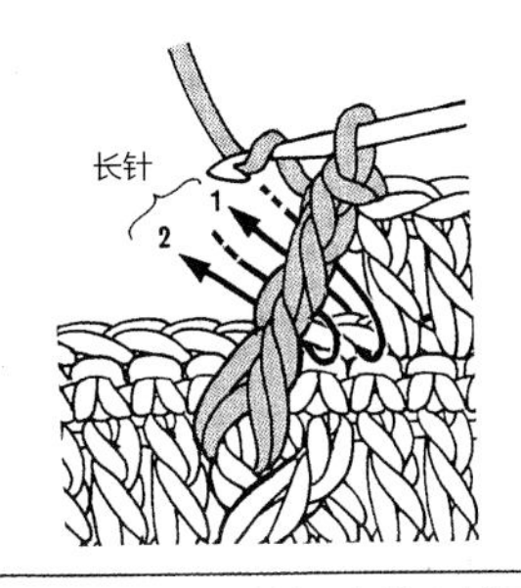

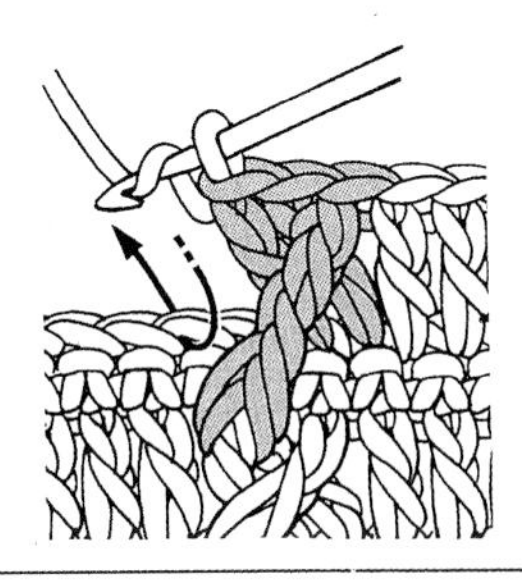

❶ 把线绕在钩针上 2 圈，按箭头方向，把钩针插入上上一行的长针中。

❷ 把线绕在钩针上并拉出线，织长长针。

❸ 按箭头所示，在上一行的 2 针短针的里山，织长针。

❹ 完成编织。跳过 1 针织下一针。

3 针锁针的狗牙针

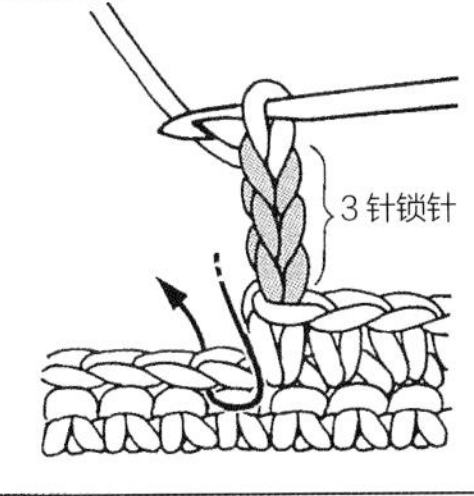

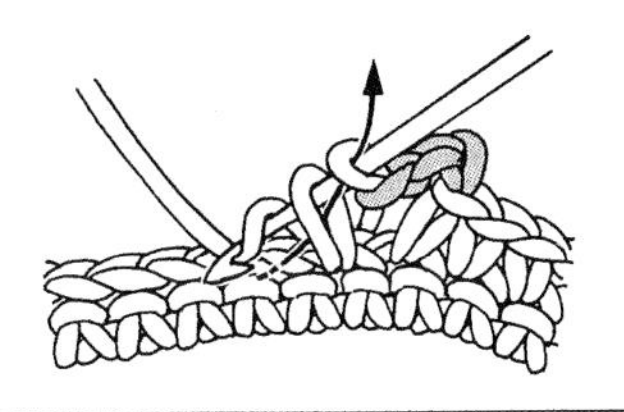

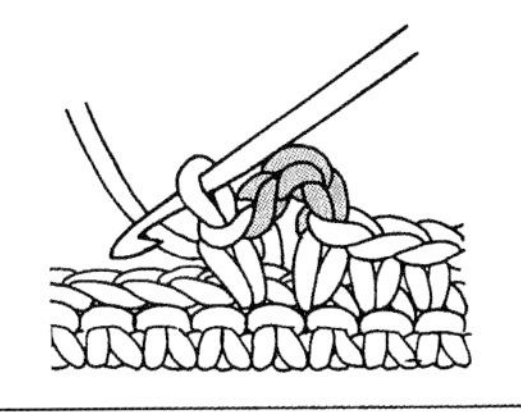

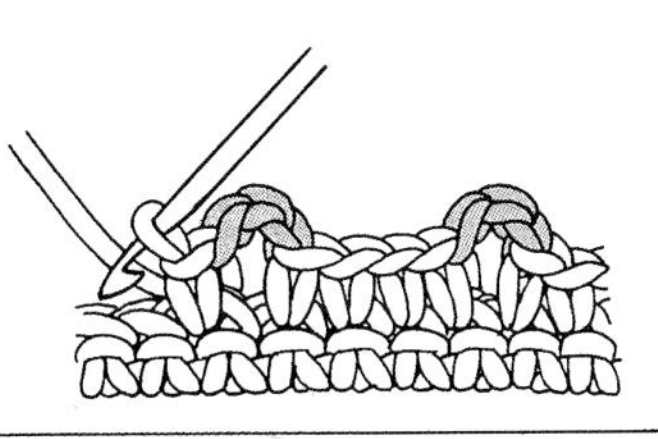

❶ 织 2 针锁针，按箭头方向插入钩针。

❷ 把线绕在钩针上，拉出线，织短针。

❸ 完成 3 针锁针的狗牙针的编织。

❹ 自由地隔出间隔，织下一个狗牙针。

3 针锁针的狗牙拉针

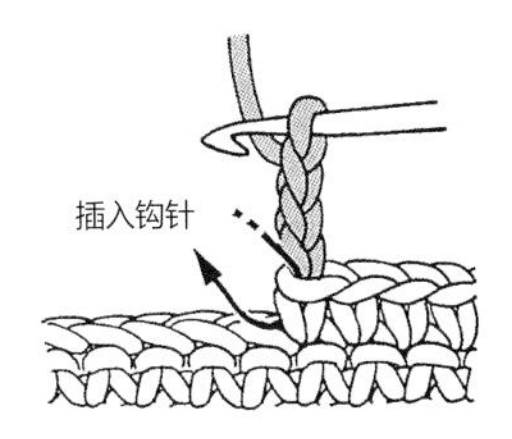

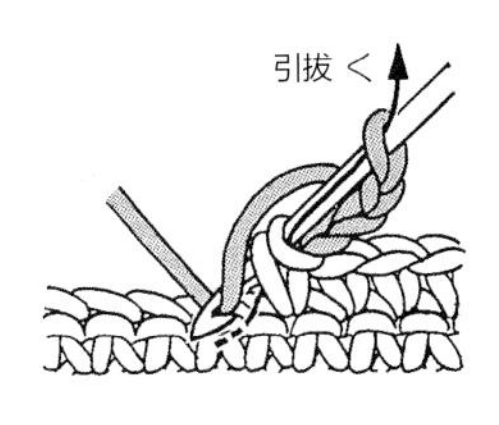

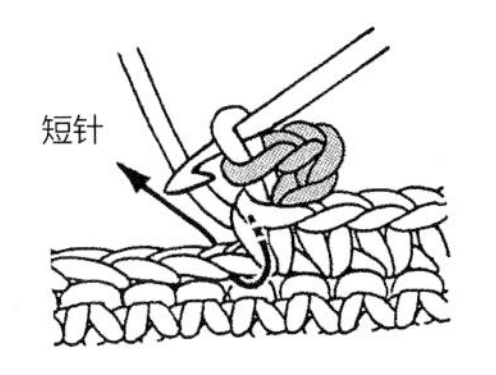

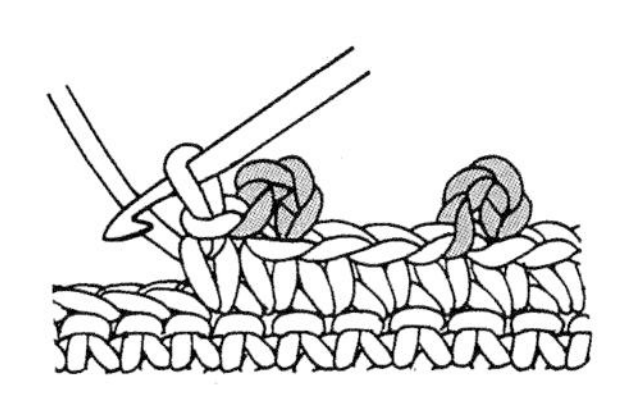

❶ 织 3 针锁针，按箭头方向所示把钩针插入短针上方锁针的半锁针与 1 针针目中。

❷ 把线绕在钩针上，按箭头方向所示一次性从挂在钩针上的针目中引拔出。

❸ 完成 1 个狗牙拉针的编织。

❹ 自由地隔出间隔，织下一个狗牙拉针。

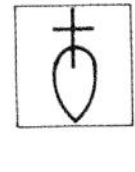

七宝针

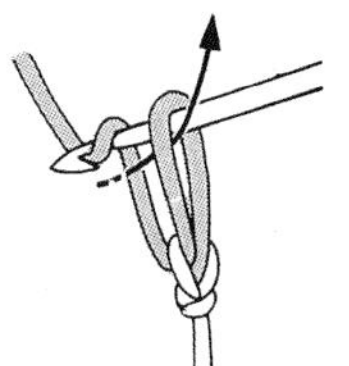

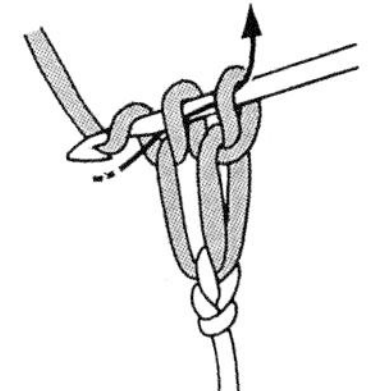

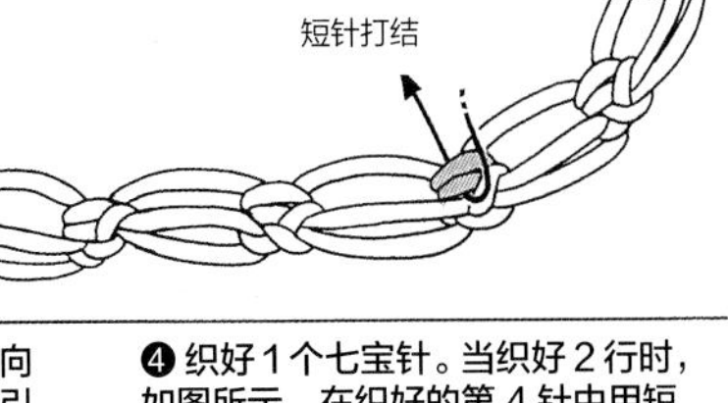

❶ 钩 2 针锁针，拉长针目的高度后，把线绕在钩针上并拉出线。

❷ 把钩针插入步骤 1 拉长的针目的后面的 1 针中，把线绕在钩针上并拉出线。

❸ 再次把线绕在钩针上，按箭头方向所示一次性从挂在钩针上的针目中引拔出。

❹ 织好 1 个七宝针。当织好 2 行时，如图所示，在织好的第 4 针中用短针打结。

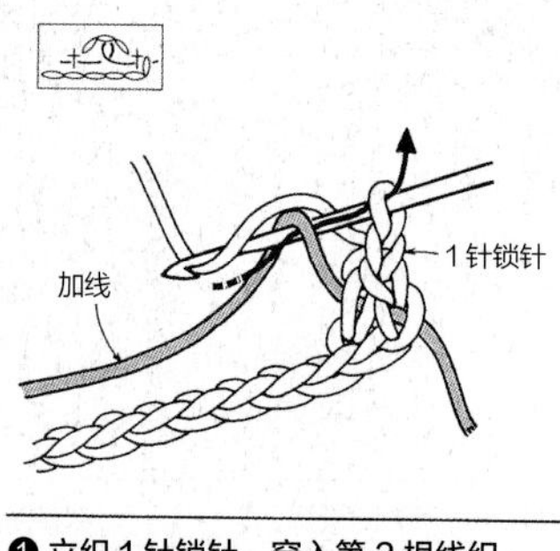

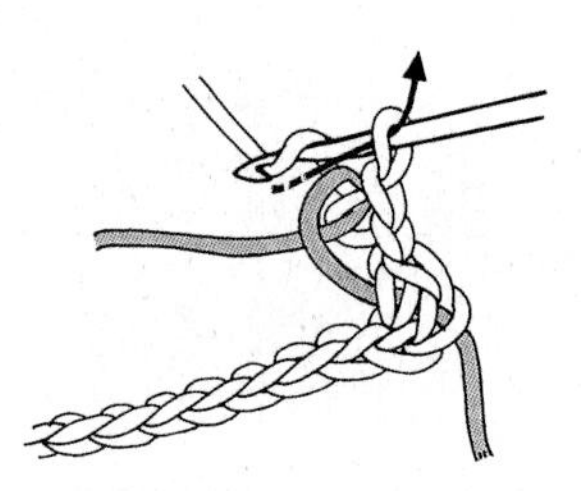

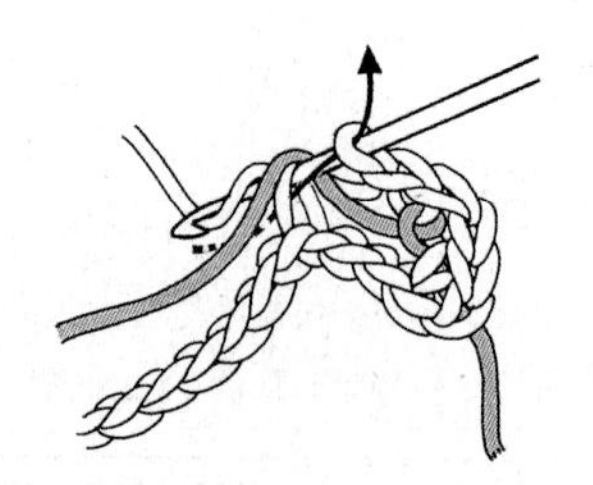

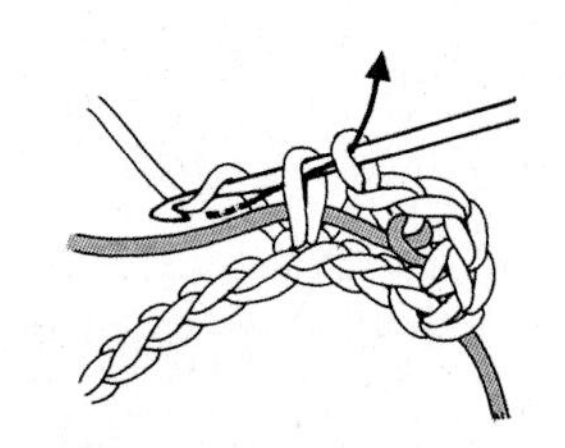

❶ 立织1针锁针，穿入第2根线织短针，1针锁针，把第2根线从前向后插入绕在钩针上，织锁针。

❷ 再织1针锁针。

❸ 跳过两针，把钩针插入第3针上，把第2根线从后向前绕在钩针上，并引拔出。

❹ 完成短针。

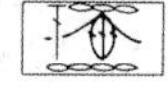

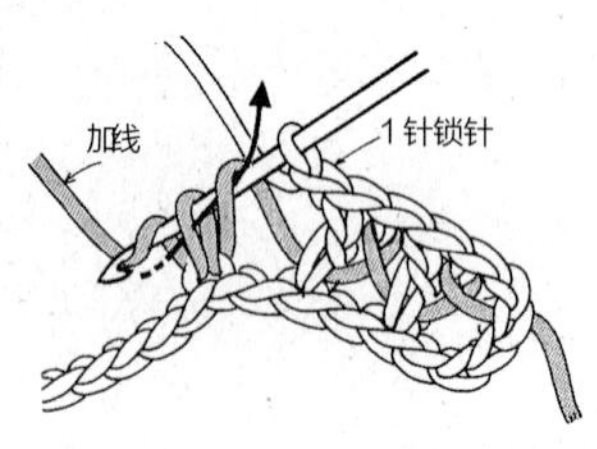

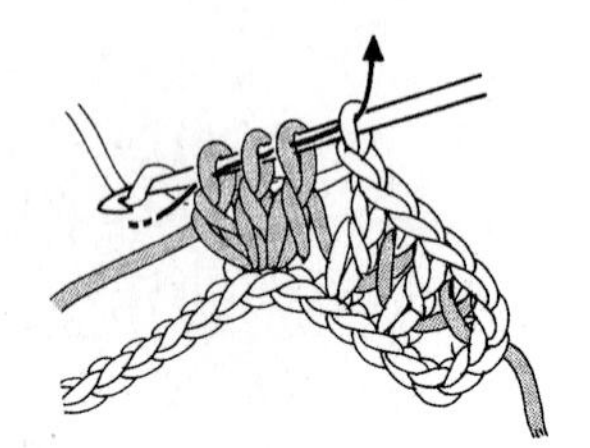

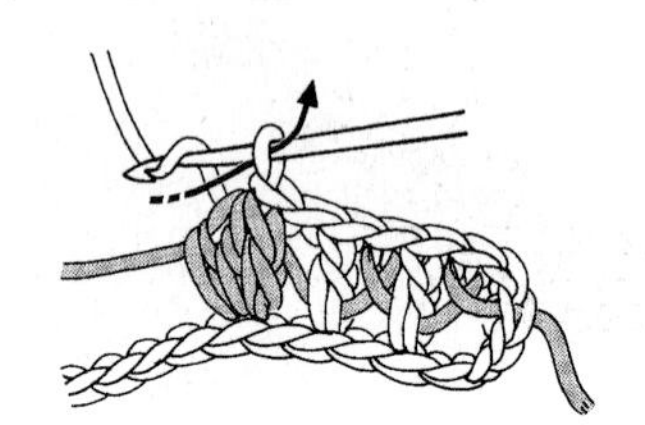

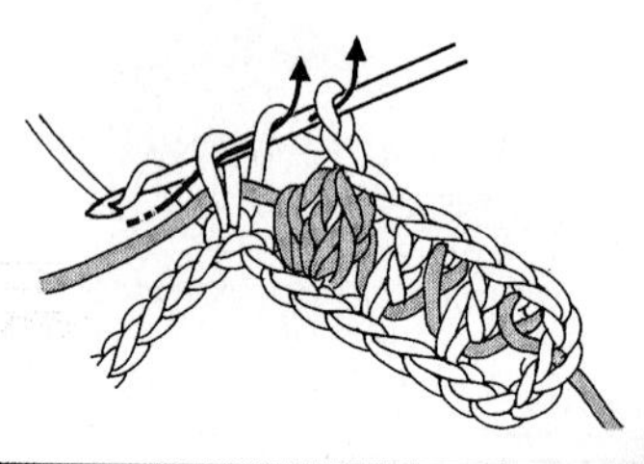

❶ 织1针锁针，跳过1针，在第2针上，用第2根线织未完成的长针1针。

❷ 在同一个针目，织未完成的长针2针。

❸ 织锁针1针。

❹ 拉过来第2根线织长针。

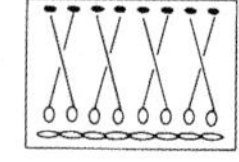

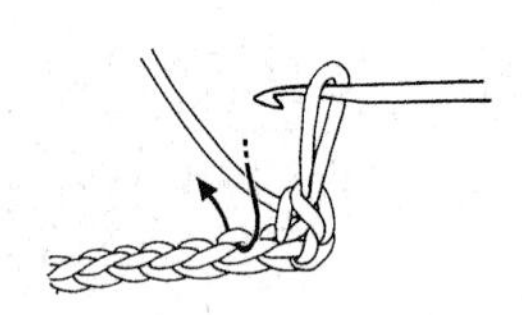

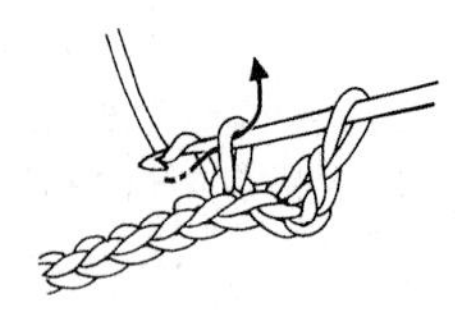

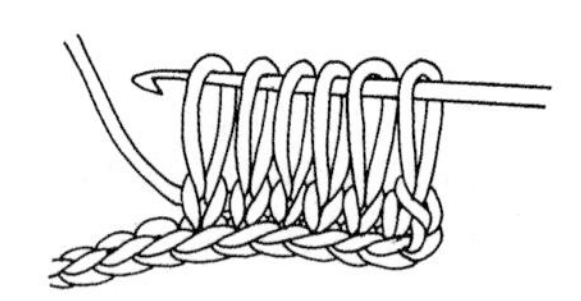

❶ 立织1针锁针，织短针，拉长挂在钩针上的1针。

❷ 从下一针开始，拉出线，织锁针1针，拉长挂在钩针上的1针。

❸ 重复步骤❷。

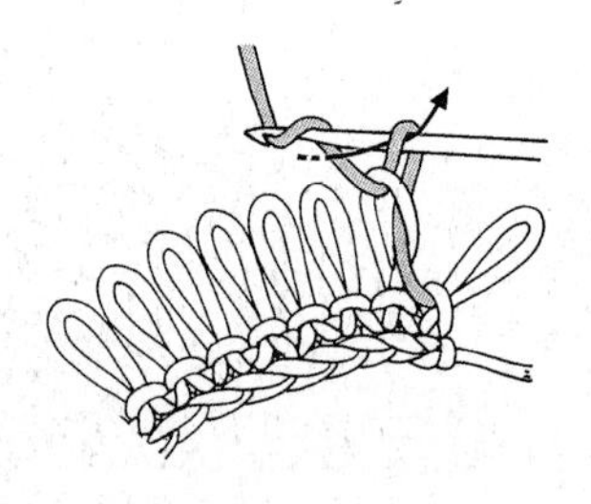

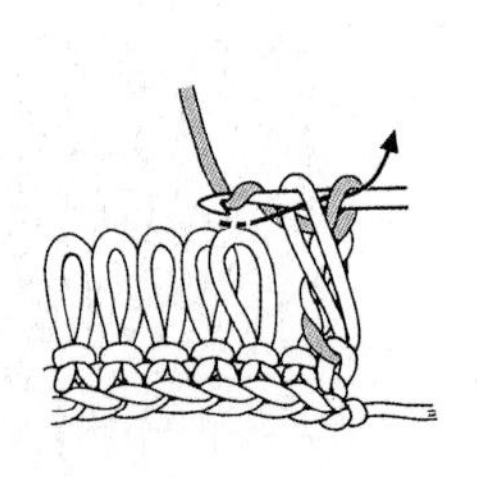

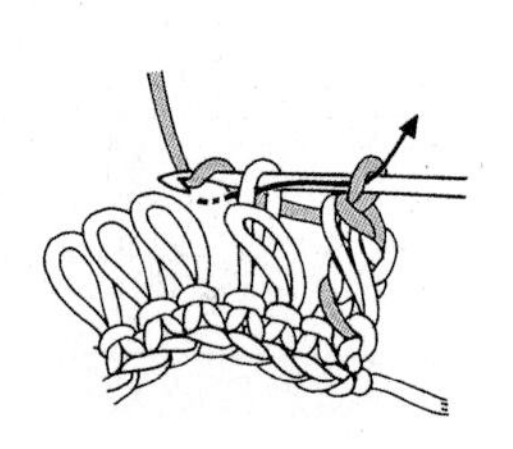

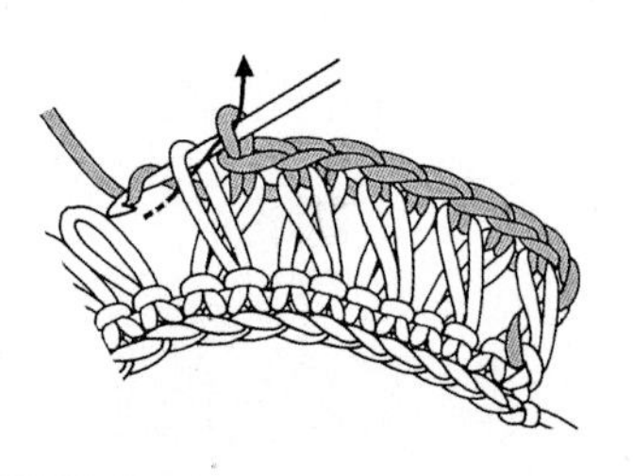

❹ 把线放在织物的前面，跳过1针，把钩针从前面插入下一针中，拉出挂在钩针上的1针，织锁针1针。

❺ 从前面把钩针插入步骤4跳过的那1针中，并从挂在钩针上的线中引拔出。

❻ 跳过1针，把钩针插入下一针中，并从挂在钩针上的针线中引拔出。

❼ 重复步骤❺、❻，一边交叉挂在钩针上的针线，一边织引拔针。

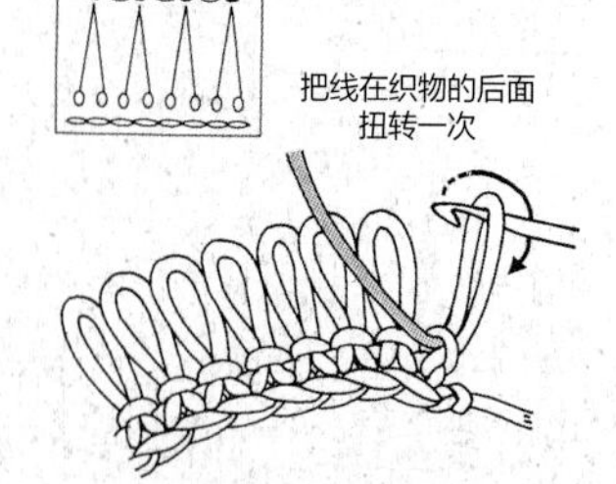

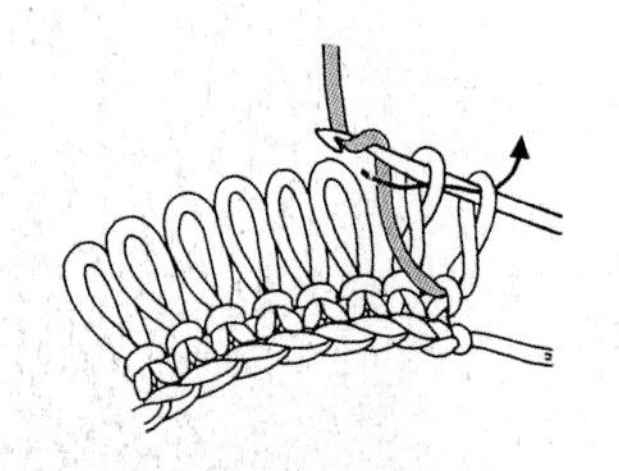

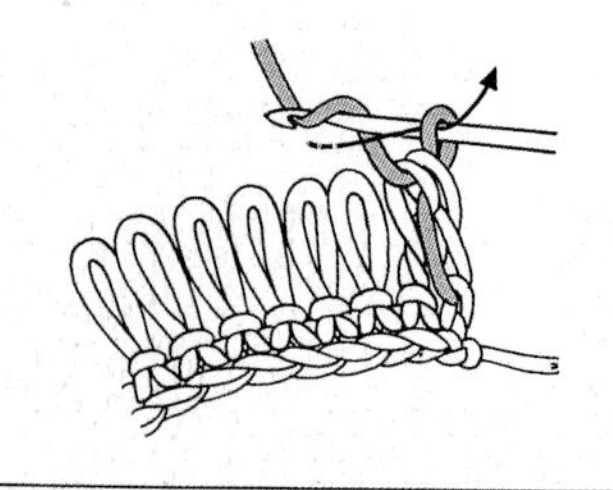

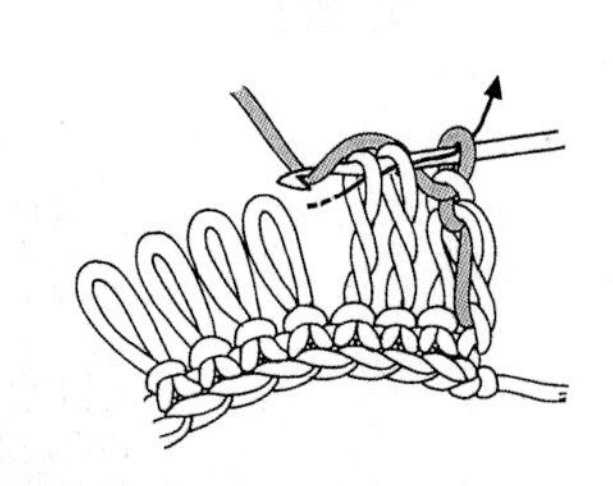

❶~❸ 按上图所示的步骤编织。

❹ 从后面插入钩针，按箭头方向所示扭针一次。

❺ 下一针也扭针，把线放在织物前，一次从挂在钩针的2针中引拔出。

❻ 织1针锁针。

❼ 每一针都要从后向前扭针一次，一次性从挂在钩针上的针线中引拔出。

钩针编织花样

KNITTING PATTERNS OF CROCHET

方眼针、松叶针 、菠萝花样、扇形花样、基础花样

长针是构成钩针基础的针法之一。
这种直线的针形能够钩织出各种各样的花样。
既有像方眼针那样巧妙利用直线的花样，
也有像松叶针那样把针目集合在一起，描绘出宽松曲线的花样。

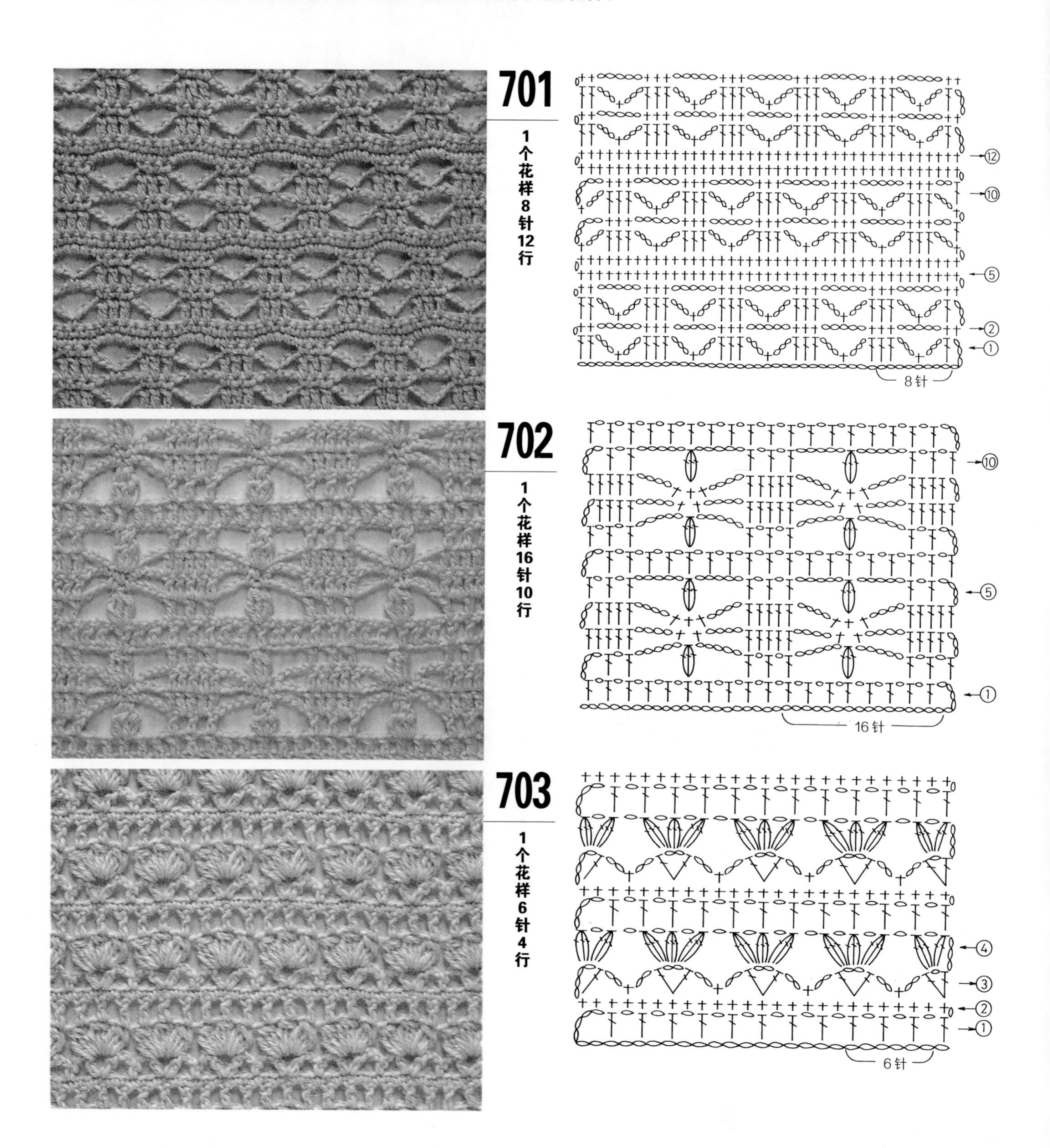

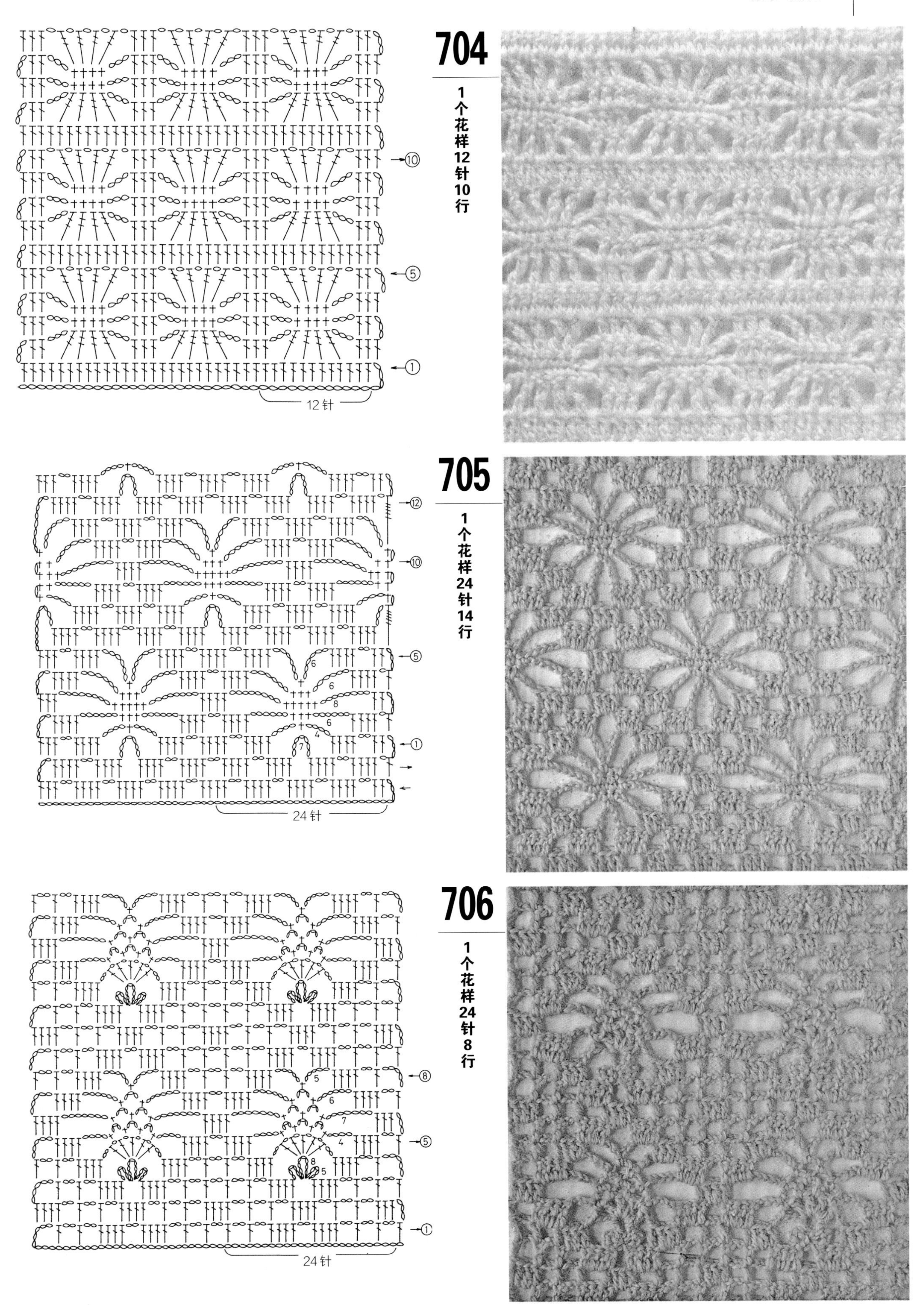
704
1个花样12针10行
12针
705
1个花样24针14行
24针
706
1个花样24针8行
24针

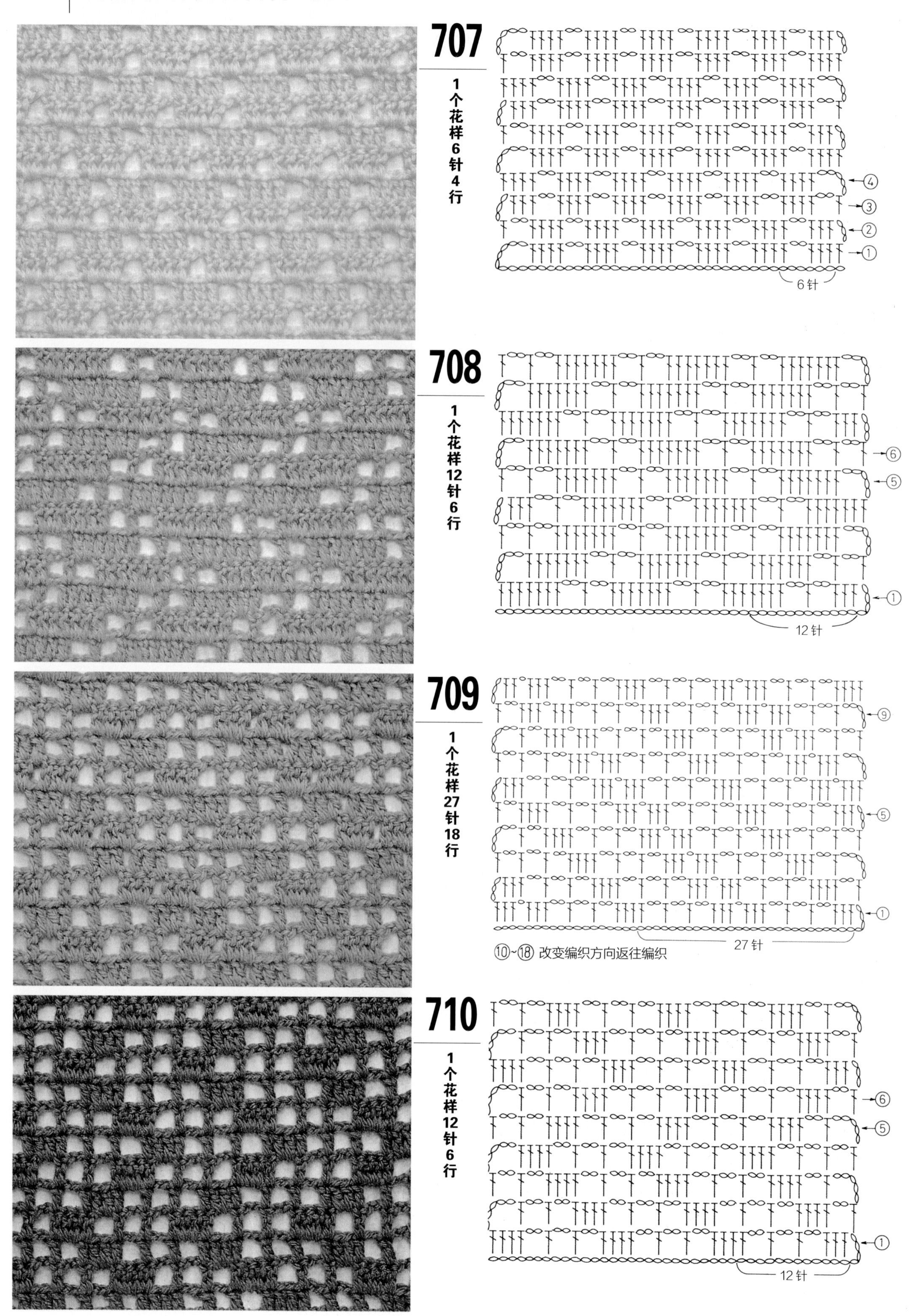
707
1个花样6针4行
④
③
②
①
6针
708
1个花样12针6行
⑥
⑤
①
12针
709
1个花样27针18行
⑨
⑤
①
27针
⑩~⑱ 改变编织方向返往编织
710
1个花样12针6行
⑥
⑤
①
12针

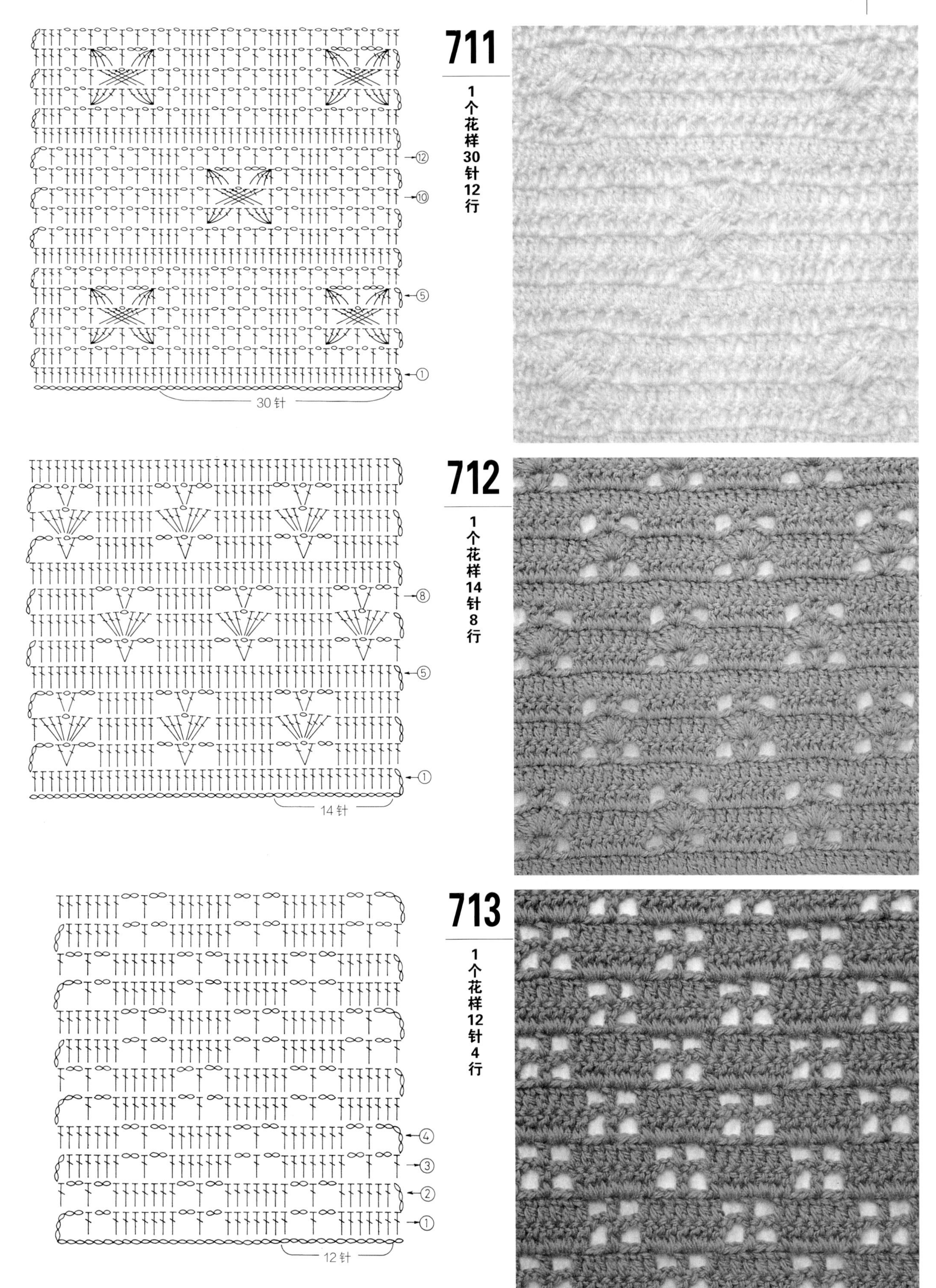
711
1个花样30针12行
30针
712
1个花样14针8行
14针
713
1个花样12针4行
12针

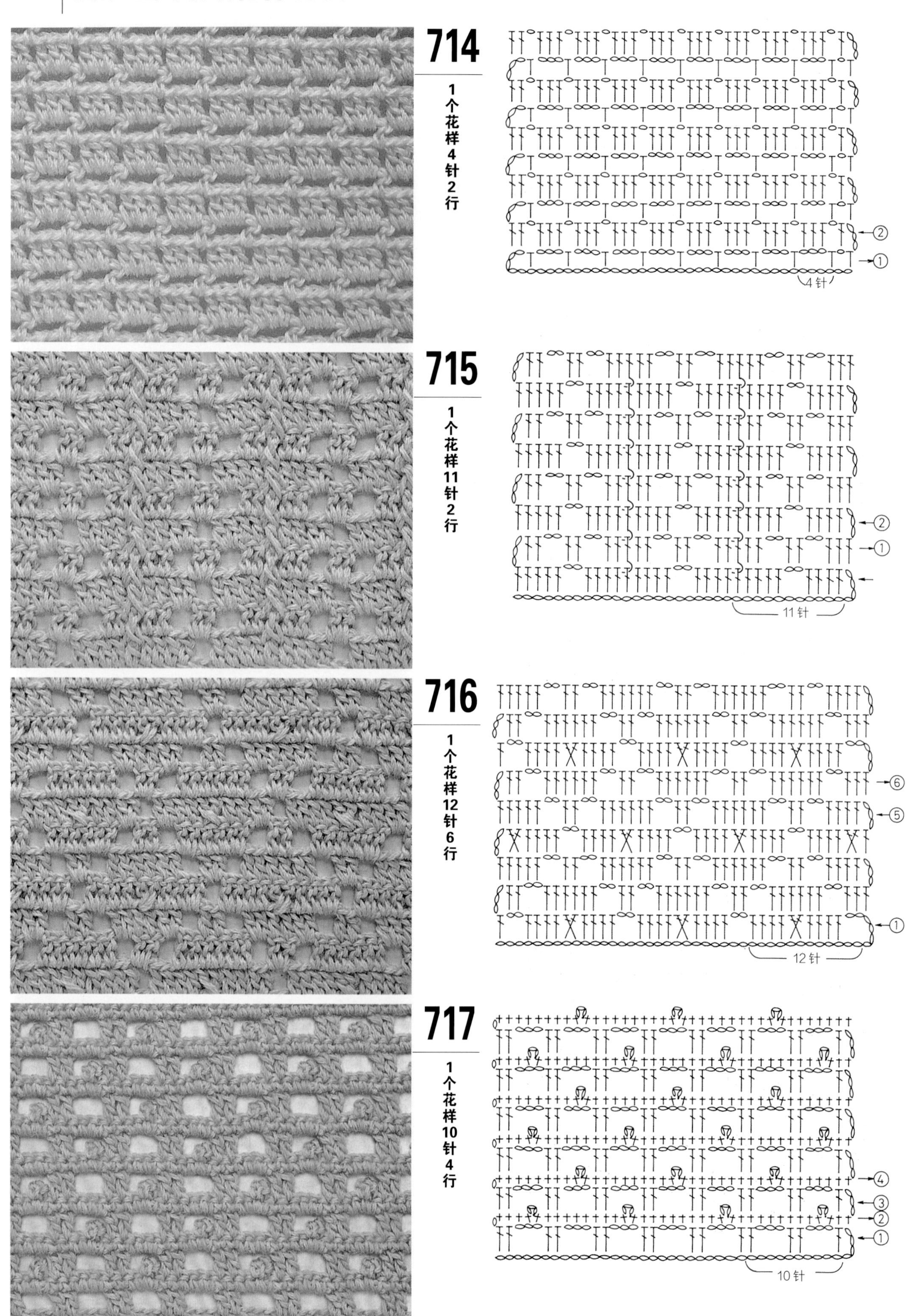
714
1个花样4针2行
4针
715
1个花样11针2行
11针
716
1个花样12针6行
12针
717
1个花样10针4行
10针

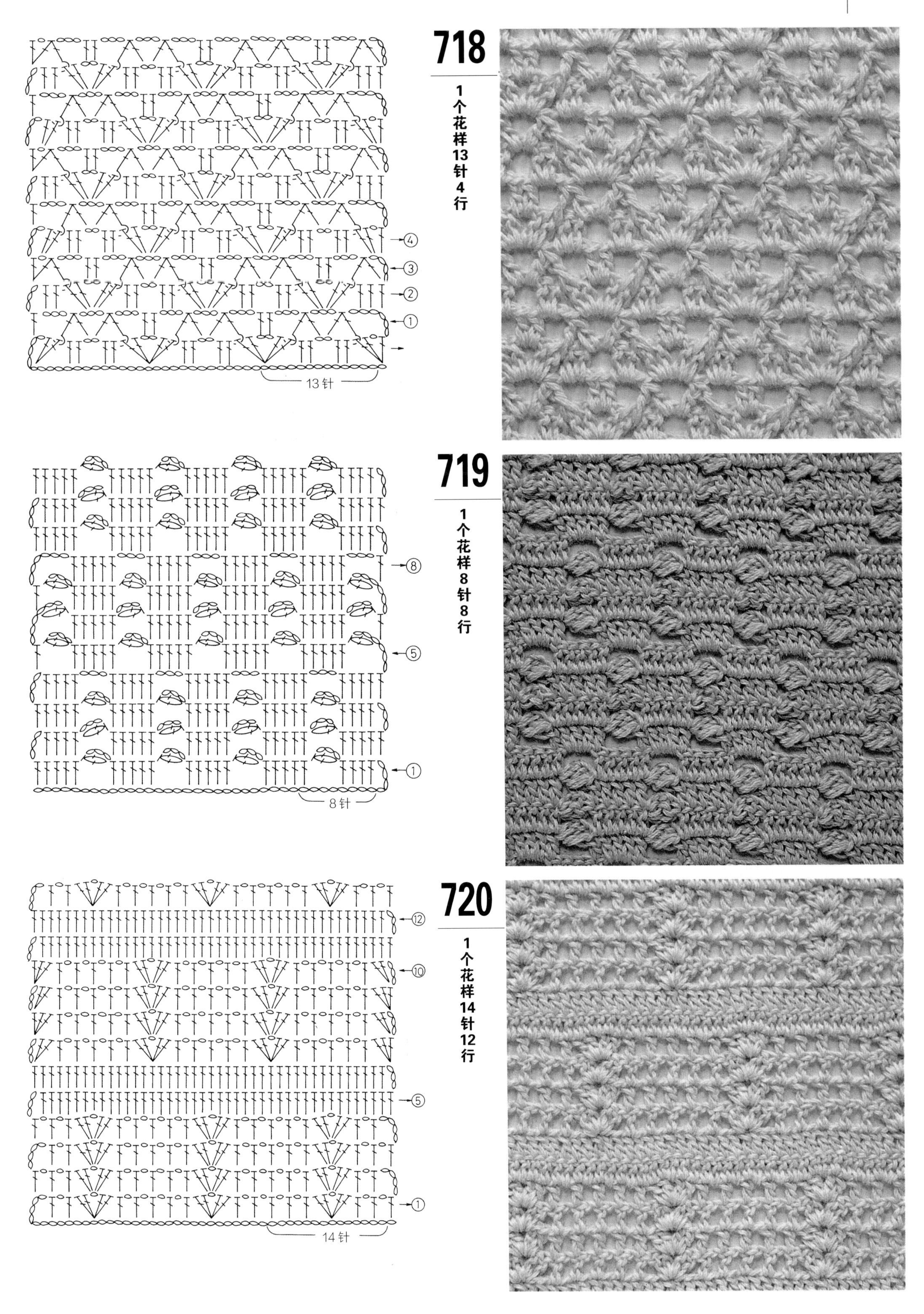
718
1个花样13针4行
13针
④
③
②
①
719
1个花样8针8行
8针
⑧
⑤
①
720
1个花样14针12行
14针
⑫
⑩
⑤
①

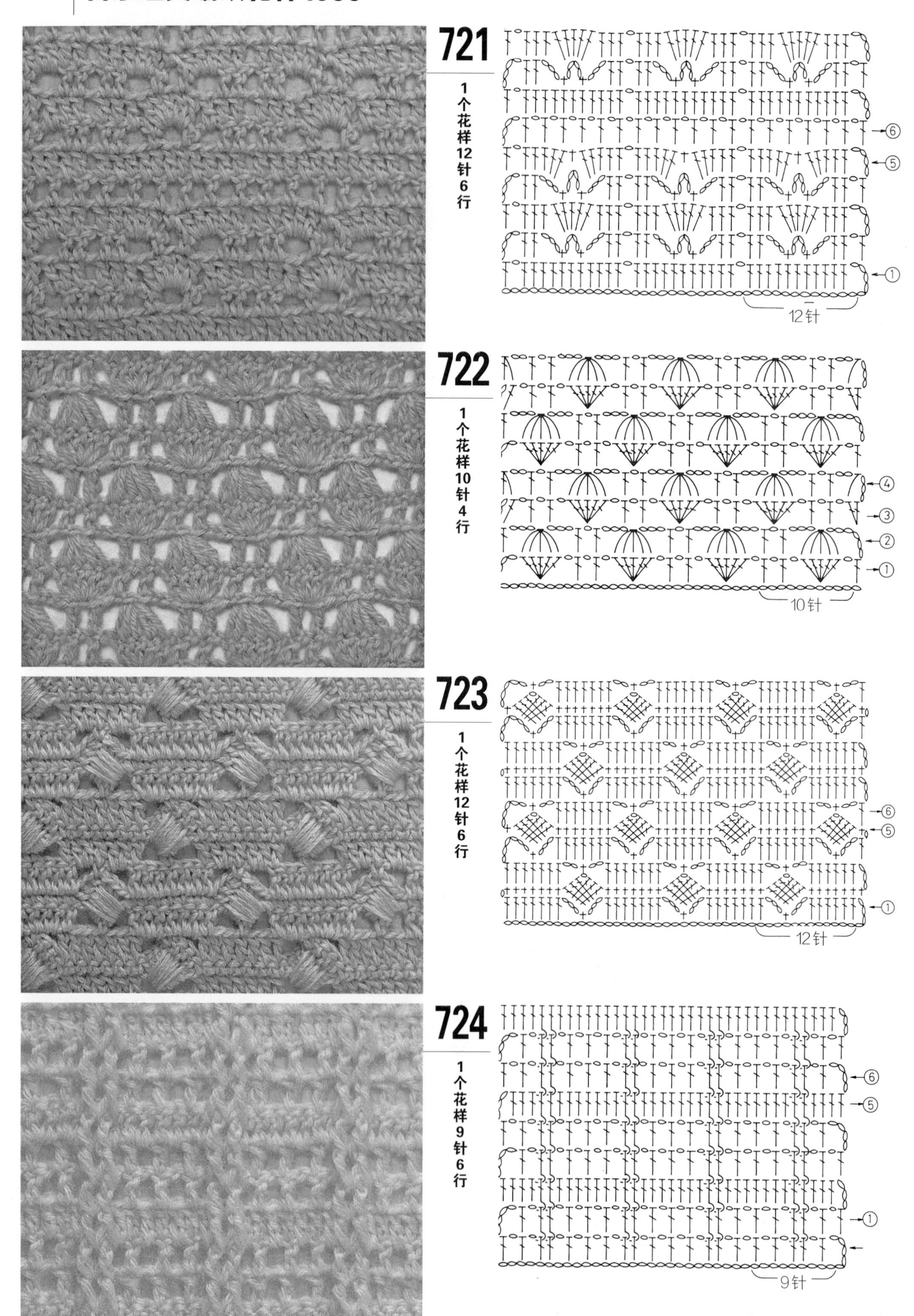
721
1个花样12针6行
12针
722
1个花样10针4行
10针
723
1个花样12针6行
12针
724
1个花样9针6行
9针

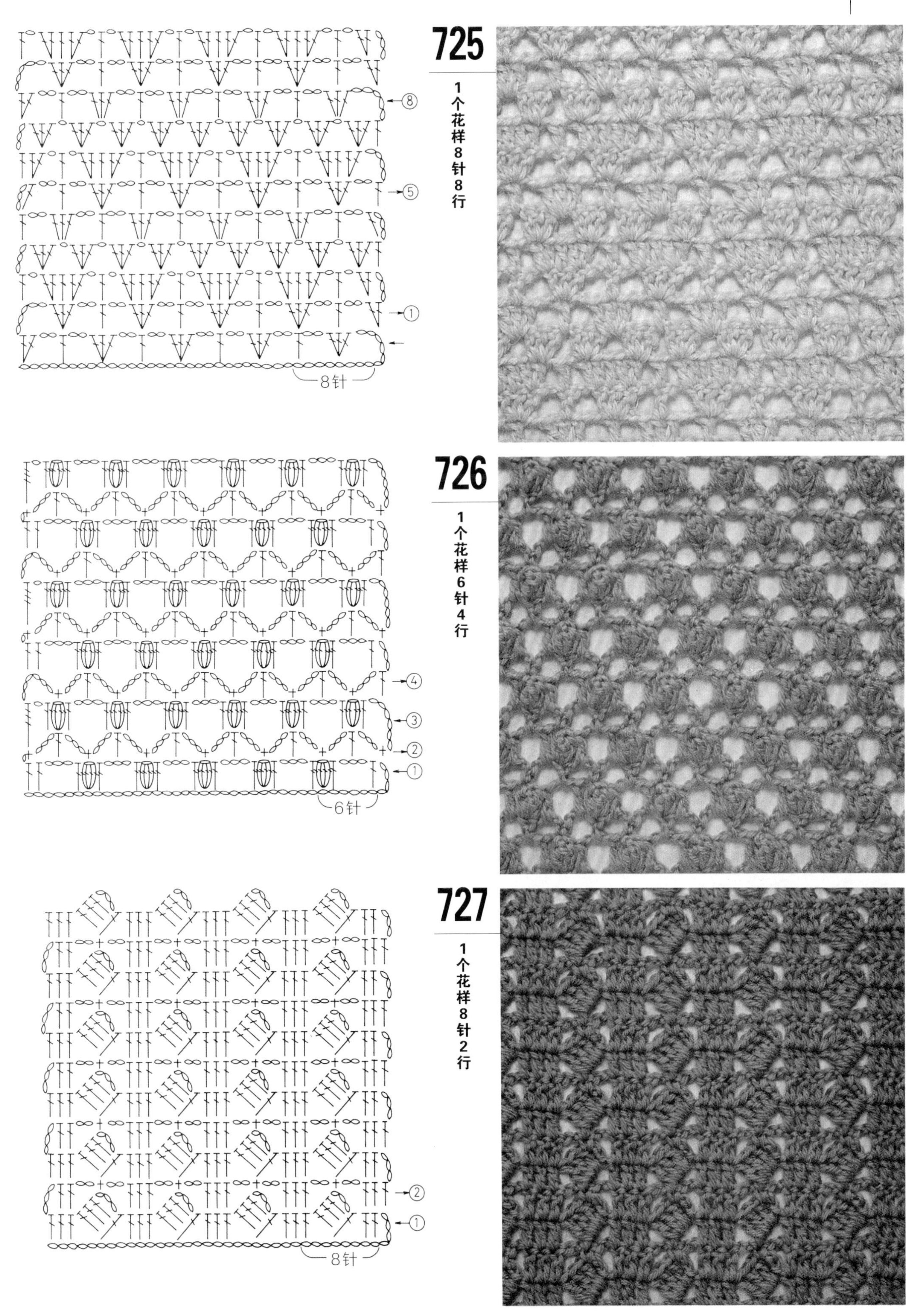
725
1个花样8针8行
8针
⑧
⑤
①
726
1个花样6针4行
6针
④
③
②
①
727
1个花样8针2行
8针
②
①

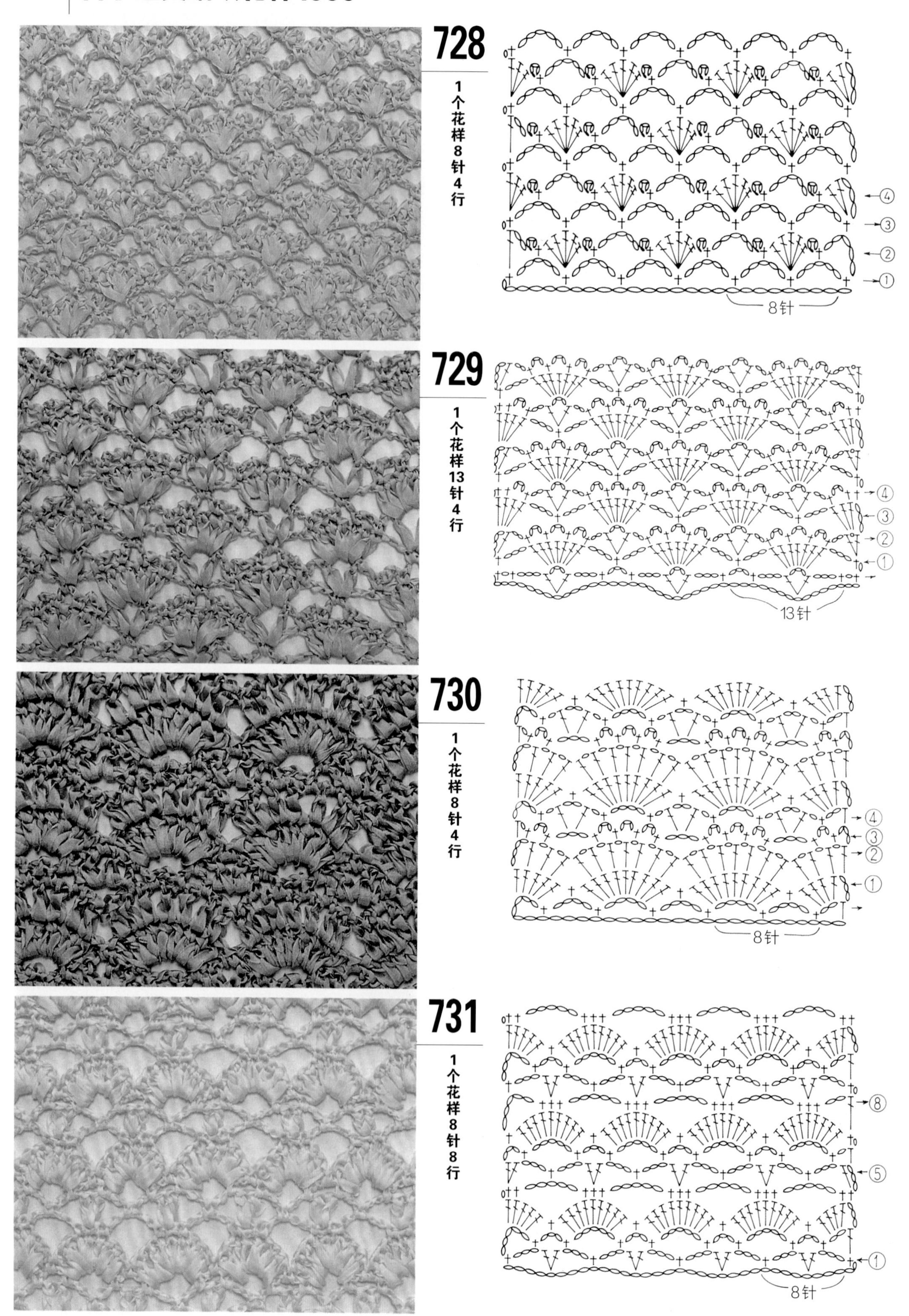
728
1个花样8针4行
8针
729
1个花样13针4行
13针
730
1个花样8针4行
8针
731
1个花样8针8行
8针

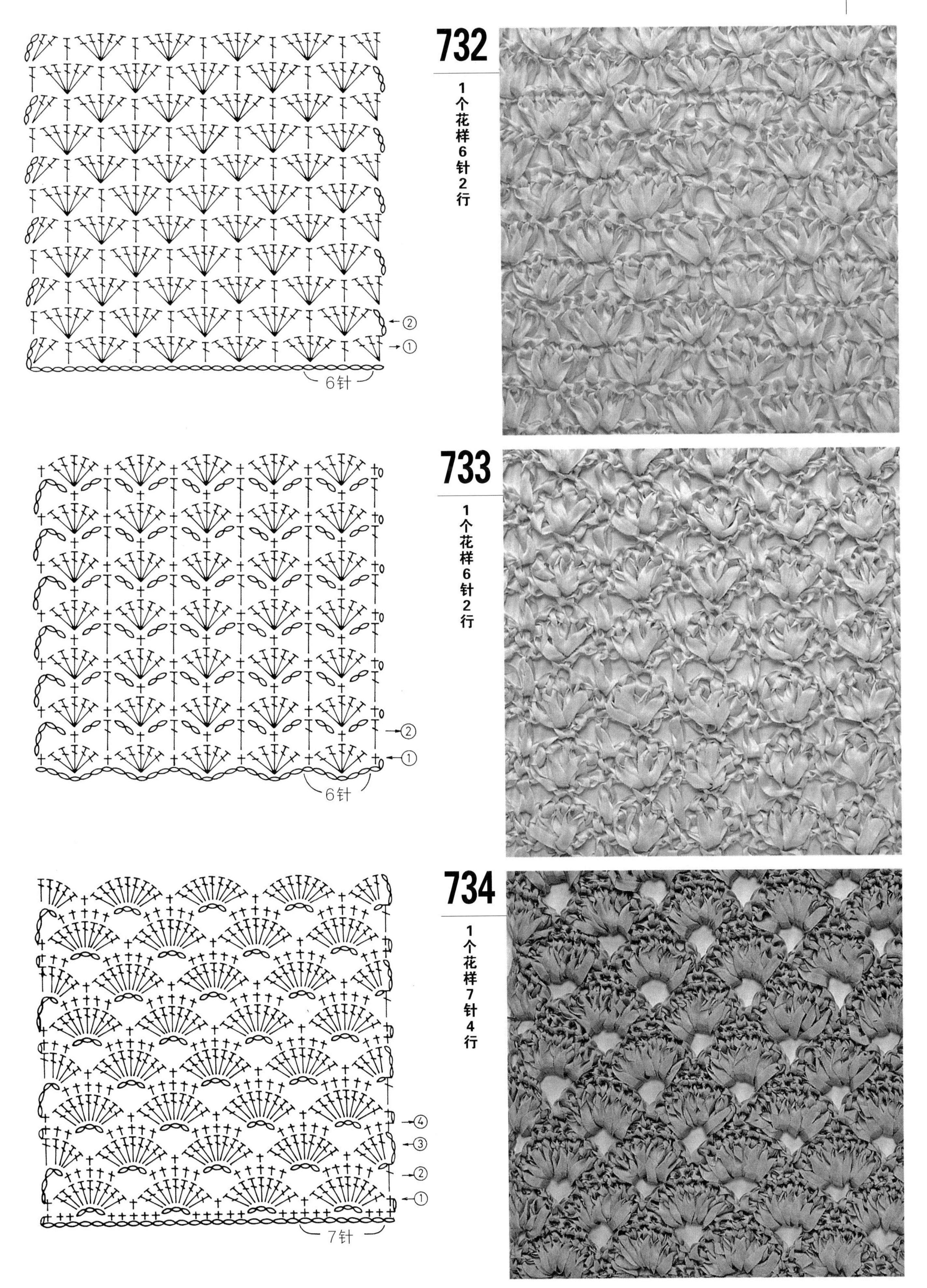
732
1个花样6针2行
②
①
6针
733
1个花样6针2行
②
①
6针
734
1个花样7针4行
④
③
②
①
7针

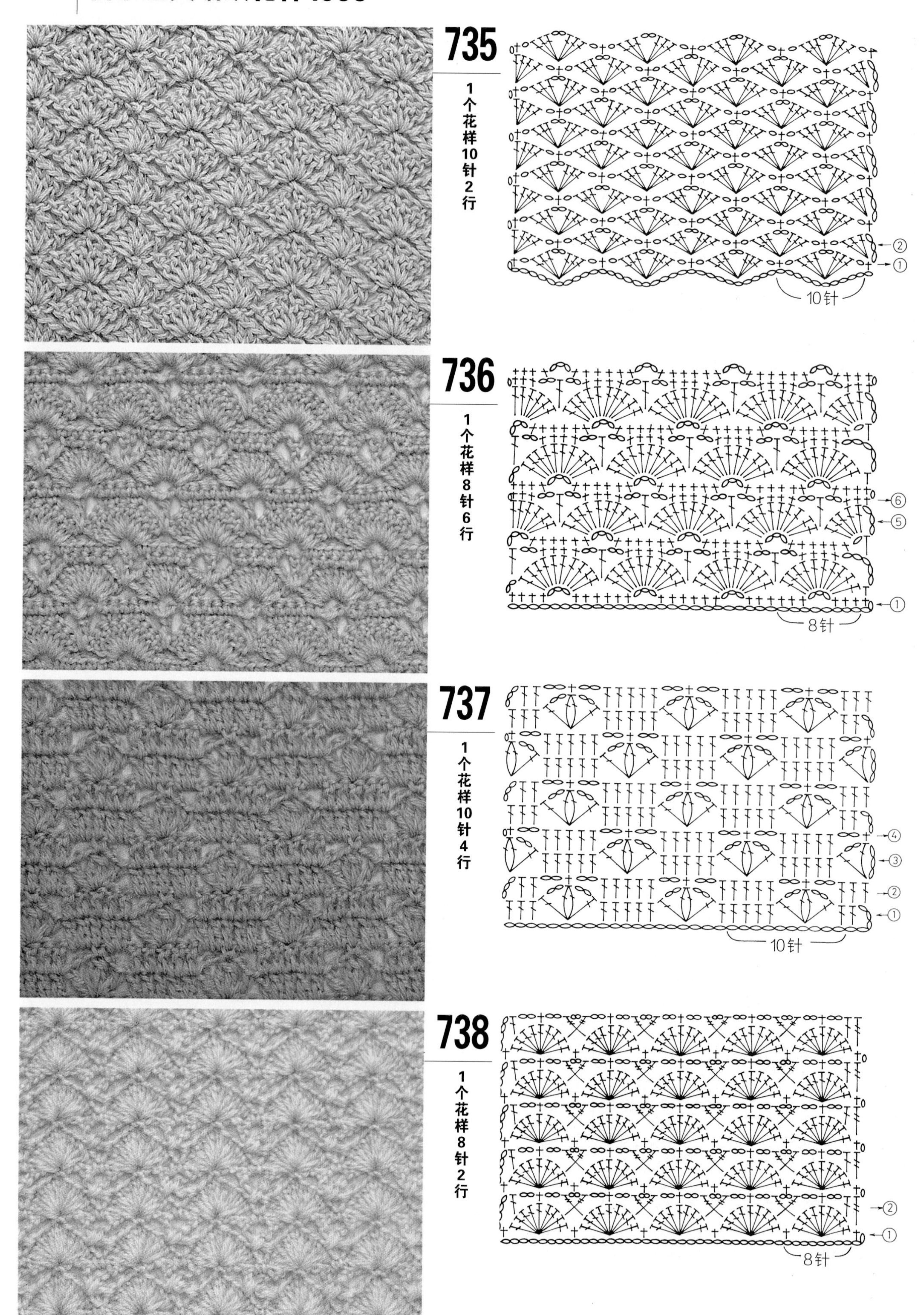
735
1个花样10针2行
②
①
10针
736
1个花样8针6行
⑥
⑤
①
8针
737
1个花样10针4行
④
③
②
①
10针
738
1个花样8针2行
②
①
8针

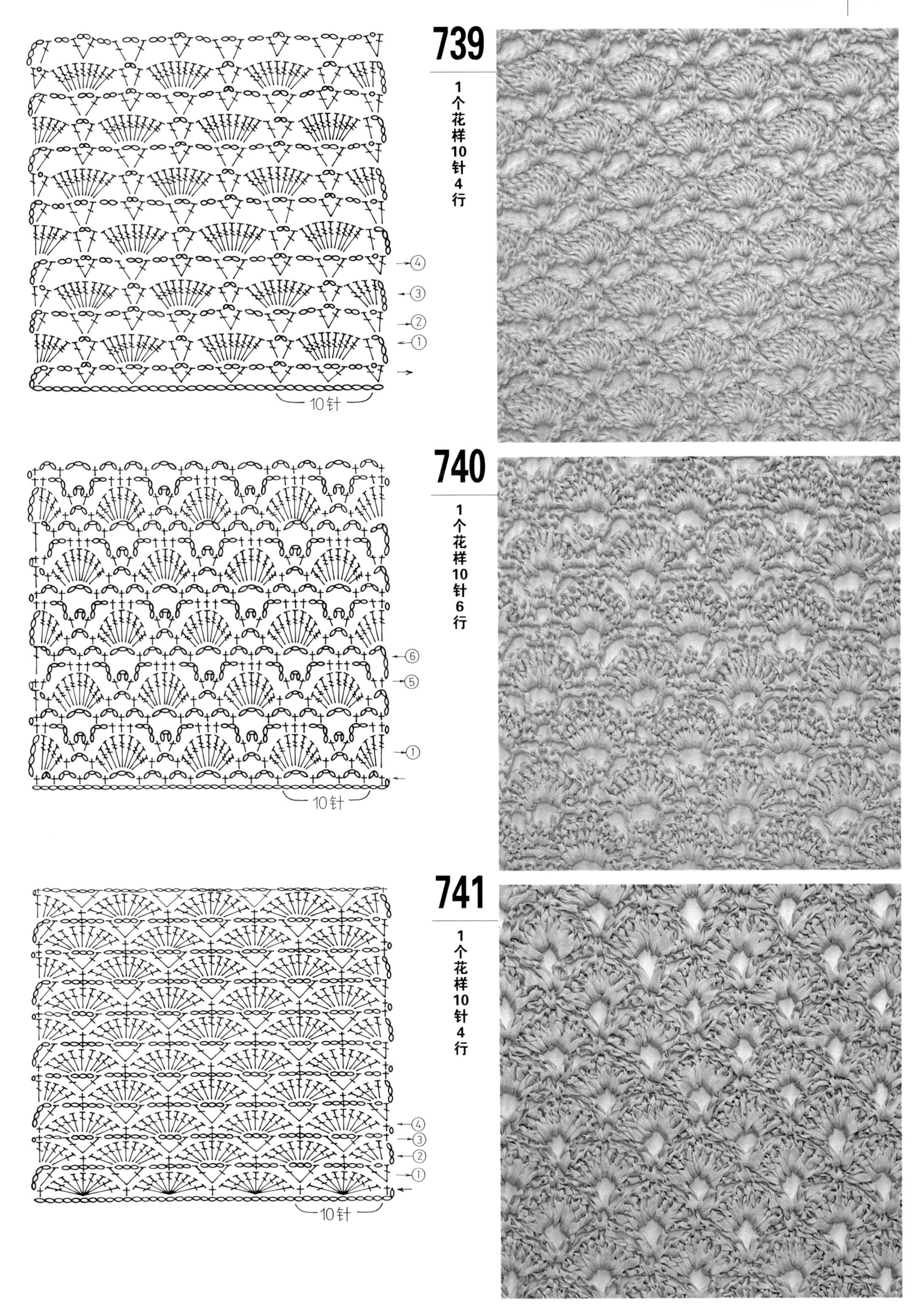
739
1个花样10针4行
10针
④
③
②
①
740
1个花样10针6行
10针
⑥
⑤
①
741
1个花样10针4行
10针
④
③
②
①

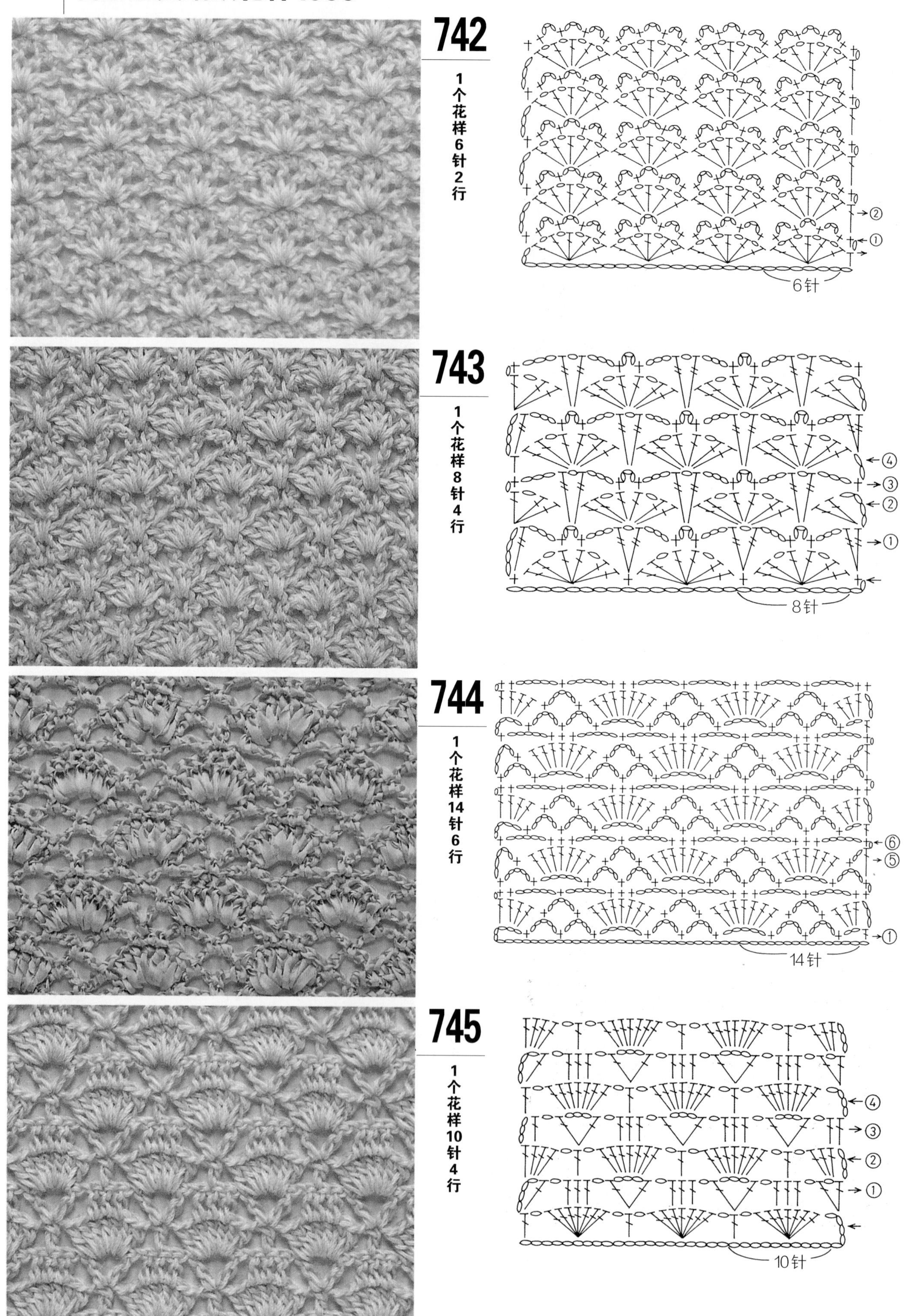
742
1个花样6针2行
6针
743
1个花样8针4行
8针
744
1个花样14针6行
14针
745
1个花样10针4行
10针

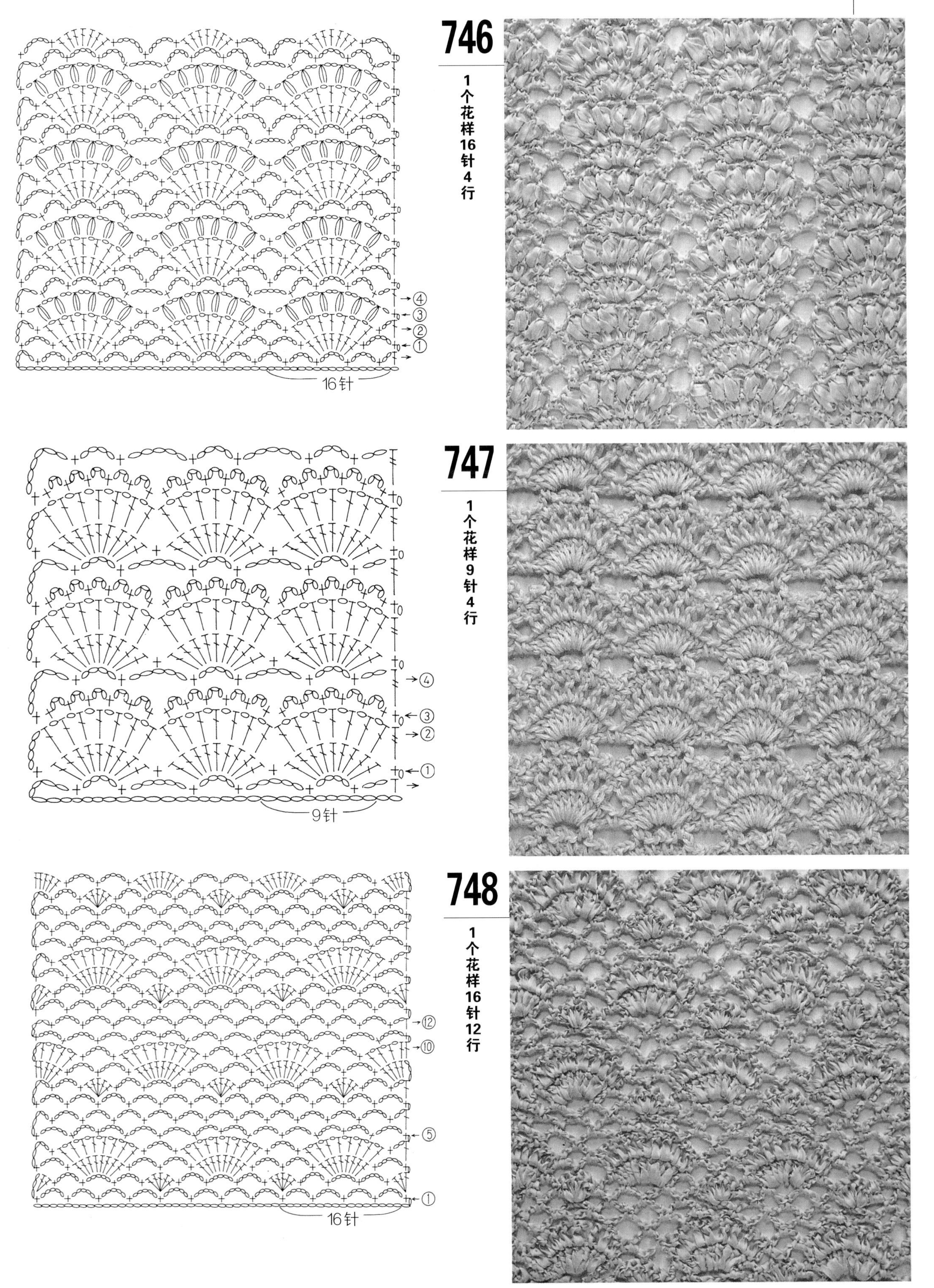
746
1个花样16针4行
16针
747
1个花样9针4行
9针
748
1个花样16针12行
16针

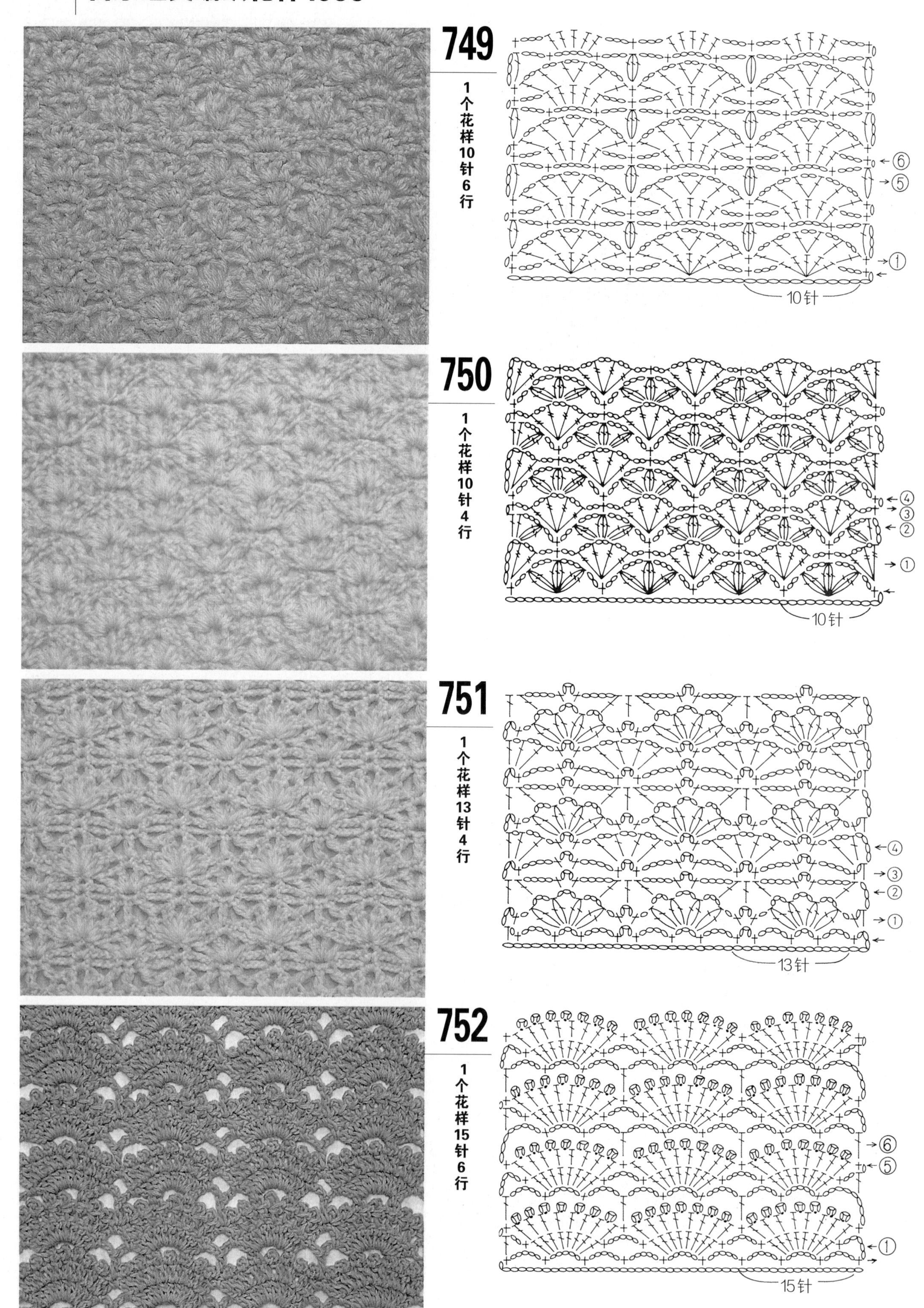
749
1个花样10针6行
⑥
⑤
①
10针
750
1个花样10针4行
④
③
②
①
10针
751
1个花样13针4行
④
③
②
①
13针
752
1个花样15针6行
⑥
⑤
①
15针

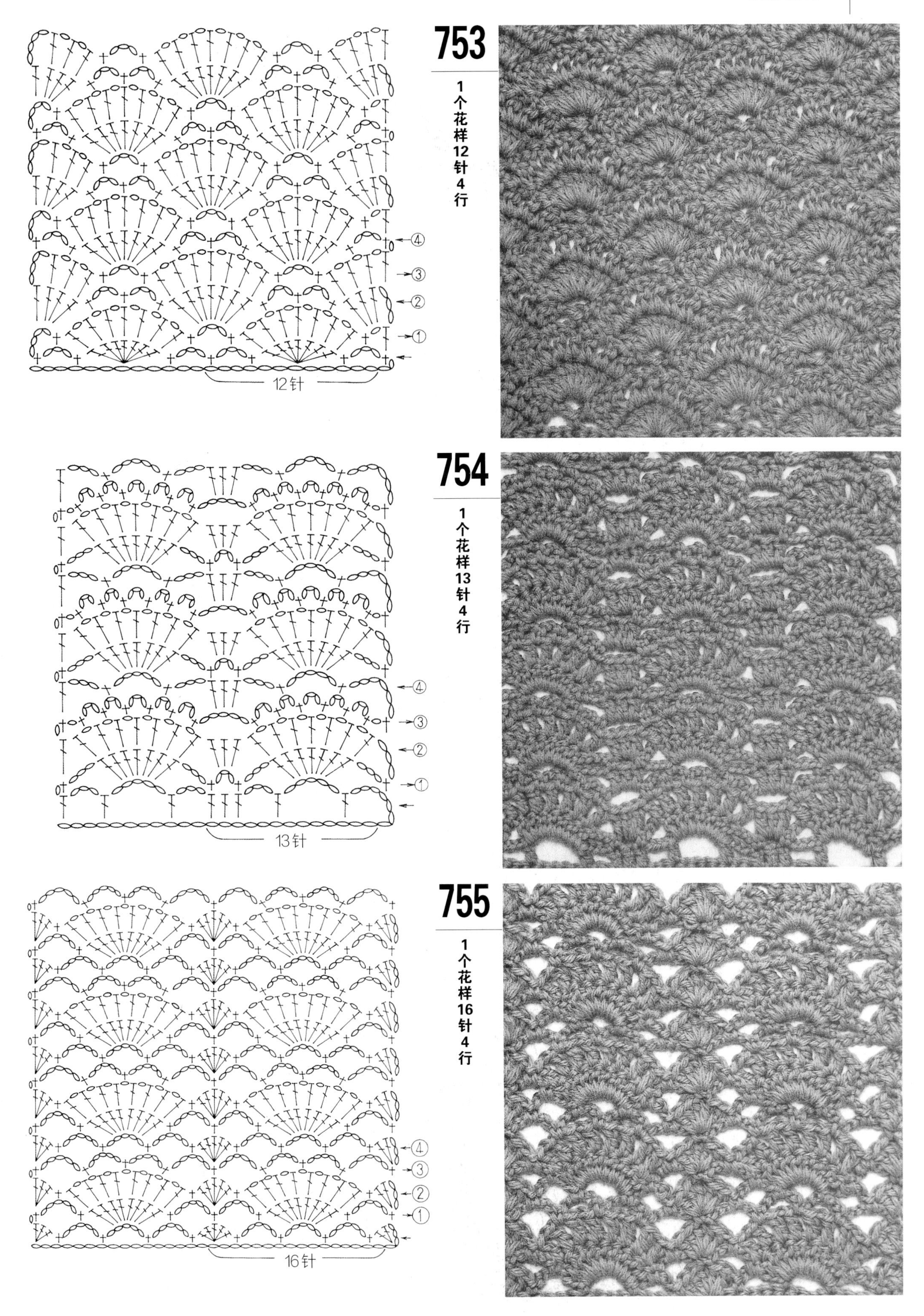
753
1个花样12针4行
12针
754
1个花样13针4行
13针
755
1个花样16针4行
16针

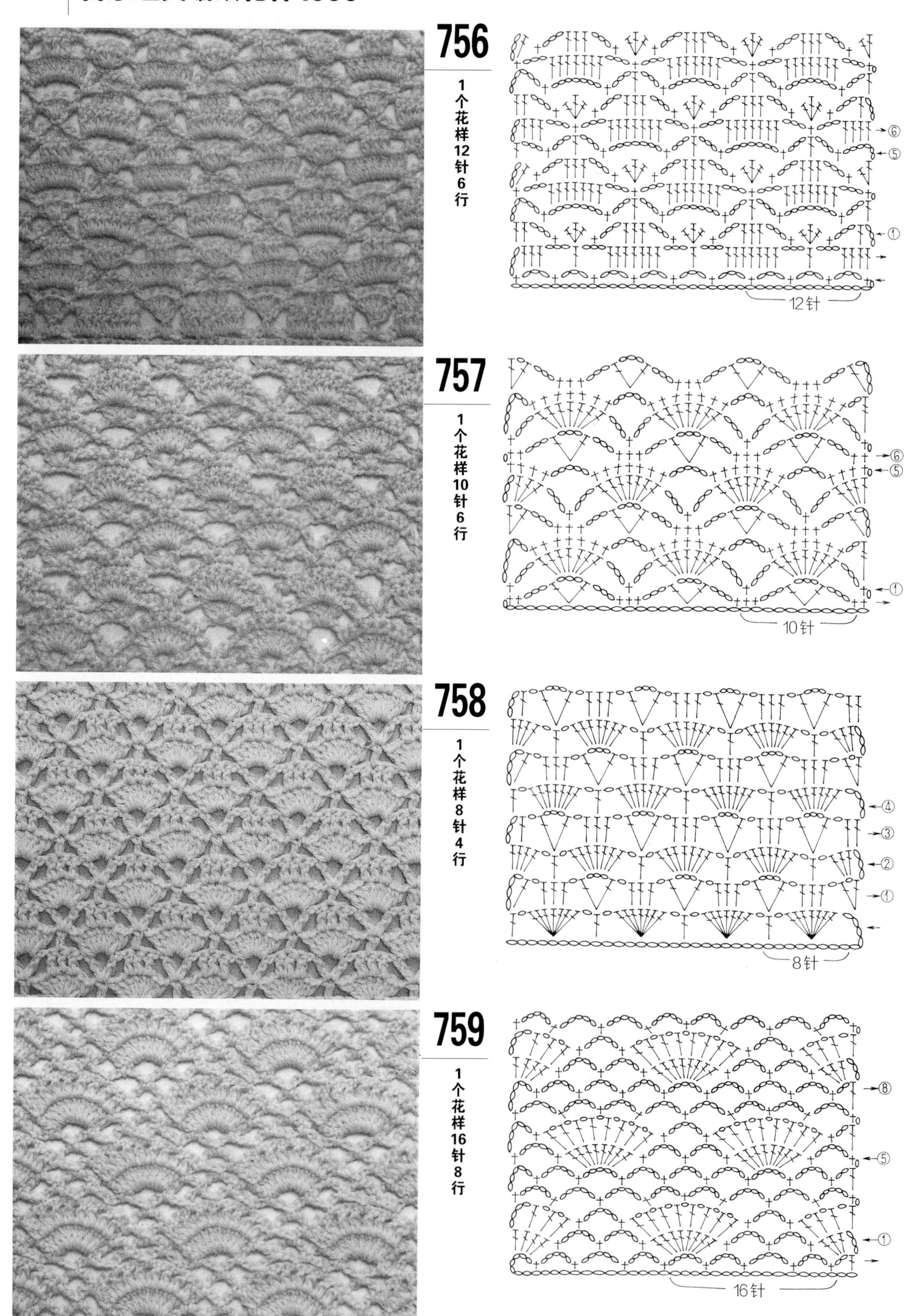
756
1个花样12针6行
⑥
⑤
①
12针
757
1个花样10针6行
⑥
⑤
①
10针
758
1个花样8针4行
④
③
②
①
8针
759
1个花样16针8行
⑧
⑤
①
16针

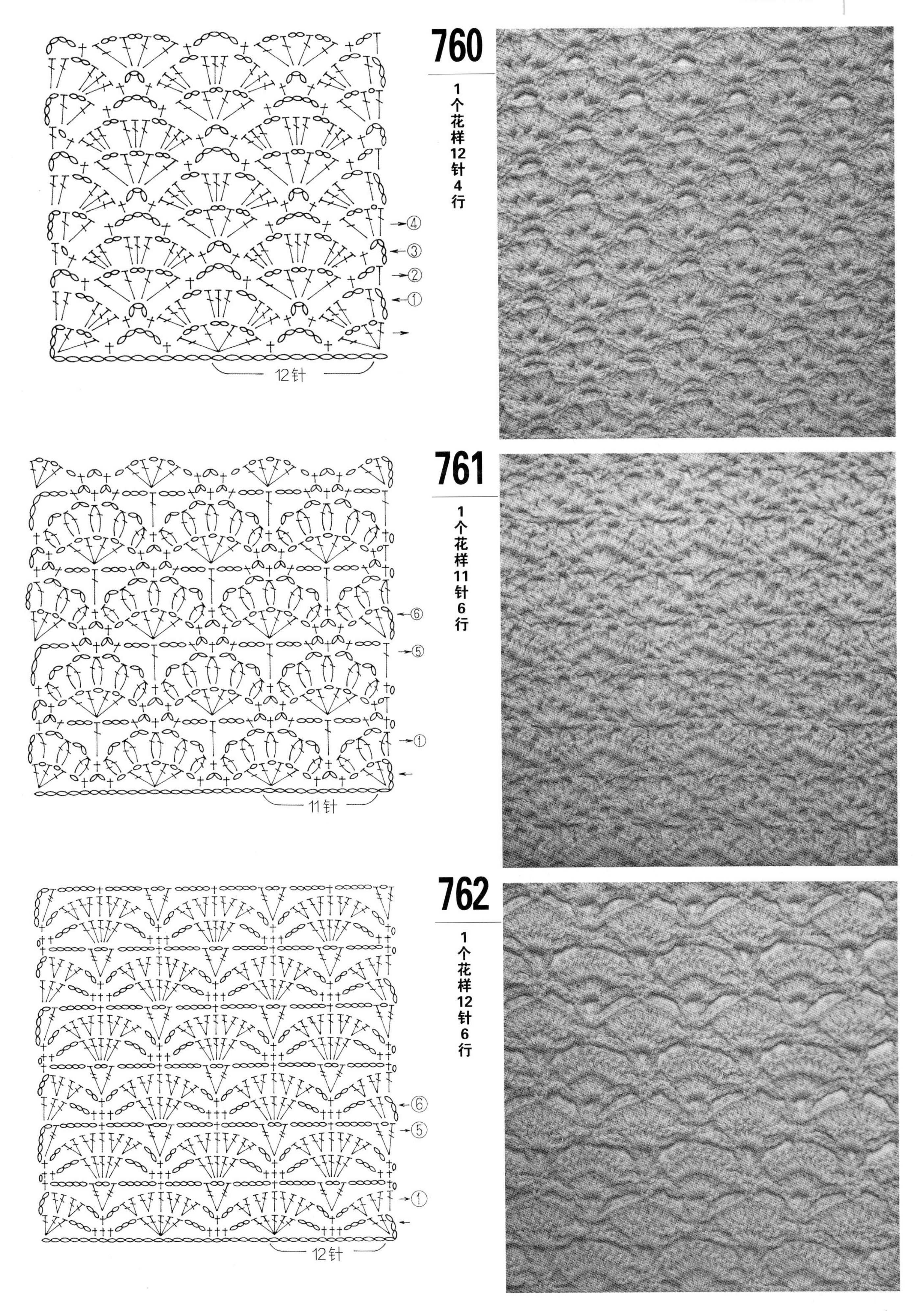
760
1个花样12针4行
④
③
②
①
12针
761
1个花样11针6行
⑥
⑤
①
11针
762
1个花样12针6行
⑥
⑤
①
12针

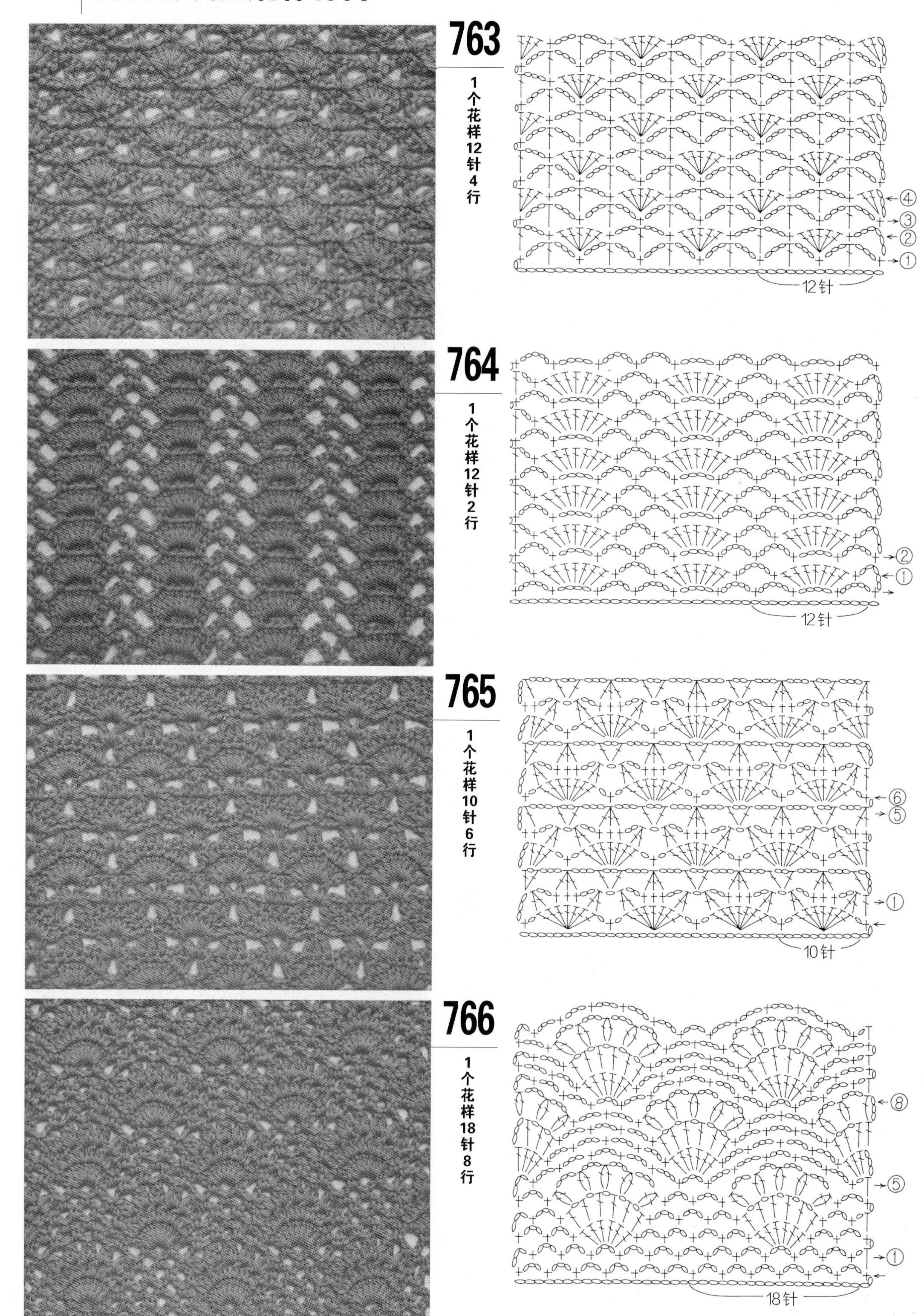
763
1个花样12针4行
④
③
②
①
12针
764
1个花样12针2行
②
①
12针
765
1个花样10针6行
⑥
⑤
①
10针
766
1个花样18针8行
⑧
⑤
①
18针

767

1个花样12针4行

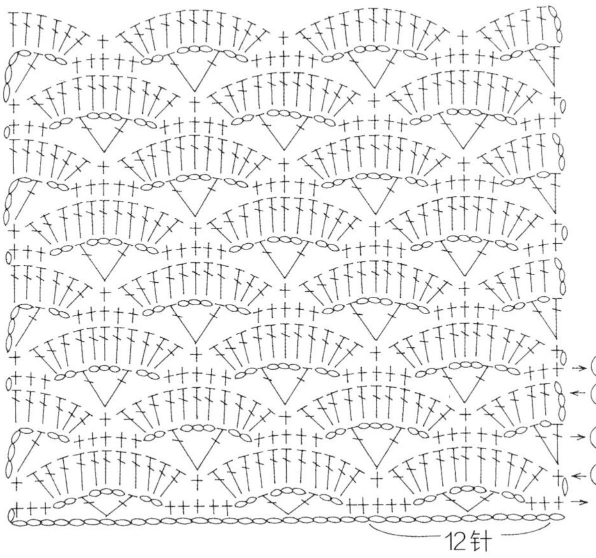

12针

768

1个花样20针22行

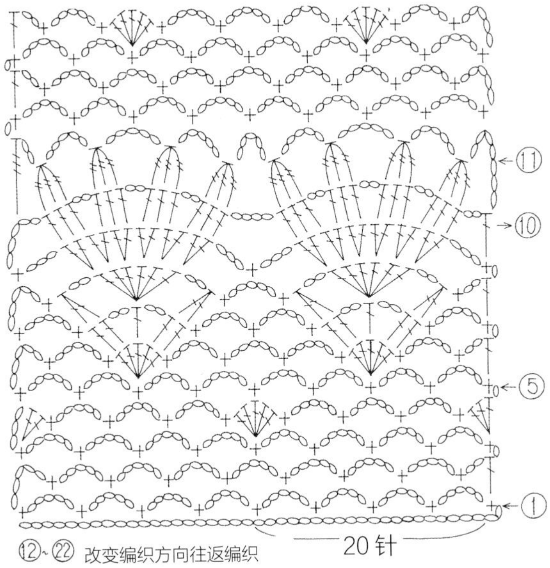

⑫~㉒ 改变编织方向往返编织

20针

769

1个花样16针12行

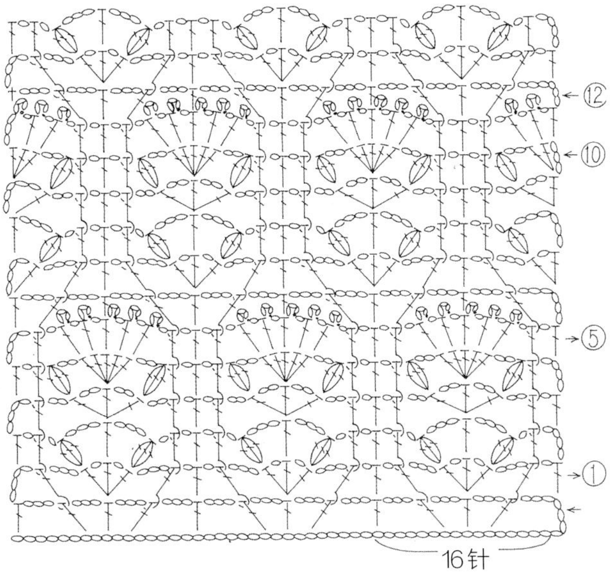

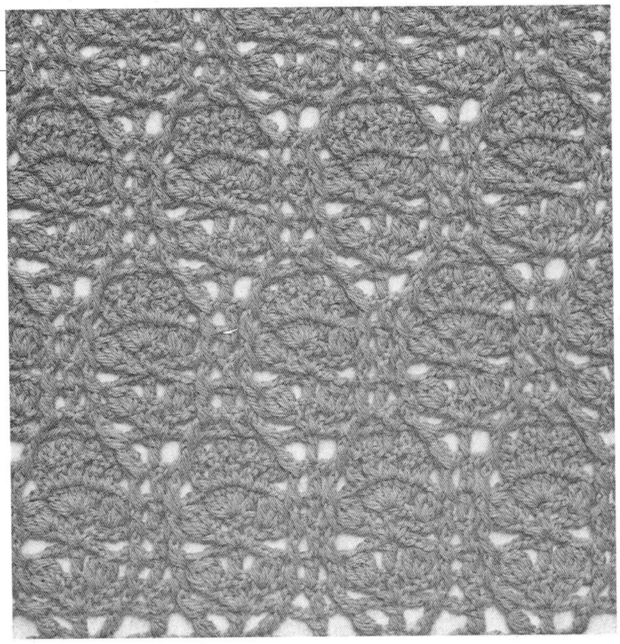

16针

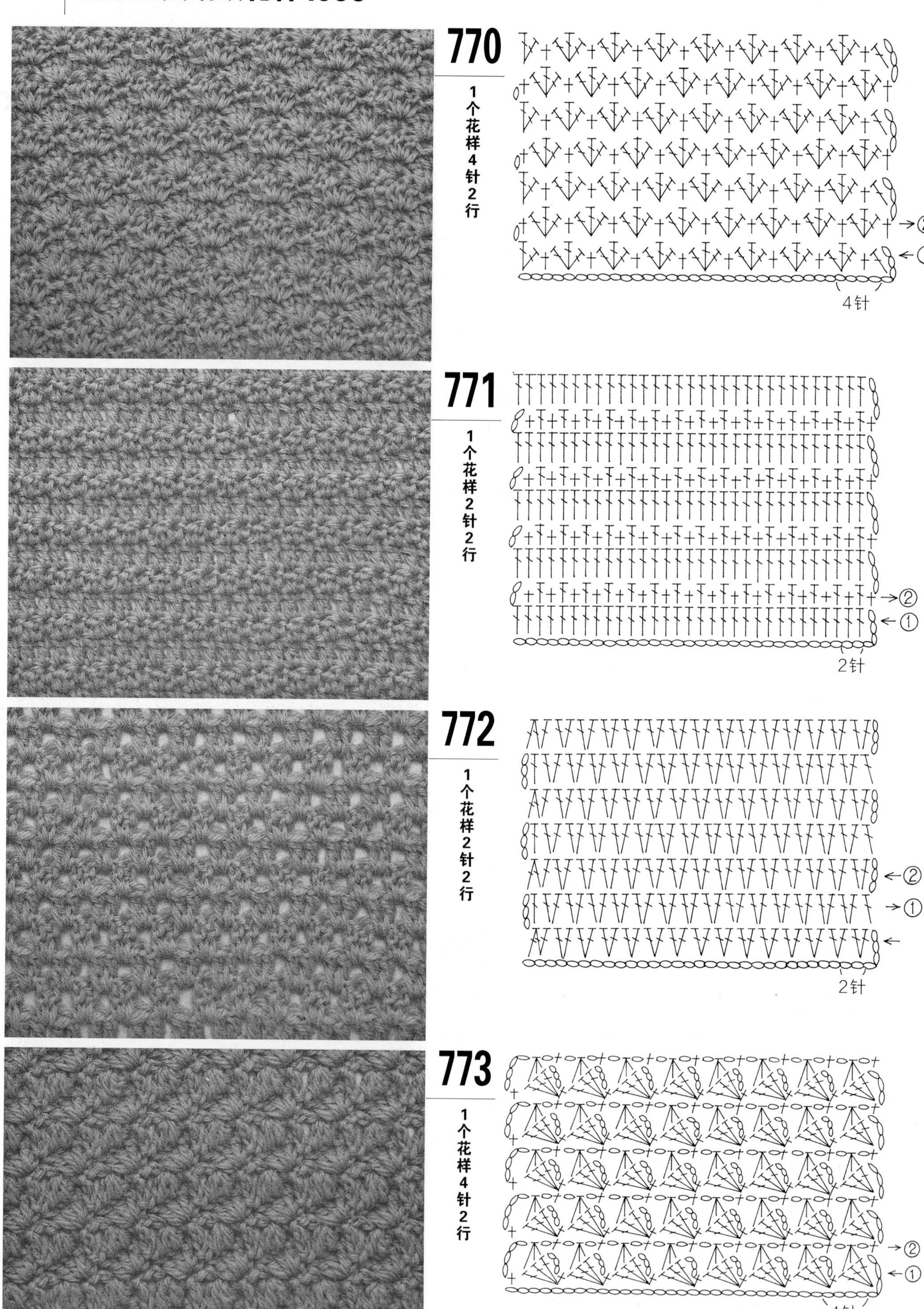
770
1个花样4针2行
②
①
4针
771
1个花样2针2行
②
①
2针
772
1个花样2针2行
②
①
2针
773
1个花样4针2行
②
①
4针

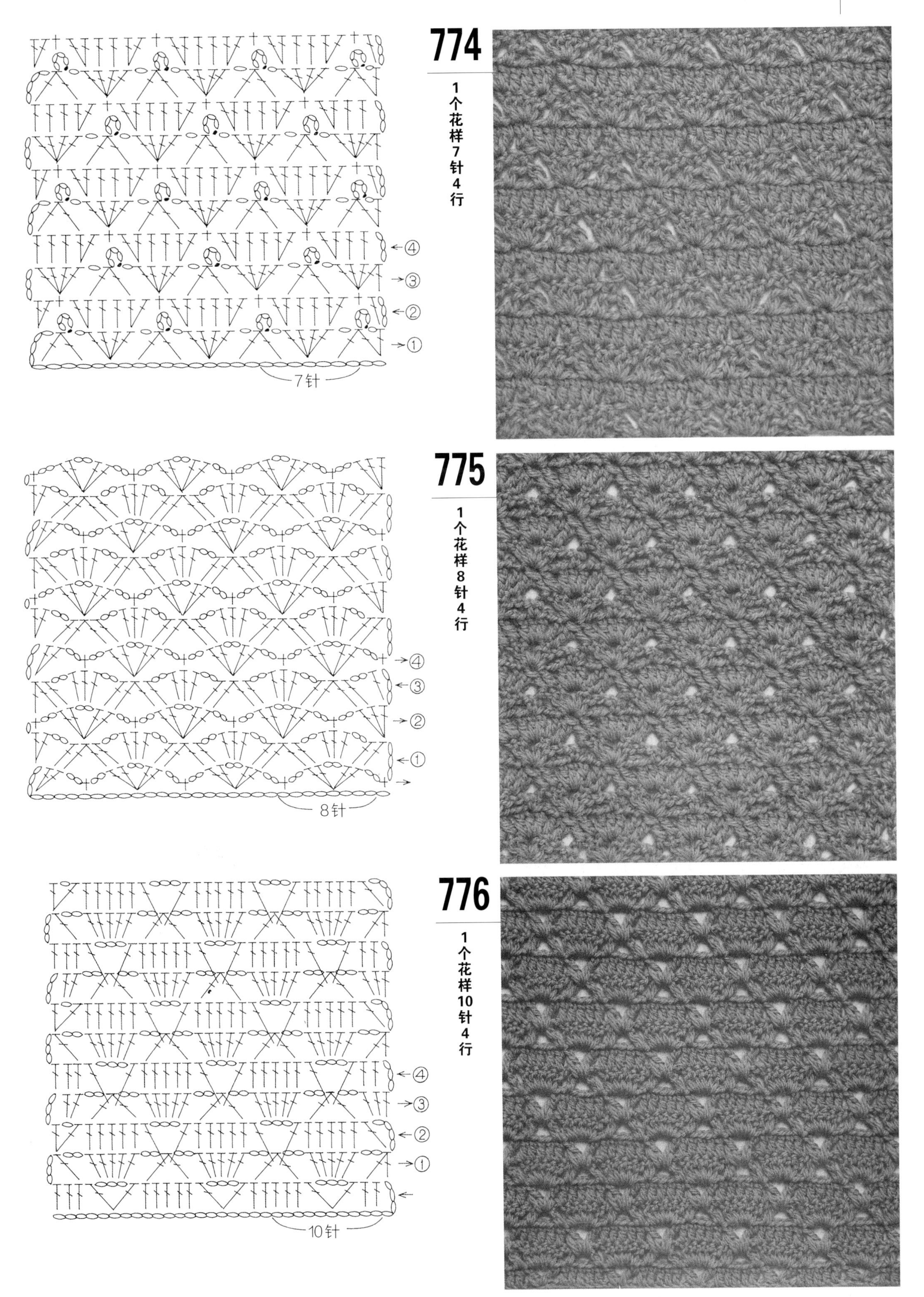
774
1个花样7针4行
7针
①
②
③
④
775
1个花样8针4行
8针
①
②
③
④
776
1个花样10针4行
10针
①
②
③
④

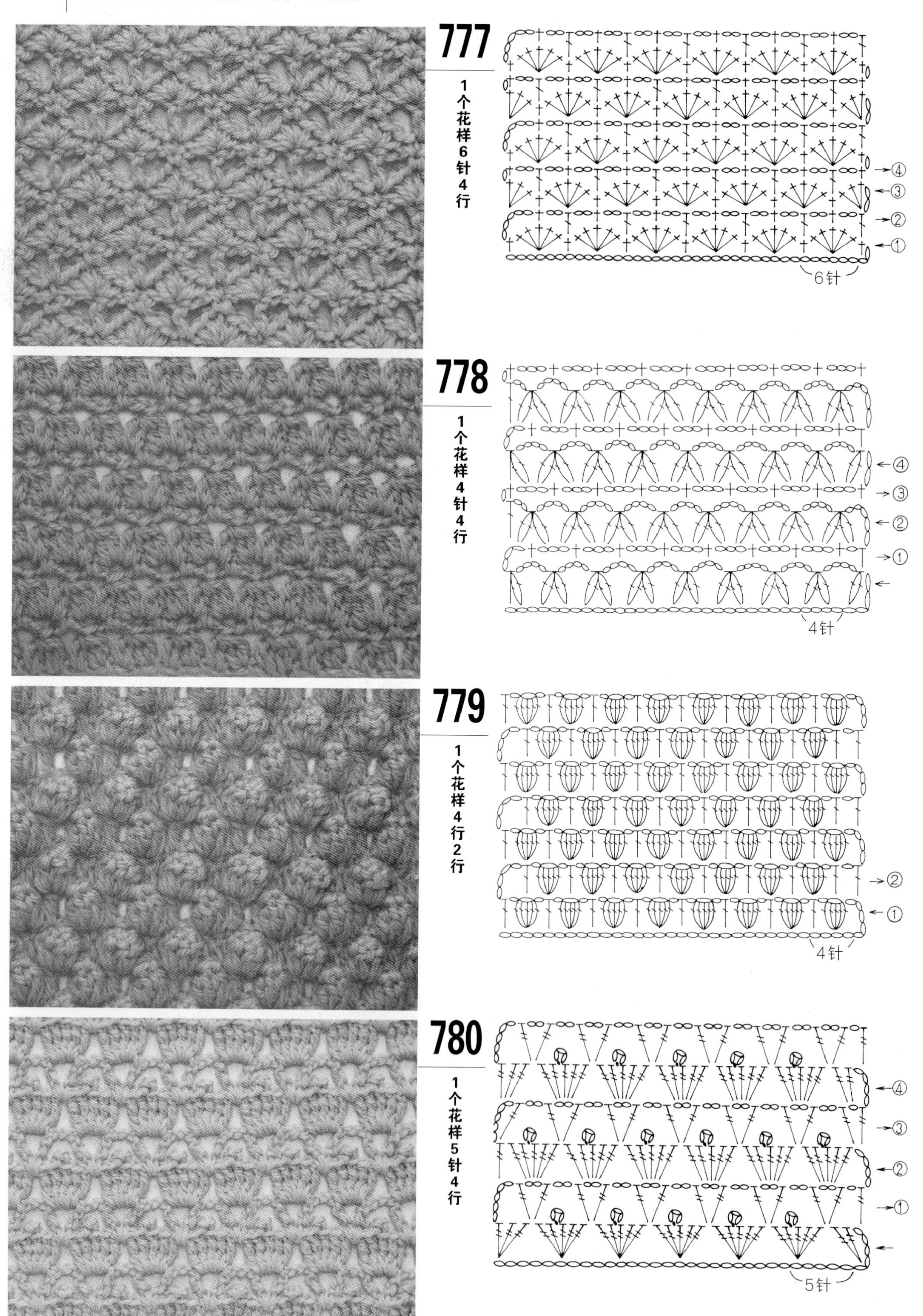

777
1个花样6针4行
6针
778
1个花样4针4行
4针
779
1个花样4行2行
4针
780
1个花样5针4行
5针

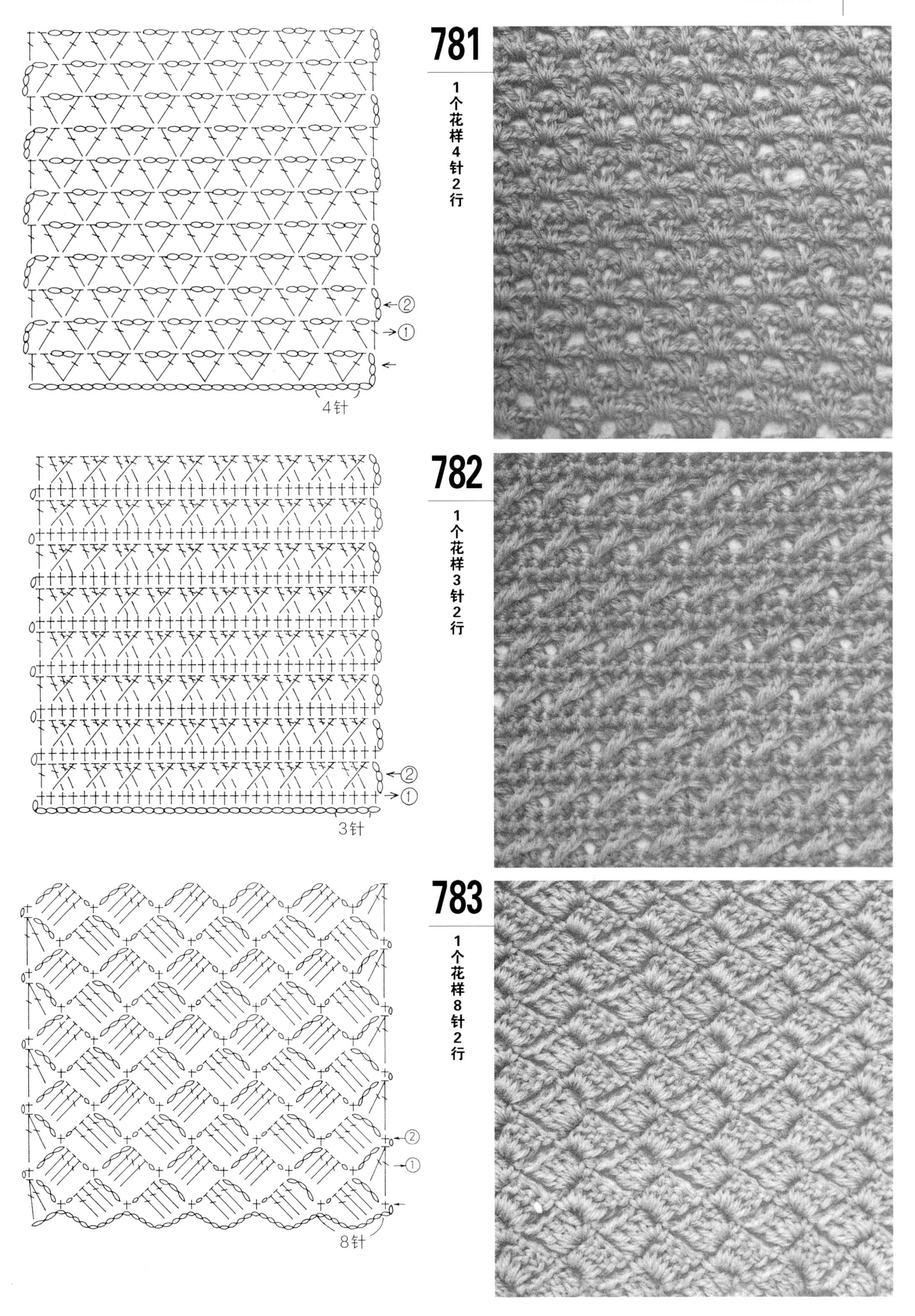

781
1个花样4针2行
②
①
4针
782
1个花样3针2行
②
①
3针
783
1个花样8针2行
②
①
8针

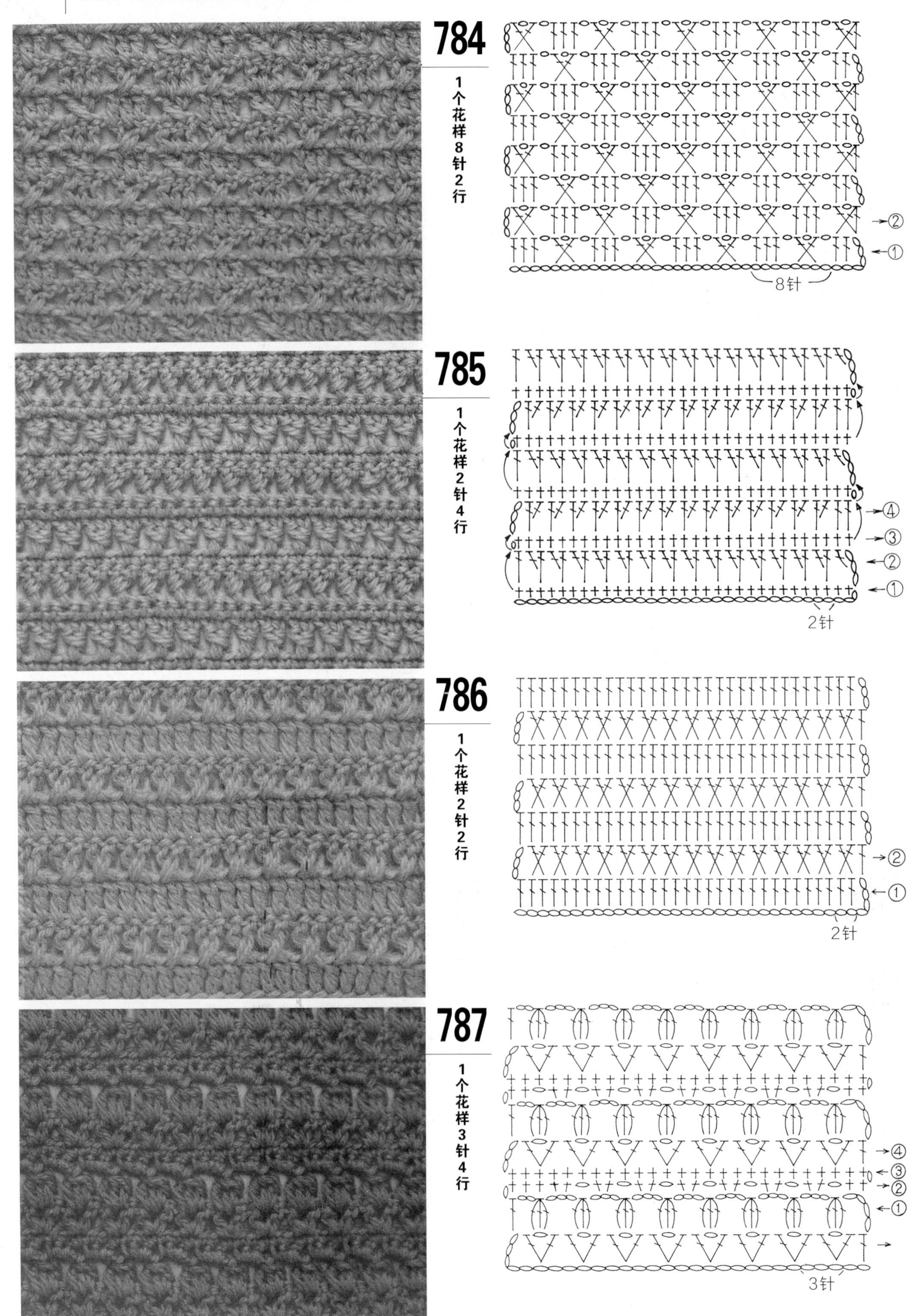
784
1个花样8针2行
8针
785
1个花样2针4行
2针
786
1个花样2针2行
2针
787
1个花样3针4行
3针

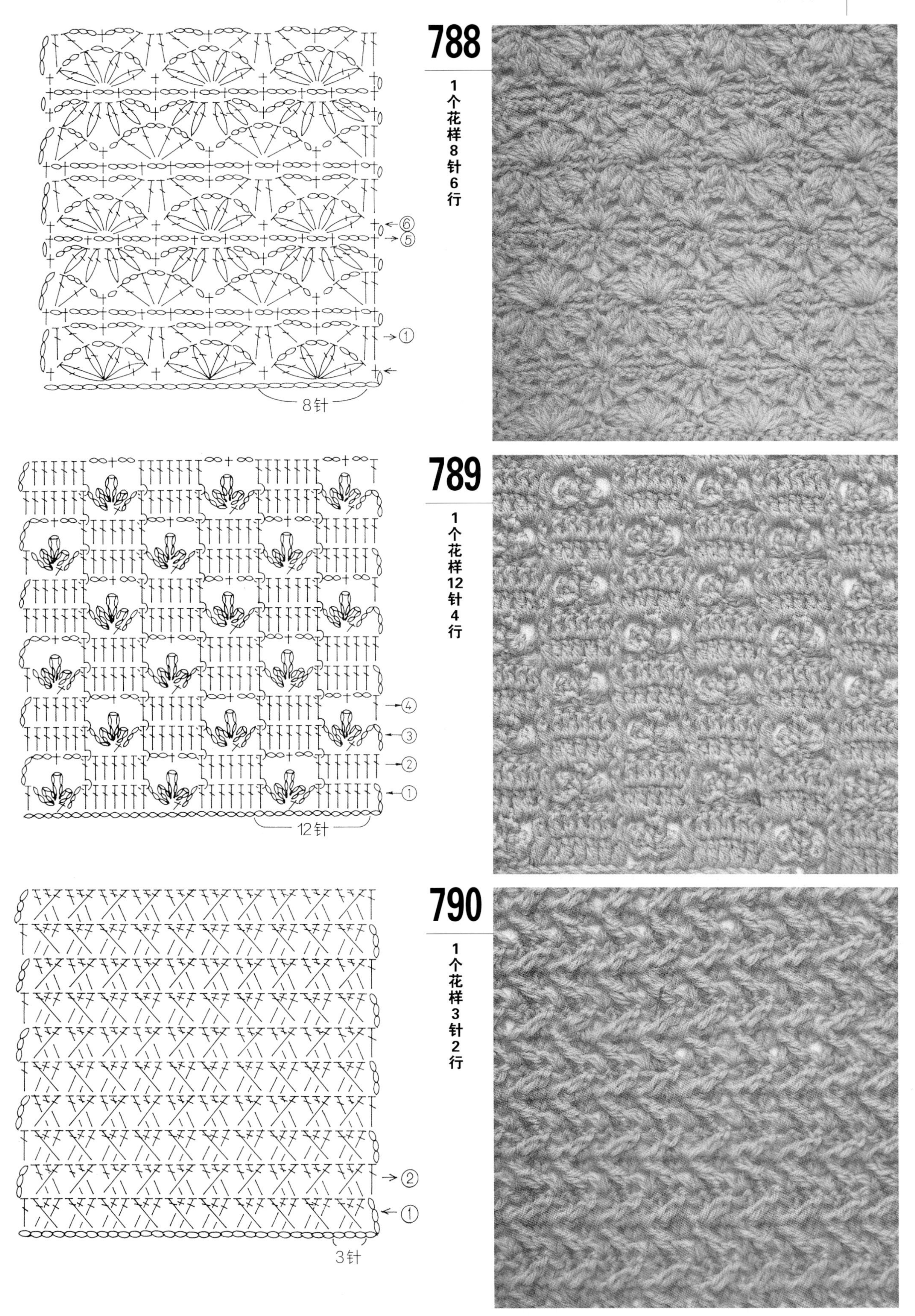

788
1个花样8针6行
8针
789
1个花样12针4行
12针
790
1个花样3针2行
3针

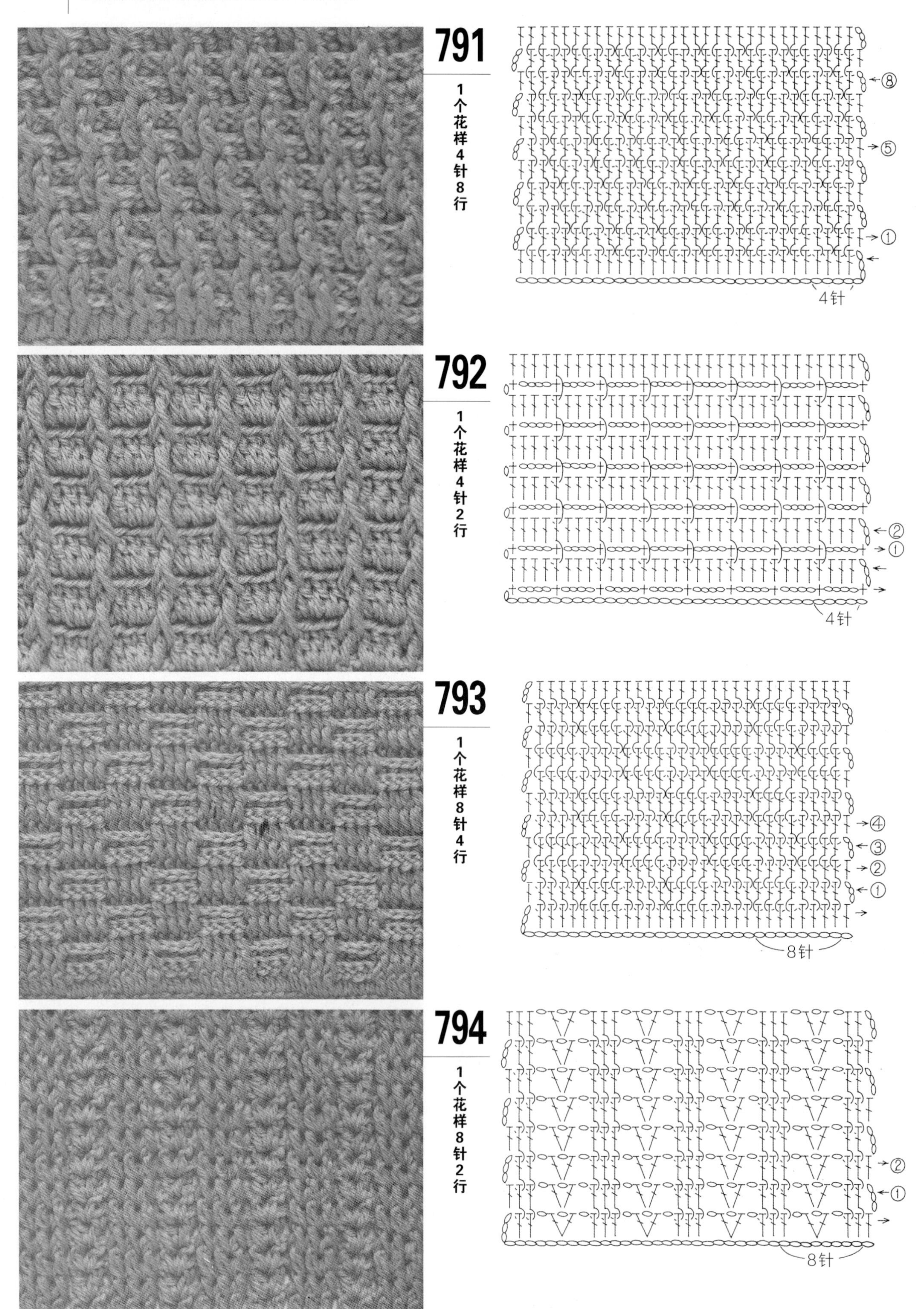
791
1个花样4针8行
⑧
⑤
①
4针
792
1个花样4针2行
②
①
4针
793
1个花样8针4行
④
③
②
①
8针
794
1个花样8针2行
②
①
8针

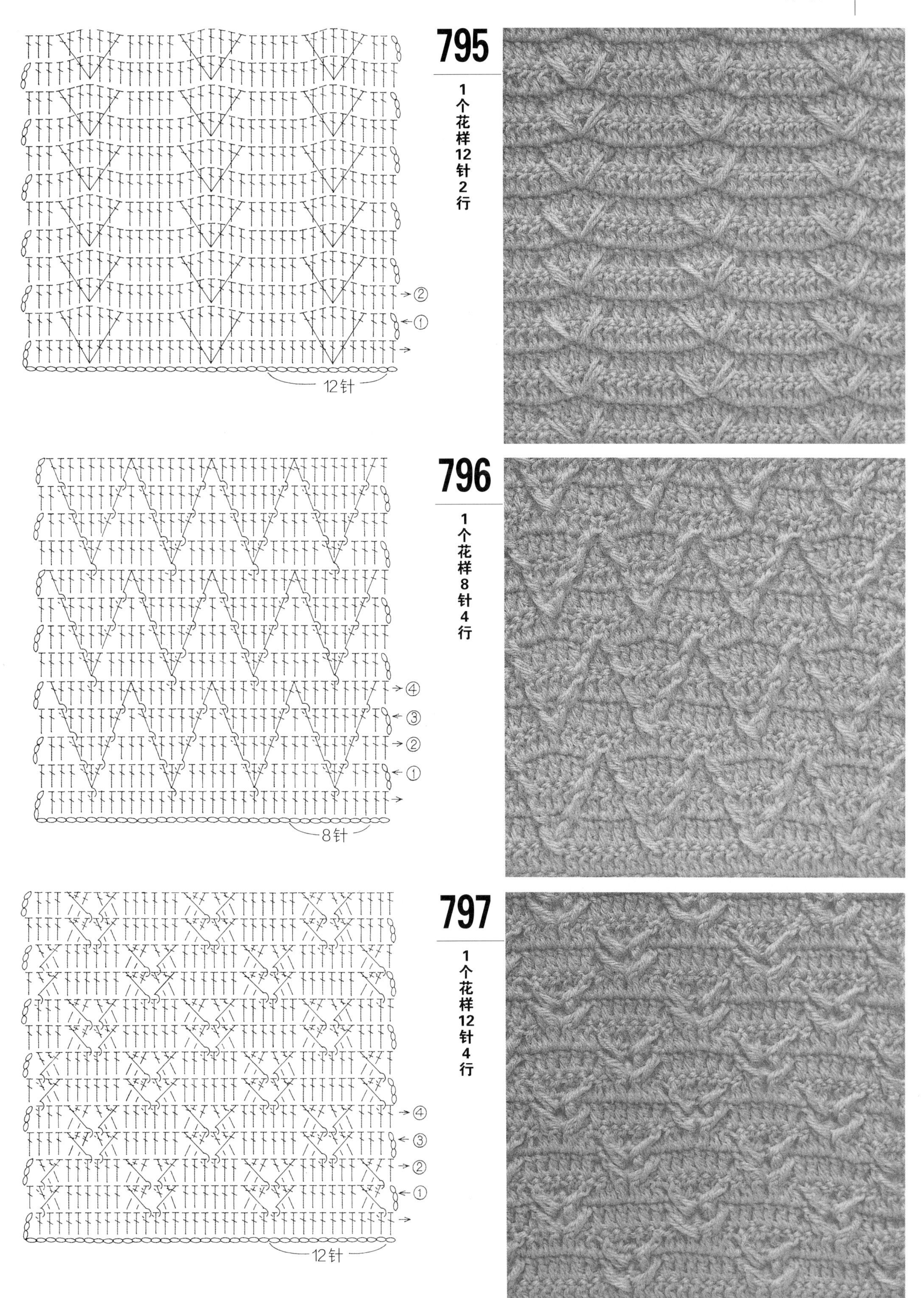
795
1个花样12针2行
②
①
12针
796
1个花样8针4行
④
③
②
①
8针
797
1个花样12针4行
④
③
②
①
12针

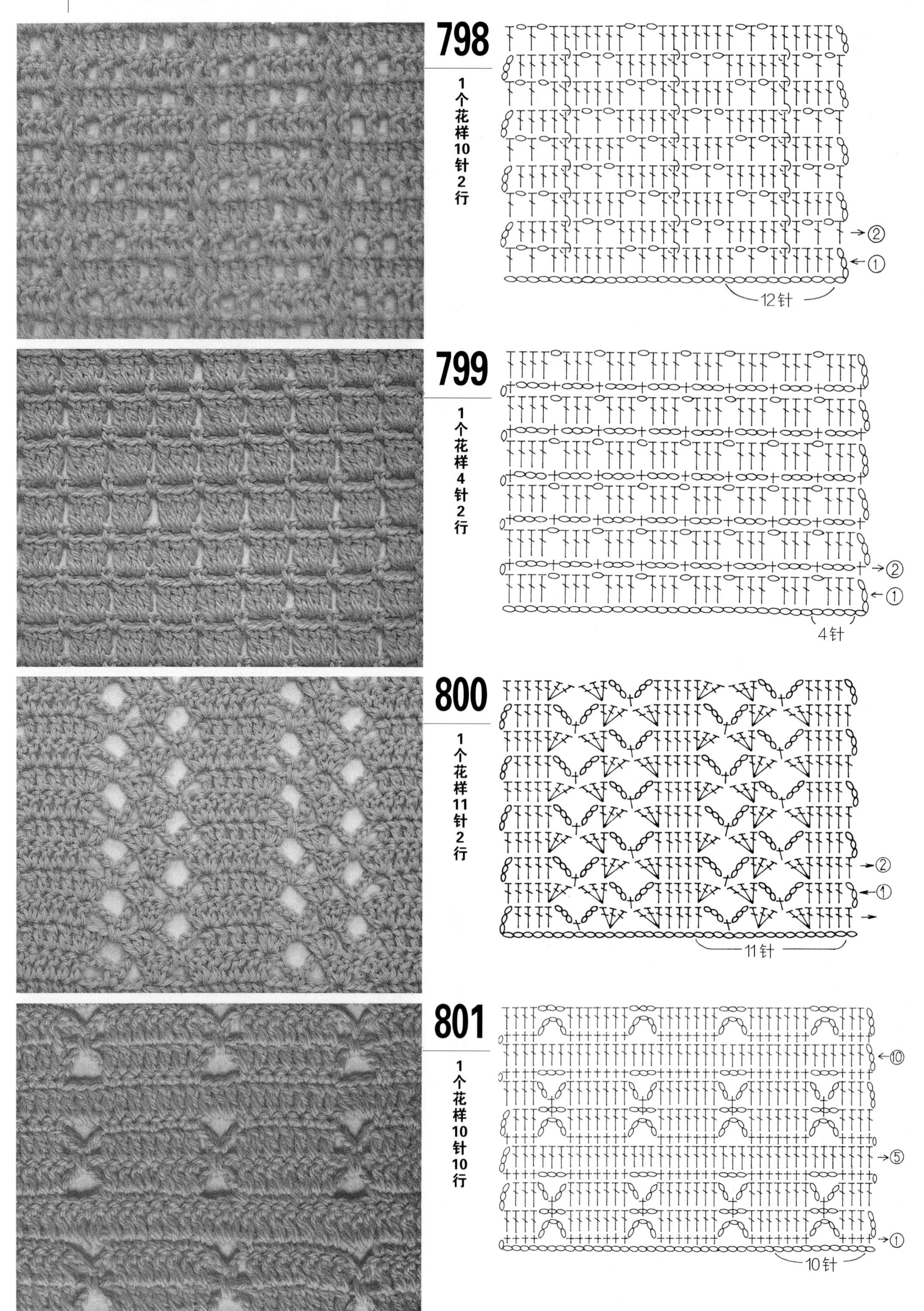
798
1个花样10针2行
②
①
12针
799
1个花样4针2行
②
①
4针
800
1个花样11针2行
②
①
11针
801
1个花样10针10行
⑩
⑤
①
10针

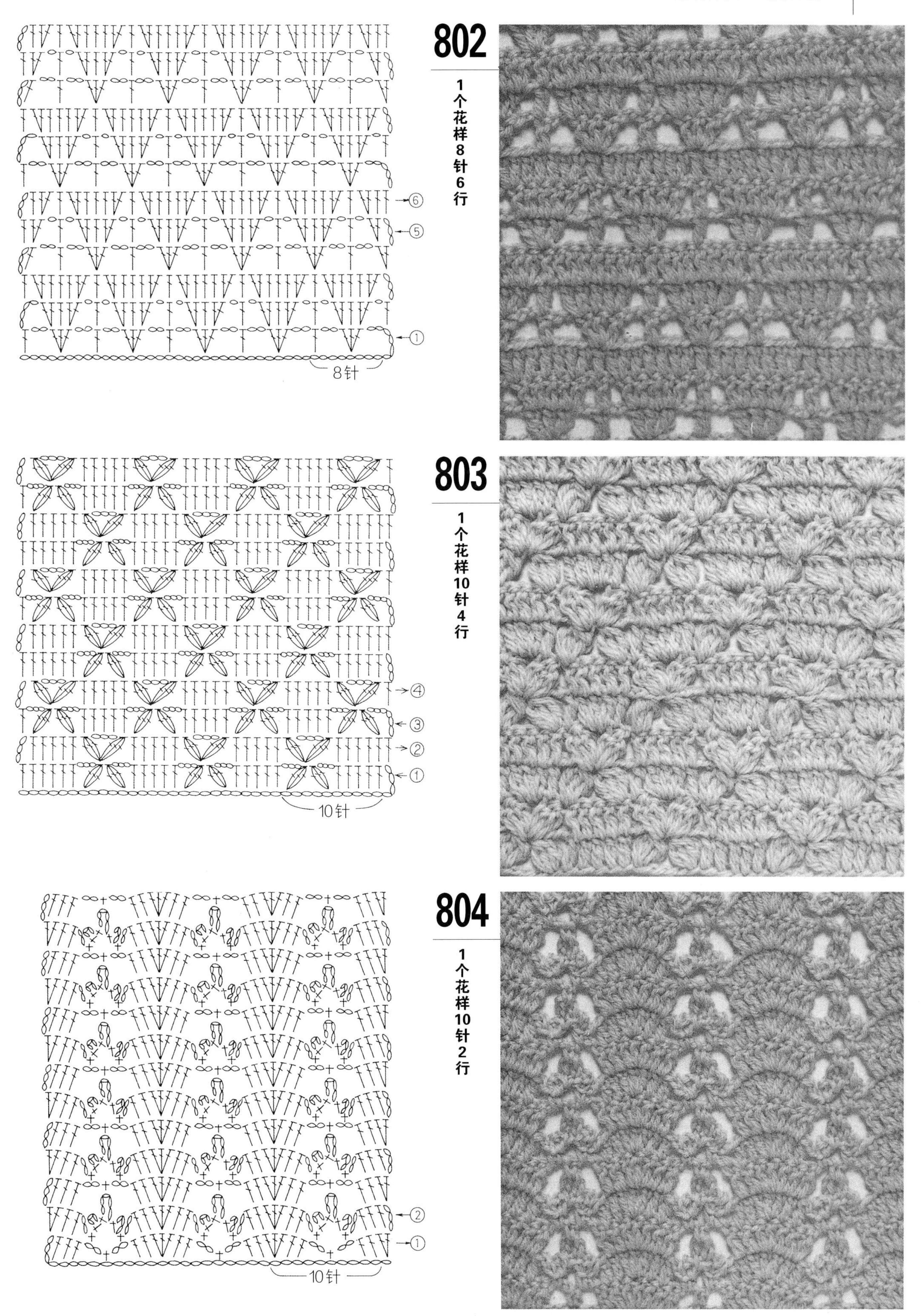
802
1个花样8针6行
⑥
⑤
①
8针
803
1个花样10针4行
④
③
②
①
10针
804
1个花样10针2行
②
①
10针

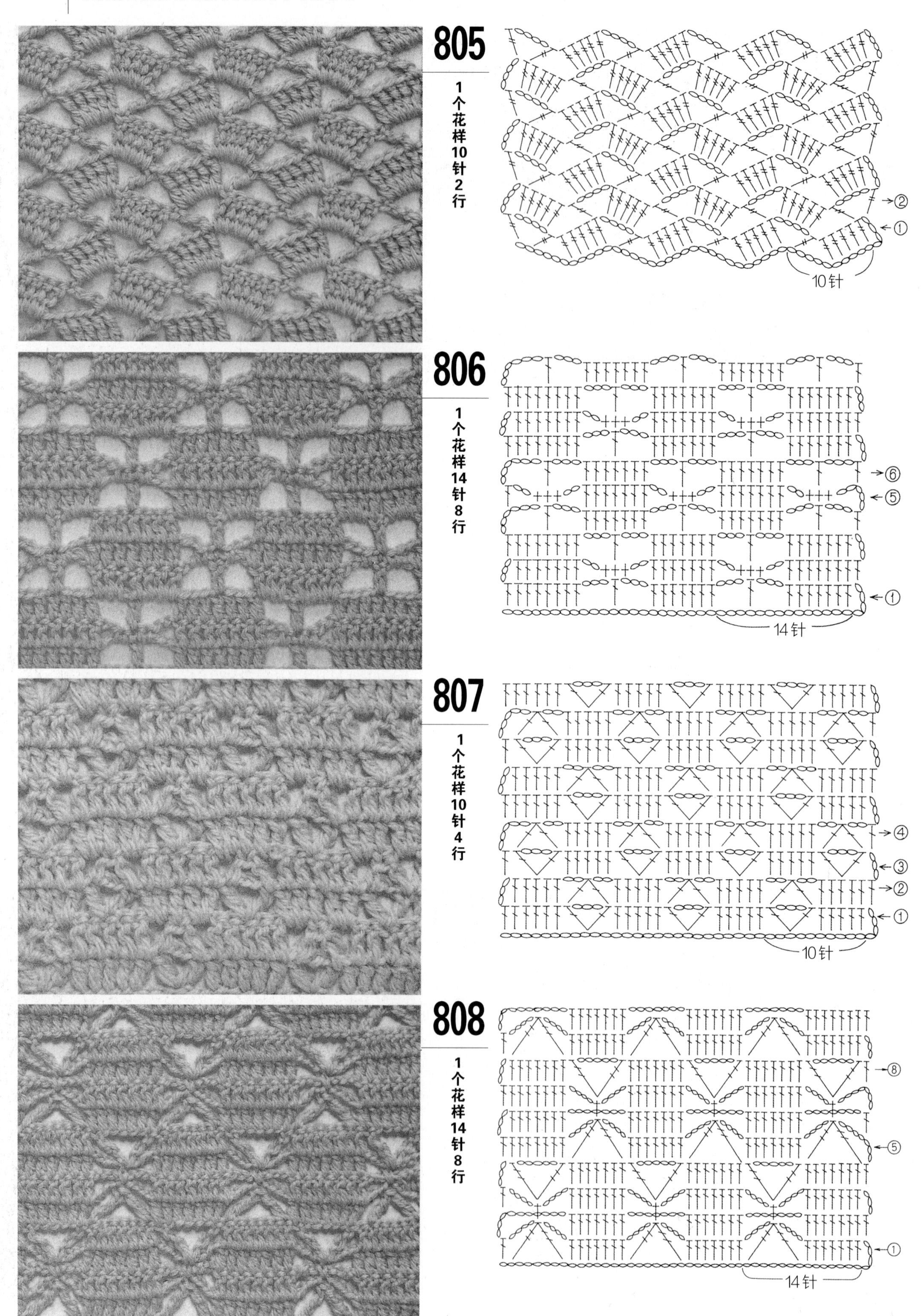
805
1个花样10针2行
②
①
10针
806
1个花样14针8行
⑥
⑤
①
14针
807
1个花样10针4行
④
③
②
①
10针
808
1个花样14针8行
⑧
⑤
①
14针

配色花样【花色编织、加线编织等】

通过改变花色花样以及织线的颜色，能够编织显现有趣形状的花样以及正反两面均可穿用的花样等。
配色花样利用这些特性能够产生许多创造的乐趣。
加上色彩，针线原材料的使用方法会对编织产生很大的影响。

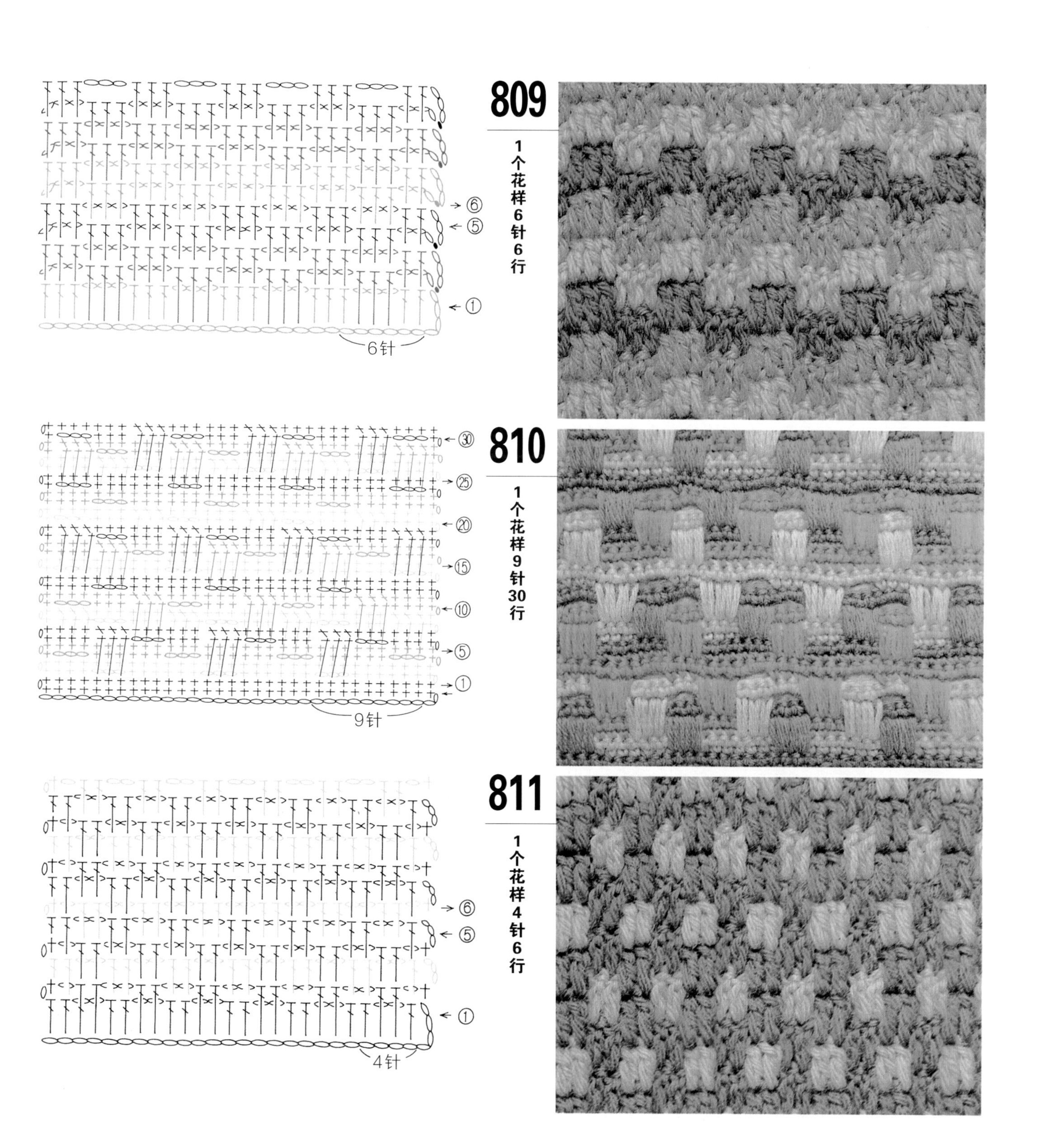

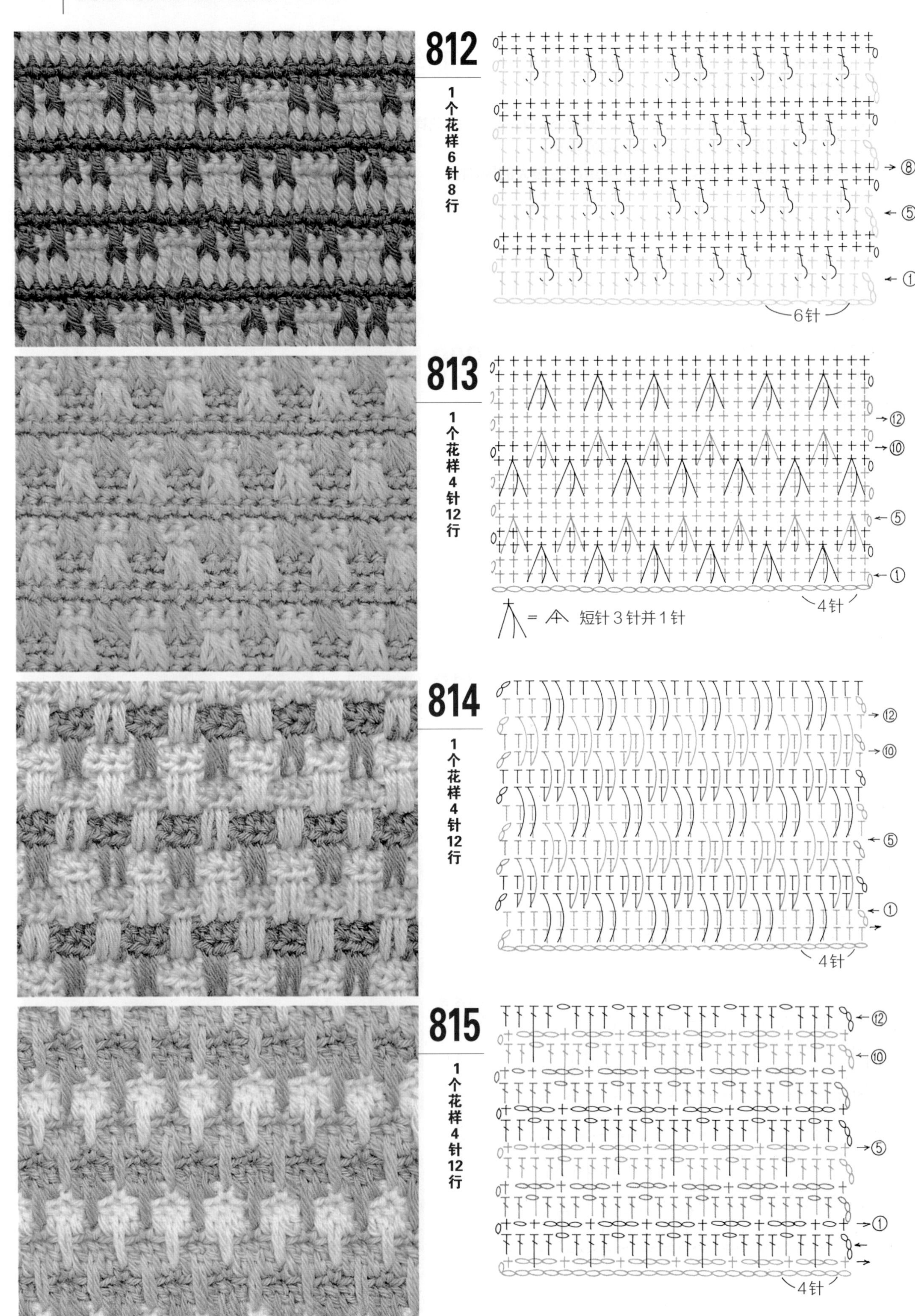
812
1个花样6针8行
⑧
⑤
①
6针
813
1个花样4针12行
⑫
⑩
⑤
①
4针
= 短针3针并1针
814
1个花样4针12行
⑫
⑩
⑤
①
4针
815
1个花样4针12行
⑫
⑩
⑤
①
4针

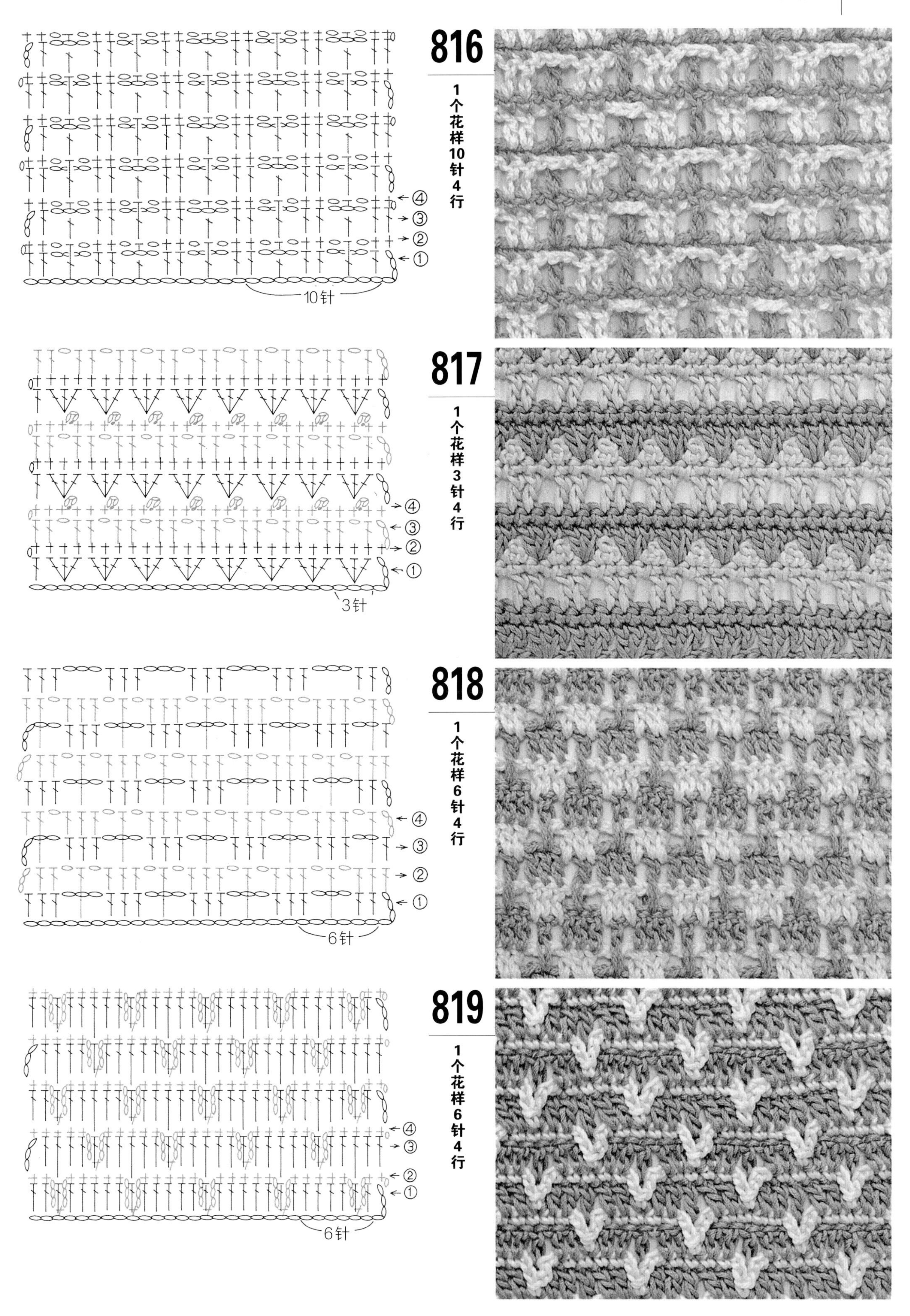

816
1个花样10针4行
10针
817
1个花样3针4行
3针
818
1个花样6针4行
6针
819
1个花样6针4行
6针

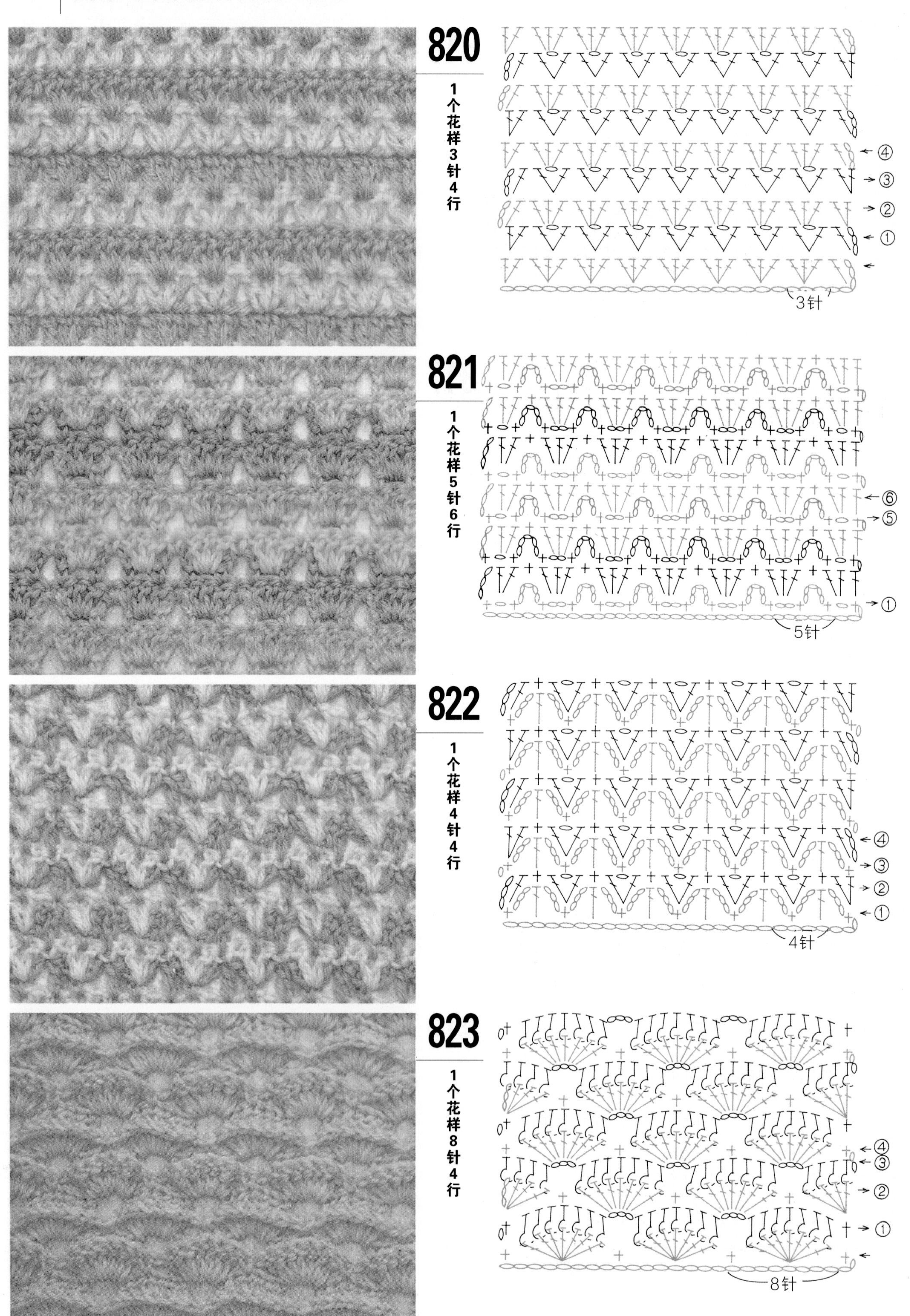
820
1个花样3针4行
④
③
②
①
3针
821
1个花样5针6行
⑥
⑤
①
5针
822
1个花样4针4行
④
③
②
①
4针
823
1个花样8针4行
④
③
②
①
8针

824

1个花样3针6行

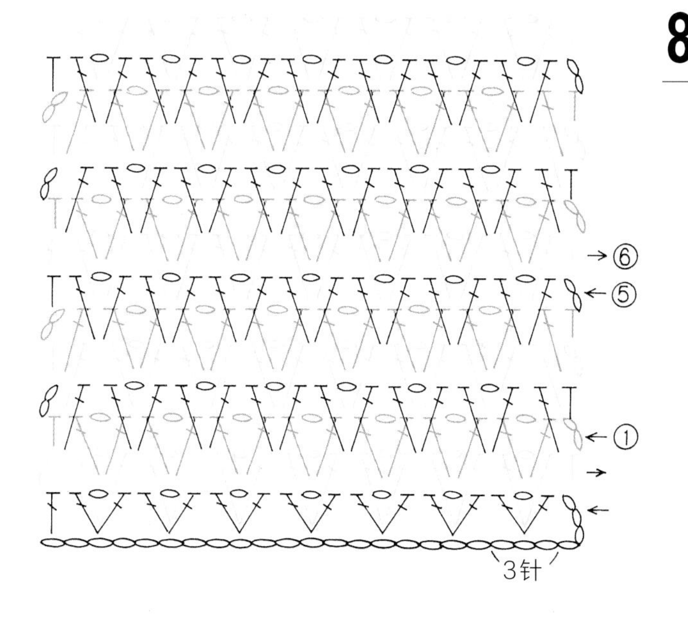

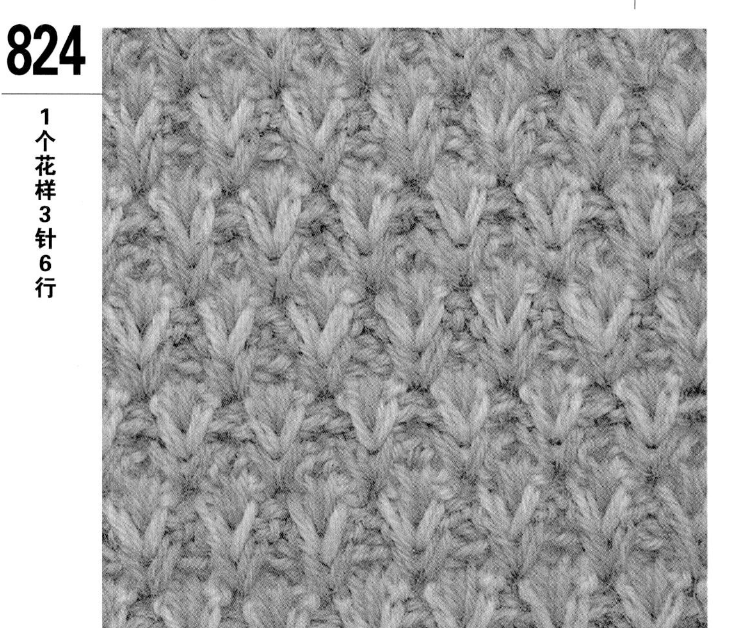

825

1个花样10针12行

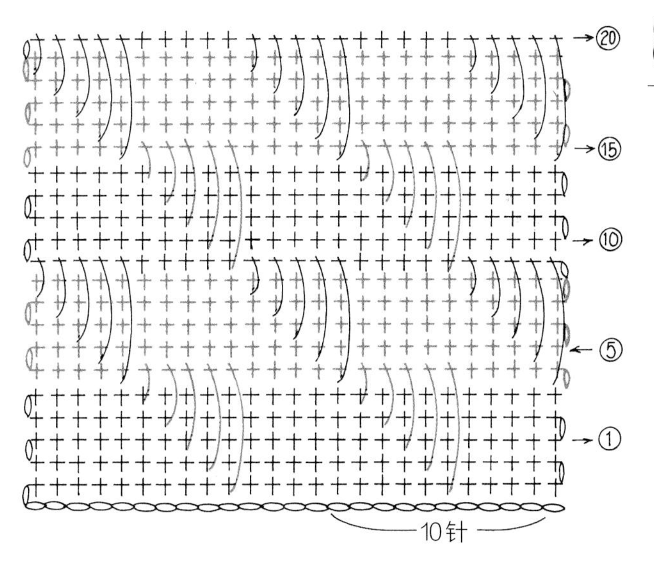

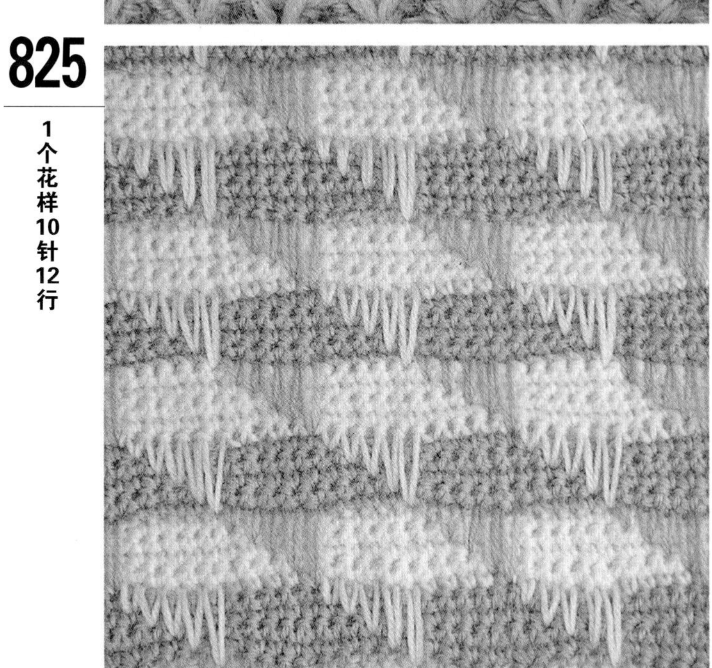

826

1个花样16针18行

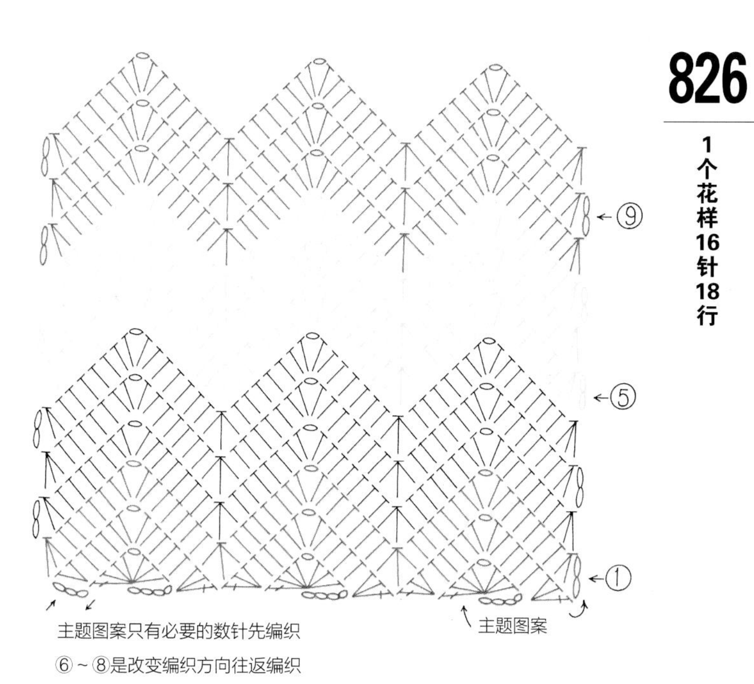

主题图案只有必要的数针先编织

⑥~⑧是改变编织方向往返编织

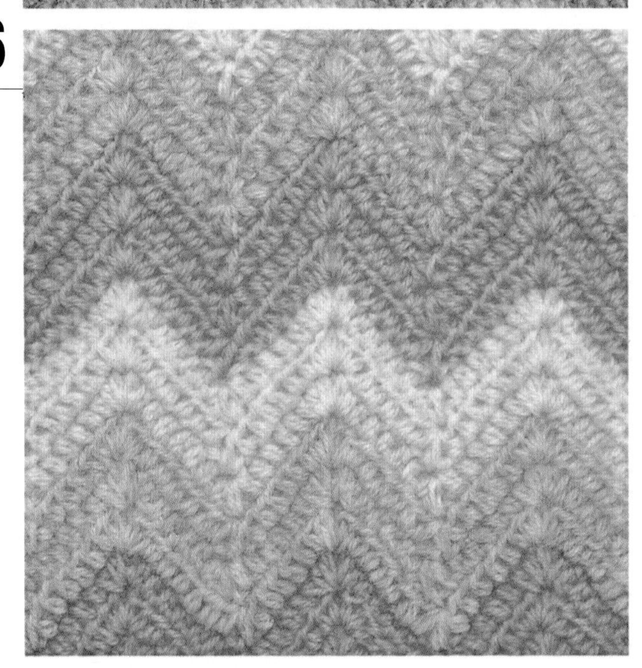

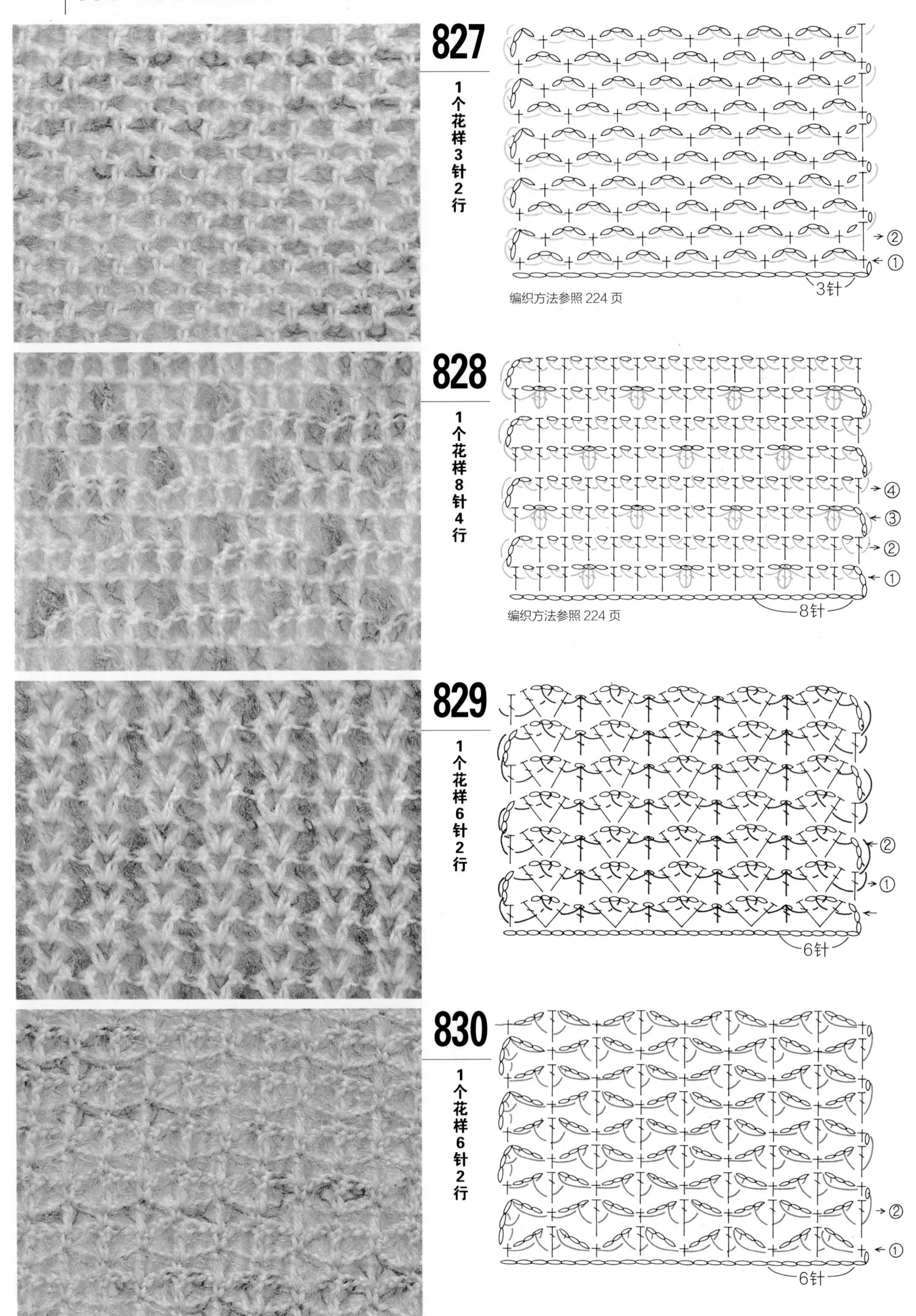
827
1个花样3针2行
②
①
3针
编织方法参照224页
828
1个花样8针4行
④
③
②
①
8针
编织方法参照224页
829
1个花样6针2行
②
①
6针
830
1个花样6针2行
②
①
6针

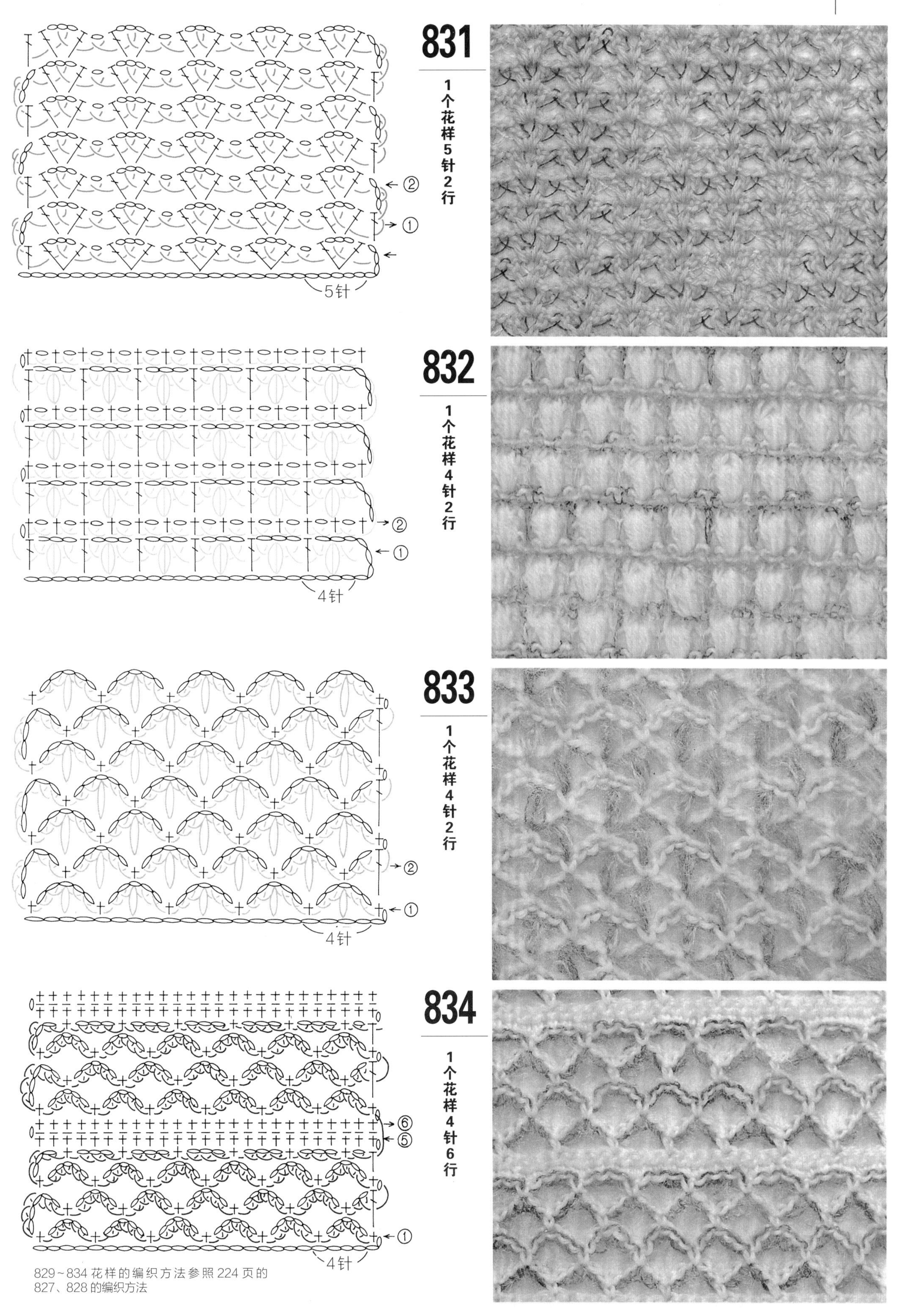

829~834花样的编织方法参照224页的827、828的编织方法

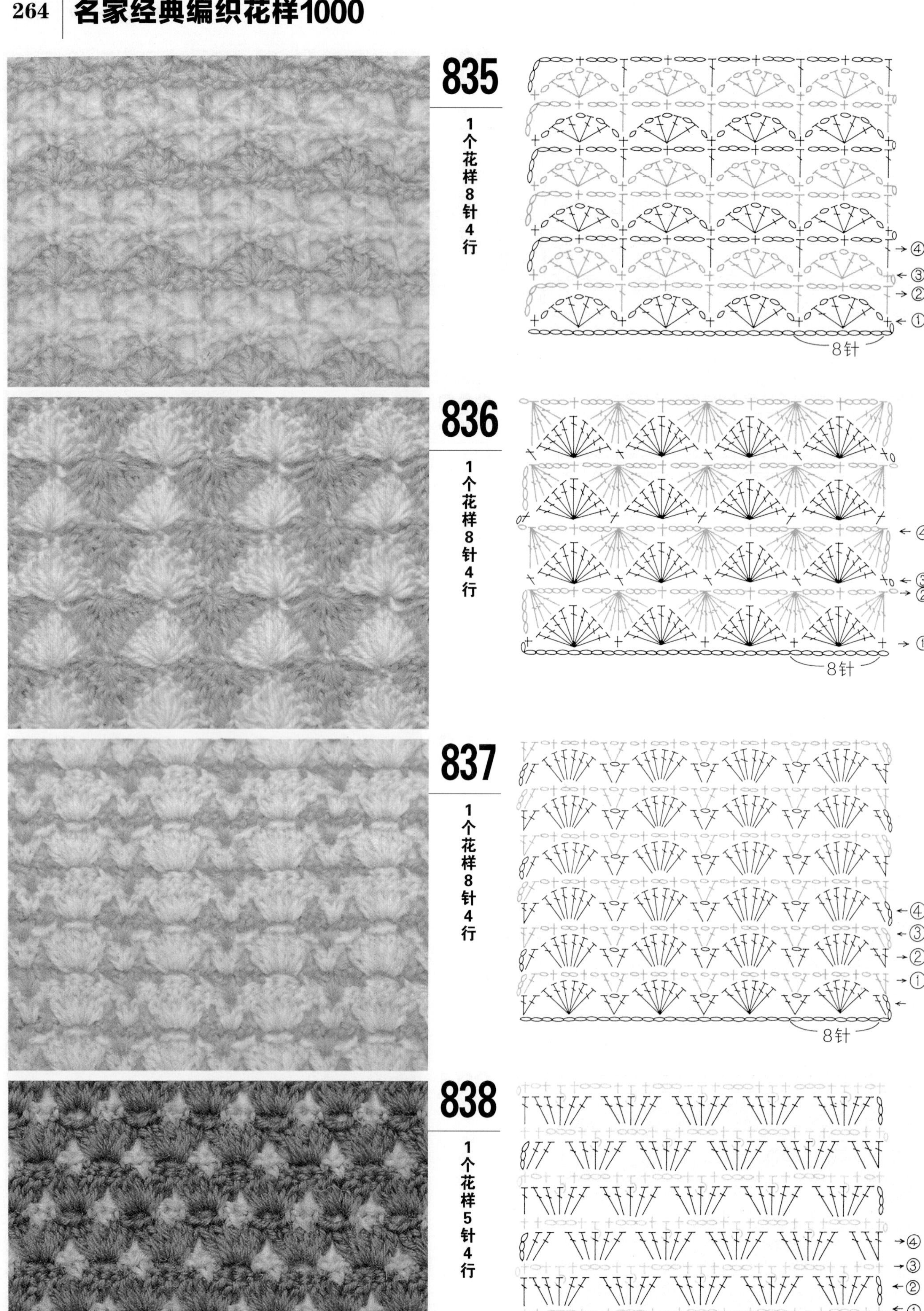
835
1个花样8针4行
8针
836
1个花样8针4行
8针
837
1个花样8针4行
8针
838
1个花样5针4行
5针

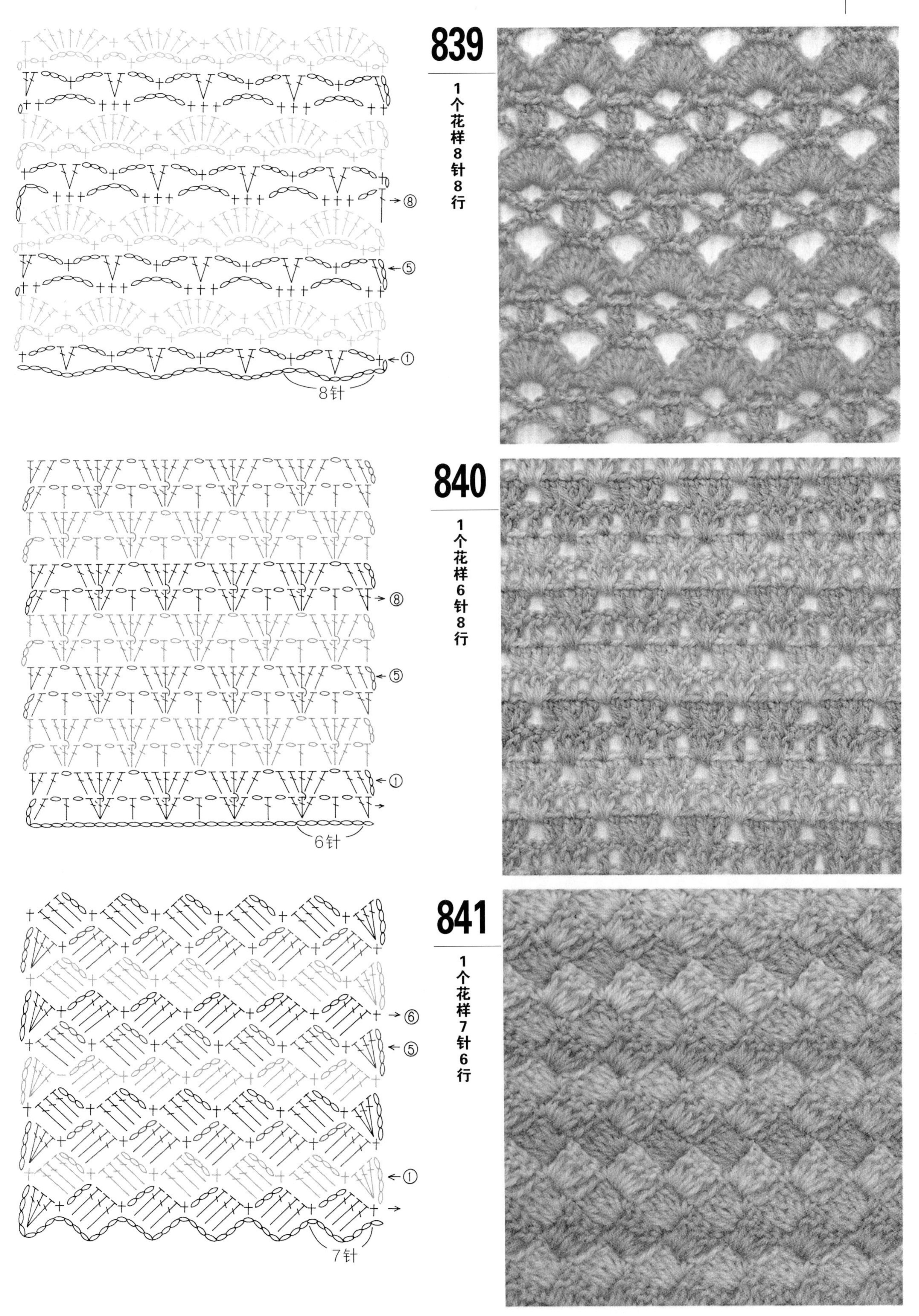
839
1个花样8针8行
8针
840
1个花样6针8行
6针
841
1个花样7针6行
7针

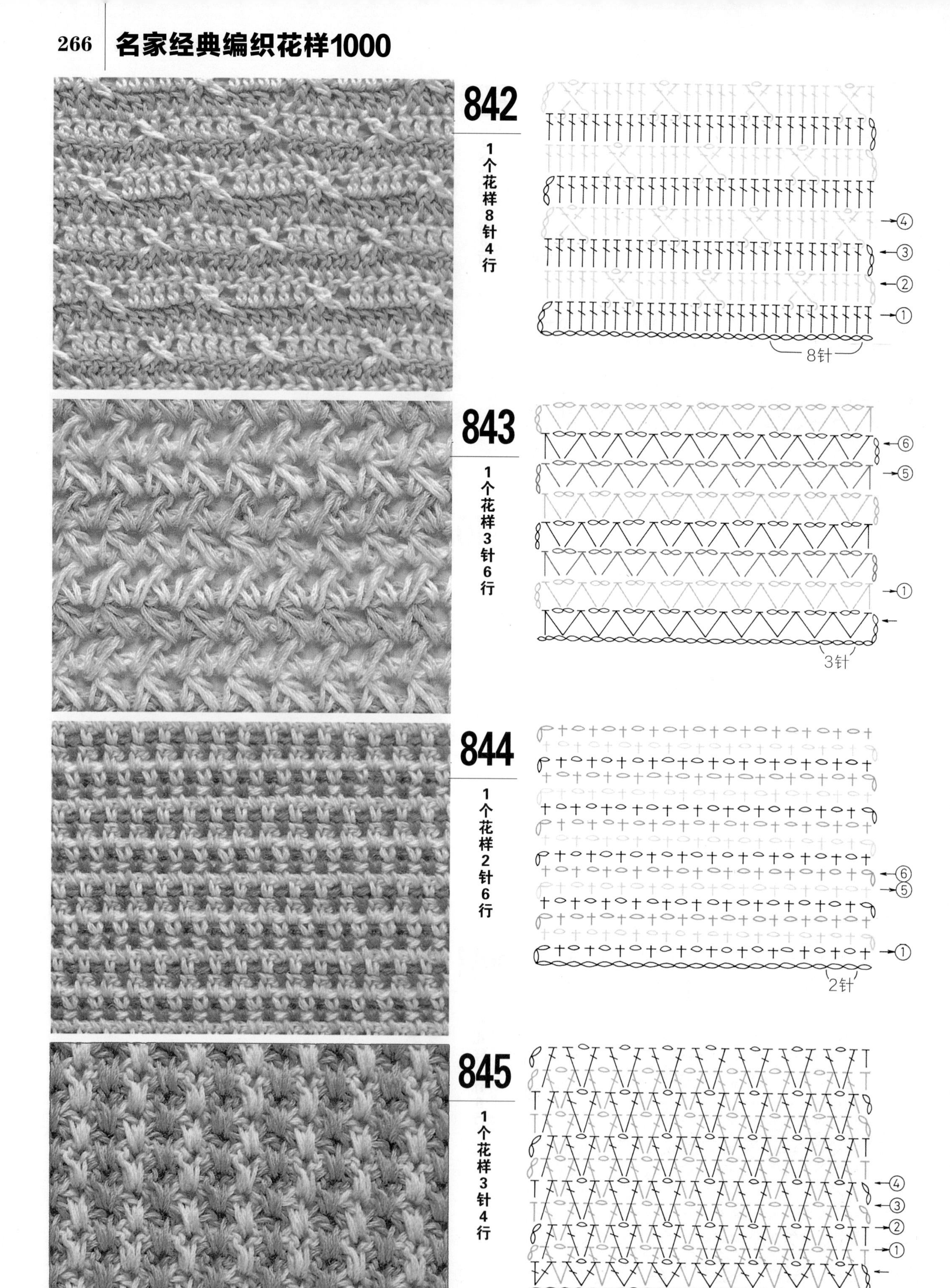
842
1个花样8针4行
④
③
②
①
8针
843
1个花样3针6行
⑥
⑤
①
3针
844
1个花样2针6行
⑥
⑤
①
2针
845
1个花样3针4行
④
③
②
①
3针

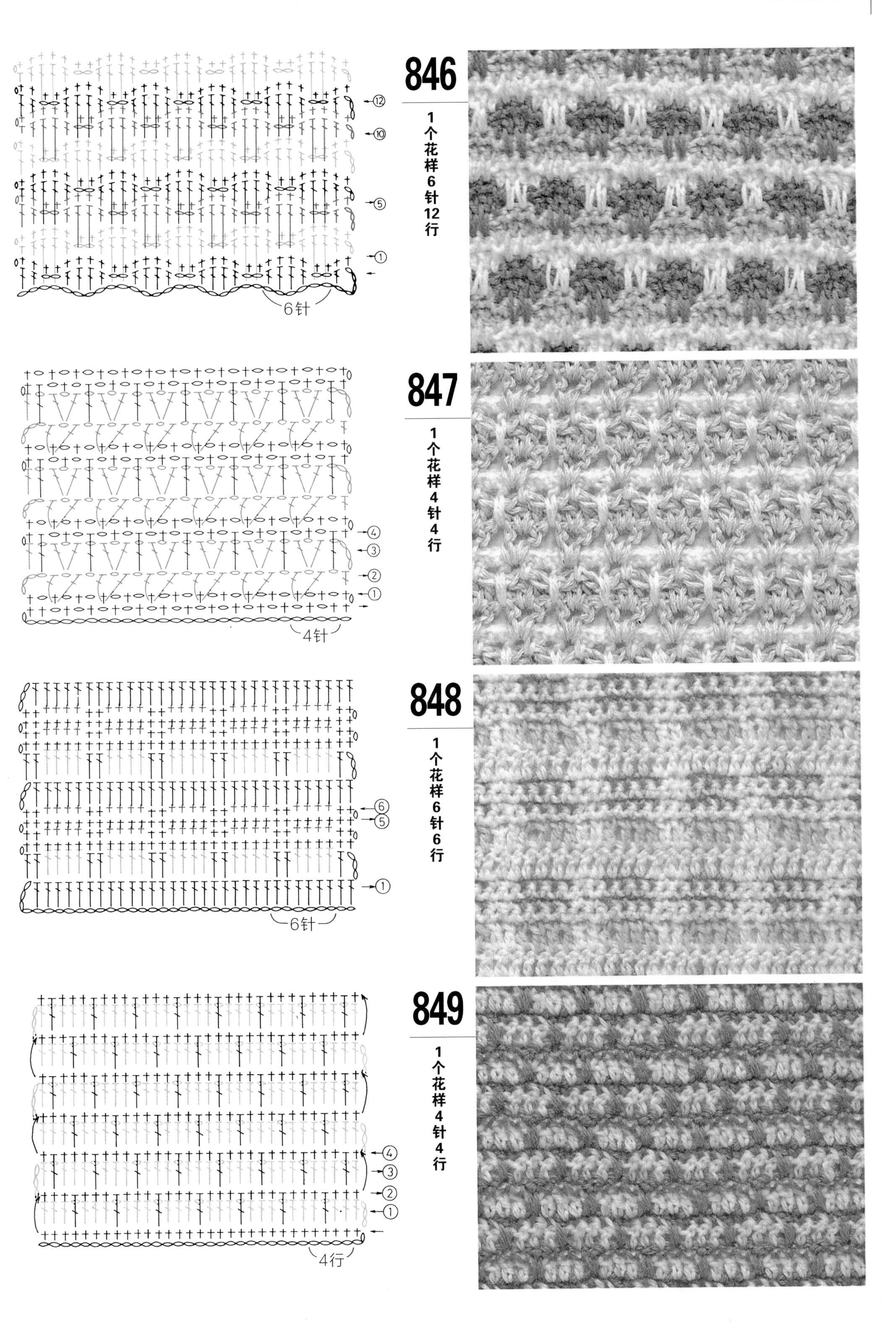

846
1个花样6针12行
6针
847
1个花样4针4行
4针
848
1个花样6针6行
6针
849
1个花样4针4行
4行

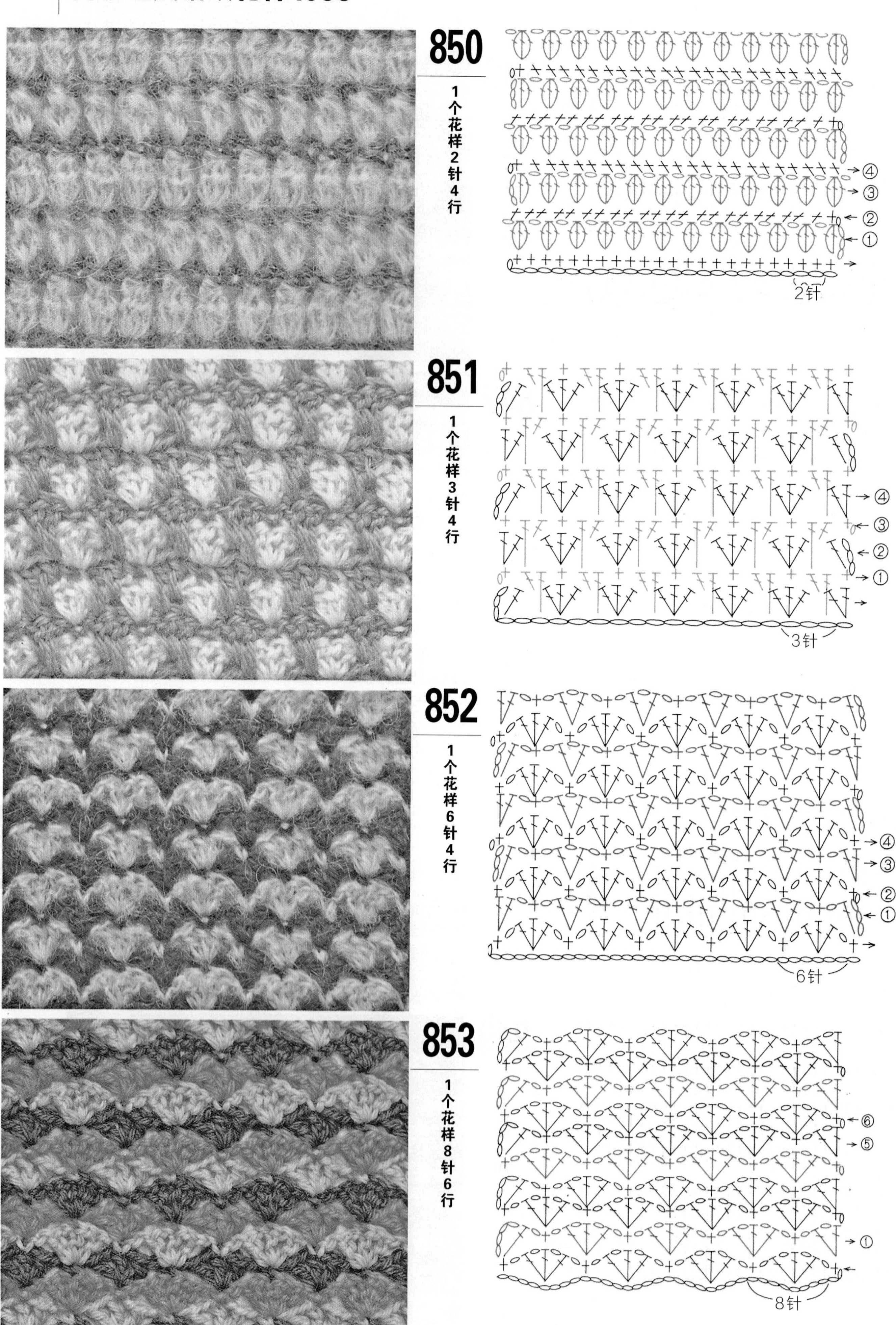
850
1个花样2针4行
2针
851
1个花样3针4行
3针
852
1个花样6针4行
6针
853
1个花样8针6行
8针

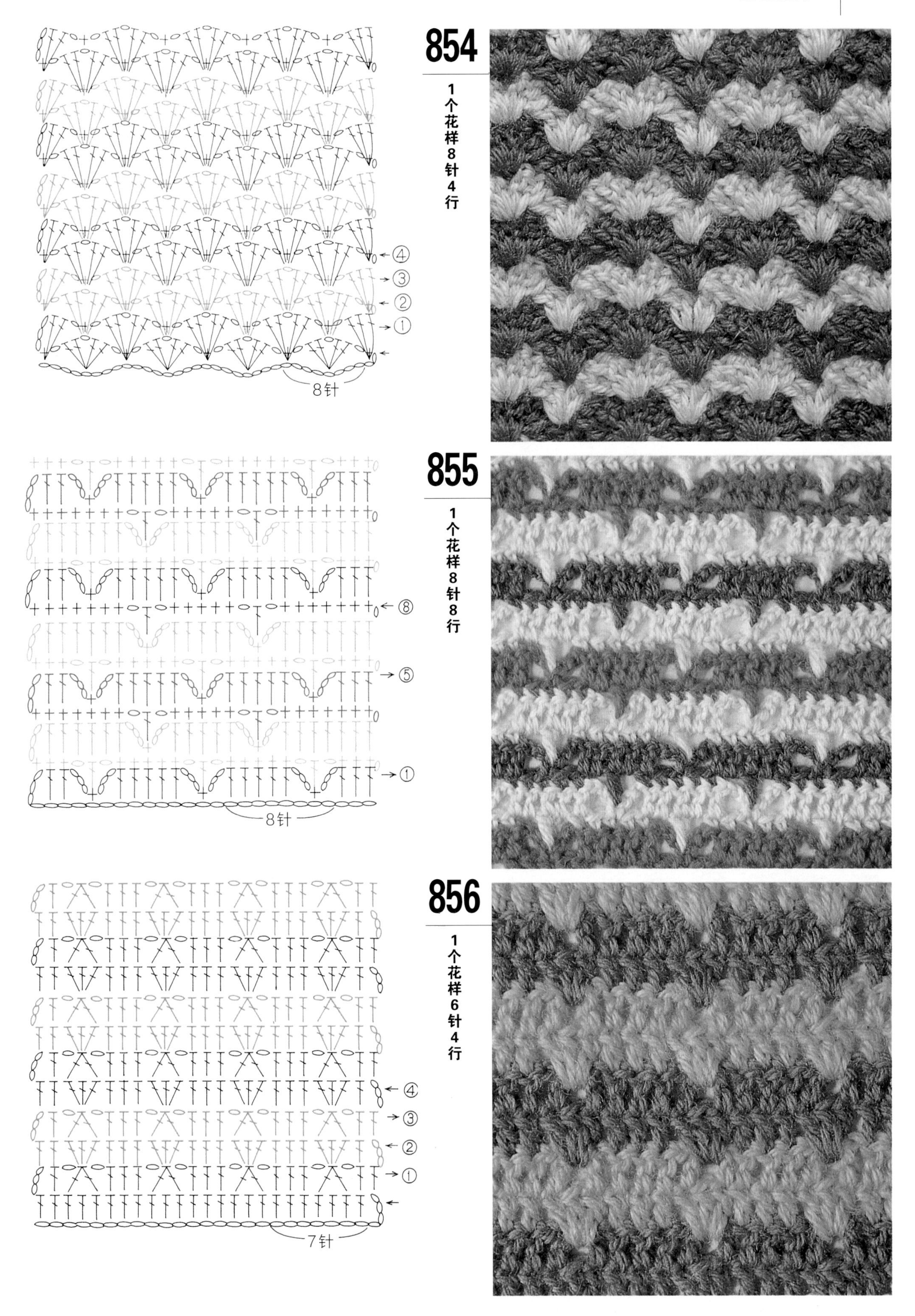

854

1个花样8针4行

855

1个花样8针8行

856

1个花样6针4行

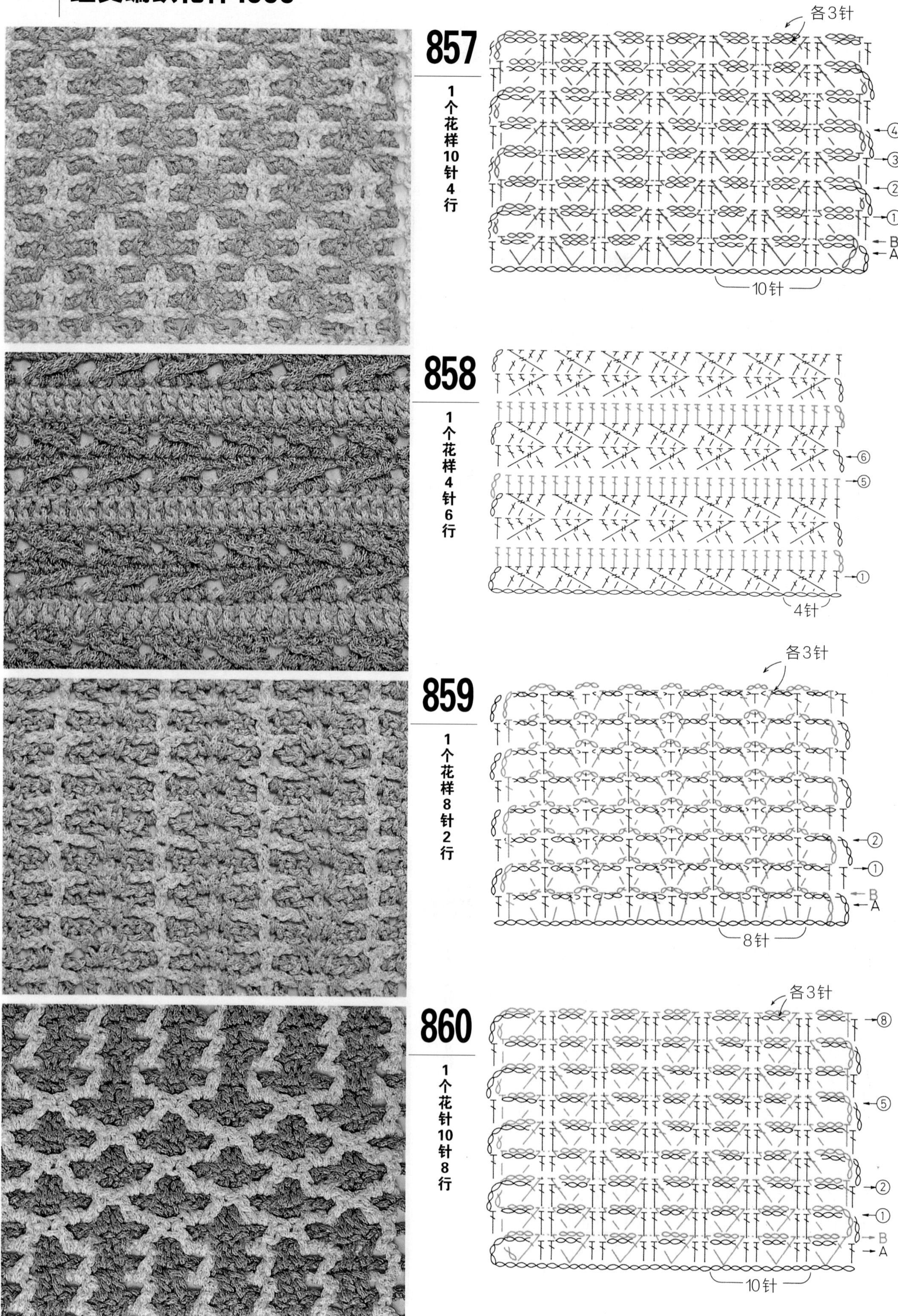
857
1个花样10针4行
各3针
④
③
②
①
B
A
10针
858
1个花样4针6行
⑥
⑤
①
4针
859
1个花样8针2行
各3针
②
①
B
A
8针
860
1个花针10针8行
各3针
⑧
⑤
②
①
B
A
10针

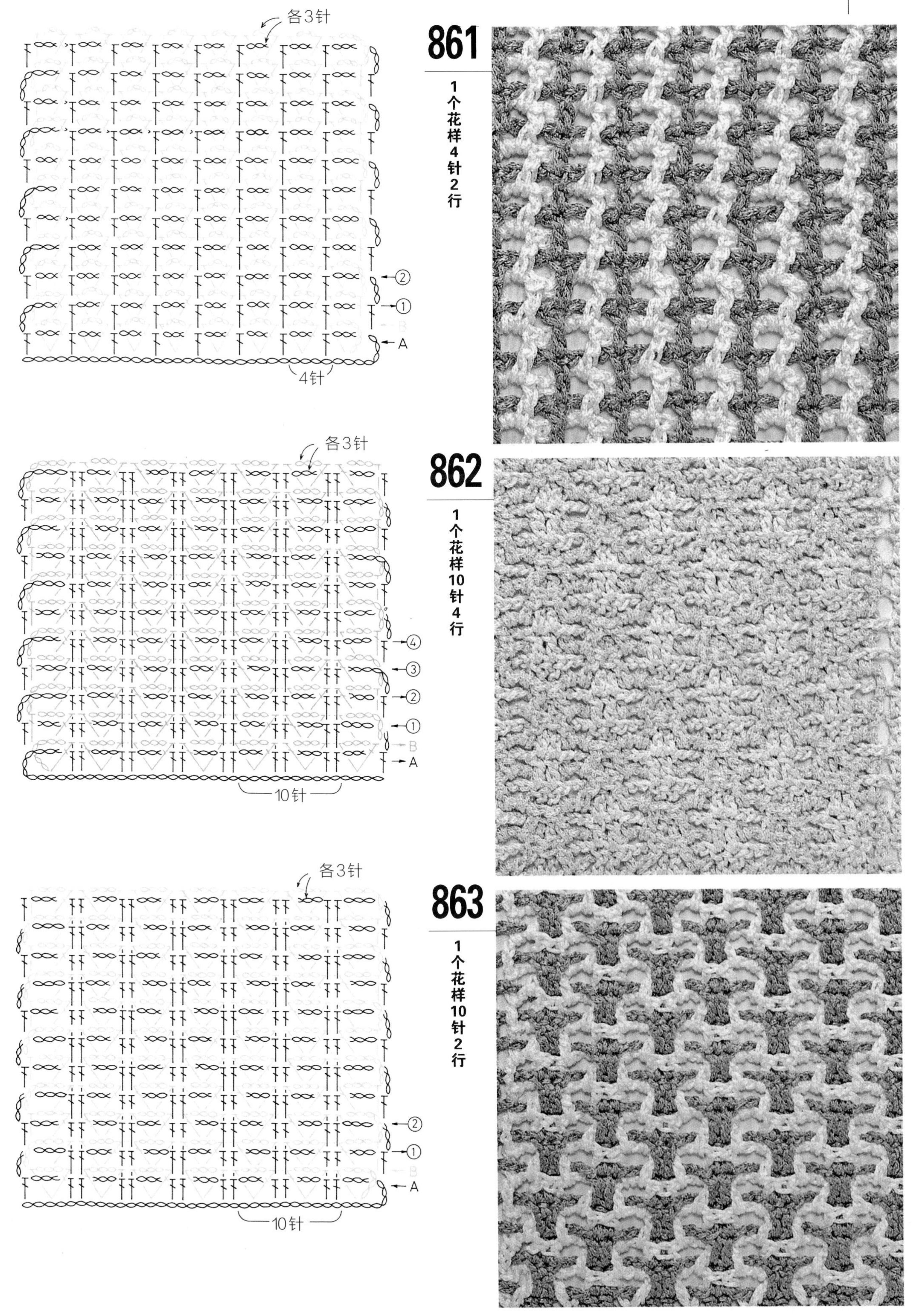
各3针
4针
① ②
A
B
861
1个花样4针2行
各3针
10针
① ② ③ ④
A
B
862
1个花样10针4行
各3针
10针
① ②
A
B
863
1个花样10针2行

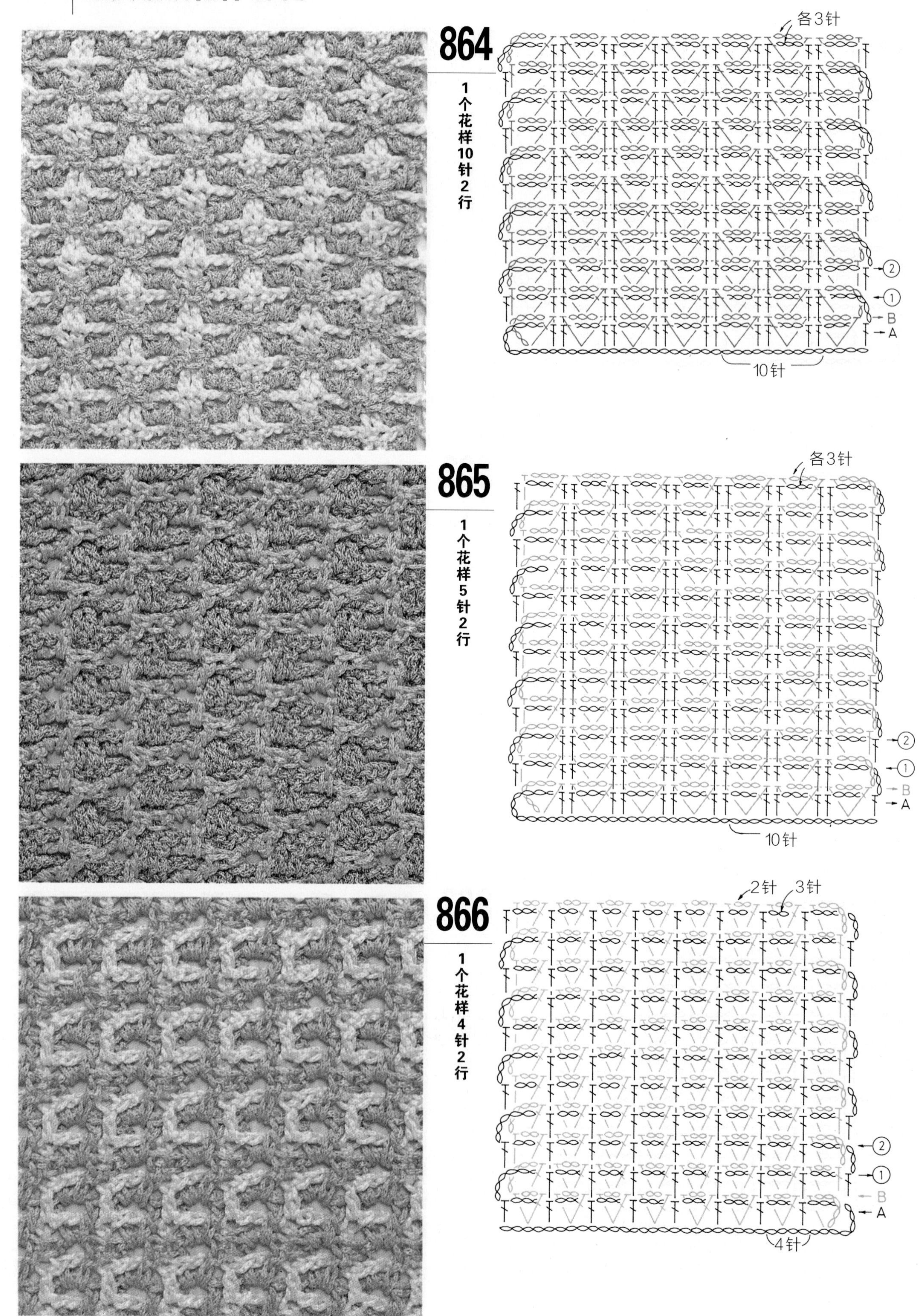
864
1个花样10针2行
各3针
②
①
B
A
10针
865
1个花样5针2行
各3针
②
①
B
A
10针
866
1个花样4针2行
2针
3针
②
①
B
A
4针

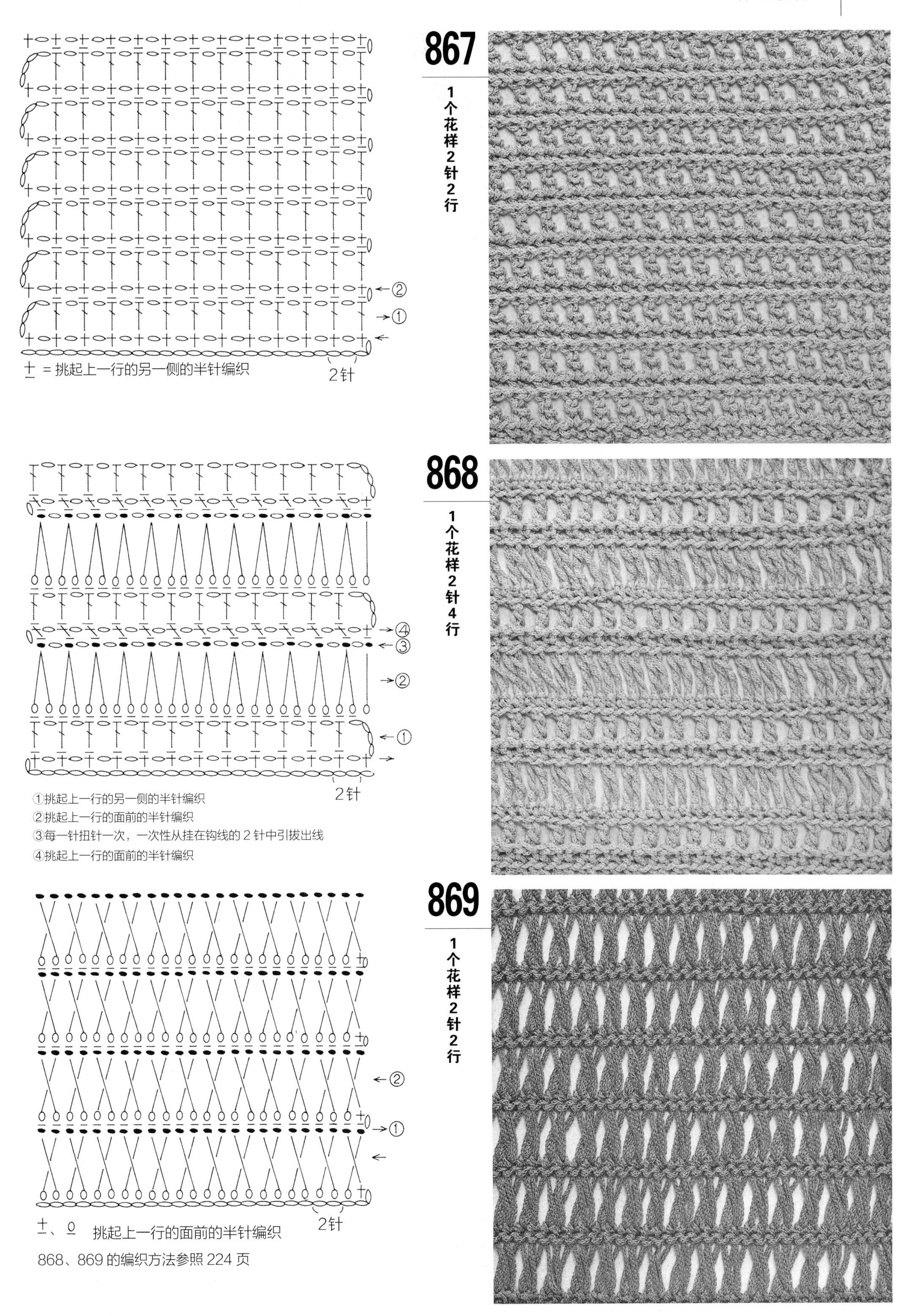
867
1个花样2针2行
②
①
±＝挑起上一行的另一侧的半针编织
2针
868
1个花样2针4行
④
③
②
①
2针
①挑起上一行的另一侧的半针编织
②挑起上一行的面前的半针编织
③每一针扭针一次，一次性从挂在钩线的2针中引拔出线
④挑起上一行的面前的半针编织
869
1个花样2针2行
②
①
2针
±、♀ 挑起上一行的面前的半针编织
868、869的编织方法参照224页

贝壳花样、网眼编织

贝壳花样是因为编织花样的形状很像贝壳，所以起名为贝壳花样。
同样，网眼编织像编织网眼一样，所以起名为网眼编织。
改变网眼编织方法，会由此可以产生漂亮的菠萝花纹。
锁针、长针的针数不同，其花纹的华丽复杂的程度也不同，这就是钩针编织的奇妙与乐趣所在。

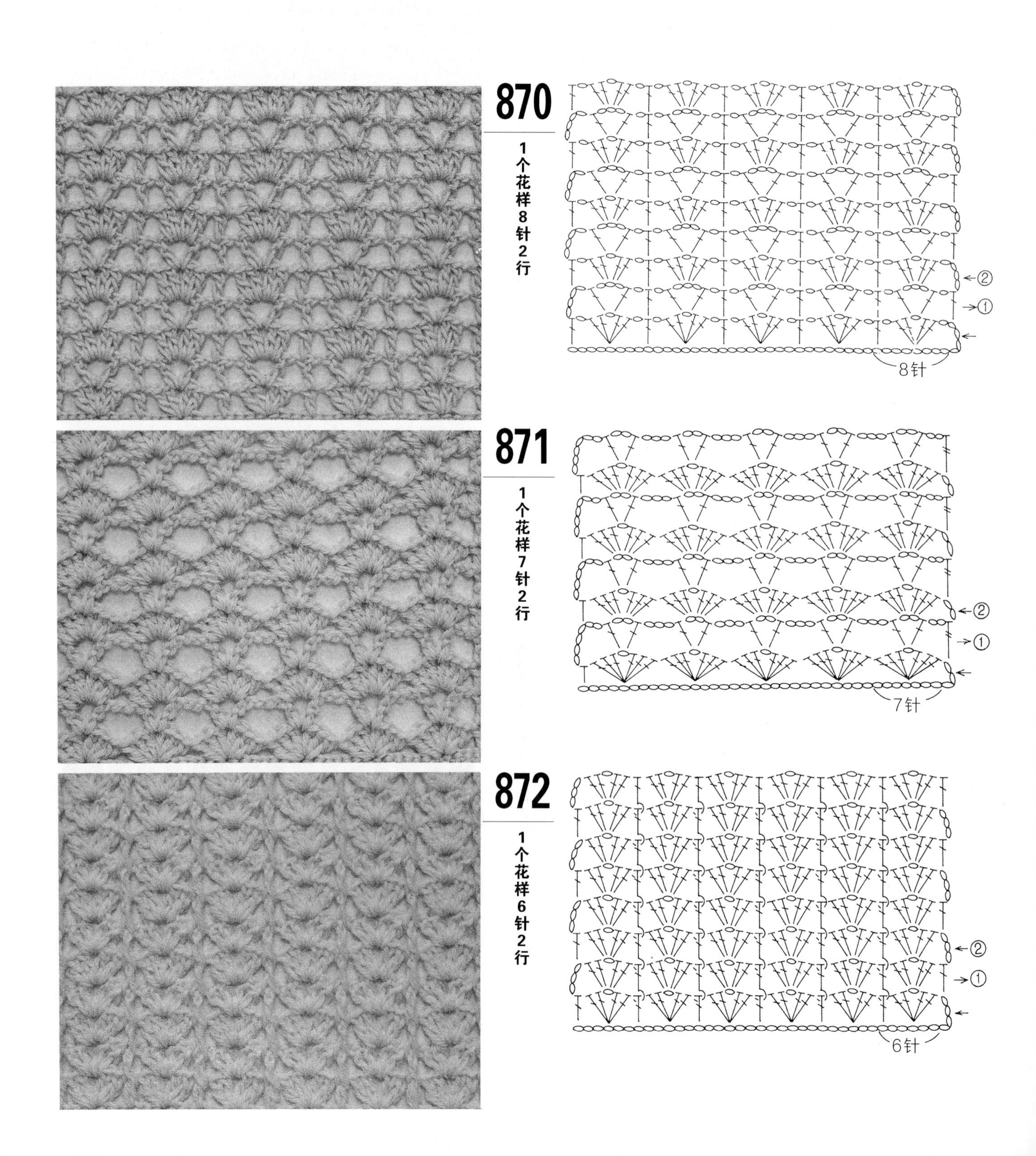

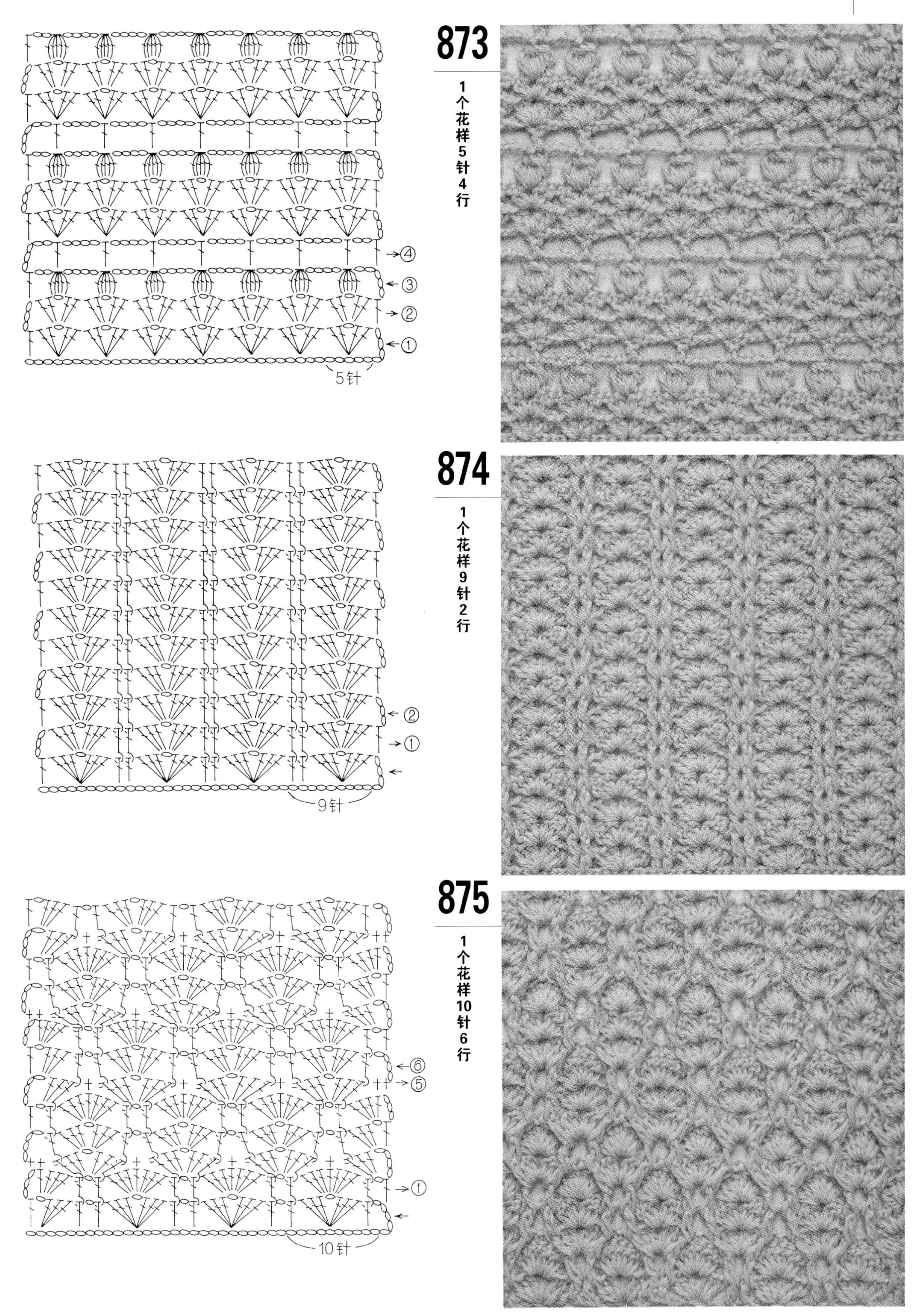
873
1个花样5针4行
5针
④
③
②
①
874
1个花样9针2行
9针
②
①
875
1个花样10针6行
10针
⑥
⑤
①

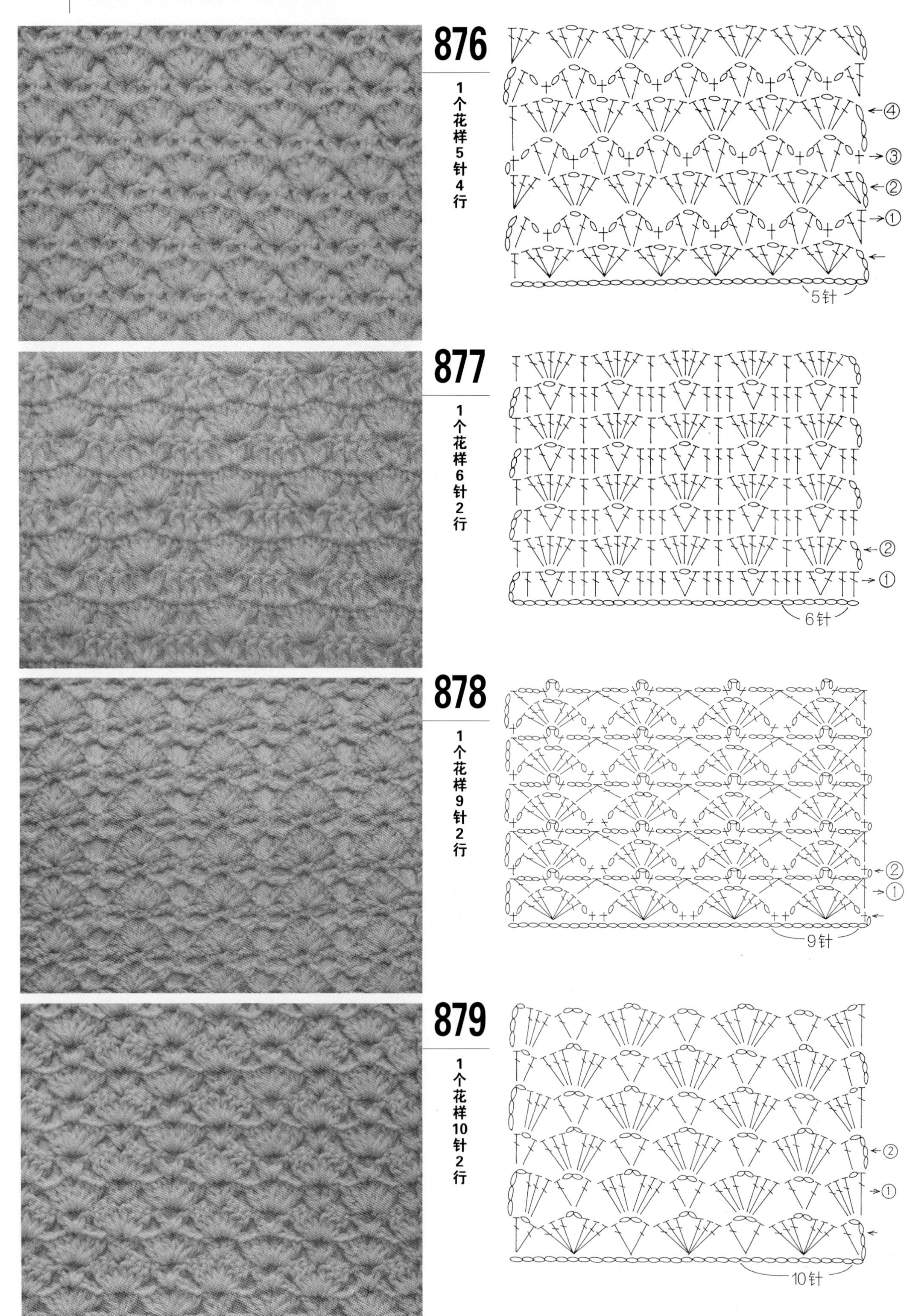
876
1个花样5针4行
④
③
②
①
5针
877
1个花样6针2行
②
①
6针
878
1个花样9针2行
②
①
9针
879
1个花样10针2行
②
①
10针

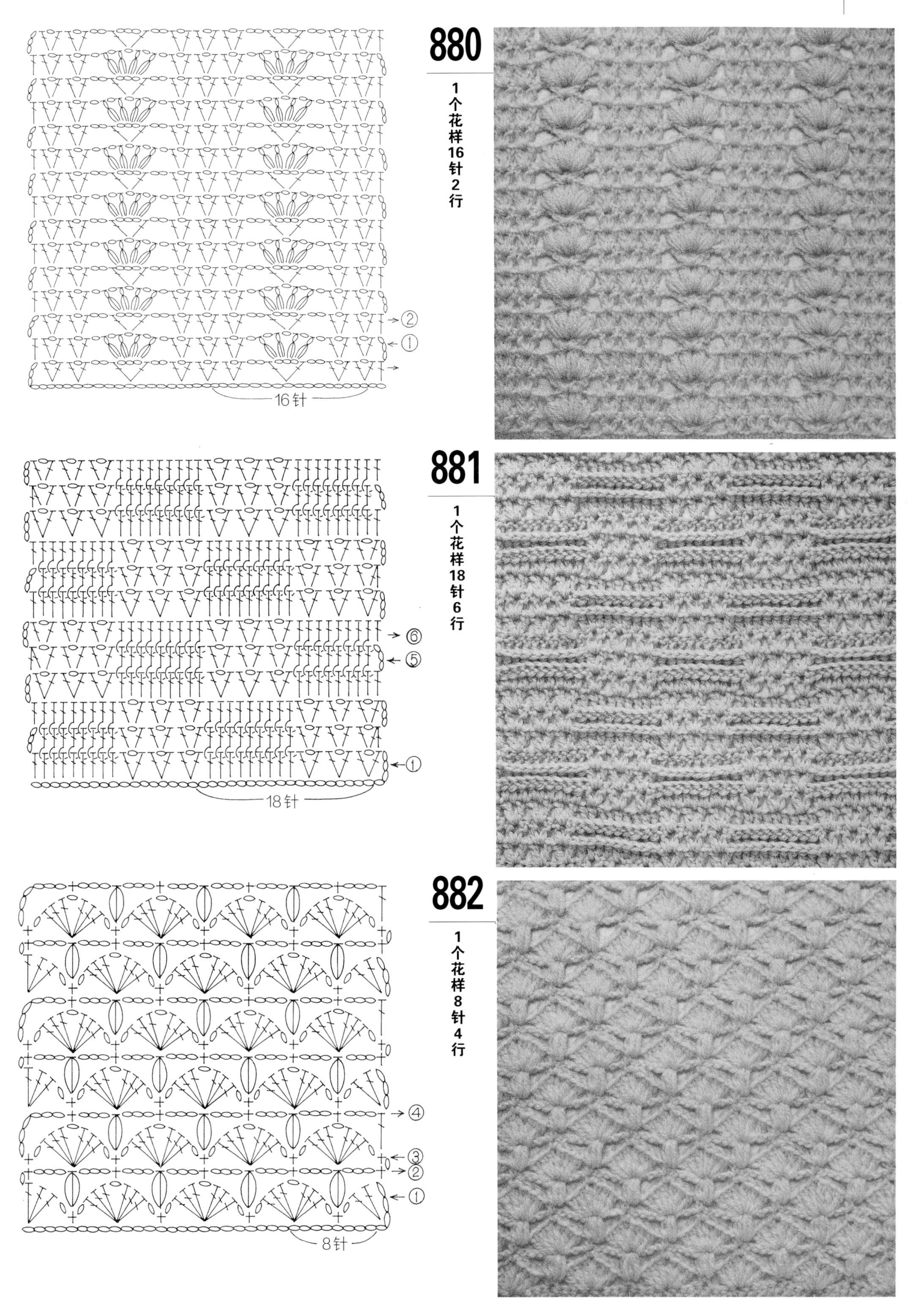
880
1个花样16针2行
②
①
16针
881
1个花样18针6行
⑥
⑤
①
18针
882
1个花样8针4行
④
③
②
①
8针

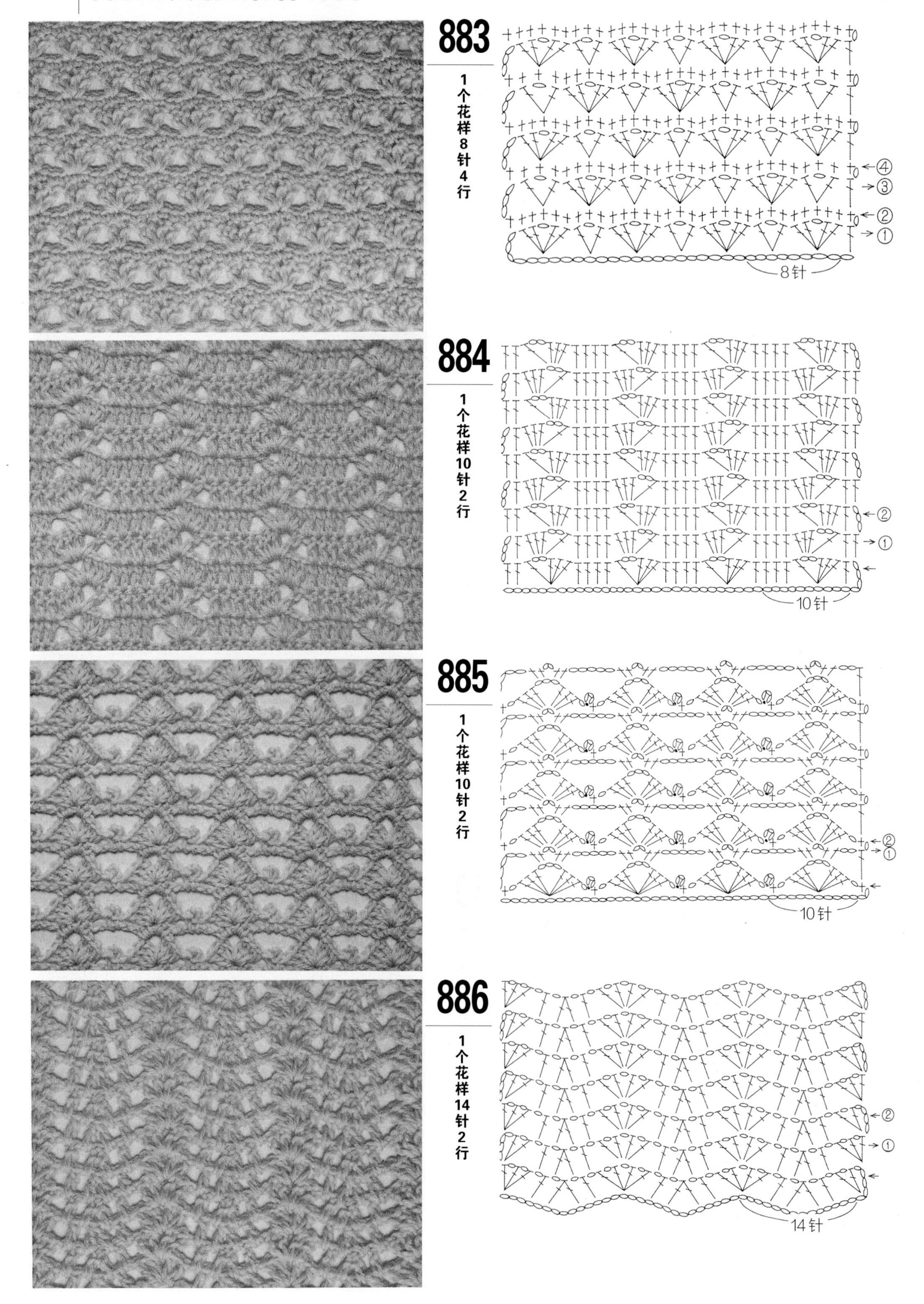
883
1个花样8针4行
8针
884
1个花样10针2行
10针
885
1个花样10针2行
10针
886
1个花样14针2行
14针

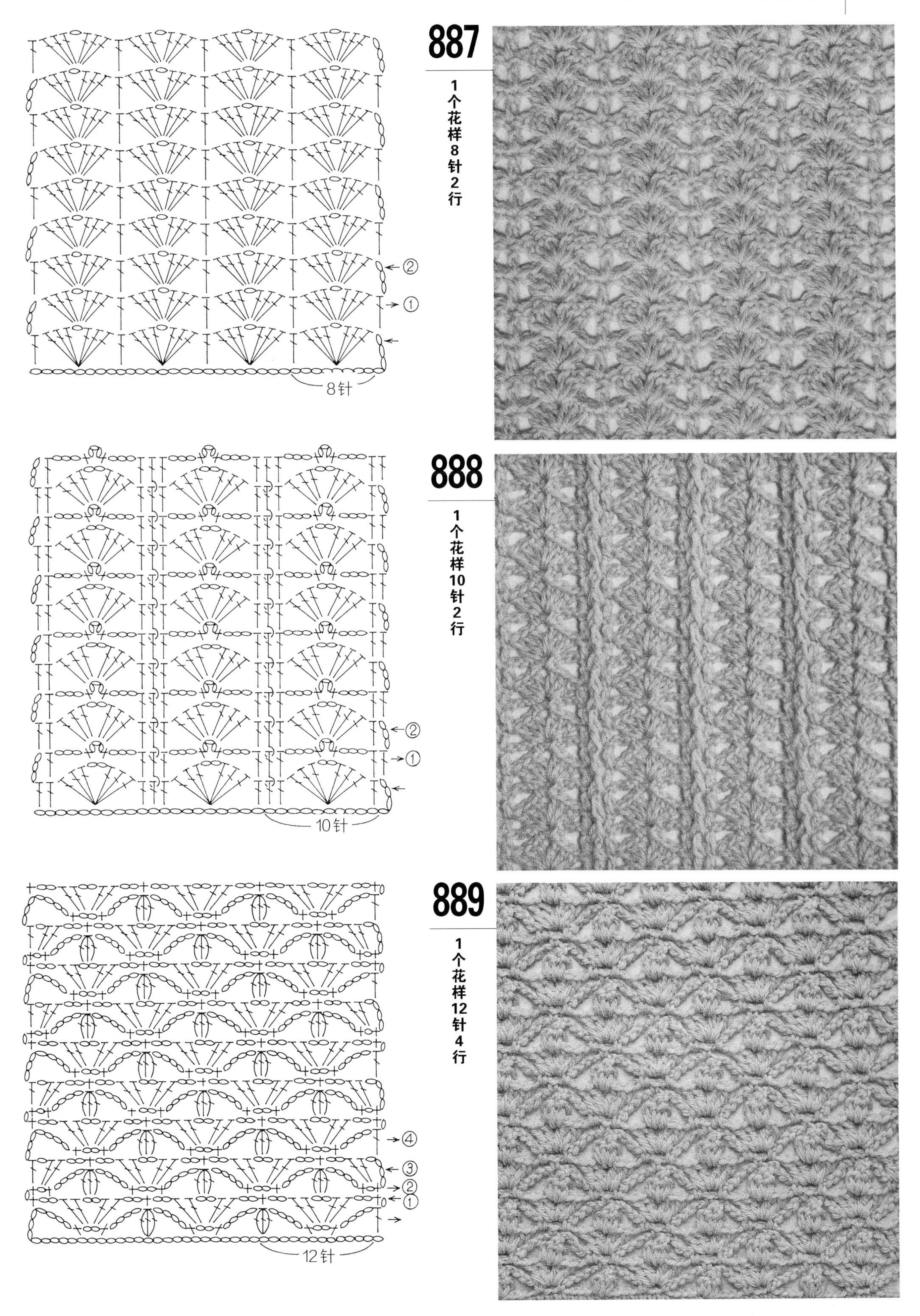
887
1个花样8针2行
8针
②
①
888
1个花样10针2行
10针
②
①
889
1个花样12针4行
12针
④
③
②
①

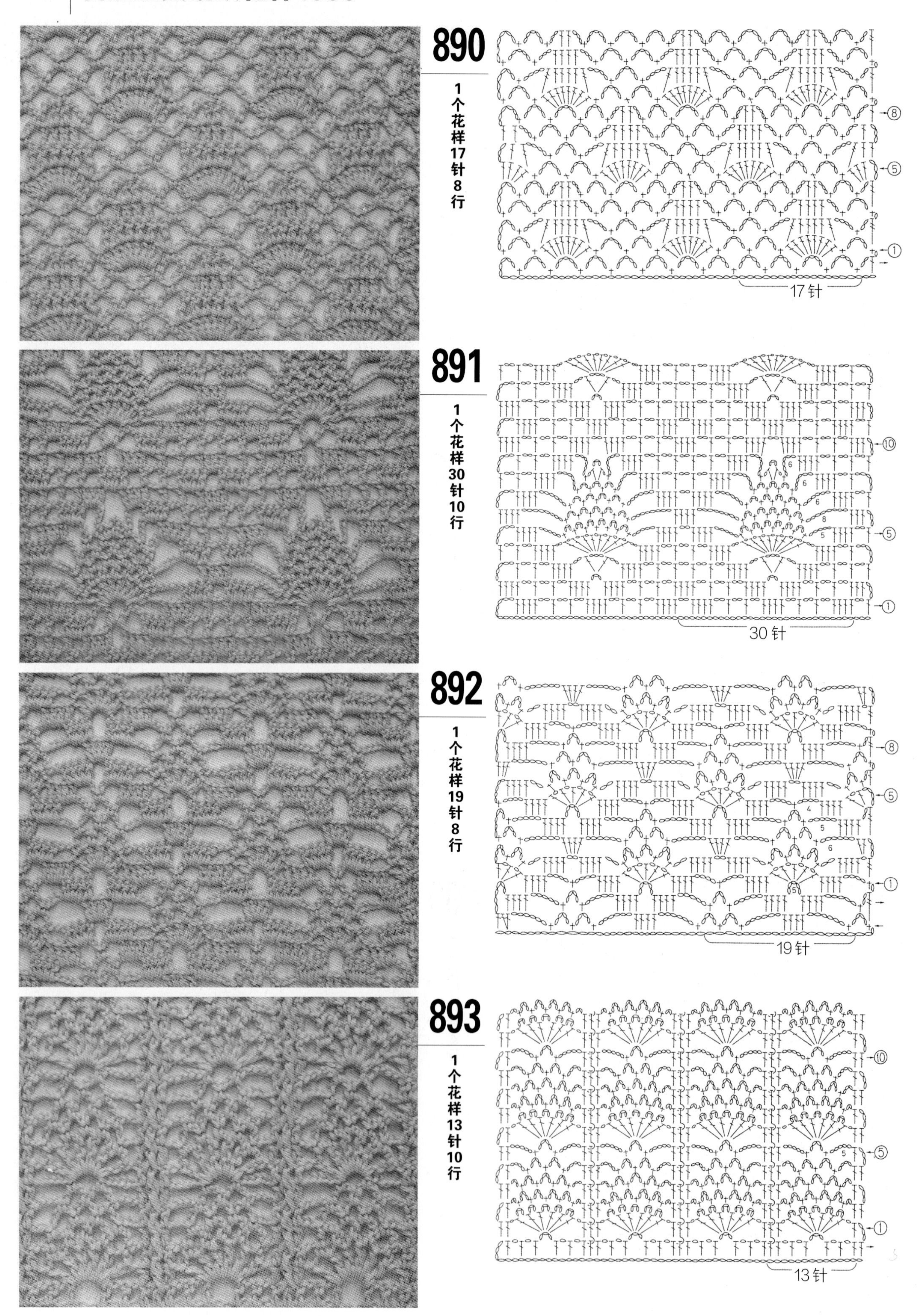
890
1个花样17针8行
17针
891
1个花样30针10行
30针
892
1个花样19针8行
19针
893
1个花样13针10行
13针

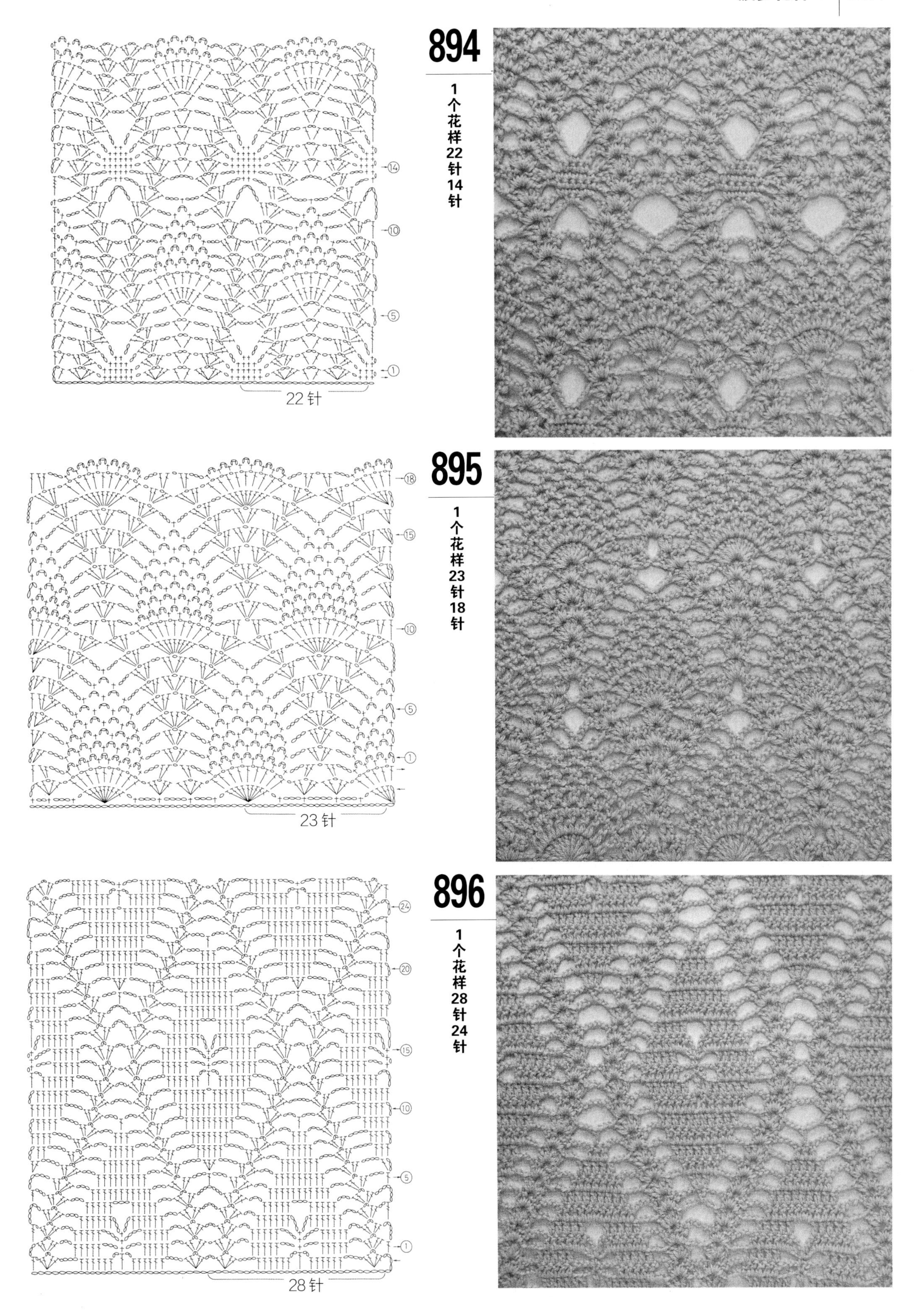
22针
894
1个花样22针14针
23针
895
1个花样23针18针
28针
896
1个花样28针24针

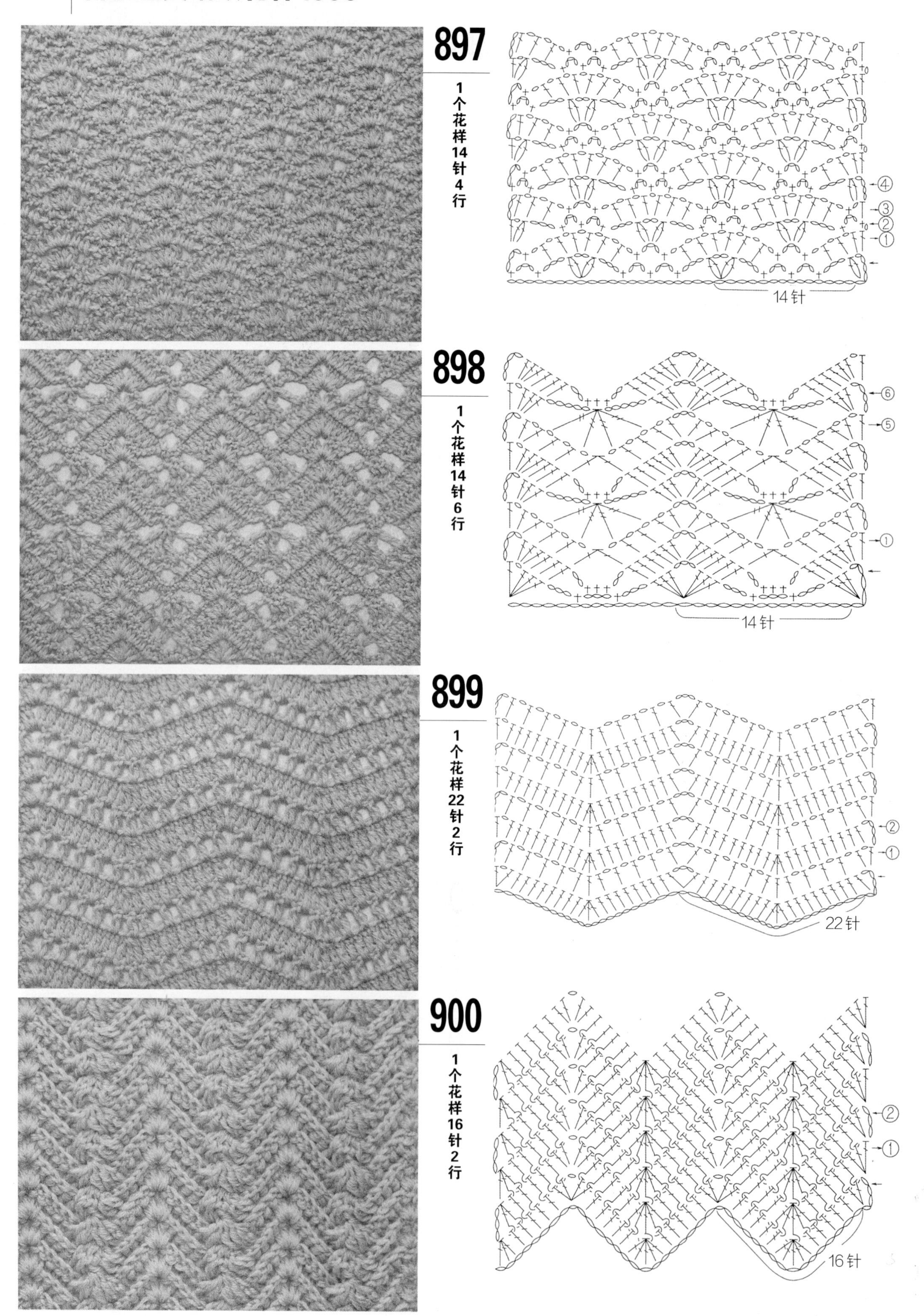
897
1个花样14针4行
④
③
②
①
14针
898
1个花样14针6行
⑥
⑤
①
14针
899
1个花样22针2行
②
①
22针
900
1个花样16针2行
②
①
16针

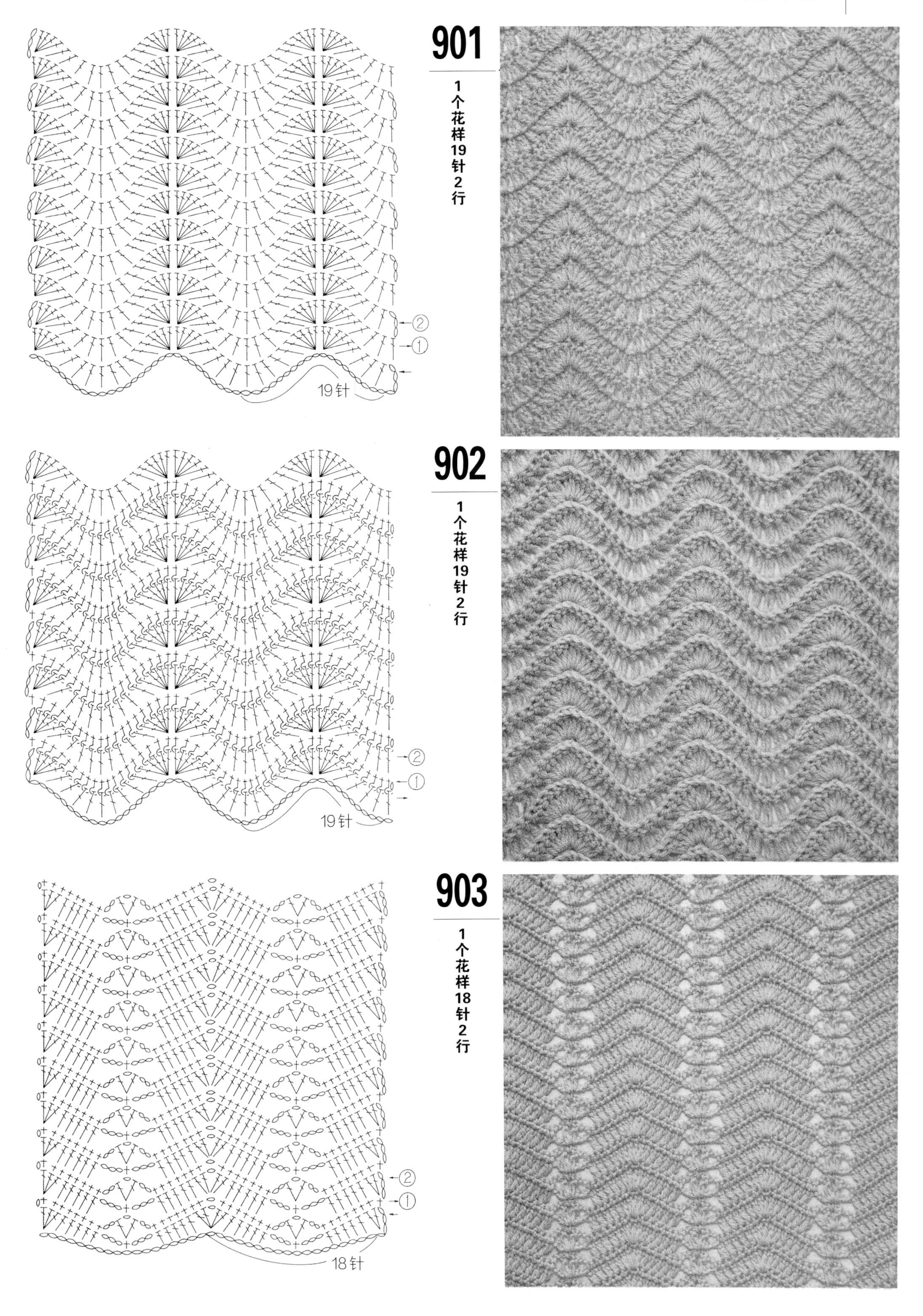
901
1个花样19针2行
19针
②
①
902
1个花样19针2行
19针
②
①
903
1个花样18针2行
18针
②
①

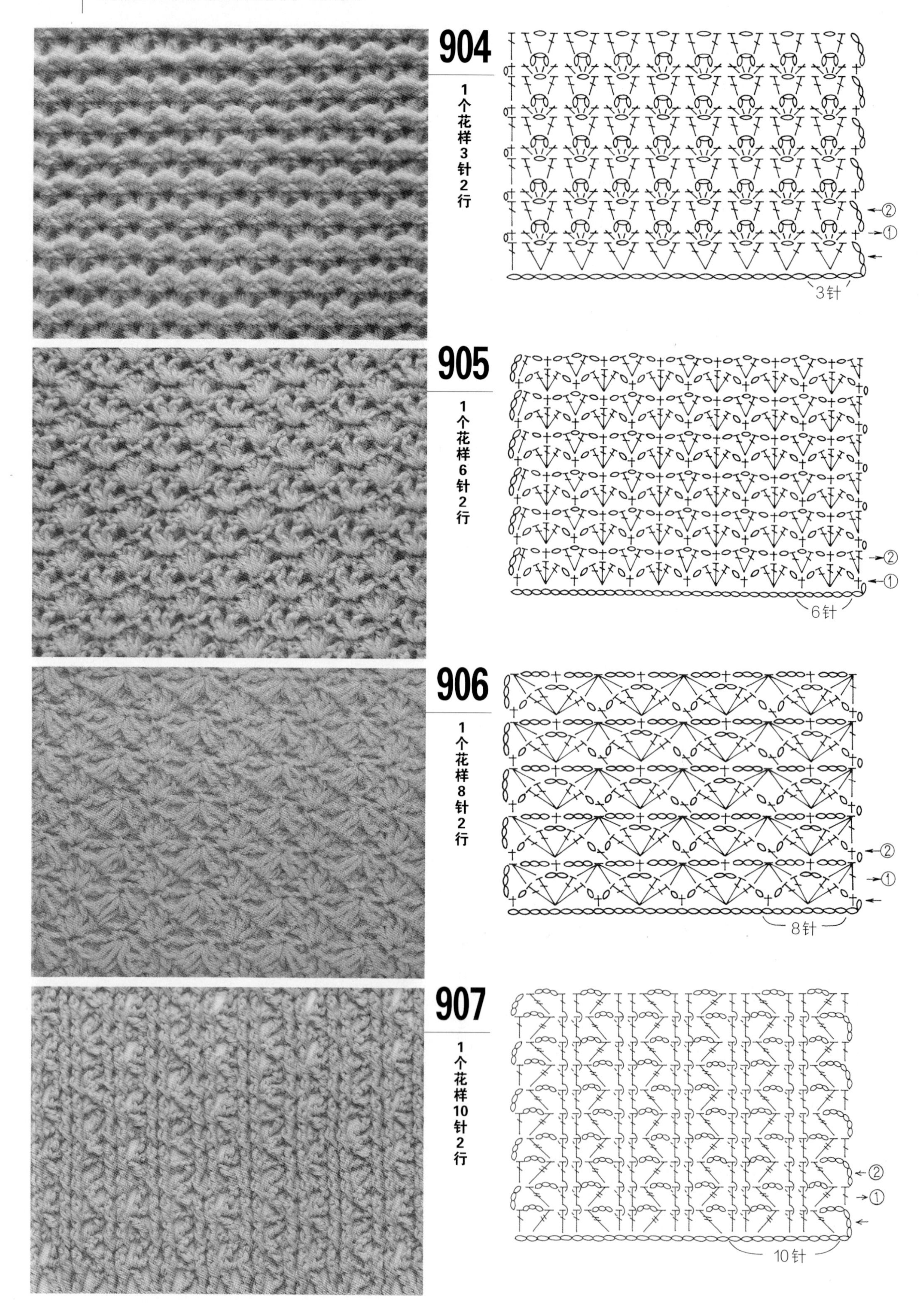
904
1个花样3针2行
②
①
3针
905
1个花样6针2行
②
①
6针
906
1个花样8针2行
②
①
8针
907
1个花样10针2行
②
①
10针

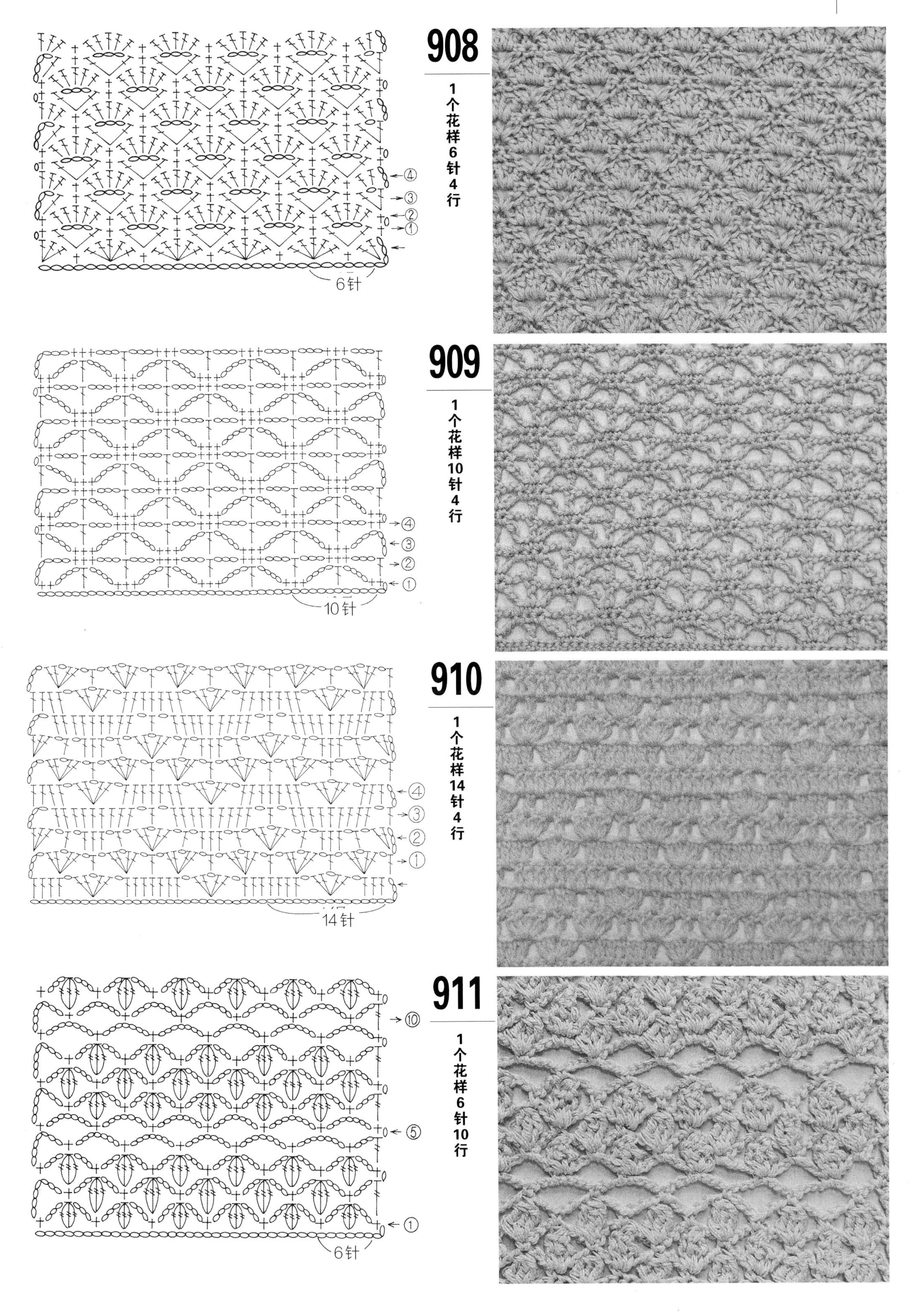

908
1个花样6针4行
6针
909
1个花样10针4行
10针
910
1个花样14针4行
14针
911
1个花样6针10行
6针

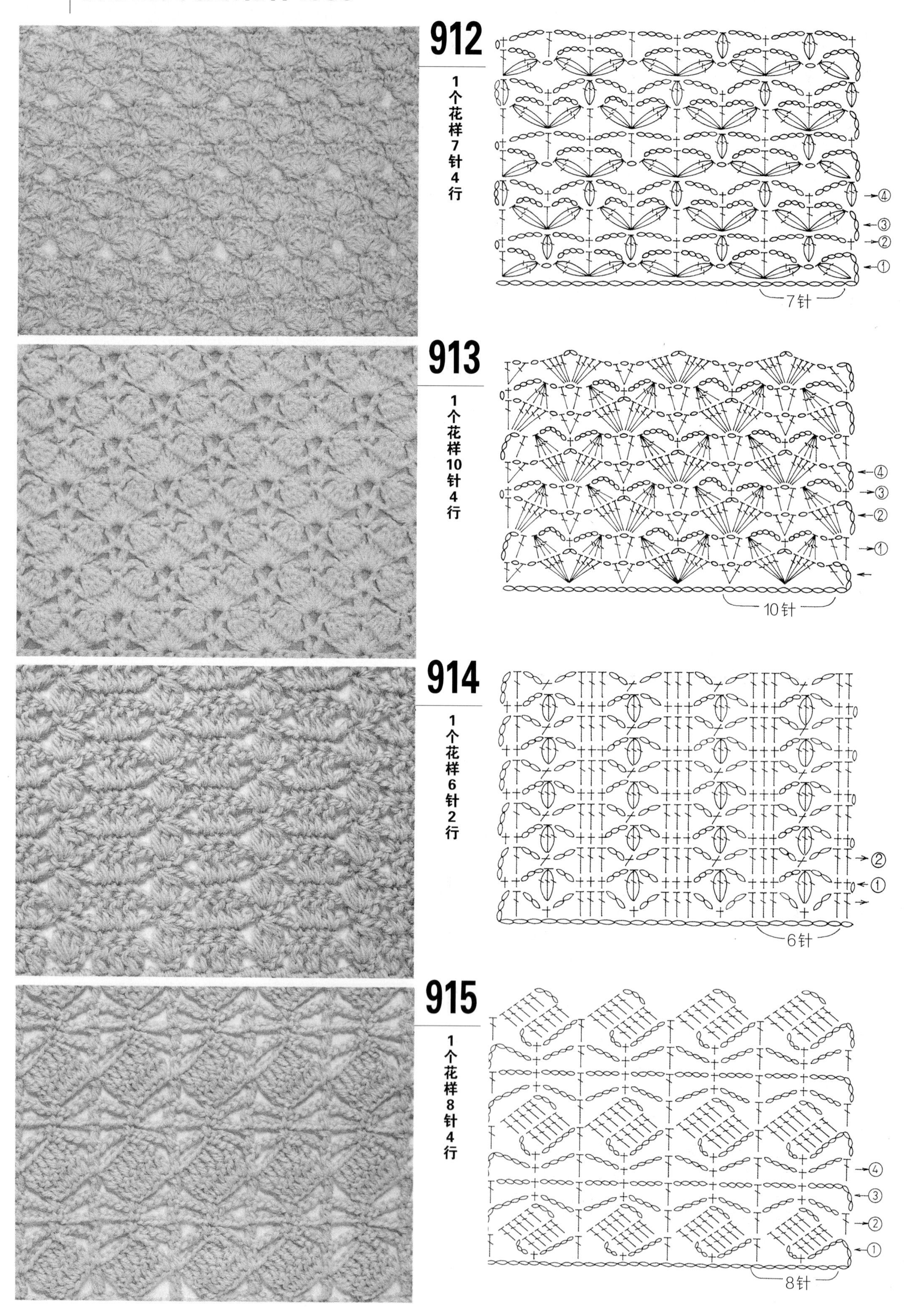
912
1个花样7针4行
7针
913
1个花样10针4行
10针
914
1个花样6针2行
6针
915
1个花样8针4行
8针

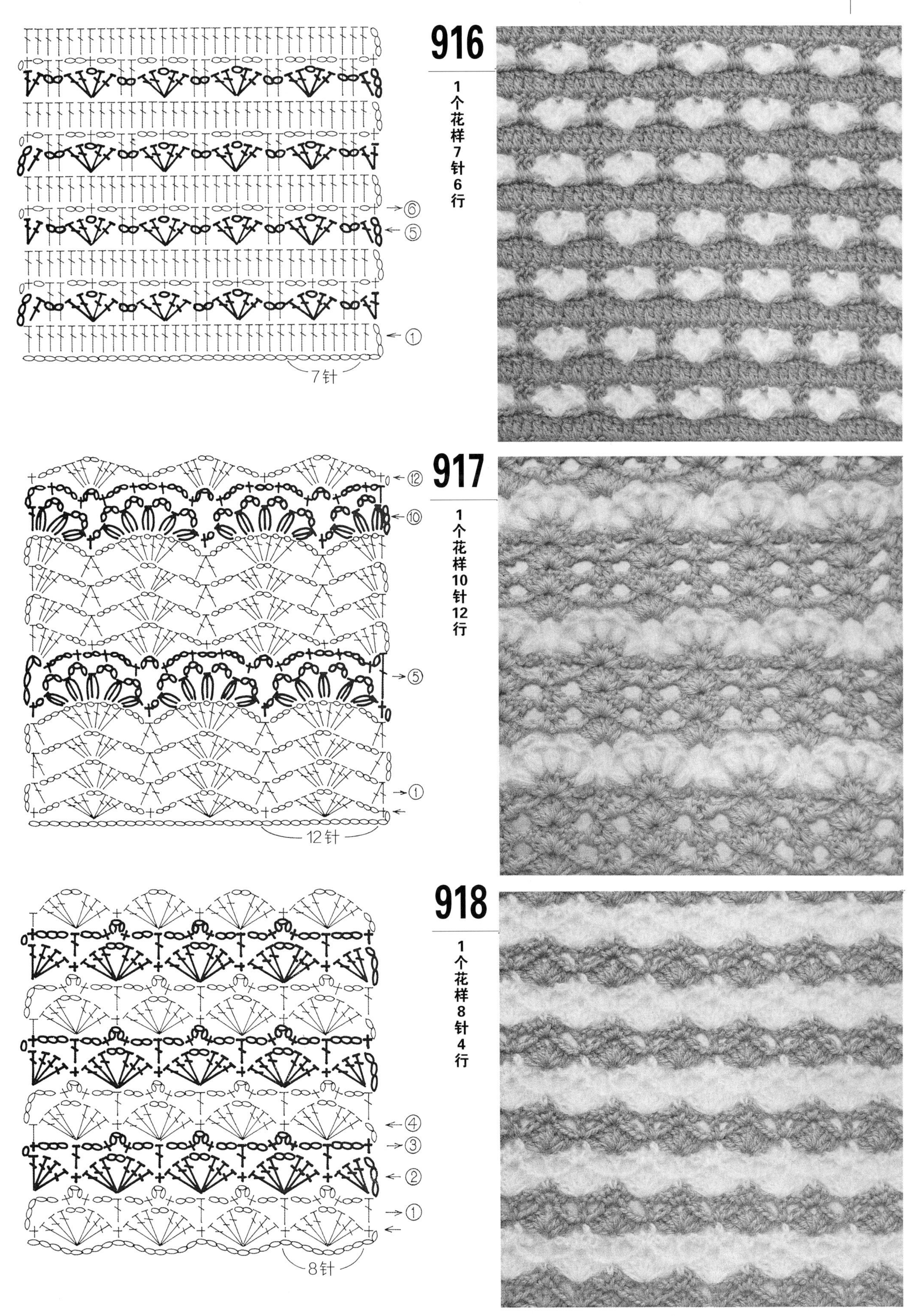
916
1个花样7针6行
⑥
⑤
①
7针
917
1个花样10针12行
⑫
⑩
⑤
①
12针
918
1个花样8针4行
④
③
②
①
8针

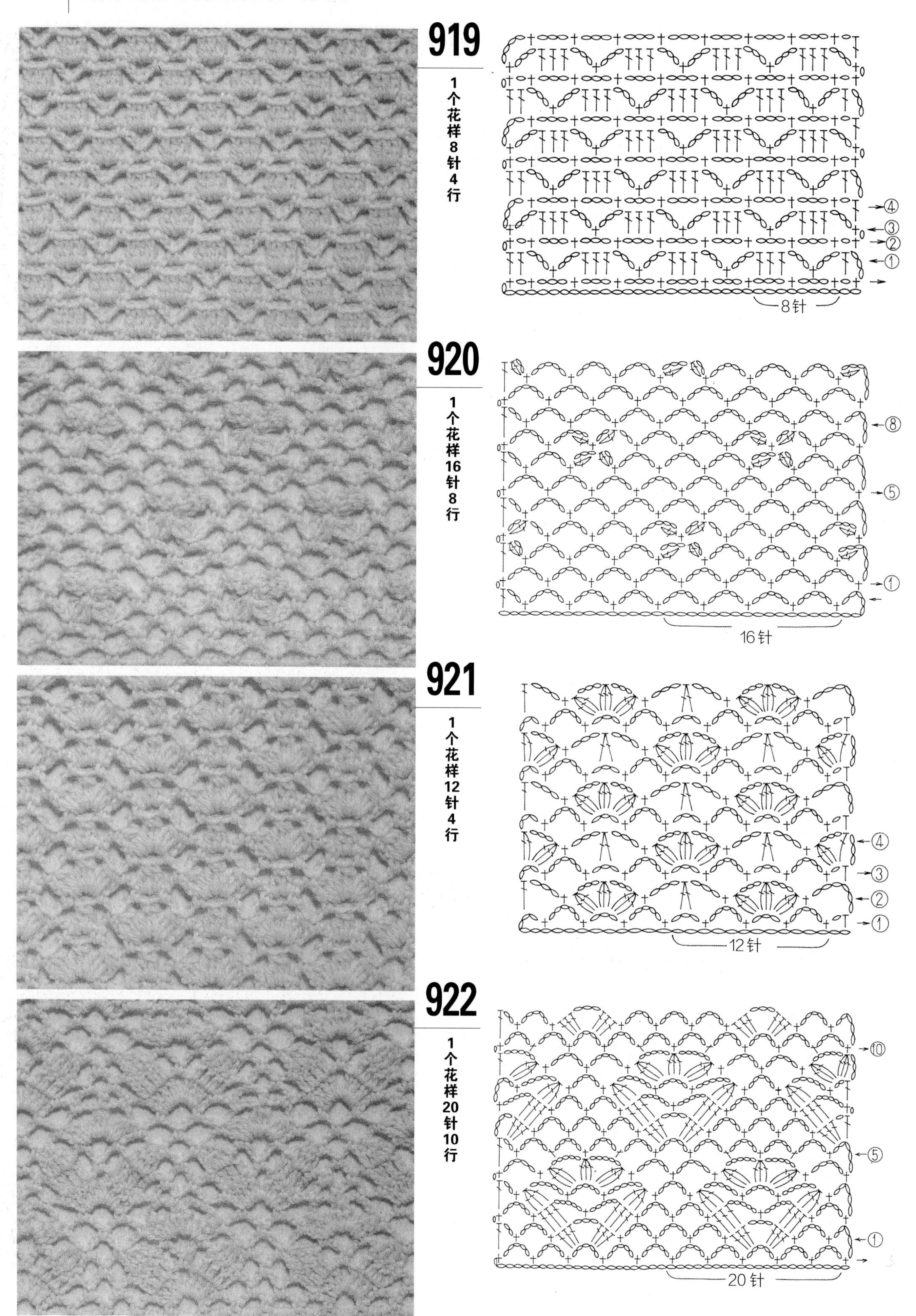
919
1个花样8针4行
8针
920
1个花样16针8行
16针
921
1个花样12针4行
12针
922
1个花样20针10行
20针

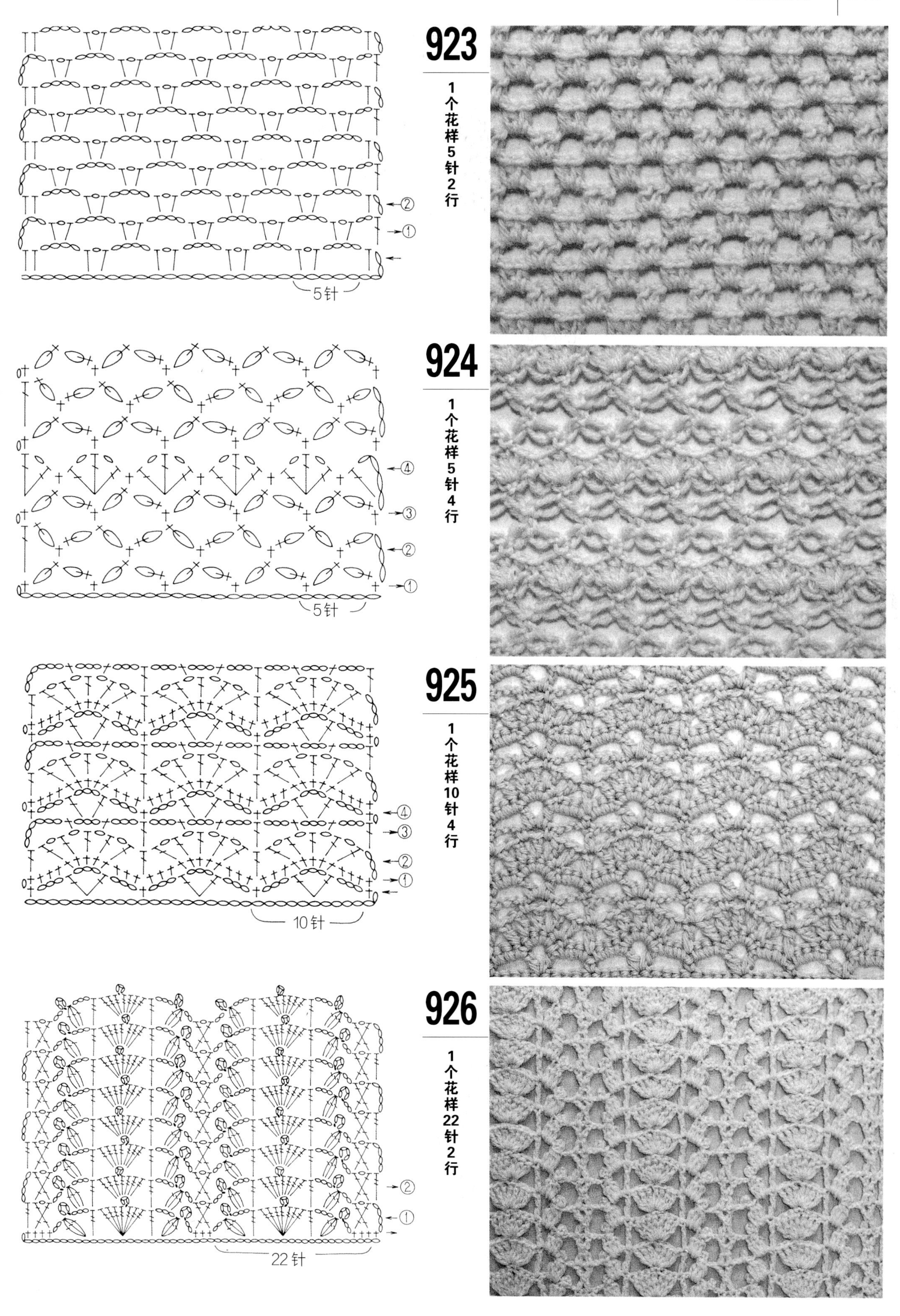
923
1个花样5针2行
5针
924
1个花样5针4行
5针
925
1个花样10针4行
10针
926
1个花样22针2行
22针

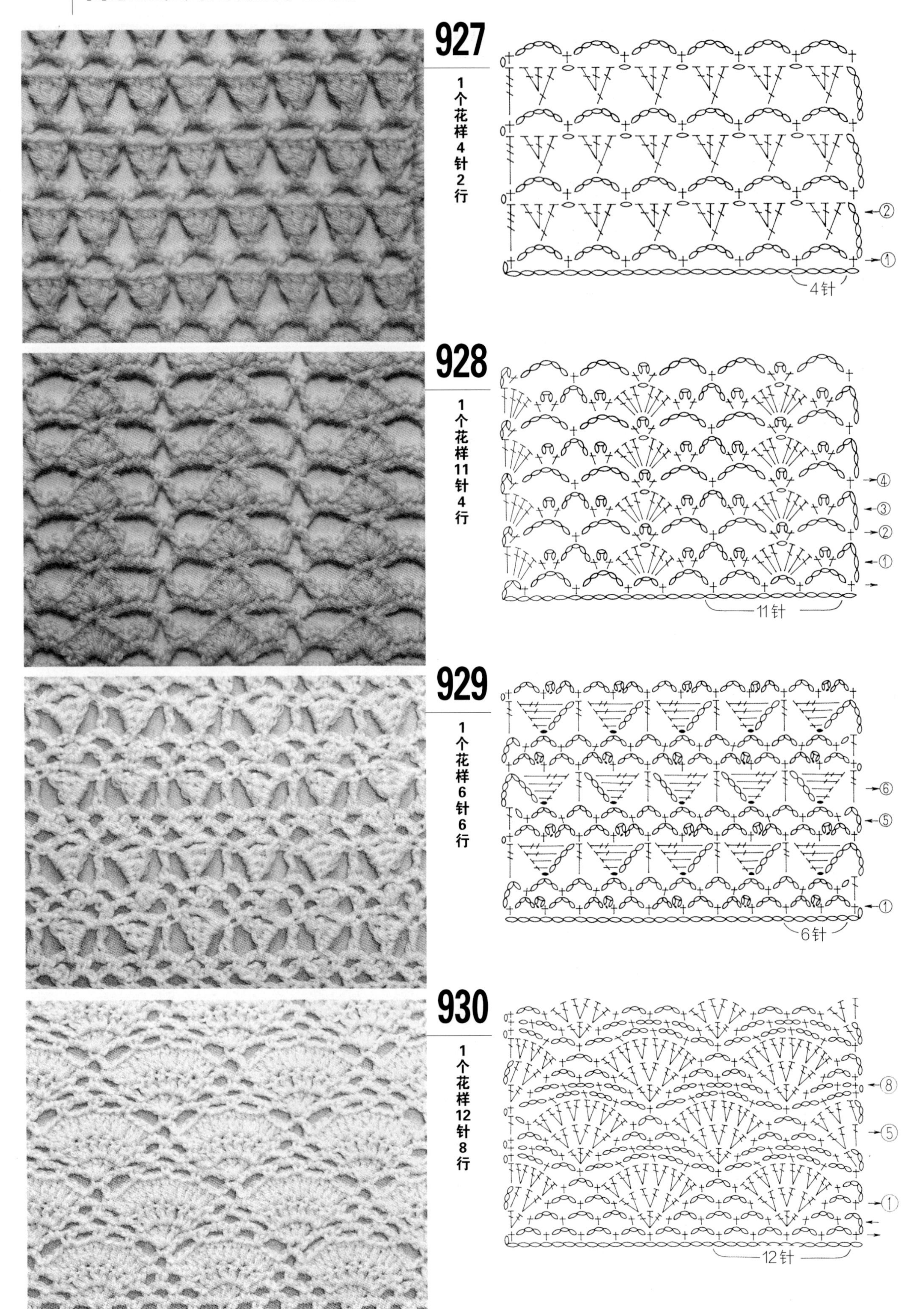
927
1个花样4针2行
②
①
4针
928
1个花样11针4行
④
③
②
①
11针
929
1个花样6针6行
⑥
⑤
①
6针
930
1个花样12针8行
⑧
⑤
①
12针

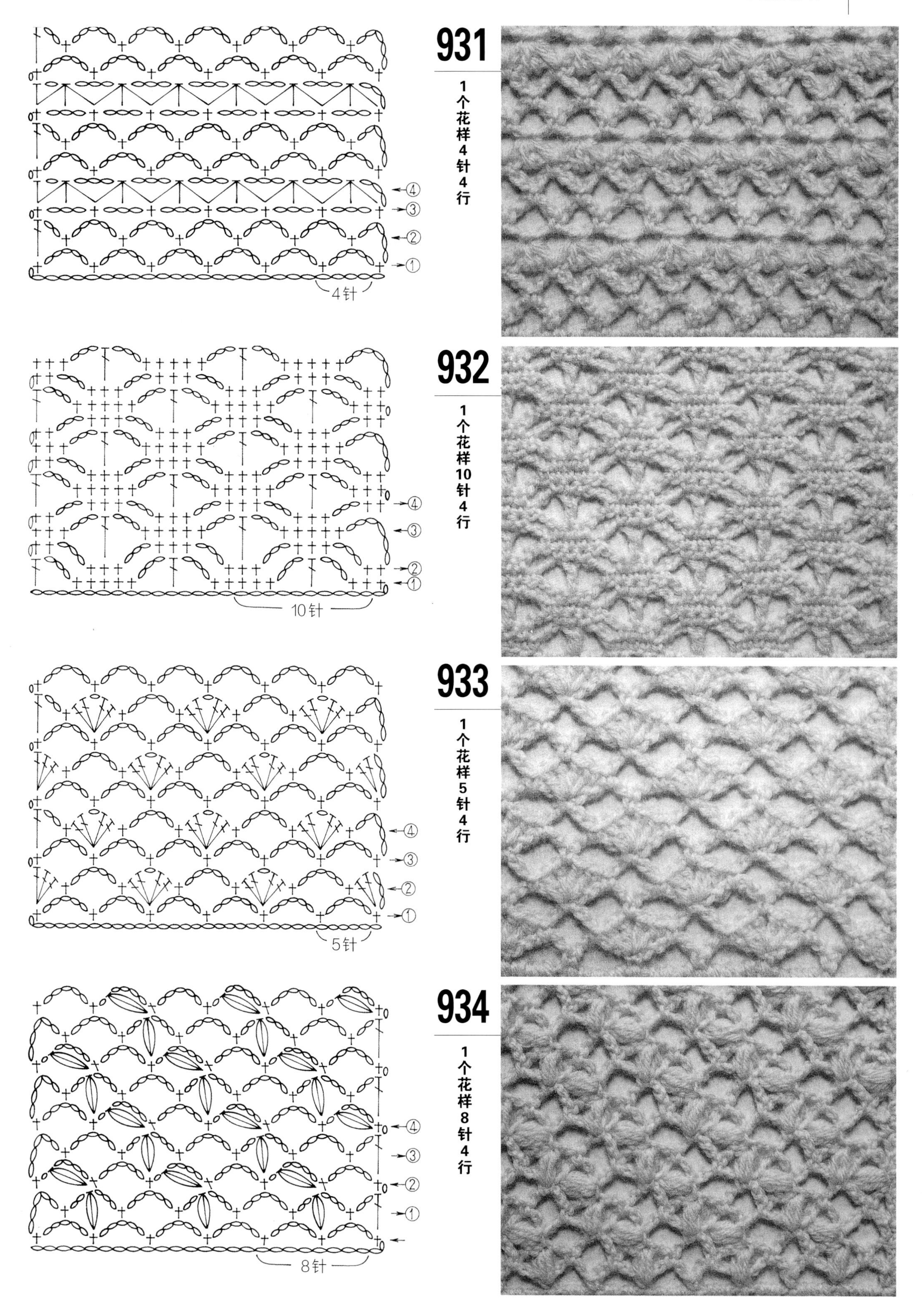

931
1个花样4针4行
4针
932
1个花样10针4行
10针
933
1个花样5针4行
5针
934
1个花样8针4行
8针

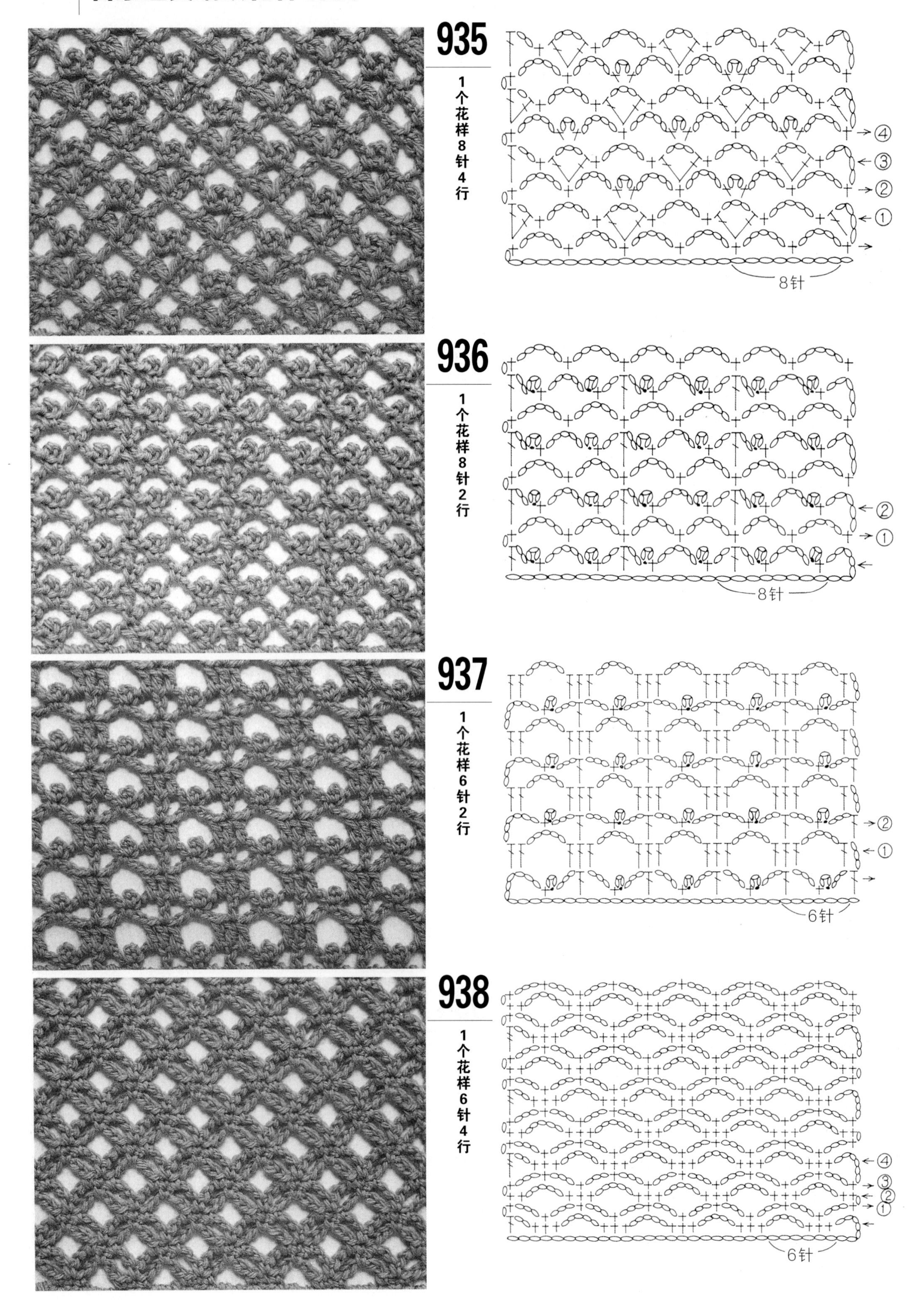
935
1个花样8针4行
④
③
②
①
8针
936
1个花样8针2行
②
①
8针
937
1个花样6针2行
②
①
6针
938
1个花样6针4行
④
③
②
①
6针

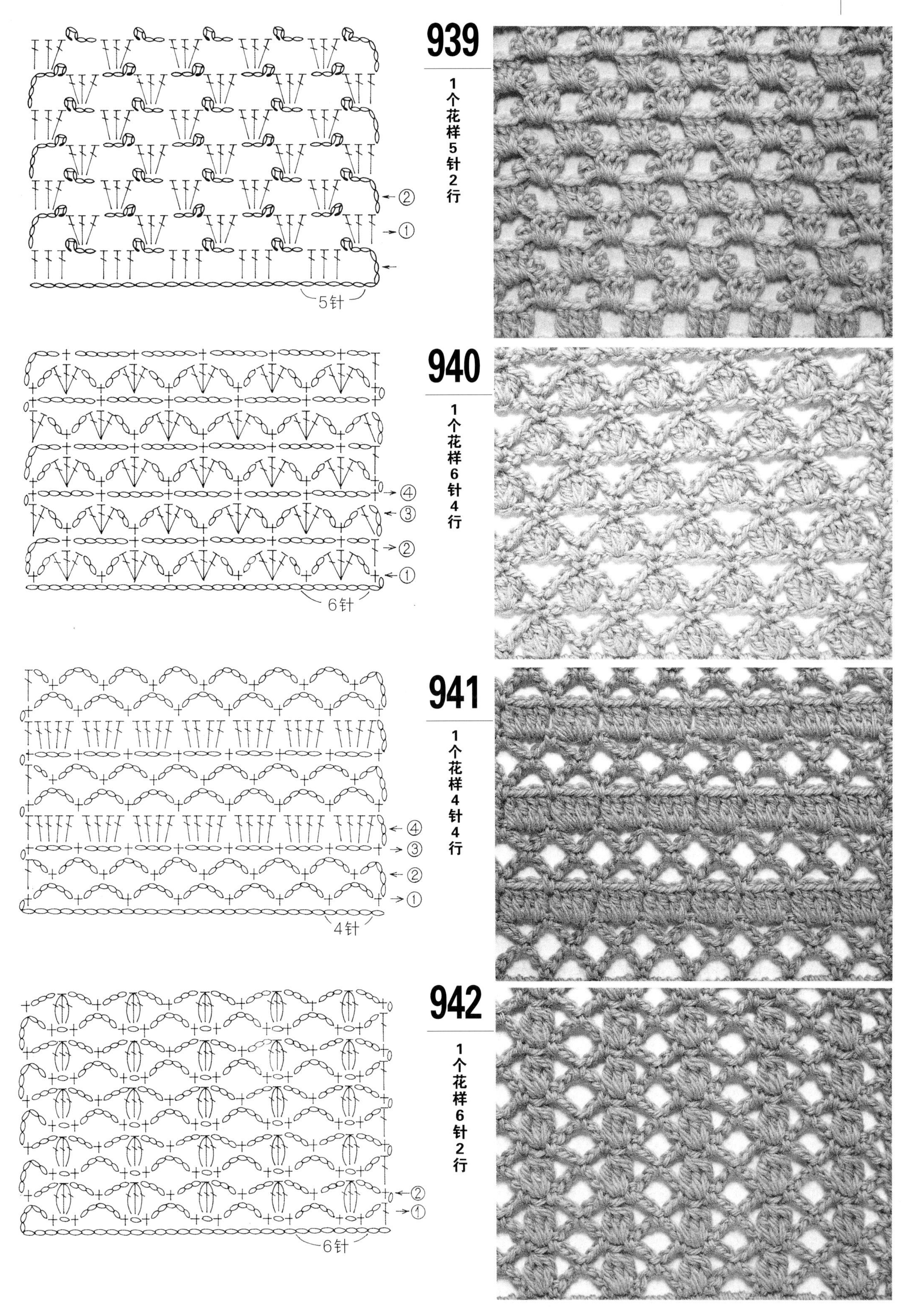
939
1个花样5针2行
5针
940
1个花样6针4行
6针
941
1个花样4针4行
4针
942
1个花样6针2行
6针

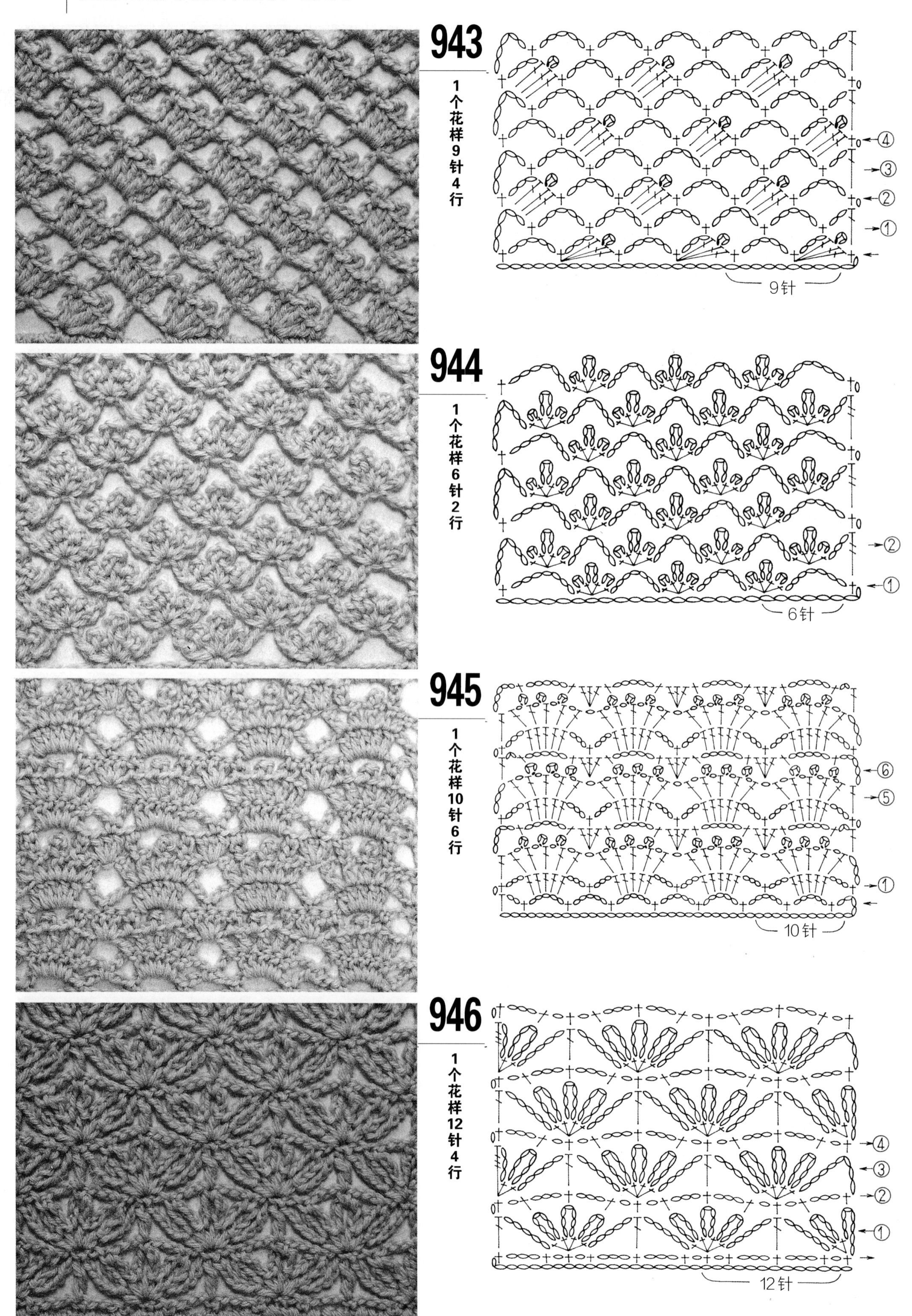
943
1个花样9针4行
9针
④
③
②
①
944
1个花样6针2行
6针
②
①
945
1个花样10针6行
10针
⑥
⑤
①
946
1个花样12针4行
12针
④
③
②
①

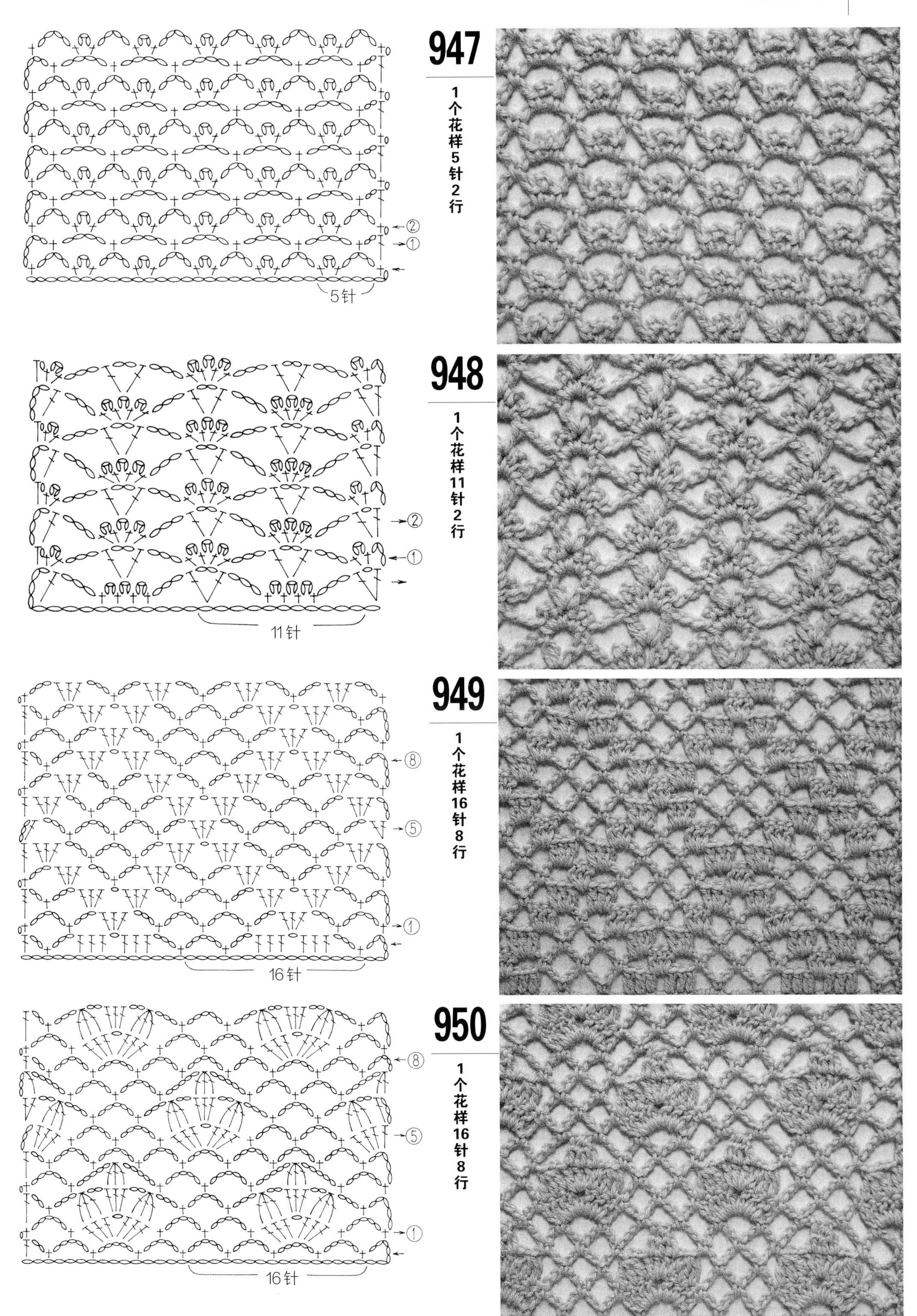
947
1个花样5针2行
5针
②
①
948
1个花样11针2行
11针
②
①
949
1个花样16针8行
16针
⑧
⑤
①
950
1个花样16针8行
16针
⑧
⑤
①

花边编织

花边编织，指的是编织物边缘的收针，或者编织物边缘的花样装饰。
通过编织装饰性的花纹在编织物的边缘，使编织物看起来更细致华丽。
和钩针编织能钩织出无限的花纹一样，通过不同编织方法的组合，可以创造出无限不同的装饰花边。

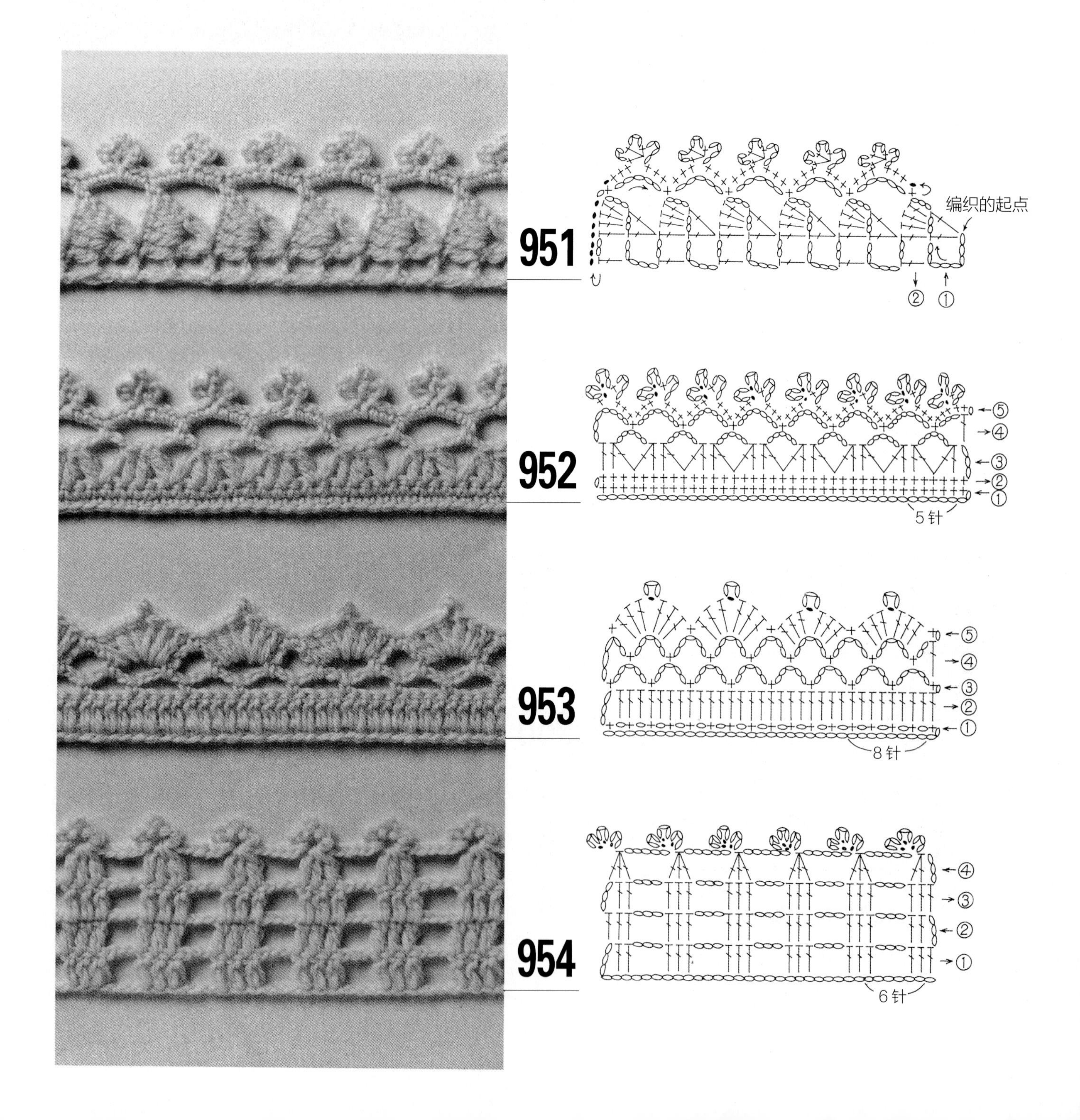

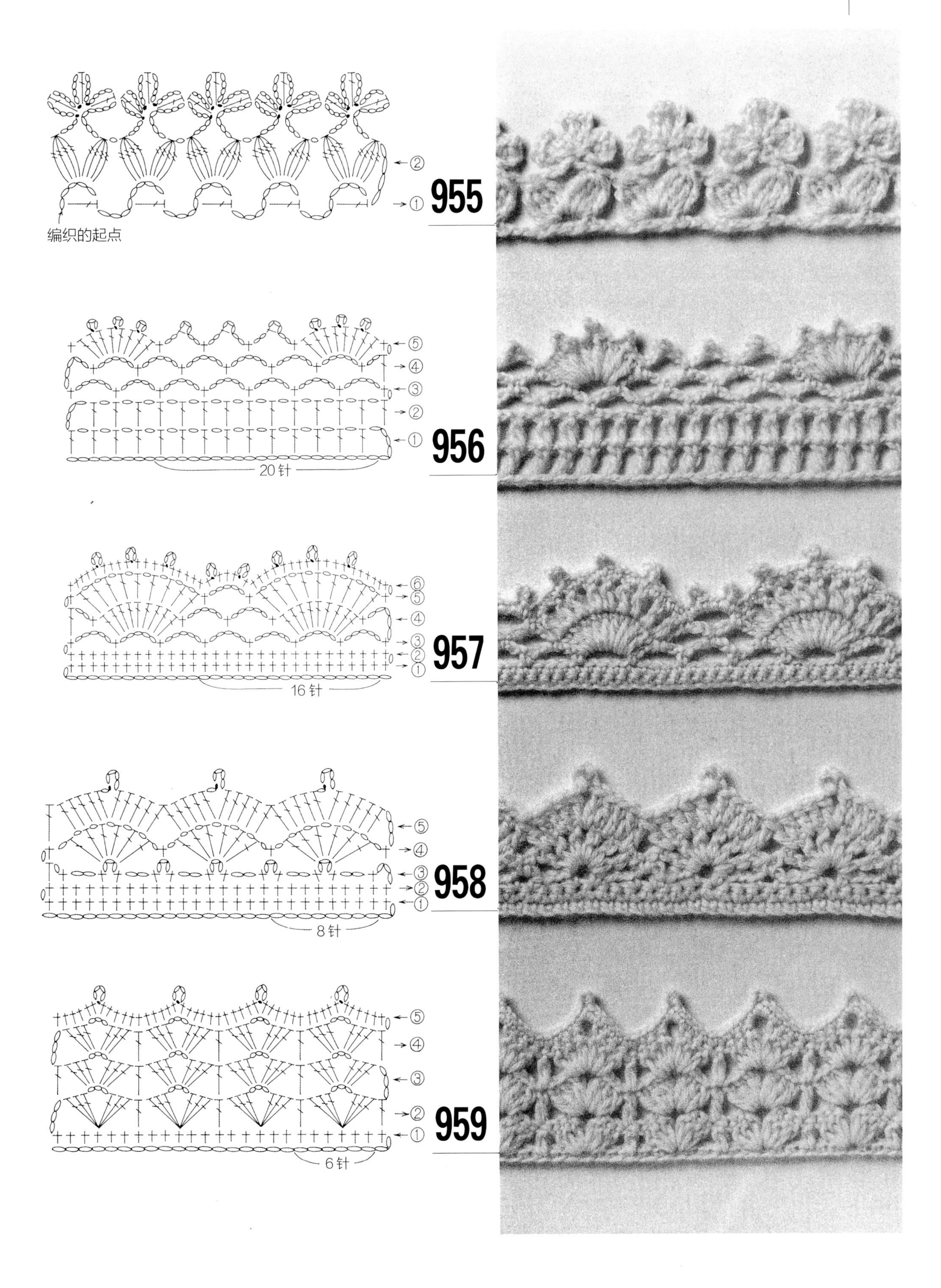
②
①
955
编织的起点
⑤
④
③
②
①
956
20针
⑥
⑤
④
③
②
①
957
16针
⑤
④
③
②
①
958
8针
⑤
④
③
②
①
959
6针

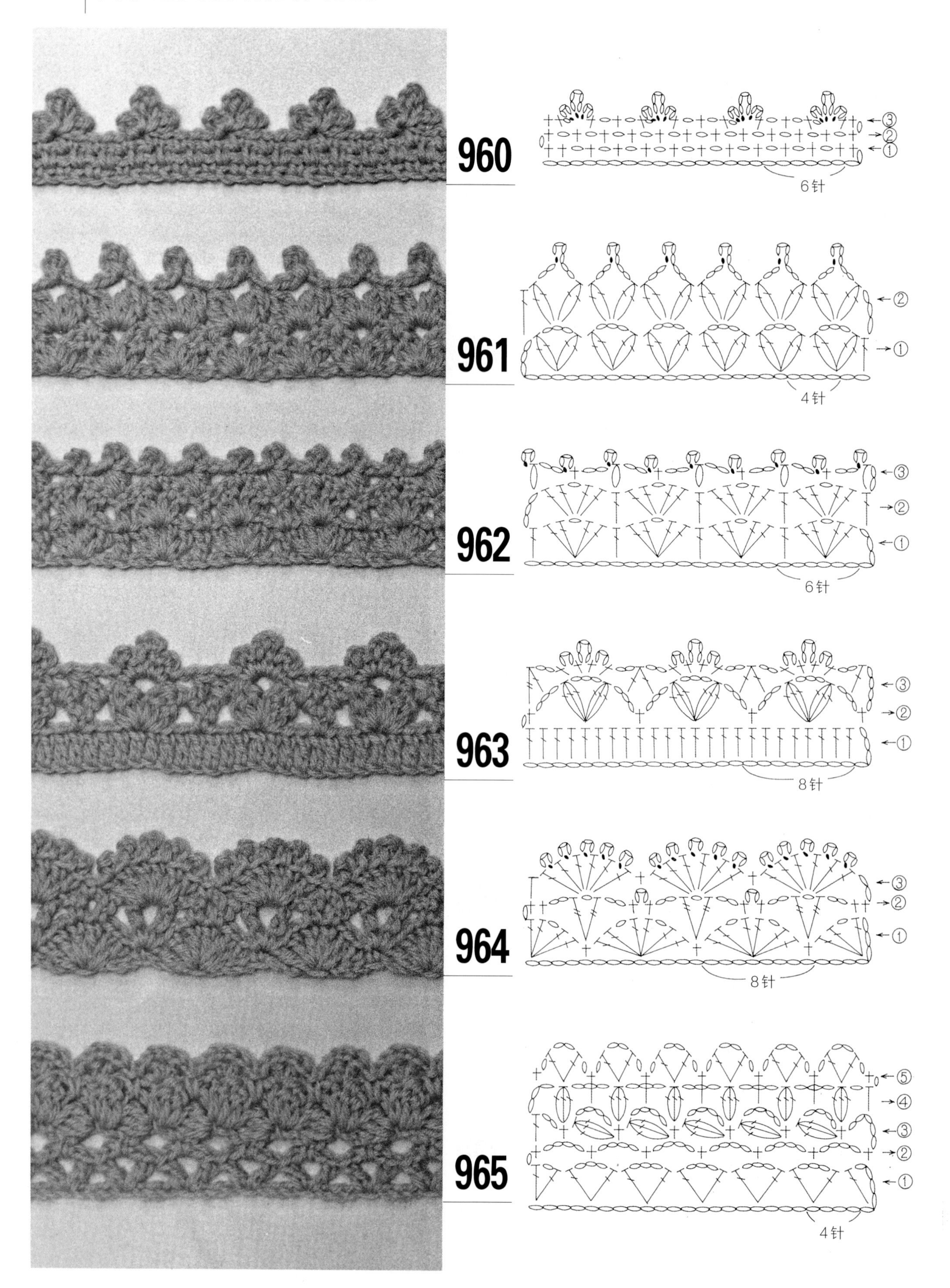
960
③
②
①
6针
961
②
①
4针
962
③
②
①
6针
963
③
②
①
8针
964
③
②
①
8针
965
⑤
④
③
②
①
4针

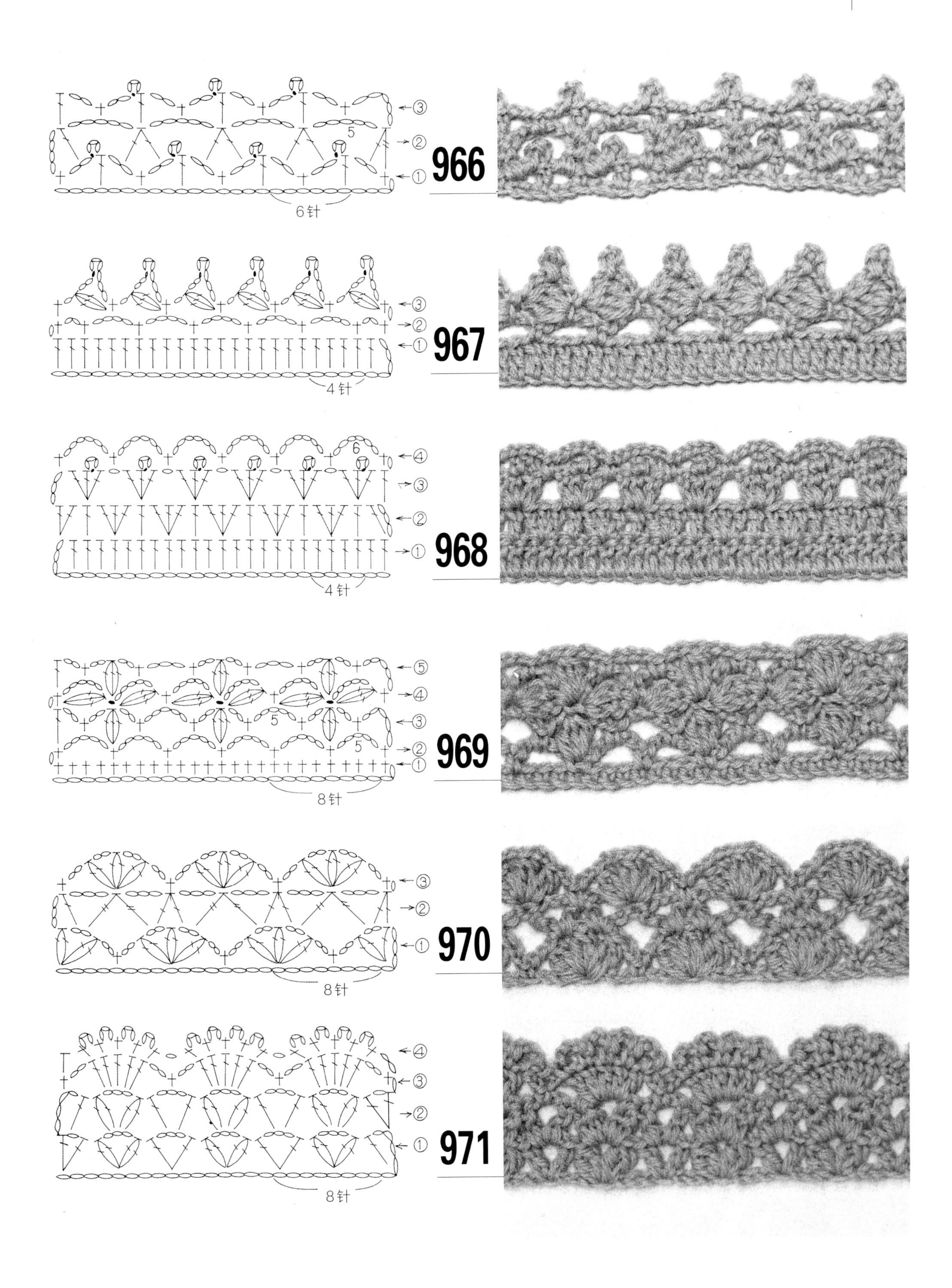
③
②
①
5
6针
966
③
②
①
4针
967
④
③
②
①
6
4针
968
⑤
④
③
②
①
5
5
8针
969
③
②
①
8针
970
④
③
②
①
8针
971

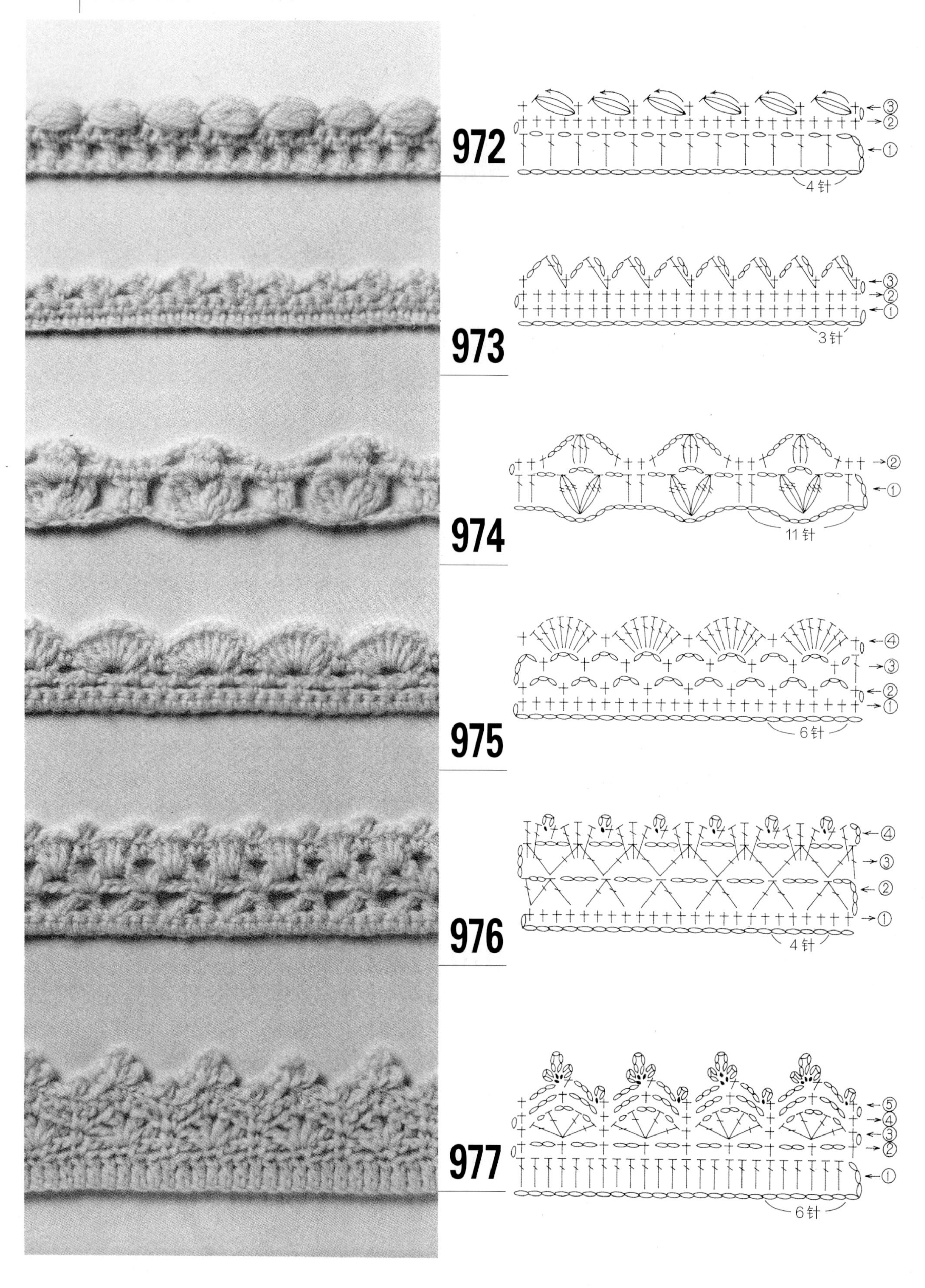
972
③
②
①
4针
973
③
②
①
3针
974
②
①
11针
975
④
③
②
①
6针
976
④
③
②
①
4针
977
⑤
④
③
②
①
6针

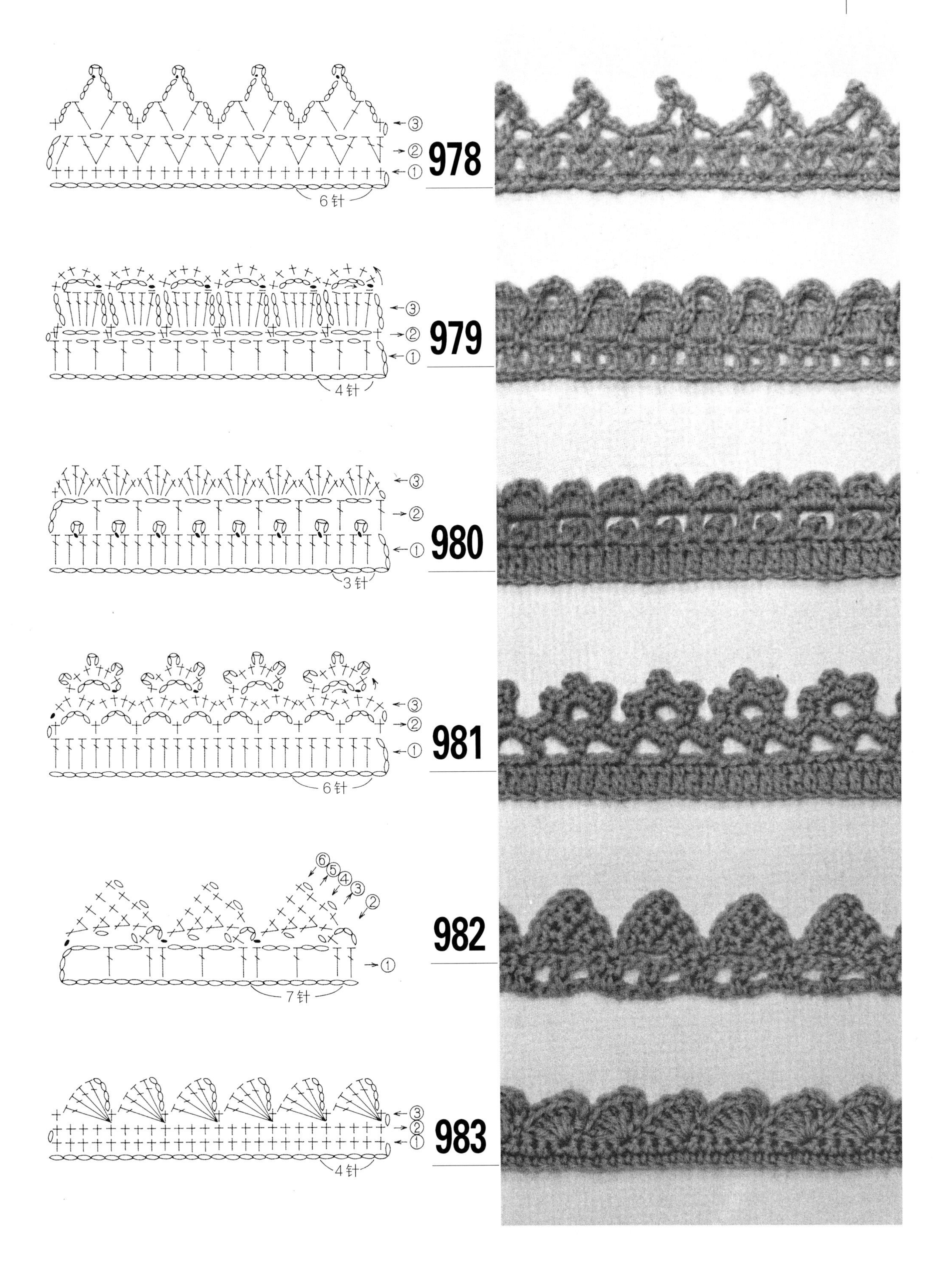

③
②
①
6针
978
③
②
①
4针
979
③
②
①
3针
980
③
②
①
6针
981
⑥
⑤
④
③
②
①
7针
982
③
②
①
4针
983

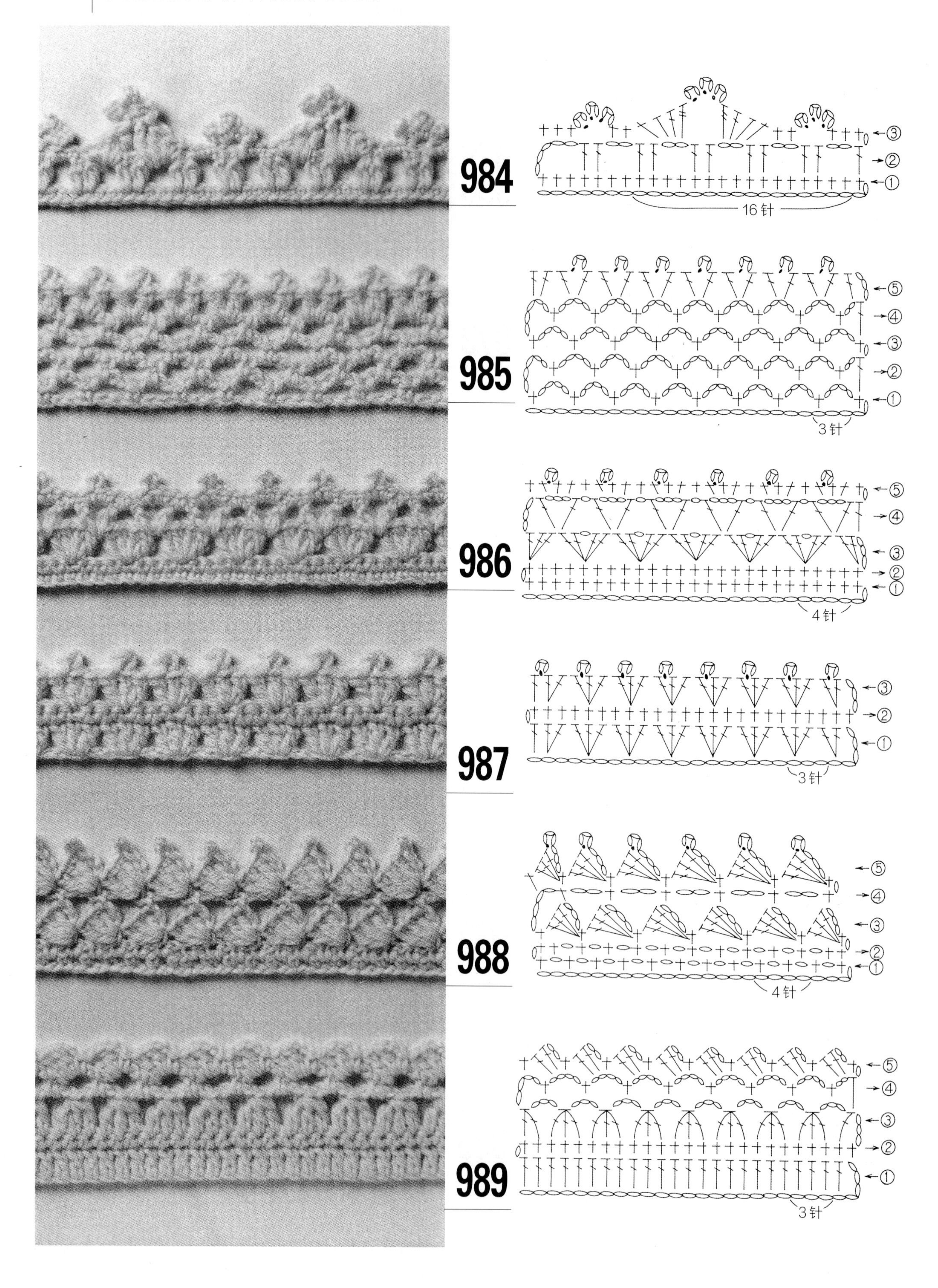
984
③
②
①
16针
985
⑤
④
③
②
①
3针
986
⑤
④
③
②
①
4针
987
③
②
①
3针
988
⑤
④
③
②
①
4针
989
⑤
④
③
②
①
3针

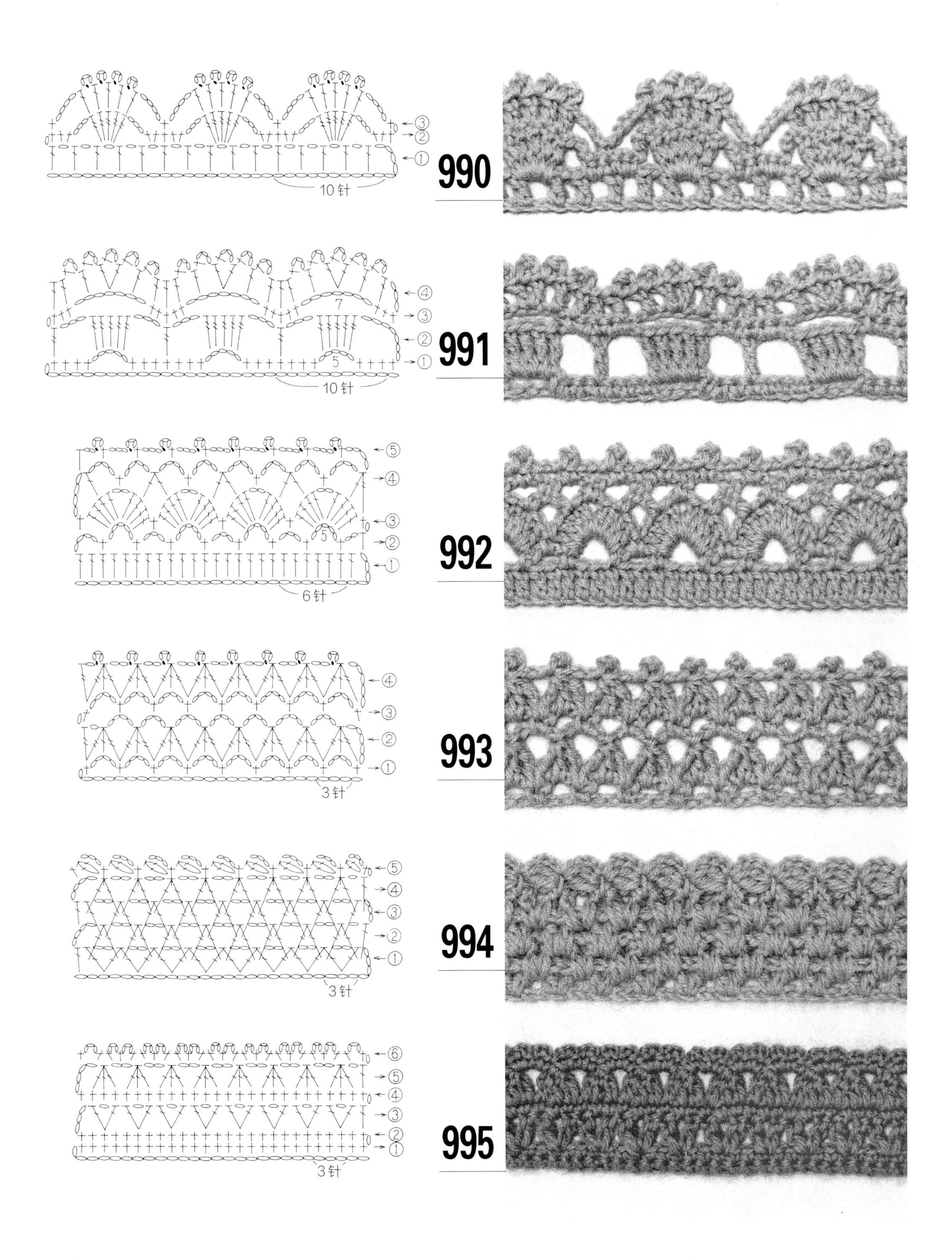
990
10针
991
7
5
10针
992
5
6针
993
3针
994
3针
995
3针

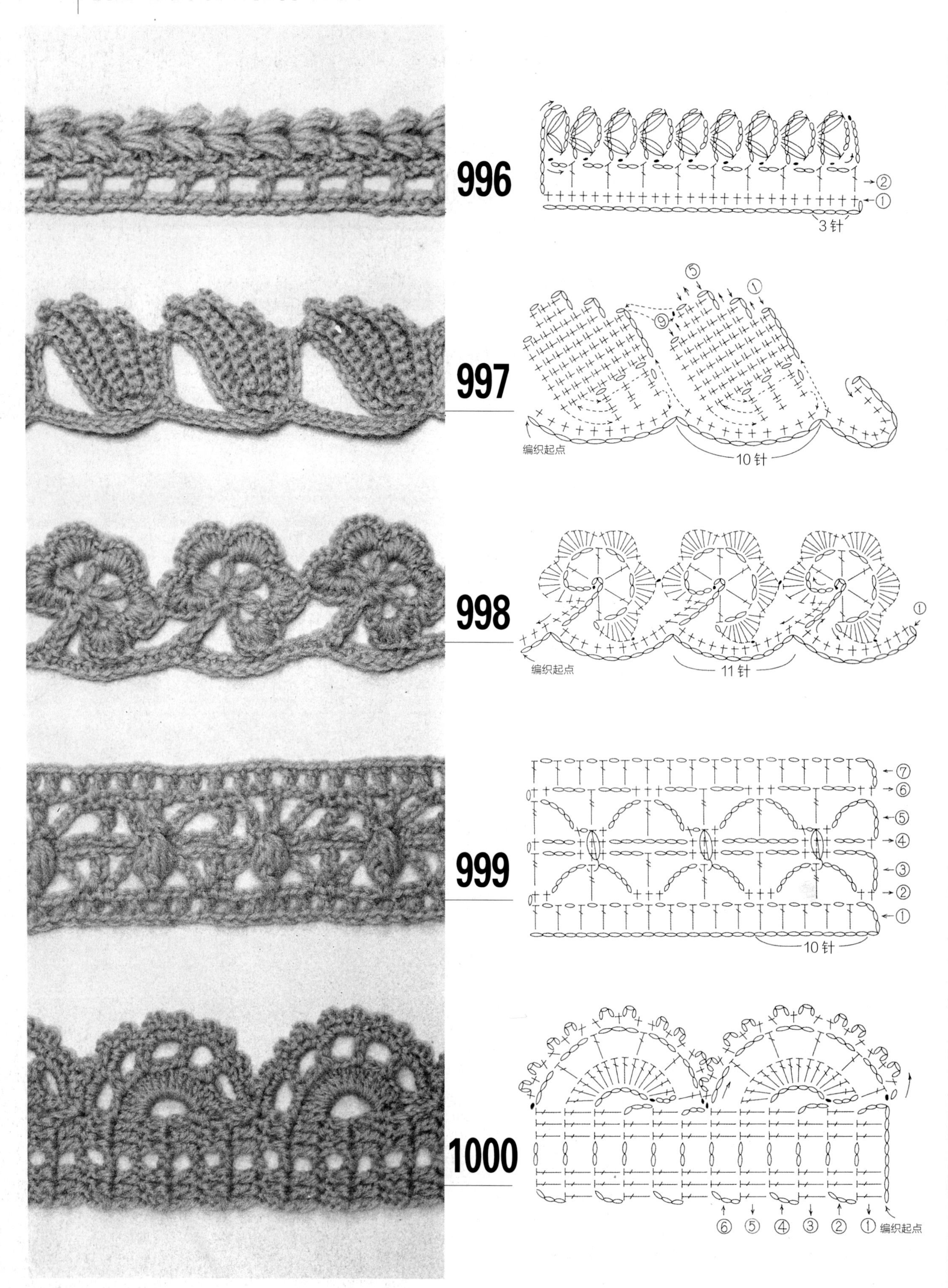
996
②
①
3针
997
⑤
①
⑨
编织起点
10针
998
①
编织起点
11针
999
⑦
⑥
⑤
④
③
②
①
10针
1000
⑥ ⑤ ④ ③ ② ①
编织起点